数　值　分　析

（第 4 版）

孙志忠　袁慰平　闻震初　编著

孙志忠　修订

U0380330

东 南 大 学 出 版 社
·南京·

内 容 提 要

本书着重介绍适合于电子计算机上采用的数值计算方法及其理论，内容包括误差分析、非线性方程的解法、线性代数方程组数值解法、多项式插值与函数逼近、数值积分与数值微分、常微分方程数值解法、偏微分方程数值解法等.本书内容覆盖了教育部工科研究生数学课程教学指导小组所制订的工科硕士生数值分析课程教学基本要求，同时还增加了一些工科专业所需要的内容，如机器数系、有理函数插值、振荡函数积分等.书中对各种计算方法的构造思想都做了较详细的阐述，对稳定性、收敛性、误差估计以及算法的优缺点等也做了适当的讨论.本书还挑选了部分东南大学工科研究生结合各自专业自选课题的计算实习，以此作为书中各章的应用实例.

本书可作为各类工科专业研究生和数学系各专业本科生的教材或教学参考书，也可供从事科学与工程计算的科技工作者阅读参考.

图书在版编目(CIP)数据

数值分析/孙志忠，袁慰平，闻震初编著.—4版.—南京：东南大学出版社，2022.8(2024.6重印)
ISBN 978-7-5766-0160-2

Ⅰ.①数… Ⅱ.①孙… ②袁… ③闻… Ⅲ.①数值分析-研究生-教材 Ⅳ.O241

中国版本图书馆CIP数据核字(2022)第114203号

责任编辑：吉雄飞　**责任校对**：韩小亮　**封面设计**：顾晓阳　**责任印制**：周荣虎

数值分析(第4版)　Shuzhi Fenxi(Di 4 Ban)

编　　著	孙志忠　袁慰平　闻震初
出版发行	东南大学出版社
社　　址	南京市四牌楼2号(邮编：210096)
出 版 人	白云飞
经　　销	全国各地新华书店
印　　刷	南京京新印刷有限公司
开　　本	700 mm×1000 mm　1/16
印　　张	26
字　　数	510千字
版　　次	2022年8月第4版
印　　次	2024年6月第3次印刷
书　　号	ISBN 978-7-5766-0160-2
定　　价	57.80元

本社图书若有印装质量问题，请直接与营销部联系，电话：025-83791830。

第 4 版修订说明

本书第 3 版于 2011 年出版，全书内容包括绪论、非线性方程的解法、线性代数方程组数值解法、多项式插值与函数最佳逼近、数值积分与数值微分、常微分方程数值解法和偏微分方程数值解法等 7 章. 根据我们在教学科研中的经验和体会，在保留第 3 版风格的前提下做出如下修订：

(1) 第 2 章 2.1 节给出了方程 $f(x)=0$ 具有重根的充分必要条件；2.2 节给出了不动点迭代法的定义；从迭代误差逐步减小还是逐步增加引出迭代收敛的充分条件；对 Newton 迭代法局部收敛做了适当改写，并增加了一个例子.

(2) 第 3 章 3.2 节对 Gauss 消去法做了适当改写；将 3.5 节中矩阵严格对角占优的定义移至 3.2 节；3.4 节从范数公理出发对矩阵范数的定义做了适当改写.

(3) 第 4 章 4.1 节补充了函数组线性相关和线性无关的定义；4.5 节改写了第三型样条插值；4.8 节改写了函数组关于结点组线性相关和线性无关的定义.

(4) 第 5 章 5.2.4 小节求积公式稳定性的定义和 5.5.6 小节求积公式收敛性的定义被集中到新的 5.3.5 小节；5.5 节对 Gauss 求积公式求积节点和求积系数满足的方程组做了适度讨论，增加了 Gauss 求积公式收敛性的证明.

(5) 第 6 章 6.5.2 小节做了适当简化，并和 6.5.1 小节对调了位置.

(6) 第 7 章 7.1 节删去了古典显格式和 Richardson 格式的矩阵表示形式，改写了 Crank-Nicolson 格式的矩阵表示形式，并在 7.2 节给出了该格式收敛性的证明；7.3 节改写了隐格式的矩阵表示形式.

(7) 对全书做了一些文字润色；对定义、引理、定理、推论、图、表、例题、数学表达式等采用“A. B”格式标号，其中 A 为章标号，B 为序号；增删调整了少量习题.

东南大学出版社吉雄飞编辑对本书稿仔细阅读，精心打磨，使本书增色很多. 编者对他致以衷心的感谢.

书中疏漏及不妥之处，诚望读者指正. 电子邮箱：zzsun@seu. edu. cn.

东南大学数学学院
孙志忠
2022 年 3 月

第 3 版修订说明

在第 3 版的编写过程中汲取了广大读者的宝贵意见及我们在教学中的经验和体会，保留原书风格，对第 2 版内容做出如下修改：

(1) 从学时角度考虑删去了一些内容，包括：第 2 章中的 Newton 下山法；第 3 章中的三对角方程组的并行算法；第 4 章中的Lagrange 型 Hermite 插值、周期函数的逼近与快速 Fouier 变换；第 7 章中的实对称矩阵的 Jacobi 法、Givens 法和 Householder 法、QR 法；以及第 8 章中的变分原理、Ritz-Galerkin 方法、有限元法.

(2) 第 3 章补充了严格对角占优矩阵的定义，增加了当系数矩阵严格对角占优时 Jacobi 迭代法和 Gauss-Seidel 迭代法收敛性的证明；第 4 章第 7 节增加了线性相关、线性无关、基、有限维空间、无穷维空间的定义；第 5 章将对求积公式稳定性的讨论从第 5 节移至第 2 节，对 Gauss 型积分给出了第 2 种定义.

(3) 改写了第 3 章中的 Gauss 消去法和矩阵的直接分解法；改写了第 4 章中的最佳平方逼近.

(4) 将第 7 章中的幂法和反幂法移至第 3 章，着重用于矩阵的 2 范数和 2 条件数的计算；取消了原第 7 章，原第 8 章新编为第 7 章.

(5) 调整和更换了部分习题；书末给出了习题答案或提示.

(6) 全书的定义、定理、数学表达式、图、表、例题等按节进行了统一编号.

我的同事吴宏伟、杜睿、曹婉容 3 位老师对本书的修订提出了宝贵建议，在此向他们深表谢意！

书中疏漏及不妥之处，敬请读者给出指正. 电子邮箱：zzsun@seu.edu.cn.

孙志忠

2010 年 12 月

第 2 版修订说明

本书自 1992 年出版以来，得到兄弟院校同行老师和读者的很大关心与支持，我们受到极大鼓舞，在此深表感谢.

在汲取了广大读者的宝贵意见及我们在教学实践中的经验和体会基础上，对第 1 版内容做出如下修改：

(1) 各章中都有部分内容次序的调整以及例题的增减.

(2) 第 1 章中增加了机器数的运算规则，以使学生对误差的传播及数值稳定性能理解得更深刻些.

(3) 第 2 章中重写了二分法和劈因子法，给出了迭代发散的充分条件和 Aitken 加速算法收敛定理、Newton 迭代法大范围收敛定理的证明.

(4) 第 3 章中增加了三对角方程组并行算法一节，使学生对并行计算机的数值方法有所了解.

(5) 第 4 章中删去了向后差分和中心差分的概念以及用其表示等距节点插值多项式的方法、样条插值中的三转角方程组和最佳一致逼近的 Remez 算法，并删去了正交多项式这一节；充实了分段插值，增加了样条插值收敛性定理的证明；将 Chebyshev多项式移至最佳一致逼近一节；Legendre 多项式移至第 5 章 Gauss 求积公式一节；改写和充实了最佳平方逼近一节.

(6) 第 5 章中重写了复化求积公式和 Romberg 求积公式，特别强调了误差后验估计式在实际计算中的应用；重写了振荡函数的积分和重积分的近似计算；增加了插值型求导公式截断误差的表达式及其证明.

(7) 第 6 章中统一定义了显式公式、隐式公式以及单步公式、多步公式的局部截断误差和整体截断误差，减弱了单步法收敛定理中对增量函数所加的限制性条件，重写了单步法的自适应算法和加速算法，删去了自动变步长 Adams 预测校正算法，重写了线性多步法并增加了多步法的收敛性和稳定性一小节.

(8) 第 7 章中删去了矩阵广义特征值的计算一节.

(9) 重写了第 8 章. 对于差分方法，强调如何建立差分格式以及如何求解，并给出了稳定性和收敛性的定义及有关结果；对于有限元方法，介绍了变分原理、Ritz-Galerkin方法和有限元法的基本思想.

(10) 各章调整和增删了部分习题，同时每章均增列了一道上机作业题.

参考文献[13]可作为同学们的课外阅读辅助教材.

书中疏漏及不妥之处，恳请读者给以指正. 电子邮箱：zzsun@seu. edu. cn.

孙志忠　袁慰平　闻震初

2001 年 10 月

第 1 版前言

随着计算机的广泛使用与科学技术的迅速发展，使用计算机进行科学计算已成为科学研究、工程设计中越来越不可缺少的一个环节，它有时甚至代替或超过了实验所起的作用.因此，科学计算应该成为高级科技人员的一项基本功.为此，作为科学计算的核心——“数值分析”已被较多的工科专业列为硕士研究生的一门学位课程.

我校自 1981 年开设此课程以来，进行了专业需要的调查以及教学内容和教学方法的改革与研究，并在教学实践的基础上形成了本书的初稿.初稿在本校使用过多遍，得到研究生及其指导教师们的良好反应与支持.在这次出版时，再一次总结教学实践中的经验，做了修改和加工.

本书着重介绍了适合于电子计算机上采用的计算方法的构造及使用，对误差估计、方法的收敛性、稳定性、适用范围及优缺点等进行了适当分析，对一些解法做了比较详细的推导并列举了较多的数值计算实例.其内容覆盖了国家教委工科研究生数学课程教学指导小组所制订的工科硕士研究生数值分析课程教学基本要求，同时还增加了一些工科专业所需要的内容，如误差分析中的机器数系；非线性方程求根的 Sturm 定理；插值与逼近中的重节点插值、有理函数插值及最佳一致逼近；数值积分中的振荡函数的积分、重积分的近似计算；常微分方程中的自适应算法及稳定性较好的单步隐格式；特征值计算中的广义特征值计算；等等.增加的这些内容，若教学课时数较少则可以删去，不会影响教学的连续性；但若增加了这些内容，则在内容的深广度上更能适应工科专业发展的需要.因此，本书兼顾了多学时与少学时的要求.

本书每章末(除第 1、7 两章外)都有应用实例一节，取材于历届学生结合各自专业的自选课题.我们认为研究生学习“数值分析”课，一方面是提高数学素质，另一方面是为应用所学知识进行科学研究.于是我们要求学生在学完本课程后，必须结合所学内容及各自的专业自选研究课题做一次大型计算实习.在此次讲义修改出版过程中，我们从这些计算实习中挑选了部分作为实例进入教材，有的实例尽管被我们做了简化和加工，但仍然可以从这些实例中初步看到本课程在各专业应用中的深广度.

本书的读者对象是工科研究生及从事数值计算的科技工作者.本书编写分工如下：第 1,3,5 章由袁慰平编写，第 2,6 章由黄新芹编写，第 4 章由闻震初编写，第 7,8 章由张令敏编写.

南京大学苏煜城教授仔细审阅了全书，并提出了宝贵的意见，在苏先生的指点下，我们进行了修改.在本书的形成、使用、修改和出版过程中，得到东南大学研究生院、东南大学出版社及有关工科研究生指导教师和本教研室同志的关心、支持和帮助，在此一并表示衷心感谢.

由于作者水平有限，缺点与错误在所难免，恳请读者批评指正.

袁慰平　张令敏　黄新芹　闻震初

1992 年 4 月

目　　录

1 绪 论

1.1 数值分析的对象和特点

数值分析是寻求数学问题近似解的方法、过程及其理论的一个数学分支.当今世界计算机已被广泛使用,因此数值分析所研究的应该是适合于计算机上使用的计算方法和误差分析以及收敛性、稳定性等问题.

使用计算机通过计算方法或数值模拟的手段来解决科学或工程中的关键问题,简称为科学计算.它已成为科学研究、工程设计等越来越不可缺少的一个环节,有时甚至代替或超过了实验所起的作用.

最近半个多世纪科学研究的实践使人们越来越清楚地认识到,当代科学研究方法论应该由实验、科学计算及理论三大环节所组成.也就是说,科学计算已成为一种新的科学研究方法.因此,作为科学计算的主体 —— 数值分析也就越来越被人们所重视.

1.2 误差的基本概念

1.2.1 误差的来源

一个物理量的真实值和我们算出的值往往不相等,它们之间的差称为误差.引起误差的原因是多方面的.

(1) 模型误差 将实际问题转化为数学问题即所谓的建立数学模型时,对被描述的实际问题进行了抽象和简化,因此数学模型只是客观现象的一种近似和粗糙的描述.这种数学模型与实际问题之间出现的误差称为模型误差.

(2) 观测误差 在给出的数学模型中往往涉及一些根据观测得到的物理量,如电压、电流、温度、长度等,而观测不可避免会带有误差.这种误差称为观测误差.

(3) 截断误差 在计算过程中常常遇到只有通过无限过程才能得到最终结果,但实际计算时只能采用有限过程,如无穷级数求和,只能取前面有限项之和来近似代替无限项之和,于是产生了有限过程代替无限过程的误差,称为截断误差.这是计算方法本身所带来的误差,所以也称为方法误差.

(4) 舍入误差 在计算中遇到的数据可能位数很多,还有可能是无穷小数,如$\sqrt{2}=1.41421356\cdots$,$1/3=0.3333\cdots$,但计算时只能对有限位进行运算,一般采用四舍五入的办法.电子计算机计算时也有采用截尾的办法,如$\sqrt{2}$在8位字长的截断机里取成 1.4142135. 这类误差称为舍入误差,也称计算误差.

少量的舍入误差是微不足道的,但在电子计算机上进行了成千上万次运算后所积累的舍入误差有时可能是十分惊人的.

由上述误差来源的分析可以得到如下结论:误差是不可避免的,要求数据结果绝对准确、绝对严格实际上是办不到的. 对于实际问题,在建立数学模型时本身已存在着模型误差和观测误差,因此既然描述问题的办法都是近似的,那么要求解的绝对准确也就没有多大意义了. 我们在计算方法里所讨论的求解问题都只要求出近似解,那种认为近似解不可靠、不准确的看法是错误的,应该认为求近似解是正常的,而需要研究的问题是如何设法减少误差,提高精度. 从上面对误差四种来源的分析可以知道前两种误差是客观存在的,后两种误差是由计算方法所引起的. 本课程是研究数学问题的数值解法,因此只涉及后两种误差.

1.2.2 绝对误差

定义 1.1 设 x^* 为准确值,x 是 x^* 的一个近似值,称 $e = x^* - x$ 为近似值 x 的**绝对误差**,简称**误差**.

注意这样定义的误差 e 可正可负,所以绝对误差不是指误差绝对值. 通常我们不能算出准确值 x^*,也就不可能算出误差的准确值,因此这个值虽然客观存在,但在实际计算中是很难得到的. 而得到的往往是误差的某个范围,也就是根据测量工具或计算情况估计出误差的绝对值不超过某正数 ε,即

$$|e| = |x^* - x| \leqslant \varepsilon.$$

称 ε 为近似值 x 的**绝对误差限**,简称**误差限**. 有时也表示成 $x^* = x \pm \varepsilon$.

例如我们用毫米刻度的直尺测量一长度为 x^* 的物体,测得该物体长度的近似值为 $x = 20\text{mm}$. 由于直尺以毫米为刻度,所以其误差不超过 0.5mm,即

$$|x^* - 20| \leqslant 0.5.$$

从这个不等式我们不能得出准确值 x^*,但能知道 x^* 的范围为

$$19.5 \leqslant x^* \leqslant 20.5.$$

对于给定的正数 ε,若近似值 x 满足

$$|x^* - x| \leqslant \varepsilon,$$

则在 ε 的范围内认为 x 就是 x^*,也即近似值 x 和真值 x^* 关于允许误差 ε 可以看成是“重合”的,或者说 x 值关于允许误差 ε 是准确的.

1.2.3 相对误差

对于不同的物理量，绝对误差限的大小不能完全表示出近似值的精确程度.为了更好地反映近似值的精确程度，必须考虑绝对误差与真值之比.

定义 1.2 设 x^* 为准确值，x 是 x^* 的一个近似值，称

$$e_r = \frac{x^* - x}{x^*}$$

为近似值 x 的**相对误差**.

在实际计算中，通常真值 x^* 总是难以求得的，因此人们常以

$$\bar{e}_r = \frac{x^* - x}{x}$$

作为相对误差.事实上，有

$$\bar{e}_r - e_r = \frac{\bar{e}_r^2}{1+\bar{e}_r} = \frac{e_r^2}{1-e_r},$$

因而当 $\bar{e}_r$ 和 e_r 中有一个为小量时，$\bar{e}_r - e_r$ 为该小量的 2 阶小量.

计算相对误差与计算绝对误差具有相同的难处，因此我们通常也只能考虑相对误差限.即若有正数 ε_r，使 $|e_r| \leqslant \varepsilon_r$ 或 $|\bar{e}_r| \leqslant \varepsilon_r$，则称 ε_r 为 x 的**相对误差限.**

绝对误差只能用来比较对同一个量所测得的不同近似值的准确程度，而相对误差却能用来刻画或比较任何近似值的准确程度.

1.2.4 有效数

工程技术中对于测量得到的数经常表示成 $x \pm \varepsilon$，它虽然表示了近似值 x 的准确程度，但用这个量进行数值计算就太麻烦了.我们希望所表示的数本身就能显示出它的准确程度，于是需要引进有效数的概念.

定义 1.3 如果近似值 x 的误差限是其某一位上的半个单位，且该位直到 x 的第一个非零数字一共有 n 位(如图 1.1 所示)，则称近似值 x 具有 n 位有效数字.如果一个近似数的误差限为其末位的半个单位，则称该近似数为有效数.

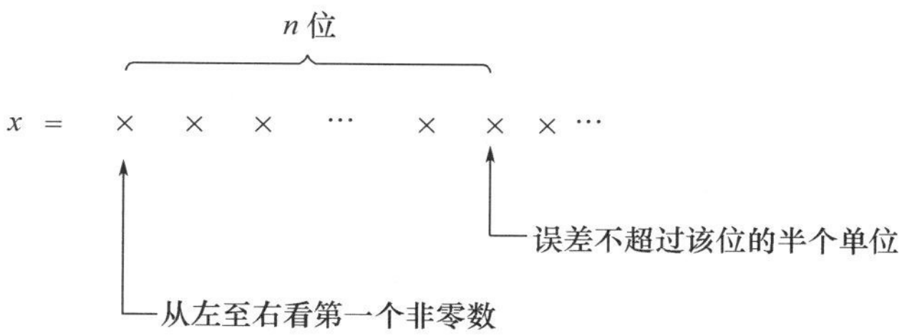

图 1.1 有效位数

如 π 的近似值取 $x_1 = 3.14$,则 x_1 有3位有效数字;取 $x_2 = 3.1416$,则 x_2 有5位有效数字;取 $x_3 = 3.1415$,则 x_3 只有4位有效数字.

在讲了有效数字之后,我们从此规定所写出的数都应该是有效数字,如 π 的近似值应是3.14或3.142或3.1416,不能是3.1415.

在科学记数法中通常将 n 位有效数 x 表示成

$$x = \pm 0.\alpha_1\alpha_2\cdots\alpha_n \times 10^m,$$

即

$$x = \pm(\alpha_1 \times 10^{-1} + \alpha_2 \times 10^{-2} + \cdots + \alpha_n \times 10^{-n}) \times 10^m, \tag{1.1}$$

其中 m 为一整数,$\alpha_1,\alpha_2,\cdots,\alpha_n$ 都是0到9中的整数,且 $\alpha_1 \neq 0$.

按式(1.1)表示的有效数 x,其误差为

$$|x^* - x| \leqslant \frac{1}{2} \times 10^{m-n},$$

所以 x 的误差限为 $\varepsilon = \frac{1}{2} \times 10^{m-n}$. 因此在 m 相同的情况下,n 越大则误差越小,亦即说明一个近似值的有效位数越多其误差限越小.

又由

$$\frac{|x - x^*|}{|x|} \leqslant \frac{\frac{1}{2} \times 10^{m-n}}{\alpha_1 \times 10^{-1} \times 10^m} = \frac{1}{2\alpha_1} \times 10^{-n+1},$$

可知 x 的相对误差限为

$$\varepsilon_r = \frac{1}{2\alpha_1} \times 10^{-n+1}. \tag{1.2}$$

式(1.2)表明一个近似值的有效位数越多,其相对误差限也越小.

由于 $\frac{1}{\alpha_1} \leqslant 1$,所以有时也简单地取

$$\varepsilon_r = \frac{1}{2} \times 10^{-n+1}$$

作为 n 位有效数 x 的相对误差限.

1.2.5 数据误差对函数值的影响

数值运算中由于所给数据的误差必然引起函数值的误差,且这种数据误差的影响较为复杂,我们一般采用 Taylor 级数展开的方法来估计.

对于一元函数 $y = f(x)$,设 x 是近似值,则由此得到的 y 只能是近似值. 我们来研究 y 的绝对误差和相对误差. 设 x^* 是准确值,相应 y 的准确值 $y^* = f(x^*)$,则

函数值 y 的绝对误差为

$$e(y)=y^*-y=f(x^*)-f(x).$$

将 $f(x^*)$ 在 x 处作 Taylor 展开,并取 1 阶 Taylor 多项式,得 $e(y)$ 的近似表达式

$$e(y)\approx f'(x)(x^*-x)=f'(x)e(x),$$

式中 $e(x)=x^*-x$;函数值 y 的相对误差

$$e_r(y)=\frac{e(y)}{y}\approx\frac{f'(x)e(x)}{y}=\frac{xf'(x)}{f(x)}e_r(x).$$

对于二元函数 $y=f(x_1,x_2)$,设 x_1,x_2 是近似值,由此计算 y 得到的也只能是近似值. 设 x_1^*,x_2^* 是准确值,其函数准确值为 $y^*=f(x_1^*,x_2^*)$,于是函数值 y 的绝对误差为

$$e(y)=y^*-y=f(x_1^*,x_2^*)-f(x_1,x_2).$$

将 $f(x_1^*,x_2^*)$ 在(x_1,x_2) 处作 Taylor 展开,并取 1 阶 Taylor 多项式,得 $e(y)$ 的近似表达式

$$e(y)\approx\frac{\partial f(x_1,x_2)}{\partial x_1}(x_1^*-x_1)+\frac{\partial f(x_1,x_2)}{\partial x_2}(x_2^*-x_2),$$

或

$$e(y)\approx\frac{\partial f(x_1,x_2)}{\partial x_1}e(x_1)+\frac{\partial f(x_1,x_2)}{\partial x_2}e(x_2),\tag{1.3}$$

式中

$$e(x_1)=x_1^*-x_1,\quad e(x_2)=x_2^*-x_2.$$

由此可得函数值 y 的相对误差

$$e_r(y)=\frac{e(y)}{y}\approx\frac{\partial f(x_1,x_2)}{\partial x_1}\frac{1}{y}e(x_1)+\frac{\partial f(x_1,x_2)}{\partial x_2}\frac{1}{y}e(x_2),$$

或

$$e_r(y)\approx\frac{\partial f(x_1,x_2)}{\partial x_1}\frac{x_1}{f(x_1,x_2)}e_r(x_1)+\frac{\partial f(x_1,x_2)}{\partial x_2}\frac{x_2}{f(x_1,x_2)}e_r(x_2),\tag{1.4}$$

式中

$$e_r(x_1)=\frac{x_1^*-x_1}{x_1},\quad e_r(x_2)=\frac{x_2^*-x_2}{x_2}.$$

利用函数值的误差估计式(1.3) 和式(1.4) 可以得到两数和、差、积、商的误差估计:

$$
\begin{aligned}
& e(x_1+x_2) \approx e(x_1)+e(x_2), \\
& e(x_1-x_2) \approx e(x_1)-e(x_2), \\
& e(x_1x_2) \approx x_2e(x_1)+x_1e(x_2), \\
& e\left(\frac{x_1}{x_2}\right) \approx \frac{1}{x_2}e(x_1)-\frac{x_1}{x_2^2}e(x_2), \quad x_2 \neq 0, \\
& e_r(x_1+x_2) \approx \frac{x_1}{x_1+x_2}e_r(x_1)+\frac{x_2}{x_1+x_2}e_r(x_2), \\
& e_r(x_1-x_2) \approx \frac{x_1}{x_1-x_2}e_r(x_1)-\frac{x_2}{x_1-x_2}e_r(x_2), \\
& e_r(x_1x_2) \approx e_r(x_1)+e_r(x_2), \\
& e_r\left(\frac{x_1}{x_2}\right) \approx e_r(x_1)-e_r(x_2), \quad x_2 \neq 0.
\end{aligned} \tag{1.5}
$$

例 1.1 计算 $\sqrt{2001}-\sqrt{1999}$,并分析计算结果具有几位有效数字.

解 记 $x_1^*=\sqrt{2001}, x_2^*=\sqrt{1999}$,则它们的 6 位有效数分别为

$$x_1=44.7325, \quad x_2=44.7102.$$

第一种方法:$x_1^*-x_2^* \approx x_1-x_2=44.7325-44.7102=0.0223$;

第二种方法:$x_1^*-x_2^*=\dfrac{2}{x_1^*+x_2^*} \approx \dfrac{2}{x_1+x_2}=\dfrac{2}{44.7325+44.7102}$

$$=0.0223606845\cdots \approx 0.0223607.$$

现在来分析上述两种方法所得结果各具有几位有效数字.由

$$
\begin{aligned}
|e(x_1-x_2)| & \approx |e(x_1)-e(x_2)| \leqslant |e(x_1)|+|e(x_2)| \\
& \leqslant \frac{1}{2} \times 10^{-4}+\frac{1}{2} \times 10^{-4}=10^{-4}<\frac{1}{2} \times 10^{-3},
\end{aligned}
$$

可知按第一种方法所得结果(至少)具有 2 位有效数字.

由

$$
\begin{aligned}
\left|e\left(\frac{2}{x_1+x_2}\right)\right| & \approx\left|-\frac{2}{(x_1+x_2)^2}e(x_1+x_2)\right| \\
& \approx\left|-\frac{2}{(x_1+x_2)^2}[e(x_1)+e(x_2)]\right| \\
& \leqslant \frac{2}{(x_1+x_2)^2}(|e(x_1)|+|e(x_2)|) \\
& \leqslant \frac{2}{(44.7325+44.7102)^2}\left(\frac{1}{2} \times 10^{-4}+\frac{1}{2} \times 10^{-4}\right) \\
& =0.25 \times 10^{-7}<\frac{1}{2} \times 10^{-7},
\end{aligned}
$$

可知按第二种方法计算所得结果(至少)具有 6 位有效数字.由此也不难看出第一种算法确实只具有 2 位有效数字.

通过本例可以看出，当两个相近的数相减时会造成有效位数的减少. 事实上，根据式(1.5)可知，当 x_1 和 x_2 非常接近时，$\frac{x_1}{x_1-x_2}$ 和 $\frac{x_2}{x_1-x_2}$ 的绝对值会很大，这时 $|e_r(x_1-x_2)|$ 可能比 $|e_r(x_1)|+|e_r(x_2)|$ 大得多. 因此，在实际计算中应当尽可能避免两个相近数相减，否则会使计算精度大大降低.

1.3 机器数系

1.3.1 机器数系

电子计算机中数的表示大都采用浮点表示的形式，并以该形式存贮和运算，这种形式与科学记数法非常相似.

设一台计算机有 n 位字长，采用 β 进制，阶码为 p，且 $L \leqslant p \leqslant U$（这里 L，U 和 n 都是由该计算机的硬件所决定的某些常数），则在此计算机中数的浮点表示为

$$x = \pm (0.\alpha_1\alpha_2\cdots\alpha_n)\beta^p, \tag{1.6}$$

亦即

$$x = \pm \left(\frac{\alpha_1}{\beta} + \frac{\alpha_2}{\beta^2} + \cdots + \frac{\alpha_i}{\beta^i} + \cdots + \frac{\alpha_n}{\beta^n}\right)\beta^p,$$

其中 α_i 为满足

$$0 \leqslant \alpha_i \leqslant \beta - 1, \quad i = 1, 2, \cdots, n$$

的整数. 称 $\alpha = \pm 0.\alpha_1\alpha_2\cdots\alpha_n$ 为尾数，称 β 为浮点数的基.

若规定 $\alpha_1 \neq 0$，则称此浮点数为规格化的浮点数.

我们把形如式(1.6)的所有规格化浮点数的全体及机器零组成的集合称为**机器数系**，记作 $F(\beta, n, L, U)$，即

$$F(\beta, n, L, U) = \{0\} \cup \{x \mid x = \pm (0.\alpha_1\alpha_2\cdots\alpha_n)\beta^p\},$$

式中，$1 \leqslant \alpha_1 \leqslant \beta - 1$；$0 \leqslant \alpha_i \leqslant \beta - 1$，$i = 2, 3, \cdots, n$；$L \leqslant p \leqslant U$.

由此可见，机器数系 $F(\beta, n, L, U)$ 是一个离散且由有限个有理数所组成的集合. 该集合共有

$$1 + 2(\beta - 1)\beta^{n-1}(U - L + 1) \tag{1.7}$$

个数，其中绝对值最大的数为

$$\pm \left(\frac{\beta-1}{\beta} + \frac{\beta-1}{\beta^2} + \cdots + \frac{\beta-1}{\beta^n}\right)\beta^U = \pm (1 - \beta^{-n})\beta^U,$$

绝对值最小的非零数为

$$\pm\left(\frac{1}{\beta}+\frac{0}{\beta^2}+\cdots+\frac{0}{\beta^n}\right)\beta^L=\pm\beta^{-1+L}.$$

例 1.2 设有一台计算机,若 $\beta=2, n=3, L=-1, U=2$,求:

(1) F 中数的个数;

(2) 用二进制和十进制两种形式写出 F 中所有的数;

(3) 将 F 中的数在数轴上表示出来.

解 (1) 根据计算公式(1.7),$F(2,3,-1,2)$ 中共有数的个数为

$$1+2(2-1)2^{3-1}[2-(-1)+1]=33.$$

(2) 这 33 个数分别为

$$(0.000)_2=(0)_{10}; \qquad \text{机器零}$$

$$\left.\begin{aligned}
&\pm(0.100\times2^{-1})_2=\pm(0.25)_{10},\\
&\pm(0.101\times2^{-1})_2=\pm(0.3125)_{10},\\
&\pm(0.110\times2^{-1})_2=\pm(0.375)_{10},\\
&\pm(0.111\times2^{-1})_2=\pm(0.4375)_{10};
\end{aligned}\right\}p=-1$$

$$\left.\begin{aligned}
&\pm(0.100\times2^{0})_2=\pm(0.5)_{10},\\
&\pm(0.101\times2^{0})_2=\pm(0.625)_{10},\\
&\pm(0.110\times2^{0})_2=\pm(0.75)_{10},\\
&\pm(0.111\times2^{0})_2=\pm(0.875)_{10};
\end{aligned}\right\}p=0$$

$$\left.\begin{aligned}
&\pm(0.100\times2^{1})_2=\pm(1)_{10},\\
&\pm(0.101\times2^{1})_2=\pm(1.25)_{10},\\
&\pm(0.110\times2^{1})_2=\pm(1.5)_{10},\\
&\pm(0.111\times2^{1})_2=\pm(1.75)_{10};
\end{aligned}\right\}p=1$$

$$\left.\begin{aligned}
&\pm(0.100\times2^{2})_2=\pm(2)_{10},\\
&\pm(0.101\times2^{2})_2=\pm(2.5)_{10},\\
&\pm(0.110\times2^{2})_2=\pm(3)_{10},\\
&\pm(0.111\times2^{2})_2=\pm(3.5)_{10}.
\end{aligned}\right\}p=2$$

其中圆括号右下角的足码表示进制数,即二进制或十进制.

(3) 以上 33 个数在数轴上的表示见图 1.2:

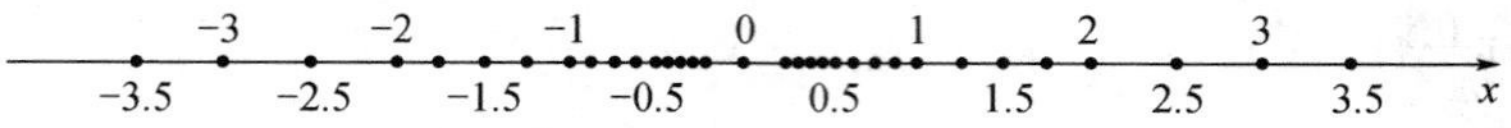

图 1.2 机器数分布图

通过此例我们可以具体看到,机器数系 $F(2,3,-1,2)$ 所表示的 33 个数是区间$[-3.5,3.5]$上的一个离散的、分布不均匀的、有限的有理数点集.

1.3.2 机器数系的运算及误差估计

设 x 为任一实数，由于机器数系 F 是一个不完全的有理数集，因此一般讲在规格化浮点数系 F 中只能近似地表示 x，我们将它记为 $fl(x)$.

目前常用的计算机分为两类：一类具有舍入功能（如十进制中的四舍五入），称这类计算机为**舍入机**；另一类没有舍入功能（如十进制的数 0.567896738 在 8 位字长下取为 0.56789673），称这类计算机为**截断机**. 现在来讨论在这两类计算机中浮点数 $fl(x)$ 的相对误差.

定理 1.1 设实数 $x \neq 0$，在机器数系 $F(\beta, n, L, U)$ 中的浮点表示为 $fl(x)$，则 $fl(x)$ 的相对误差 e_r 满足

$$|e_r| = \left|\frac{x - fl(x)}{x}\right| \leqslant \begin{cases} \frac{1}{2}\beta^{1-n}, & \text{舍入机}, \\ \beta^{1-n}, & \text{截断机}. \end{cases}$$

证明 设实数 x 在 β 进制中表示为 $x = \alpha\beta^p$，其中 p 为整数，$\beta^{-1} \leqslant |\alpha| < 1$. 尾数 α 可表示为

$$\alpha = \pm 0.\alpha_1\alpha_2\cdots\alpha_n\alpha_{n+1}\cdots,$$

其中 $1 \leqslant \alpha_1 \leqslant \beta - 1$；$0 \leqslant \alpha_i \leqslant \beta - 1, i = 2, 3, \cdots$.

对于舍入机，取

$$\alpha' = \begin{cases} 0.\alpha_1\alpha_2\cdots\alpha_n, & \text{若 } 0 \leqslant \alpha_{n+1} \leqslant \frac{\beta}{2} - 1, \\ 0.\alpha_1\alpha_2\cdots\alpha_n + \beta^{-n}, & \text{若 } \alpha_{n+1} \geqslant \frac{\beta}{2}, \end{cases}$$

则

$$fl(x) = \operatorname{sgn}(x)\alpha'\beta^p,$$

其中

$$\operatorname{sgn}(x) = \begin{cases} 1, & \text{若 } x > 0, \\ 0, & \text{若 } x = 0, \\ -1, & \text{若 } x < 0, \end{cases}$$

于是

$$|e_r| = \left|\frac{x - fl(x)}{x}\right| \leqslant \left|\frac{\frac{1}{2}\beta^{-n}\beta^p}{\alpha\beta^p}\right| \leqslant \frac{1}{2}\beta^{1-n}.$$

对于截断机，取 $\alpha' = 0.\alpha_1\alpha_2\cdots\alpha_n$，则

$$fl(x) = \operatorname{sgn}(x)\alpha'\beta^p,$$

于是

$$|e_r| = \left|\frac{x - fl(x)}{x}\right| \leqslant \left|\frac{\beta^{-n} \cdot \beta^p}{\alpha\beta^p}\right| \leqslant \frac{\beta^{-n}}{\beta^{-1}} = \beta^{1-n}.$$

定理证毕.

特例:对于十进制即 $\beta = 10$ 时,有

$$|e_r| = \left|\frac{x - fl(x)}{x}\right| = \begin{cases} \frac{1}{2} \times 10^{1-n}, & \text{舍入机}, \\ 10^{1-n}, & \text{截断机}. \end{cases}$$

上面 $\frac{1}{2}\beta^{1-n}$ 或 β^{1-n} 都称为计算机的精度,通常记为 eps,即

$$\text{eps} = \frac{1}{2}\beta^{1-n} \quad \text{或} \quad \text{eps} = \beta^{1-n}.$$

记 $\varepsilon = \dfrac{fl(x) - x}{x}$,则 x 和它的浮点数 $fl(x)$ 之间有如下关系式:

$$fl(x) = x(1+\varepsilon), \quad |\varepsilon| \leqslant \text{eps}.$$

在计算机中,规格化浮点数在运算器里经运算后,结果仍用规格化浮点数存贮. 设 x_1, x_2 为规格化浮点数,则

$$\begin{aligned} fl(x_1 + x_2) &= (x_1 + x_2)(1+\varepsilon_1), \\ fl(x_1 - x_2) &= (x_1 - x_2)(1+\varepsilon_2), \\ fl(x_1 \cdot x_2) &= (x_1 \cdot x_2)(1+\varepsilon_3), \\ fl(x_1 / x_2) &= (x_1 / x_2)(1+\varepsilon_4), \end{aligned} \tag{1.8}$$

其中

$$|\varepsilon_i| < \text{eps}, \quad i = 1,2,3,4.$$

例 1.3　设 x_1, x_2, x_3 为机器数,试比较

$$fl(fl(x_1 + x_2) + x_3) \quad \text{和} \quad fl(x_1 + fl(x_2 + x_3))$$

的相对误差限.

解　由式(1.8)得

$$\begin{aligned} fl(fl(x_1 + x_2) + x_3) &= fl((x_1 + x_2)(1+\varepsilon_1) + x_3) \\ &= [(x_1 + x_2)(1+\varepsilon_1) + x_3](1+\varepsilon_2) \\ &= [(x_1 + x_2 + x_3) + (x_1 + x_2)\varepsilon_1](1+\varepsilon_2) \\ &= (x_1 + x_2 + x_3)\left[1 + \varepsilon_2 + \frac{x_1 + x_2}{x_1 + x_2 + x_3}\varepsilon_1(1+\varepsilon_2)\right] \\ &= (x_1 + x_2 + x_3)(1+\varepsilon), \end{aligned}$$

其中

$$\varepsilon = \varepsilon_2 + \frac{x_1 + x_2}{x_1 + x_2 + x_3}\varepsilon_1(1 + \varepsilon_2), \quad |\varepsilon_i| \leqslant \text{eps}, \quad i = 1,2, \tag{1.9}$$

于是 $fl(fl(x_1 + x_2) + x_3)$ 相对误差的绝对值为 $|\varepsilon|$.

类似地,有

$$fl(x_1 + fl(x_2 + x_3)) = (x_1 + x_2 + x_3)(1 + \varepsilon'),$$

其中

$$\varepsilon' = \varepsilon_2' + \frac{x_2 + x_3}{x_1 + x_2 + x_3}\varepsilon_1'(1 + \varepsilon_2'), \quad |\varepsilon_i'| \leqslant \text{eps}, \quad i = 1,2, \tag{1.10}$$

即 $fl(x_1 + fl(x_2 + x_3))$ 相对误差的绝对值为 $|\varepsilon'|$.

由于 ε_i 和 ε_i' 具有随机性,比较式(1.9) 和式(1.10) 可以得到:若 $|x_1 + x_2| < |x_2 + x_3|$,则 $|\varepsilon| < |\varepsilon'|$;若 $|x_2 + x_3| < |x_1 + x_2|$,则 $|\varepsilon'| < |\varepsilon|$. 由此说明:若干同号数相加,采用绝对值较小者先加的算法,其结果的相对误差较小;同时,实数加法运算满足的结合律 $(a + b) + c = a + (b + c)$ 在计算机浮点运算中是不满足的.

机器数按如下规则进行运算:

(1) 加减法 首先比较加减两数的阶码,将阶码较小的尾数向右移位,每移一位阶码加 1,直至其阶码与另一数的阶码一致时为止,并将移位后的尾数多于计算机字长的部分进行四舍五入,之后对尾数进行加减运算,最后将尾数写成规格化形式.

(2) 乘法 阶码相加,尾数相乘,得两倍字长尾数,最后将乘积的尾数舍入成规格化形式,并冠以积的符号(两数同号积为正,异号积为负).

(3) 除法 阶码相减,将被除数尾数扩大为两倍字长进行除法,得两倍字长的尾数,最后舍入成规格化形式,并冠以商的符号(两数同号商为正,异号商为负).

例 1.4 设有一舍入机,已知 $n = 3, L = -5, U = 5, x = 1.623, y = 0.184, z = 0.00362$,求 $u = (x + y) + z$ 和 $v = x + (y + z)$.

解 因为

$$fl(x) = 0.162 \times 10^1, \quad fl(y) = 0.184 \times 10^0, \quad fl(z) = 0.362 \times 10^{-2},$$

$$\begin{aligned} fl(x) + fl(y) &= 0.162 \times 10^1 + 0.184 \times 10^0 = 0.162 \times 10^1 + 0.018 \times 10^1 \\ &= (0.162 + 0.018) \times 10^1 = 0.180 \times 10^1, \end{aligned}$$

可得

$$\begin{aligned} u &= (fl(x) + fl(y)) + fl(z) = 0.180 \times 10^1 + 0.362 \times 10^{-2} \\ &= 0.180 \times 10^1 + 0.000 \times 10^1 = (0.180 + 0.000) \times 10^1 \\ &= 0.180 \times 10^1; \end{aligned}$$

又

$$\begin{aligned} fl(y)+fl(z) &= 0.184\times 10^0+0.362\times 10^{-2}=0.184\times 10^0+0.004\times 10^0 \\ &= (0.184+0.004)\times 10^0=0.188\times 10^0, \end{aligned}$$

可得

$$\begin{aligned} v &= fl(x)+(fl(y)+fl(z))=0.162\times 10^1+0.188\times 10^0 \\ &= 0.162\times 10^1+0.019\times 10^1=(0.162+0.019)\times 10^1 \\ &= 0.181\times 10^1. \end{aligned}$$

本例中两种算法得到不同的答案,而且没有一个等于精确值 1.81062. 究其原因是计算机中存贮 x 时有舍入误差,而在做加、减法时又引入了新的舍入误差.

此例也说明通常实数运算具有的结合律 $a+(b+c)=(a+b)+c$ 在浮点运算中是不适用的,因此应注意舍入误差的分析和算法的设计.

1.4 数值稳定问题

由以上讨论可知数值运算中,几乎每一步运算都会产生舍入误差. 这种关于舍入误差影响及相互作用的问题通常称为算法的数值稳定问题,对此问题的讨论当然不可能对每一步运算都做误差分析,而是将问题转化为对数据误差影响的分析.

1.4.1 数值稳定性

定义 1.4 设有一个算法,如果初始数据有小的误差仅使最终结果产生小的误差,则称该算法是**(数值) 稳定**的,否则称为**(数值) 不稳定**的.

先看下面一道例题.

例 1.5 建立计算积分

$$I_n=\int_0^1 \frac{x^n}{x+5}\mathrm{d}x, \quad n=0,1,2,\cdots,10$$

的递推公式,并研究它的误差传递.

解 由

$$\begin{aligned} I_n &= \int_0^1 \frac{x^n+5x^{n-1}-5x^{n-1}}{x+5}\mathrm{d}x=\int_0^1 x^{n-1}\mathrm{d}x-5\int_0^1 \frac{x^{n-1}}{x+5}\mathrm{d}x \\ &= \frac{1}{n}-5I_{n-1}, \quad n=1,2,\cdots,10 \end{aligned}$$

及

$$I_0=\int_0^1 \frac{1}{x+5}\mathrm{d}x=\ln 1.2,$$

得到计算 I_n 的递推关系式：

$$\begin{cases} I_n = \dfrac{1}{n} - 5I_{n-1}, \quad n = 1,2,\cdots,10, \\ I_0 = \ln 1.2. \end{cases} \tag{1.11}$$

取 I_0 的具有6位有效数字的近似值 $\tilde{I}_0 = 0.182322$，由式(1.11)递推计算可得如下结果(设字长为6)：

$$\tilde{I}_1 = 1 - 5\tilde{I}_0 = 0.0883900, \quad \tilde{I}_2 = \frac{1}{2} - 5\tilde{I}_1 = 0.0580500,$$

$$\tilde{I}_3 = \frac{1}{3} - 5\tilde{I}_2 = 0.0430833, \quad \tilde{I}_4 = \frac{1}{4} - 5\tilde{I}_3 = 0.0345835,$$

$$\tilde{I}_5 = \frac{1}{5} - 5\tilde{I}_4 = 0.0270825, \quad \tilde{I}_6 = \frac{1}{6} - 5\tilde{I}_5 = 0.0312542,$$

$$\tilde{I}_7 = \frac{1}{7} - 5\tilde{I}_6 = -0.0134139, \quad \tilde{I}_8 = \frac{1}{8} - 5\tilde{I}_7 = 0.192070,$$

$$\tilde{I}_9 = \frac{1}{9} - 5\tilde{I}_8 = -0.849239, \quad \tilde{I}_{10} = \frac{1}{10} - 5\tilde{I}_9 = 4.34620.$$

由 I_n 的表达式可知对一切正整数 n，$I_n > 0$ 且 $\{I_n\}_{n=0}^{\infty}$ 是一个单调递减并趋于零的序列，而由 $\tilde{I}_7 < 0$ 可见计算结果不正确.现在分析产生这种错误的原因.

显然在计算 I_0 时有误差，设为 e_0，即 $e_0 = I_0 - \tilde{I}_0$.在应用递推公式(1.11)时，利用已求得的 I_{n-1} 的近似值 $\tilde{I}_{n-1}$ 去求得 I_n 的近似值，有

$$\tilde{I}_n = \frac{1}{n} - 5\tilde{I}_{n-1}. \tag{1.12}$$

将式(1.11)和式(1.12)相减，得到

$$I_n - \tilde{I}_n = (-5)(I_{n-1} - \tilde{I}_{n-1}), \quad n = 1,2,\cdots,10.$$

记 $e_n = I_n - \tilde{I}_n$，则有

$$|e_n| = 5|e_{n-1}|, \quad n = 1,2,\cdots,10,$$

递推得

$$|e_n| = 5^n|e_0|, \quad n = 1,2,\cdots,10.$$

由此看出误差 e_0 对第 n 步的影响是该误差扩大了 5^n 倍.显然当 n 较大时，误差将淹没真值，因此递推公式(1.11)是数值不稳定的.

现在从另一方向使用这一公式，即

$$I_{n-1} = \frac{1}{5}\left(\frac{1}{n} - I_n\right), \quad n = 10,9,\cdots,1, \tag{1.13}$$

则只要给出 I_{10} 的一个近似值 $\tilde{I}_{10}$,即可递推得到 $\tilde{I}_9,\tilde{I}_8,\cdots,\tilde{I}_0$:

$$\tilde{I}_{n-1}=\frac{1}{5}\left(\frac{1}{n}-\tilde{I}_n\right),\quad n=10,9,\cdots,1.$$

类似于上面的推导可得

$$|e_{n-1}|=\frac{1}{5}|e_n|,\quad n=10,9,\cdots,1,$$

易得

$$|e_{10-k}|=\left(\frac{1}{5}\right)^k|e_{10}|,\quad k=1,2,\cdots,10,$$

即每递推一步误差缩小为原值的$\frac{1}{5}$,所以递推公式(1.13)是数值稳定的.

由积分第二中值定理,可得

$$I_n=\frac{1}{\xi_n+5}\int_0^1 x^n\mathrm{d}x=\frac{1}{\xi_n+5}\cdot\frac{1}{n+1},\quad 0<\xi_n<1,$$

所以

$$\frac{1}{6}\cdot\frac{1}{n+1}<I_n<\frac{1}{5}\cdot\frac{1}{n+1}.$$

取

$$\tilde{I}_{10}=\frac{1}{2}\left(\frac{1}{6}\cdot\frac{1}{10+1}+\frac{1}{5}\cdot\frac{1}{10+1}\right)=\frac{1}{60},$$

则

$$|I_{10}-\tilde{I}_{10}|\leqslant\frac{1}{2}\left(\frac{1}{5}\cdot\frac{1}{10+1}-\frac{1}{6}\cdot\frac{1}{10+1}\right)=\frac{1}{660}.$$

由式(1.13)递推计算可得如下结果(设字长为 6):

$$\tilde{I}_9=\frac{1}{5}\left(\frac{1}{10}-\tilde{I}_{10}\right)=0.0166667,\quad \tilde{I}_8=\frac{1}{5}\left(\frac{1}{9}-\tilde{I}_9\right)=0.0188889,$$

$$\tilde{I}_7=\frac{1}{5}\left(\frac{1}{8}-\tilde{I}_8\right)=0.0212222,\quad \tilde{I}_6=\frac{1}{5}\left(\frac{1}{7}-\tilde{I}_7\right)=0.0243270,$$

$$\tilde{I}_5=\frac{1}{5}\left(\frac{1}{6}-\tilde{I}_6\right)=0.0284679,\quad \tilde{I}_4=\frac{1}{5}\left(\frac{1}{5}-\tilde{I}_5\right)=0.0343064,$$

$$\tilde{I}_3=\frac{1}{5}\left(\frac{1}{4}-\tilde{I}_4\right)=0.0431387,\quad \tilde{I}_2=\frac{1}{5}\left(\frac{1}{3}-\tilde{I}_3\right)=0.0580389,$$

$$\tilde{I}_1=\frac{1}{5}\left(\frac{1}{2}-\tilde{I}_2\right)=0.0883922,\quad \tilde{I}_0=\frac{1}{5}(1-\tilde{I}_1)=0.182322.$$

通过此例可以看到算法的好坏对计算结果有很大的影响，因此我们应尽可能地设计数值稳定的算法.

1.4.2 良态问题与病态问题

上面讨论的数值稳定性是对算法而言的. 对数学问题本身而言，如果输入数据有微小误差（扰动），引起输出数据（即问题的解）只有微小的改变，称这类问题是好条件的（良态的），否则称为坏条件的（病态的）. 一个数学问题是良态的还是病态的，这是数学问题自身的特性，与算法无关. 一个病态的数学问题用任何算法直接求解都可能产生不稳定性.

例 1.6 对于根为 1，2，…，20 的 20 次代数方程

$$p(x)=(x-1)(x-2)\cdots(x-20)=x^{20}-210x^{19}+\cdots=0,$$

研究仅将 x^{19} 的系数做微小摄动成为 $-210+2^{-23}$ 时对解的影响.

解 若 x^{19} 的系数为 $-210+2^{-23}$，则所得摄动方程为

$$p(x)+2^{-23}x^{19}=0,$$

其根发生了很大变化. 英国误差分析权威 J. H. Wilkinson 在有 90 位字长的二进制计算机上进行计算，得摄动方程的根为

$$\begin{gathered}
1.000000000,\quad 2.000000000,\quad 3.000000000,\\
4.000000000,\quad 4.999999928,\quad 6.000006944,\\
6.999697234,\quad 8.007267603,\quad 8.917250249,\\
10.095266145\pm 0.643500904\mathrm{i},\quad 11.793633881\pm 1.652329728\mathrm{i},\\
13.992358137\pm 2.518830070\mathrm{i},\quad 16.730737466\pm 2.812624894\mathrm{i},\\
19.502439400\pm 1.940330347\mathrm{i},\quad 20.846908101,
\end{gathered}$$

其中有 10 个根变成了复数，并且有两个根离开了实轴超过 2.81 单位.

下面我们来分析产生这种现象的原因. 令

$$p(x,\varepsilon)=p(x)+\varepsilon x^{19}=x^{20}+(-210+\varepsilon)x^{19}+\cdots,$$

则 $p(x,\varepsilon)$ 的零点都是 ε 的函数，分别记为

$$x_i(\varepsilon),\quad i=1,2,\cdots,20.$$

当 $\varepsilon\to 0$ 时，$x_i(\varepsilon)\to i\,(i=1,2,\cdots,20)$，且有

$$\begin{aligned}
p(x,\varepsilon)&=(x-x_1(\varepsilon))(x-x_2(\varepsilon))\cdots(x-x_{20}(\varepsilon))\\
&=(x-x_i(\varepsilon))\prod_{\substack{j=1\\ j\neq i}}^{20}(x-x_j(\varepsilon)).
\end{aligned}$$

我们来求 $\left.\dfrac{\mathrm{d}x_i(\varepsilon)}{\mathrm{d}\varepsilon}\right|_{\varepsilon=0}$ 的值. 将上式两边对 ε 求导，得

$$x^{19}=\left[-\frac{\mathrm{d}x_i(\varepsilon)}{\mathrm{d}\varepsilon}\right]\prod_{\substack{j=1\\j\neq i}}^{20}(x-x_j(\varepsilon))+(x-x_i(\varepsilon))\frac{\mathrm{d}}{\mathrm{d}\varepsilon}\prod_{\substack{j=1\\j\neq i}}^{20}(x-x_j(\varepsilon)),$$

两端令 $\varepsilon\to 0$,得到

$$x^{19}=-\frac{\mathrm{d}x_i(0)}{\mathrm{d}\varepsilon}\prod_{\substack{j=1\\j\neq i}}^{20}(x-j)+(x-i)\left[\frac{\mathrm{d}}{\mathrm{d}\varepsilon}\prod_{\substack{j=1\\j\neq i}}^{20}(x-x_j(\varepsilon))\right]\Bigg|_{\varepsilon=0},$$

再令 $x\to i$,得到

$$i^{19}=-\frac{\mathrm{d}x_i(0)}{\mathrm{d}\varepsilon}\prod_{\substack{j=1\\j\neq i}}^{20}(i-j),$$

易得

$$\frac{\mathrm{d}x_i(0)}{\mathrm{d}\varepsilon}=-\frac{i^{19}}{\prod\limits_{\substack{j=1\\j\neq i}}^{20}(i-j)},\quad i=1,2,\cdots,20.$$

它们的值列于表 1.1:

表 1.1　$\dfrac{\mathrm{d}x_i(0)}{\mathrm{d}\varepsilon}$ 的数值表

$x_i(0)$	$\left.\dfrac{\mathrm{d}x_i(\varepsilon)}{\mathrm{d}\varepsilon}\right\|_{\varepsilon=0}$	$x_i(0)$	$\left.\dfrac{\mathrm{d}x_i(\varepsilon)}{\mathrm{d}\varepsilon}\right\|_{\varepsilon=0}$
1	8.2×10^{-18}	11	4.6×10^{7}
2	-8.2×10^{-11}	12	-2.0×10^{8}
3	1.6×10^{-6}	13	6.1×10^{8}
4	-2.2×10^{-3}	14	-1.3×10^{9}
5	6.1×10^{-1}	15	2.1×10^{9}
6	-5.8×10^{1}	16	-2.4×10^{9}
7	2.5×10^{3}	17	1.9×10^{9}
8	-6.0×10^{4}	18	-1.0×10^{9}
9	8.3×10^{5}	19	3.1×10^{8}
10	-7.6×10^{6}	20	-4.3×10^{7}

又因为

$$x_i(\varepsilon)-x_i(0)\approx\frac{\mathrm{d}x_i(0)}{\mathrm{d}\varepsilon}(\varepsilon-0),$$

所以由表 1.1 可得

$$|x_i(\varepsilon)-x_i(0)|\approx\left|\frac{\mathrm{d}x_i(0)}{\mathrm{d}\varepsilon}\right|\varepsilon>10^6\varepsilon,\quad i=10,11,\cdots,20.$$

这就说明多项式 $p(x)$ 中 x^{19} 的系数有一个微小的变化 ε，将引起方程 $p(x)=0$ 解的巨大变化. 因此，这个 20 次方程 $p(x)=0$ 的求解问题是一个坏条件问题. 求解这种坏条件问题时必须非常谨慎，一般采用双精度计算.

1.4.3 减少运算次数

同样一个计算问题，如果能减少运算次数，不但可以节省计算机的工作时间，而且还能减少舍入误差. 因此，尽可能减少运算次数是数值计算必须遵守的原则，而如何减少运算次数则是数值计算所需研究的重要内容.

例如计算 x^{22} 的值，若将 x 的值逐个相乘，那么需做 21 次乘法，但若写成

$$x^{22}=x\cdot x^3\cdot x^6\cdot x^{12}=x\cdot u\cdot v\cdot w,$$

其中 $u=x\cdot x\cdot x, v=u\cdot u, w=v\cdot v$，只要做 7 次乘法就可以了.

又如计算多项式

$$f(x)=a_0x^n+a_1x^{n-1}+\cdots+a_{n-1}x+a_n$$

的值，若直接计算 $a_{n-i}x^i$ 再逐项相加，总共需做

$$n+(n-1)+\cdots+2+1=\frac{n(n+1)}{2}$$

次乘法和 n 次加法. 但若将前 n 项提出 x，则有

$$f(x)=(a_0x^{n-1}+a_1x^{n-2}+\cdots+a_{n-1})x+a_n;$$

此时括号内是$(n-1)$ 次多项式，对它再施行同样手续，又有

$$f(x)=((a_0x^{n-2}+a_1x^{n-3}+\cdots+a_{n-2})x+a_{n-1})x+a_n;$$

对内层括号内$(n-2)$ 次多项式再施行上述同样手续，又得一个$(n-3)$ 次多项式. 这样每做一步，最内层的多项式就降低 1 次，最终可将多项式表示为如下嵌套形式：

$$f(x)=(\cdots((a_0x+a_1)x+a_2)x+\cdots+a_{n-1})x+a_n.$$

利用此式结构上的特点，可从里往外一层层地计算. 若设

$$\begin{aligned}b_0&=a_0,\\b_1&=b_0x+a_1,\\b_2&=b_1x+a_2,\\&\vdots\\b_n&=b_{n-1}x+a_n,\end{aligned}$$

则得递推公式

$$\begin{cases} b_k = b_{k-1}x + a_k, \quad k = 1,2,\cdots,n, \\ b_0 = a_0, \end{cases}$$

于是 $f(x) = b_n$.

此即秦九韶法(秦九韶是宋代数学家,此法由他最早提出,国外称 Hornor 法,其实 Hornor 比秦九韶晚了五六个世纪).按此法求 $f(x)$ 的值只需作 n 次乘法和 n 次加法,工作量少;同时,由于使用的是递推公式,极方便编写程序.

对于上述方法,若采用计算器计算或手算也是极方便的.如下所示,把 $f(x)$ 按照降幂排列的系数(缺项补零)写在第一行,把欲求某点之值 x_0 及 b_kx_0 写在第二行,第三行则为一、二两行相应值之和 b_k,最后得到的 b_n 即为所求 $f(x_0)$ 之值.

	a_0	a_1	a_2	$\cdots$	a_{n-1}	a_n
$x = x_0$		b_0x_0	b_1x_0	$\cdots$	$b_{n-2}x_0$	$b_{n-1}x_0$
	b_0	b_1	b_2	$\cdots$	b_{n-1}	$\boxed{b_n} = f(x_0)$

例 1.7 已知 $f(x) = 8x^5 + 4x^3 - 9x + 1$,用秦九韶法求 $f(3)$.

解 由

	8	0	4	0	−9	1
$x_0 = 3$		24	72	228	684	2025
	8	24	76	228	675	$\boxed{2026} = f(3)$

得 $f(3) = 2026$.

例 1.8 已知 $f(x) = 2(x-5)^4 - 3(x-5)^3 + (x-5) + 3$,求 $f(4.9)$.

解 令 $z = x - 5$,则 $x_0 = 4.9$ 时 $z_0 = x_0 - 5 = -0.1$.由

	2	−3	0	1	3
$z_0 = -0.1$		−0.2	0.32	−0.032	−0.0968
	2	−3.2	0.32	0.968	$\boxed{2.9032} = f(4.9)$

得 $f(4.9) = 2.9032$.

由以上讨论我们得到如下结论:对于一个好条件的问题,还应注意使用好的算法,尽可能减少运算次数.

习 题 1

1. 以下各 x_i 表示 x_i^* 的近似数,问 x_i 具有几位有效数字?

(1) $x_1^* = 451.023$, $x_1 = 451.01$;

(2) $x_2^* = -0.045113$, $x_2 = -0.04518$;

(3) $x_3^* = 23.4213$, $x_3 = 23.4604$;

(4) $x_4^* = \frac{1}{3}$, $x_4 = 0.3333$;

(5) $x_5^* = 23.496$, $x_5 = 23.494$;

(6) $x_6^* = 96 \times 10^5$, $x_6 = 96.1 \times 10^5$;

(7) $x_7^* = 0.00096$, $x_7 = 0.96 \times 10^{-3}$;

(8) $x_8^* = -8700$, $x_8 = -8700.3$.

2. 以下各数均为有效数,问经过下述运算后,准确结果所在的最小区间分别是什么?

(1) $0.1062 + 0.947$;　　(2) $23.46 - 12.753$;

(3) 2.747×6.83;　　(4) $1.473 \div 0.064$.

3. 对一元二次方程 $x^2 - 40x + 1 = 0$,如果 $\sqrt{399} \approx 19.975$ 具有5位有效数字,求该方程具有5位有效数字的根.

4. 如果 $x_1 = 0.937$ 具有3位有效数字,问 x_1 的相对误差限是多少?又设函数 $f(x) = \sqrt{1-x}$,求 $f(x_1)$ 的绝对误差限和相对误差限.

5. 分别取 $\sqrt{2.01}$ 和 $\sqrt{2.00}$ 具有3位有效数字的近似值1.42和1.41,试按

$$A^* = \sqrt{2.01} - \sqrt{2.00} \quad \text{和} \quad A^* = 0.01/(\sqrt{2.01} + \sqrt{2.00})$$

两种算法求 A^* 的值,并分别求出两种算法所得 A^* 的近似值的绝对误差限和相对误差限,以及两种结果各具有几位有效数字.

6. 已知计算球的体积所产生的相对误差为1%,若根据所得体积的值推算球的半径,问相对误差为多少?

7. 有一圆柱高为25.00cm,半径为(20.00±0.05)cm,试求按所给数据计算这个圆柱的体积和侧面积所产生的相对误差限.

8. 已知一个三角形的一边和两个邻角分别为 $a = 100$, $B = \frac{\pi}{3}$, $C = \frac{\pi}{6}$,假定

$$|e(a)| \leqslant 0.1, \quad |e(B)| \leqslant \frac{\pi}{1800}, \quad |e(C)| \leqslant \frac{\pi}{1800},$$

试计算另外的边和角的值,并估计其绝对误差限.

9. 试改变下列表达式,使计算结果比较精确:

(1) $\left(\frac{1-\cos x}{1+\cos x}\right)^{\frac{1}{2}}$,当 $|x| \ll 1$ 时;　　(2) $\sqrt{x+1} - \sqrt{x}$,当 $x \gg 1$ 时;

(3) $\frac{1}{1+2x} - \frac{1-x}{1+x}$,当 $|x| \ll 1$ 时;　　(4) $\frac{1-\cos x}{\sin x}$,当 $|x| \ll 1$ 时.

10. 若一台计算机的字长 $n = 3$,基数 $\beta = 10$,阶码 $-2 \leqslant p \leqslant 2$,问这台计算

机能精确表示多少个实数?

11. 给定规格化的浮点数系 $F:\beta=2,n=2,L=-1,U=1$,求 F 中规格化的浮点数的个数,并把所有的浮点数在数轴上表示出来.

12. 设有一台计算机,已知 $n=3,-L=U=4,\beta=10$,试求下列各数的机器近似值 $fl(x)$(计算机有舍入装置):

(1) 41.92; (2) 328.7; (3) 0.0483;
(4) 0.918; (5) 0.007845; (6) 98740;
(7) 1.82×10^{3}; (8) 4.71×10^{-6}; (9) 6.6445×10^{21};
(10) 3.879×10^{-10}; (11) 3.196×10^{-100}; (12) 13.654×10^{99}.

13. 考虑数列:$1,\frac{1}{3},\frac{1}{9},\frac{1}{27},\frac{1}{81},\cdots$. 若 $p_0=1$,则用递推公式

$$p_n=\frac{1}{3}p_{n-1},\quad n=1,2,\cdots$$

可以生成上述序列. 试考察计算 p_n 的算法的稳定性.

14. 考虑数列:$1,\frac{1}{3},\frac{1}{9},\frac{1}{27},\frac{1}{81},\cdots$. 设 $p_0=1,p_1=\frac{1}{3}$,则用递推公式

$$p_n=\frac{10}{3}p_{n-1}-p_{n-2},\quad n=2,3,\cdots$$

可以生成上述序列. 试问计算 p_n 的公式是稳定的吗?

15. 已知 $p(x)=125x^5+230x^3-11x^2+3x-47$,试用秦九韶法求 $p(5)$.

16. 已知函数 $f(x)=3+x+(x-4)^2-6(x-4)^3+4(x-4)^5$,试用秦九韶法求 $f(3.9)$ 及 $f(4.2)$.

17. (上机题) **舍入误差与有效数.**

设 $S_N=\sum\limits_{j=2}^{N}\frac{1}{j^2-1}$,其精确值为$\frac{1}{2}\left(\frac{3}{2}-\frac{1}{N}-\frac{1}{N+1}\right)$.

(1) 编写按从大到小的顺序$\left(S_N=\frac{1}{2^2-1}+\frac{1}{3^2-1}+\cdots+\frac{1}{N^2-1}\right)$计算 S_N 的通用程序;

(2) 编写按从小到大的顺序$\left(S_N=\frac{1}{N^2-1}+\frac{1}{(N-1)^2-1}+\cdots+\frac{1}{2^2-1}\right)$计算 S_N 的通用程序;

(3) 按上面两种顺序分别计算 $S_{10^2},S_{10^4},S_{10^6}$,并指出有效位数(编写程序时用单精度);

(4) 通过本上机题你明白了什么?

2 非线性方程的解法

2.1 概述

数学物理中的很多问题常常归结为解方程

$$f(x)=0. \tag{2.1}$$

如果有 x^* 使得 $f(x^*)=0$,则称 x^* 为方程(2.1)的根或函数 $f(x)$ 的零点.

特别地,如果函数 $f(x)$ 能写成如下形式:

$$f(x)=(x-x^*)^m g(x),$$

其中 $g(x^*)\neq 0$,m 为正整数,则当 $m=1$ 时,称 x^* 为 $f(x)=0$ 的**单根**或 $f(x)$ 的**单零点**;当 $m\geqslant 2$ 时,称 x^* 为 $f(x)=0$ 的 $\boldsymbol{m}$ **重根**或 $f(x)$ 的 $\boldsymbol{m}$ **重零点**.

设方程(2.1)存在根 x^*,且 $f(x)$ 在 x^* 附近存在 m 阶连续导数,应用 Taylor 展开式易知 x^* 为方程(2.1)的 m 重根的充分必要条件为

$$f(x^*)=0,\quad f'(x^*)=0,\quad \cdots,\quad f^{(m-1)}(x^*)=0,\quad f^{(m)}(x^*)\neq 0.$$

如果 $f(x)$ 为 n 次多项式,则称 $f(x)=0$ 为 n 次代数方程.除代数方程外,其它方程称为超越方程.从理论上已证明对于次数 $n\geqslant 5$ 的代数方程,它的根不能用方程系数的解析式表示,对于一般的超越方程更没有求根的公式可套.因此,研究非线性方程的数值解法非常必要.

非线性方程求根通常分为两个步骤:一是对根的搜索,分析方程存在多少个根,找出每个根所在区间;二是根的精确化,求得根的足够精确的近似值.

2.1.1 根的搜索

对方程根的搜索,是寻找根的大概位置,即根存在的区间,进而找出具有唯一根的一个区间.

对于一般的非线性方程式(2.1),其根的搜索方法可有如下几种:

(1) 图解法.例如,方程 $3x-\cos x-1=0$ 等价于 $3x-1=\cos x$,我们在同一坐标系中画出 $y=3x-1$ 及 $y=\cos x$ 的图(如图 2.1 所示),由图可知两曲线交点的横坐标即为方程的根 x^*,可得 $x^*\in\left[\frac{1}{3},1\right]$.

(2) 近似方程法.例如,方程 $3x-\cos x+0.01\sin x-1=0$ 的根接近于方程 $3x-\cos x-1=0$ 的根.

(3) 解析法. 根据函数的连续性、介值定理以及单调性等寻找含根区间(有根区间)和有唯一根的区间(隔根区间).

(4) 定步长搜索法. 在某一区间上以适当的步长 h 去考察函数值

$$f(x_i),\quad x_i = x_0 + ih,\quad i = 0,1,2,\cdots$$

的符号,当 $f(x)$ 连续且 $f(x_{i-1})f(x_i) < 0$ 时,则区间 $[x_{i-1}, x_i]$ 为有根区间,又若在此区间内 $f'(x)$ 不变号,则在此区间有唯一根.

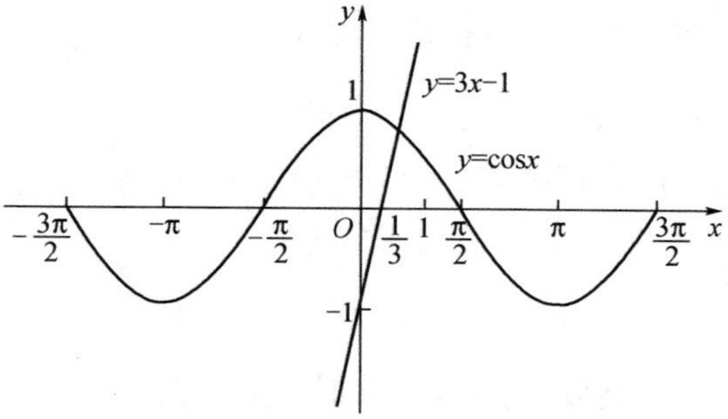

图 2.1　图解法寻找有根区间

2.1.2　二分法

在求方程近似根的方法中最直观、最简单的方法是二分法. 二分法以连续函数的介值定理为基础. 考虑方程(2.1). 设函数 $f(x) \in C[a,b]$, $f(a)f(b) < 0$, 且方程(2.1) 在 $[a,b]$ 上存在唯一根 x^*. 二分法的基本思想是用对分区间的方法,根据分点处函数 $f(x)$ 值的符号逐步将有根区间缩小,使在足够小的区间内方程有且仅有一根.

为叙述方便起见,记 $a_0 = a, b_0 = b$. 用中点

$$x_0 = \frac{1}{2}(a_0 + b_0)$$

将区间 $[a_0, b_0]$ 分成两个小区间 $[a_0, x_0]$ 和 $[x_0, b_0]$. 计算 $f(x_0)$, 若 $f(x_0) = 0$, 则 x_0 为 $f(x) = 0$ 的根,求解结束;否则 $f(a_0)f(x_0) < 0$ 和 $f(x_0)f(b_0) < 0$ 两式中有且仅有一式成立. 若 $f(a_0)f(x_0) < 0$, 令 $a_1 = a_0, b_1 = x_0$; 若 $f(x_0)f(b_0) < 0$, 令 $a_1 = x_0, b_1 = b_0$. 不论上面哪种情况均有 $f(a_1)f(b_1) < 0$, 于是 $[a_1, b_1]$ 成为新的有根区间, $[a_0, b_0] \supset [a_1, b_1]$, 且 $[a_1, b_1]$ 的长度为 $[a_0, b_0]$ 长度的一半. 对新的有根区间 $[a_1, b_1]$ 可施行同样的方法,于是得到一系列有根区间

$$[a_0, b_0] \supset [a_1, b_1] \supset [a_2, b_2] \supset \cdots \supset [a_k, b_k],$$

其中每一个区间的长度都是前一个区间长度的一半,最后一个区间的长度为

$$b_k - a_k = \frac{1}{2^k}(b - a).$$

如果取最后一个区间$[a_k, b_k]$的中点$x_k = \frac{1}{2}(a_k + b_k)$作为$f(x) = 0$根的近似值，则有误差估计式

$$|x^* - x_k| \leqslant \frac{1}{2}(b_k - a_k) \leqslant \frac{1}{2^{k+1}}(b-a).$$

对于所给精度ε，若取k使得$\frac{1}{2^{k+1}}(b-a) \leqslant \varepsilon$，则有$|x^* - x_k| \leqslant \varepsilon$.

例 2.1　用二分法求方程$f(x) = x^3 + 4x^2 - 10 = 0$在区间$[1, 1.5]$上的根.

(1) 要得到具有 3 位有效数字的近似根，需做几次二分？

(2) 用二分法求出具有 3 位有效数字的近似根.

解　简单计算可得$f(1) = -5$，$f(1.5) = 2.375$，且当$x \in [1, 1.5]$时，由$f'(x) = 3x^2 + 8x > 0$知方程$f(x) = 0$在$[1, 1.5]$内有唯一根.

(1) 因为$\varepsilon = \frac{1}{2} \times 10^{-2}$，$a = 1$，$b = 1.5$，由$\frac{b-a}{2^{k+1}} \leqslant \varepsilon$解得

$$k \geqslant \frac{2}{\lg 2} - 1 = 5.64,$$

所以取$k = 6$，即做 6 次二分，就可得到具有 3 位有效数字的近似根.

(2) 记$a_0 = 1$，$b_0 = 1.5$. 令$x_0 = \frac{1}{2}(a_0 + b_0) = 1.25$，因为

$$f(x_0) = -1.796875 < 0, \quad f(x_0)f(b_0) < 0,$$

所以取$a_1 = 1.25$，$b_1 = 1.5$. 依法继续，并将所得计算结果列于表 2.1：

表 2.1　二分法算例

k	a_k($f(a_k)$的符号)	x_k($f(x_k)$的符号)	b_k($f(b_k)$的符号)
0	1(−)	1.25(−)	1.5(+)
1	1.25(−)	1.375(+)	1.5(+)
2	1.25(−)	1.3125(−)	1.375(+)
3	1.3125(−)	1.34375(−)	1.375(+)
4	1.34375(−)	1.359375(−)	1.375(+)
5	1.359375(−)	1.3671875(+)	1.375(+)
6	1.359375(−)	1.36328125(−)	1.3671875(+)

观察上表可知具有 3 位有效数字的近似根为$x_6 = 1.36328125$.

2.2 不动点迭代法

迭代法是数值计算中一类典型方法，不仅用于方程求根，而且用于方程组求解、矩阵求特征值等方面.

迭代法的基本思想是一种逐次逼近的方法. 首先取一个粗糙的近似值，然后用某一个递推公式反复校正这个初值，直到满足预先给定的精度要求为止. 因而下面我们所讲的各种求根方法，其实质就是如何构造一个合适的递推公式.

2.2.1 迭代格式的构造

已知方程(2.1) 在区间$[a,b]$上有唯一根 x^*. 在$[a,b]$上将方程(2.1) 改写为同解方程(也称等价方程)

$$x = \varphi(x). \tag{2.2}$$

取 $x_0 \in [a,b]$，用递推公式

$$x_{k+1} = \varphi(x_k), \quad k = 0,1,2,\cdots \tag{2.3}$$

可得序列$\{x_k\}_{k=0}^{\infty}$. 如果当 $k \to \infty$ 时，序列$\{x_k\}_{k=0}^{\infty}$ 有极限 $\widetilde{x}$，且 $\varphi(x)$ 在 $\widetilde{x}$ 附近连续，则在式(2.3) 两边取极限，得

$$\widetilde{x} = \varphi(\widetilde{x}),$$

即 $\widetilde{x}$ 为方程(2.2) 的根. 由于方程(2.1) 和方程(2.2) 等价，所以 $x^* = \widetilde{x}$，即

$$\lim_{k \to \infty} x_k = x^*,$$

且

$$x^* = \varphi(x^*). \tag{2.4}$$

定义 2.1 如果 x^* 使得式(2.4) 成立，则称 x^* 为函数 $\varphi(x)$ 的不动点.

称式(2.3) 为**迭代格式**，也称为**迭代公式**；称函数 $\varphi(x)$ 为**迭代函数**；称求得的序列$\{x_k\}_{k=0}^{\infty}$ 为**迭代序列**. 当 $x_1 = \varphi(x_0) = x_0$ 时，可知 x_0 为方程(2.2) 的根，即所取 $x_0 = x^*$. 一般我们假设 $x_0 \neq x^*$. 当迭代序列收敛时，称**迭代格式收敛**，否则称**迭代格式发散**. 称 $e_k \equiv x^* - x_k$ 为第 k 次**迭代误差**. 用迭代格式(2.3) 求得方程近似根的方法称为**不动点迭代法**或**简单迭代法**，也简称为**迭代法**.

例 2.2 求方程 $x^3 - x - 1 = 0$ 在 $x_0 = 1.5$ 附近的根.

解 下面通过两种方法来构造迭代格式.

方法 1 将原方程写成与其等价的方程 $x = x^3 - 1$，取迭代函数为 $\varphi_1(x) = x^3 - 1$，构造迭代格式

$$x_{k+1}=x_k^3-1,\quad k=0,1,2,\cdots.$$

以初值 $x_0=1.5$ 代入计算,得到如下结果:

k	0	1	2	3	…
x_k	1.5	2.375	12.396	1903.779	…

显然 $\{x_k\}$ 不趋于一个定数.

方法 2 将方程 $x^3-x-1=0$ 改写为 $x=\sqrt[3]{x+1}$,取迭代函数为 $\varphi_2(x)=\sqrt[3]{x+1}$,构造迭代格式

$$x_{k+1}=\sqrt[3]{x_k+1},\quad k=0,1,2,\cdots.$$

取初值 $x_0=1.5$,计算得到如下结果:

k	0	1	2	3	…	7	8
x_k	1.5	1.35721	1.33086	1.32588	…	1.32472	1.32472

可见迭代 8 次,近似解便已稳定在 1.32472 上.

2.2.2 迭代法的收敛性

我们来考虑迭代格式(2.3)何时收敛.

设 x_k 是方程(2.2)的一个近似根,我们希望由式(2.3)得到的 $x_{k+1}=\varphi(x_k)\in[a,b]$. 另外,将式(2.4)和式(2.3)相减,并应用微分中值定理,得到

$$x^*-x_{k+1}=\varphi(x^*)-\varphi(x_k)=\varphi'(\xi_k)(x^*-x_k),$$

其中 ξ_k 介于 x_k 和 x^* 之间. 如果 $|\varphi'(\xi_k)|<1$,则有 $|x^*-x_{k+1}|<|x^*-x_k|$,即迭代一次,误差减少;如果 $|\varphi'(\xi_k)|>1$,则有 $|x^*-x_{k+1}|>|x^*-x_k|$,即迭代一次,误差增加. 我们给出如下定理:

定理 2.1 设 $\varphi(x)$ 在 $[a,b]$ 上存在一阶连续导数,且满足条件:

1° 当 $x\in[a,b]$ 时,$\varphi(x)\in[a,b]$;

2° 存在正常数 $L<1$,使得 $\max\limits_{a\leqslant x\leqslant b}|\varphi'(x)|\leqslant L<1$,

则下列结论成立:

(1) $x=\varphi(x)$ 在 $[a,b]$ 上有唯一根 x^*;

(2) 对任意初值 $x_0\in[a,b]$,迭代格式(2.3)收敛,且 $\lim\limits_{k\to\infty}x_k=x^*$;

(3) $|x^*-x_k|\leqslant\dfrac{L}{1-L}|x_k-x_{k-1}|$, $k=1,2,3,\cdots$; (2.5)

(4) $|x^*-x_k|\leqslant\dfrac{L^k}{1-L}|x_1-x_0|$, $k=1,2,3,\cdots$; (2.6)

(5) $\lim\limits_{k\to\infty}\dfrac{x^*-x_{k+1}}{x^*-x_k}=\varphi'(x^*)$. (2.7)

证明 (1) 首先证明方程 $x=\varphi(x)$ 的根的存在性. 作函数 $g(x)=x-\varphi(x)$，由条件 1° 知

$$g(a)=a-\varphi(a)\leqslant 0,\quad g(b)=b-\varphi(b)\geqslant 0,$$

则据连续函数的零点存在定理，必有 $x^*\in[a,b]$ 使 $g(x^*)=0$，即 $x^*=\varphi(x^*)$.

其次证明根的唯一性. 假设在区间 $[a,b]$ 上存在两个根 x_1^* 与 x_2^*，则

$$x_1^*=\varphi(x_1^*),\quad x_2^*=\varphi(x_2^*).$$

由微分中值定理及条件 2° 可知存在 $\xi\in[a,b]$，使得

$$\begin{aligned}|x_1^*-x_2^*|&=|\varphi(x_1^*)-\varphi(x_2^*)|=|\varphi'(\xi)||x_1^*-x_2^*|\\&\leqslant L|x_1^*-x_2^*|.\end{aligned}$$

由于 $L<1$，必有 $x_1^*-x_2^*=0$，即 $x_1^*=x_2^*=x^*$.

(2) 证明迭代法的收敛性. 由 1° 知当 $x_0\in[a,b]$ 时，递推可得 $x_k\in[a,b]$，其中 $k=1,2,\cdots$. 由微分中值定理及迭代格式 $x_{k+1}=\varphi(x_k)$，有

$$x^*-x_{k+1}=\varphi(x^*)-\varphi(x_k)=\varphi'(\xi_k)(x^*-x_k),\tag{2.8}$$

其中 ξ_k 在 x_k 与 x^* 之间. 再由条件 2° 有

$$|x^*-x_{k+1}|\leqslant L|x^*-x_k|,\quad k=0,1,2,\cdots,\tag{2.9}$$

由此可得

$$|x^*-x_k|\leqslant L|x^*-x_{k-1}|\leqslant L^2|x^*-x_{k-2}|\leqslant\cdots\leqslant L^k|x^*-x_0|,$$

则由 $L<1$ 得 $\lim\limits_{k\to\infty}x_k=x^*$.

(3) 由式(2.9) 得

$$\begin{aligned}|x^*-x_k|&=|x^*-x_{k+1}+x_{k+1}-x_k|\leqslant|x^*-x_{k+1}|+|x_{k+1}-x_k|\\&\leqslant L|x^*-x_k|+|x_{k+1}-x_k|,\end{aligned}$$

于是

$$|x^*-x_k|\leqslant\frac{1}{1-L}|x_{k+1}-x_k|.\tag{2.10}$$

注意到

$$\begin{aligned}|x_{k+1}-x_k|&=|\varphi(x_k)-\varphi(x_{k-1})|=|\varphi'(\eta_k)(x_k-x_{k-1})|\\&\leqslant L|x_k-x_{k-1}|,\end{aligned}\tag{2.11}$$

将式(2.11) 代入式(2.10)，得

$$|x^*-x_k|\leqslant\frac{L}{1-L}|x_k-x_{k-1}|,\quad k=1,2,3,\cdots.$$

(4) 由式(2.11)可得

$$|x_{k+1}-x_k|\leqslant L^k|x_1-x_0|,$$

将上式代入到式(2.10)的右端,即得

$$|x^*-x_k|\leqslant\frac{L^k}{1-L}|x_1-x_0|,\quad k=1,2,3,\cdots.$$

(5) 由式(2.8),当 $x_k\neq x^*$ 时,可得

$$\frac{x^*-x_{k+1}}{x^*-x_k}=\varphi'(\xi_k),\quad k=0,1,2,\cdots,$$

对上式两端取极限并注意到$\lim\limits_{k\to\infty}\xi_k=x^*$,得

$$\lim_{k\to\infty}\frac{x^*-x_{k+1}}{x^*-x_k}=\varphi'(x^*).$$

定理证毕.

估计式(2.5),(2.6)和(2.7)分别被称为**后验误差估计式**(事后误差估计式)、**先验误差估计式**(事前误差估计式)和**渐近误差估计式**.

由定理2.1的证明过程可知 L 越小,收敛速度越快;条件1°保证了根的存在性,条件2°保证了迭代的收敛性.

在实际计算中,对于给定的容许误差 ε,当 L 较小时,常用前后两次迭代值 x_k 与 x_{k-1} 满足 $|x_k-x_{k-1}|\leqslant\varepsilon$ 来终止迭代,并取 $x^*\approx x_k$. 若 L 很接近于1,则收敛过程可能很慢.

定理 2.2 设方程(2.2)在区间 $[a,b]$ 内有根 x^*,且 $\min\limits_{a\leqslant x\leqslant b}|\varphi'(x)|\geqslant 1$,则对任意初值 $x_0\in[a,b]$ 且 $x_0\neq x^*$,迭代格式(2.3)发散.

证明 由 $x_0\in[a,b]$ 且 $x_0\neq x^*$ 知

$$\begin{aligned}|x^*-x_1|&=|\varphi(x^*)-\varphi(x_0)|=|\varphi'(\xi_0)(x^*-x_0)|\\&\geqslant|x^*-x_0|>0;\end{aligned}$$

如果 $x_1\in[a,b]$,则有

$$\begin{aligned}|x^*-x_2|&=|\varphi(x^*)-\varphi(x_1)|=|\varphi'(\xi_1)(x^*-x_1)|\\&\geqslant|x^*-x_1|\geqslant|x^*-x_0|.\end{aligned}$$

如此继续下去,或者 x_k 不属于 $[a,b]$,或者 $|x^*-x_k|\geqslant|x^*-x_0|$,因而迭代序列不可能收敛于 x^*. 定理证毕.

例 2.3 要求 $f(x)=x^3+4x^2-10=0$ 在 $[1,1.5]$ 上的根 x^*,已知 $x\in[0,2]$ 时,可将该方程写成如下3个等价形式:

$$x=10+x-4x^2-x^3,\quad x=\frac{1}{2}\sqrt{10-x^3},\quad x=\sqrt{\frac{10}{x+4}}.$$

(1) 试分析如下 3 个迭代格式的收敛性:

$$x_{k+1}=10+x_k-4x_k^2-x_k^3,\quad k=0,1,2,\cdots;\tag{2.12}$$

$$x_{k+1}=\frac{1}{2}\sqrt{10-x_k^3},\quad k=0,1,2,\cdots;\tag{2.13}$$

$$x_{k+1}=\sqrt{\frac{10}{x_k+4}},\quad k=0,1,2,\cdots.\tag{2.14}$$

(2) 选择其中一种收敛较快的迭代格式求出 x^*,精确至 4 位有位数字.

解 (1) 迭代格式(2.12) 的迭代函数为

$$\varphi(x)=10+x-4x^2-x^3,$$

求导得

$$\varphi'(x)=1-8x-3x^2.$$

当 $x\in[1,1.5]$ 时 $|\varphi'(x)|=3x^2+8x-1\geqslant 10>1$,故迭代格式(2.12) 发散.

迭代格式(2.13) 的迭代函数为

$$\varphi(x)=\frac{1}{2}\sqrt{10-x^3},$$

当 $x\in[1,1.5]$ 时,有

$$\begin{aligned}\varphi(x)\in[\varphi(1.5),\varphi(1)]&=\left[\frac{1}{2}\sqrt{10-1.5^3},\frac{1}{2}\sqrt{10-1^3}\right]\\&=[1.287,1.5]\subset[1,1.5].\end{aligned}$$

又因为

$$\varphi'(x)=-\frac{3}{4}\times\frac{x^2}{\sqrt{10-x^3}}<0,$$

$$\varphi''(x)=-\frac{3}{8}x(40-x^3)(10-x^3)^{-\frac{3}{2}}<0,$$

所以当 $x\in[1,1.5]$ 时,有

$$|\varphi'(x)|\leqslant|\varphi'(1.5)|=\frac{3}{4}\times\frac{1.5^2}{\sqrt{10-1.5^3}}=0.6556<1.\tag{2.15}$$

所以迭代格式(2.13) 收敛.

迭代格式(2.14) 的迭代函数为

$$\varphi(x)=\sqrt{\frac{10}{x+4}},$$

当 $x\in[1,1.5]$ 时，有

$$\varphi(x)\in[\varphi(1.5),\varphi(1)]=\left[\sqrt{\frac{10}{1.5+4}},\sqrt{\frac{10}{1+4}}\right]$$
$$=[1.348,1.414]\subset[1,1.5].$$

又因为

$$\varphi'(x)=-\frac{1}{2}\sqrt{10}(x+4)^{-\frac{3}{2}}<0,\quad \varphi''(x)=\frac{3}{4}\sqrt{10}(x+4)^{-\frac{5}{2}}>0,$$

所以当 $x\in[1,1.5]$ 时，有

$$|\varphi'(x)|\leqslant|\varphi'(1)|=\frac{1}{2}\sqrt{10}(1+4)^{-\frac{3}{2}}=\frac{\sqrt{2}}{10}=0.1414. \tag{2.16}$$

所以迭代格式(2.14)也收敛.

(2) 观察式(2.16)和式(2.15)，可知迭代格式(2.14)要比迭代格式(2.13)收敛快. 应用迭代格式(2.14)并取迭代初值 $x_0=1.25$，计算结果列于表 2.2：

表 2.2 迭代法算例

k	x_k
0	1.25
1	1.38013
2	1.36334
3	1.36547
4	1.36520

因而 $x^*=1.365$.

定理 2.1 的条件有时是不易检验的，并且条件 2° 也不易在较大范围内满足. 而实际上，迭代法往往是在已知 x^* 的大概位置时使用的. 为此，我们需要研究迭代法的所谓局部收敛性，即在方程根的附近的收敛性问题.

定义 2.2 对于方程 $x=\varphi(x)$，若在 x^* 的某个邻域 $S=\{x\mid |x-x^*|\leqslant\delta\}$ 内，对任意的初值 $x_0\in S$，迭代格式(2.3)都收敛，则称该迭代法在 x^* 的附近**局部收敛**.

定理 2.3 设方程 $x=\varphi(x)$ 有根 x^*，且在 x^* 的某个邻域

$$\widetilde{S}=\{x\mid |x-x^*|\leqslant\tilde{\delta}\}$$

内 $\varphi(x)$ 存在 1 阶连续的导数，则

(1) 当 $|\varphi'(x^*)|<1$ 时,迭代格式(2.3)局部收敛;

(2) 当 $|\varphi'(x^*)|>1$ 时,迭代格式(2.3)发散.

证明 (1) 设 $|\varphi'(x^*)|<1$. 由于 $|\varphi'(x)|$ 在 x^* 附近是连续的,对于正数

$$\varepsilon=\frac{1}{2}(1-|\varphi'(x^*)|),$$

存在适当小的 δ(不妨假设 $\delta\leqslant\tilde{\delta}$),当 $x\in[x^*-\delta,x^*+\delta]$ 时,有

$$||\varphi'(x)|-|\varphi'(x^*)||\leqslant\frac{1}{2}(1-|\varphi'(x^*)|),$$

由上式可得

$$|\varphi'(x)|\leqslant|\varphi'(x^*)|+\frac{1}{2}(1-|\varphi'(x^*)|)=\frac{1}{2}(1+|\varphi'(x^*)|)<1.$$

又对如上选出的 δ,设 $S=\{x\,|\,|x-x^*|\leqslant\delta\}$,则对一切 $x\in S$,有

$$|\varphi(x)-x^*|=|\varphi(x)-\varphi(x^*)|=|\varphi'(\xi)(x-x^*)|\leqslant|x-x^*|\leqslant\delta.$$

显然在区间 $[a,b]\equiv[x^*-\delta,x^*+\delta]$ 上定理2.1的两个条件均满足,因而迭代格式(2.3)是局部收敛的.

(2) 设 $|\varphi'(x^*)|>1$,则在 x^* 的某个邻域 S 内有 $|\varphi'(x)|\geqslant1$,由定理2.2知迭代格式(2.3)发散.

定理证毕.

定理2.3对初值的要求较高. 如果我们已经知道 x^* 的大概位置,而 x_0 为 x^* 的一个较好的近似值,则可用 $|\varphi'(x_0)|<1$ 代替 $|\varphi'(x^*)|<1$,用 $|\varphi'(x_0)|>1$ 代替 $|\varphi'(x^*)|>1$,然后应用定理2.3判断迭代格式(2.3)的局部敛散性.

2.2.3 迭代法的收敛速度

一种迭代法具有实用价值,不但需要肯定它是收敛的,而且还应该要求它收敛得比较快. 所谓迭代的收敛速度,是指迭代误差的下降速度.

定义 2.3 设序列 $\{x_k\}$ 收敛于 x^*,并记 $e_k=x^*-x_k,k=0,1,2,\cdots$. 如果存在常数 $p\geqslant1$ 及非零常数 C,使得

$$\lim_{k\to\infty}\frac{e_{k+1}}{e_k^p}=C,$$

则称序列 $\{x_k\}$ 是 **p 阶收敛**的.

显然 p 的大小反映了序列 $\{x_k\}$ 收敛的快慢,p 越大,则收敛速度越快. 当 $p=1$ 且 $0<|C|<1$ 时称为**线性收敛**;当 $p>1$ 时称为**超线性收敛**. 特别地,当 $p=2$ 时称为**平方收敛**.

如果由一个迭代格式产生的序列是 p 阶收敛的，则称该迭代格式是 p 阶收敛的．由定理 2.1 知迭代格式(2.3) 当 $|\varphi'(x^*)|$ 小于 1 且不等于 0 时是线性收敛的．

例 2.4　设两个迭代格式分别是线性收敛和平方收敛的，且满足

$$\frac{e_{k+1}}{e_k}=\frac{1}{2},\quad k=0,1,2,\cdots,\qquad \frac{\tilde{e}_{k+1}}{\tilde{e}_k^2}=\frac{1}{2},\quad k=0,1,2,\cdots,$$

并设 $e_0=\tilde{e}_0=1$．若取精度 $\varepsilon=10^{-16}$，试分别估计这两个迭代格式所需迭代次数．

解　(1) 由 $\frac{e_{k+1}}{e_k}=\frac{1}{2}(k=0,1,2,\cdots)$ 及 $e_0=1$ 得到

$$e_k=\frac{1}{2}e_{k-1}=\cdots=\frac{1}{2^k}e_0=\frac{1}{2^k}.$$

要使 $|e_k|\leqslant 10^{-16}$，只要 $\frac{1}{2^k}\leqslant 10^{-16}$ 或 $2^k\geqslant 10^{16}$．将其两边取对数得

$$k\lg 2\geqslant 16\Rightarrow k\geqslant\frac{16}{\lg 2}=53.15,$$

因而要使迭代值满足给定精度，应迭代 54 次．

(2) 由 $\frac{\tilde{e}_{k+1}}{\tilde{e}_k^2}=\frac{1}{2}(k=0,1,2,\cdots)$ 及 $\tilde{e}_0=1$ 得到

$$\begin{aligned}\tilde{e}_k&=\frac{1}{2}\tilde{e}_{k-1}^2=\frac{1}{2}\left(\frac{1}{2}\tilde{e}_{k-2}^2\right)^2=\left(\frac{1}{2}\right)^{1+2}(\tilde{e}_{k-2})^{2^2}\\&=\cdots=\left(\frac{1}{2}\right)^{1+2+\cdots+2^{k-1}}\tilde{e}_0^{2^k}=\left(\frac{1}{2}\right)^{2^k-1}.\end{aligned}$$

要使 $|\tilde{e}_k|\leqslant 10^{-16}$，只要

$$\left(\frac{1}{2}\right)^{2^k-1}\leqslant 10^{-16}\quad 或\quad 2^{2^k-1}\geqslant 10^{16},$$

两边取对数得

$$(2^k-1)\lg 2\geqslant 16\Rightarrow 2^k-1\geqslant\frac{16}{\lg 2}=53.15\Rightarrow 2^k\geqslant 54.15,$$

两边再取对数得

$$k\geqslant\frac{\lg 54.15}{\lg 2}=5.76,$$

因而要使得迭代值满足给定精度，只需迭代 6 次．事实上，有

$$\tilde{e}_0=1,\quad \tilde{e}_1=0.5,\quad \tilde{e}_2=0.125,\quad \tilde{e}_3=0.78125\times 10^{-2},$$
$$\tilde{e}_4=0.30517578\times 10^{-4},\quad \tilde{e}_5=0.46566128\times 10^{-9},$$

$$\tilde{e}_6 = 0.10842021 \times 10^{-18}.$$

关于迭代格式

$$x_{k+1} = \varphi(x_k), \quad k = 0,1,2,\cdots \tag{2.17}$$

的收敛阶,有如下定理:

定理 2.4 若 $\varphi(x)$ 在 x^* 附近的某个邻域内有 $p(p \geqslant 1)$ 阶连续导数,且

$$\varphi'(x^*) = 0, \quad \varphi''(x^*) = 0, \quad \cdots, \quad \varphi^{(p-1)}(x^*) = 0, \quad \varphi^{(p)}(x^*) \neq 0, \tag{2.18}$$

则迭代格式(2.17) 在 x^* 附近是 p 阶局部收敛的,且有

$$\lim_{k\to\infty} \frac{x^* - x_{k+1}}{(x^* - x_k)^p} = (-1)^{p-1} \frac{\varphi^{(p)}(x^*)}{p!}. \tag{2.19}$$

如果 $p = 1$,要求 $|\varphi'(x^*)| < 1$.

证明 由定理 2.3 知迭代格式(2.17) 是局部收敛的. 应用 Taylor 级数展开及式(2.18) 有

$$\begin{aligned} x_{k+1} &= \varphi(x_k) \\ &= \varphi(x^*) + \varphi'(x^*)(x_k - x^*) + \cdots + \frac{\varphi^{(p-1)}(x^*)}{(p-1)!}(x_k - x^*)^{p-1} \\ &\quad + \frac{\varphi^{(p)}(x^* + \theta(x_k - x^*))}{p!}(x_k - x^*)^p \\ &= x^* + \frac{\varphi^{(p)}(x^* + \theta(x_k - x^*))}{p!}(x_k - x^*)^p, \end{aligned}$$

其中 $0 < \theta < 1$. 于是

$$\frac{x_{k+1} - x^*}{(x_k - x^*)^p} = \frac{\varphi^{(p)}(x^* + \theta(x_k - x^*))}{p!},$$

即

$$\frac{x^* - x_{k+1}}{(x^* - x_k)^p} = (-1)^{p-1} \frac{\varphi^{(p)}(x^* + \theta(x_k - x^*))}{p!},$$

两边取极限即得式(2.19). 定理证毕.

2.2.4 Aitken 加速法

由定理 2.4 我们可以看到,迭代公式

$$x_{k+1} = \varphi(x_k), \quad k = 0,1,2,\cdots \tag{2.20}$$

的收敛速度与迭代函数 φ 有关. 在许多情况下,可以由迭代函数 $\varphi(x)$ 构造一个新

的迭代函数 $\Phi(x)$，使得

(1) 方程 $x=\Phi(x)$ 和方程 $x=\varphi(x)$ 具有相同的根 x^*；

(2) 由迭代公式

$$x_{k+1}=\Phi(x_k),\quad k=0,1,2,\cdots \tag{2.21}$$

产生的迭代序列收敛于 x^* 的阶高于由式(2.20)产生的迭代序列收敛于 x^* 的阶.

由迭代格式(2.20)产生收敛较快的迭代格式(2.21)的方法通常称为加速法.下面我们来讨论一个很重要的加速方法——Aitken 加速法.

设迭代格式(2.20)是收敛的，则由定理 2.1 有

$$\lim_{k\to\infty}\frac{x^*-x_{k+1}}{x^*-x_k}=\varphi'(x^*),$$

因而当 k 适当大时，有

$$\frac{x^*-x_{k+2}}{x^*-x_{k+1}}\approx\frac{x^*-x_{k+1}}{x^*-x_k},$$

由此解出

$$x^*\approx\frac{x_kx_{k+2}-x_{k+1}^2}{x_k-2x_{k+1}+x_{k+2}}.$$

将 $x_{k+1}=\varphi(x_k)$，$x_{k+2}=\varphi(\varphi(x_k))$ 代入上式得

$$x^*\approx\frac{x_k\varphi(\varphi(x_k))-\varphi^2(x_k)}{x_k-2\varphi(x_k)+\varphi(\varphi(x_k))}.$$

若我们把上式右端的值作为新的近似值 x_{k+1}，则得到一个新的迭代格式

$$x_{k+1}=\Phi(x_k),\quad k=0,1,2,\cdots, \tag{2.22}$$

其中 $\Phi(x)=\dfrac{x\varphi(\varphi(x))-\varphi^2(x)}{x-2\varphi(x)+\varphi(\varphi(x))}$.

关于迭代格式(2.22)的收敛阶，我们有如下结果：

定理 2.5　设方程 $x=\varphi(x)$ 有根 x^*，且在 x^* 附近 $\varphi(x)$ 有 2 阶连续的导数，如果迭代格式(2.20)是线性收敛的，则迭代格式(2.22)至少是平方收敛的.

证明　由定理 2.1 和定理 2.4 知，若迭代格式(2.20)线性收敛，则

$$\varphi'(x^*)\neq 0,\quad |\varphi'(x^*)|<1.$$

考虑 $\varphi(x^*+h)$ 及 $\Phi(x^*+h)$，其中 h 为小量. 由 Taylor 级数展开有

$$\varphi(x^*+h)=\varphi(x^*)+h\varphi'(x^*)+\frac{1}{2}h^2\varphi''(x^*+\theta h),$$

其中 $0<\theta<1$. 记

$$A=\varphi'(x^*),\quad B(h)=\frac{1}{2}\varphi''(x^*+\theta h),$$

则

$$\varphi(x^*+h)=x^*+Ah+B(h)h^2,$$

且

$$A\neq 0,\quad |A|<1,\quad B(0)=\frac{1}{2}\varphi''(x^*).$$

再令 $\delta=Ah+B(h)h^2$,则

$$\varphi(x^*+h)=x^*+\delta.$$

由上可得

$$\begin{aligned}\Phi(x^*+h)&=\frac{(x^*+h)\varphi(\varphi(x^*+h))-\varphi^2(x^*+h)}{(x^*+h)-2\varphi(x^*+h)+\varphi(\varphi(x^*+h))}\\&=\frac{(x^*+h)\varphi(x^*+\delta)-(x^*+\delta)^2}{(x^*+h)-2(x^*+\delta)+\varphi(x^*+\delta)}\\&=\frac{(x^*+h)(x^*+A\delta+B(\delta)\delta^2)-(x^*+\delta)^2}{(x^*+h)-2(x^*+\delta)+(x^*+A\delta+B(\delta)\delta^2)}\\&=\frac{[h+A\delta+B(\delta)\delta^2-2\delta]x^*+h[A\delta+B(\delta)\delta^2]-\delta^2}{h-2\delta+A\delta+B(\delta)\delta^2}\\&=x^*+\frac{h[A\delta+B(\delta)\delta^2]-\delta^2}{h+(A-2)\delta+B(\delta)\delta^2}\\&=x^*+h^2\,\frac{A^2B(\delta)-AB(h)+O(h)}{(1-A)^2+O(h)},\end{aligned}$$

所以

$$\lim_{x\to x^*}\Phi(x)=\lim_{h\to 0}\Phi(x^*+h)=x^*\equiv\Phi(x^*),$$

$$\begin{aligned}\lim_{x\to x^*}\Phi'(x)&=\lim_{h\to 0}\frac{\Phi(x^*+h)-\Phi(x^*)}{h}\\&=\lim_{h\to 0}\left[h\,\frac{A^2B(\delta)-AB(h)+O(h)}{(1-A)^2+O(h)}\right]=0,\end{aligned}$$

因而迭代格式(2.22)是局部收敛的.又

$$\begin{aligned}\lim_{k\to\infty}\frac{x^*-x_{k+1}}{(x^*-x_k)^2}&=\lim_{k\to\infty}\frac{x^*-\Phi(x_k)}{(x^*-x_k)^2}=\lim_{k\to\infty}\frac{x^*-\Phi(x^*+(x_k-x^*))}{(x^*-x_k)^2}\\&=\lim_{h\to 0}\frac{x^*-\Phi(x^*+h)}{h^2}=\lim_{h\to 0}\frac{-A^2B(\delta)+AB(h)+O(h)}{(1-A)^2+O(h)}\\&=\frac{AB(0)}{1-A}=\frac{1}{2}\,\frac{\varphi'(x^*)\varphi''(x^*)}{1-\varphi'(x^*)},\end{aligned}$$

由定理 2.4 知迭代格式(2.22) 至少是 2 阶收敛的.

定理证毕.

如果迭代格式(2.20) 是 $p(\geqslant 2)$ 阶收敛的,且在 x^* 附近 $\varphi(x)$ 有 $(p+1)$ 阶连续导数,则迭代格式(2.22) 至少是 $(2p-1)$ 阶收敛的[1].

2.3 Newton 法

2.3.1 Newton 迭代格式及其几何意义

用迭代法求方程

$$f(x)=0 \tag{2.23}$$

的根时,首先要把它写成等价形式 $x=\varphi(x)$. 这里迭代函数 $\varphi(x)$ 构造的好坏不仅影响收敛速度,而且有可能导致迭代格式发散. 怎样选择一个迭代函数能够保证迭代序列一定收敛呢?

构造迭代函数的一条重要途径是用近似方程来代替原方程去求根,因此,如果能将非线性方程(2.23) 用线性方程来代替,那么求近似根问题就很容易解决,而且十分方便. Newton 法就是把非线性方程线性化的一种方法.

设 x_k 是方程(2.23) 的一个近似根,把 $f(x)$ 在 x_k 处作 1 阶 Taylor 展开,得到

$$f(x)\approx f(x_k)+f'(x_k)(x-x_k),$$

于是我们有如下近似方程:

$$f(x_k)+f'(x_k)(x-x_k)=0. \tag{2.24}$$

设 $f'(x_k)\neq 0$,则方程(2.24) 的解为

$$\tilde{x}=x_k-\frac{f(x_k)}{f'(x_k)}.$$

取 $\tilde{x}$ 作为原方程(2.23) 的新的近似根 x_{k+1},即令

$$x_{k+1}=x_k-\frac{f(x_k)}{f'(x_k)},\quad k=0,1,2,\cdots, \tag{2.25}$$

称式(2.25) 为 **Newton 迭代格式**. 用 Newton 迭代格式(2.25) 求方程(2.23) 根的方法称为 **Newton 迭代法**,简称 **Newton 法**.

Newton 法具有明显的几何意义. 如图 2.2 所示,方程

$$y=f(x_k)+f'(x_k)(x-x_k) \tag{2.26}$$

是曲线 $y=f(x)$ 上点$(x_k,f(x_k))$处的切线方程. 迭代格式(2.25)就是用切线方程式(2.26)的零点代替曲线 $y=f(x)$ 的零点. 正由于此,Newton 法又称切线法.

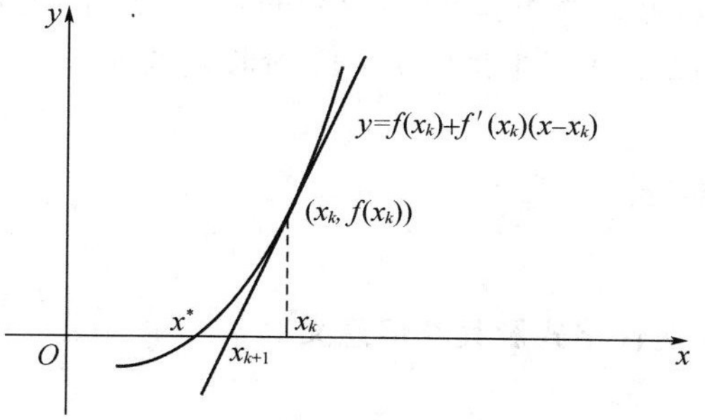

图 2.2　Newton 法的几何意义

2.3.2　局部收敛

现在来考察 Newton 法是否收敛. Newton 法的迭代函数为

$$\varphi(x)=x-\frac{f(x)}{f'(x)}.$$

(1) 设 x^* 为方程(2.23)的单根,且 $f(x)$ 在 x^* 附近存在 3 阶连续导数. 对 $\varphi(x)$ 求导数,得

$$\varphi'(x)=\frac{f(x)f''(x)}{[f'(x)]^2},\quad \varphi''(x)=\frac{f''(x)}{f'(x)}+f(x)\left(\frac{f''(x)}{[f'(x)]^2}\right)', \tag{2.27}$$

因而

$$\varphi'(x^*)=\frac{f(x^*)f''(x^*)}{[f'(x^*)]^2}=0,\quad \varphi''(x^*)=\frac{f''(x^*)}{f'(x^*)},$$

则由定理 2.4 知 Newton 法至少是 2 阶局部收敛的. 若 $f''(x^*)\neq 0$,则 Newton 法是 2 阶局部收敛的.

(2) 设 x^* 是方程(2.23)的 m 重根($m\geqslant 2$),且 $f(x)$ 在 x^* 附近存在 m 阶连续导数,则有

$$f(x^*)=0,\quad f'(x^*)=0,\quad \cdots,\quad f^{(m-1)}(x^*)=0,\quad f^{(m)}(x^*)\neq 0.$$

由 Taylor 展开式,得

$$f(x)=\frac{1}{m!}f^{(m)}(x^*+\xi(x-x^*))(x-x^*)^m,\quad \xi\in(0,1), \tag{2.28}$$

$$f'(x)=\frac{1}{(m-1)!}f^{(m)}(x^*+\eta(x-x^*))(x-x^*)^{m-1},\quad \eta\in(0,1), \tag{2.29}$$

$$f''(x)=\frac{1}{(m-2)!}f^{(m)}(x^*+\zeta(x-x^*))(x-x^*)^{m-2},\quad \zeta\in(0,1).\tag{2.30}$$

将以上三式代入式(2.27)的第一式得到

$$\varphi'(x)=\frac{m-1}{m}\cdot\frac{f^{(m)}(x^*+\xi(x-x^*))f^{(m)}(x^*+\zeta(x-x^*))}{[f^{(m)}(x^*+\eta(x-x^*))]^2},$$

因而

$$\varphi'(x^*)=\lim_{x\to x^*}\varphi'(x)=1-\frac{1}{m}.$$

由定理2.4知Newton法对重根是1阶局部收敛的.

例2.5　用Newton迭代法求方程

$$f(x)=(x-1.56)^3(x-4.56)=0$$

的根.

解　显然$x_1^*=4.56$为方程$f(x)=0$的单根,$x_2^*=1.56$为方程$f(x)=0$的3重根.分别取$x_0=5.000000$及$x_0=2.000000$,应用Newton法计算的结果列于表2.3和表2.4.由表可知求x_1^*收敛是很快的,而求x_2^*收敛是很慢的.

表2.3　Newton法求单根算例

k	0	1	2	3	4
x_k	5.000000	4.682017	4.572805	4.560161	4.56000

表2.4　Newton法求3重根算例

k	x_k	k	x_k
0	2.000000	10	1.567042
1	1.844420	11	1.564692
2	1.746188	12	1.563128
3	1.682723	13	1.562085
4	1.641225	14	1.561390
5	1.613896	15	1.560926
6	1.595821	16	1.560617
7	1.583832	17	1.560412
8	1.575867	18	1.560274
9	1.570569	19	1.560183

例2.6　考察用Newton迭代法求方程$x^{\frac{4}{3}}-x=0$的根的收敛速度.

解　记$f(x)=x^{\frac{4}{3}}-x$,则有

$$f(x)=(x-1)g_1(x),\quad g_1(x)=\frac{x}{x^{\frac{2}{3}}+x^{\frac{1}{3}}+1},\quad g_1(1)=\frac{1}{3};$$

$$f(x)=xg_2(x),\quad g_2(x)=x^{\frac{1}{3}}-1,\quad g_2(0)=-1.$$

因而方程 $f(x)=0$ 有两个根 $x_1^*=1, x_2^*=0$，且均为单根.

对 $f(x)$ 求导得

$$f'(x)=\frac{4}{3}x^{\frac{1}{3}}-1,\quad f''(x)=\frac{4}{9}x^{-\frac{2}{3}},\quad f'''(x)=-\frac{8}{27}x^{-\frac{5}{3}}.$$

(1) $f(x)$ 在 x_1^* 附近存在 3 阶连续导数，故由 Newton 法求 x_1^* 是 2 阶收敛的.

(2) $f(x)$ 在 x_2^* 附近 1 阶导数连续，但 2 阶导数不存在. Newton 迭代格式为

$$x_{k+1}=x_k-\frac{x_k^{\frac{4}{3}}-x_k}{\frac{4}{3}x_k^{\frac{1}{3}}-1}=\frac{x_k^{\frac{4}{3}}}{4x_k^{\frac{1}{3}}-3},\quad k=0,1,2,\cdots.$$

易证当 $|x_k|\leqslant\frac{27}{125}$ 时，$|x_{k+1}|\leqslant|x_k|$，因而只要取 $|x_0|\leqslant\frac{27}{125}$，有 $\lim\limits_{k\to\infty}x_k=0$，可得

$$\lim_{k\to\infty}\frac{x_{k+1}}{x_k^{\frac{4}{3}}}=\lim_{k\to\infty}\frac{1}{4x_k^{\frac{1}{3}}-3}=-\frac{1}{3},\quad \lim_{k\to\infty}\frac{x_2^*-x_{k+1}}{(x_2^*-x_k)^{\frac{4}{3}}}=\frac{1}{3}.$$

即用 Newton 法求 x_2^* 是 $\frac{4}{3}$ 阶收敛的.

2.3.3 求重根的修正 Newton 法

当 x^* 为 $f(x)=0$ 的 m 重根时，Newton 迭代格式

$$x_{k+1}=x_k-\frac{f(x_k)}{f'(x_k)},\quad k=0,1,2,\cdots \tag{2.31}$$

仅是线性收敛的. 这时可将式(2.23)改写为

$$x=x-\lambda\frac{f(x)}{f'(x)},$$

得到如下迭代格式:

$$x_{k+1}=x_k-\lambda\frac{f(x_k)}{f'(x_k)},\quad k=0,1,2,\cdots. \tag{2.32}$$

可以证明当 $\lambda=m$ 时，迭代格式(2.32)至少是 2 阶收敛的. 称当 $\lambda=m$ 时，迭代格式(2.32)为求重根的修正 Newton 法.

例 2.7 用修正 Newton 法计算方程 $f(x)=(x-1.56)^3(x-4.56)=0$ 的

重根 $x^* = 1.56$.

解 取 $x_0 = 2$. 用修正 Newton 公式

$$x_{k+1} = x_k - 3\frac{f(x_k)}{f'(x_k)}, \quad k = 0,1,2,\cdots$$

进行计算,所得结果列于表 2.5:

表 2.5 修正 Newton 法求重根算例

k	0	1	2	3
x_k	2.000000	1.533260	1.559921	1.560000

在实际计算时直接使用式(2.32)还有困难,这是因为根的重数 m 一般是不知道的. 若考虑函数

$$u(x) = \frac{f(x)}{f'(x)},$$

可以证明:如果 x^* 是方程 $f(x) = 0$ 的 m 重根,则 x^* 是方程 $u(x) = 0$ 的单根. 对方程 $u(x) = 0$ 应用 Newton 迭代公式

$$x_{k+1} = x_k - \frac{u(x_k)}{u'(x_k)} = x_k - \frac{\dfrac{f(x_k)}{f'(x_k)}}{1 - \dfrac{f''(x_k)f(x_k)}{[f'(x_k)]^2}}, \quad k = 0,1,2,\cdots,$$

则该迭代公式具有 2 阶局部收敛性.

下面来计算根的重数. 设 x^* 为 $f(x) = 0$ 的 m 重根,且 $f(x)$ 在 x^* 附近存在 m 阶连续导数. 考虑函数

$$\psi(x) = \frac{[f'(x)]^2}{[f'(x)]^2 - f(x)f''(x)},$$

将式(2.28),(2.29)和(2.30)代入上式,可得

$$\psi(x) = \frac{\left[\dfrac{1}{(m-1)!}f^{(m)}(x^* + \eta(x - x^*))\right]^2}{\left[\dfrac{1}{(m-1)!}f^{(m)}(x^* + \eta(x - x^*))\right]^2 - \dfrac{1}{m!}f^{(m)}(x^* + \xi(x - x^*))\dfrac{1}{(m-2)!}f^{(m)}(x^* + \zeta(x - x^*))},$$

因而 $\lim\limits_{x \to x^*}\psi(x) = m$. 即当 $x_k \to x^*$ 时,有 $\lim\limits_{k \to \infty}\psi(x_k) = m$.

2.3.4 大范围收敛

一般来说,Newton 法对初值 x_0 的要求较高,只有当初值 x_0 足够靠近 x^* 时才能保证收敛. 若要保证初值在较大范围内收敛,还需对 $f(x)$ 附加一些条件. 现给出

这方面的一个充分条件.

定理 2.6 设函数 $f(x)$ 在区间 $[a,b]$ 内存在 2 阶连续导数,且满足条件:

1° $f(a)f(b)<0$;

2° 当 $x\in[a,b]$ 时,$f'(x)\neq 0$;

3° 当 $x\in[a,b]$ 时,$f''(x)$ 保号;

4° $a-\dfrac{f(a)}{f'(a)}\leqslant b,\ b-\dfrac{f(b)}{f'(b)}\geqslant a$,

则对任意初值 $x_0\in[a,b]$,由 Newton 迭代格式

$$x_{k+1}=x_k-\frac{f(x_k)}{f'(x_k)},\quad k=0,1,2,\cdots \tag{2.33}$$

产生的迭代序列 2 阶收敛到方程

$$f(x)=0 \tag{2.34}$$

在 $[a,b]$ 内的唯一的单根 x^*.

证明 由条件 1° 和 2° 知方程(2.34) 在 $[a,b]$ 内存在唯一根 x^*. 根据条件 2° 和 3° 可将函数 $f(x)$ 分为如下 4 种情况:

(ⅰ) $\begin{cases}f'(x)>0,\\ f''(x)\geqslant 0;\end{cases}$ (ⅱ) $\begin{cases}f'(x)>0,\\ f''(x)\leqslant 0;\end{cases}$ (ⅲ) $\begin{cases}f'(x)<0,\\ f''(x)\geqslant 0;\end{cases}$ (ⅳ) $\begin{cases}f'(x)<0,\\ f''(x)\leqslant 0.\end{cases}$

下面仅对情况(ⅰ)分 3 步进行证明,其它情况的证明类似.

(1) 当 $x_0=x^*$ 时,由式(2.33) 知 $x_k=x^*\ (k=0,1,2,\cdots)$,序列 $\{x_k\}$ 为常数序列,收敛性显然.

(2) 当 $x_0\in(x^*,b]$ 时,$f(x_0)>0$,$f'(x_0)>0$,则

$$x_1=x_0-\frac{f(x_0)}{f'(x_0)}<x_0. \tag{2.35}$$

另一方面

$$\begin{aligned}x_1-x^*&=x_0-x^*-\frac{f(x_0)-f(x^*)}{f'(x_0)}\\&=x_0-x^*-\frac{f'(\xi)(x_0-x^*)}{f'(x_0)}\\&=\left[1-\frac{f'(\xi)}{f'(x_0)}\right](x_0-x^*),\end{aligned}$$

其中 $\xi\in(x^*,x_0)$. 由于 $f''(x)\geqslant 0$,所以 $0<f'(\xi)\leqslant f'(x_0)$,则由上式得

$$x_1-x^*\geqslant 0. \tag{2.36}$$

综合式(2.35) 和式(2.36) 得

$$x^* \leqslant x_1 < x_0.$$

类似地，若 $x^* < x_k < x_0$，可得

$$x^* \leqslant x_{k+1} < x_k < x_0.$$

因而序列 $\{x_k\}_{k=0}^{\infty}$ 单调下降并以 x^* 为下界，故序列 $\{x_k\}_{k=0}^{\infty}$ 收敛. 记 $\lim\limits_{k\to\infty} x_k = \tilde{x}$，则 $x^* \leqslant \tilde{x} < b$. 在式(2.33)两边取极限得

$$\tilde{x} = \tilde{x} - \frac{f(\tilde{x})}{f'(\tilde{x})},$$

于是 $f(\tilde{x}) = 0$. 由于方程(2.34)只有一根 $x^* \in [a,b]$，所以 $x^* = \tilde{x}$，即

$$\lim_{k\to\infty} x_k = x^*.$$

(3) 当 $x_0 \in [a, x^*)$ 时，有

$$\begin{aligned} x_1 - x^* &= x_0 - x^* - \frac{f(x_0) - f(x^*)}{f'(x_0)} \\ &= x_0 - x^* - \frac{f'(\eta)(x_0 - x^*)}{f'(x_0)} \\ &= \left[1 - \frac{f'(\eta)}{f'(x_0)}\right](x_0 - x^*), \quad \eta \in (x_0, x^*). \end{aligned}$$

由 $f'(\eta) \geqslant f'(x_0)$，得 $x_1 - x^* \geqslant 0$，即

$$x_1 \geqslant x^*. \tag{2.37}$$

另一方面，由 $f(x_0) < 0$ 及 $f'(x_0) \geqslant f'(a) > 0$，有

$$\begin{aligned} x_1 &= x_0 - \frac{f(x_0)}{f'(x_0)} \leqslant x_0 - \frac{f(x_0)}{f'(a)} = x_0 - \frac{f(a) + f'(\zeta)(x_0 - a)}{f'(a)} \\ &= a - \frac{f(a)}{f'(a)} + \left[1 - \frac{f'(\zeta)}{f'(a)}\right](x_0 - a), \end{aligned}$$

其中 $\zeta \in (a, x_0)$. 由 $f'(\zeta) \geqslant f'(a)$，$x_0 \geqslant a$ 及条件 4°，得

$$x_1 \leqslant a - \frac{f(a)}{f'(a)} \leqslant b. \tag{2.38}$$

综合式(2.37)和式(2.38)，得 $x^* \leqslant x_1 \leqslant b$. 再把 x_1 看作新的迭代初值，就归结为前两步证明的情况.

定理证毕.

定理 2.6 中，条件 1° 和 2° 保证了 $f(x) = 0$ 在 $[a,b]$ 上有唯一根 x^*；条件 3° 保证了曲线 $f(x)$ 在 $[a,b]$ 上是上凸曲线或下凸曲线；条件 4° 保证了当 $x_k \in [a,b]$ 时有 $x_{k+1} \in [a,b]$，因而迭代可一直进行下去.

例 2.8 给定方程

$$\sin x=\frac{x}{2}. \tag{2.39}$$

(1) 讨论方程(2.39)在区间$\left[\frac{\pi}{2},\pi\right]$上根的存在唯一性以及采用 Newton 迭代法的收敛性;

(2) 用 Newton 法求方程(2.39)在$\left[\frac{\pi}{2},\pi\right]$上的根,精确至 5 位有效数字.

解 (1) 记 $f(x)=\sin x-\frac{x}{2}$,则

$$f'(x)=\cos x-\frac{1}{2},\quad f''(x)=-\sin x.$$

① $f\left(\frac{\pi}{2}\right)=\sin\frac{\pi}{2}-\frac{\pi}{4}=1-\frac{\pi}{4}>0$, $f(\pi)=\sin\pi-\frac{\pi}{2}=-\frac{\pi}{2}<0$,

得 $f\left(\frac{\pi}{2}\right)f(\pi)<0$;

② 当 $x\in\left[\frac{\pi}{2},\pi\right]$时,$f'(x)\leqslant-\frac{1}{2}<0$;

③ 当 $x\in\left[\frac{\pi}{2},\pi\right]$时,$f''(x)\leqslant 0$;

④ $\frac{\pi}{2}-\frac{f\left(\frac{\pi}{2}\right)}{f'\left(\frac{\pi}{2}\right)}=\frac{\pi}{2}-\frac{1-\frac{\pi}{4}}{-\frac{1}{2}}=2<\pi$, $\pi-\frac{f(\pi)}{f'(\pi)}=\pi-\frac{-\frac{\pi}{2}}{-\frac{3}{2}}=\frac{2\pi}{3}>\frac{\pi}{2}$.

由定理 2.6 知方程(2.39)在$\left[\frac{\pi}{2},\pi\right]$上有唯一根 x^*,且对任意 $x_0\in\left[\frac{\pi}{2},\pi\right]$,Newton 迭代法收敛.

(2) 迭代公式为

$$x_{k+1}=x_k-\frac{f(x_k)}{f'(x_k)}=x_k-\frac{\sin x_k-\frac{x_k}{2}}{\cos x_k-\frac{1}{2}},\quad k=0,1,2,\cdots.$$

取 $x_0=\pi$,计算结果列于表 2.6:

表 2.6 Newton 法大范围收敛性算例

k	0	1	2	3	4	5
x_k	π	2.09440	1.91322	1.89567	1.89549	1.89549

根据上表,得根 $x^*\approx 1.8955$.

2.3.5 Newton 法的变形

Newton 迭代法对单根收敛速度快，但是每迭代一次，除需计算 $f(x_k)$ 的值之外，还要计算 $f'(x_k)$ 的值. 如果 $f(x)$ 比较复杂，计算 $f'(x_k)$ 的工作量就可能比较大. 为了避免计算导数值，我们可用差商来代替导数.

(1) 如果用

$$\frac{f(x_k)-f(x_{k-1})}{x_k-x_{k-1}}$$

代替 $f'(x_k)$，得到**割线法**，其公式为

$$x_{k+1}=x_k-\frac{(x_k-x_{k-1})f(x_k)}{f(x_k)-f(x_{k-1})},\quad k=1,2,3,\cdots;$$

(2) 如果用

$$\frac{f(x_k)-f(x_k-f(x_k))}{f(x_k)}$$

代替 $f'(x_k)$，得到**拟 Newton 法**，其公式为

$$x_{k+1}=x_k-\frac{f^2(x_k)}{f(x_k)-f(x_k-f(x_k))},\quad k=0,1,2,\cdots;$$

(3) 如果用

$$\frac{f(x_k+f(x_k))-f(x_k)}{f(x_k)}$$

代替 $f'(x_k)$，得到 **Steffensen 法**，其公式为

$$x_{k+1}=x_k-\frac{f^2(x_k)}{f(x_k+f(x_k))-f(x_k)},\quad k=0,1,2,\cdots.$$

2.4 多项式方程的求根

前几节所介绍的方法对于解代数方程也都适用，但须先确定初值 x_0. 对于 n 次代数方程而言，有 n 个实根就需确定 n 个有根区间(或有根区域)；此外，这些方法不能直接用来求代数方程的复根. 本节将针对多项式的特点介绍更为有效的算法.

首先讨论多项式零点的分布情况，再介绍求多项式方程复根的劈因子方法.

2.4.1 实系数多项式零点的分布

多项式零点的分布有一定的规律，为了有效地求多项式方程的根，需要对多项

式零点的界和个数有所了解.

(1) 实系数多项式零点的界

定理 2.7 设有 n 次实系数多项式

$$f(x)=a_0x^n+a_1x^{n-1}+a_2x^{n-2}+\cdots+a_{n-1}x+a_n,$$

令 $A=\max\{|a_1|,|a_2|,\cdots,|a_n|\}$,则 $f(x)$ 的实零点都在区间

$$\left(-1-\frac{A}{|a_0|},1+\frac{A}{|a_0|}\right)$$

的内部.

利用这个定理,可以求实系数多项式实零点的上界和下界.

例 2.9 求多项式 $f(x)=\frac{1}{3}x^6+2x^4-2x^3-8x^2+7x-3$ 的实零点的界.

解 根据题意,得

$$a_0=\frac{1}{3},\quad A=8,\quad 1+\frac{A}{|a_0|}=25,$$

故 $f(x)$ 的实零点的上界为25,下界为-25,即 $f(x)=0$ 的实根全在$(-25,25)$内.

(2) Sturm 序列

由 Sturm 定理可以给出一个实系数多项式在某区间内实零点的个数.

定义 2.4 若实系数多项式序列 $f(x)=f_0(x),f_1(x),\cdots,f_m(x)$ 满足:

1° 最后一个多项式 $f_m(x)$ 在区间(a,b)内没有零点;

2° 序列中相邻的两个多项式在(a,b)内没有公共零点;

3° 在序列中某一中间多项式 $f_i(x)(1\leqslant i\leqslant m-1)$ 的任一零点 ξ 处,其两个相邻多项式 $f_{i-1}(x)$ 与 $f_{i+1}(x)$ 非零且异号,即

$$f_{i-1}(\xi)f_{i+1}(\xi)<0,\quad \xi\in(a,b),\quad 1\leqslant i\leqslant m-1,$$

则称$\{f_i(x)\}_{i=0}^m$ 是 $f(x)$ 在(a,b)内的Sturm序列(其中 a,b 可分别取$-\infty$, $+\infty$).

利用辗转相除法可以构造一个Sturm序列.例如给定实系数多项式 $f_0(x)$ 和 $f_1(x)$($f_0(x)$ 的次数大于 $f_1(x)$ 的次数),利用辗转相除法

$$\begin{cases}f_0(x)=s_1(x)f_1(x)-f_2(x),\\ f_1(x)=s_2(x)f_2(x)-f_3(x),\\ \qquad\vdots\\ f_{i-1}(x)=s_i(x)f_i(x)-f_{i+1}(x),\\ \qquad\vdots\\ f_{m-2}(x)=s_{m-1}(x)f_{m-1}(x)-f_m(x),\\ f_{m-1}(x)=s_m(x)f_m(x),\end{cases}$$

可得多项式序列

$$\{f_i(x)\}_{i=0}^{m}. \tag{2.40}$$

该序列称为以 $f_0(x)$，$f_1(x)$ 为基的辗转相除法序列，其中 $f_i(x)(i \geqslant 2)$ 是多项式除法的余式取反号，$f_m(x)$ 是 $f_0(x)$ 和 $f_1(x)$ 的最高公因子. 当 $f_m(x)$ 在(a,b) 内没有零点时，序列(2.40) 满足定义 2.4，因此它是(a,b) 内的一个 Sturm 序列.

(3) 实系数多项式零点的个数

为了研究实系数多项式 $f(x)$ 在(a,b) 内零点的个数，通常在序列(2.40) 中取

$$f_0(x) = f(x), \quad f_1(x) = f'(x),$$

构造以 $f(x)$，$f'(x)$ 为基的辗转相除法序列. 如果 $f_m(x)$ 在(a,b) 内没有零点，则 $f(x)$ 与 $f'(x)$ 在(a,b) 内没有公共零点，即 $f(x)$ 在(a,b) 内没有重零点. 此时辗转相除法所得序列(2.40) 为 Sturm 序列.

定义 2.5 实数序列 $a_0, a_1, a_2, \cdots, a_m$ 从左至右排列，若

$$a_i a_{i+1} < 0,\ 0 \leqslant i \leqslant m-1 \quad 或 \quad a_{i+1} = 0,\ a_i a_{i+2} < 0,\ 0 \leqslant i \leqslant m-2,$$

则称序列$\{a_i\}_{i=0}^{m}$ 有一个变号数，序列中变号数的总和称为该序列的变号数.

例如，数列 5，-3，4，1，-2，7，-3，-4 的变号数为 5；数列 -5，-1，0，3，-7 的变号数为 2.

定义 2.6 设$\{f_i(x)\}_{i=0}^{m}$ 是一个实系数多项式序列，ξ 为一个实数，称实数序列$\{f_i(\xi)\}_{i=0}^{m}$ 的变号数为该多项式序列在点 ξ 处的变号数，记为 $V(\xi)$.

定理 2.8(Sturm 定理) 如果以实系数多项式 $f(x)$，$f'(x)$ 为基的辗转相除法序列(2.40) 是一个 Sturm 序列，且 a,b 不是 $f(x)$ 的零点，则

$$\beta = V(a) - V(b)$$

是 $f(x)$ 在(a,b) 内零点的个数.

例 2.10 求多项式 $f(x) = x^6 - 4x^4 - x^2 + 4$ 的实零点的个数.

解 取区间$(a,b) = (-\infty, +\infty)$，又 $f'(x) = 6x^5 - 16x^3 - 2x$，且约去 2 并不改变 $f'(x)$ 的正负号，故令 $f_1(x) = 3x^5 - 8x^3 - x$. 利用辗转相除法，构造 Sturm 序列如下：由

$$
\begin{array}{r|rrrrrrr}
 & \frac{1}{3} & & & & & & \\ \hline
3+0-8+0-1+0 & 1 & +0 & -4 & +0 & -1 & +0 & +4 \\
 & 1 & +0 & -\frac{8}{3} & +0 & -\frac{1}{3} & +0 & \\ \hline
 & & & -\frac{4}{3} & +0 & -\frac{2}{3} & +0 & +4
\end{array}
$$

得 $f_2(x)=\frac{4}{3}x^4+\frac{2}{3}x^2-4$;由

$$\begin{array}{r|llllll}
 & \frac{9}{4} & & & & & \\ \hline
\frac{4}{3}+0+\frac{2}{3}+0-4 & 3 & +0 & -8 & +0 & -1 & +0 \\
 & 3 & +0 & +\frac{3}{2} & +0 & -9 & \\ \cline{2-7}
 & & & -\frac{19}{2} & +0 & +8 & +0
\end{array}$$

得 $f_3(x)=\frac{19}{2}x^3-8x$;由

$$\begin{array}{r|lllll}
 & \frac{8}{57} & & & & \\ \hline
\frac{19}{2}+0-8+0 & \frac{4}{3} & +0 & +\frac{2}{3} & +0 & -4 \\
 & \frac{4}{3} & +0 & -\frac{64}{57} & +0 & \\ \cline{2-6}
 & & & \frac{34}{19} & +0 & -4
\end{array}$$

得 $f_4(x)=-\frac{34}{19}x^2+4$;由

$$\begin{array}{r|llll}
 & -\frac{361}{68} & & & \\ \hline
-\frac{34}{19}+0+4 & \frac{19}{2} & +0 & -8 & +0 \\
 & \frac{19}{2} & +0 & -\frac{361}{17} & \\ \cline{2-5}
 & & & \frac{225}{17} & +0
\end{array}$$

得 $f_5(x)=-\frac{225}{17}x$;由

$$\begin{array}{r|lll}
 & \frac{578}{4275} & & \\ \hline
-\frac{225}{17}+0 & -\frac{34}{19} & +0 & +4 \\
 & -\frac{34}{19} & +0 & \\ \cline{2-4}
 & & & 4
\end{array}$$

得 $f_6(x)=-4$.

按定义 2.5 和 2.6,求得上述 Sturm 序列在 $-\infty,0,+\infty$ 处的变号数列于表 2.7:

表 2.7

x	f_0	f_1	f_2	f_3	f_4	f_5	f_6	$V(x)$
$-\infty$	+	−	+	−	−	+	−	5
0	+	0	−	0	+	0	−	3
$+\infty$	+	+	+	+	−	−	−	1

再由定理 2.8 计算多项式 $f(x)=x^6-4x^4-x^2+4$ 在 $(-\infty,0)$ 及 $(0,+\infty)$ 内的零点个数. 因为 $V(-\infty)-V(0)=2$,所以 $f(x)$ 在 $(-\infty,0)$ 内有 2 个零点;因为 $V(0)-V(\infty)=2$,所以 $f(x)$ 在 $(0,+\infty)$ 内也有 2 个零点. 即共有 4 个实零点.

事实上,因为

$$\begin{aligned} f(x) &= x^6-4x^4-x^2+4 \\ &= (x^2+1)(x+2)(x+1)(x-1)(x-2), \end{aligned}$$

可见 $f(x)$ 有实零点 $-2,-1,1,2$.

对于实系数多项式方程,利用 Sturm 序列把实根隔离在各个区间之后,就可以用前面所讲的各种求实根方法进行求解. 因此,Sturm 定理解决了实系数代数方程求实根的问题,剩下的就是如何求复根的问题了.

2.4.2 劈因子法

为求

$$f(x)=a_0x^n+a_1x^{n-1}+\cdots+a_{n-1}x+a_n=0 \tag{2.41}$$

的复根,由于复根总是成对出现的,因此若能将 $f(x)$ 分离出一个 2 次因子

$$w^*(x)=x^2+u^*x+v^*,$$

使

$$f(x)=w^*(x)p^*(x),$$

再令 $w^*(x)=0$,即得两个实根或一对共轭复根. 但直接分离 $w^*(x)$ 比较困难. 而求方程(2.41) 的劈因子法是先取某个近似因子

$$w(x)=x^2+ux+v,$$

用一种迭代过程使之逐步精确化,从而求得 $w^*(x)$.

以 $w(x)$ 除 $f(x)$,设商为 $p(x)$,余式为 r_0x+r_1,即

$$f(x)=(x^2+ux+v)p(x)+r_0x+r_1, \tag{2.42}$$

其中 $p(x)$ 为$(n-2)$ 次多项式,可设为

$$p(x)=b_0x^{n-2}+b_1x^{n-3}+\cdots+b_{n-3}x+b_{n-2}.$$

显然 $b_0,b_1,\cdots,b_{n-2},r_0,r_1$ 均是 u,v 的函数,我们所要求的 u^*,v^* 便是方程组

$$\begin{cases}r_0(u,v)=0,\\ r_1(u,v)=0\end{cases}$$

的解.这是 u,v 的非线性方程组,采用局部线性化的方法,可把它简化为多个线性方程组去求解.

设 u,v 为 u^*,v^* 的近似值,有 $u^*=u+\Delta u,v^*=v+\Delta v$,即要解方程组

$$\begin{cases}r_0(u^*,v^*)=r_0(u+\Delta u,v+\Delta v)=0,\\ r_1(u^*,v^*)=r_1(u+\Delta u,v+\Delta v)=0.\end{cases}$$

该方程组是关于 Δu 和 Δv 的非线性方程组.与解单个方程的 Newton 法类似,可以用 Taylor 展开使其线性化,然后求解线性方程组.设 Δu 和 Δv 很小,将上述方程组的左端在(u,v)处作 1 阶 Taylor 展开,略去二阶小量项,得到关于 $\Delta u,\Delta v$ 的线性方程组

$$\begin{cases}r_0(u,v)+\dfrac{\partial r_0(u,v)}{\partial u}\Delta u+\dfrac{\partial r_0(u,v)}{\partial v}\Delta v=0,\\ r_1(u,v)+\dfrac{\partial r_1(u,v)}{\partial u}\Delta u+\dfrac{\partial r_1(u,v)}{\partial v}\Delta v=0,\end{cases}$$

移项得

$$\begin{cases}-\dfrac{\partial r_0(u,v)}{\partial u}\Delta u-\dfrac{\partial r_0(u,v)}{\partial v}\Delta v=r_0(u,v),\\ -\dfrac{\partial r_1(u,v)}{\partial u}\Delta u-\dfrac{\partial r_1(u,v)}{\partial v}\Delta v=r_1(u,v).\end{cases}\tag{2.43}$$

显然方程组(2.43)右端向量即为用 $w(x)$ 除 $f(x)$ 的余项系数(见式(2.42)),下面我们来求该方程组的系数矩阵.

将式(2.42)两边对 v 求导,得

$$\frac{\partial f}{\partial v}=p(x)+w(x)\frac{\partial p}{\partial v}+\frac{\partial r_0}{\partial v}x+\frac{\partial r_1}{\partial v}=0,$$

移项得

$$p(x)=w(x)\left(-\frac{\partial p}{\partial v}\right)-\frac{\partial r_0}{\partial v}x-\frac{\partial r_1}{\partial v}.$$

于是,$-\dfrac{\partial r_0}{\partial v}$ 和 $-\dfrac{\partial r_1}{\partial v}$ 为用 $w(x)$ 除 $p(x)$ 的余项系数.

将式(2.42)两边对 u 求导,得

$$\frac{\partial f}{\partial u}=xp(x)+w(x)\frac{\partial p}{\partial u}+\frac{\partial r_0}{\partial u}x+\frac{\partial r_1}{\partial u}=0,$$

移项得

$$xp(x)=w(x)\left(-\frac{\partial p}{\partial u}\right)-\frac{\partial r_0}{\partial u}x-\frac{\partial r_1}{\partial u}.$$

于是,$-\dfrac{\partial r_0}{\partial u}$ 和 $-\dfrac{\partial r_1}{\partial u}$ 为用 $w(x)$ 除 $xp(x)$ 的余项系数.

由方程组(2.43)解出 Δu 和 Δv 之后,便得到改进的 2 次因子

$$\widetilde{w}(x)=x^2+(u+\Delta u)x+(v+\Delta v).$$

如果 $\widetilde{w}(x)$ 不满足精度要求,可重复上述过程,直到求得满足精度要求的 2 次因子为止.最后令此 2 次因子为零,即可求得一对近似根.

例 2.11　用劈因子法解方程 $f(x)=x^4-8x^3+39x^2-62x+50=0$.

解　取 $w_0(x)=x^2$,则由

$$\begin{array}{r|rrrrr}
 & 1 & -8 & +39 & & \\
\hline
1+0+0 & 1 & -8 & +39 & -62 & +50 \\
 & 1 & +0 & +0 & & \\
\hline
 & & -8 & +39 & -62 & \\
 & & -8 & +0 & +0 & \\
\hline
 & & & 39 & -62 & +50 \\
 & & & 39 & +0 & +0 \\
\hline
\boxed{r_0,r_1}\longrightarrow & & & & \boxed{-62} & \boxed{+50}
\end{array}$$

$$\begin{array}{r|rrrr}
 & 1 & -8 & & \\
\hline
1+0+0 & 1 & -8 & +39 & \\
 & 1 & +0 & +0 & \\
\hline
\boxed{-\dfrac{\partial r_0}{\partial v},-\dfrac{\partial r_1}{\partial v}}\longrightarrow & & \boxed{-8} & \boxed{+39} & +0 \\
 & & -8 & +0 & +0 \\
\hline
\boxed{-\dfrac{\partial r_0}{\partial u},-\dfrac{\partial r_1}{\partial u}}\longrightarrow & & & \boxed{39} & \boxed{+0}
\end{array}$$

得

$$\begin{cases}39\Delta u - 8\Delta v = -62, \\ 0\Delta u + 39\Delta v = 50,\end{cases} \quad \text{解得} \quad \begin{cases}\Delta u = -1.32676, \\ \Delta v = 1.28205,\end{cases}$$

于是得到

$$w_1(x) = x^2 - 1.32676x + 1.28205,$$
$$f(x) = w_1(x)(x^2 - 6.67324x + 28.86417) - 15.14878x + 12.99465.$$

类似可得

$$w_2(x) = x^2 - 1.90565x + 1.89704,$$
$$f(x) = w_2(x)(x^2 - 6.09435x + 25.48925) - 1.86512x + 1.64590;$$
$$w_3(x) = x^2 - 1.99806x + 1.99793,$$
$$f(x) = w_3(x)(x^2 - 6.00194x + 25.00982) - 0.03735x + 0.03217;$$
$$w_4(x) = x^2 - 2.00000x + 2.00000,$$
$$f(x) = w_4(x)(x^2 - 6.00000x + 25.00000).$$

解方程

$$x^2 - 2.00000x + 2.00000 = 0$$

及

$$x^2 - 6.00000x + 25.00000 = 0,$$

可得方程 $f(x) = 0$ 的两对共轭复根分别为

$$1.00000 \pm 1.00000\mathrm{i}, \quad 3.00000 \pm 4.00000\mathrm{i}.$$

可以证明:若二次因子 $w^*(x) = x^2 + u^* x + v^*$ 的两个零点是多项式 $f(x)$ 的相异的单零点,且选取的初值 u_0 和 v_0 适当精确,则劈因子法是平方收敛的.

2.5 应用实例:薄壳结构的静力计算①

2.5.1 问题的背景

建筑中的薄壳结构具有令人满意的力学性能和使用效果,这主要是由于它基本上利用直接应力承担荷载,因而用料省、强度高,有极大的强度潜力;再者,由于薄壳形状的特点,其非但外形美观,而且可以提供广阔开敞的使用空间以满足各种需要,例如适用于建造礼堂、展览馆、候车厅、运动场以及飞机库等等.

我们以装配式圆柱面薄壳为研究对象进行静力分析,壳体的微元如图2.3 所

①问题选自东南大学土木工程系研究生陈忆所做新型空间结构课题组的折壳子项课题.

示. 其中，x 为自左支座量计的纵向距离；φ 为由壳体右边缘量计的角度；u，v，w 为壳体中间曲面上各点沿着纵向、切向和径向的位移；r 为圆柱面壳体中心线的半径；l 为两支座间的壳体的长度；t 为壳体厚度；T_x 为直接力在纵向的分量；T_φ 为直接力在横向的分量；s 为切向剪力.

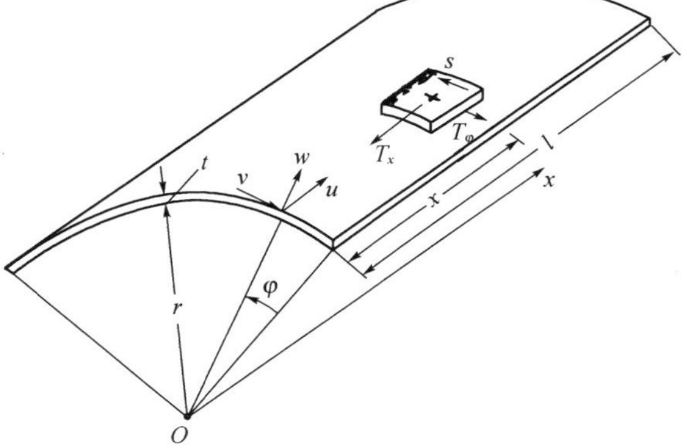

图 2.3　圆柱面壳体的微元

2.5.2　数学模型

通过壳体的静力平衡方程、物理方程和几何方程，列出其基本方程式为

$$\begin{cases} 2t_1\dfrac{\partial^2 u}{\partial x^2}+\dfrac{1}{r^2}\dfrac{\partial^2 u}{\partial \varphi^2}+\dfrac{1}{r}\dfrac{\partial^2 v}{\partial\varphi\partial x}=0, \\ \dfrac{1}{r}\dfrac{\partial^2 u}{\partial\varphi\partial x}+\dfrac{2t_2}{r^2}\dfrac{\partial^2 v}{\partial\varphi^2}+\dfrac{\partial^2 v}{\partial x^2}+\dfrac{2t_2}{r^2}\dfrac{\partial w}{\partial\varphi}=0, \\ \dfrac{t_2}{r^2}\dfrac{\partial v}{\partial\varphi}+\dfrac{t_2 w}{r^2}+\dfrac{f_2 k}{Etr^4}\dfrac{\partial^4 w}{\partial\varphi^4}+\dfrac{f_1 k}{Et}\dfrac{\partial^4 w}{\partial x^4}+\dfrac{2k}{Etr^2}\dfrac{\partial^4 w}{\partial\varphi^2\partial x^2}=0. \end{cases} \tag{2.44}$$

式中，t_1，t_2 是分别考虑纵肋与横肋作用之折算厚度与壳厚 t 的比值；f_1，f_2 为分别考虑纵肋与横肋作用之折算抗弯刚度与壳体抗弯刚度 k 的比值（$k=Et^3/12$，E 为混凝土的弹性模量）.

用 Fourier 级数方法解微分方程组(2.44). 考虑到薄壳在横向曲线边缘之边界条件，设其具有如下形式的解：

$$\begin{cases} u=u_0\mathrm{e}^{m\varphi}\sin\xi, \\ v=v_0\mathrm{e}^{m\varphi}\cos\xi, \\ w=w_0\mathrm{e}^{m\varphi}\cos\xi, \end{cases} \tag{2.45}$$

其中，$\xi=\dfrac{n\pi x}{l}=\dfrac{\lambda}{r}x$，$\lambda=\dfrac{n\pi r}{l}$. 将式(2.45) 代入式(2.44)，得

$$\begin{cases}(2t_1\lambda^2-m^2)u_0+m\lambda v_0=0,\\ m\lambda u_0+(2t_2m^2-\lambda^2)v_0+2t_2mw_0=0,\\ t_2mv_0+\left[t_2+\dfrac{k}{Etr^2}(f_1\lambda^4-2\lambda^2m^2+f_2m^4)\right]w_0=0,\end{cases}$$

或

$$\begin{bmatrix}2t_1\lambda^2-m^2 & m\lambda & 0\\ m\lambda & 2t_2m^2-\lambda^2 & 2t_2m\\ 0 & t_2m & t_2+\dfrac{k}{Etr^2}(f_1\lambda^4-2\lambda^2m^2+f_2m^4)\end{bmatrix}\begin{bmatrix}u_0\\ v_0\\ w_0\end{bmatrix}=\begin{bmatrix}0\\ 0\\ 0\end{bmatrix}. \tag{2.46}$$

要使方程组(2.46)有非零解,当且仅当其系数矩阵的行列式为零.将此行列式展开并整理,得到

$$\begin{aligned}&t_2f_2m^8-2t_2\lambda^2(1+t_1f_2)m^6+\lambda^4[t_2(f_1+4t_1)+t_1f_2]m^4\\&-2t_1\lambda^6(t_2f_1+1)m^2+\lambda^4\left(\frac{Etr^2}{k}t_1t_2+t_1f_1\lambda^4\right)=0.\end{aligned}$$

今从某一圆柱面薄壳的静力分析中得出一个 8 次代数方程

$$\begin{aligned}&34.20774m^8-143.82097m^6+141.76645m^4-37.70548m^2\\&+7682505.30384=0.\end{aligned} \tag{2.47}$$

令 $x=m^2$,得到

$$x^4-4.20434x^3+4.14428x^2-1.10225x+224583.83114=0. \tag{2.48}$$

下面主要讨论用劈因子法求解方程式(2.48)的复根,从而得到式(2.47)的全部复根.

2.5.3 计算方法与结果分析

(1) 带余除法

设 $f(x)=a_0x^n+a_1x^{n-1}+\cdots+a_{n-1}x+a_n$,$w(x)=x^2+ux+v$,用 $w(x)$ 除 $f(x)$ 的商为 $p(x)=b_0x^{n-2}+b_1x^{n-3}+\cdots+b_{n-3}x+b_{n-2}$,余式为 r_0x+r_1,即

$$f(x)=w(x)p(x)+r_0x+r_1.$$

比较上式两端同次幂的系数可得

$$\begin{cases}b_0=a_0,\\ b_1=a_1-ub_0,\\ b_i=a_i-ub_{i-1}-vb_{i-2},\quad i=2,3,\cdots,n-2,\\ r_0=a_{n-1}-ub_{n-2}-vb_{n-3},\\ r_1=a_n-vb_{n-2}.\end{cases}$$

(2) 求方程(2.48)的根

取初始近似因子

$$w_0(x)=x^2+10x+10,$$

用 $f(x)$ 除以 $w_0(x)$,得

$$f(x)=w_0(x)p_0(x)+(r_0)_k x+(r_1)_k,\quad k=0,$$

其中

$$p_0(x)=x^2-14.204340x+136.187680,$$

$$(r_0)_k=-1220.935650,\quad (r_1)_k=223221.954340,\quad k=0.$$

再应用上一节介绍的方法,可将 $w_0(x)$ 依次校正为

$$w_k(x)=x^2+u_k x+v_k,$$

且

$$f(x)=w_k(x)p_k(x)+(r_0)_k x+(r_1)_k,$$
$$p_k(x)=x^2+(b_1)_k x+(b_2)_k,\quad k=1,2,\cdots.$$

求得 $u_k,v_k,(b_1)_k,(b_2)_k,(r_0)_k,(r_1)_k$ 的数据列于表 2.8:

表 2.8　应用实例数据表

k	u_k	v_k	$(b_1)_k$	$(b_2)_k$	$(r_0)_k$	$(r_1)_k$
0	10.000000	10.000000	−14.204340	136.187680	−1220.935650	223221.954340
1	110.313435	1586.554458	−114.517775	11050.438937	−1037324.292591	−17307539.329984
2	76.422567	1035.149712	−80.626907	5130.709729	−308642.189579	−5086468.868518
3	53.867590	688.502932	−58.071930	2443.836275	−91661.978841	−1458004.609577
4	39.329112	496.223723	−43.533452	1220.052571	−26382.354880	−380835.198245
5	31.276119	427.548299	−35.480459	686.287044	−6295.887621	−68837.027495
6	28.798786	434.776290	−33.003126	519.817982	−622.252446	−1420.702729
7	28.721434	442.510703	−32.925774	507.309047	−1.738178	−94.147863
8	28.724595	442.633002	−32.928935	507.381609	−0.000130	−0.013295
9	28.724595	442.632990	−32.928935	507.381592	−0.000000	0.000000

由表可见

$$f(x)=w_9(x)p_9(x),$$

其中

$$w_9(x)=x^2+28.724595x+442.632990,$$

$$p_9(x)=x^2-32.928935x+507.381592.$$

解方程 $w_9(x)=0$,得

$$x_{1,2}=-14.362297\pm 15.373920\mathrm{i};$$

解方程 $p_9(x)=0$,得

$$x_{3,4}=16.464467\pm 15.372147\mathrm{i}.$$

(3) 求方程(2.47)的根

由 $m^2=x=a+b\mathrm{i}$,并设 $m=A+B\mathrm{i}$,得

$$A^2=\frac{1}{2}(a+\sqrt{a^2+b^2})\equiv E,\quad B^2=\frac{1}{2}(-a+\sqrt{a^2+b^2})\equiv F,$$

故得

$$m=\pm\sqrt{E}\pm\sqrt{F}\mathrm{i}.$$

由 $x_{1,2}$ 得

$$m_1,m_2,m_3,m_4=\pm 1.827094\pm 4.207025\mathrm{i},$$

由 $x_{3,4}$ 得

$$m_5,m_6,m_7,m_8=\pm 4.415292\pm 1.740785\mathrm{i}.$$

习　题　2

1. 分析下列方程各存在几个根,并找出每个根的含根区间.

(1) $x+\cos x=0$;　　(2) $\frac{2}{3\pi}x-\cos x=0$;

(3) $x^2-\mathrm{e}^x=0$;　　(4) $\sin x-\mathrm{e}^{-x}=0$.

2. 给定方程 $x^2-x-1=0$.

(1) 试用二分法求其正根,使误差不超过 0.05;

(2) 若在[0,2]上用二分法求根,要使精度达到 6 位有效数字,需二分几次?

3. 为求方程 $x^3-5x-3=0$ 的正根,可将所给方程写成如下 3 个等价形式:

$$x=\frac{1}{5}(x^3-3),\quad x=\sqrt[3]{5x+3},\quad x=\sqrt{5+\frac{3}{x}}.$$

由以上等价形式,构造 3 种不动点迭代格式,判断它们是否收敛,并选择一种较快的迭代格式求出具有 4 位有效数字的近似根.

4. 用不动点迭代法求 $x^3-x-0.2=0$ 的所有实根,精确至 3 位有效数字.

5. 证明:迭代格式

$$x_{k+1}=x_k(1-x_k),\quad k=0,1,2,\cdots$$

对任意 $x_0 \in [0,1]$ 均收敛.

6. 已知 $x=\varphi(x)$ 在区间 $[a,b]$ 上有且只有一个根,并当 $a<x<b$ 时,有

$$|\varphi'(x)| \geqslant k > 1.$$

(1) 试问如何将 $x=\varphi(x)$ 化为适用于迭代的形式?

(2) 将 $x=\tan x$ 化为适用于迭代的形式,并求 $x=4.5$(弧度) 附近的根.

7. 已知方程 $f(x)=0$ 有根 x^*,并且对一切 $x\in \mathbf{R}$, $f'(x)$ 存在且 $0<m\leqslant f'(x)\leqslant M$. 证明:对于任意的 $\lambda\in(0,2/M)$,迭代格式

$$x_{k+1}=x_k-\lambda f(x_k),\quad k=0,1,2,\cdots$$

是局部收敛的.

8. 给定方程 $f(x)=0$,并设 x^* 是其单根,且 $f(x)$ 足够光滑,证明:迭代格式

$$x_{k+1}=x_k-\frac{f(x_k)}{f'(x_k)}-\frac{f''(x_k)}{2f'(x_k)}\left[\frac{f(x_k)}{f'(x_k)}\right]^2$$

至少是3阶局部收敛的.

9. 应用 Newton 法求方程 $f(x)=\mathrm{e}^x-3x^2=0$ 的全部实根,精确至5位有效数字.

10. 应用 Newton 法分别导出求方程

$$f(x)\equiv x^n-a=0 \quad 和 \quad f(x)\equiv 1-\frac{a}{x^n}=0$$

的根 $\sqrt[n]{a}$ 的迭代格式,并求 $\lim\limits_{k\to\infty}\dfrac{\sqrt[n]{a}-x_{k+1}}{(\sqrt[n]{a}-x_k)^2}$.

11. 试写出求方程 $\dfrac{1}{x}-c=0$(其中 c 为已知正常数) 的 Newton 迭代格式,并证明当初值 x_0 满足 $0<x_0<\dfrac{2}{c}$ 时迭代格式收敛. 该迭代格式中是否含有除法运算?

12. 问 $x^*=0$ 是 $f(x)=\mathrm{e}^{2x}-1-2x-2x^2=0$ 的几重根?若取 $x_0=0.5$,试分别用 Newton 迭代公式与求重根的 Newton 迭代公式计算此根的近似值,精确到 $|f(x_k)|\leqslant 10^{-3}$.

13. 试用 Newton 法求方程 $x^4-5.4x^3+10.56x^2-8.954x+2.7951=0$ 在 1.0 和 2.0 附近的根,精确至3位有效数字(已知 1.0 附近的根为重根,2.0 附近的根为单根).

14. 证明:拟牛顿法对单根至少是2阶局部收敛的.

15. 对于复变量 $z=x+\mathrm{i}y$ 的复值函数 $f(z)$ 应用 Newton 法

$$z_{k+1}=z_k-\frac{f(z_k)}{f'(z_k)},$$

为避开复数运算分出实部和虚部,令

$$z_k = x_k + \mathrm{i}y_k, \quad f(z_k) = A_k + \mathrm{i}B_k, \quad f'(z_k) = C_k + \mathrm{i}D_k,$$

证明:

$$x_{k+1} = x_k - \frac{A_kC_k + B_kD_k}{C_k^2 + D_k^2}, \quad y_{k+1} = y_k + \frac{A_kD_k - B_kC_k}{C_k^2 + D_k^2}.$$

16. 判断方程 $f(x) = x^4 - 4x^2 + 12x - 24 = 0$ 有几个正根、几个负根,并求出这些根.

17. 用劈因子法把 $f(x) = x^4 + 5x^3 + 3x^2 - 5x - 9$ 分解为两个 2 次因子的乘积,取 $w_0(x) = x^2 + 3x - 5$.

18. 用劈因子法解方程 $x^3 - 3x^2 - x + 9 = 0$,取 $w_0(x) = x^2 - 4x + 6$,算至

$$|r_0| \leqslant 0.005, \quad |r_1| \leqslant 0.005.$$

19. 用适当的迭代法求下列方程组的根(精确至 4 位有效数字):

$$\begin{cases} x = \sin\left(\dfrac{1}{2}y\right), \\ y = \cos\left(\dfrac{1}{3}x\right). \end{cases}$$

20. (上机题)**Newton 迭代法.**

(1) 给定初值 x_0 及容许误差 ε,编写 Newton 迭代法解方程 $f(x) = 0$ 根的通用程序.

(2) 给定方程 $f(x) = \dfrac{x^3}{3} - x = 0$,易知其有三个根

$$x_1^* = -\sqrt{3}, \quad x_2^* = 0, \quad x_3^* = \sqrt{3}.$$

① 由 Newton 法的局部收敛性可知存在 $\delta > 0$,当 $x_0 \in (-\delta, \delta)$ 时 Newton 迭代序列收敛于根 x_2^*,试确定尽可能大的 δ;

② 试取若干初始值,观察当 $x_0 \in (-\infty, -1), (-1, -\delta), (-\delta, \delta), (\delta, 1), (1, +\infty)$ 时 Newton 序列是否收敛以及收敛于哪一个根.

(3) 通过本上机题,你明白了什么?

3 线性代数方程组数值解法

3.1 引言

求解线性代数方程组的问题不但在工程技术中涉及，而且在计算方法其它分支比如样条插值、最佳平方逼近、微分方程数值解等研究中，也往往需要解这样的问题，因此它是一个应用相当广泛的分支.

给定线性方程组

$$\begin{cases} a_{11}x_1 + a_{12}x_2 + \cdots + a_{1n}x_n = b_1, \\ a_{21}x_1 + a_{22}x_2 + \cdots + a_{2n}x_n = b_2, \\ \qquad\vdots \\ a_{n1}x_1 + a_{n2}x_2 + \cdots + a_{nn}x_n = b_n, \end{cases} \tag{3.1}$$

其中 $a_{ij}(i,j=1,2,\cdots,n)$ 为方程组的系数，$x_j(j=1,2,\cdots,n)$ 为未知量，$b_i(i=1,2,\cdots,n)$ 为方程组的右端项. 该方程组用矩阵形式表示为

$$\boldsymbol{A}\boldsymbol{x} = \boldsymbol{b}, \tag{3.2}$$

其中

$$\boldsymbol{A} = \begin{bmatrix} a_{11} & a_{12} & \cdots & a_{1n} \\ a_{21} & a_{22} & \cdots & a_{2n} \\ \vdots & \vdots & & \vdots \\ a_{n1} & a_{n2} & \cdots & a_{nn} \end{bmatrix}, \quad \boldsymbol{b} = \begin{bmatrix} b_1 \\ b_2 \\ \vdots \\ b_n \end{bmatrix}, \quad \boldsymbol{x} = \begin{bmatrix} x_1 \\ x_2 \\ \vdots \\ x_n \end{bmatrix}$$

分别称为方程组(3.1) 的系数矩阵、右端向量和未知向量(解向量).

由线性代数知识可知：如果矩阵 $\boldsymbol{A}$ 是非奇异的，即 $\det(\boldsymbol{A}) \neq 0$，则方程组(3.1) 有唯一解 $\boldsymbol{x}^*$，并且可用 Cramer 法则将解表示成

$$x_i = \frac{D_i}{D}, \quad i = 1,2,\cdots,n,$$

其中，x_i 是解向量 $\boldsymbol{x}^*$ 的第 i 个分量；$D = \det(\boldsymbol{A})$；D_i 是用 $\boldsymbol{b}$ 代替 $\boldsymbol{A}$ 的第 i 列后所得矩阵的行列式.

Cramer 法则虽是解线性方程组的一种直接方法，但是计算工作量太大. 对于一个 n 阶方程组，需要计算 $(n+1)$ 个 n 阶行列式，而对 n 阶行列式按定义直接展开来计算，需作 $n!(n-1)$ 次乘法，因此共需作 $(n+1)!(n-1)$ 次乘法. 如 $n=20$ 时，

需作 $21! \times 19 = 9.707 \times 10^{20}$ 次乘法,如此大的计算量在当今最快的计算机(千万亿次/秒)上计算需要 11.23 天. 显然此法是不实用的,必须研究其它数值解法.

关于线性方程组的数值解法一般分为两大类,即直接法和迭代法.

直接法是在没有舍入误差的情况下,通过有限步四则运算求得方程组精确解的方法. 但在实际计算时,由于初始数据变为机器数而产生的误差及计算过程中所产生的舍入误差等都会对解的精确度产生影响,因此直接法实际上也只能算出方程组真解的近似值. 目前较实用的直接法是 Gauss 消去法的一些变形,例如选主元的 Gauss 消去法和矩阵的三角分解法,它们都是当前计算机上常用的有效方法.

迭代法就是对任意给定的初始近似解向量 $\boldsymbol{x}^{(0)}$,按照某种方法逐步生成近似解序列 $\boldsymbol{x}^{(0)}, \boldsymbol{x}^{(1)}, \cdots, \boldsymbol{x}^{(k)}, \cdots$,使 $\lim\limits_{k \to \infty} \boldsymbol{x}^{(k)} = \boldsymbol{x}^*$ 为方程组(3.2)的解,即 $\boldsymbol{A}\boldsymbol{x}^* = \boldsymbol{b}$. 因为迭代法是用某种极限过程去逐步逼近真解的方法,故而也可以通过有限步运算得到具有指定精确度的近似解. 迭代法主要有 Jacobi 迭代法、Gauss-Seidel 迭代法、逐次超松弛法以及共轭斜量法等.

直接法的优点是计算量小,并且可以事先估计计算量,缺点是所需存贮单元较多,编写程序较复杂;迭代法的优点是原始系数矩阵始终不变,因而算法简单,编写程序较方便,且所需存贮单元也较少,缺点是只有近似解序列收敛时才能被采用,而且存在收敛性和收敛速度的问题.

对于中等规模的 n 阶($n < 100$)线性方程组,由于直接法的准确性和可靠性,因而经常被采用;对于较高阶的方程组,特别是对某些偏微分方程离散化后得到的大型稀疏方程组(系数矩阵中的元素绝大多数为零元素),由于直接解法的计算代价较高,使得迭代法更具竞争力.

3.2 消去法

3.2.1 三角方程组的解法

形如

$$\begin{cases} u_{11}x_1 + u_{12}x_2 + \cdots + u_{1,n-1}x_{n-1} + u_{1n}x_n = y_1, \\ \qquad\quad u_{22}x_2 + \cdots + u_{2,n-1}x_{n-1} + u_{2n}x_n = y_2, \\ \qquad\qquad\qquad \vdots \\ \qquad\qquad u_{n-1,n-1}x_{n-1} + u_{n-1,n}x_n = y_{n-1}, \\ \qquad\qquad\qquad\qquad u_{nn}x_n = y_n \end{cases} \tag{3.3}$$

的方程组称为上三角形方程组,写成矩阵形式为

$$\boldsymbol{U}\boldsymbol{x} = \boldsymbol{y},$$

其中

$$U=\begin{bmatrix} u_{11} & u_{12} & \cdots & u_{1,n-1} & u_{1n} \\ & u_{22} & \cdots & u_{2,n-1} & u_{2n} \\ & & \ddots & & \vdots \\ & & & u_{n-1,n-1} & u_{n-1,n} \\ & & & & u_{nn} \end{bmatrix},\quad \boldsymbol{y}=\begin{bmatrix} y_1 \\ y_2 \\ \vdots \\ y_{n-1} \\ y_n \end{bmatrix},$$

称 $\boldsymbol{U}$ 为上三角矩阵.

如果 $\det(\boldsymbol{U})\neq 0$,即 $u_{ii}\neq 0(i=1,2,\cdots,n)$,亦即矩阵 $\boldsymbol{U}$ 非奇异,则上三角方程组(3.3)有唯一解,且可从式(3.3)的最后一个方程解出 $x_n=y_n/u_{nn}$,再代入倒数第二个方程,得到

$$x_{n-1}=(y_{n-1}-u_{n-1,n}x_n)/u_{n-1,n-1}.$$

一般地,设已求得 $x_n,x_{n-1},\cdots,x_{i+1}$,则由方程组(3.3)的第 i 个方程可得

$$x_i=\Big(y_i-\sum_{j=i+1}^{n}u_{ij}x_j\Big)\Big/u_{ii},\quad i=n-1,n-2,\cdots,1.$$

上述求解方程组(3.3)解的过程称为**回代过程**. 回代过程所作乘除运算次数为 $M_1=\frac{1}{2}n(n+1)$,加减运算次数为 $S_1=\frac{1}{2}n(n-1)$.

3.2.2　Gauss 消去法

上三角方程组的求解方法很简单. 对于一般的方程组(3.1),若能通过同解变换将其化为上三角方程组(3.3)这种特殊形式,则求解方程组(3.1)的问题也就自然解决了. 以下介绍的 Gauss 消去法就实现了这一想法. Gauss 消去法在线性代数课程中已学习过,这里再次提及是想在此基础上对 Gauss 消去法做必要的改进.

为了表示Gauss消去法的一般计算过程,我们将原线性方程组(3.1)写为增广矩阵的形式,即

$$\overline{\boldsymbol{A}}^{(0)}=\begin{bmatrix} a_{11}^{(0)} & a_{12}^{(0)} & \cdots & a_{1n}^{(0)} & a_{1,n+1}^{(0)} \\ \vdots & \vdots & & \vdots & \vdots \\ a_{i1}^{(0)} & a_{i2}^{(0)} & \cdots & a_{in}^{(0)} & a_{i,n+1}^{(0)} \\ \vdots & \vdots & & \vdots & \vdots \\ a_{n1}^{(0)} & a_{n2}^{(0)} & \cdots & a_{nn}^{(0)} & a_{n,n+1}^{(0)} \end{bmatrix}, \tag{3.4}$$

其中

$$a_{ij}^{(0)} = a_{ij}, \quad a_{i,n+1}^{(0)} = b_i, \quad 1 \leqslant i, j \leqslant n.$$

第 1 步消元：设 $a_{11}^{(0)} \neq 0$，利用 $a_{11}^{(0)}$ 将 $\overline{\boldsymbol{A}}^{(0)}$ 中第 1 列对角线以下的元素消为零，即将 $\overline{\boldsymbol{A}}^{(0)}$ 的第 1 行乘以 $-l_{i1}\left(l_{i1} = \dfrac{a_{i1}^{(0)}}{a_{11}^{(0)}}\right)$，然后加到第 i 行上去($i = 2, 3, \cdots, n$)，得到式(3.4)的同解方程组

$$\overline{\boldsymbol{A}}^{(0)} \xrightarrow[\substack{\vdots \\ r_n + (-l_{n1}) r_1}]{\substack{r_2 + (-l_{21}) r_1 \\ r_3 + (-l_{31}) r_1}} \begin{bmatrix} a_{11}^{(0)} & a_{12}^{(0)} & \cdots & a_{1n}^{(0)} & a_{1,n+1}^{(0)} \\ 0 & a_{22}^{(1)} & \cdots & a_{2n}^{(1)} & a_{2,n+1}^{(1)} \\ 0 & a_{32}^{(1)} & \cdots & a_{3n}^{(1)} & a_{3,n+1}^{(1)} \\ \vdots & \vdots & \ddots & \vdots & \vdots \\ 0 & a_{n2}^{(1)} & \cdots & a_{nn}^{(1)} & a_{n,n+1}^{(1)} \end{bmatrix} \equiv \overline{\boldsymbol{A}}^{(1)},$$

其中

$$a_{ij}^{(1)} = a_{ij}^{(0)} - l_{i1} a_{1j}^{(0)}, \quad 2 \leqslant i \leqslant n, \ 2 \leqslant j \leqslant n+1.$$

一般地，设已对式(3.4)作了($k-1$)步消元，得到式(3.4)的同解方程组

$$\overline{\boldsymbol{A}}^{(k-1)} = \begin{bmatrix} a_{11}^{(0)} & a_{12}^{(0)} & \cdots & a_{1,k-1}^{(0)} & a_{1k}^{(0)} & \cdots & a_{1n}^{(0)} & a_{1,n+1}^{(0)} \\ 0 & a_{22}^{(1)} & \cdots & a_{2,k-1}^{(1)} & a_{2k}^{(1)} & \cdots & a_{2n}^{(1)} & a_{2,n+1}^{(1)} \\ \vdots & \vdots & \ddots & \vdots & \vdots & \ddots & \vdots & \vdots \\ 0 & 0 & \cdots & a_{k-1,k-1}^{(k-2)} & a_{k-1,k}^{(k-2)} & \cdots & a_{k-1,n}^{(k-2)} & a_{k-1,n+1}^{(k-2)} \\ 0 & 0 & \cdots & 0 & a_{kk}^{(k-1)} & \cdots & a_{kn}^{(k-1)} & a_{k,n+1}^{(k-1)} \\ \vdots & \vdots & \ddots & \vdots & \vdots & \ddots & \vdots & \vdots \\ 0 & 0 & \cdots & 0 & a_{ik}^{(k-1)} & \cdots & a_{in}^{(k-1)} & a_{i,n+1}^{(k-1)} \\ \vdots & \vdots & & \vdots & \vdots & \ddots & \vdots & \vdots \\ 0 & 0 & \cdots & 0 & a_{nk}^{(k-1)} & \cdots & a_{nn}^{(k-1)} & a_{n,n+1}^{(k-1)} \end{bmatrix}.$$

第 k 步消元：如果 $a_{kk}^{(k-1)} \neq 0$，利用 $a_{kk}^{(k-1)}$ 将 $\overline{\boldsymbol{A}}^{(k-1)}$ 的第 k 列对角线以下的元素消为零，即将 $\overline{\boldsymbol{A}}^{(k-1)}$ 的第 k 行乘以 $-l_{ik}\left(l_{ik} = \dfrac{a_{ik}^{(k-1)}}{a_{kk}^{(k-1)}}\right)$，然后加到第 i 行上去($i = k+1, k+2, \cdots, n$)，得到式(3.4)的同解方程组

$$\overline{\boldsymbol{A}}^{(k-1)} \xrightarrow[\substack{\vdots \\ r_n + (-l_{nk}) r_k}]{\substack{r_{k+1} + (-l_{k+1,k}) r_k \\ r_{k+2} + (-l_{k+2,k}) r_k}} \begin{bmatrix} a_{11}^{(0)} & a_{12}^{(0)} & \cdots & a_{1k}^{(0)} & a_{1,k+1}^{(0)} & \cdots & a_{1n}^{(0)} & a_{1,n+1}^{(0)} \\ 0 & a_{22}^{(1)} & \cdots & a_{2k}^{(1)} & a_{2,k+1}^{(1)} & \cdots & a_{2n}^{(1)} & a_{2,n+1}^{(1)} \\ \vdots & \vdots & \ddots & \vdots & \vdots & \ddots & \vdots & \vdots \\ 0 & 0 & \cdots & a_{kk}^{(k-1)} & a_{k,k+1}^{(k-1)} & \cdots & a_{kn}^{(k-1)} & a_{k,n+1}^{(k-1)} \\ 0 & 0 & \cdots & 0 & a_{k+1,k+1}^{(k)} & \cdots & a_{k+1,n}^{(k)} & a_{k+1,n+1}^{(k)} \\ \vdots & \vdots & \ddots & \vdots & \vdots & \ddots & \vdots & \vdots \\ 0 & 0 & \cdots & 0 & a_{n,k+1}^{(k)} & \cdots & a_{nn}^{(k)} & a_{n,n+1}^{(k)} \end{bmatrix}$$

$$\equiv \overline{\boldsymbol{A}}^{(k)},$$

其中

$$a_{ij}^{(k)} = a_{ij}^{(k-1)} - l_{ik}a_{kj}^{(k-1)}, \quad k+1 \leqslant i \leqslant n,\ k+1 \leqslant j \leqslant n+1,$$

并且称 l_{ik} 为**消元因子**，称 $a_{kk}^{(k-1)}$ 为**主元**.

上述作法直至第$(n-1)$步完成，得到式(3.4)的同解方程组

$$\overline{\boldsymbol{A}}^{(n-1)} = \begin{bmatrix} a_{11}^{(0)} & a_{12}^{(0)} & \cdots & a_{1,n-1}^{(0)} & a_{1n}^{(0)} & a_{1,n+1}^{(0)} \\ & a_{22}^{(1)} & \cdots & a_{2,n-1}^{(1)} & a_{2n}^{(1)} & a_{2,n+1}^{(1)} \\ & & \ddots & \vdots & & \vdots \\ & & & a_{n-1,n-1}^{(n-2)} & a_{n-1,n}^{(n-2)} & a_{n-1,n+1}^{(n-2)} \\ & & & & a_{nn}^{(n-1)} & a_{n,n+1}^{(n-1)} \end{bmatrix}. \tag{3.5}$$

若记

$$\boldsymbol{U} = \begin{bmatrix} a_{11}^{(0)} & a_{12}^{(0)} & \cdots & a_{1,n-1}^{(0)} & a_{1n}^{(0)} \\ & a_{22}^{(1)} & \cdots & a_{2,n-1}^{(1)} & a_{2n}^{(1)} \\ & & \ddots & \vdots & \vdots \\ & & & a_{n-1,n-1}^{(n-2)} & a_{n-1,n}^{(n-2)} \\ & & & & a_{nn}^{(n-1)} \end{bmatrix}, \quad \boldsymbol{y} = \begin{bmatrix} a_{1,n+1}^{(0)} \\ a_{2,n+1}^{(1)} \\ \vdots \\ a_{n-1,n+1}^{(n-2)} \\ a_{n,n+1}^{(n-1)} \end{bmatrix},$$

则式(3.5)即为

$$\boldsymbol{Ux} = \boldsymbol{y},$$

由上一小节介绍的回代过程可求得 $\boldsymbol{x}$.

由式(3.4)约化为式(3.5)的过程称为**消元过程**.

消元过程所作乘除运算次数和加减运算次数分别为

$$M_2 = \frac{1}{3}n^3 + \frac{1}{2}n^2 - \frac{5}{6}n, \quad S_2 = \frac{1}{3}n^3 - \frac{1}{3}n.$$

Gauss 消去法分为消元和回代两个过程，于是 Gauss 消去法总的乘除运算次数和加减运算次数分别为

$$M = M_1 + M_2 = \frac{1}{3}n^3 + n^2 - \frac{1}{3}n, \quad S = S_1 + S_2 = \frac{1}{3}n^3 + \frac{1}{2}n^2 - \frac{5}{6}n.$$

由于在计算机中作一次乘除运算所花费的时间大大超过作一次加减运算所需的时间，因此估计某个方法所需运算量时，往往只需估计乘除运算次数. 例如我们说 Gauss 消去法的运算量为$\frac{1}{3}n^3 + n^2 - \frac{1}{3}n$. 又当 n 很大时，$n^{p+1} \gg n^p$，故往往略去 n 的低次幂项，这样 Gauss 消去法的运算量为$\frac{1}{3}n^3$ 数量级.

当 $n=20$ 时,通过计算可知 Gauss 消去法仅需作3060 次乘除运算,而 Cramer 法则需作 9.707×10^{20} 次乘除运算,相比之下,Gauss 消去法的运算量小得多.

例 3.1 用 Gauss 消去法解方程组

$$\begin{bmatrix}2 & -4 & 6\\4 & -9 & 2\\1 & -1 & 3\end{bmatrix}\begin{bmatrix}x_1\\x_2\\x_3\end{bmatrix}=\begin{bmatrix}3\\5\\4\end{bmatrix}.$$

解 由

$$\overline{\boldsymbol{A}}^{(0)}=\begin{bmatrix}2 & -4 & 6 & 3\\4 & -9 & 2 & 5\\1 & -1 & 3 & 4\end{bmatrix}\xrightarrow[r_3+\left(-\frac{1}{2}\right)r_1]{r_2+(-2)r_1}\begin{bmatrix}2 & -4 & 6 & 3\\0 & -1 & -10 & -1\\0 & 1 & 0 & \frac{5}{2}\end{bmatrix}$$

$$\xrightarrow{r_3+r_2}\begin{bmatrix}2 & -4 & 6 & 3\\0 & -1 & -10 & -1\\0 & 0 & -10 & \frac{3}{2}\end{bmatrix},$$

得等价的三角方程组为

$$\begin{cases}2x_1-4x_2+6x_3=3,\\ \quad -x_2-10x_3=-1,\\ \quad\quad -10x_3=\dfrac{3}{2},\end{cases}$$

回代得

$$x_3=\frac{3}{2}\Big/(-10)=-\frac{3}{20},$$

$$x_2=(-1+10x_3)/(-1)=\frac{5}{2},$$

$$x_1=(3+4x_2-6x_3)/2=\frac{139}{20}.$$

上述 Gauss 消去法能顺利进行的条件是 $a_{kk}^{(k-1)}\neq0(k=1,2,\cdots,n-1)$. 现在我们来回答当系数矩阵 $\boldsymbol{A}$ 具有什么性质时才能满足这一要求.

定理 3.1 给定线性方程组 $\boldsymbol{Ax}=\boldsymbol{b}$,如果 n 阶矩阵 $\boldsymbol{A}$ 的所有顺序主子式均不为零,即

$$a_{11}\neq0,\quad \begin{vmatrix}a_{11} & a_{12}\\a_{21} & a_{22}\end{vmatrix}\neq0,\quad \begin{vmatrix}a_{11} & a_{12} & a_{13}\\a_{21} & a_{22} & a_{23}\\a_{31} & a_{32} & a_{33}\end{vmatrix}\neq0,\quad \cdots,\quad \det(\boldsymbol{A})\neq0,$$

则按 Gauss 消去法所形成的各主元 $a_{kk}^{(k-1)}(k=1,2,\cdots,n)$ 均不为零.

证明 引进记号 $\Delta_1 = a_{11}, \Delta_2 = \begin{vmatrix} a_{11} & a_{12} \\ a_{21} & a_{22} \end{vmatrix}, \cdots, \Delta_n = \det(\boldsymbol{A})$，用归纳法证明.

当 $k=1$ 时，$\Delta_1 = a_{11} \neq 0$，有 $a_{11}^{(0)} = a_{11} \neq 0$，定理显然成立.

设 $\Delta_1 \neq 0, \Delta_2 \neq 0, \cdots, \Delta_{k-1} \neq 0$ 时，有 $a_{ii}^{(i-1)} \neq 0 (i = 1,2,\cdots,k-1)$，现在要证当 $\Delta_k \neq 0$ 时有 $a_{kk}^{(k-1)} \neq 0$.

由 $a_{ii}^{(i-1)} \neq 0 (i=1,2,\cdots,k-1)$，故用 Gauss 消去法可将 $\boldsymbol{A}^{(0)}$ 约化到 $\boldsymbol{A}^{(k-1)}$，即

$$\boldsymbol{A}^{(0)} \longrightarrow \boldsymbol{A}^{(k-1)} = \begin{bmatrix} a_{11}^{(0)} & a_{12}^{(0)} & \cdots & a_{1k}^{(0)} & \cdots & a_{1n}^{(0)} \\ & a_{22}^{(1)} & \cdots & a_{2k}^{(1)} & \cdots & a_{2n}^{(1)} \\ & & \ddots & \vdots & & \vdots \\ & & & a_{kk}^{(k-1)} & \cdots & a_{kn}^{(k-1)} \\ & & & \vdots & & \vdots \\ & & & a_{nk}^{(k-1)} & \cdots & a_{nn}^{(k-1)} \end{bmatrix},$$

所以

$$\begin{bmatrix} a_{11} & a_{12} & \cdots & a_{1k} \\ a_{21} & a_{22} & \cdots & a_{2k} \\ \vdots & \vdots & & \vdots \\ a_{k1} & a_{k2} & \cdots & a_{kk} \end{bmatrix} \xrightarrow{\text{约化为}} \begin{bmatrix} a_{11}^{(0)} & a_{12}^{(0)} & \cdots & a_{1k}^{(0)} \\ & a_{22}^{(1)} & \cdots & a_{2k}^{(1)} \\ & & \ddots & \vdots \\ & & & a_{kk}^{(k-1)} \end{bmatrix},$$

$$\Delta_k = \begin{vmatrix} a_{11} & a_{12} & \cdots & a_{1k} \\ a_{21} & a_{22} & \cdots & a_{2k} \\ \vdots & \vdots & & \vdots \\ a_{k1} & a_{k2} & \cdots & a_{kk} \end{vmatrix} = \begin{vmatrix} a_{11}^{(0)} & a_{12}^{(0)} & \cdots & a_{1k}^{(0)} \\ & a_{22}^{(1)} & \cdots & a_{2k}^{(1)} \\ & & \ddots & \vdots \\ & & & a_{kk}^{(k-1)} \end{vmatrix} = a_{11}^{(0)} a_{22}^{(1)} \cdots a_{kk}^{(k-1)},$$

则由条件 $\Delta_k \neq 0$ 及 $a_{ii}^{(i-1)} \neq 0 (i=1,2,\cdots,k-1)$，即得 $a_{kk}^{(k-1)} \neq 0$.

定理证毕.

显然由 $a_{ii}^{(i-1)} \neq 0 (i=1,2,\cdots,k)$ 亦可推得 $\Delta_i \neq 0 (i=1,2,\cdots,k)$，故定理3.1亦可叙述为 $a_{kk}^{(k-1)} \neq 0 (k=1,2,\cdots,n)$ 的充要条件为 $\Delta_k \neq 0 (k=1,2,\cdots,n)$.

3.2.3 追赶法

在样条函数的计算、微分方程数值求解中常遇到如下形式的线性方程组：

$$\begin{bmatrix} b_1 & c_1 & & & & \\ a_2 & b_2 & c_2 & & & \\ & a_3 & b_3 & c_3 & & \\ & & \ddots & \ddots & \ddots & \\ & & & a_{n-1} & b_{n-1} & c_{n-1} \\ & & & & a_n & b_n \end{bmatrix} \begin{bmatrix} x_1 \\ x_2 \\ x_3 \\ \vdots \\ x_{n-1} \\ x_n \end{bmatrix} = \begin{bmatrix} d_1 \\ d_2 \\ d_3 \\ \vdots \\ d_{n-1} \\ d_n \end{bmatrix}, \tag{3.6}$$

其系数矩阵是三对角的，且元素满足：

(1) $|b_1|>|c_1|>0$;

(2) $|b_i|\geqslant|a_i|+|c_i|$, $a_ic_i\neq 0$, $i=2,3,\cdots,n-1$;

(3) $|b_n|>|a_n|>0$.

根据方程组(3.6)的特点，应用 Gauss 消去法求解时每步消元只需消一个元素. 其消元过程为

$$\begin{cases}\beta_1=b_1, \quad y_1=d_1, \\ l_i=\dfrac{a_i}{\beta_{i-1}}, \quad \beta_i=b_i-l_ic_{i-1}, \quad y_i=d_i-l_iy_{i-1}, \quad i=2,3,\cdots,n,\end{cases} \tag{3.7}$$

得到的同解三角方程组为

$$\begin{bmatrix}\beta_1 & c_1 & & & & y_1\\ & \beta_2 & c_2 & & & y_2\\ & & \ddots & \ddots & & \vdots\\ & & & \beta_{n-1} & c_{n-1} & y_{n-1}\\ & & & & \beta_n & y_n\end{bmatrix},$$

回代过程为

$$\begin{cases}x_n=y_n/\beta_n, \\ x_i=(y_i-c_ix_{i+1})/\beta_i, \quad i=n-1,n-2,\cdots,1.\end{cases} \tag{3.8}$$

这种把三对角方程组(3.6)的解用递推公式(3.7)和(3.8)表示出来的方法被形象地叫作**追赶法**. 因为式(3.7)是关于下标 i 由小到大的递推公式，故被称为追的过程；而式(3.8)是关于下标 i 从大到小的递推过程，故被称为赶的过程.

用追赶法解方程组(3.6)仅需$(5n-4)$次乘除运算和$(3n-3)$次加减运算，并且在用计算机计算时只需用 4 个一维数组分别存贮 $a_i,b_i,c_i,d_i(i=1,2,\cdots,n)$. 然后按公式(3.7)依次计算 l_i,β_i,y_i，并将 l_i,β_i,y_i 分别存放在 a_i,b_i,d_i 所占用的存贮单元上，按公式(3.8)计算出的 x_i 则存放在 y_i 所占用的存贮单元上.

3.2.4 列主元 Gauss 消去法

前面已经指出 Gauss 消去法必须在条件 $a_{kk}^{(k-1)}\neq 0(k=1,2,\cdots,n-1)$ 下才能进行. 现在还需指出的是，即使 $a_{kk}^{(k-1)}\neq 0$，若 $|a_{kk}^{(k-1)}|$ 和 $|a_{ik}^{(k-1)}|$ $(k+1\leqslant i\leqslant n)$ 相比很小时也是不适用的. 因为在第 k 步消元时，需将 $\overline{\mathbf{A}}^{(k-1)}$ 的第 k 行乘以$(-l_{ik})$加到第 i 行. 如果第 k 行的元素$(a_{k,k+1}^{(k-1)},a_{k,k+2}^{(k-1)},\cdots,a_{k,n+1}^{(k-1)})$有误差$(\varepsilon_{k+1},\varepsilon_{k+2},\cdots,\varepsilon_{n+1})$，则该误差将放大$(-l_{ik})$倍传到 $\overline{\mathbf{A}}^{(k)}$ 的第 i 行. 由于

$$l_{ik}=\frac{a_{ik}^{(k-1)}}{a_{kk}^{(k-1)}}$$

的绝对值很大，由此将带来舍入误差的严重增长.

解决这个问题的方法之一是选列主元. 设已做$(k-1)$步消元，得到

$$\overline{\mathbf{A}}^{(k-1)}=\begin{bmatrix} a_{11}^{(0)} & a_{12}^{(0)} & \cdots & a_{1k}^{(0)} & \cdots & a_{1n}^{(0)} & a_{1,n+1}^{(0)} \\ & a_{22}^{(1)} & \cdots & a_{2k}^{(1)} & \cdots & a_{2n}^{(1)} & a_{2,n+1}^{(1)} \\ & & \ddots & \vdots & \ddots & \vdots & \vdots \\ & & & a_{kk}^{(k-1)} & \cdots & a_{kn}^{(k-1)} & a_{k,n+1}^{(k-1)} \\ & & & \vdots & \ddots & \vdots & \vdots \\ & & & a_{ik}^{(k-1)} & \cdots & a_{in}^{(k-1)} & a_{i,n+1}^{(k-1)} \\ & & & \vdots & \ddots & \vdots & \vdots \\ & & & a_{nk}^{(k-1)} & \cdots & a_{nn}^{(k-1)} & a_{n,n+1}^{(k-1)} \end{bmatrix}.$$

在进行第k步消元之前，先选出第k列中位于对角线及其以下元素绝对值中的最大者①，即确定t，使得

$$\left|a_{tk}^{(k-1)}\right|=\max_{k\leqslant i\leqslant n}\left|a_{ik}^{(k-1)}\right|,$$

再将$\overline{\mathbf{A}}^{(k-1)}$的第$t$行和第$k$行互相交换，则元素$a_{tk}^{(k-1)}$为新的主元素$a_{kk}^{(k-1)}$，其余元素也均以交换后的位置表示，即

$$\overline{\mathbf{A}}^{(k-1)}\xrightarrow{r_t\leftrightarrow r_k}\begin{bmatrix} a_{11}^{(0)} & a_{12}^{(0)} & \cdots & a_{1k}^{(0)} & \cdots & a_{1n}^{(0)} & a_{1,n+1}^{(0)} \\ & a_{22}^{(1)} & \cdots & a_{2k}^{(1)} & \cdots & a_{2n}^{(1)} & a_{2,n+1}^{(1)} \\ & & \ddots & \vdots & \ddots & \vdots & \vdots \\ & & & a_{kk}^{(k-1)} & \cdots & a_{kn}^{(k-1)} & a_{k,n+1}^{(k-1)} \\ & & & \vdots & & \vdots & \vdots \\ & & & a_{ik}^{(k-1)} & \cdots & a_{in}^{(k-1)} & a_{i,n+1}^{(k-1)} \\ & & & \vdots & & \vdots & \vdots \\ & & & a_{nk}^{(k-1)} & \cdots & a_{nn}^{(k-1)} & a_{n,n+1}^{(k-1)} \end{bmatrix}.$$

然后按 Gauss 消去法进行第k步消元. 这种方法称为**列主元 Gauss 消去法**. 此时消元因子满足

$$|\,l_{ik}\,|=\left|\frac{a_{ik}^{(k-1)}}{a_{kk}^{(k-1)}}\right|\leqslant 1,\quad i=k+1,k+2,\cdots,n.$$

使用列主元 Gauss 消去法一般能保证舍入误差不增加，因此这个方法基本上是稳定的.

---

①如果有几个元素的绝对值同为最大，约定取第1次出现的那个元素.

例 3.2 用列主元 Gauss 消去法解方程组

$$\begin{bmatrix}2 & -4 & 6\\ 4 & -9 & 2\\ 1 & -1 & 3\end{bmatrix}\begin{bmatrix}x_1\\ x_2\\ x_3\end{bmatrix}=\begin{bmatrix}3\\ 5\\ 4\end{bmatrix}.$$

解 因为

$$\overline{\boldsymbol{A}}^{(0)}=\begin{bmatrix}2 & -4 & 6 & 3\\ \boxed{4} & -9 & 2 & 5\\ 1 & -1 & 3 & 4\end{bmatrix}\xrightarrow{r_2\leftrightarrow r_1}\begin{bmatrix}4 & -9 & 2 & 5\\ 2 & -4 & 6 & 3\\ 1 & -1 & 3 & 4\end{bmatrix}$$

$$\xrightarrow[r_3+\left(-\frac{1}{4}\right)r_1]{r_2+\left(-\frac{1}{2}\right)r_1}\begin{bmatrix}4 & -9 & 2 & 5\\ 0 & \frac{1}{2} & 5 & \frac{1}{2}\\ 0 & \boxed{\frac{5}{4}} & \frac{5}{2} & \frac{11}{4}\end{bmatrix}\xrightarrow{r_3\leftrightarrow r_2}\begin{bmatrix}4 & -9 & 2 & 5\\ 0 & \frac{5}{4} & \frac{5}{2} & \frac{11}{4}\\ 0 & \frac{1}{2} & 5 & \frac{1}{2}\end{bmatrix}$$

$$\xrightarrow{r_3+\left(-\frac{2}{5}\right)r_2}\begin{bmatrix}4 & -9 & 2 & 5\\ 0 & \frac{5}{4} & \frac{5}{2} & \frac{11}{4}\\ 0 & 0 & 4 & -\frac{3}{5}\end{bmatrix},$$

可得等价的三角方程组为

$$\begin{cases}4x_1-9x_2+2x_3=5,\\ \qquad\frac{5}{4}x_2+\frac{5}{2}x_3=\frac{11}{4},\\ \qquad\qquad 4x_3=-\frac{3}{5},\end{cases}$$

回代得

$$x_3=-\frac{3}{20},\quad x_2=\frac{5}{2},\quad x_1=\frac{139}{20}.$$

在实际问题中经常遇到两类线性方程组,一类其系数矩阵是对称正定的,另一类其系数矩阵是严格对角占优的.

定义 3.1 设

$$\boldsymbol{A}=\begin{bmatrix}a_{11} & a_{12} & \cdots & a_{1n}\\ a_{21} & a_{22} & \cdots & a_{2n}\\ \vdots & \vdots & \ddots & \vdots\\ a_{n1} & a_{n2} & \cdots & a_{nn}\end{bmatrix}\in\mathbf{R}^{n\times n}.$$

如果 $a_{ij}=a_{ji}(1\leqslant i,j\leqslant n)$，且对任意 $\boldsymbol{x}\in\mathbf{R}^n,\boldsymbol{x}\neq\mathbf{0}$，有 $(\boldsymbol{x},\boldsymbol{Ax})>0$，则称 $\boldsymbol{A}$ 是对称正定矩阵.

定义 3.2　设

$$\boldsymbol{A}=\begin{bmatrix}a_{11} & a_{12} & \cdots & a_{1n}\\ a_{21} & a_{22} & \cdots & a_{2n}\\ \vdots & \vdots & \ddots & \vdots\\ a_{n1} & a_{n2} & \cdots & a_{nn}\end{bmatrix}\in\mathbf{R}^{n\times n}.$$

如果

$$|a_{ii}|>\sum_{\substack{j=1\\ j\neq i}}^{n}|a_{ij}|,\quad i=1,2,\cdots,n,$$

则称 $\boldsymbol{A}$ 为按行严格对角占优的；如果

$$|a_{jj}|>\sum_{\substack{i=1\\ i\neq j}}^{n}|a_{ij}|,\quad j=1,2,\cdots,n,$$

则称 $\boldsymbol{A}$ 为按列严格对角占优的. 按行严格对角占优或按列严格对角占优统称为严格对角占优.

需要指出的是，系数矩阵为对称正定或严格对角占优的方程组按 Gauss 消去法计算是稳定的，因而也就不必选主元. 该结论证明从略，但此结论是重要的.

列主元 Gauss 消去法的运算量除选主元及行交换外，和 Gauss 消去法是相同的.

若要同时求解 m 个系数矩阵相同的线性方程组

$$\boldsymbol{Ax}^{(1)}=\boldsymbol{b}^{(1)},\quad \boldsymbol{Ax}^{(2)}=\boldsymbol{b}^{(2)},\quad \cdots,\quad \boldsymbol{Ax}^{(m)}=\boldsymbol{b}^{(m)}\tag{3.9}$$

的解，可形成如下增广矩阵：

$$(\boldsymbol{A}\ \boldsymbol{b}^{(1)}\ \boldsymbol{b}^{(2)}\ \cdots\ \boldsymbol{b}^{(m)}),$$

对其实施列主元 Gauss 消元过程得到

$$(\boldsymbol{U}\ \boldsymbol{y}^{(1)}\ \boldsymbol{y}^{(2)}\ \cdots\ \boldsymbol{y}^{(m)}),$$

再用回代过程分别求解 m 个三角方程组

$$\boldsymbol{Ux}^{(1)}=\boldsymbol{y}^{(1)},\quad \boldsymbol{Ux}^{(2)}=\boldsymbol{y}^{(2)},\quad \cdots,\quad \boldsymbol{Ux}^{(m)}=\boldsymbol{y}^{(m)},$$

即得式(3.9)的解依次为 $\boldsymbol{x}^{(1)},\boldsymbol{x}^{(2)},\cdots,\boldsymbol{x}^{(m)}$.

3.3 矩阵的直接分解法

3.3.1 矩阵的直接分解法

上一节中介绍的 Gauss 消去法,其消元过程共有$(n-1)$步,依次将增广矩阵 $\overline{\boldsymbol{A}}^{(0)}$ 进行变换至 $\overline{\boldsymbol{A}}^{(n-1)}$. 从矩阵运算的观点看,第一步消元实质上相当于用矩阵

$$\boldsymbol{L}_1=\begin{bmatrix}1 & & & & \\ -l_{21} & 1 & & & \\ -l_{31} & 0 & 1 & & \\ \vdots & \vdots & & \ddots & \\ -l_{n1} & 0 & & \cdots & 1\end{bmatrix}$$

左乘以 $\overline{\boldsymbol{A}}^{(0)}$,即

$$\boldsymbol{L}_1\overline{\boldsymbol{A}}^{(0)}=\overline{\boldsymbol{A}}^{(1)};$$

第 k 步消元,相当于用矩阵

$$\boldsymbol{L}_k=\begin{bmatrix}1 & & & & & & & \\ 0 & 1 & & & & & & \\ \vdots & \vdots & \ddots & & & & & \\ 0 & 0 & \cdots & 1 & & & & \\ 0 & 0 & \cdots & -l_{k+1,k} & 1 & & & \\ 0 & 0 & \cdots & -l_{k+2,k} & 0 & 1 & & \\ \vdots & \vdots & & \vdots & \vdots & & \ddots & \\ 0 & 0 & \cdots & -l_{nk} & 0 & & \cdots & 1\end{bmatrix}$$

左乘 $\overline{\boldsymbol{A}}^{(k-1)}$,即

$$\boldsymbol{L}_k\overline{\boldsymbol{A}}^{(k-1)}=\overline{\boldsymbol{A}}^{(k)}.$$

因而有

$$\boldsymbol{L}_{n-1}\boldsymbol{L}_{n-2}\cdots\boldsymbol{L}_2\boldsymbol{L}_1\overline{\boldsymbol{A}}^{(0)}=\overline{\boldsymbol{A}}^{(n-1)},$$

即

$$\boldsymbol{L}_{n-1}\boldsymbol{L}_{n-2}\cdots\boldsymbol{L}_2\boldsymbol{L}_1(\boldsymbol{A}\ \boldsymbol{b})=(\boldsymbol{U}\ \boldsymbol{y}). \tag{3.10}$$

容易验证

$$\boldsymbol{L}_k^{-1}=\begin{bmatrix}1 &&&&&& \\ & \ddots &&&&& \\ && 1 &&&& \\ && l_{k+1,k} & 1 &&& \\ && l_{k+2,k} && 1 && \\ && \vdots &&& \ddots & \\ && l_{nk} &&&& 1\end{bmatrix},$$

$$\boldsymbol{L}_1^{-1}\boldsymbol{L}_2^{-1}\cdots\boldsymbol{L}_{n-1}^{-1}=\begin{bmatrix}1 &&&&& \\ l_{21} & 1 &&&& \\ l_{31} & l_{32} & 1 &&& \\ \vdots & \vdots & \vdots & \ddots && \\ l_{n-1,1} & l_{n-1,2} & l_{n-1,3} & \cdots & 1 & \\ l_{n1} & l_{n2} & l_{n3} & \cdots & l_{n,n-1} & 1\end{bmatrix}.$$

令 $\boldsymbol{L}=\boldsymbol{L}_1^{-1}\boldsymbol{L}_2^{-1}\cdots\boldsymbol{L}_{n-1}^{-1}$，再用 $\boldsymbol{L}$ 左乘以式(3.10)，得

$$(\boldsymbol{A}\ \boldsymbol{b})=\boldsymbol{L}(\boldsymbol{U}\ \boldsymbol{y}),\tag{3.11}$$

于是

$$\boldsymbol{A}=\boldsymbol{L}\boldsymbol{U}.\tag{3.12}$$

其中，$\boldsymbol{L}$ 为单位下三角矩阵，$\boldsymbol{U}$ 为上三角矩阵.

这种将矩阵 $\boldsymbol{A}$ 分解为简单矩阵的乘积形式称为矩阵分解. 分解式(3.12)称为矩阵的 LU 分解.

定理 3.2　设矩阵 $\boldsymbol{A}$ 的各阶顺序主子式均不为零，则对 $\boldsymbol{A}$ 可作唯一的 LU 分解.

证明　由上述讨论，只需证明分解的唯一性.

设 $\boldsymbol{A}=\boldsymbol{L}\boldsymbol{U}$ 和 $\boldsymbol{A}=\widetilde{\boldsymbol{L}}\widetilde{\boldsymbol{U}}$ 都是 $\boldsymbol{A}$ 的 LU 分解，其中 $\boldsymbol{L}$ 和 $\widetilde{\boldsymbol{L}}$ 为单位下三角矩阵，$\boldsymbol{U}$ 和 $\widetilde{\boldsymbol{U}}$ 为上三角矩阵，于是

$$\boldsymbol{L}\boldsymbol{U}=\widetilde{\boldsymbol{L}}\widetilde{\boldsymbol{U}}.$$

由于 $\boldsymbol{A}$ 是非奇异的，$\boldsymbol{U}$ 和 $\widetilde{\boldsymbol{U}}$ 也是非奇异的，因而有

$$\widetilde{\boldsymbol{L}}^{-1}\boldsymbol{L}=\widetilde{\boldsymbol{U}}\boldsymbol{U}^{-1}.\tag{3.13}$$

注意到单位下三角阵的逆仍是单位下三角阵，两个单位下三角阵的乘积仍是单位下三角阵，上三角阵的逆及两个上三角阵的乘积仍是上三角阵，因此式(3.13)的两边既要是单位下三角阵，又要是上三角阵，就只能是单位矩阵 $\boldsymbol{I}$，即

$$\widetilde{\boldsymbol{L}}^{-1}\boldsymbol{L}=\boldsymbol{I},\quad \widetilde{\boldsymbol{U}}\boldsymbol{U}^{-1}=\boldsymbol{I},$$

于是

$$\boldsymbol{L}=\widetilde{\boldsymbol{L}},\quad \boldsymbol{U}=\widetilde{\boldsymbol{U}},$$

即分解是唯一的. 定理证毕.

对 $\boldsymbol{A}$ 进行 LU 分解后, $\boldsymbol{Ax}=\boldsymbol{b}$ 可改写为 $\boldsymbol{LUx}=\boldsymbol{b}$. 令 $\boldsymbol{Ux}=\boldsymbol{y}$, 则 $\boldsymbol{Ly}=\boldsymbol{b}$, 即

$$\begin{cases}\boldsymbol{Ly}=\boldsymbol{b},\\ \boldsymbol{Ux}=\boldsymbol{y}.\end{cases}$$

这样, 解方程组 $\boldsymbol{Ax}=\boldsymbol{b}$ 转化为解两个三角方程组, 而三角方程组是极易求解的.

下面我们指出: 直接比较等式(3.11) 两边的对应元素可以得出 $\boldsymbol{L},\boldsymbol{U},\boldsymbol{y}$ 的所有元素. 为了表述简洁起见, 记

$$a_{i,n+1}=b_i,\quad u_{i,n+1}=y_i,\quad i=1,2,\cdots,n,$$

于是等式(3.11) 可写为

$$\begin{bmatrix}a_{11} & a_{12} & \cdots & a_{1n} & a_{1,n+1}\\ a_{21} & a_{22} & \cdots & a_{2n} & a_{2,n+1}\\ \vdots & \vdots & & \vdots & \vdots\\ a_{n1} & a_{n2} & \cdots & a_{nn} & a_{n,n+1}\end{bmatrix}$$

$$=\begin{bmatrix}1 & & & & & \\ l_{21} & 1 & & & & \\ l_{31} & l_{32} & 1 & & & \\ \vdots & \vdots & \vdots & \ddots & & \\ l_{n-1,1} & l_{n-1,2} & l_{n-1,3} & \cdots & 1 & \\ l_{n1} & l_{n2} & l_{n3} & \cdots & l_{n,n-1} & 1\end{bmatrix}\begin{bmatrix}u_{11} & u_{12} & u_{13} & \cdots & u_{1n} & u_{1,n+1}\\ & u_{22} & u_{23} & \cdots & u_{2n} & u_{2,n+1}\\ & & u_{33} & \cdots & u_{3n} & u_{3,n+1}\\ & & & \ddots & \vdots & \vdots\\ & & & & u_{nn} & u_{n,n+1}\end{bmatrix},\tag{3.14}$$

或

$$\overline{\boldsymbol{A}}=\boldsymbol{L}\overline{\boldsymbol{U}}.$$

根据矩阵乘法法则, 先分别比较式(3.14) 两边第 1 行及第 1 列元素, 有

$$a_{1j}=u_{1j},\quad j=1,2,\cdots,n+1,$$
$$a_{i1}=l_{i1}u_{11},\quad i=2,3,\cdots,n,$$

于是

$$u_{1j}=a_{1j},\quad j=1,2,\cdots,n+1,$$
$$l_{i1}=\frac{a_{i1}}{a_{11}},\quad i=2,3,\cdots,n.$$

这样就给出了 $\overline{\boldsymbol{U}}$ 的第 1 行元素和 $\boldsymbol{L}$ 的第 1 列元素.

设已定出$\overline{\boldsymbol{U}}$的前$(k-1)$行和$\boldsymbol{L}$的前$(k-1)$列元素，现在来确定$\overline{\boldsymbol{U}}$的第$k$行元素$u_{kj}(j=k,k+1,\cdots,n+1)$和$\boldsymbol{L}$的第$k$列元素$l_{ik}(i=k+1,k+2,\cdots,n)$. 分别比较式(3.14)两边第$k$行与第$k$列剩下的元素. 由于$a_{kj}(j\geqslant k)$是矩阵$\boldsymbol{L}$的第$k$行向量$(l_{k1},l_{k2},\cdots,l_{k,k-1},1,0,\cdots,0)$与$\overline{\boldsymbol{U}}$的第$j$列向量$(u_{1j},u_{2j},\cdots,u_{jj},0,\cdots,0)^{\mathrm{T}}$的点乘，因此有

$$a_{kj}=\sum_{q=1}^{n}l_{kq}u_{qj}=\sum_{q=1}^{k-1}l_{kq}u_{qj}+u_{kj},\quad j=k,k+1,\cdots,n+1,$$

所以

$$u_{kj}=a_{kj}-\sum_{q=1}^{k-1}l_{kq}u_{qj},\quad j=k,k+1,\cdots,n+1. \tag{3.15}$$

同理，由

$$a_{ik}=\sum_{q=1}^{n}l_{iq}u_{qk}=\sum_{q=1}^{k-1}l_{iq}u_{qk}+l_{ik}u_{kk},\quad i=k+1,k+2,\cdots,n,$$

得到

$$l_{ik}=\left(a_{ik}-\sum_{q=1}^{k-1}l_{iq}u_{qk}\right)\Big/u_{kk},\quad i=k+1,k+2,\cdots,n. \tag{3.16}$$

式(3.15)和式(3.16)就是LU分解的一般计算公式，其结果与Gauss消去法所得结果完全一样，但它却避免了中间过程的计算. 我们称这种方法为矩阵的LU直接分解法.

在用计算机计算时，可将u_{kj}存放在a_{kj}的位置上，将l_{ik}存放在a_{ik}的位置上，形成如下紧凑格式：

$$\overline{\boldsymbol{A}}\longrightarrow\left[\begin{array}{c|c|c|c|c|c|cc}
u_{11} & u_{12} & u_{13} & \cdots & u_{1k} & \cdots & u_{1n} & u_{1,n+1} \\
l_{21} & u_{22} & u_{23} & \cdots & u_{2k} & \cdots & u_{2n} & u_{2,n+1} \\
l_{31} & l_{32} & u_{33} & \cdots & u_{3k} & \cdots & u_{3n} & u_{3,n+1} \\
 & \vdots & \vdots & & \vdots & & \vdots & \vdots \\
l_{k1} & l_{k2} & l_{k3} & \cdots & u_{kk} & \cdots & u_{kn} & u_{k,n+1} \\
l_{k+1,1} & l_{k+1,2} & l_{k+1,3} & \cdots & l_{k+1,k} & \cdots & u_{k+1,n} & u_{k+1,n+1} \\
l_{k+2,1} & l_{k+2,2} & l_{k+2,3} & \cdots & l_{k+2,k} & \cdots & u_{k+2,n} & u_{k+2,n+1} \\
 & \vdots & \vdots & \vdots & \vdots & & \vdots & \vdots \\
l_{n1} & l_{n2} & l_{n3} & \cdots & l_{nk} & \cdots & u_{n,n} & u_{n,n+1}
\end{array}\right]
\begin{array}{l}
\text{第 1 步} \\ \text{第 2 步} \\ \text{第 3 步} \\ \\ \text{第 } k \text{ 步} \\ \\ \\ \\ \text{第 } n \text{ 步}
\end{array}$$

例 3.3 用矩阵紧凑格式分解法求解线性方程组

$$\begin{bmatrix} 2 & -4 & 6 \\ 4 & -9 & 2 \\ 1 & -1 & 3 \end{bmatrix}\begin{bmatrix} x_1 \\ x_2 \\ x_3 \end{bmatrix} = \begin{bmatrix} 3 \\ 5 \\ 4 \end{bmatrix}.$$

解 对增广矩阵进行紧凑格式分解,得

$$\overline{\boldsymbol{A}} = \begin{bmatrix} 2 & -4 & 6 & 3 \\ 4 & -9 & 2 & 5 \\ 1 & -1 & 3 & 4 \end{bmatrix} \longrightarrow \begin{bmatrix} 2 & -4 & 6 & 3 \\ 2 & -9 & 2 & 5 \\ \frac{1}{2} & -1 & 3 & 4 \end{bmatrix}$$

$$\longrightarrow \begin{bmatrix} 2 & -4 & 6 & 3 \\ 2 & -1 & -10 & -1 \\ \frac{1}{2} & -1 & 3 & 4 \end{bmatrix} \longrightarrow \begin{bmatrix} 2 & -4 & 6 & 3 \\ 2 & -1 & -10 & -1 \\ \frac{1}{2} & -1 & -10 & \frac{3}{2} \end{bmatrix},$$

等价的三角方程组 $\boldsymbol{Ux} = \boldsymbol{y}$ 为

$$\begin{cases} 2x_1 - 4x_2 + 6x_3 = 3, \\ -x_2 - 10x_3 = -1, \\ -10x_3 = \frac{3}{2}, \end{cases}$$

回代得

$$x_3 = -\frac{3}{20}, \quad x_2 = \frac{5}{2}, \quad x_1 = \frac{139}{20}.$$

对上述分解法熟练后,中间分解步骤可不必写出,直接由 $\overline{\boldsymbol{A}}$ 得到其三角分解式.

3.3.2 对称矩阵的直接分解法

前面已指出:当方程组的系数矩阵对称正定时,可以直接使用 Gauss 消去法,也就是说对称正定矩阵保证能直接作 LU 分解. 现在我们来研究一下此时 $\boldsymbol{L}$ 与 $\boldsymbol{U}$ 的元素间的关系.

因为 $\boldsymbol{A}$ 对称,即

$$a_{ij} = a_{ji}, \quad i,j = 1,2,\cdots,n,$$

则由 LU 分解公式

$$u_{1i} = a_{1i}, \quad i = 1,2,\cdots,n+1,$$

$$l_{i1} = \frac{a_{i1}}{a_{11}}, \quad i = 2,3,\cdots,n,$$

有

$$l_{i1}=\frac{a_{1i}}{a_{11}}=\frac{u_{1i}}{u_{11}},\quad i=2,3,\cdots,n.$$

若已求得第 1 步至第$(k-1)$步的 $\boldsymbol{L}$ 和 $\boldsymbol{U}$ 的元素有如下关系：

$$l_{ij}=\frac{u_{ji}}{u_{jj}},\quad j=1,2,\cdots,k-1,\ i=j+1,j+2,\cdots,n,$$

即

u_{11}	u_{12}	u_{13}	$\cdots$	$u_{1,k-1}$	u_{1k}	$\cdots$	u_{1n}	$u_{1,n+1}$	第 1 步
$\frac{u_{12}}{u_{11}}$	u_{22}	u_{23}	$\cdots$	$u_{2,k-1}$	u_{2k}	$\cdots$	u_{2n}	$u_{2,n+1}$	第 2 步
$\frac{u_{13}}{u_{11}}$	$\frac{u_{23}}{u_{22}}$	u_{33}	$\cdots$	$u_{3,k-1}$	u_{3k}	$\cdots$	u_{3n}	$u_{3,n+1}$	
$\vdots$	$\vdots$	$\vdots$		$\vdots$	$\vdots$		$\vdots$	$\vdots$	
$\frac{u_{1,k-1}}{u_{11}}$	$\frac{u_{2,k-1}}{u_{22}}$	$\frac{u_{3,k-1}}{u_{33}}$	$\cdots$	$u_{k-1,k-1}$	$u_{k-1,k}$	$\cdots$	$u_{k-1,n}$	$u_{k-1,n+1}$	第$(k-1)$步
$\frac{u_{1k}}{u_{11}}$	$\frac{u_{2k}}{u_{22}}$	$\frac{u_{3k}}{u_{33}}$	$\cdots$	$\frac{u_{k-1,k}}{u_{k-1,k-1}}$	u_{kk}	$\cdots$	u_{kn}	$u_{k,n+1}$	第 k 步
$\vdots$	$\vdots$	$\vdots$		$\vdots$	$l_{k+1,k}$ $\vdots$				
$\frac{u_{1n}}{u_{11}}$	$\frac{u_{2n}}{u_{22}}$	$\frac{u_{3n}}{u_{33}}$	$\cdots$	$\frac{u_{k-1,n}}{u_{k-1,k-1}}$	l_{nk}				

对于第 k 步，由式(3.15)和式(3.16)得

$$u_{ki}=a_{ki}-\sum_{q=1}^{k-1}l_{kq}u_{qi}=a_{ki}-\sum_{q=1}^{k-1}\frac{u_{qk}u_{qi}}{u_{qq}},\quad i=k,k+1,\cdots,n+1,$$

$$\begin{aligned}l_{ik}&=\left(a_{ik}-\sum_{q=1}^{k-1}l_{iq}u_{qk}\right)\Big/u_{kk}=\left(a_{ki}-\sum_{q=1}^{k-1}\frac{u_{qi}u_{qk}}{u_{qq}}\right)\Big/u_{kk}\\&=\frac{u_{ki}}{u_{kk}},\quad i=k+1,k+2,\cdots,n.\end{aligned}$$

由此可知对一切 $k=1,2,\cdots,n-1$ 和 $i=k+1,k+2,\cdots,n$，均有

$$l_{ik}=\frac{u_{ki}}{u_{kk}}.$$

综上，可得如下结论：

定理 3.3 若 $\boldsymbol{A}$ 为对称矩阵，且 $\boldsymbol{A}$ 的各阶顺序主子式不为零，则 $\boldsymbol{A}$ 一定能作 LU 分解，且

$$l_{ik}=\frac{u_{ki}}{u_{kk}},\quad k=1,2,\cdots,n-1,\ i=k+1,k+2,\cdots,n. \tag{3.17}$$

由上述定理可以看出:若 $\boldsymbol{A}$ 为对称矩阵,则其单位下三角矩阵 $\boldsymbol{L}$ 的元素不必按式(3.16)求得,而只需按式(3.17)进行计算.这样就节省了求 $\boldsymbol{L}$ 各元素的时间,计算工作量减少了近一半.这种方法通常称为改进平方根法或改进 Cholesky 分解法.利用这种方法且写成紧凑格式的形式,那么写出 $\boldsymbol{L}$ 和 $\boldsymbol{U}$ 的元素是极方便的.

例 3.4 用改进 Cholesky 分解法解方程组

$$\begin{bmatrix}81 & -36 & 27 & -18\\ -36 & 116 & -62 & 68\\ 27 & -62 & 98 & -44\\ -18 & 68 & -44 & 90\end{bmatrix}\begin{bmatrix}x_1\\x_2\\x_3\\x_4\end{bmatrix}=\begin{bmatrix}252\\148\\74\\134\end{bmatrix}.$$

解 对增广矩阵 $\overline{\boldsymbol{A}}$ 进行紧凑格式分解如下:

$$\overline{\boldsymbol{A}}=\begin{bmatrix}81 & -36 & 27 & -18 & 252\\ -36 & 116 & -62 & 68 & 148\\ 27 & -62 & 98 & -44 & 74\\ -18 & 68 & -44 & 90 & 134\end{bmatrix}$$

$$\longrightarrow\begin{bmatrix}81 & -36 & 27 & -18 & 252\\ -\frac{4}{9} & 100 & -50 & 60 & 260\\ \frac{1}{3} & -\frac{1}{2} & 64 & -8 & 120\\ -\frac{2}{9} & \frac{3}{5} & -\frac{1}{8} & 49 & 49\end{bmatrix}\begin{matrix}\text{第 1 步}\\ \text{第 2 步}\\ \text{第 3 步}\\ \text{第 4 步}\end{matrix}$$

其中,第 1 步

$$u_{11}=81,\quad u_{12}=-36,\quad u_{13}=27,\quad u_{14}=-18,\quad u_{15}=252,$$

$$l_{21}=\frac{u_{12}}{u_{11}}=\frac{-36}{81}=-\frac{4}{9},\quad l_{31}=\frac{u_{13}}{u_{11}}=\frac{27}{81}=\frac{1}{3},$$

$$l_{41}=\frac{u_{14}}{u_{11}}=\frac{-18}{81}=-\frac{2}{9};$$

第 2 步

$$u_{22}=100,\quad u_{23}=-50,\quad u_{24}=60,\quad u_{25}=260,$$

$$l_{32}=\frac{u_{23}}{u_{22}}=\frac{-50}{100}=-\frac{1}{2},\quad l_{42}=\frac{u_{24}}{u_{22}}=\frac{60}{100}=\frac{3}{5};$$

第 3 步

$$u_{33}=64,\quad u_{34}=-8,\quad u_{35}=120,$$

$$l_{43}=\frac{u_{34}}{u_{33}}=\frac{-8}{64}=-\frac{1}{8};$$

第 4 步

$$u_{44}=49,\quad u_{45}=49.$$

等价的三角方程组为

$$\begin{cases}81x_1-36x_2+27x_3-18x_4=252,\\ \qquad 100x_2-50x_3+60x_4=260,\\ \qquad\qquad 64x_3-8x_4=120,\\ \qquad\qquad\qquad 49x_4=49,\end{cases}$$

回代得

$$x_4=1,\quad x_3=2,\quad x_2=3,\quad x_1=4.$$

3.3.3　列主元的三角分解法

与列主元的 Gauss 消去法相对应的是列主元的三角分解法.

设方程组 $\boldsymbol{Ax}=\boldsymbol{b}$,对其增广矩阵 $\overline{\boldsymbol{A}}=(\boldsymbol{A},\boldsymbol{b})$ 作 LU 分解已完成了$(k-1)$步,此时有

$$\overline{\boldsymbol{A}}\longrightarrow\begin{bmatrix}u_{11} & u_{12} & \cdots & \cdots & \cdots & \cdots & u_{1n} & u_{1,n+1}\\ l_{21} & u_{22} & \cdots & \cdots & \cdots & \cdots & u_{2n} & u_{2,n+1}\\ \vdots & \vdots & & & & & \vdots & \vdots\\ l_{k-1,1} & l_{k-1,2} & \cdots & u_{k-1,k-1} & u_{k-1,k} & \cdots & u_{k-1,n} & u_{k-1,n+1}\\ l_{k1} & l_{k2} & \cdots & l_{k,k-1} & a_{kk} & \cdots & a_{kn} & a_{k,n+1}\\ \vdots & \vdots & & \vdots & \vdots & & \vdots & \vdots\\ l_{n1} & l_{n2} & \cdots & l_{n,k-1} & a_{nk} & \cdots & a_{nn} & a_{n,n+1}\end{bmatrix}.$$

使用计算公式(3.15)和公式(3.16)进行第k步分解时,为了避免用小数 u_{kk} 作除数(甚至是 $u_{kk}=0$),我们引进量

$$s_i=a_{ik}-\sum_{q=1}^{k-1}l_{iq}u_{qk},\quad i=k,k+1,\cdots,n,$$

于是 $u_{kk}=s_k$. 下面比较 $|s_i|$ $(i=k,k+1,\cdots,n)$ 的大小. 若

$$\max_{k\leqslant i\leqslant n}|s_i|=|s_t|,$$

则取 s_t 作为 u_{kk},并将第 $(k-1)$ 步变换后的矩阵 $\overline{\mathbf{A}}$ 的第 t 行与第 k 行元素互换,且元素的足码也相应改变,即将 (i,j) 位置的新元素仍记为 l_{ij} 或 a_{ij},然后作第 k 步分解. 此时

$$u_{kk}=s_k,\quad s_k\text{ 即交换前的 }s_t,$$
$$l_{ik}=s_i/s_k,\quad i=k+1,k+2,\cdots,n,$$

且

$$|l_{ik}|\leqslant 1,\quad i=k+1,k+2,\cdots,n.$$

例 3.5 用列主元三角分解法解方程组

$$\begin{bmatrix}2 & -4 & 6\\4 & -9 & 2\\1 & -1 & 3\end{bmatrix}\begin{bmatrix}x_1\\x_2\\x_3\end{bmatrix}=\begin{bmatrix}3\\5\\4\end{bmatrix}.$$

解 对增广矩阵 $\overline{\mathbf{A}}$ 进行变换,得

$$\overline{\mathbf{A}}=\begin{bmatrix}2 & -4 & 6 & 3\\4 & -9 & 2 & 5\\1 & -1 & 3 & 4\end{bmatrix}\quad\begin{matrix}s_1=2\\s_2=4\\s_3=1\end{matrix}$$

$$\xrightarrow{r_2\leftrightarrow r_1}\begin{bmatrix}4 & -9 & 2 & 5\\2 & -4 & 6 & 3\\1 & -1 & 3 & 4\end{bmatrix}$$

$$\longrightarrow\begin{bmatrix}4 & -9 & 2 & 5\\\frac{1}{2} & -4 & 6 & 3\\\frac{1}{4} & -1 & 3 & 4\end{bmatrix}\quad\begin{matrix}s_2=-4-\frac{1}{2}\times(-9)=\frac{1}{2}\\s_3=-1-\frac{1}{4}\times(-9)=\frac{5}{4}\end{matrix}$$

$$\xrightarrow{r_3\leftrightarrow r_2}\begin{bmatrix}4 & -9 & 2 & 5\\\frac{1}{4} & -1 & 3 & 4\\\frac{1}{2} & -4 & 6 & 3\end{bmatrix}\longrightarrow\begin{bmatrix}4 & -9 & 2 & 5\\\frac{1}{4} & \frac{5}{4} & \frac{5}{2} & \frac{11}{4}\\\frac{1}{2} & \frac{2}{5} & 6 & 3\end{bmatrix}$$

$$\longrightarrow\begin{bmatrix}4 & -9 & 2 & 5\\ \frac{1}{4} & \frac{5}{4} & \frac{5}{2} & \frac{11}{4}\\ \frac{1}{2} & \frac{2}{5} & 4 & -\frac{3}{5}\end{bmatrix},$$

等价的三角方程组为

$$\begin{cases}4x_1-9x_2+2x_3=5,\\ \quad\frac{5}{4}x_2+\frac{5}{2}x_3=\frac{11}{4},\\ \qquad\qquad 4x_3=-\frac{3}{5},\end{cases}$$

回代得

$$x_3=-\frac{3}{20},\qquad x_2=\frac{5}{2},\qquad x_1=\frac{139}{20}.$$

3.4　方程组的性态与误差分析

以上讨论的都是线性方程组的直接解法，在没有舍入误差的前提下，用这些方法求得的解都应该是精确解. 但在实际计算中舍入误差是不可避免的，而且原始数据也可能是近似值，因此所求得的解只可能是近似解. 另一方面，对不同的问题，在算法、初始数据误差和计算机字长均相同的情况下，它们的计算结果的精度也会有很大的差别. 下面举例说明.

例 3.6　对于线性方程组

$$\begin{bmatrix}1 & -1\\ 1 & 1\end{bmatrix}\begin{bmatrix}x_1\\ x_2\end{bmatrix}=\begin{bmatrix}0\\ 2\end{bmatrix},$$

其解为 $x_1=x_2=1$.

若系数略有误差，成为

$$\begin{bmatrix}1 & -1\\ 1 & 1.0005\end{bmatrix}\begin{bmatrix}\widetilde{x}_1\\ \widetilde{x}_2\end{bmatrix}=\begin{bmatrix}0\\ 2\end{bmatrix},$$

则其解为

$$\widetilde{x}_1=\widetilde{x}_2=\frac{2}{2.0005}=0.99975006.$$

可见系数矩阵误差对解的影响不大.

例 3.7 对于线性方程组

$$\begin{bmatrix} 10 & -10 \\ -1 & 1.001 \end{bmatrix}\begin{bmatrix} x_1 \\ x_2 \end{bmatrix}=\begin{bmatrix} 0 \\ 0.001 \end{bmatrix},$$

其解为 $x_1 = x_2 = 1$.

若系数矩阵带有上例相同的误差,成为

$$\begin{bmatrix} 10 & -10 \\ -1 & 1.0015 \end{bmatrix}\begin{bmatrix} \tilde{x}_1 \\ \tilde{x}_2 \end{bmatrix}=\begin{bmatrix} 0 \\ 0.001 \end{bmatrix},$$

则其解为

$$\tilde{x}_1 = \tilde{x}_2 = \frac{2}{3} = 0.66666667.$$

这就不能不说系数矩阵误差对解的准确性有很大影响了.

以上两例反映了如下事实:对于不同方程组,系数矩阵带有相同的误差,使用同一种解法却得出不同精度的近似解.追究其原因,不能不考虑是由于方程组本身所具有的不同性态而产生的.

向量范数和矩阵范数的作用主要是度量向量和矩阵的"大小"以及两个向量或两个矩阵间的"距离".为描述方程组的性态及进行误差分析,需要使用范数这个工具.下面先对需要用到的有关内容做些介绍.

3.4.1 向量范数

用 $\mathbf{R}^n$ 表示所有实的 n 维向量 $\boldsymbol{x} = (x_1, x_2, \cdots, x_n)^{\mathrm{T}}$ 组成的实线性空间.

定义 3.3 设 $f(\boldsymbol{x}) = \|\boldsymbol{x}\|$ 是定义在 $\mathbf{R}^n$ 上的实函数,若它满足以下 3 个条件:

1° 对任意 $\boldsymbol{x} \in \mathbf{R}^n$,有 $\|\boldsymbol{x}\| \geqslant 0$, $\|\boldsymbol{x}\| = 0$ 当仅且当 $\boldsymbol{x} = \mathbf{0}$(非负性);

2° 对任意常数 $\lambda \in \mathbf{R}$ 和任意 $\boldsymbol{x} \in \mathbf{R}^n$,有 $\|\lambda\boldsymbol{x}\| = |\lambda|\,\|\boldsymbol{x}\|$(齐次性);

3° 对任意 $\boldsymbol{x}, \boldsymbol{y} \in \mathbf{R}^n$,有 $\|\boldsymbol{x}+\boldsymbol{y}\| \leqslant \|\boldsymbol{x}\| + \|\boldsymbol{y}\|$(三角不等式),

则称 $\|\cdot\|$ 为 $\mathbf{R}^n$ 上的向量范数.

注 用 $\mathbf{C}^n$ 表示所有复的 n 维向量 $\boldsymbol{x} = (x_1, x_2, \cdots, x_n)^{\mathrm{T}}$ 组成的复线性空间,类似可以定义 $\mathbf{C}^n$ 上的向量范数.

设 $\boldsymbol{x} \in \mathbf{R}^n$ 的 n 个分量依次为 $x_1, x_2, \cdots, x_n$,即 $\boldsymbol{x} = (x_1, x_2, \cdots, x_n)^{\mathrm{T}}$,最常用的是如下 3 种范数:

向量的 1-范数: $\|\boldsymbol{x}\|_1 = \sum_{i=1}^{n} |x_i|$;

向量的 ∞-范数: $\|\boldsymbol{x}\|_\infty = \max_{1\leqslant i\leqslant n} |x_i|$;

向量的 2-范数: $\|\boldsymbol{x}\|_2 = \sqrt{\sum_{i=1}^{n} x_i^2}$.

可以验证这 3 种范数都满足上述定义中的 3 个条件，因此它们都是 $\mathbf{R}^n$ 上的向量范数.

利用向量范数的三角不等式可以推得：对于任意 $\boldsymbol{x} \in \mathbf{R}^n, \boldsymbol{y} \in \mathbf{R}^n$，有

$$\big|\, \|\boldsymbol{x}\| - \|\boldsymbol{y}\| \,\big| \leqslant \|\boldsymbol{x}-\boldsymbol{y}\|. \tag{3.18}$$

定理 3.4(向量范数的连续性)　设 $f(\boldsymbol{x}) = \|\boldsymbol{x}\|$ 为 $\mathbf{R}^n$ 上的任一向量范数，则 $f(\boldsymbol{x})$ 为 $\boldsymbol{x}$ 的分量的连续函数.

证明　设 $\boldsymbol{x} = (x_1, x_2, \cdots, x_n)^{\mathrm{T}} \in \mathbf{R}^n, \boldsymbol{y} = (y_1, y_2, \cdots, y_n)^{\mathrm{T}} \in \mathbf{R}^n$.

记 $\boldsymbol{e}_1 = (1,0,0,\cdots,0)^{\mathrm{T}}, \boldsymbol{e}_2 = (0,1,0,\cdots,0)^{\mathrm{T}}, \cdots, \boldsymbol{e}_n = (0,0,\cdots,0,1)^{\mathrm{T}}$，则

$$\boldsymbol{x} = x_1\boldsymbol{e}_1 + x_2\boldsymbol{e}_2 + \cdots + x_n\boldsymbol{e}_n, \quad \boldsymbol{y} = y_1\boldsymbol{e}_1 + y_2\boldsymbol{e}_2 + \cdots + y_n\boldsymbol{e}_n.$$

由式(3.18)及三角不等式，有

$$\begin{aligned} |f(\boldsymbol{y}) - f(\boldsymbol{x})| &= \big|\, \|\boldsymbol{y}\| - \|\boldsymbol{x}\| \,\big| \leqslant \|\boldsymbol{x}-\boldsymbol{y}\| \\ &= \Big\| \sum_{i=1}^{n} (x_i - y_i)\boldsymbol{e}_i \Big\| \leqslant \max_{1\leqslant i\leqslant n} |x_i - y_i| \sum_{i=1}^{n} \|\boldsymbol{e}_i\|, \end{aligned}$$

任给 $\varepsilon > 0$，取 $\delta = \varepsilon \Big/ \sum\limits_{i=1}^{n} \|\boldsymbol{e}_i\|$，则当 $|x_i - y_i| \leqslant \delta (i = 1,2,\cdots,n)$ 时，有

$$|f(\boldsymbol{y}) - f(\boldsymbol{x})| \leqslant \varepsilon,$$

即 $f(\boldsymbol{x})$ 为 $x_1, x_2, \cdots, x_n$ 的连续函数. 定理证毕.

定义 3.4　设 $\|\cdot\|_p$ 和 $\|\cdot\|_q$ 是 $\mathbf{R}^n$ 上的两个向量范数，如果存在两个正常数 c_1 和 c_2，使得对任意的 $\boldsymbol{x} \in \mathbf{R}^n$，有

$$c_1 \|\boldsymbol{x}\|_p \leqslant \|\boldsymbol{x}\|_q \leqslant c_2 \|\boldsymbol{x}\|_p, \tag{3.19}$$

则称范数 $\|\cdot\|_p$ 和 $\|\cdot\|_q$ 等价.

定理 3.5(向量范数的等价性)　设 $\|\cdot\|_p$ 和 $\|\cdot\|_q$ 是 $\mathbf{R}^n$ 上任意两个向量范数，则 $\|\cdot\|_p$ 和 $\|\cdot\|_q$ 是等价的.

证明　考虑集合

$$S = \{\boldsymbol{y} \mid \boldsymbol{y} \in \mathbf{R}^n, \|\boldsymbol{y}\|_2 = 1\},$$

则 S 是 $\mathbf{R}^n$ 中的一个单位球的表面. 它是 $\mathbf{R}^n$ 中的一个有界闭集. 由于函数 $f_1(\boldsymbol{x}) = \|\boldsymbol{x}\|_p$ 为 S 上的连续函数，必取到最小值 a_1 和最大值 a_2，即存在 $\boldsymbol{y}_1 \in S, \boldsymbol{y}_2 \in S$，使得对任意 $\boldsymbol{y} \in S$ 有

$$a_1 \leqslant \|\boldsymbol{y}\|_p \leqslant a_2, \tag{3.20}$$

其中 $a_1 = \|\boldsymbol{y}_1\|_p, a_2 = \|\boldsymbol{y}_2\|_p$. 由于 $\boldsymbol{y}_1 \neq \boldsymbol{0}$，所以 $a_1 > 0$. 对任意 $\boldsymbol{x} \in \mathbf{R}^n, \boldsymbol{x} \neq \boldsymbol{0}$，有 $\dfrac{\boldsymbol{x}}{\|\boldsymbol{x}\|_2} \in S$，则由式(3.20)有

$$a_1 \leqslant \left\| \frac{\boldsymbol{x}}{\|\boldsymbol{x}\|_2} \right\|_p \leqslant a_2,$$

即

$$a_1\|\boldsymbol{x}\|_2 \leqslant \|\boldsymbol{x}\|_p \leqslant a_2\|\boldsymbol{x}\|_2. \tag{3.21}$$

上式对 $\boldsymbol{x}=\mathbf{0}$ 显然也是成立的.

同理,函数 $f_2(\boldsymbol{x})=\|\boldsymbol{x}\|_q$ 也是 S 上的连续函数,故存在正常数 b_1 和 b_2,使得对任意 $\boldsymbol{x}\in\mathbf{R}^n$,有

$$b_1\|\boldsymbol{x}\|_2 \leqslant \|\boldsymbol{x}\|_q \leqslant b_2\|\boldsymbol{x}\|_2. \tag{3.22}$$

由式(3.21)和式(3.22)知对任意 $\boldsymbol{x}\in\mathbf{R}^n$,有

$$b_1\cdot\frac{1}{a_2}\|\boldsymbol{x}\|_p \leqslant \|\boldsymbol{x}\|_q \leqslant b_2\cdot\frac{1}{a_1}\|\boldsymbol{x}\|_p.$$

令

$$c_1=\frac{b_1}{a_2},\quad c_2=\frac{b_2}{a_1},$$

即得式(3.19).定理证毕.

此定理说明向量范数间具有等价性,因此以后只需就一种范数进行讨论.

应用向量范数可以自然地给出 $\mathbf{R}^n$ 中两个向量间的距离.

定义 3.5 设 $\|\cdot\|$ 为 $\mathbf{R}^n$ 上的一个向量范数,$\boldsymbol{x}\in\mathbf{R}^n$,$\boldsymbol{y}\in\mathbf{R}^n$,称 $\|\boldsymbol{x}-\boldsymbol{y}\|$ 为 $\boldsymbol{x}$ 和 $\boldsymbol{y}$ 之间的距离.

有了距离的概念,便可以考虑线性方程组 $\boldsymbol{Ax}=\boldsymbol{b}$ 的计算解 $\tilde{\boldsymbol{x}}$ 和准确解 $\boldsymbol{x}^*$ 之间的接近程度.如果 $\|\boldsymbol{x}^*-\tilde{\boldsymbol{x}}\|$ 的值小,就说两者接近.当需要考虑到 $\boldsymbol{x}^*$ 本身的大小时,可以研究相对误差 $\|\boldsymbol{x}^*-\tilde{\boldsymbol{x}}\|/\|\boldsymbol{x}^*\|$ 或 $\|\boldsymbol{x}^*-\tilde{\boldsymbol{x}}\|/\|\tilde{\boldsymbol{x}}\|$.

定义 3.6 设 $\|\cdot\|$ 为 $\mathbf{R}^n$ 中的一种向量范数,$\boldsymbol{x}^{(0)},\boldsymbol{x}^{(1)},\boldsymbol{x}^{(2)},\cdots$ 是 $\mathbf{R}^n$ 中一向量序列,$\boldsymbol{c}\in\mathbf{R}^n$ 是一常向量,如果

$$\lim_{k\to\infty}\|\boldsymbol{x}^{(k)}-\boldsymbol{c}\|=0,$$

则称向量序列 $\{\boldsymbol{x}^{(k)}\}_{k=0}^{\infty}$ 收敛于 $\boldsymbol{c}$,并记为 $\lim\limits_{k\to\infty}\boldsymbol{x}^{(k)}=\boldsymbol{c}$.

由向量范数的等价性知上述定义的向量序列的收敛性与具体取何范数无关.

3.4.2 矩阵范数

用 $\mathbf{R}^{n\times n}$ 表示所有的 n 阶实矩阵

$$\boldsymbol{A}=\begin{bmatrix} a_{11} & a_{12} & \cdots & a_{1n} \\ a_{21} & a_{22} & \cdots & a_{2n} \\ \vdots & \vdots & & \vdots \\ a_{n1} & a_{n2} & \cdots & a_{nn} \end{bmatrix}$$

组成的实线性空间.

定义 3.7 设 $g(\boldsymbol{A}) = \|\boldsymbol{A}\|$ 是定义在 $\mathbf{R}^{n\times n}$ 上的实函数,若它满足以下条件:

1° 对任意矩阵 $\boldsymbol{A} \in \mathbf{R}^{n\times n}$, $\|\boldsymbol{A}\| \geqslant 0$,当且仅当 $\boldsymbol{A}$ 为零矩阵时 $\|\boldsymbol{A}\| = 0$;

2° 对任意常数 $c \in \mathbf{R}$ 和任意矩阵 $\boldsymbol{A} \in \mathbf{R}^{n\times n}$,有 $\|c\boldsymbol{A}\| = |c| \|\boldsymbol{A}\|$;

3° 对任意矩阵 $\boldsymbol{A} \in \mathbf{R}^{n\times n}$, $\boldsymbol{B} \in \mathbf{R}^{n\times n}$,有 $\|\boldsymbol{A}+\boldsymbol{B}\| \leqslant \|\boldsymbol{A}\| + \|\boldsymbol{B}\|$,

则称 $\|\boldsymbol{A}\|$ 为矩阵 $\boldsymbol{A}$ 的范数.

由于线性代数中经常需要做矩阵与向量的乘法运算以及矩阵与矩阵的乘法运算,为此我们引进矩阵的算子范数.

设 $\boldsymbol{A} \in \mathbf{R}^{n\times n}$, $\boldsymbol{x} \in \mathbf{R}^n$, $\|\cdot\|$ 为 $\mathbf{R}^n$ 上的任一向量范数,则 $\|\boldsymbol{Ax}\|$ 为 $\mathbf{R}^n$ 上的一个连续函数. 于是 $\|\boldsymbol{Ax}\|$ 在有界闭集

$$\widetilde{S} = \{\boldsymbol{y} \mid \boldsymbol{y} \in \mathbf{R}^n, \|\boldsymbol{y}\| = 1\}$$

上一定取到最大值 M,即存在 $\tilde{\boldsymbol{x}} \in \widetilde{S}$,使得

$$\max_{\boldsymbol{y}\in\widetilde{S}} \|\boldsymbol{Ay}\| = M, \quad M = \|\boldsymbol{A}\tilde{\boldsymbol{x}}\|.$$

又对任意 $\boldsymbol{x} \in \mathbf{R}^n$, $\boldsymbol{x} \neq \boldsymbol{0}$,有

$$\frac{\boldsymbol{x}}{\|\boldsymbol{x}\|} \in \widetilde{S}, \quad \frac{\|\boldsymbol{Ax}\|}{\|\boldsymbol{x}\|} = \left\|\boldsymbol{A}\frac{\boldsymbol{x}}{\|\boldsymbol{x}\|}\right\|,$$

因而

$$\max_{\substack{\boldsymbol{x}\in\mathbf{R}^n\\ \boldsymbol{x}\neq\boldsymbol{0}}} \frac{\|\boldsymbol{Ax}\|}{\|\boldsymbol{x}\|} = \max_{\boldsymbol{y}\in\widetilde{S}} \|\boldsymbol{Ay}\| = M.$$

定义 3.8 设 $\boldsymbol{A} \in \mathbf{R}^{n\times n}$, $\|\cdot\|$ 为 $\mathbf{R}^n$ 上的任一向量范数,称

$$\max_{\substack{\boldsymbol{x}\in\mathbf{R}^n\\ \boldsymbol{x}\neq\boldsymbol{0}}} \frac{\|\boldsymbol{Ax}\|}{\|\boldsymbol{x}\|}$$

为矩阵 $\boldsymbol{A}$ 的算子范数,记为 $\|\boldsymbol{A}\|$,即

$$\|\boldsymbol{A}\| = \max_{\substack{\boldsymbol{x}\in\mathbf{R}^n\\ \boldsymbol{x}\neq\boldsymbol{0}}} \frac{\|\boldsymbol{Ax}\|}{\|\boldsymbol{x}\|}. \tag{3.23}$$

可以证明由式(3.23)定义的矩阵算子范数不但满足矩阵范数的必要条件 1°,2°,3°,还满足:

4° 对任意向量 $\boldsymbol{x} \in \mathbf{R}^n$ 和任意矩阵 $\boldsymbol{A} \in \mathbf{R}^{n\times n}$,有

$$\|\boldsymbol{Ax}\| \leqslant \|\boldsymbol{A}\| \|\boldsymbol{x}\|; \tag{3.24}$$

5° 对任意矩阵 $\boldsymbol{A} \in \mathbf{R}^{n\times n}$ 和 $\boldsymbol{B} \in \mathbf{R}^{n\times n}$,有

$$\|\boldsymbol{AB}\| \leqslant \|\boldsymbol{A}\| \|\boldsymbol{B}\|.$$

我们把式(3.24)称为矩阵范数和向量范数相容.本书讨论的矩阵范数均为矩阵算子范数,简称为矩阵范数.

由定义直接求矩阵范数 $\|\boldsymbol{A}\|$ 是很麻烦的,下面给出几个常用矩阵范数的具体计算公式.为此,先给出矩阵谱半径的定义.

定义 3.9 设 $\boldsymbol{B}\in\mathbf{R}^{n\times n}$,$\lambda_1,\lambda_2,\cdots,\lambda_n$ 为 $\boldsymbol{B}$ 的 n 个特征值,称

$$\rho(\boldsymbol{B})=\max_{1\leqslant i\leqslant n}|\lambda_i|$$

为矩阵 $\boldsymbol{B}$ 的谱半径.

定理 3.6 设 $\boldsymbol{A}\in\mathbf{R}^{n\times n}$,则

(1) $\|\boldsymbol{A}\|_1=\max\limits_{\substack{\boldsymbol{x}\in\mathbf{R}^n\\ \boldsymbol{x}\neq\mathbf{0}}}\dfrac{\|\boldsymbol{Ax}\|_1}{\|\boldsymbol{x}\|_1}=\max\limits_{1\leqslant j\leqslant n}\sum\limits_{i=1}^{n}|a_{ij}|$;

(2) $\|\boldsymbol{A}\|_\infty=\max\limits_{\substack{\boldsymbol{x}\in\mathbf{R}^n\\ \boldsymbol{x}\neq\mathbf{0}}}\dfrac{\|\boldsymbol{Ax}\|_\infty}{\|\boldsymbol{x}\|_\infty}=\max\limits_{1\leqslant i\leqslant n}\sum\limits_{j=1}^{n}|a_{ij}|$;

(3) $\|\boldsymbol{A}\|_2=\max\limits_{\substack{\boldsymbol{x}\in\mathbf{R}^n\\ \boldsymbol{x}\neq\mathbf{0}}}\dfrac{\|\boldsymbol{Ax}\|_2}{\|\boldsymbol{x}\|_2}=\sqrt{\rho(\boldsymbol{A}^{\mathrm{T}}\boldsymbol{A})}$.

上述 3 种范数分别称为矩阵的 **1 -范数**,**∞ -范数和 2 -范数**.

证明 (1) 记

$$\mu=\max_{1\leqslant j\leqslant n}\sum_{i=1}^{n}|a_{ij}|.$$

对任意 $\boldsymbol{x}\in\mathbf{R}^n$,有

$$\begin{aligned}\|\boldsymbol{Ax}\|_1&=\sum_{i=1}^{n}\Big|\sum_{j=1}^{n}a_{ij}x_j\Big|\leqslant\sum_{i=1}^{n}\sum_{j=1}^{n}|a_{ij}||x_j|\\&=\sum_{j=1}^{n}\Big(\sum_{i=1}^{n}|a_{ij}|\Big)|x_j|\leqslant\mu\sum_{j=1}^{n}|x_j|=\mu\|\boldsymbol{x}\|_1,\end{aligned}$$

因而当 $\boldsymbol{x}\neq\mathbf{0}$ 时有

$$\frac{\|\boldsymbol{Ax}\|_1}{\|\boldsymbol{x}\|_1}\leqslant\mu. \tag{3.25}$$

另一方面,设

$$\mu=\sum_{i=1}^{n}|a_{ik}|.$$

取

$$\tilde{\boldsymbol{x}}=(0,\cdots,0,\underset{\substack{\uparrow\\ \text{第 }k\text{ 个分量}}}{1},0,\cdots,0)^{\mathrm{T}},$$

则

$$\| \tilde{\boldsymbol{x}} \|_1 = 1, \quad \| \boldsymbol{A}\tilde{\boldsymbol{x}} \|_1 = \left\| \begin{bmatrix} a_{1k} \\ a_{2k} \\ \vdots \\ a_{nk} \end{bmatrix} \right\|_1 = \mu,$$

于是

$$\frac{\| \boldsymbol{A}\tilde{\boldsymbol{x}} \|_1}{\| \tilde{\boldsymbol{x}} \|_1} = \mu. \tag{3.26}$$

综合式(3.25) 和式(3.26),得

$$\max_{\substack{\boldsymbol{x}\in \mathbf{R}^n \\ \boldsymbol{x}\neq \mathbf{0}}} \frac{\| \boldsymbol{A}\boldsymbol{x} \|_1}{\| \boldsymbol{x} \|_1} = \mu.$$

(2) 记

$$\upsilon = \max_{1\leqslant i\leqslant n} \sum_{j=1}^{n} | a_{ij} |.$$

对任意 $\boldsymbol{x} \in \mathbf{R}^n$,有

$$\begin{aligned} \| \boldsymbol{A}\boldsymbol{x} \|_\infty &= \max_{1\leqslant i\leqslant n} \left| \sum_{j=1}^{n} a_{ij} x_j \right| \leqslant \max_{1\leqslant i\leqslant n} \sum_{j=1}^{n} | a_{ij} | | x_j | \\ &\leqslant \max_{1\leqslant i\leqslant n} \left(\sum_{j=1}^{n} | a_{ij} | \right) \cdot \max_{1\leqslant j\leqslant n} | x_j | \leqslant \upsilon \| \boldsymbol{x} \|_\infty, \end{aligned}$$

于是当 $\boldsymbol{x} \neq \mathbf{0}$ 时

$$\frac{\| \boldsymbol{A}\boldsymbol{x} \|_\infty}{\| \boldsymbol{x} \|_\infty} \leqslant \upsilon. \tag{3.27}$$

另一方面,设

$$\upsilon = \sum_{j=1}^{n} | a_{kj} |.$$

取 $\tilde{\boldsymbol{x}} = (\xi_1, \xi_2, \cdots, \xi_n)^{\mathrm{T}}$,其中

$$\xi_j = \begin{cases} | a_{kj} | / a_{kj}, & a_{kj} \neq 0, \\ 1, & a_{kj} = 0, \end{cases} \quad j = 1,2,\cdots,n.$$

显然 $\| \tilde{\boldsymbol{x}} \|_\infty = 1$ 且 $\boldsymbol{A}\tilde{\boldsymbol{x}}$ 的第 k 个分量为 $\sum_{j=1}^{n} a_{kj}\xi_j = \sum_{j=1}^{n} | a_{kj} | = \upsilon$. 计算可知

$$\| \boldsymbol{A}\tilde{\boldsymbol{x}} \|_\infty = \upsilon,$$

因而

$$\frac{\|A\tilde{x}\|_\infty}{\|\tilde{x}\|_\infty}=\upsilon. \tag{3.28}$$

综合式(3.27) 和式(3.28),得

$$\max_{\substack{x\in\mathbf{R}^n\\x\neq 0}}\frac{\|Ax\|_\infty}{\|x\|_\infty}=\upsilon.$$

(3) 对任意 $x\in\mathbf{R}^n$,有

$$\|Ax\|_2^2=(Ax)^{\mathrm{T}}(Ax)=x^{\mathrm{T}}A^{\mathrm{T}}Ax\geqslant 0,$$

故 $A^{\mathrm{T}}A$ 是对称半正定矩阵. 易知 $A^{\mathrm{T}}A$ 有 n 个非负的实特征值 $\lambda_1\geqslant\lambda_2\geqslant\cdots\geqslant\lambda_n\geqslant 0$ 及相应的标准正交特征向量系 $\boldsymbol{\mu}_1,\boldsymbol{\mu}_2,\cdots,\boldsymbol{\mu}_n$,满足

$$A^{\mathrm{T}}A\boldsymbol{\mu}_i=\lambda_i\boldsymbol{\mu}_i,\quad i=1,2,\cdots,n.$$

又任一向量 $x\in\mathbf{R}^n$ 可表示为

$$x=c_1\boldsymbol{\mu}_1+c_2\boldsymbol{\mu}_2+\cdots+c_n\boldsymbol{\mu}_n,$$

易知 $\|x\|_2=\sqrt{\sum_{i=1}^n c_i^2}$,且

$$\begin{aligned}\|Ax\|_2^2&=(Ax)^{\mathrm{T}}Ax=x^{\mathrm{T}}A^{\mathrm{T}}Ax=\Big(\sum_{i=1}^n c_i\boldsymbol{\mu}_i\Big)^{\mathrm{T}}A^{\mathrm{T}}A\sum_{i=1}^n c_i\boldsymbol{\mu}_i\\&=\Big(\sum_{i=1}^n c_i\boldsymbol{\mu}_i\Big)^{\mathrm{T}}\sum_{i=1}^n c_iA^{\mathrm{T}}A\boldsymbol{\mu}_i=\Big(\sum_{i=1}^n c_i\boldsymbol{\mu}_i\Big)^{\mathrm{T}}\sum_{i=1}^n c_i\lambda_i\boldsymbol{\mu}_i=\sum_{i=1}^n\lambda_ic_i^2\\&\leqslant\lambda_1\sum_{i=1}^n c_i^2=\lambda_1\|x\|_2^2,\end{aligned}$$

因而当 $\|x\|_2\neq 0$ 时

$$\frac{\|Ax\|_2}{\|x\|_2}\leqslant\sqrt{\lambda_1}. \tag{3.29}$$

另一方面,取 $\tilde{x}=\boldsymbol{\mu}_1$,则 $\|\tilde{x}\|_2=1$,且计算得

$$\|A\boldsymbol{\mu}_1\|_2^2=\boldsymbol{\mu}_1^{\mathrm{T}}A^{\mathrm{T}}A\boldsymbol{\mu}_1=\lambda_1\boldsymbol{\mu}_1^{\mathrm{T}}\boldsymbol{\mu}_1=\lambda_1,$$

因而

$$\frac{\|A\tilde{x}\|_2}{\|\tilde{x}\|_2}=\sqrt{\lambda_1}. \tag{3.30}$$

综合式(3.29) 和式(3.30),得

$$\max_{\substack{x \in \mathbf{R}^n \\ x \neq 0}} \frac{\| \boldsymbol{Ax} \|_2}{\| \boldsymbol{x} \|_2} = \sqrt{\lambda_1}.$$

定理证毕.

例 3.8 设 $\boldsymbol{A} = \begin{bmatrix} 1 & -1 \\ 2 & 3 \end{bmatrix}$,计算 $\| \boldsymbol{A} \|_\infty$,$\| \boldsymbol{A} \|_1$ 和 $\| \boldsymbol{A} \|_2$.

解 根据题意,计算得

$$\| \boldsymbol{A} \|_\infty = \max\{1 + |-1|, 2 + 3\} = 5,$$
$$\| \boldsymbol{A} \|_1 = \max\{1 + 2, |-1| + 3\} = 4.$$

又 $\| \boldsymbol{A} \|_2 = \sqrt{\rho(\boldsymbol{A}^{\mathrm{T}}\boldsymbol{A})}$,而

$$\boldsymbol{A}^{\mathrm{T}}\boldsymbol{A} = \begin{bmatrix} 1 & 2 \\ -1 & 3 \end{bmatrix}\begin{bmatrix} 1 & -1 \\ 2 & 3 \end{bmatrix} = \begin{bmatrix} 5 & 5 \\ 5 & 10 \end{bmatrix},$$

$$|\lambda \boldsymbol{I} - \boldsymbol{A}^{\mathrm{T}}\boldsymbol{A}| = \begin{vmatrix} \lambda - 5 & -5 \\ -5 & \lambda - 10 \end{vmatrix} = \lambda^2 - 15\lambda + 25 = 0,$$

解得其两根为 $\lambda_{1,2} = \frac{1}{2}(15 \pm \sqrt{125}) = \frac{5}{2}(3 \pm \sqrt{5})$,所以

$$\| \boldsymbol{A} \|_2 = \sqrt{\lambda_1} = \sqrt{\frac{5}{2}(3 + \sqrt{5})} = 3.6180340.$$

由上例可以看出,计算 $\| \boldsymbol{A} \|_\infty$ 和 $\| \boldsymbol{A} \|_1$ 较容易,而计算 $\| \boldsymbol{A} \|_2$ 较困难,但是矩阵的 2-范数具有许多好的性质,特别在理论分析时常常是一个很有用的工具.

定理 3.7 设 $\boldsymbol{A} \in \mathbf{R}^{n \times n}$ 为对称矩阵,则 $\rho(\boldsymbol{A}) = \| \boldsymbol{A} \|_2$.

证明 由于 $\boldsymbol{A}^{\mathrm{T}} = \boldsymbol{A}$,所以 $\boldsymbol{A}^{\mathrm{T}}\boldsymbol{A} = \boldsymbol{A}^2$,因而

$$\| \boldsymbol{A} \|_2 = \sqrt{\rho(\boldsymbol{A}^{\mathrm{T}}\boldsymbol{A})} = \sqrt{\rho(\boldsymbol{A}^2)} = \rho(\boldsymbol{A}).$$

定理证毕.

对于一般矩阵,有如下结论:

定理 3.8 设 $\| \cdot \|$ 是 $\mathbf{R}^{n \times n}$ 中的任一范数,$\boldsymbol{A} \in \mathbf{R}^{n \times n}$,则

$$\rho(\boldsymbol{A}) \leqslant \| \boldsymbol{A} \|.$$

证明 设 λ 为 $\boldsymbol{A}$ 的按模最大的特征值,$\boldsymbol{x}$ 为其对应的特征向量,则有

$$\boldsymbol{Ax} = \lambda \boldsymbol{x}, \tag{3.31}$$

且 $\rho(\boldsymbol{A}) = |\lambda|$.

(1) 若 $\lambda \in \mathbf{R}$,则 $\boldsymbol{x} \in \mathbf{R}^n$. 由式(3.31),有 $\| \lambda \boldsymbol{x} \| = \| \boldsymbol{Ax} \|$,而

$$\| \lambda \boldsymbol{x} \| = |\lambda| \| \boldsymbol{x} \|, \quad \| \boldsymbol{Ax} \| \leqslant \| \boldsymbol{A} \| \| \boldsymbol{x} \|,$$

所以

$$|\lambda| \|x\| \leqslant \|A\| \|x\|.$$

由于 $\|x\| \neq 0$,两边除以 $\|x\|$,得 $|\lambda| \leqslant \|A\|$,故

$$\rho(A) \leqslant \|A\|.$$

(2) 当 λ 为复数时,一般来说 x 也是复向量. 定义 $\mathbf{C}^n$ 上的向量范数,类似可以证明上述结论也是成立的.

定理证毕.

由定理 3.8 知矩阵的任一范数可以作为矩阵特征值的上界.

$\mathbf{R}^{n\times n}$ 中的任意两个矩阵范数也是等价的.

定理 3.9 设 $\|\cdot\|_p$ 和 $\|\cdot\|_q$ 是 $\mathbf{R}^{n\times n}$ 上的两个矩阵范数,则存在两个正的常数 d_1 和 d_2,使得

$$d_1 \|A\|_p \leqslant \|A\|_q \leqslant d_2 \|A\|_p$$

对任意 $A \in \mathbf{R}^{n\times n}$ 成立.

应用矩阵范数可以自然地给出 $\mathbf{R}^{n\times n}$ 中两个矩阵之间的距离以及矩阵序列的收敛性.

定义 3.10 设 $\|\cdot\|$ 为 $\mathbf{R}^{n\times n}$ 上的一个矩阵范数,$A \in \mathbf{R}^{n\times n}$,$B \in \mathbf{R}^{n\times n}$,称

$$\|A - B\|$$

为 A 与 B 之间的距离.

定义 3.11 设 $\|\cdot\|$ 为 $\mathbf{R}^{n\times n}$ 上的一个矩阵范数,$A^{(0)}, A^{(1)}, \cdots, A^{(k)}, \cdots$ 为 $\mathbf{R}^{n\times n}$ 中的一个矩阵序列,$A \in \mathbf{R}^{n\times n}$,如果

$$\lim_{k\to\infty} \|A^{(k)} - A\| = 0,$$

则称矩阵序列 $\{A^{(k)}\}_{k=0}^{\infty}$ 收敛于矩阵 A,并记为 $\lim\limits_{k\to\infty} A^{(k)} = A$.

定理 3.10 设 $B \in \mathbf{R}^{n\times n}$,则由 B 的各幂次得到的矩阵序列 $B^k (k = 0,1,2,\cdots)$ 收敛于**零矩阵**($\lim\limits_{k\to\infty} B^k = O$) 的充分必要条件为 $\rho(B) < 1$.

证明 根据线性代数中 Jordan 标准形定理,存在非奇异矩阵 P,使得

$$P^{-1}BP = J,$$

其中 J 是 Jordan 块对角矩阵,即

$$J = \begin{bmatrix} J_1 & & & \\ & J_2 & & \\ & & \ddots & \\ & & & J_r \end{bmatrix},$$

而

$$
\boldsymbol{J}_i=\begin{bmatrix}\lambda_i & 1 & & & \\ & \lambda_i & 1 & & \\ & & \ddots & \ddots & \\ & & & \lambda_i & 1 \\ & & & & \lambda_i\end{bmatrix}_{n_i\times n_i},\quad i=1,2,\cdots,r,\quad \sum_{i=1}^{r}n_i=n.
$$

由

$$
\boldsymbol{B}^k=\boldsymbol{P}\boldsymbol{J}^k\boldsymbol{P}^{-1},\quad \boldsymbol{J}^k=\boldsymbol{P}^{-1}\boldsymbol{B}^k\boldsymbol{P},
$$

可知$\lim\limits_{k\to\infty}\boldsymbol{B}^k=\boldsymbol{O}$的充分必要条件为$\lim\limits_{k\to\infty}\boldsymbol{J}^k=\boldsymbol{O}$. 直接计算可得

$$
\boldsymbol{J}^k=\begin{bmatrix}\boldsymbol{J}_1^k & & & \\ & \boldsymbol{J}_2^k & & \\ & & \ddots & \\ & & & \boldsymbol{J}_r^k\end{bmatrix},
$$

于是$\lim\limits_{k\to\infty}\boldsymbol{B}^k=\boldsymbol{O}$的充分必要条件为

$$
\lim_{k\to\infty}\boldsymbol{J}_i^k=\boldsymbol{O},\quad i=1,2,\cdots,r.
$$

令 $s=n_i$. 引进记号 $\boldsymbol{E}_{sl}$ 表示 s 阶方阵，其元素仅在对角线右上方的第 l 条平行线上值为 1，其余均为 0，即

第 l 列

$$
\boldsymbol{E}_{sl}=\begin{bmatrix}
0 & 0 & \cdots & 0 & 0 & 1 & 0 & \cdots & 0 & 0 \\
 & 0 & \cdots & 0 & 0 & 0 & 1 & \ddots & & 0 \\
 & & & & & & \ddots & \ddots & 0 & \vdots \\
 & & & \ddots & & & \ddots & & 1 & 0 \\
 & & & & & & & \ddots & 0 & 1 \\
 & & & & & \ddots & & & 0 & 0 \\
 & & & & & & & & & 0 \\
 & & & & & & & \ddots & \vdots & \vdots \\
 & & & & & & & & 0 & 0 \\
 & & & & & & & & & 0
\end{bmatrix},
$$

则

$$
\boldsymbol{J}_i=\begin{bmatrix}\lambda_i & & & \\ & \lambda_i & & \\ & & \ddots & \\ & & & \lambda_i\end{bmatrix}+\begin{bmatrix}0 & 1 & & & \\ & 0 & \ddots & & \\ & & \ddots & \ddots & \\ & & & 0 & 1 \\ & & & & 0\end{bmatrix}=\lambda_i\boldsymbol{I}+\boldsymbol{E}_{s1},
$$

其中 $\boldsymbol{I}$ 为 s 阶单位矩阵,而 $\boldsymbol{E}_{s1}$ 具有如下特点:每乘幂一次,相当于把元素为 1 的那条斜线向右上方推一格.

如以 $s=4$ 为例,有

$$\boldsymbol{E}_{41}=\begin{bmatrix}0&1&0&0\\&0&1&0\\&&0&1\\&&&0\end{bmatrix},\quad \boldsymbol{E}_{41}^2=\begin{bmatrix}0&0&1&0\\&0&0&1\\&&0&0\\&&&0\end{bmatrix}=\boldsymbol{E}_{42},$$

$$\boldsymbol{E}_{41}^3=\begin{bmatrix}0&0&0&1\\&0&0&0\\&&0&0\\&&&0\end{bmatrix}=\boldsymbol{E}_{43},\quad \boldsymbol{E}_{41}^4=\begin{bmatrix}0&0&0&0\\&0&0&0\\&&0&0\\&&&0\end{bmatrix},$$

所以

$$\boldsymbol{E}_{s1}^k=\begin{cases}\boldsymbol{E}_{sk}, & k<s,\\ \boldsymbol{O}, & k\geqslant s.\end{cases}$$

对于一般的 s,有

$$\boldsymbol{J}_i^k=(\lambda_i\boldsymbol{I}+\boldsymbol{E}_{s1})^k=\sum_{l=0}^k \mathrm{C}_k^l\lambda_i^{k-l}\boldsymbol{E}_{s1}^l=\sum_{l=0}^k \mathrm{C}_k^l\lambda_i^{k-l}\boldsymbol{E}_{sl},$$

其中 $\mathrm{C}_k^l=\dfrac{k(k-1)\cdots(k-l+1)}{l!}$. 当 $k>s$ 时,可得

$$\boldsymbol{J}_i^k=\begin{bmatrix}\lambda_i^k & \mathrm{C}_k^1\lambda_i^{k-1} & \mathrm{C}_k^2\lambda_i^{k-2} & \cdots & \mathrm{C}_k^{s-2}\lambda_i^{k-s+2} & \mathrm{C}_k^{s-1}\lambda_i^{k-s+1}\\ & \lambda_i^k & \mathrm{C}_k^1\lambda_i^{k-1} & \ddots & & \mathrm{C}_k^{s-2}\lambda_i^{k-s+2}\\ & & \lambda_i^k & \ddots & \ddots & \vdots\\ & & & \ddots & \ddots & \mathrm{C}_k^2\lambda_i^{k-2}\\ & & & & \ddots & \mathrm{C}_k^1\lambda_i^{k-1}\\ & & & & & \lambda_i^k\end{bmatrix}.$$

由此得到 $\lim\limits_{k\to\infty}\boldsymbol{J}_i^k=\boldsymbol{O}$ 的充分必要条件是 $|\lambda_i|<1$.

综上可得 $\lim\limits_{k\to\infty}\boldsymbol{B}^k=\boldsymbol{O}$ 的充要条件为 $|\lambda_i|<1(i=1,2,\cdots,r)$,即 $\rho(\boldsymbol{B})<1$. 定理证毕.

3.4.3 方程组的性态及条件数

线性方程组 $\boldsymbol{Ax}=\boldsymbol{b}$ 的解 $\boldsymbol{x}^*$ 是由系数矩阵 $\boldsymbol{A}$ 和右端向量 $\boldsymbol{b}$ 决定的. 现在我们来分析 $\boldsymbol{A},\boldsymbol{b}$ 的微小变化对解 $\boldsymbol{x}^*$ 的影响.

在以下的讨论中,设 $\boldsymbol{A}$ 非奇异,$\boldsymbol{b}\neq\boldsymbol{0}$,因而 $\boldsymbol{x}^*\neq\boldsymbol{0}$.

(1) 设 $\boldsymbol{b}$ 有微小变化 $\boldsymbol{\delta b}$，此时解为 $\boldsymbol{x}^*+\boldsymbol{\delta x}^*$，即

$$\boldsymbol{A}(\boldsymbol{x}^*+\boldsymbol{\delta x}^*)=\boldsymbol{b}+\boldsymbol{\delta b}.$$

注意到

$$\boldsymbol{A}\boldsymbol{x}^*=\boldsymbol{b}, \tag{3.32}$$

则 $\boldsymbol{A\delta x}^*=\boldsymbol{\delta b}$，即

$$\boldsymbol{\delta x}^*=\boldsymbol{A}^{-1}\boldsymbol{\delta b},$$

两边取范数得

$$\|\boldsymbol{\delta x}^*\|=\|\boldsymbol{A}^{-1}\boldsymbol{\delta b}\|\leqslant\|\boldsymbol{A}^{-1}\|\,\|\boldsymbol{\delta b}\|.$$

再由式(3.32)，有

$$\|\boldsymbol{b}\|\leqslant\|\boldsymbol{A}\|\,\|\boldsymbol{x}^*\|.$$

由以上两式得到

$$\frac{\|\boldsymbol{\delta x}^*\|}{\|\boldsymbol{x}^*\|}\leqslant\frac{\|\boldsymbol{A}^{-1}\|\,\|\boldsymbol{\delta b}\|}{\dfrac{\|\boldsymbol{b}\|}{\|\boldsymbol{A}\|}}=\|\boldsymbol{A}^{-1}\|\,\|\boldsymbol{A}\|\,\frac{\|\boldsymbol{\delta b}\|}{\|\boldsymbol{b}\|}. \tag{3.33}$$

(2) 设 $\boldsymbol{A}$ 有微小变化 $\boldsymbol{\delta A}$，此时解为 $\boldsymbol{x}^*+\boldsymbol{\delta x}^*$，即

$$(\boldsymbol{A}+\boldsymbol{\delta A})(\boldsymbol{x}^*+\boldsymbol{\delta x}^*)=\boldsymbol{b},$$

则由式(3.32)，有

$$\boldsymbol{\delta A}(\boldsymbol{x}^*+\boldsymbol{\delta x}^*)+\boldsymbol{A\delta x}^*=\boldsymbol{0}, \tag{3.34}$$

或

$$\boldsymbol{\delta x}^*=-\boldsymbol{A}^{-1}\cdot\boldsymbol{\delta A}(\boldsymbol{x}^*+\boldsymbol{\delta x}^*),$$

两边取范数得

$$\|\boldsymbol{\delta x}^*\|\leqslant\|\boldsymbol{A}^{-1}\|\,\|\boldsymbol{\delta A}\|\,\|\boldsymbol{x}^*+\boldsymbol{\delta x}^*\|. \tag{3.35}$$

易知 $\boldsymbol{x}^*+\boldsymbol{\delta x}^*\neq\boldsymbol{0}$，否则由 $\boldsymbol{x}^*+\boldsymbol{\delta x}^*=\boldsymbol{0}$ 及式(3.34)知 $\boldsymbol{\delta x}^*=\boldsymbol{0}$，则必有 $\boldsymbol{x}^*=\boldsymbol{0}$，这与 $\boldsymbol{x}^*\neq\boldsymbol{0}$ 矛盾. 在式(3.35)的两边同除以 $\|\boldsymbol{x}^*+\boldsymbol{\delta x}^*\|$，得到

$$\frac{\|\boldsymbol{\delta x}^*\|}{\|\boldsymbol{x}^*+\boldsymbol{\delta x}^*\|}\leqslant\|\boldsymbol{A}^{-1}\|\,\|\boldsymbol{\delta A}\|=\|\boldsymbol{A}^{-1}\|\,\|\boldsymbol{A}\|\,\frac{\|\boldsymbol{\delta A}\|}{\|\boldsymbol{A}\|}. \tag{3.36}$$

式(3.33)和式(3.36)分别指出了当右端向量 $\boldsymbol{b}$ 有误差或系数矩阵 $\boldsymbol{A}$ 有误差时，解的相对误差都不超过它们的相对误差的 $\|\boldsymbol{A}^{-1}\|\,\|\boldsymbol{A}\|$ 倍. 数 $\|\boldsymbol{A}^{-1}\|\,\|\boldsymbol{A}\|$ 刻画了线性方程组 $\boldsymbol{Ax}=\boldsymbol{b}$ 的解对初始数据(右端向量、系数矩阵)误差的灵敏度，

它是方程组本身一个固有的属性,与求解该方程组的方法无关. 如果此数很大,则很小的 $\boldsymbol{\delta b}$ 或 $\boldsymbol{\delta A}$ 都可能使得解的相对误差很大.

定义 3.12 设 $\boldsymbol{A}$ 为非奇异矩阵,称数 $\|\boldsymbol{A}^{-1}\|\|\boldsymbol{A}\|$ 为矩阵 $\boldsymbol{A}$ 的**条件数**,并用 $\mathrm{cond}(\boldsymbol{A})$ 表示,即

$$\mathrm{cond}(\boldsymbol{A}) = \|\boldsymbol{A}^{-1}\|\|\boldsymbol{A}\|.$$

由上述定义可知矩阵条件数与所取矩阵范数有关. 通常使用的条件数如下:

(1) $\mathrm{cond}(\boldsymbol{A})_\infty = \|\boldsymbol{A}^{-1}\|_\infty \|\boldsymbol{A}\|_\infty$;

(2) $\boldsymbol{A}$ 的谱条件数

$$\mathrm{cond}(\boldsymbol{A})_2 = \|\boldsymbol{A}^{-1}\|_2 \|\boldsymbol{A}\|_2 = \sqrt{\frac{\lambda_{\max}(\boldsymbol{A}^{\mathrm{T}}\boldsymbol{A})}{\lambda_{\min}(\boldsymbol{A}^{\mathrm{T}}\boldsymbol{A})}},$$

且当 $\boldsymbol{A}$ 为对称正定矩阵时

$$\mathrm{cond}(\boldsymbol{A})_2 = \frac{\lambda_1}{\lambda_n},$$

其中 $\lambda_{\max}(\boldsymbol{A}^{\mathrm{T}}\boldsymbol{A})$ 和 $\lambda_{\min}(\boldsymbol{A}^{\mathrm{T}}\boldsymbol{A})$ 分别为矩阵 $\boldsymbol{A}^{\mathrm{T}}\boldsymbol{A}$ 的最大特征值和最小特征值,λ_1 和 λ_n 为 $\boldsymbol{A}$ 的最大特征值和最小特征值.

定义 3.13 给定方程组 $\boldsymbol{Ax} = \boldsymbol{b}$,其中 $\boldsymbol{A}$ 为非奇异矩阵. 如果 $\boldsymbol{A}$ 的条件数比 1 大得多,即 $\mathrm{cond}(\boldsymbol{A}) \gg 1$,则称 $\boldsymbol{Ax} = \boldsymbol{b}$ 为病态方程组;如果 $\boldsymbol{A}$ 的条件数相对较小,则称 $\boldsymbol{Ax} = \boldsymbol{b}$ 为良态方程组.

例 3.9 分别计算例 3.6 及例 3.7 中两个方程组系数矩阵的条件数,并说明方程组的性态.

解 在例 3.6 中,有

$$\boldsymbol{A} = \begin{bmatrix} 1 & -1 \\ 1 & 1 \end{bmatrix}, \quad \boldsymbol{\delta A} = \begin{bmatrix} 0 & 0 \\ 0 & 0.0005 \end{bmatrix}, \quad \boldsymbol{\delta b} = \begin{bmatrix} 0 \\ 0 \end{bmatrix}, \quad \boldsymbol{A}^{-1} = \begin{bmatrix} \frac{1}{2} & \frac{1}{2} \\ -\frac{1}{2} & \frac{1}{2} \end{bmatrix},$$

$$\|\boldsymbol{A}\|_\infty = 2, \quad \|\boldsymbol{A}^{-1}\|_\infty = 1, \quad \mathrm{cond}(\boldsymbol{A})_\infty = 2,$$

因而方程组是良态的.

由式(3.36)得

$$\frac{\|\boldsymbol{\delta x}^*\|_\infty}{\|\boldsymbol{x}^* + \boldsymbol{\delta x}^*\|_\infty} \leqslant \mathrm{cond}(\boldsymbol{A})_\infty \frac{\|\boldsymbol{\delta A}\|_\infty}{\|\boldsymbol{A}\|_\infty} = 2 \times \frac{0.0005}{2} = 0.05\%,$$

可见解是相当准确的.

在例 3.7 中,有

$$\boldsymbol{A} = \begin{bmatrix} 10 & -10 \\ -1 & 1.001 \end{bmatrix}, \quad \boldsymbol{\delta A} = \begin{bmatrix} 0 & 0 \\ 0 & 0.0005 \end{bmatrix}, \quad \boldsymbol{\delta b} = \begin{bmatrix} 0 \\ 0 \end{bmatrix},$$

$$A^{-1}=\begin{bmatrix}100.1 & 1000\\ 100 & 1000\end{bmatrix},$$

$$\|A\|_\infty=20,\quad \|A^{-1}\|_\infty=1100.1,\quad \mathrm{cond}(A)_\infty=22002,$$

因而方程组是病态的.

由式(3.36)得

$$\frac{\|\delta x^*\|}{\|x^*+\delta x^*\|}\leqslant \mathrm{cond}(A)_\infty\frac{\|\delta A\|_\infty}{\|A\|_\infty}=22002\times\frac{0.0005}{20}=55.005\%,$$

解的相对误差有可能达到55%.

我们再强调一下:线性方程组是否病态完全由其系数矩阵所决定.对于病态方程组即便使用稳定的算法,也可能得不到令人满意的结果.

由上述讨论可知判断矩阵是否病态是很重要的.但若从定义出发,则需计算逆矩阵的范数,这却是件麻烦事.首先求逆矩阵A^{-1}比求解线性方程组$Ax=b$的工作量大得多;其次当A确实是病态时,A^{-1}也求不准确.下面的一些现象则可以作为判断矩阵是否病态的参考:

(1) 用列主元消去法解$Ax=b$时出现小主元;

(2) 系数矩阵某些行(或列)近似线性相关;

(3) 系数矩阵元素间数量级相差很大,并且无一定规则.

以上三种情况都有可能是病态方程组.对于病态方程组的求解需十分小心,一般可以采用下述方法:

(1) 用双精度进行计算,以便改善和减少病态矩阵的影响;

(2) 对方程组进行预处理,即适当选择非奇异对角阵D和C,使求解$Ax=b$的问题转化为求解等价方程组$DAC(C^{-1}x)=Db$,同时使DAC的条件数得到改善.

例 3.10 设

$$\begin{bmatrix}1 & 10^4\\ 1 & 1\end{bmatrix}\begin{bmatrix}x_1\\ x_2\end{bmatrix}=\begin{bmatrix}10^4\\ 2\end{bmatrix},$$

简记为$Ax=b$,计算$\mathrm{cond}(A)_\infty$,并设法改变成等价方程组$\tilde{A}x=\tilde{b}$,使$\mathrm{cond}(\tilde{A})_\infty$得到改善.

解 因为

$$A^{-1}=\frac{1}{10^4-1}\begin{bmatrix}-1 & 10^4\\ 1 & -1\end{bmatrix},$$

于是

$$\mathrm{cond}(A)_\infty=\frac{(1+10^4)^2}{10^4-1}\approx 10^4.$$

取 $\boldsymbol{D}=\begin{bmatrix}10^{-4} & 0\\ 0 & 1\end{bmatrix}$,考查等价方程组 $\boldsymbol{DAx}=\boldsymbol{Db}$ 的系数矩阵 $\widetilde{\boldsymbol{A}}=\boldsymbol{DA}$ 的条件数. 因为

$$\widetilde{\boldsymbol{A}}=\begin{bmatrix}10^{-4} & 1\\ 1 & 1\end{bmatrix},\quad \widetilde{\boldsymbol{A}}^{-1}=\frac{1}{1-10^{-4}}\begin{bmatrix}-1 & 1\\ 1 & -10^{-4}\end{bmatrix},$$

则

$$\operatorname{cond}(\widetilde{\boldsymbol{A}})_{\infty}=\frac{4}{1-10^{-4}}\approx 4,$$

可见所作变换大大改善了系数矩阵的条件数. 再用列主元消去法求解

$$\widetilde{\boldsymbol{A}}\boldsymbol{x}=\widetilde{\boldsymbol{b}}$$

可得数值解 $\boldsymbol{x}=\begin{bmatrix}1\\ 1\end{bmatrix}$,这是一个好的近似解.

3.4.4 方程组近似解可靠性的判别

式(3.33)和式(3.36)虽然给出了方程组近似解相对误差的估计式,但是这种估计在很大程度上属于理论性的,一般讲都是放大了的,而且由于求 $\boldsymbol{A}^{-1}$ 较困难,同时 $\boldsymbol{\delta A}$ 和 $\boldsymbol{\delta b}$ 也只是理论上的假设,而在实际问题中它们是随机的量,得不到确切的值,因此上述方法并不实用. 实用的办法是将求得的方程组 $\boldsymbol{Ax}=\boldsymbol{b}$ 的一个近似解 $\tilde{\boldsymbol{x}}$ 回代到原方程组去求**余量** $\boldsymbol{r}$,即

$$\boldsymbol{r}=\boldsymbol{b}-\boldsymbol{A}\tilde{\boldsymbol{x}}.$$

如果 $\boldsymbol{r}=\boldsymbol{0}$,则 $\tilde{\boldsymbol{x}}$ 为精确解. 一般来说 $\boldsymbol{r}\neq\boldsymbol{0}$. 由于求 $\boldsymbol{r}$ 是很容易的,我们自然希望根据 $\|\boldsymbol{r}\|$ 的大小来判断近似解 $\tilde{\boldsymbol{x}}$ 的精确程度.

定理 3.11 设 $\tilde{\boldsymbol{x}}$ 是方程组 $\boldsymbol{Ax}=\boldsymbol{b}$ 的一个近似解,其精确解记为 $\boldsymbol{x}^*$,$\boldsymbol{r}$ 为 $\tilde{\boldsymbol{x}}$ 的余量,则有

$$\frac{\|\boldsymbol{x}^*-\tilde{\boldsymbol{x}}\|}{\|\boldsymbol{x}^*\|}\leqslant \operatorname{cond}(\boldsymbol{A})\frac{\|\boldsymbol{r}\|}{\|\boldsymbol{b}\|}.$$

证明 由

$$\boldsymbol{Ax}^*=\boldsymbol{b},\quad \boldsymbol{A}(\boldsymbol{x}^*-\tilde{\boldsymbol{x}})=\boldsymbol{r},$$

可得

$$\|\boldsymbol{b}\|=\|\boldsymbol{Ax}^*\|\leqslant\|\boldsymbol{A}\|\,\|\boldsymbol{x}^*\|,$$
$$\|\boldsymbol{x}^*-\tilde{\boldsymbol{x}}\|=\|\boldsymbol{A}^{-1}\boldsymbol{r}\|\leqslant\|\boldsymbol{A}^{-1}\|\,\|\boldsymbol{r}\|,$$

于是

$$\frac{\| \boldsymbol{x}^* - \bar{\boldsymbol{x}} \|}{\| \boldsymbol{x}^* \|} \leqslant \frac{\| \boldsymbol{A}^{-1} \| \| \boldsymbol{r} \| \| \boldsymbol{A} \|}{\| \boldsymbol{b} \|} = \mathrm{cond}(\boldsymbol{A}) \frac{\| \boldsymbol{r} \|}{\| \boldsymbol{b} \|}.$$

定理证毕.

由定理 3.11 可以知道:如果 $\mathrm{cond}(\boldsymbol{A})$ 很大,即使 $\|\boldsymbol{r}\|$ 很小,解的相对误差限仍可能很大. 因此用余量 $\boldsymbol{r}$ 的大小来检验近似解精确程度的办法仅对良态方程组适用,对于病态方程组是不可靠的.

例如,已知 $\boldsymbol{A} = \begin{bmatrix} 1.000 & 1.001 \\ 1.000 & 1.000 \end{bmatrix}$,其逆矩阵 $\boldsymbol{A}^{-1} = \begin{bmatrix} -1000 & 1001 \\ 1000 & -1000 \end{bmatrix}$,则

$$\mathrm{cond}(\boldsymbol{A})_\infty = \| \boldsymbol{A}^{-1} \|_\infty \| \boldsymbol{A} \|_\infty = 4004.001.$$

对于 2×2 的矩阵来讲此条件数很大,因此 $\boldsymbol{A}$ 是病态矩阵. 对于以此 $\boldsymbol{A}$ 为系数矩阵的方程组

$$\begin{bmatrix} 1.000 & 1.001 \\ 1.000 & 1.000 \end{bmatrix} \boldsymbol{x} = \begin{bmatrix} 2.001 \\ 2.000 \end{bmatrix},$$

其准确解为 $\boldsymbol{x}^* = \begin{bmatrix} 1 \\ 1 \end{bmatrix}$. 若设近似解为 $\bar{\boldsymbol{x}} = \begin{bmatrix} 2 \\ 0 \end{bmatrix}$,显然与 $\boldsymbol{x}^*$ 相差很大,但其余量

$$\boldsymbol{r}(\bar{\boldsymbol{x}}) = \begin{bmatrix} 0.001 \\ 0 \end{bmatrix}$$

却很小.

估计近似解相对误差的另一个方法是任取一非零向量 $\boldsymbol{y}$,求出 $\boldsymbol{Ay}$,并记为 $\boldsymbol{b}_0$,即 $\boldsymbol{b}_0 = \boldsymbol{Ay}$,然后把 $\boldsymbol{y}$ 作为未知向量,解方程组 $\boldsymbol{Ay} = \boldsymbol{b}_0$. 从理论上讲得到的解应该就是所取的向量 $\boldsymbol{y}$,但由于舍入误差的原因,得到的却是 $\boldsymbol{y}$ 的一个近似解 $\tilde{\boldsymbol{y}}$,于是可以计算出 $\tilde{\boldsymbol{y}}$ 的相对误差

$$\varepsilon = \frac{\| \boldsymbol{y} - \tilde{\boldsymbol{y}} \|}{\| \boldsymbol{y} \|}.$$

这个 ε 在某种程度上反映出所用的计算工具、计算方法以及方程组的系数矩阵本身对于方程组解的影响,因而一般地也就认为方程组 $\boldsymbol{Ax} = \boldsymbol{b}$ 的近似解 $\boldsymbol{x}$ 的相对误差是 ε,并且 $\boldsymbol{y}$ 和 $\tilde{\boldsymbol{y}}$ 有多少位数字重合,也就设想成 $\boldsymbol{x}$ 有多少位数字是准确的.

3.5　迭代法

本节介绍线性方程组的另一种解法 —— 迭代法. 由于它能保持系数矩阵 $\boldsymbol{A}$ 的稀疏性,因此特别适合于求解系数矩阵是大型稀疏矩阵的线性方程组.

3.5.1　迭代格式的一般形式

考虑线性方程组

$$\boldsymbol{Ax}=\boldsymbol{b}, \tag{3.37}$$

其中 $\boldsymbol{A}$ 非奇异,$\boldsymbol{b}\neq\boldsymbol{0}$,因而它有唯一解 $\boldsymbol{x}^*$. 构造与式(3.37) 同解的线性方程组

$$\boldsymbol{x}=\boldsymbol{Bx}+\boldsymbol{f}, \tag{3.38}$$

其中 $\boldsymbol{B}\in\mathbf{R}^{n\times n}$,$\boldsymbol{f}\in\mathbf{R}^n$.

任取一个向量 $\boldsymbol{x}^{(0)}\in\mathbf{R}^n$ 作为式(3.38) 的近似解,用迭代公式

$$\boldsymbol{x}^{(k+1)}=\boldsymbol{Bx}^{(k)}+\boldsymbol{f},\quad k=0,1,2,\cdots \tag{3.39}$$

产生一个向量序列 $\{\boldsymbol{x}^{(k)}\}_{k=0}^{\infty}$. 若

$$\lim_{k\to\infty}\boldsymbol{x}^{(k)}=\boldsymbol{x}^*,$$

则在式(3.39) 两端令 $k\to\infty$,得到

$$\boldsymbol{x}^*=\boldsymbol{Bx}^*+\boldsymbol{f},$$

即 $\boldsymbol{x}^*$ 为式(3.38) 的解. 由于式(3.38) 和式(3.37) 是同解方程组,所以 $\boldsymbol{x}^*$ 也是式(3.37) 的解.

称式(3.39) 为**迭代格式**,称矩阵 $\boldsymbol{B}$ 为**迭代矩阵**,称 $\boldsymbol{x}^{(k)}$ 为**第 k 次迭代近似解**,称 $\boldsymbol{e}^{(k)}=\boldsymbol{x}^*-\boldsymbol{x}^{(k)}$ 为第 k 次**迭代误差**. 如果迭代格式(3.39) 对任意初始向量 $\boldsymbol{x}^{(0)}$ 产生的向量序列 $\{\boldsymbol{x}^{(k)}\}$ 是收敛的,则称该迭代格式是收敛的.

由上面的讨论可以看出用迭代法解方程组(3.37) 的关键点如下:

(1) 如何构造迭代格式(3.39);

(2) 由迭代格式(3.39) 产生的向量序列的收敛条件是什么.

3.5.2 几个常用的迭代格式

(1) Jacobi 迭代格式

将式(3.37) 写成分量的形式为

$$\begin{cases} a_{11}x_1+a_{12}x_2+\cdots+a_{1n}x_n=b_1, \\ a_{21}x_1+a_{22}x_2+\cdots+a_{2n}x_n=b_2, \\ \qquad\vdots \\ a_{n1}x_1+a_{n2}x_2+\cdots+a_{nn}x_n=b_n, \end{cases}$$

并设 $a_{ii}\neq 0(i=1,2,\cdots,n)$. 从第 i 个方程解出 x_i,得到如下同解的方程组

$$\begin{cases} x_1=(b_1-a_{12}x_2-a_{13}x_3-\cdots-a_{1n}x_n)/a_{11}, \\ x_2=(b_2-a_{21}x_1-a_{23}x_3-\cdots-a_{2n}x_n)/a_{22}, \\ \qquad\vdots \\ x_n=(b_n-a_{n1}x_1-a_{n2}x_2-\cdots-a_{n,n-1}x_{n-1})/a_{nn}, \end{cases}$$

从而建立相应迭代格式

$$\begin{cases} x_1^{(k+1)} = (b_1 - a_{12}x_2^{(k)} - a_{13}x_3^{(k)} - \cdots - a_{1n}x_n^{(k)})/a_{11}, \\ x_2^{(k+1)} = (b_2 - a_{21}x_1^{(k)} - a_{23}x_3^{(k)} - \cdots - a_{2n}x_n^{(k)})/a_{22}, \\ \quad\vdots \\ x_n^{(k+1)} = (b_n - a_{n1}x_1^{(k)} - a_{n2}x_2^{(k)} - \cdots - a_{n,n-1}x_{n-1}^{(k)})/a_{nn}. \end{cases} \tag{3.40}$$

称式(3.40)为 **Jacobi 迭代格式.**

例 3.11　用 Jacobi 迭代格式解方程组

$$\begin{bmatrix} 8 & -1 & 1 \\ 2 & 10 & -1 \\ 1 & 1 & -5 \end{bmatrix} \begin{bmatrix} x_1 \\ x_2 \\ x_3 \end{bmatrix} = \begin{bmatrix} 1 \\ 4 \\ 3 \end{bmatrix},$$

精确至 3 位有效数字.

解　Jacobi 迭代格式为

$$\begin{cases} x_1^{(k+1)} = (1 + x_2^{(k)} - x_3^{(k)})/8, \\ x_2^{(k+1)} = (4 - 2x_1^{(k)} + x_3^{(k)})/10, \\ x_3^{(k+1)} = (3 - x_1^{(k)} - x_2^{(k)})/(-5). \end{cases}$$

取初始迭代向量 $\boldsymbol{x}^{(0)} = (0,0,0)^{\mathrm{T}}$,各次迭代结果如下:

k	0	1	2	3	4	5	6
$x_1^{(k)}$	0.0000	0.1250	0.2500	0.2263	0.2235	0.2251	0.2250
$x_2^{(k)}$	0.0000	0.4000	0.3150	0.3005	0.3060	0.3058	0.3056
$x_3^{(k)}$	0.0000	−0.6000	−0.4950	−0.4870	−0.4946	−0.4941	−0.4938

于是得到满足精度要求的近似解

$$\boldsymbol{x}^* = (0.225, 0.306, -0.494)^{\mathrm{T}}.$$

记①

$$\boldsymbol{L} = \begin{bmatrix} 0 & & & & \\ a_{21} & 0 & & & \\ a_{31} & a_{32} & \ddots & & \\ \vdots & \vdots & \ddots & \ddots & \\ a_{n1} & a_{n2} & \cdots & a_{n,n-1} & 0 \end{bmatrix},$$

①本节中的记号 $\boldsymbol{L}$ 和 $\boldsymbol{U}$ 的含义与第 3.3 节不同.

$$\boldsymbol{D}=\begin{bmatrix} a_{11} & & & & \\ & a_{22} & & & \\ & & a_{33} & & \\ & & & \ddots & \\ & & & & a_{nn} \end{bmatrix},\quad \boldsymbol{U}=\begin{bmatrix} 0 & a_{12} & a_{13} & \cdots & a_{1n} \\ & 0 & a_{23} & \cdots & a_{2n} \\ & & \ddots & \ddots & \vdots \\ & & & 0 & a_{n-1,n} \\ & & & & 0 \end{bmatrix},$$

则

$$\boldsymbol{A}=\boldsymbol{L}+\boldsymbol{D}+\boldsymbol{U},$$

代入式(3.37),得

$$(\boldsymbol{L}+\boldsymbol{D}+\boldsymbol{U})\boldsymbol{x}=\boldsymbol{b},$$

即

$$\boldsymbol{D}\boldsymbol{x}=\boldsymbol{b}-(\boldsymbol{L}+\boldsymbol{U})\boldsymbol{x}.$$

因为 $a_{ii}\neq 0(i=1,2,\cdots,n)$,所以 $\boldsymbol{D}$ 非奇异,则由上式得

$$\boldsymbol{x}=\boldsymbol{D}^{-1}[\boldsymbol{b}-(\boldsymbol{L}+\boldsymbol{U})\boldsymbol{x}],$$

于是得到迭代格式

$$\boldsymbol{x}^{(k+1)}=\boldsymbol{D}^{-1}[\boldsymbol{b}-(\boldsymbol{L}+\boldsymbol{U})\boldsymbol{x}^{(k)}].$$

此式即为 Jacobi 迭代格式(3.40) 的矩阵表示形式. 令

$$\boldsymbol{x}^{(k+1)}=\boldsymbol{J}\boldsymbol{x}^{(k)}+\boldsymbol{f}_J,$$

其中

$$\boldsymbol{J}=-\boldsymbol{D}^{-1}(\boldsymbol{L}+\boldsymbol{U}),\quad \boldsymbol{f}_J=\boldsymbol{D}^{-1}\boldsymbol{b}.$$

称 $\boldsymbol{J}$ 为 Jacobi 迭代矩阵.

(2) Gauss-Seidel 迭代格式

仔细研究 Jacobi 迭代格式就会发现,在逐个求 $\boldsymbol{x}^{(k+1)}$ 的分量时,当计算到 $x_i^{(k+1)}$ 时,分量 $x_1^{(k+1)},x_2^{(k+1)},\cdots,x_{i-1}^{(k+1)}$ 都已求出,但却被束之高阁,而仍用旧分量 $x_1^{(k)}$,$x_2^{(k)},\cdots,x_{i-1}^{(k)}$ 进行计算. 直观上看,最新算出的分量可能比旧的分量要准确些. 因此可设想一旦新分量求出后马上就用它来替代旧分量,也就是在 Jacobi 迭代法中求 $x_i^{(k+1)}$ 时用 $x_1^{(k+1)},x_2^{(k+1)},\cdots,x_{i-1}^{(k+1)}$ 代替 $x_1^{(k)},x_2^{(k)},\cdots,x_{i-1}^{(k)}$. 这就是所谓的 **Gauss-Seidel 迭代法.**

Gauss-Seidel 迭代格式如下:

$$\begin{cases} x_1^{(k+1)}=(b_1-a_{12}x_2^{(k)}-a_{13}x_3^{(k)}-\cdots-a_{1n}x_n^{(k)})/a_{11}, \\ x_2^{(k+1)}=(b_2-a_{21}x_1^{(k+1)}-a_{23}x_3^{(k)}-\cdots-a_{2n}x_n^{(k)})/a_{22}, \\ \qquad\vdots \\ x_n^{(k+1)}=(b_n-a_{n1}x_1^{(k+1)}-a_{n2}x_2^{(k+1)}-\cdots-a_{n,n-1}x_{n-1}^{(k+1)})/a_{nn}, \end{cases}$$

它的矩阵表示形式为

$$\boldsymbol{x}^{(k+1)}=\boldsymbol{D}^{-1}(\boldsymbol{b}-\boldsymbol{L}\boldsymbol{x}^{(k+1)}-\boldsymbol{U}\boldsymbol{x}^{(k)}).$$

为将 $\boldsymbol{x}^{(k+1)}$ 显式化，由

$$(\boldsymbol{D}+\boldsymbol{L})\boldsymbol{x}^{(k+1)}=\boldsymbol{b}-\boldsymbol{U}\boldsymbol{x}^{(k)},$$

得

$$\boldsymbol{x}^{(k+1)}=\boldsymbol{G}\boldsymbol{x}^{(k)}+\boldsymbol{f}_G,$$

其中

$$\boldsymbol{G}=-(\boldsymbol{D}+\boldsymbol{L})^{-1}\boldsymbol{U},\quad \boldsymbol{f}_G=(\boldsymbol{D}+\boldsymbol{L})^{-1}\boldsymbol{b}.$$

称 $\boldsymbol{G}$ 为 **Gauss-Seidel 迭代矩阵.**

例 3.12　用 Gauss-Seidel 迭代格式解方程组

$$\begin{bmatrix}8 & -1 & 1\\ 2 & 10 & -1\\ 1 & 1 & -5\end{bmatrix}\begin{bmatrix}x_1\\ x_2\\ x_3\end{bmatrix}=\begin{bmatrix}1\\ 4\\ 3\end{bmatrix},$$

精确至 3 位有效数字.

解　Gauss-Seidel 迭代格式如下：

$$\begin{cases}x_1^{(k+1)}=(1+x_2^{(k)}-x_3^{(k)})/8,\\ x_2^{(k+1)}=(4-2x_1^{(k+1)}+x_3^{(k)})/10,\\ x_3^{(k+1)}=(3-x_1^{(k+1)}-x_2^{(k+1)})/(-5).\end{cases}$$

取初始近似解 $\boldsymbol{x}^{(0)}=(0,0,0)^{\mathrm{T}}$，各次迭代结果如下：

k	0	1	2	3	4
$x_1^{(k)}$	0.0000	0.1250	0.2344	0.2245	0.2250
$x_2^{(k)}$	0.0000	0.3750	0.3031	0.3059	0.3056
$x_3^{(k)}$	0.0000	−0.5000	−0.4925	−0.4939	−0.4936

于是得到满足精度要求的近似解 $\boldsymbol{x}^*=(0.225,0.306,-0.494)^{\mathrm{T}}$.

(3) 逐次超松弛法(SOR 方法)

逐次超松弛法可以看成是 Gauss-Seidel 迭代法的加速，而 Gauss-Seidel 迭代法是逐次超松弛法的特例. 逐次超松弛迭代格式如下：

$$\begin{cases}x_1^{(k+1)}=(1-\omega)x_1^{(k)}+\omega(b_1-a_{12}x_2^{(k)}-a_{13}a_3^{(k)}-\cdots-a_{1n}x_n^{(k)})/a_{11},\\ x_2^{(k+1)}=(1-\omega)x_2^{(k)}+\omega(b_2-a_{21}x_1^{(k+1)}-a_{23}x_3^{(k)}-\cdots-a_{2n}x_n^{(k)})/a_{22},\\ \qquad\vdots\\ x_n^{(k+1)}=(1-\omega)x_n^{(k)}+\omega(b_n-a_{n1}x_1^{(k+1)}-a_{n2}x_2^{(k+1)}-\cdots-a_{n,n-1}x_{n-1}^{(k+1)})/a_{nn},\end{cases}\tag{3.41}$$

其中 ω 称为松弛因子. 当 $\omega > 1$ 时,称式(3.41) 为超松弛迭代格式;当 $\omega < 1$ 时,称式(3.41) 为低松弛迭代格式;当 $\omega = 1$ 时,就是 Gauss-Seidel 迭代格式.

式(3.41) 可解释为第$(k+1)$次迭代近似解的各分量依次为用Gauss-Seidel迭代法求得的第$(k+1)$次迭代近似值和第 k 次迭代近似值的加权平均值. 适当选取 ω,可使 SOR 方法比 Gauss-Seidel 迭代法收敛得更快.

式(3.41) 写成矩阵形式如下:

$$\boldsymbol{x}^{(k+1)} = (1-\omega)\boldsymbol{x}^{(k)} + \omega\boldsymbol{D}^{-1}(\boldsymbol{b} - \boldsymbol{L}\boldsymbol{x}^{(k+1)} - \boldsymbol{U}\boldsymbol{x}^{(k)}),$$

两边左乘 $\boldsymbol{D}$,得

$$\boldsymbol{D}\boldsymbol{x}^{(k+1)} = (1-\omega)\boldsymbol{D}\boldsymbol{x}^{(k)} + \omega(\boldsymbol{b} - \boldsymbol{L}\boldsymbol{x}^{(k+1)} - \boldsymbol{U}\boldsymbol{x}^{(k)}),$$

移项得

$$(\boldsymbol{D} + \omega\boldsymbol{L})\boldsymbol{x}^{(k+1)} = [(1-\omega)\boldsymbol{D} - \omega\boldsymbol{U}]\boldsymbol{x}^{(k)} + \omega\boldsymbol{b},$$

再将上式两边左乘$(\boldsymbol{D} + \omega\boldsymbol{L})^{-1}$,得

$$\boldsymbol{x}^{(k+1)} = \boldsymbol{S}_{\omega}\boldsymbol{x}^{(k)} + \boldsymbol{f}_{\omega},$$

其中

$$\boldsymbol{S}_{\omega} = (\boldsymbol{D} + \omega\boldsymbol{L})^{-1}[(1-\omega)\boldsymbol{D} - \omega\boldsymbol{U}], \quad \boldsymbol{f}_{\omega} = \omega(\boldsymbol{D} + \omega\boldsymbol{L})^{-1}\boldsymbol{b}.$$

3.5.3 迭代格式的收敛性

(1) 迭代法收敛基本定理

定理 3.12 迭代格式(3.39) 收敛的充分必要条件为 $\rho(\boldsymbol{B}) < 1$.

证明 **(必要性)** 设由迭代格式(3.39) 产生的向量序列$\{\boldsymbol{x}^{(k)}\}$收敛于 $\boldsymbol{x}^*$,则在式(3.39) 的两边令 $k \to \infty$,有

$$\boldsymbol{x}^* = \boldsymbol{B}\boldsymbol{x}^* + \boldsymbol{f}.$$

记 $\boldsymbol{\varepsilon}^{(k)} = \boldsymbol{x}^* - \boldsymbol{x}^{(k)}$,则

$$\begin{aligned}\boldsymbol{\varepsilon}^{(k)} &= \boldsymbol{x}^* - \boldsymbol{x}^{(k)} = (\boldsymbol{B}\boldsymbol{x}^* + \boldsymbol{f}) - (\boldsymbol{B}\boldsymbol{x}^{(k-1)} + \boldsymbol{f}) \\ &= \boldsymbol{B}(\boldsymbol{x}^* - \boldsymbol{x}^{(k-1)}), \quad k = 0,1,2,\cdots,\end{aligned}$$

递推得

$$\boldsymbol{\varepsilon}^{(k)} = \boldsymbol{B}\boldsymbol{\varepsilon}^{(k-1)} = \cdots = \boldsymbol{B}^k\boldsymbol{\varepsilon}^{(0)}, \quad k = 0,1,2,\cdots.$$

由于 $\boldsymbol{x}^{(0)}$ 是任意的,因而 $\boldsymbol{\varepsilon}^{(0)}$ 也是任意的,故若$\lim\limits_{k\to\infty}\boldsymbol{B}^k\boldsymbol{\varepsilon}^{(0)} = \boldsymbol{0}$,必有$\lim\limits_{k\to\infty}\boldsymbol{B}^k = \boldsymbol{O}$. 由定理 3.10 可得 $\rho(\boldsymbol{B}) < 1$.

(充分性) 设 $\rho(\boldsymbol{B}) < 1$,则 1 不是 $\boldsymbol{B}$ 的特征值,因而 $|\boldsymbol{I} - \boldsymbol{B}| \neq 0$,$(\boldsymbol{I} - \boldsymbol{B})\boldsymbol{x} = \boldsymbol{f}$

有唯一解 $\boldsymbol{x}^*$，即

$$\boldsymbol{x}^* = \boldsymbol{B}\boldsymbol{x}^* + \boldsymbol{f}.$$

于是

$$\begin{aligned}\boldsymbol{\varepsilon}^{(k)} &= \boldsymbol{x}^* - \boldsymbol{x}^{(k)} = (\boldsymbol{B}\boldsymbol{x}^* + \boldsymbol{f}) - (\boldsymbol{B}\boldsymbol{x}^{(k-1)} + \boldsymbol{f}) \\ &= \boldsymbol{B}(\boldsymbol{x}^* - \boldsymbol{x}^{(k-1)}) = \boldsymbol{B}\boldsymbol{\varepsilon}^{(k-1)}, \quad k = 0,1,2,\cdots,\end{aligned}$$

递推得

$$\boldsymbol{\varepsilon}^{(k)} = \boldsymbol{B}^k\boldsymbol{\varepsilon}^{(0)}, \quad k = 0,1,2,\cdots.$$

由定理 3.10 可知 $\lim\limits_{k\to\infty}\boldsymbol{B}^k = \boldsymbol{O}$，所以 $\lim\limits_{k\to\infty}\boldsymbol{\varepsilon}^{(k)} = \boldsymbol{0}$，即 $\lim\limits_{k\to\infty}\boldsymbol{x}^{(k)} = \boldsymbol{x}^*$.

定理证毕.

由定理 3.8 知 $\rho(\boldsymbol{B}) \leqslant \|\boldsymbol{B}\|$，则当 $\|\boldsymbol{B}\| < 1$ 时有 $\rho(\boldsymbol{B}) < 1$，于是得到下面的定理：

定理 3.13　若 $\|\boldsymbol{B}\| < 1$，则迭代格式(3.39)是收敛的.

仿照定理 2.1 的证明可得：如果 $\|\boldsymbol{B}\| < 1$，则有

$$\|\boldsymbol{x}^* - \boldsymbol{x}^{(k)}\| \leqslant \frac{\|\boldsymbol{B}\|}{1 - \|\boldsymbol{B}\|}\|\boldsymbol{x}^{(k)} - \boldsymbol{x}^{(k-1)}\|, \quad k = 1,2,3,\cdots,$$

$$\|\boldsymbol{x}^* - \boldsymbol{x}^{(k)}\| \leqslant \frac{\|\boldsymbol{B}\|^k}{1 - \|\boldsymbol{B}\|}\|\boldsymbol{x}^{(1)} - \boldsymbol{x}^{(0)}\|, \quad k = 1,2,3,\cdots,$$

$$\|\boldsymbol{x}^* - \boldsymbol{x}^{(k+1)}\| \leqslant \|\boldsymbol{B}\|\,\|\boldsymbol{x}^* - \boldsymbol{x}^{(k)}\|, \quad k = 0,1,2,\cdots.$$

(2) **Jacobi 迭代格式的收敛性**

Jacobi 迭代矩阵

$$\boldsymbol{J} = -\boldsymbol{D}^{-1}(\boldsymbol{L} + \boldsymbol{U})$$

的特征方程为 $|\lambda\boldsymbol{I} - \boldsymbol{J}| = 0$，即

$$|\lambda\boldsymbol{I} + \boldsymbol{D}^{-1}(\boldsymbol{L} + \boldsymbol{U})| = 0.$$

上式可写为

$$|\boldsymbol{D}^{-1}|\,|\lambda\boldsymbol{D} + \boldsymbol{L} + \boldsymbol{U}| = 0,$$

由于 $|\boldsymbol{D}^{-1}| \neq 0$，所以

$$|\lambda\boldsymbol{D} + \boldsymbol{L} + \boldsymbol{U}| = 0. \tag{3.42}$$

注意到 $\boldsymbol{A} = \boldsymbol{D} + \boldsymbol{L} + \boldsymbol{U}$，所以将系数矩阵 $\boldsymbol{A}$ 的对角线元素同乘以 λ 后取行列式，再令所得行列式等于 0，即得 Jacobi 迭代矩阵 $\boldsymbol{J}$ 的特征方程(3.42).

由定理 3.12 知 Jacobi 迭代格式收敛的充分必要条件为 $\rho(\boldsymbol{J}) < 1$，即式(3.42)

的根的模均小于 1.

例 3.13 讨论用 Jacobi 迭代格式解方程组

$$\begin{bmatrix} 8 & -1 & 1 \\ 2 & 10 & -1 \\ 1 & 1 & -5 \end{bmatrix} \begin{bmatrix} x_1 \\ x_2 \\ x_3 \end{bmatrix} = \begin{bmatrix} 1 \\ 4 \\ 3 \end{bmatrix}$$

的收敛性.

解 Jacobi 迭代矩阵 $\boldsymbol{J}$ 的特征方程为

$$\begin{vmatrix} 8\lambda & -1 & 1 \\ 2 & 10\lambda & -1 \\ 1 & 1 & -5\lambda \end{vmatrix} = 0,$$

展开得

$$400\lambda^3 + 12\lambda - 3 = 0.$$

用 Newton 法求出该方程的唯一实根 $\lambda_1 = 0.146084$. 记另两根为 λ_2, λ_3, 则 $\lambda_3 = \bar{\lambda}_2$, 又由韦达定理知 $\lambda_1\lambda_2\lambda_3 = \dfrac{3}{400}$, 因而

$$|\lambda_2| = |\lambda_3| = \sqrt{\frac{3}{400\lambda_1}} = 0.226584.$$

因为

$$\rho(\boldsymbol{J}) = \max\{|\lambda_1|, |\lambda_2|, |\lambda_3|\} = 0.226584 < 1,$$

所以 Jacobi 迭代格式是收敛的.

引理 3.1 设 $\boldsymbol{A}$ 是严格对角占优的,则 $|\boldsymbol{A}| \neq 0$.

证明 1° 设 $\boldsymbol{A}$ 是按行严格对角占优的. 用反证法,如果 $|\boldsymbol{A}| = 0$,则齐次方程组 $\boldsymbol{Ax} = \boldsymbol{0}$ 有非零解 $\boldsymbol{x}^* = (x_1^*, x_2^*, \cdots, x_n^*)^{\mathrm{T}}$. 设 $\|\boldsymbol{x}^*\|_\infty = |x_k^*| \neq 0$,由第 k 个方程

$$a_{kk}x_k^* + \sum_{\substack{j=1 \\ j\neq k}}^{n} a_{kj}x_j^* = 0$$

可得

$$|a_{kk}||x_k^*| = \left|-\sum_{\substack{j=1 \\ j\neq k}}^{n} a_{kj}x_j^*\right| \leqslant \sum_{\substack{j=1 \\ j\neq k}}^{n} |a_{kj}||x_j^*|$$

$$\leqslant \sum_{\substack{j=1 \\ j\neq k}}^{n} |a_{kj}||x_k^*|,$$

两边约去 $|x_k^*|$,得

$$|a_{kk}| \leqslant \sum_{\substack{j=1 \\ j \neq k}}^{n} |a_{kj}|,$$

与按行严格对角占优矛盾. 因而 $|\boldsymbol{A}| \neq 0$.

2° 若矩阵 $\boldsymbol{A}$ 是按列严格对角占优,则 $\boldsymbol{B} = \boldsymbol{A}^{\mathrm{T}}$ 是按行严格对角占优. 由 1° 可得 $|\boldsymbol{B}| \neq 0$,因而

$$|\boldsymbol{A}| = |\boldsymbol{A}^{\mathrm{T}}| = |\boldsymbol{B}| \neq 0.$$

引理证毕.

定理 3.14　给定线性方程组 $\boldsymbol{Ax} = \boldsymbol{b}$,如果 $\boldsymbol{A}$ 是严格对角占优矩阵,则 Jacobi 迭代格式收敛.

证明　记

$$\boldsymbol{B}(\lambda) = \begin{bmatrix} \lambda a_{11} & a_{12} & \cdots & a_{1n} \\ a_{21} & \lambda a_{22} & \cdots & a_{2n} \\ \vdots & \vdots & & \vdots \\ a_{n1} & a_{n2} & \cdots & \lambda a_{nn} \end{bmatrix},$$

则 Jacobi 迭代矩阵 $\boldsymbol{J}$ 的特征方程为 $|\boldsymbol{B}(\lambda)| = 0$.

设 $\boldsymbol{A}$ 是按行严格对角占优,则当 $|\lambda| \geqslant 1$ 时,有

$$|\lambda a_{ii}| \geqslant |a_{ii}| > \sum_{\substack{j=1 \\ j \neq i}}^{n} |a_{ij}|, \quad i = 1,2,\cdots,n,$$

因此 $\boldsymbol{B}(\lambda)$ 也是严格按行对角占优的. 由引理 3.1 可知 $|\boldsymbol{B}(\lambda)| \neq 0$,即当 $|\lambda| \geqslant 1$ 时 $|\boldsymbol{B}(\lambda)| \neq 0$. 因此,特征方程 $|\boldsymbol{B}(\lambda)| = 0$ 的 n 个根 $\lambda_1, \lambda_2, \cdots, \lambda_n$ 都应该满足 $|\lambda_i| < 1, i = 1,2,\cdots,n$. 于是 $\rho(\boldsymbol{J}) < 1$.

同样可证明:若 $\boldsymbol{A}$ 是按列严格对角占优,也有 $\rho(\boldsymbol{J}) < 1$.

因而 Jacobi 迭代格式收敛. 定理证毕.

(3) **Gauss-Seidel 迭代格式的收敛性**

Gauss-Seidel 迭代矩阵

$$\boldsymbol{G} = -(\boldsymbol{D} + \boldsymbol{L})^{-1}\boldsymbol{U}$$

的特征方程为 $|\lambda \boldsymbol{I} - \boldsymbol{G}| = 0$,即

$$|\lambda \boldsymbol{I} + (\boldsymbol{D} + \boldsymbol{L})^{-1}\boldsymbol{U}| = 0.$$

上式可写为

$$|(\boldsymbol{D} + \boldsymbol{L})^{-1}| \, |\lambda(\boldsymbol{D} + \boldsymbol{L}) + \boldsymbol{U}| = 0,$$

由于 $|(\boldsymbol{D}+\boldsymbol{L})^{-1}|\neq 0$,所以

$$|\lambda(\boldsymbol{D}+\boldsymbol{L})+\boldsymbol{U}|=0. \tag{3.43}$$

注意到 $\boldsymbol{A}=\boldsymbol{D}+\boldsymbol{L}+\boldsymbol{U}$,所以将系数矩阵 $\boldsymbol{A}$ 的对角线及以下的元素同乘以 λ 后取行列式,再令所得行列式等于 0,即得 Gauss-Seidel 迭代矩阵 $\boldsymbol{G}$ 的特征方程 (3.43).

由定理 3.12 知 Gauss-Seidel 迭代格式收敛的充分必要条件为 $\rho(\boldsymbol{G})<1$,也就是式(3.43) 的根的模均小于 1.

例 3.14 讨论用 Gauss-Seidel 迭代格式解方程组

$$\begin{bmatrix} 8 & -1 & 1 \\ 2 & 10 & -1 \\ 1 & 1 & -5 \end{bmatrix}\begin{bmatrix} x_1 \\ x_2 \\ x_3 \end{bmatrix}=\begin{bmatrix} 1 \\ 4 \\ 3 \end{bmatrix}$$

的收敛性.

解 Gauss-Seidel 迭代矩阵 $\boldsymbol{G}$ 的特征方程为

$$\begin{vmatrix} 8\lambda & -1 & 1 \\ 2\lambda & 10\lambda & -1 \\ \lambda & \lambda & -5\lambda \end{vmatrix}=0,$$

展开得 $\lambda(400\lambda^2+10\lambda-1)=0$,解得

$$\lambda_1=0,\quad \lambda_2=\frac{-1+\sqrt{17}}{80},\quad \lambda_3=\frac{-1-\sqrt{17}}{80}.$$

因为

$$\rho(\boldsymbol{G})=\max\{|\lambda_1|,|\lambda_2|,|\lambda_3|\}=\frac{1+\sqrt{17}}{80}=0.0640388<1,$$

所以 Gauss-Seidel 迭代格式是收敛的.

定理 3.15 给定线性方程组 $\boldsymbol{Ax}=\boldsymbol{b}$,如果系数矩阵 $\boldsymbol{A}$ 是严格对角占优矩阵,则 Gauss-Seidel 迭代格式是收敛的.

证明 记

$$\boldsymbol{C}(\lambda)=\begin{bmatrix} \lambda a_{11} & a_{12} & \cdots & a_{1n} \\ \lambda a_{21} & \lambda a_{22} & \cdots & a_{2n} \\ \vdots & \vdots & & \vdots \\ \lambda a_{n1} & \lambda a_{n2} & \cdots & \lambda a_{nn} \end{bmatrix},$$

则 Gauss-Seidel 迭代矩阵 $\boldsymbol{G}$ 的特征方程为 $|\boldsymbol{C}(\lambda)|=0$.

设 $\boldsymbol{A}$ 是按行严格对角占优的. 当 $|\lambda|\geqslant 1$ 时,有

$$|\lambda a_{ii}| = |\lambda||a_{ii}| > |\lambda| \sum_{\substack{j=1 \\ j\neq i}}^{n} |a_{ij}|$$
$$\geqslant |\lambda| \sum_{j=1}^{i-1} |a_{ij}| + \sum_{j=i+1}^{n} |a_{ij}|, \quad i = 1,2,\cdots,n,$$

因此 $\boldsymbol{C}(\lambda)$ 也是按行严格对角占优的. 由引理 3.1 可知 $|\boldsymbol{C}(\lambda)| \neq 0$,即当 $|\lambda| \geqslant 1$ 时 $|\boldsymbol{C}(\lambda)| \neq 0$. 因此,特征方程 $|\boldsymbol{C}(\lambda)| = 0$ 的 n 个根 $\lambda_1,\lambda_2,\cdots,\lambda_n$ 都应该满足 $|\lambda_i| < 1, i = 1,2,\cdots,n$. 于是 $\rho(\boldsymbol{G}) < 1$.

类似可证明:若 $\boldsymbol{A}$ 按列严格对角占优,也有 $\rho(\boldsymbol{G}) < 1$.

因而 Gauss-Seidel 迭代格式收敛. 定理证毕.

(4) **SOR 迭代格式的收敛性**

SOR 方法迭代矩阵为

$$\boldsymbol{S}_\omega = (\boldsymbol{D} + \omega \boldsymbol{L})^{-1}[(1-\omega)\boldsymbol{D} - \omega \boldsymbol{U}].$$

显然 SOR 方法收敛的充分必要条件是 $\rho(\boldsymbol{S}_\omega) < 1$.

关于 ω 的选择,有下面的定理:

定理 3.16　SOR 方法收敛的必要条件是 $0 < \omega < 2$.

证明　设 $\boldsymbol{S}_\omega$ 的特征值为 $\lambda_1,\lambda_2,\cdots,\lambda_n$,则

$$|\det(\boldsymbol{S}_\omega)| = |\lambda_1\lambda_2\cdots\lambda_n| \leqslant [\rho(\boldsymbol{S}_\omega)]^n.$$

又 SOR 方法收敛的充要条件是 $\rho(\boldsymbol{S}_\omega) < 1$,因而

$$|\det(\boldsymbol{S}_\omega)| < 1.$$

注意到

$$\det(\boldsymbol{S}_\omega) = \det((\boldsymbol{D}+\omega\boldsymbol{L})^{-1}) \cdot \det((1-\omega)\boldsymbol{D} - \omega\boldsymbol{U})$$
$$= \left(\prod_{i=1}^{n} a_{ii}\right)^{-1} \cdot \prod_{i=1}^{n} [(1-\omega)a_{ii}] = (1-\omega)^n,$$

可得 $|(1-\omega)^n| < 1$,即 $0 < \omega < 2$. 定理证毕.

上述定理表明:若要 SOR 方法收敛,必须 $\omega \in (0,2)$. 然而,当 $\omega \in (0,2)$ 时,SOR 方法并不是对任意类型的系数矩阵都收敛的. 目前人们已对许多类系数矩阵研究过 SOR 方法的收敛问题,下面给出一个极其重要的结果.

定理 3.17　给定线性方程组 $\boldsymbol{Ax} = \boldsymbol{b}$,如果 $\boldsymbol{A}$ 是对称正定矩阵,且 $\omega \in (0,2)$,则 SOR 方法收敛.

证明　在定理的假设下,若能证明 $\boldsymbol{S}_\omega$ 的任一特征值 λ 满足 $|\lambda| < 1$,则定理得证.

设 λ 是 $\boldsymbol{S}_\omega$ 的按模最大的特征值,$\boldsymbol{y}$ 是相应的特征向量,即有

$$(\boldsymbol{D}+\omega\boldsymbol{L})^{-1}[(1-\omega)\boldsymbol{D} - \omega\boldsymbol{U}]\boldsymbol{y} = \lambda \boldsymbol{y},$$

也就是

$$[(1-\omega)\boldsymbol{D}-\omega\boldsymbol{U}]\boldsymbol{y}=\lambda(\boldsymbol{D}+\omega\boldsymbol{L})\boldsymbol{y}.$$

注意到即使 $\boldsymbol{A}$ 是对称正定的,$\boldsymbol{S}_\omega$ 的特征值及相应的特征向量也可能是复的. 为了找出 λ 的表达式,用 $\boldsymbol{y}^{\mathrm{H}}$($\boldsymbol{y}^{\mathrm{H}}$ 表示 $\boldsymbol{y}$ 的共轭转置向量) 左乘上式两端,得到

$$(1-\omega)\boldsymbol{y}^{\mathrm{H}}\boldsymbol{D}\boldsymbol{y}-\omega\boldsymbol{y}^{\mathrm{H}}\boldsymbol{U}\boldsymbol{y}=\lambda(\boldsymbol{y}^{\mathrm{H}}\boldsymbol{D}\boldsymbol{y}+\omega\boldsymbol{y}^{\mathrm{H}}\boldsymbol{L}\boldsymbol{y}). \tag{3.44}$$

记

$$\boldsymbol{y}^{\mathrm{H}}\boldsymbol{D}\boldsymbol{y}=d,\quad \boldsymbol{y}^{\mathrm{H}}\boldsymbol{L}\boldsymbol{y}=\alpha+\mathrm{i}\beta.$$

由 $\boldsymbol{A}$ 是对称正定矩阵可知

$$\begin{aligned}\boldsymbol{L}^{\mathrm{H}}&=\boldsymbol{U},\\ \boldsymbol{y}^{\mathrm{H}}\boldsymbol{U}\boldsymbol{y}&=\boldsymbol{y}^{\mathrm{H}}\boldsymbol{L}^{\mathrm{H}}\boldsymbol{y}=(\boldsymbol{y}^{\mathrm{H}}\boldsymbol{L}\boldsymbol{y})^{\mathrm{H}}=\alpha-\mathrm{i}\beta,\\ \boldsymbol{y}^{\mathrm{H}}\boldsymbol{D}\boldsymbol{y}&=d>0,\end{aligned} \tag{3.45}$$

$$\begin{aligned}\boldsymbol{y}^{\mathrm{H}}\boldsymbol{A}\boldsymbol{y}&=\boldsymbol{y}^{\mathrm{H}}(\boldsymbol{D}+\boldsymbol{L}+\boldsymbol{U})\boldsymbol{y}=\boldsymbol{y}^{\mathrm{H}}\boldsymbol{D}\boldsymbol{y}+\boldsymbol{y}^{\mathrm{H}}\boldsymbol{L}\boldsymbol{y}+\boldsymbol{y}^{\mathrm{H}}\boldsymbol{U}\boldsymbol{y}\\ &=d+2\alpha>0.\end{aligned} \tag{3.46}$$

于是由式(3.44) 可得

$$\lambda=\frac{(1-\omega)d-\omega(\alpha-\mathrm{i}\beta)}{d+\omega(\alpha+\mathrm{i}\beta)},$$

从而

$$|\lambda|^2=\frac{[(1-\omega)d-\omega\alpha]^2+(\omega\beta)^2}{(d+\omega\alpha)^2+(\omega\beta)^2}.$$

当 $\omega\in(0,2)$ 时,利用式(3.45) 和式(3.46),有

$$[(1-\omega)d-\omega\alpha]^2-(d+\omega\alpha)^2=-\omega(2-\omega)d(d+2\alpha)<0,$$

因而 $|\lambda|^2<1$,即

$$|\lambda|<1.$$

故 SOR 方法收敛. 定理证毕.

当 SOR 方法收敛时,人们通常希望选择一个最佳的值 ω_{opt} 使 SOR 方法收敛速度最快. 然而遗憾的是,目前尚无确定最佳松弛因子 ω_{opt} 的一般理论结果. Young 在 1950 年给出了系数矩阵 $\boldsymbol{A}$ 为对称正定的三对角矩阵时的最佳松弛因子公式

$$\omega_{\mathrm{opt}}=\frac{2}{1+\sqrt{1-\rho^2(\boldsymbol{J})}},$$

其中 $\rho(\boldsymbol{J})$ 是 Jacobi 迭代矩阵的谱半径. 但是计算 $\rho(\boldsymbol{J})$ 也很困难,因此在实际使用

时大都由计算经验或通过试算来确定 ω_{opt} 的近似值. 所谓试算法，就是从同一初始向量出发，取不同的松弛因子 ω 并迭代相同次数 k(注意迭代次数不宜太少)，然后比较余量 $\boldsymbol{r}=\boldsymbol{b}-\boldsymbol{A}\boldsymbol{x}^{(k)}$(或 $\boldsymbol{x}^{(k)}-\boldsymbol{x}^{(k-1)}$)，最后选取使其范数最小的松弛因子作为最佳松弛因子 ω_{opt} 的近似值. 实践证明此方法虽然简单，但往往是行之有效的.

关于线性方程组的求解还有共轭斜量法等，有兴趣的读者可参阅文献[2] 和[3].

3.6　幂法及反幂法

幂法及反幂法也是一种迭代法. 幂法用于计算实矩阵按模最大的特征值(称为主特征值或强特征值) 及对应的特征向量；当零不是特征值时，可用反幂法求按模最小的特征值及对应的特征向量. 幂法的最大优点是方法简单，对大型稀疏矩阵较为合适.

3.6.1　求主特征值的幂法

设 n 阶矩阵 $\boldsymbol{A}=(a_{ij})_{n\times n}$ 有 n 个线性无关的特征向量 $\boldsymbol{x}_1,\boldsymbol{x}_2,\cdots,\boldsymbol{x}_n$，它们所对应的特征值为 $\lambda_j(j=1,2,\cdots,n)$，并按模的大小排列，即

$$|\lambda_1|\geqslant|\lambda_2|\geqslant\cdots\geqslant|\lambda_n|,$$

其中 λ_1 称为主特征值.

幂法的基本思想是任取初始非零向量 $\boldsymbol{v}_0$，由矩阵 $\boldsymbol{A}$ 构造迭代格式

$$\boldsymbol{v}_k=\boldsymbol{A}\boldsymbol{v}_{k-1},\quad k=1,2,\cdots,$$

于是得迭代(向量) 序列 $\{\boldsymbol{v}_k\}$ 如下：

$$\begin{cases}\boldsymbol{v}_1=\boldsymbol{A}\boldsymbol{v}_0,\\ \boldsymbol{v}_2=\boldsymbol{A}\boldsymbol{v}_1=\boldsymbol{A}^2\boldsymbol{v}_0,\\ \quad\vdots\\ \boldsymbol{v}_k=\boldsymbol{A}\boldsymbol{v}_{k-1}=\cdots=\boldsymbol{A}^k\boldsymbol{v}_0.\end{cases}\tag{3.47}$$

假设矩阵 $\boldsymbol{A}$ 有 n 个线性无关的特征向量 $\boldsymbol{x}_k(k=1,2,\cdots,n)$，则给定的初始向量 $\boldsymbol{v}_0$ 可以用这组特征向量线性表示，即

$$\boldsymbol{v}_0=\alpha_1\boldsymbol{x}_1+\alpha_2\boldsymbol{x}_2+\cdots+\alpha_n\boldsymbol{x}_n=\sum_{i=1}^{n}\alpha_i\boldsymbol{x}_i.$$

设 $\alpha_1\neq 0$. 把 $\boldsymbol{v}_0$ 代入式(3.47) 中第一个式子，得

$$\begin{aligned}\boldsymbol{v}_1&=\boldsymbol{A}\boldsymbol{v}_0=\boldsymbol{A}(\alpha_1\boldsymbol{x}_1+\alpha_2\boldsymbol{x}_2+\cdots+\alpha_n\boldsymbol{x}_n)\\&=\alpha_1\lambda_1\boldsymbol{x}_1+\alpha_2\lambda_2\boldsymbol{x}_2+\cdots+\alpha_n\lambda_n\boldsymbol{x}_n\\&=\sum_{i=1}^{n}\alpha_i\lambda_i\boldsymbol{x}_i.\end{aligned}$$

同理可得

$$\begin{aligned} \boldsymbol{v}_k &= \boldsymbol{A}\boldsymbol{v}_{k-1} = \alpha_1\lambda_1^k\boldsymbol{x}_1 + \alpha_2\lambda_2^k\boldsymbol{x}_2 + \cdots + \alpha_n\lambda_n^k\boldsymbol{x}_n \\ &= \sum_{i=1}^{n}\alpha_i\lambda_i^k\boldsymbol{x}_i, \quad k = 1,2,\cdots. \end{aligned} \tag{3.48}$$

对于上述迭代格式,下面分两种情况讨论.

(1) 主特征值满足 $|\lambda_1| > |\lambda_2| \geqslant \cdots \geqslant |\lambda_n|$

把式(3.48)改写成如下形式:

$$\boldsymbol{v}_k = \lambda_1^k\left[\alpha_1\boldsymbol{x}_1 + \alpha_2\left(\frac{\lambda_2}{\lambda_1}\right)^k\boldsymbol{x}_2 + \cdots + \alpha_n\left(\frac{\lambda_n}{\lambda_1}\right)^k\boldsymbol{x}_n\right],$$

同理有

$$\boldsymbol{v}_{k+1} = \lambda_1^{k+1}\left[\alpha_1\boldsymbol{x}_1 + \alpha_2\left(\frac{\lambda_2}{\lambda_1}\right)^{k+1}\boldsymbol{x}_2 + \cdots + \alpha_n\left(\frac{\lambda_n}{\lambda_1}\right)^{k+1}\boldsymbol{x}_n\right].$$

因为

$$|\lambda_1| > |\lambda_i|, \quad i = 2,3,\cdots,n,$$

所以

$$\lim_{k\to\infty}\left(\frac{\lambda_i}{\lambda_1}\right)^k = 0, \quad i = 2,3,\cdots,n,$$

从而可得

$$\boldsymbol{v}_k \approx \alpha_1\lambda_1^k\boldsymbol{x}_1, \tag{3.49}$$

及

$$\boldsymbol{v}_{k+1} \approx \alpha_1\lambda_1^{k+1}\boldsymbol{x}_1 \approx \lambda_1\boldsymbol{v}_k. \tag{3.50}$$

式(3.49)说明迭代向量 $\boldsymbol{v}_k$ 为特征值 λ_1 对应特征向量的近似向量. 式(3.50)表示向量 $\boldsymbol{v}_{k+1}$ 和向量 $\boldsymbol{v}_k$ 近似线性相关,而比例系数即为所求的主特征值 λ_1. 具体计算 λ_1 时,可以取

$$\lim_{k\to\infty}\frac{(\boldsymbol{v}_{k+1})_i}{(\boldsymbol{v}_k)_i} = \lambda_1,$$

其中 $(\boldsymbol{v}_k)_i$ 表示向量 $\boldsymbol{v}_k$ 的第 i 个分量;或者利用式(3.50)中 n 个方程,用最小二乘法求得 λ_1.

用上述方法求得主特征值 λ_1 及对应的特征向量 $\boldsymbol{x}_1$,主要的运算是矩阵 $\boldsymbol{A}$ 的乘幂 $\boldsymbol{A}^k$ 与所取初始向量 $\boldsymbol{v}_0$ 的乘积,即 $\boldsymbol{A}^k\boldsymbol{v}_0$,因此称为**乘幂法**,简称**幂法**.

利用幂法计算时，由于反复地把矩阵 $\boldsymbol{A}$ 与向量 $\boldsymbol{A}^{k-1}\boldsymbol{v}_0$ 相乘，有可能使 $\boldsymbol{v}_k$ 中某些分量的绝对值过大（趋于 ∞）或过小（趋于 0），在计算机上运算时产生“溢出”或“机器零”的情况. 为了克服这个缺点，通常采用迭代向量“归一化”的方法，把迭代向量 $\boldsymbol{v}_k$ 中绝对值最大的一个分量化为 1，即将迭代序列的计算公式修正为

$$\begin{cases} \boldsymbol{u}_0 = \boldsymbol{v}_0, \\ \boldsymbol{v}_k = \boldsymbol{A}\boldsymbol{u}_{k-1}, \\ m_k = \max(\boldsymbol{v}_k), \\ \boldsymbol{u}_k = \boldsymbol{v}_k / m_k, \end{cases} \tag{3.51}$$

其中 $m_k = \max(\boldsymbol{v}_k)$ 表示 $\boldsymbol{v}_k$ 中（首次出现的）绝对值最大的一个分量. 例如，若向量 $\boldsymbol{v}_k = (3, -7, 7)^{\mathrm{T}}$，则 $\max(\boldsymbol{v}_k) = m_k = -7$，这样归一化所得向量为

$$\boldsymbol{u}_k = \left(-\frac{3}{7}, 1, -1\right)^{\mathrm{T}}.$$

定理 3.18 设 $|\lambda_1| > |\lambda_2| \geqslant \cdots \geqslant |\lambda_n|$，则由式(3.51)所得到的序列 $\{\boldsymbol{u}_k\}$ 及 $\{m_k\}$ 分别有如下极限：

$$\lim_{k\to\infty}\boldsymbol{u}_k = \frac{\boldsymbol{x}_1}{\max(\boldsymbol{x}_1)}, \quad \lim_{k\to\infty} m_k = \lambda_1.$$

证明 由递推公式(3.51)，有

$$\begin{aligned} \boldsymbol{u}_k &= \frac{1}{m_k}\boldsymbol{v}_k = \frac{1}{m_k}\boldsymbol{A}\boldsymbol{u}_{k-1} = \frac{1}{m_k}\left(\boldsymbol{A}\frac{1}{m_{k-1}}\boldsymbol{A}\boldsymbol{u}_{k-2}\right) = \frac{1}{m_k m_{k-1}}\boldsymbol{A}^2\boldsymbol{u}_{k-2} \\ &= \cdots = \frac{1}{m_k m_{k-1}\cdots m_1}\boldsymbol{A}^k\boldsymbol{u}_0. \end{aligned}$$

由于 $\boldsymbol{u}_k$ 是“归一化”向量，所以 $m_k m_{k-1}\cdots m_1 = \max(\boldsymbol{A}^k\boldsymbol{u}_0)$. 因而

$$\begin{aligned} \boldsymbol{u}_k &= \frac{\boldsymbol{A}^k\boldsymbol{u}_0}{\max(\boldsymbol{A}^k\boldsymbol{u}_0)} = \frac{\lambda_1^k\left(\alpha_1\boldsymbol{x}_1 + \sum\limits_{i=2}^{n}\alpha_i\left(\frac{\lambda_i}{\lambda_1}\right)^k\boldsymbol{x}_i\right)}{\max\left(\lambda_1^k\left(\alpha_1\boldsymbol{x}_1 + \sum\limits_{i=2}^{n}\alpha_i\left(\frac{\lambda_i}{\lambda_1}\right)^k\boldsymbol{x}_i\right)\right)} \\ &= \frac{\lambda_1^k\left(\alpha_1\boldsymbol{x}_1 + \sum\limits_{i=2}^{n}\alpha_i\left(\frac{\lambda_i}{\lambda_1}\right)^k\boldsymbol{x}_i\right)}{\lambda_1^k\max\left(\alpha_1\boldsymbol{x}_1 + \sum\limits_{i=2}^{n}\alpha_i\left(\frac{\lambda_i}{\lambda_1}\right)^k\boldsymbol{x}_i\right)} = \frac{\alpha_1\boldsymbol{x}_1 + \sum\limits_{i=2}^{n}\alpha_i\left(\frac{\lambda_i}{\lambda_1}\right)^k\boldsymbol{x}_i}{\max\left(\alpha_1\boldsymbol{x}_1 + \sum\limits_{i=2}^{n}\alpha_i\left(\frac{\lambda_i}{\lambda_1}\right)^k\boldsymbol{x}_i\right)}. \end{aligned}$$

当 $k\to\infty$ 时，上式分子和分母中的求和号 $\sum$ 内每一项均趋向于 0，因此

$$\lim_{k\to\infty}\boldsymbol{u}_k = \frac{\boldsymbol{x}_1}{\max(\boldsymbol{x}_1)}.$$

同理,由

$$\boldsymbol{v}_k = \boldsymbol{A}\boldsymbol{u}_{k-1} = \boldsymbol{A}\frac{\boldsymbol{A}^{k-1}\boldsymbol{u}_0}{\max(\boldsymbol{A}^{k-1}\boldsymbol{u}_0)} = \frac{\boldsymbol{A}^k\boldsymbol{u}_0}{\max(\boldsymbol{A}^{k-1}\boldsymbol{u}_0)}$$

$$= \frac{\lambda_1^k\left(\alpha_1\boldsymbol{x}_1 + \sum_{i=2}^n \alpha_i\left(\frac{\lambda_i}{\lambda_1}\right)^k\boldsymbol{x}_i\right)}{\max\left(\lambda_1^{k-1}\left(\alpha_1\boldsymbol{x}_1 + \sum_{i=2}^n \alpha_i\left(\frac{\lambda_i}{\lambda_1}\right)^{k-1}\boldsymbol{x}_i\right)\right)},$$

得

$$m_k = \max(\boldsymbol{v}_k) = \frac{\lambda_1\max\left(\alpha_1\boldsymbol{x}_1 + \sum_{i=2}^n \alpha_i\left(\frac{\lambda_i}{\lambda_1}\right)^k\boldsymbol{x}_i\right)}{\max\left(\alpha_1\boldsymbol{x}_1 + \sum_{i=2}^n \alpha_i\left(\frac{\lambda_i}{\lambda_1}\right)^{k-1}\boldsymbol{x}_i\right)},$$

因而

$$\lim_{k\to\infty} m_k = \lambda_1.$$

定理证毕.

由上述分析可知幂法的收敛速度与$\left|\frac{\lambda_2}{\lambda_1}\right|$有关,称比值$\left|\frac{\lambda_2}{\lambda_1}\right|$为幂法的收敛速率.

例 3.15 用幂法计算矩阵

$$\boldsymbol{A} = \begin{bmatrix} 2 & 3 & 2 \\ 10 & 3 & 4 \\ 3 & 6 & 1 \end{bmatrix}$$

的主特征值及对应的特征向量.

解 取 $\boldsymbol{u}_0 = (0,0,1)^{\mathrm{T}}$,由公式(3.51)求得

$$\boldsymbol{v}_1 = \boldsymbol{A}\boldsymbol{u}_0 = \begin{bmatrix} 2 & 3 & 2 \\ 10 & 3 & 4 \\ 3 & 6 & 1 \end{bmatrix}\begin{bmatrix} 0 \\ 0 \\ 1 \end{bmatrix} = \begin{bmatrix} 2 \\ 4 \\ 1 \end{bmatrix},$$

可知

$$m_1 = 4,\quad \boldsymbol{u}_1 = \left(\frac{1}{2},1,\frac{1}{4}\right)^{\mathrm{T}} = (0.5,1.0,0.25)^{\mathrm{T}}.$$

依次继续迭代,计算结果列于表 3.1:

表 3.1　幂法求矩阵 A 的主特征值

k	u_k^{T}（归一化向量）	$m_k = \max(v_k)$
0	(0.0000,0.0000,1.0000)	1.0000
1	(0.5000,1.0000,0.2500)	4.0000
2	(0.5000,1.0000,0.8611)	9.0000
3	(0.5000,1.0000,0.7306)	11.4400
4	(0.5000,1.0000,0.7535)	10.9224
5	(0.5000,1.0000,0.7493)	11.0140
6	(0.5000,1.0000,0.7501)	10.9927
7	(0.5000,1.0000,0.7500)	11.0004
8	(0.5000,1.0000,0.7500)	11.0000

于是得主特征值的近似值 $\lambda_1 = 11.0000$，对应的特征向量为

$$\boldsymbol{x}_1 = (0.5000,\ 1.0000, 0.7500)^{\mathrm{T}}.$$

它们均有 4 位有效数字，且收敛速度是较快的.

其实，该矩阵 $\boldsymbol{A}$ 的准确特征值为 11，-3 和 -2，它的收敛率为$\dfrac{3}{11}$.

(2) $|\lambda_1| = |\lambda_2|$ 且 $|\lambda_2| > |\lambda_3|$

这时又可分为以下三种情况：

① $\lambda_1 = \lambda_2$. 这是一对重特征值，即主特征值为二重实根. 由式(3.51)所示特征向量归一化法，有

$$\boldsymbol{u}_k = \frac{\boldsymbol{A}^k \boldsymbol{v}_0}{\max(\boldsymbol{A}^k \boldsymbol{v}_0)} = \frac{\lambda_1^k \left(\alpha_1 \boldsymbol{x}_1 + \alpha_2 \boldsymbol{x}_2 + \sum\limits_{i=3}^{n} \alpha_i \left(\dfrac{\lambda_i}{\lambda_1}\right)^k \boldsymbol{x}_i\right)}{\lambda_1^k \max\left(\alpha_1 \boldsymbol{x}_1 + \alpha_2 \boldsymbol{x}_2 + \sum\limits_{i=3}^{n} \alpha_i \left(\dfrac{\lambda_i}{\lambda_1}\right)^k \boldsymbol{x}_i\right)}.$$

当 $k \to \infty$ 时，上式中求和号 $\sum$ 内每一项均趋于 0，所以有

$$\lim_{k\to\infty} \boldsymbol{u}_k = \frac{\alpha_1 \boldsymbol{x}_1 + \alpha_2 \boldsymbol{x}_2}{\max(\alpha_1 \boldsymbol{x}_1 + \alpha_2 \boldsymbol{x}_2)},$$

其中 $|\alpha_1| + |\alpha_2| \neq 0$. 同理，可得

$$\lim_{k\to\infty} m_k = \lim_{k\to\infty} \max(\boldsymbol{v}_k) = \lambda_1 = \lambda_2.$$

显然，收敛率为$\left|\dfrac{\lambda_3}{\lambda_1}\right|$.

这一结果很容易推广到主特征值为 r 重根时的情况，读者可以自己导出求主

特征值的公式.

② $\lambda_1=-\lambda_2$. 由式(3.51),有

$$\boldsymbol{u}_k=\frac{\boldsymbol{A}^k\boldsymbol{v}_0}{\max(\boldsymbol{A}^k\boldsymbol{v}_0)}=\frac{\lambda_1^k\left(\alpha_1\boldsymbol{x}_1+(-1)^k\alpha_2\boldsymbol{x}_2+\sum\limits_{i=3}^n\alpha_i\left(\frac{\lambda_i}{\lambda_1}\right)^k\boldsymbol{x}_i\right)}{\lambda_1^k\max\left(\alpha_1\boldsymbol{x}_1+(-1)^k\alpha_2\boldsymbol{x}_2+\sum\limits_{i=3}^n\alpha_i\left(\frac{\lambda_i}{\lambda_1}\right)^k\boldsymbol{x}_i\right)}$$

$$=\frac{\alpha_1\boldsymbol{x}_1+(-1)^k\alpha_2\boldsymbol{x}_2+\sum\limits_{i=3}^n\alpha_i\left(\frac{\lambda_i}{\lambda_1}\right)^k\boldsymbol{x}_i}{\max\left(\alpha_1\boldsymbol{x}_1+(-1)^k\alpha_2\boldsymbol{x}_2+\sum\limits_{i=3}^n\alpha_i\left(\frac{\lambda_i}{\lambda_1}\right)^k\boldsymbol{x}_i\right)},$$

其中 $|\alpha_1|+|\alpha_2|\neq 0$. 当 $\alpha_2\neq 0$ 时,$\boldsymbol{u}_k$ 是不收敛的. 用 $\boldsymbol{A}$ 作用于 $\boldsymbol{u}_k$ 两次,可得

$$\boldsymbol{A}^2\boldsymbol{u}_k=\lambda_1^2\frac{\alpha_1\boldsymbol{x}_1+(-1)^k\alpha_2\boldsymbol{x}_2+\sum\limits_{i=3}^n\alpha_i\left(\frac{\lambda_i}{\lambda_1}\right)^{k+2}\boldsymbol{x}_i}{\max\left(\alpha_1\boldsymbol{x}_1+(-1)^k\alpha_2\boldsymbol{x}_2+\sum\limits_{i=3}^n\alpha_i\left(\frac{\lambda_i}{\lambda_1}\right)^k\boldsymbol{x}_i\right)},$$

于是

$$\lim_{k\to\infty}\max(\boldsymbol{A}^2\boldsymbol{u}_k)=\lambda_1^2\lim_{k\to\infty}\frac{\max\left(\alpha_1\boldsymbol{x}_1+(-1)^k\alpha_2\boldsymbol{x}_2+\sum\limits_{i=3}^n\alpha_i\left(\frac{\lambda_i}{\lambda_1}\right)^{k+2}\boldsymbol{x}_i\right)}{\max\left(\alpha_1\boldsymbol{x}_1+(-1)^k\alpha_2\boldsymbol{x}_2+\sum\limits_{i=3}^n\alpha_i\left(\frac{\lambda_i}{\lambda_1}\right)^k\boldsymbol{x}_i\right)}$$

$$=\lambda_1^2.$$

同样,收敛率为$\left|\frac{\lambda_3}{\lambda_1}\right|$. 另外,有

$$\boldsymbol{A}\boldsymbol{u}_k+\lambda_1\boldsymbol{u}_k=\frac{2\lambda_1\alpha_1\boldsymbol{x}_1+\sum\limits_{i=3}^n\alpha_i(\lambda_i+\lambda_1)\left(\frac{\lambda_i}{\lambda_1}\right)^k\boldsymbol{x}_i}{\max\left(\alpha_1\boldsymbol{x}_1+(-1)^k\alpha_2\boldsymbol{x}_2+\sum\limits_{i=3}^n\alpha_i\left(\frac{\lambda_i}{\lambda_1}\right)^k\boldsymbol{x}_i\right)},$$

$$\boldsymbol{A}\boldsymbol{u}_k-\lambda_1\boldsymbol{u}_k=\frac{(-1)^{k+1}2\lambda_1\alpha_2\boldsymbol{x}_2+\sum\limits_{i=3}^n\alpha_i(\lambda_i-\lambda_1)\left(\frac{\lambda_i}{\lambda_1}\right)^k\boldsymbol{x}_i}{\max\left(\alpha_1\boldsymbol{x}_1+(-1)^k\alpha_2\boldsymbol{x}_2+\sum\limits_{i=3}^n\alpha_i\left(\frac{\lambda_i}{\lambda_1}\right)^k\boldsymbol{x}_i\right)}.$$

由上面两式可知,$\boldsymbol{A}\boldsymbol{u}_k+\lambda_1\boldsymbol{u}_k$ 及 $\boldsymbol{A}\boldsymbol{u}_k-\lambda_1\boldsymbol{u}_k$ 分别可作为 λ_1 及 $\lambda_2(=-\lambda_1)$ 所对应的特征向量.

如果 $\lambda_1=\lambda_2=\cdots=\lambda_r,\lambda_{r+1}=\lambda_{r+2}=\cdots=\lambda_{r+l}=-\lambda_1$,且 $|\lambda_1|>|\lambda_{r+l+1}|$,则类似的结论也成立.

③ $\lambda_1=\bar{\lambda}_2$. 因为 $\boldsymbol{A}$ 为实矩阵,所以当 $\boldsymbol{A}$ 有复特征值时总是共轭出现的,它们的

特征向量也可取为互相共轭. 由式(3.48),有

$$\begin{aligned}\boldsymbol{v}_k &= \alpha_1\lambda_1^k\boldsymbol{x}_1+\alpha_2\lambda_2^k\boldsymbol{x}_2+\alpha_3\lambda_3^k\boldsymbol{x}_3+\cdots+\alpha_n\lambda_n^k\boldsymbol{x}_n\\ &= \alpha_1\lambda_1^k\boldsymbol{x}_1+\alpha_2\bar{\lambda}_1^k\bar{\boldsymbol{x}}_1+\alpha_3\lambda_3^k\boldsymbol{x}_3+\cdots+\alpha_n\lambda_n^k\boldsymbol{x}_n\\ &= \lambda_1^k\left[\alpha_1\boldsymbol{x}_1+\alpha_2\left(\frac{\bar{\lambda}_1}{\lambda_1}\right)^k\bar{\boldsymbol{x}}_1+\sum_{i=3}^{n}\alpha_i\left(\frac{\lambda_i}{\lambda_1}\right)^k\boldsymbol{x}_i\right].\end{aligned}$$

由于 $\left|\frac{\lambda_i}{\lambda_1}\right|<1(i=3,4,\cdots,n)$,故当 $k\to\infty$ 时,求和号 $\sum$ 中每一项均趋于 0,于是

$$\begin{aligned}\boldsymbol{v}_k &\approx \alpha_1\lambda_1^k\boldsymbol{x}_1+\alpha_2\bar{\lambda}_1^k\bar{\boldsymbol{x}}_1,\\ \boldsymbol{v}_{k+1} &\approx \alpha_1\lambda_1^{k+1}\boldsymbol{x}_1+\alpha_2\bar{\lambda}_1^{k+1}\bar{\boldsymbol{x}}_1,\\ \boldsymbol{v}_{k+2} &\approx \alpha_1\lambda_1^{k+2}\boldsymbol{x}_1+\alpha_2\bar{\lambda}_1^{k+2}\bar{\boldsymbol{x}}_1.\end{aligned}$$

把上述三式分别乘以 $\lambda_1\bar{\lambda}_1$, $-(\lambda_1+\bar{\lambda}_1)$ 和 1,然后相加,即得

$$\boldsymbol{v}_{k+2}-(\lambda_1+\bar{\lambda}_1)\boldsymbol{v}_{k+1}+\lambda_1\bar{\lambda}_1\boldsymbol{v}_k\approx\boldsymbol{0}. \tag{3.52}$$

式(3.52) 说明 $\boldsymbol{v}_{k+2}$, $\boldsymbol{v}_{k+1}$ 及 $\boldsymbol{v}_k$ 这三个向量近似线性相关. 若令

$$p=-(\lambda_1+\bar{\lambda}_1),\quad q=\lambda_1\bar{\lambda}_1,$$

则

$$\boldsymbol{v}_{k+2}+p\boldsymbol{v}_{k+1}+q\boldsymbol{v}_k\approx\boldsymbol{0}.$$

上式是以 p,q 为未知数的 n 个式子,如果把近似式改写成等式,就可得 n 阶线性方程组. 任取其中两个,便可求得 p,q 的值;或者由 n 个方程用最小二乘法确定 p,q 的值. 在求得 p,q 以后,特征值 λ_1, $\bar{\lambda}_1$ 可用下式计算:

$$\begin{cases}\lambda_1=-\dfrac{p}{2}+\sqrt{\dfrac{p^2}{4}-q},\\ \bar{\lambda}_1=-\dfrac{p}{2}-\sqrt{\dfrac{p^2}{4}-q}.\end{cases}$$

不难看出,特征向量仍有

$$\begin{cases}\boldsymbol{v}_{k+1}-\bar{\lambda}_1\boldsymbol{v}_k=\lambda_1^k(\lambda_1-\bar{\lambda}_1)\alpha_1\boldsymbol{x}_1,\\ \boldsymbol{v}_{k+1}-\lambda_1\boldsymbol{v}_k=\bar{\lambda}_1^k(\bar{\lambda}_1-\lambda_1)\alpha_2\bar{\boldsymbol{x}}_1.\end{cases}$$

因此 $\boldsymbol{v}_{k+1}-\bar{\lambda}_1\boldsymbol{v}_k$ 与 $\boldsymbol{x}_1$ 成正比,$\boldsymbol{v}_{k+1}-\lambda_1\boldsymbol{v}_k$ 与 $\boldsymbol{x}_2=\bar{\boldsymbol{x}}_1$ 成正比,相应就得到对应的特征向量 $\boldsymbol{x}_1$ 及 $\boldsymbol{x}_2$.

用幂法计算矩阵主特征值的最大优点是方法简单,但是它的收敛情况比较复杂. 上面虽对特征值的不同情况进行了分析,但在实际计算时事先很难知道特征值属于何种情形,因此用幂法计算时必须随时加以分析和判断.

另外,在前面的推导中假定了 $\alpha_1 \neq 0$ 或 $|\alpha_1|+|\alpha_2| \neq 0$. 如果选取初值时 α_1 绝对值较小,则会影响迭代的收敛速度,而且至今也没有一个好的方法能够保证取到一个理想的初始向量. 此时,通常采用另取一个初始向量 $\boldsymbol{u}_0$ 再进行试算.

3.6.2 反幂法

如果矩阵 $\boldsymbol{A}$ 为非奇异阵,则 $\boldsymbol{A}^{-1}$ 存在且 $\boldsymbol{A}$ 的特征值均不为零. 设 $\boldsymbol{A}$ 有 n 个线性无关的特征向量 $\boldsymbol{x}_1,\boldsymbol{x}_2,\cdots,\boldsymbol{x}_n$,它们所对应的特征值为 $\lambda_j(j=1,2,\cdots,n)$,并按模的大小排列为

$$|\lambda_1| \geqslant |\lambda_2| \geqslant \cdots \geqslant |\lambda_n| > 0.$$

由 $\boldsymbol{A}\boldsymbol{x}_i = \lambda_i \boldsymbol{x}_i$ 可得

$$\boldsymbol{A}^{-1}\boldsymbol{x}_i = \frac{1}{\lambda_i}\boldsymbol{x}_i,$$

即矩阵 $\boldsymbol{A}^{-1}$ 的特征值为 $\frac{1}{\lambda_i}, i=1,2,\cdots,n$,并有

$$\left|\frac{1}{\lambda_n}\right| \geqslant \left|\frac{1}{\lambda_{n-1}}\right| \geqslant \cdots \geqslant \left|\frac{1}{\lambda_1}\right|.$$

于是 $\boldsymbol{A}^{-1}$ 的主特征值为 $\frac{1}{\lambda_n}$,且 $\boldsymbol{A}^{-1}$ 所对应于 $\frac{1}{\lambda_i}$ 的特征向量仍是 $\boldsymbol{x}_i$,因此对矩阵 $\boldsymbol{A}^{-1}$ 应用幂法求主特征值 $\frac{1}{\lambda_n}$ 即可得到 $\boldsymbol{A}$ 的按模最小的特征值.

用 $\boldsymbol{A}^{-1}$ 代替 $\boldsymbol{A}$ 作幂法计算,称为反幂法.

为简单起见,下面仅考虑 $\boldsymbol{A}^{-1}$ 的主特征值为单根时的情况,即

$$\left|\frac{1}{\lambda_n}\right| > \left|\frac{1}{\lambda_{n-1}}\right| \geqslant \cdots \geqslant \left|\frac{1}{\lambda_1}\right|.$$

任给初始向量,可作如下迭代:

$$\boldsymbol{v}_{k+1} = \boldsymbol{A}^{-1}\boldsymbol{v}_k, \quad k=1,2,\cdots. \tag{3.53}$$

式(3.53)中需要计算 $\boldsymbol{A}$ 的逆矩阵. 为了避免求逆阵 $\boldsymbol{A}^{-1}$,把该式改写成

$$\boldsymbol{A}\boldsymbol{v}_{k+1} = \boldsymbol{v}_k,$$

然后把迭代向量作如下归一化计算:

$$\begin{cases} \boldsymbol{u}_0 = \boldsymbol{v}_0, \\ \boldsymbol{A}\boldsymbol{v}_k = \boldsymbol{u}_{k-1}, \\ m_k = \max(\boldsymbol{v}_k), \\ \boldsymbol{u}_k = \boldsymbol{v}_k / m_k, \end{cases} \tag{3.54}$$

则

$$\lim_{k\to\infty}\boldsymbol{u}_k=\frac{\boldsymbol{x}_n}{\max(\boldsymbol{x}_n)},\quad \lim_{k\to\infty}m_k=\frac{1}{\lambda_n}.$$

这里 λ_n 即为矩阵 $\boldsymbol{A}$ 按模最小的特征值，特征向量为 $\boldsymbol{x}_n$，其收敛率为 $\left|\frac{\lambda_n}{\lambda_{n-1}}\right|$.

由式(3.54)可知用反幂法迭代一次，需要解一个线性方程组. 在实际计算时可以事先把 $\boldsymbol{A}$ 作 LU 分解，这样每迭代一次，只要解两个三角方程组.

例 3.16 用反幂法求矩阵

$$\boldsymbol{A}=\begin{bmatrix}2&8&9\\8&3&4\\9&4&7\end{bmatrix}$$

按模最小的特征值及其对应的特征向量.

解 首先对 $\boldsymbol{A}$ 作 LU 分解，可得

$$\boldsymbol{L}=\begin{bmatrix}1&&\\4&1&\\4.5&1.103448&1\end{bmatrix},\quad \boldsymbol{U}=\begin{bmatrix}2&8&9\\&-29&-32\\&&1.810336\end{bmatrix}.$$

取初始向量 $\boldsymbol{u}_0=\boldsymbol{v}_0=(1,1,1)^{\mathrm{T}}$，用公式(3.54)计算，结果列于表 3.2：

表 3.2 反幂法求按模最小特征值

k	$\boldsymbol{u}_k$(归一化向量)	$\max(\boldsymbol{v}_k)$
0	(1.000000,1.000000,1.000000)	*
1	(0.434777,1.000000,−0.478263)	0.219049
2	(0.190185,1.000000,−0.883437)	1.012427
3	(0.184276,1.000000,−0.912415)	1.212803
4	(0.183147,1.000000,−0.932933)	1.229340
5	(0.183196,1.000000,−0.913047)	1.229441

从表中可知，迭代 5 次得 $\frac{1}{\lambda_3}\approx 1.229441$，对应的特征向量为

$$\boldsymbol{x}_3\approx(0.183196,1.000000,-0.913047)^{\mathrm{T}}.$$

于是矩阵 $\boldsymbol{A}$ 按模最小的特征值为

$$\lambda_3=\frac{1}{1.229441}=0.813378,$$

对应的特征向量为 $\boldsymbol{x}_3$.

3.7 应用实例:纯电阻型立体电路分析①

3.7.1 问题的背景

随着集成电路的飞速发展,大规模、超大规模集成电路不断更新换代,原先只在平面上提高集成电路集成度的方法已不能适应当今发展的需要,希望再有大规模的提高将面临很多困难,特别是来自物理、化学、机械以及材料本身的限制,因而近些年来人们开始把研究目标转向立体结构,也就是努力把集成电路做成多层结构,以提高集成度,实现高速度、小体积、低功耗的目的.

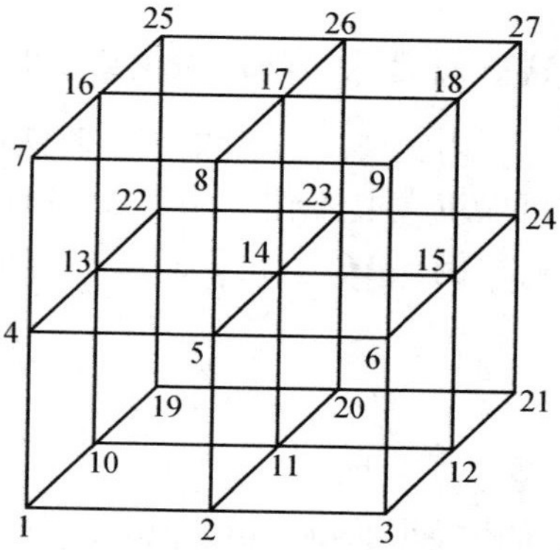

图 3.1 纯电阻多层结构网格图

用计算机对集成电路的性能指标进行分析已有几十年的历史.本问题是对三维空间多层结构进行数值分析,为简化问题,只对纯电阻的多层结构进行研究.考虑如图 3.1 所示的网络,并作如下假设:

(1) 每一线段表示一纯电阻,线段交点处作为连接点;

(2) 用(i,j)表示节点i与j之间的电阻,当i与j之间不直接相连时表示i与j之间的直接电阻为∞;

(3) 节点 1 处外接电源地线,电源正极接在节点 27 处;

(4) 电源电压为ε.

要求对此电路中各节点的电位进行计算.

3.7.2 数学模型

设各节点电位为$V_i(i=1,2,\cdots,27)$,显然

$$V_1=0,\quad V_{27}=\varepsilon.$$

由电路分析中的节点法,可写出此电路所对应的方程组为

$$\boldsymbol{AV}=\boldsymbol{b},$$

其中$\boldsymbol{V}=(V_2,V_3,\cdots,V_{26})^{\mathrm{T}}$为节点电位,$\boldsymbol{b}=(b_2,b_3,\cdots,b_{26})^{\mathrm{T}}$为节点电流,而

$$\boldsymbol{A}=\begin{bmatrix} a_{2,2} & a_{2,3} & \cdots & a_{2,26} \\ a_{3,2} & a_{3,3} & \cdots & a_{3,26} \\ \vdots & \vdots & & \vdots \\ a_{26,2} & a_{26,3} & \cdots & a_{26,26} \end{bmatrix}$$

①问题选自东南大学电子工程系研究生巫咏群所做自选课题.

为 25 阶方阵.它们中的元素按如下方法填写(对纯电阻而言):

$$a_{ii}=\frac{1}{(i,i_1)}+\frac{1}{(i,i_2)}+\cdots+\frac{1}{(i,i_j)},\quad j=2,3,\cdots,26,$$

表示节点 i 与 $i_1,i_2,\cdots,i_j$ 直接相连;而

$$a_{ij}=-\frac{1}{(i,j)},\quad i,j=2,3,\cdots,26 \text{ 且 } i\neq j;$$

$$b_i=\frac{\varepsilon}{(27,i)},\quad i=2,3,\cdots,26.$$

因为与节点 27 直接相连的只有节点 18,24,26,故只有(27,18),(27,24),(27,26)三项不为 ∞,所以 b_i 中只有 b_{18},b_{24},b_{26} 不为零,其余 b_i 均为零.

为简单起见,设每个线段电阻值为 1 kΩ,电源为 +5 V,则

$$b_{18}=b_{24}=b_{26}=5(\text{mA}),$$

$$a_{ii}=i\text{ 点的连线数},\quad i=2,3,\cdots,26,$$

$$a_{ij}=\begin{cases}-1, & \text{节点 } i,j \text{ 直接相连},\\ 0, & \text{节点 } i,j \text{ 不直接相连},\end{cases}\quad i,j=2,3,\cdots,26 \text{ 且 } i\neq j.$$

具体方程组为

$$\begin{bmatrix}
4 & -1 && -1 &&&&&& -1 \\
-1 & 3 &&& -1 &&&&&& -1 \\
&& 4 & -1 && -1 &&&&&& -1 \\
-1 && -1 & 5 & -1 && -1 &&&&&& -1 \\
& -1 && -1 & 4 &&& -1 &&&&&& -1 \\
&& -1 &&& 3 & -1 &&&&&&&& -1 \\
&&& -1 && -1 & 4 & -1 &&&&&&&& -1 \\
&&&& -1 && -1 & 3 &&&&&&&&& -1 \\
&&&&&&&& 4 & -1 && -1 &&&&&& -1 \\
-1 &&&&&&&& -1 & 5 & -1 && -1 &&&&&& -1 \\
& -1 &&&&&&&& -1 & 4 &&& -1 &&&&&& -1 \\
&& -1 &&&&&& -1 &&& 5 & -1 && -1 &&&&&& -1 \\
&&& -1 &&&&&& -1 && -1 & 6 & -1 && -1 &&&&&& -1 \\
&&&& -1 &&&&&& -1 && -1 & 5 &&& -1 &&&&&& -1 \\
&&&&& -1 &&&&&& -1 &&& 4 & -1 &&&&&&&& -1 \\
&&&&&& -1 &&&&&& -1 && -1 & 5 & -1 &&&&&&&& -1 \\
&&&&&&& -1 &&&&&& -1 && -1 & 4 \\
&&&&&&&& -1 &&&&&&&&& 3 & -1 && -1 \\
&&&&&&&&& -1 &&&&&&&& -1 & 4 & -1 && -1 \\
&&&&&&&&&& -1 &&&&&&&& -1 & 3 &&& -1 \\
&&&&&&&&&&& -1 &&&&&& -1 &&& 4 & -1 && -1 \\
&&&&&&&&&&&& -1 &&&&&& -1 && -1 & 5 & -1 && -1 \\
&&&&&&&&&&&&& -1 &&&&&& -1 && -1 & 4 \\
&&&&&&&&&&&&&& -1 &&&&&& -1 &&& 3 & -1 \\
&&&&&&&&&&&&&&& -1 &&&&&& -1 && -1 & 4
\end{bmatrix}$$

$$\cdot [V_2\ V_3\ V_4\ \cdots\ V_{26}]^{\mathrm{T}} = [\underbrace{0\ 0\ \cdots\ 0}_{16个}\ 5\ 0\ 0\ 0\ 0\ 0\ 0\ 5\ 0\ 5]^{\mathrm{T}}. \tag{3.55}$$

注 由于节点 1 接地,即 $V_1 = 0$,故系数矩阵 $\boldsymbol{A} = (a_{ij})$ 中元素 a_{ij} 的足码 i 和 j 都从 2 开始($i, j = 2, 3, \cdots, 26$).

3.7.3 计算方法与结果分析

应用 SOR 方法迭代求解,迭代格式如下:

$$\begin{aligned}
V_2^{(k+1)} &= (1-\omega)V_2^{(k)} + \omega(V_3^{(k)} + V_5^{(k)} + V_{11}^{(k)})/4,\\
V_3^{(k+1)} &= (1-\omega)V_3^{(k)} + \omega(V_2^{(k+1)} + V_6^{(k)} + V_{12}^{(k)})/3,\\
V_4^{(k+1)} &= (1-\omega)V_4^{(k)} + \omega(V_5^{(k)} + V_7^{(k)} + V_{13}^{(k)})/4,\\
V_5^{(k+1)} &= (1-\omega)V_5^{(k)} + \omega(V_2^{(k+1)} + V_4^{(k+1)} + V_6^{(k)} + V_8^{(k)} + V_{14}^{(k)})/5,\\
V_6^{(k+1)} &= (1-\omega)V_6^{(k)} + \omega(V_3^{(k+1)} + V_5^{(k+1)} + V_9^{(k)} + V_{15}^{(k)})/4,\\
V_7^{(k+1)} &= (1-\omega)V_7^{(k)} + \omega(V_4^{(k+1)} + V_8^{(k)} + V_{16}^{(k)})/3,\\
V_8^{(k+1)} &= (1-\omega)V_8^{(k)} + \omega(V_5^{(k+1)} + V_7^{(k+1)} + V_9^{(k)} + V_{17}^{(k)})/4,\\
V_9^{(k+1)} &= (1-\omega)V_9^{(k)} + \omega(V_6^{(k+1)} + V_8^{(k+1)} + V_{18}^{(k)})/3,\\
V_{10}^{(k+1)} &= (1-\omega)V_{10}^{(k)} + \omega(V_{11}^{(k)} + V_{13}^{(k)} + V_{19}^{(k)})/4,\\
V_{11}^{(k+1)} &= (1-\omega)V_{11}^{(k)} + \omega(V_2^{(k+1)} + V_{10}^{(k+1)} + V_{12}^{(k)} + V_{14}^{(k)} + V_{20}^{(k)})/5,\\
V_{12}^{(k+1)} &= (1-\omega)V_{12}^{(k)} + \omega(V_3^{(k+1)} + V_{11}^{(k+1)} + V_{15}^{(k)} + V_{21}^{(k)})/4,\\
V_{13}^{(k+1)} &= (1-\omega)V_{13}^{(k)} + \omega(V_4^{(k+1)} + V_{10}^{(k+1)} + V_{14}^{(k)} + V_{16}^{(k)} + V_{22}^{(k)})/5,\\
V_{14}^{(k+1)} &= (1-\omega)V_{14}^{(k)} + \omega(V_5^{(k+1)} + V_{11}^{(k+1)} + V_{13}^{(k+1)} + V_{15}^{(k)} + V_{17}^{(k)} + V_{23}^{(k)})/6,\\
V_{15}^{(k+1)} &= (1-\omega)V_{15}^{(k)} + \omega(V_6^{(k+1)} + V_{12}^{(k+1)} + V_{14}^{(k+1)} + V_{18}^{(k)} + V_{24}^{(k)})/5,\\
V_{16}^{(k+1)} &= (1-\omega)V_{16}^{(k)} + \omega(V_7^{(k+1)} + V_{13}^{(k+1)} + V_{17}^{(k)} + V_{25}^{(k)})/4,\\
V_{17}^{(k+1)} &= (1-\omega)V_{17}^{(k)} + \omega(V_8^{(k+1)} + V_{14}^{(k+1)} + V_{16}^{(k+1)} + V_{18}^{(k)} + V_{26}^{(k)})/5,\\
V_{18}^{(k+1)} &= (1-\omega)V_{18}^{(k)} + \omega(V_9^{(k+1)} + V_{15}^{(k+1)} + V_{17}^{(k+1)} + 5)/4,\\
V_{19}^{(k+1)} &= (1-\omega)V_{19}^{(k)} + \omega(V_{10}^{(k+1)} + V_{20}^{(k)} + V_{22}^{(k)})/3,\\
V_{20}^{(k+1)} &= (1-\omega)V_{20}^{(k)} + \omega(V_{11}^{(k+1)} + V_{19}^{(k+1)} + V_{21}^{(k)} + V_{23}^{(k)})/4,\\
V_{21}^{(k+1)} &= (1-\omega)V_{21}^{(k)} + \omega(V_{12}^{(k+1)} + V_{20}^{(k+1)} + V_{24}^{(k)})/3,\\
V_{22}^{(k+1)} &= (1-\omega)V_{22}^{(k)} + \omega(V_{13}^{(k+1)} + V_{19}^{(k+1)} + V_{23}^{(k)} + V_{25}^{(k)})/4,\\
V_{23}^{(k+1)} &= (1-\omega)V_{23}^{(k)} + \omega(V_{14}^{(k+1)} + V_{20}^{(k+1)} + V_{22}^{(k)} + V_{24}^{(k)} + V_{26}^{(k)})/5,\\
V_{24}^{(k+1)} &= (1-\omega)V_{24}^{(k)} + \omega(V_{15}^{(k+1)} + V_{21}^{(k+1)} + V_{23}^{(k+1)} + 5)/4,\\
V_{25}^{(k+1)} &= (1-\omega)V_{25}^{(k)} + \omega(V_{16}^{(k+1)} + V_{22}^{(k+1)} + V_{26}^{(k)})/3,\\
V_{26}^{(k+1)} &= (1-\omega)V_{26}^{(k)} + \omega(V_{17}^{(k+1)} + V_{23}^{(k+1)} + V_{25}^{(k+1)} + 5)/4,
\end{aligned}$$

迭代至

$$\| \boldsymbol{V}^{(k+1)} - \boldsymbol{V}^{(k)} \|_\infty \leqslant \varepsilon.$$

取 $\varepsilon = 0.5 \times 10^{-8}$，并依次取 $\omega = 0.02, 0.04, 0.06, \cdots, 1.96, 1.98$. 表 3.3 给出了各 ω 的值及相应的迭代次数. 从表中可知：当 $\omega = 1.54$ 时迭代次数最少，为 37；当 $\omega = 0.02$ 时迭代次数最多，为 13059；当 $\omega = 1$ 时，此时为 Gauss-Seidel 迭代格式，迭代次数为 179. 方程组(3.55) 的解为

$$
\begin{aligned}
&V_2 = 1.6279070, \quad V_3 = 2.2093023, \quad V_4 = 1.6279070,\\
&V_5 = 2.1511628, \quad V_6 = 2.5000000, \quad V_7 = 2.2093023,\\
&V_8 = 2.5000000, \quad V_9 = 2.7906977, \quad V_{10} = 1.6279070,\\
&V_{11} = 2.1511628, \quad V_{12} = 2.5000000, \quad V_{13} = 2.1511628,\\
&V_{14} = 2.5000000, \quad V_{15} = 2.8488372, \quad V_{16} = 2.5000000,\\
&V_{17} = 2.8488372, \quad V_{18} = 3.3720930, \quad V_{19} = 2.2093023,\\
&V_{20} = 2.5000000, \quad V_{21} = 2.7906977, \quad V_{22} = 2.5000000,\\
&V_{23} = 2.8488372, \quad V_{24} = 3.3720930, \quad V_{25} = 2.7906977,\\
&V_{26} = 3.3730930.
\end{aligned}
$$

表 3.3　松弛因子与迭代次数

ω 值	迭代次数	ω 值	迭代次数	ω 值	迭代次数
0.02	13059	0.68	336	1.34	86
0.04	6824	0.70	323	1.36	82
0.06	4644	0.72	309	1.38	77
0.08	3522	0.74	297	1.40	73
0.10	2835	0.76	285	1.42	68
0.12	2370	0.78	274	1.44	64
0.14	2033	0.80	263	1.46	59
0.16	1777	0.82	253	1.48	55
0.18	1576	0.84	244	1.50	49
0.20	1414	0.86	234	1.52	43
0.22	1280	0.88	225	1.54	37
0.24	1168	0.90	217	1.56	38
0.26	1073	0.92	208	1.58	39
0.28	990	0.94	201	1.60	42
0.30	918	0.96	193	1.62	43
0.32	855	0.98	186	1.64	45
0.34	799	1.00	179	1.66	50
0.36	749	1.02	172	1.68	52
0.38	704	1.04	165	1.70	56
0.40	663	1.06	159	1.72	62
0.42	626	1.08	153	1.74	67
0.44	592	1.10	147	1.76	72
0.46	561	1.12	141	1.78	82

续表 3.3

ω 值	迭代次数	ω 值	迭代次数	ω 值	迭代次数
0.48	533	1.14	135	1.80	90
0.50	506	1.16	130	1.82	100
0.52	482	1.18	125	1.84	114
0.54	459	1.20	119	1.86	131
0.56	438	1.22	114	1.88	155
0.58	418	1.24	109	1.90	186
0.60	400	1.26	105	1.92	231
0.62	383	1.28	100	1.94	308
0.64	366	1.30	95	1.96	475
0.66	351	1.32	91	1.98	947

习　题　3

1. 写出解方程组

$$\begin{bmatrix} 1 & & & & & \\ l_{21} & 1 & & & & \\ l_{31} & l_{32} & 1 & & & \\ \vdots & \vdots & \vdots & \ddots & & \\ l_{n-1,1} & l_{n-1,2} & l_{n-1,3} & \cdots & 1 & \\ l_{n1} & l_{n2} & l_{n3} & \cdots & l_{n,n-1} & 1 \end{bmatrix} \begin{bmatrix} x_1 \\ x_2 \\ x_3 \\ \vdots \\ x_{n-1} \\ x_n \end{bmatrix} = \begin{bmatrix} d_1 \\ d_2 \\ d_3 \\ \vdots \\ d_{n-1} \\ d_n \end{bmatrix}$$

的算法

2. 计算用回代过程解方程组

$$\begin{bmatrix} u_{11} & u_{12} & \cdots & u_{1,n-1} & u_{1n} \\ & u_{22} & \cdots & u_{2,n-1} & u_{2n} \\ & & \ddots & \vdots & \vdots \\ & & & u_{n-1,n-1} & u_{n-1,n} \\ & & & & u_{nn} \end{bmatrix} \begin{bmatrix} x_1 \\ x_2 \\ \vdots \\ x_{n-1} \\ x_n \end{bmatrix} = \begin{bmatrix} y_1 \\ y_2 \\ \vdots \\ y_{n-1} \\ y_n \end{bmatrix}$$

所需的乘除运算次数.

3. 试用 Gauss 消去法解下列方程组(计算过程按 5 位小数进行):

$$\begin{bmatrix} 3.2 & -1.5 & 0.5 \\ 1.6 & 2.5 & -1.0 \\ 1.0 & 4.1 & -1.5 \end{bmatrix} \begin{bmatrix} x_1 \\ x_2 \\ x_3 \end{bmatrix} = \begin{bmatrix} 0.90 \\ 1.55 \\ 2.08 \end{bmatrix}.$$

4. 设 $\boldsymbol{A}$ 是对称矩阵且 $a_{11} \neq 0$，经 Gauss 消去法作一步消元后 $\boldsymbol{A}$ 具有如下形式：

$$\begin{bmatrix} a_{11} & \boldsymbol{X} \\ \boldsymbol{0} & \boldsymbol{A}_1 \end{bmatrix}.$$

证明：$\boldsymbol{A}_1$ 也是对称矩阵.

5. 试用列主元 Gauss 消去法解下列方程组：

(1) $\begin{bmatrix} 1 & 2 & 3 \\ 0 & 1 & 2 \\ 2 & 4 & 1 \end{bmatrix}\begin{bmatrix} x_1 \\ x_2 \\ x_3 \end{bmatrix} = \begin{bmatrix} 14 \\ 8 \\ 13 \end{bmatrix}$；　　(2) $\begin{bmatrix} 1 & 2 & 1 \\ 3 & 4 & 0 \\ 2 & 10 & 4 \end{bmatrix}\begin{bmatrix} x_1 \\ x_2 \\ x_3 \end{bmatrix} = \begin{bmatrix} 3 \\ 3 \\ 10 \end{bmatrix}$.

6. 设计算机具有 4 位字长，试分别用 Gauss 消去法和列主元 Gauss 消去法解下面的方程组并比较所得的结果.

$$\begin{cases} x + 592y = 437, \\ 592x + 4308y = 2251. \end{cases}$$

7. 用 Gauss 消去法解方程组 $\boldsymbol{Ax} = \boldsymbol{b}$，其中

$$\boldsymbol{A} = \begin{bmatrix} 2 & 1 & 0 & 0 & 0 \\ 1 & 4 & 1 & 0 & 0 \\ 0 & 1 & 4 & 1 & 0 \\ 0 & 0 & 1 & 4 & 1 \\ 0 & 0 & 0 & 1 & 2 \end{bmatrix}, \quad \boldsymbol{b} = \begin{bmatrix} 1 \\ -2 \\ 2 \\ -2 \\ 1 \end{bmatrix}.$$

需要进行行交换吗?再用追赶法解此方程组.

8. 用列主元 Gauss 消去法解下列系数矩阵为 Hilbert 矩阵的方程组(用分数进行计算，使得计算过程不引入舍入误差)：

$$\begin{bmatrix} 1 & \frac{1}{2} & \frac{1}{3} & \frac{1}{4} \\ \frac{1}{2} & \frac{1}{3} & \frac{1}{4} & \frac{1}{5} \\ \frac{1}{3} & \frac{1}{4} & \frac{1}{5} & \frac{1}{6} \\ \frac{1}{4} & \frac{1}{5} & \frac{1}{6} & \frac{1}{7} \end{bmatrix}\begin{bmatrix} x_1 \\ x_2 \\ x_3 \\ x_4 \end{bmatrix} = \begin{bmatrix} \frac{7}{12} \\ \frac{13}{60} \\ \frac{7}{60} \\ \frac{31}{420} \end{bmatrix}$$

9. 用追赶法求解三对角方程组

$$\begin{cases}2.0000M_0+1.0000M_1=5.5200,\\0.3571M_0+2.0000M_1+0.6429M_2=4.3144,\\0.6000M_1+2.0000M_2+0.4000M_3=3.2661,\\0.4286M_2+2.0000M_3+0.5714M_4=2.4287,\\1.0000M_3+2.0000M_4=2.1150.\end{cases}$$

10. 已知矩阵

$$\boldsymbol{L}_1=\begin{bmatrix}1&&&\\-l_{21}&1&&\\-l_{31}&0&1&\\-l_{41}&0&0&1\end{bmatrix},\quad \boldsymbol{L}_2=\begin{bmatrix}1&&&\\0&1&&\\0&-l_{32}&1&\\0&-l_{42}&0&1\end{bmatrix},$$

$$\boldsymbol{L}_3=\begin{bmatrix}1&&&\\0&1&&\\0&0&1&\\0&0&-l_{43}&1\end{bmatrix},$$

证明:

$$\boldsymbol{L}\equiv\boldsymbol{L}_1^{-1}\boldsymbol{L}_2^{-1}\boldsymbol{L}_3^{-1}=\begin{bmatrix}1&&&\\l_{21}&1&&\\l_{31}&l_{32}&1&\\l_{41}&l_{42}&l_{43}&1\end{bmatrix}.$$

11. 证明:(1) 两个单位下三角矩阵的乘积仍是单位下三角矩阵;

(2) 单位上三角矩阵的逆矩阵仍为单位上三角矩阵.

12. 设方程组的系数矩阵 $\boldsymbol{A}$ 为三对角阵,即

$$\boldsymbol{A}=\begin{bmatrix}b_1&c_1&&&\\a_2&b_2&c_2&&\\&\ddots&\ddots&\ddots&\\&&a_{n-1}&b_{n-1}&c_{n-1}\\&&&a_n&b_n\end{bmatrix}.$$

若

$$|b_1|>|c_1|>0,$$

$$|b_i|\geqslant|a_i|+|c_i|,\quad a_ic_i\neq0,\quad i=2,\cdots,n-1,$$

$$|b_n| > |a_n| > 0,$$

证明：$\boldsymbol{A}$ 是非奇异矩阵，且可以分解成

$$\boldsymbol{A} = \boldsymbol{L}_1\boldsymbol{U}_1 = \begin{bmatrix} p_1 & & & & \\ a_2 & p_2 & & & \\ & \ddots & \ddots & & \\ & & \ddots & \ddots & \\ & & & a_n & p_n \end{bmatrix} \begin{bmatrix} 1 & r_1 & & & \\ & 1 & r_2 & & \\ & & \ddots & \ddots & \\ & & & 1 & r_{n-1} \\ & & & & 1 \end{bmatrix},$$

其中

$$\begin{cases} p_1 = b_1, \\ r_i = c_i/p_i, \quad p_{i+1} = b_{i+1} - a_{i+1}r_i, \quad i = 1,2,\cdots,n-1. \end{cases}$$

13. 用紧凑格式对下列矩阵作 LU 分解：

(1) $\boldsymbol{A} = \begin{bmatrix} 1 & 2 & 0 \\ -1 & 3 & 1 \\ 2 & 0 & 2 \end{bmatrix}$；　　(2) $\boldsymbol{A} = \begin{bmatrix} 2 & 2 & 1 & -2 \\ 4 & 5 & 3 & -2 \\ -4 & -2 & 3 & 5 \\ 2 & 3 & 2 & 3 \end{bmatrix}$.

14. 用 LU 分解紧凑格式方法求解方程组 $\boldsymbol{Ax} = \boldsymbol{b}$，其中

$$\boldsymbol{A} = \begin{bmatrix} 4.18 & 2.87 & 3.03 & 2.11 \\ 6.81 & 4.67 & 4.09 & 1.63 \\ 26.15 & 17.96 & 18.96 & 19.94 \\ 1.23 & 2.06 & 1.19 & 6.32 \end{bmatrix}, \quad \boldsymbol{b} = \begin{bmatrix} 27.45 \\ 34.94 \\ 198.71 \\ 34.20 \end{bmatrix}.$$

15. 用改进 Cholesky 法求解方程组 $\boldsymbol{Ax} = \boldsymbol{b}$，其中

$$\boldsymbol{A} = \begin{bmatrix} 5.5 & 7 & 6 & 5.5 \\ 7 & 10.5 & 8 & 7 \\ 6 & 8 & 10.5 & 9 \\ 5.5 & 7 & 9 & 10.5 \end{bmatrix}, \quad \boldsymbol{b} = \begin{bmatrix} 23 \\ 32 \\ 33 \\ 31 \end{bmatrix}.$$

16. 用列主元三角分解法求解方程组 $\boldsymbol{Ax} = \boldsymbol{b}$，其中

$$\boldsymbol{A} = \begin{bmatrix} 1 & 2 & 1 & -2 \\ 2 & 5 & 3 & -2 \\ -2 & -2 & 3 & 5 \\ 1 & 3 & 2 & 3 \end{bmatrix}, \quad \boldsymbol{b} = \begin{bmatrix} 4 \\ 7 \\ -1 \\ 0 \end{bmatrix}.$$

17. 已知 $\boldsymbol{x} = (0, -1, 2)^{\mathrm{T}}$，求 $\|\boldsymbol{x}\|_\infty$，$\|\boldsymbol{x}\|_1$，$\|\boldsymbol{x}\|_2$.

18. 设 $\boldsymbol{x}=(x_1,x_2,\cdots,x_n)^{\mathrm{T}}\in\mathbf{R}^n$, $\omega_i>0(i=1,2,\cdots,n)$,证明:

$$\|\boldsymbol{x}\|=\sum_{i=1}^{n}\omega_i|x_i|$$

是 $\mathbf{R}^n$ 中的一种向量范数.

19. 设 $\boldsymbol{x}\in\mathbf{R}^n$,证明:

(1) $\|\boldsymbol{x}\|_2\leqslant\|\boldsymbol{x}\|_1\leqslant\sqrt{n}\|\boldsymbol{x}\|_2$;

(2) $\|\boldsymbol{x}\|_\infty\leqslant\|\boldsymbol{x}\|_1\leqslant n\|\boldsymbol{x}\|_\infty$;

(3) $\|\boldsymbol{x}\|_\infty\leqslant\|\boldsymbol{x}\|_2\leqslant\sqrt{n}\|\boldsymbol{x}\|_\infty$.

20. 设

$$\boldsymbol{A}=\begin{bmatrix}1&0&1\\2&-1&0\\1&2&1\end{bmatrix},$$

求 $\|\boldsymbol{A}\|_\infty$, $\|\boldsymbol{A}\|_1$, $\|\boldsymbol{A}\|_2$.

21. 设 $\|\boldsymbol{A}\|_p$, $\|\boldsymbol{A}\|_q$ 为 $\mathbf{R}^{n\times n}$ 上任意两种矩阵(算子)范数,证明:存在常数 $d_1,d_2>0$,使得

$$d_1\|\boldsymbol{A}\|_p\leqslant\|\boldsymbol{A}\|_q\leqslant d_2\|\boldsymbol{A}\|_p$$

对一切 $\boldsymbol{A}\in\mathbf{R}^{n\times n}$ 均成立.

22. 设 $\boldsymbol{A}=(a_{ij})\in\mathbf{R}^{n\times n}$,证明: $\|\boldsymbol{A}\|_2^2\leqslant\sum_{i=1}^{n}\sum_{j=1}^{n}a_{ij}^2$.

23. 设 $\boldsymbol{A}\in\mathbf{R}^{n\times n}$, $\|\boldsymbol{A}\|<1$,证明: $\boldsymbol{I}+\boldsymbol{A}$ 可逆,且

$$\|(\boldsymbol{I}+\boldsymbol{A})^{-1}\|\leqslant\frac{1}{1-\|\boldsymbol{A}\|}.$$

24. 设 $\boldsymbol{A}\in\mathbf{R}^{n\times n}$,试证明当 $\rho(\boldsymbol{A})<1$ 时,矩阵序列

$$\boldsymbol{S}_k=\boldsymbol{I}+\boldsymbol{A}+\cdots+\boldsymbol{A}^k,\quad k=0,1,2,\cdots$$

收敛,并求其极限.

25. 设 $\boldsymbol{A}=\begin{bmatrix}1&2\\4&-2\end{bmatrix}$,求 $\mathrm{cond}(\boldsymbol{A})_\infty$, $\mathrm{cond}(\boldsymbol{A})_1$ 和 $\mathrm{cond}(\boldsymbol{A})_2$.

26. 解下面的三对角方程组

$$\begin{cases}136.01x_1+90.860x_2=-33.254,\\90.860x_1+98.810x_2-67.590x_3=49.790,\\-67.590x_2+132.01x_3+46.260x_4=28.067,\\46.260x_3+177.17x_4=-7.324,\end{cases}$$

计算过程中保留 5 位有效数字,并把计算解和准确解

$$\boldsymbol{x} = (-2953.3, 4420.5, 2491.5, -650.59)^{\mathrm{T}}$$

进行比较(注意:本题是一个坏条件问题).

27. 设

$$\boldsymbol{A} = \begin{bmatrix} 2.0001 & -1 \\ -2 & 1 \end{bmatrix}, \quad \boldsymbol{b} = \begin{bmatrix} 7.0003 \\ -7 \end{bmatrix}.$$

已知方程组 $\boldsymbol{Ax} = \boldsymbol{b}$ 的精确解为 $\boldsymbol{x} = \begin{bmatrix} 3 \\ -1 \end{bmatrix}$.

(1) 计算条件数 $\mathrm{cond}(\boldsymbol{A})_\infty$;

(2) 取近似解 $\boldsymbol{y} = \begin{bmatrix} 2.91 \\ -1.01 \end{bmatrix}$,计算残向量 $\boldsymbol{r}_y = \boldsymbol{b} - \boldsymbol{Ay}$;

(3) 取近似解 $\boldsymbol{z} = \begin{bmatrix} 2 \\ -3 \end{bmatrix}$,计算残向量 $\boldsymbol{r}_z = \boldsymbol{b} - \boldsymbol{Az}$;

(4) 就近似解 $\boldsymbol{y}$ 和 $\boldsymbol{z}$,分别计算定理 3.11 中不等式的右端,并与不等式的左端进行比较;

(5) 本题计算结果说明什么问题?

28. 取迭代初值 $\boldsymbol{x}^{(0)} = (0,0,0)^{\mathrm{T}}$,试分别用 Jacobi 迭代法和 Gauss-Seidel 迭代法解方程组

$$\begin{bmatrix} 20 & 2 & 3 \\ 1 & 8 & 1 \\ 2 & -3 & 15 \end{bmatrix} \begin{bmatrix} x_1 \\ x_2 \\ x_3 \end{bmatrix} = \begin{bmatrix} 24 \\ 12 \\ 30 \end{bmatrix},$$

精确至 2 位有效数字.

29. 试分别求出用 Jacobi 迭代法和 Gauss-Seidel 迭代法解方程组

$$\begin{bmatrix} 1 & -\dfrac{1}{2} \\ -\dfrac{1}{2} & 1 \end{bmatrix} \begin{bmatrix} x_1 \\ x_2 \end{bmatrix} = \begin{bmatrix} \dfrac{1}{2} \\ \dfrac{1}{2} \end{bmatrix}$$

的第 k 次迭代误差的表达式. 已知方程组的精确解为 $\boldsymbol{x}^* = (1,1)^{\mathrm{T}}$.

30. 给定方程组

$$\begin{cases} a_{11}x_1 + a_{12}x_2 = b_1, \\ a_{21}x_1 + a_{22}x_2 = b_2, \end{cases} \quad \text{其中 } a_{11}a_{22} \neq 0.$$

试证明:Jacobi 迭代法收敛的充分必要条件为 $\left|\dfrac{a_{12}a_{21}}{a_{11}a_{22}}\right|<1$.

31. 试解释为什么 Gauss-Seidel 迭代法的迭代矩阵 $\boldsymbol{G}=-(\boldsymbol{D}+\boldsymbol{L})^{-1}\boldsymbol{U}$ 至少有一个特征值为零.

32. 试讨论用 Jacobi 迭代法和 Gauss-Seidel 迭代法解下列方程组的收敛性:

(1) $\begin{bmatrix}1&2&-2\\1&1&1\\2&2&1\end{bmatrix}\begin{bmatrix}x_1\\x_2\\x_3\end{bmatrix}=\begin{bmatrix}1\\1\\1\end{bmatrix}$;

(2) $\begin{bmatrix}5&2&1\\-1&4&2\\2&-3&10\end{bmatrix}\begin{bmatrix}x_1\\x_2\\x_3\end{bmatrix}=\begin{bmatrix}-12\\30\\3\end{bmatrix}$;

(3) $\begin{bmatrix}1&0&-\frac{1}{4}&-\frac{1}{4}\\0&1&-\frac{1}{4}&-\frac{1}{4}\\-\frac{1}{4}&-\frac{1}{4}&1&0\\-\frac{1}{4}&-\frac{1}{4}&0&1\end{bmatrix}\begin{bmatrix}x_1\\x_2\\x_3\\x_4\end{bmatrix}=\begin{bmatrix}\frac{1}{2}\\\frac{1}{2}\\\frac{1}{2}\\\frac{1}{2}\end{bmatrix}$.

33. 把下面的方程组

$$\begin{bmatrix}64&-3&-1\\1&1&40\\2&-90&1\end{bmatrix}\begin{bmatrix}x_1\\x_2\\x_3\end{bmatrix}=\begin{bmatrix}14\\20\\-5\end{bmatrix}$$

做等价变形,使之能应用 Jacobi 迭代法进行求解,并写出迭代格式的分量表示形式和迭代矩阵.

34. 给定方程组 $\boldsymbol{Ax}=\boldsymbol{b}$,其中

$$\boldsymbol{A}=\begin{bmatrix}3.2&1&1\\1&3.7&1\\1&1&4.2\end{bmatrix},\quad \boldsymbol{b}=\begin{bmatrix}4\\4.5\\5\end{bmatrix}.$$

(1) 写出 SOR 迭代格式;

(2) 判别敛散性.

35. 给定线性方程组 $\begin{cases}3x_1+\dfrac{3}{2}x_2=5,\\ \dfrac{3}{2}x_1+2x_2=-5.\end{cases}$

(1) 写出 SOR 迭代格式；

(2) 试求出最佳松弛因子.

36. 给定线性方程组 $\begin{cases} 3x_1 + 2x_2 = 5, \\ x_1 + 2x_2 = -5. \end{cases}$

(1) 写出 SOR 迭代格式；

(2) 试求出最佳松弛因子.

37. 设 $\boldsymbol{A} \in \mathbf{R}^{n\times n}$ 是对称正定矩阵，证明：由幂法所得 $\{m_k\}$，有

$$\lim_{k\to\infty} m_k = \lambda_{\max},$$

其中 $\lambda_{\max}$ 为 $\boldsymbol{A}$ 的最大特征值.

38. 设 $\boldsymbol{A} \in \mathbf{R}^{n\times n}$ 且 $\boldsymbol{A}$ 是非奇异的，给出用幂法计算 $\mathrm{cond}(\boldsymbol{A})_2$ 的算法.

39. 用幂法和反幂法计算矩阵 $\boldsymbol{A} = \begin{bmatrix} -1 & 4 \\ -3 & 6 \end{bmatrix}$ 的特征值，要求结果精确至 2 位有效数字.

40. (上机题) **列主元 Gauss 消去法.**

对于某电路的分析，归结为求解线性方程组 $\boldsymbol{RI} = \boldsymbol{V}$，其中

$$\boldsymbol{R} = \begin{bmatrix} 31 & -13 & 0 & 0 & 0 & -10 & 0 & 0 & 0 \\ -13 & 35 & -9 & 0 & -11 & 0 & 0 & 0 & 0 \\ 0 & -9 & 31 & -10 & 0 & 0 & 0 & 0 & 0 \\ 0 & 0 & -10 & 79 & -30 & 0 & 0 & 0 & -9 \\ 0 & 0 & 0 & -30 & 57 & -7 & 0 & -5 & 0 \\ 0 & 0 & 0 & 0 & -7 & 47 & -30 & 0 & 0 \\ 0 & 0 & 0 & 0 & 0 & -30 & 41 & 0 & 0 \\ 0 & 0 & 0 & 0 & -5 & 0 & 0 & 27 & -2 \\ 0 & 0 & 0 & -9 & 0 & 0 & 0 & -2 & 29 \end{bmatrix},$$

$$\boldsymbol{V}^{\mathrm{T}} = (-15, 27, -23, 0, -20, 12, -7, 7, 10).$$

(1) 编写解 n 阶线性方程组 $\boldsymbol{Ax} = \boldsymbol{b}$ 的列主元 Gauss 消去法的通用程序；

(2) 用所编程序解线性方程组 $\boldsymbol{RI} = \boldsymbol{V}$，并打印出解向量，保留 5 位有效数字；

(3) 通过本题程序的编写，你提高了哪些编程能力？

41. (上机题) **逐次超松弛迭代法.**

(1) 编写解 n 阶线性方程组 $\boldsymbol{Ax} = \boldsymbol{b}$ 的 SOR 方法的通用程序，要求

$$\| \boldsymbol{x}^{(k)} - \boldsymbol{x}^{(k-1)} \|_\infty \leqslant \varepsilon;$$

(2) 对于第 40 题中所给线性方程组，取松弛因子 $\omega_i = i/50, i = 1, 2, \cdots, 99$，容许误差 $\varepsilon = 0.5 \times 10^{-5}$，打印松弛因子、迭代次数、最佳松弛因子及解向量.

4 多项式插值与函数最佳逼近

在生产实际及科学研究中，经常要研究变量之间的函数关系 $y=f(x)$. 若函数 $f(x)$ 的表达式很复杂，或 $f(x)$ 只能用一张数据表来表示，即

x	x_0	x_1	$\cdots$	x_n
$f(x)$	$f(x_0)$	$f(x_1)$	$\cdots$	$f(x_n)$

都将给研究 $f(x)$ 带来困难. 因此人们希望用一个简单函数 $p(x)$ 去近似 $f(x)$，并将研究 $f(x)$ 的问题转化为研究函数 $p(x)$ 的问题. 由于近似含义的不同，构成了插值与逼近两部分内容.

4.1 Lagrange 插值

定义 4.1 设函数 $f(x)$ 在区间 $[a,b]$ 上有定义，并知 $f(x)$ 在 $[a,b]$ 上 $(n+1)$ 个互异节点 $x_0,x_1,\cdots,x_n$ 上的函数值 $f(x_0),f(x_1),\cdots,f(x_n)$. 若存在一个次数不超过 n 的多项式 $p_n(x)$，满足

$$p_n(x_i)=f(x_i),\quad i=0,1,2,\cdots,n, \tag{4.1}$$

则称 $p_n(x)$ 为 $f(x)$ 的 ***n* 次插值多项式**，称式(4.1) 为**插值条件**，称 x_i 为**插值节点**，称 $f(x)$ 为**被插值函数**.

定理 4.1 满足插值条件(4.1) 的 n 次多项式 $p_n(x)$ 是存在唯一的.

证明 设 $p_n(x)=\sum\limits_{k=0}^{n}c_kx^k$，代入式(4.1) 得到

$$\begin{cases}\sum\limits_{k=0}^{n}x_0^kc_k=f(x_0),\\ \sum\limits_{k=0}^{n}x_1^kc_k=f(x_1),\\ \qquad\vdots\\ \sum\limits_{k=0}^{n}x_n^kc_k=f(x_n).\end{cases}$$

为了证明上述线性方程组解的存在唯一性，只需等价地证明其对应的齐次线性方程组只有零解.

事实上,若右端各项均为零,则 $x_0, x_1, \cdots, x_n$ 均为 $p_n(x)$ 的零点,因而 $p_n(x)$ 共有 $(n+1)$ 个零点. 由于 n 次多项式至多只有 n 个零点,故 $p_n(x)$ 必为零多项式,即对应的齐次线性方程组只有零解. 定理证毕.

下面我们用构造的方法来给出 $p_n(x)$ 的 Lagrange 表示. 首先考虑如下简单的插值问题.

4.1.1　基本插值多项式

求一个 n 次多项式 $l_k(x)$,使满足

$$l_k(x_0) = 0, \cdots, l_k(x_{k-1}) = 0, l_k(x_k) = 1, l_k(x_{k+1}) = 0, \cdots, l_k(x_n) = 0, \tag{4.2}$$

即

$$l_k(x_j) = \begin{cases} 1, & j = k, \\ 0, & j \neq k. \end{cases}$$

由于 $x_0, x_1, \cdots, x_{k-1}, x_{k+1}, \cdots, x_n$ 为 n 次多项式 $l_k(x)$ 的零点,所以 $l_k(x)$ 含有 n 个一次因子:

$$x - x_0, \ x - x_1, \ \cdots, \ x - x_{k-1}, \ x - x_{k+1}, \ \cdots, \ x - x_n,$$

于是 $l_k(x)$ 可以写成

$$\begin{aligned} l_k(x) &= A_k(x-x_0)(x-x_1)\cdots(x-x_{k-1})(x-x_{k+1})\cdots(x-x_n) \\ &= A_k \prod_{\substack{i=0 \\ i \neq k}}^{n} (x - x_i), \end{aligned} \tag{4.3}$$

其中 A_k 为待定常数. 再由 $l_k(x_k) = 1$,得到

$$A_k \prod_{\substack{i=0 \\ i \neq k}}^{n} (x_k - x_i) = 1,$$

于是

$$A_k = \frac{1}{\prod\limits_{\substack{i=0 \\ i \neq k}}^{n} (x_k - x_i)}.$$

将它代入到式(4.3),得到

$$l_k(x) = \frac{\prod\limits_{\substack{i=0 \\ i \neq k}}^{n} (x - x_i)}{\prod\limits_{\substack{i=0 \\ i \neq k}}^{n} (x_k - x_i)} = \prod_{\substack{i=0 \\ i \neq k}}^{n} \frac{x - x_i}{x_k - x_i}. \tag{4.4}$$

显然由式(4.4) 定义的 $l_k(x)$ 满足插值条件(4.2).

称 $l_k(x)$ 为 n 次插值问题的(第 k 个) **基本插值多项式**. 当 $k=0,1,\cdots,n$ 时,我们依次得到基本插值多项式 $l_0(x),l_1(x),\cdots,l_n(x)$.

4.1.2 Lagrange 插值多项式

利用基本插值多项式容易得出满足插值条件(4.1) 的 n 次插值多项式

$$p_n(x)=\sum_{k=0}^{n} f(x_k)l_k(x). \tag{4.5}$$

事实上,由于每个基本插值多项式 $l_k(x)$ 都是 n 次多项式,因而 $p_n(x)$ 的次数不超过 n. 又据

$$\begin{aligned} p_n(x_i) &= \sum_{k=0}^{n} f(x_k)l_k(x_i) = f(x_i)l_i(x_i) + \sum_{\substack{k=0\\k\neq i}}^{n} f(x_k)l_k(x_i) \\ &= f(x_i), \quad i=0,1,\cdots,n, \end{aligned}$$

即 $p_n(x)$ 满足插值条件(4.1),因而式(4.5) 表示的 $p_n(x)$ 即为所求的满足插值条件(4.1) 的 n 次插值多项式.

称式(4.5) 为 ***n* 次 Lagrange 插值多项式**,常记为 $L_n(x)$,即

$$L_n(x)=\sum_{k=0}^{n} f(x_k)l_k(x)=\sum_{k=0}^{n} f(x_k)\prod_{\substack{i=0\\i\neq k}}^{n}\frac{x-x_i}{x_k-x_i}. \tag{4.6}$$

定义 4.2 设函数 $\varphi_0(x),\varphi_1(x),\cdots,\varphi_m(x)$ 为区间$[a,b]$上的连续函数,如果存在不全为零的常数 $c_0,c_1,\cdots,c_m$ 使得

$$c_0\varphi_0(x)+c_1\varphi_1(x)+\cdots+c_m\varphi_m(x)\equiv 0, \quad x\in[a,b],$$

则称 $\varphi_0(x),\varphi_1(x),\cdots,\varphi_m(x)$ 是线性相关的,否则称为线性无关的.

由于基本插值多项式 $l_0(x),l_1(x),\cdots,l_n(x)$ 是线性无关的,且 n 次插值多项式 $L_n(x)$ 可由它们线性表示,因此又称 $l_0(x),l_1(x),\cdots,l_n(x)$ 为 n 次 Lagrange **插值基函数**.

例 4.1 已知 $f(x)=\sin x, x\in[0,\pi]$.

(1) 以 $x_0=0,x_1=\dfrac{\pi}{2},x_2=\pi$ 为插值节点,求 $f(x)$ 的 2 次插值多项式 $L_2(x)$,并作出 $f(x)$ 和 $L_2(x)$ 的图像;

(2) 以 $x_0=0,x_1=\dfrac{\pi}{3},x_2=\dfrac{2\pi}{3},x_3=\pi$ 为插值节点,求 $f(x)$ 的 3 次插值多项式 $L_3(x)$,并作出 $f(x)$ 和 $L_3(x)$ 的图像.

解 (1) 根据题意,可得

$$L_2(x) = f(x_0)\frac{(x-x_1)(x-x_2)}{(x_0-x_1)(x_0-x_2)} + f(x_1)\frac{(x-x_0)(x-x_2)}{(x_1-x_0)(x_1-x_2)}$$
$$+ f(x_2)\frac{(x-x_0)(x-x_1)}{(x_2-x_0)(x_2-x_1)}$$
$$= \frac{x(x-\pi)}{\frac{\pi}{2}\left(\frac{\pi}{2}-\pi\right)} = \frac{4}{\pi^2}x(\pi-x),$$

且 $f(x)$ 和 $L_2(x)$ 的图像如图 4.1 所示.

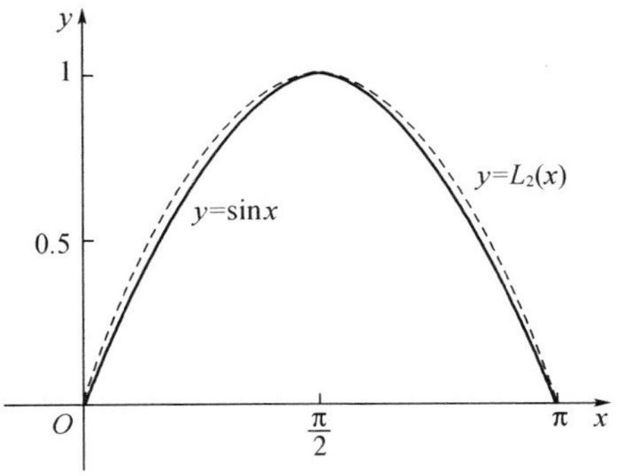

图 4.1　2 次插值多项式 $L_2(x)$

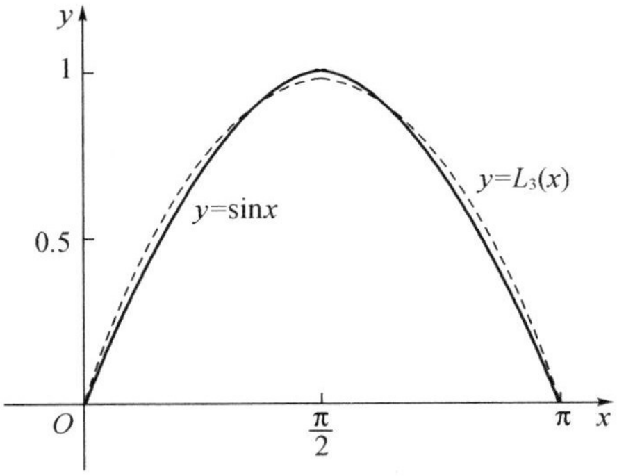

图 4.2　3 次插值多项式 $L_3(x)$

(2) 根据题意,可得

$$L_3(x) = f(x_0)\frac{(x-x_1)(x-x_2)(x-x_3)}{(x_0-x_1)(x_0-x_2)(x_0-x_3)}$$
$$+ f(x_1)\frac{(x-x_0)(x-x_2)(x-x_3)}{(x_1-x_0)(x_1-x_2)(x_1-x_3)}$$
$$+ f(x_2)\frac{(x-x_0)(x-x_1)(x-x_3)}{(x_2-x_0)(x_2-x_1)(x_2-x_3)}$$
$$+ f(x_3)\frac{(x-x_0)(x-x_1)(x-x_2)}{(x_3-x_0)(x_3-x_1)(x_3-x_2)}$$
$$= \frac{\sqrt{3}}{2}\times\frac{(x-0)\left(x-\frac{2\pi}{3}\right)(x-\pi)}{\left(\frac{\pi}{3}-0\right)\left(\frac{\pi}{3}-\frac{2\pi}{3}\right)\left(\frac{\pi}{3}-\pi\right)}$$
$$+ \frac{\sqrt{3}}{2}\times\frac{(x-0)\left(x-\frac{\pi}{3}\right)(x-\pi)}{\left(\frac{2\pi}{3}-0\right)\left(\frac{2\pi}{3}-\frac{\pi}{3}\right)\left(\frac{2\pi}{3}-\pi\right)}$$
$$= \frac{9\sqrt{3}}{4\pi^2}x(\pi-x),$$

且 $f(x)$ 和 $L_3(x)$ 的图像如图 4.2 所示.

4.1.3 插值余项

函数 $f(x)$ 的 n 次插值多项式 $p_n(x)$ 只是在节点处有

$$p_n(x_i) = f(x_i), \quad i = 0,1,\cdots,n.$$

当 $x \neq x_i(i = 0,1,\cdots,n)$ 时,一般来说 $p_n(x) \neq f(x)$. 若令

$$R_n(x) = f(x) - p_n(x),$$

称 $R_n(x)$ 为插值多项式的**余项**,表示用 $p_n(x)$ 代替 $f(x)$ 时在点 x 处产生的误差.

定理 4.2 设 $f(x)$ 在包含 $(n+1)$ 个互异节点 $x_0,x_1,\cdots,x_n$ 的区间 $[a,b]$ 上具有 n 阶连续导数,且在 (a,b) 内存在 $(n+1)$ 阶导数,那么对于 $[a,b]$ 上的每一点 x,必存在一相应的点 $\xi \in (a,b)$,使得

$$R_n(x) = f(x) - p_n(x) = \frac{f^{(n+1)}(\xi)}{(n+1)!}W_{n+1}(x), \tag{4.7}$$

其中 $W_{n+1}(x) = \prod_{i=0}^{n}(x-x_i)$, $\xi \in (\min\{x,x_0,x_1,\cdots,x_n\},\max\{x,x_0,x_1,\cdots,x_n\})$.

证明 因为 $R_n(x) = f(x) - p_n(x)$,所以在节点 $x_0,x_1,\cdots,x_n$ 处 $R_n(x) = 0$,即 $R_n(x)$ 有 $(n+1)$ 个零点,故可设

$$R_n(x) = K(x)W_{n+1}(x), \tag{4.8}$$

其中 $K(x)$ 为待定函数,它与 x 有关. 现在我们来确定 $K(x)$.

当 $x = x_j(j = 0,1,\cdots,n)$ 时,$K(x)$ 取为任意常数,式(4.8)的两边均为零. 当 $x \neq x_j(j = 0,1,\cdots,n)$ 时,这时 $W_{n+1}(x) \neq 0$,解得

$$K(x) = \frac{R_n(x)}{W_{n+1}(x)}.$$

为了把 $K(x)$ 具体找出来,作辅助函数

$$\varphi(t) = R_n(t) - K(x)W_{n+1}(t),$$

这时 $\varphi(t)$ 至少有 $(n+2)$ 个互异的零点,分别是 $x,x_0,x_1,\cdots,x_n$.

将这 $(n+2)$ 个零点按从小到大的顺序排列,由 Rolle 定理知,在 $\varphi(t)$ 的两个相邻零点之间至少有 $\varphi'(t)$ 的一个零点,这样 $\varphi'(t)$ 在 (a,b) 内至少有 $(n+1)$ 个互异的零点;对 $\varphi'(t)$ 再应用罗尔定理,则 $\varphi''(t)$ 在 (a,b) 内至少有 n 个互异的零点. 继续这个过程,则 $\varphi^{(n+1)}(t)$ 在 (a,b) 内至少有一个零点,记为 ξ,即有

$$\varphi^{(n+1)}(\xi) = 0,$$

易知 $\xi \in (\min\{x,x_0,x_1,\cdots,x_n\},\max\{x,x_0,x_1,\cdots,x_n\})$. 又对 $\varphi(t)$ 求 $(n+1)$ 阶导数得

$$\varphi^{(n+1)}(t) = R_n^{(n+1)}(t) - K(x)[W_{n+1}(t)]^{(n+1)}$$
$$= f^{(n+1)}(t) - (n+1)!K(x),$$

因而

$$f^{(n+1)}(\xi) - (n+1)!K(x) = 0,$$

即得

$$K(x) = \frac{f^{(n+1)}(\xi)}{(n+1)!}.$$

再把上式代入式(4.8),即得式(4.7).定理证毕.

有以下两点需要说明:

(1) 当 $f(x)$ 本身是一个次数不超过 n 的多项式时,这时

$$f(x) - p_n(x) = 0,$$

因而

$$p_n(x) = f(x).$$

特别地,当 $f(x) = 1$ 时,有

$$\sum_{k=0}^{n} l_k(x) \equiv 1.$$

这是插值基函数的一个基本性质.

(2) 余项表达式(4.7) 只有在 $f(x)$ 的$(n+1)$ 阶导数存在时才能使用.由于 ξ 不能具体求出,通常利用

$$\max_{a\leqslant x\leqslant b} | f^{(n+1)}(x) | = M_{n+1}$$

求出误差限,即有

$$| R_n(x) | \leqslant \frac{M_{n+1}}{(n+1)!} | W_{n+1}(x) |.$$

例 4.2 在物理学和工程中的一个常用误差函数

$$f(x) = \frac{2}{\sqrt{\pi}}\int_0^x e^{-t^2} dt$$

的函数值已造成函数表.假设在区间[4,6]上以 $x_0 = 4, x_1 = 6$ 为插值节点作线性插值多项式计算 $f(x)$ 的近似值,问会有多大的误差?

解 作线性插值多项式 $p_1(x)$,并取 $f(x) \approx p_1(x)$.由式(4.7),有

$$f(x) - p_1(x) = \frac{1}{2}f''(\xi)(x - x_0)(x - x_1),$$

于是

$$\max_{4\leqslant x\leqslant 6}|f(x)-p_1(x)|\leqslant\frac{1}{2}\max_{4\leqslant x\leqslant 6}|f''(x)|\cdot\max_{4\leqslant x\leqslant 6}|(x-x_0)(x-x_1)|.$$

计算得

$$f'(x)=\frac{2}{\sqrt{\pi}}e^{-x^2},\quad f''(x)=-\frac{4x}{\sqrt{\pi}}e^{-x^2},$$

$$f'''(x)=\frac{4}{\sqrt{\pi}}(2x^2-1)e^{-x^2}>0,\quad x\in(4,6),$$

因而

$$\max_{4\leqslant x\leqslant 6}|f''(x)|=|f''(4)|=1.016\times 10^{-6},$$

故得

$$\max_{4\leqslant x\leqslant 6}|f(x)-p_1(x)|\leqslant\frac{1}{2}\times 1.016\times 10^{-6}\times 1=0.508\times 10^{-6}.$$

4.2 差商、差分和 Newton 插值

Lagrange 插值多项式作为一种计算方案存在一些缺点. 譬如要确定 $f(x)$ 在某一点 x^* 处的近似值,预先不知道选多少个插值节点为宜. 通常的办法是依次算出 $L_1(x^*)$,$L_2(x^*)$,$L_3(x^*)$,…,直到(根据估计)求出足够精确的 $f(x^*)$ 的近似值 $L_k(x^*)$ 为止,其中 $L_k(x)$ 表示 $f(x)$ 以 $x_0,x_1,\cdots,x_k$ 为插值节点的 k 次插值多项式. 在确定 $L_k(x)$ 的时候,我们希望最好能利用已算出的 $L_{k-1}(x)$,但 Lagrange 插值多项式却不能满足这一要求,因此用 Lagrange 公式去计算 $L_k(x)$ 时只能从头开始计算. 我们设想能够给出一个构造 $L_k(x)$ 的方法,它只需要对 $L_{k-1}(x)$ 做一个简单的修正.

为此考察

$$g(x)=L_k(x)-L_{k-1}(x).$$

显然 $g(x)$ 是一个次数不超过 k 的多项式,且对 $j=0,1,\cdots,k-1$,有

$$g(x_j)=L_k(x_j)-L_{k-1}(x_j)=f(x_j)-f(x_j)=0,$$

这样 $g(x)$ 有零点 $x_0,x_1,\cdots,x_{k-1}$. 因而存在一个常数 a_k,使得

$$g(x)=a_k(x-x_0)(x-x_1)\cdots(x-x_{k-1}),$$

或

$$L_k(x)=L_{k-1}(x)+a_k(x-x_0)(x-x_1)\cdots(x-x_{k-1}). \tag{4.9}$$

若常数 a_k 可以容易确定,那么知道 $L_{k-1}(x)$,就可以应用式(4.9)来确定 $L_k(x)$.

现在我们来决定常数 a_k. 在式(4.9)中令 $x=x_k$,则可得

$$\begin{aligned}
a_k&=\frac{L_k(x_k)-L_{k-1}(x_k)}{(x_k-x_0)(x_k-x_1)\cdots(x_k-x_{k-1})}\\
&=\frac{f(x_k)-\sum\limits_{m=0}^{k-1}f(x_m)\prod\limits_{\substack{i=0\\i\neq m}}^{k-1}\frac{x_k-x_i}{x_m-x_i}}{\prod\limits_{i=0}^{k-1}(x_k-x_i)}\\
&=\frac{f(x_k)}{\prod\limits_{i=0}^{k-1}(x_k-x_i)}-\sum_{m=0}^{k-1}\frac{f(x_m)}{(x_k-x_m)\prod\limits_{\substack{i=0\\i\neq m}}^{k-1}(x_m-x_i)}\\
&=\sum_{m=0}^{k}\frac{f(x_m)}{\prod\limits_{\substack{i=0\\i\neq m}}^{k}(x_m-x_i)}.
\end{aligned} \tag{4.10}$$

4.2.1　差商及 Newton 插值多项式

按式(4.10)确定 a_k 仍然比较麻烦,为此引入差商的概念.

定义 4.3　设已知函数 $f(x)$ 在 $(n+1)$ 个互异节点 $x_0,x_1,\cdots,x_n$ 上的函数值为 $f(x_0),f(x_1),\cdots,f(x_n)$,称

$$\frac{f(x_j)-f(x_i)}{x_j-x_i}$$

为 $f(x)$ 关于节点 x_i,x_j 的 **1 阶差商**(或称均差),记作 $f[x_i,x_j]$,即

$$f[x_i,x_j]=\frac{f(x_j)-f(x_i)}{x_j-x_i}.$$

称 1 阶差商 $f[x_i,x_j]$ 和 $f[x_j,x_k]$ 的差商

$$\frac{f[x_j,x_k]-f[x_i,x_j]}{x_k-x_i}$$

为 $f(x)$ 关于节点 x_i,x_j 和 x_k 的 **2 阶差商**,记作 $f[x_i,x_j,x_k]$,即

$$f[x_i,x_j,x_k]=\frac{f[x_j,x_k]-f[x_i,x_j]}{x_k-x_i}.$$

一般地,称 $(k-1)$ 阶差商的差商为 $\boldsymbol{k}$ **阶差商**,即

$$f[x_0,x_1,\cdots,x_{k-1},x_k]=\frac{f[x_1,x_2,\cdots,x_{k-1},x_k]-f[x_0,x_1,\cdots,x_{k-2},x_{k-1}]}{x_k-x_0}.$$

约定 $f(x_i)$ 为 $f(x)$ 关于节点 x_i 的**零阶差商**,并记为 $f[x_i]$.

由差商的定义可知:如果给定 $f(x)$ 在$(n+1)$ 个节点上的函数值,则可求出直至 n 阶的各阶差商. 例如,给定函数表

x	x_0	x_1	x_2	x_3
$f(x)$	$f(x_0)$	$f(x_1)$	$f(x_2)$	$f(x_3)$

各阶差商列于表 4.1:

表 4.1　差商表

k	x_k	$f[x_k]$	$f[x_k,x_{k+1}]$	$f[x_k,x_{k+1},x_{k+2}]$	$f[x_k,x_{k+1},x_{k+2},x_{k+3}]$
0	x_0	$f[x_0]$	$f[x_0,x_1]$	$f[x_0,x_1,x_2]$	$f[x_0,x_1,x_2,x_3]$
1	x_1	$f[x_1]$	$f[x_1,x_2]$	$f[x_1,x_2,x_3]$	
2	x_2	$f[x_2]$	$f[x_2,x_3]$		
3	x_3	$f[x_3]$			

由表 4.1 可以发现求各阶差商是很方便的,且差商

$$f[x_0],\quad f[x_0,x_1],\quad f[x_0,x_1,x_2],\quad f[x_0,x_1,x_2,x_3]$$

位于该表的第一行上.

差商有如下重要性质:

性质 4.1　k 阶差商 $f[x_0,x_1,\cdots,x_k]$ 是由函数值 $f(x_0),f(x_1),\cdots,f(x_k)$ 线性组合而成的,即

$$f[x_0,x_1,\cdots,x_k]=\sum_{m=0}^{k}\frac{f(x_m)}{\prod\limits_{\substack{i=0\\ i\neq m}}^{k}(x_m-x_i)}. \tag{4.11}$$

证明　应用数学归纳法进行证明. 当 $k=1$ 时,式(4.11) 的

$$\text{左边}=f[x_0,x_1]=\frac{f(x_1)-f(x_0)}{x_1-x_0}=\text{右边},$$

所以结论成立.

现设 $k=l-1$ 时结论成立,即有

$$f[x_0,x_1,\cdots,x_{l-1}]=\sum_{m=0}^{l-1}\frac{f(x_m)}{\prod\limits_{\substack{i=0\\ i\neq m}}^{l-1}(x_m-x_i)},$$

$$f[x_1,x_2,\cdots,x_l]=\sum_{m=1}^{l}\frac{f(x_m)}{\prod\limits_{\substack{i=1\\ i\neq m}}^{l}(x_m-x_i)},$$

于是

$$
\begin{aligned}
f[x_0,x_1,\cdots,x_l] &= \frac{1}{x_l-x_0}\left(f[x_1,x_2,\cdots,x_l]-f[x_0,x_1,\cdots,x_{l-1}]\right)\\
&= \frac{1}{x_l-x_0}\left[\sum_{m=1}^{l}\frac{f(x_m)}{\prod\limits_{\substack{i=1\\ i\neq m}}^{l}(x_m-x_i)}-\sum_{m=0}^{l-1}\frac{f(x_m)}{\prod\limits_{\substack{i=0\\ i\neq m}}^{l-1}(x_m-x_i)}\right]\\
&= \frac{1}{x_0-x_l}\cdot\frac{f(x_0)}{\prod\limits_{i=1}^{l-1}(x_0-x_i)}\\
&\quad+\frac{1}{x_l-x_0}\sum_{m=1}^{l-1}\left(\frac{1}{\prod\limits_{\substack{i=1\\ i\neq m}}^{l}(x_m-x_i)}-\frac{1}{\prod\limits_{\substack{i=0\\ i\neq m}}^{l-1}(x_m-x_i)}\right)f(x_m)\\
&\quad+\frac{1}{x_l-x_0}\cdot\frac{f(x_l)}{\prod\limits_{i=1}^{l-1}(x_l-x_i)}\\
&= \sum_{m=0}^{l}\frac{f(x_m)}{\prod\limits_{\substack{i=0\\ i\neq m}}^{l}(x_m-x_i)},
\end{aligned}
$$

即式(4.11)对 $k=l$ 成立.

综上,根据归纳原理,性质 4.1 成立. 证毕.

由式(4.10)和式(4.11)知

$$a_k = f[x_0,x_1,\cdots,x_k],$$

再由式(4.9)递推可得

$$
\begin{aligned}
L_n(x) &= a_0+a_1(x-x_0)+a_2(x-x_0)(x-x_1)+\cdots\\
&\quad+a_n(x-x_0)(x-x_1)\cdots(x-x_{n-1})\\
&= f[x_0]+f[x_0,x_1](x-x_0)+f[x_0,x_1,x_2](x-x_0)(x-x_1)\\
&\quad+\cdots+f[x_0,x_1,\cdots,x_n](x-x_0)(x-x_1)\cdots(x-x_{n-1}).
\end{aligned}
$$

通常记上式为 $N_n(x)$,即

$$
\begin{aligned}
N_n(x) &= f[x_0]+f[x_0,x_1](x-x_0)+f[x_0,x_1,x_2](x-x_0)(x-x_1)\\
&\quad+\cdots+f[x_0,x_1,\cdots,x_n](x-x_0)(x-x_1)\cdots(x-x_{n-1}).
\end{aligned}
\tag{4.12}
$$

称式(4.12)为 ***n*** **次 Newton 插值多项式.**

例 4.3 给定如下数据：

x_k	-1	1	2
$f(x_k)$	3	1	-1

试求 $f(x)$ 的 2 次 Newton 插值多项式.

解 构造差商表如下所示：

k	x_k	$f[x_k]$	$f[x_k,x_{k+1}]$	$f[x_k,x_{k+1},x_{k+2}]$
0	-1	3	-1	$-\frac{1}{3}$
1	1	1	-2	
2	2	-1		

由差商表可得 2 次 Newton 插值多项式为

$$N_2(x)=3-(x+1)-\frac{1}{3}(x+1)(x-1).$$

性质 4.2 差商具有对称性，即在 k 阶差商 $f[x_0,x_1,\cdots,x_k]$ 中任意交换 2 个节点 x_l 和 x_m 的次序，其值不变.

事实上，调换 x_l 和 x_m 的次序，在式(4.11) 的右端只改变求和次序，故其值不变. 这也就证明了性质 4.2.

由这个性质可知：如果已由$(m+1)$个插值节点 $x_0,x_1,\cdots,x_m$ 求得 m 次插值多项式 $N_m(x)$，现在增加一个节点 $\tilde{x}$($\tilde{x}$ 可位于插值区间上的任何位置)，要由插值节点 $x_0,x_1,\cdots,x_m,\tilde{x}$ 求$(m+1)$次插值多项式 $N_{m+1}(x)$，只需要在差商表各列的末尾加上一个差商值的计算，就可以得到 $f[x_0,x_1,\cdots,x_m,\tilde{x}]$. 例如，当 $m=3$ 时，增加一个节点 $\tilde{x}$ 后的差商表如表 4.2 所示：

表 4.2 新差商表

x_k	$f[x_k]$	$f[x_k,x_{k+1}]$	$f[x_k,x_{k+1},x_{k+2}]$	$f[x_k,x_{k+1},x_{k+2},x_{k+3}]$	$f[x_k,x_{k+1},x_{k+2},x_{k+3},x_{k+4}]$
x_0	$f[x_0]$	$f[x_0,x_1]$	$f[x_0,x_1,x_2]$	$f[x_0,x_1,x_2,x_3]$	$f[x_0,x_1,x_2,x_3,\tilde{x}]$
x_1	$f[x_1]$	$f[x_1,x_2]$	$f[x_1,x_2,x_3]$	$f[x_1,x_2,x_3,\tilde{x}]$	
x_2	$f[x_2]$	$f[x_2,x_3]$	$f[x_2,x_3,\tilde{x}]$		
x_3	$f[x_3]$	$f[x_3,\tilde{x}]$			
$\tilde{x}$	$f[\tilde{x}]$				

于是

$$N_{m+1}(x)=N_m(x)+f[x_0,x_1,\cdots,x_m,\tilde{x}](x-x_0)(x-x_1)\cdots(x-x_m).$$

性质 4.3　k 阶差商和 k 阶导数之间有如下重要关系：

$$f[x_0,x_1,\cdots,x_k]=\frac{f^{(k)}(\eta)}{k!},$$

其中 $\eta\in(\min\{x_0,x_1,\cdots,x_k\},\max\{x_0,x_1,\cdots,x_k\})$.

证明　以 $x_0,x_1,\cdots,x_k$ 为节点作 $f(x)$ 的 k 次 Newton 插值多项式

$$N_k(x)=f[x_0]+f[x_0,x_1](x-x_0)+\cdots+f[x_0,x_1,\cdots,x_k]\prod_{i=0}^{k-1}(x-x_i).$$

考虑余项

$$R_k(x)=f(x)-N_k(x),$$

易知 $R_k(x_i)=0(i=0,1,\cdots,k)$，即 $R_k(x)$ 有 $(k+1)$ 个互异的零点. 将这 $(k+1)$ 个零点按从小到大的顺序重新排列，由 Rolle 定理知在这样排列好的任意两个相邻的零点之间至少有 $R'_k(x)$ 的一个零点，因而 $R'_k(x)$ 至少有 k 个互异的零点. 依次类推，$R_k^{(k)}(x)$ 至少有一个零点 η. 由

$$R_k^{(k)}(\eta)=f^{(k)}(\eta)-N_k^{(k)}(\eta)=f^{(k)}(\eta)-k!f[x_0,x_1,\cdots,x_k]=0$$

得到

$$f[x_0,x_1,\cdots,x_k]=\frac{f^{(k)}(\eta)}{k!},$$

其中 $\eta\in(\min\{x_0,x_1,\cdots,x_k\},\max\{x_0,x_1,\cdots,x_k\})$. 证毕.

根据差商的定义及其性质 4.2，我们还可推得 Newton 差商型插值余项. 由差商定义可知

$$\begin{aligned}
&f(x)=f(x_0)+f[x_0,x](x-x_0),\\
&f[x_0,x]=f[x_0,x_1]+f[x_0,x_1,x](x-x_1),\\
&f[x_0,x_1,x]=f[x_0,x_1,x_2]+f[x_0,x_1,x_2,x](x-x_2),\\
&\qquad\vdots\\
&f[x_0,\cdots,x_{n-2},x]=f[x_0,x_1,\cdots,x_{n-1}]+f[x_0,x_1,\cdots,x_{n-1},x](x-x_{n-1}),\\
&f[x_0,\cdots,x_{n-1},x]=f[x_0,x_1,\cdots,x_n]+f[x_0,x_1,\cdots,x_n,x](x-x_n),
\end{aligned}$$

再把上述后式依次代入前一式，可得

$$\begin{aligned}
f(x)&=f(x_0)+f[x_0,x_1](x-x_0)+f[x_0,x_1,x_2](x-x_0)(x-x_1)\\
&\quad+\cdots+f[x_0,x_1,\cdots,x_n](x-x_0)(x-x_1)\cdots(x-x_{n-1})\\
&\quad+f[x_0,x_1,\cdots,x_n,x](x-x_0)(x-x_1)\cdots(x-x_n)\\
&=N_n(x)+f[x_0,x_1,\cdots,x_n,x](x-x_0)(x-x_1)\cdots(x-x_n).
\end{aligned}$$

由于 $L_n(x)=N_n(x)$，插值余项也可写为

$$R_n(x) = f[x_0, x_1, \cdots, x_n, x](x - x_0)(x - x_1)\cdots(x - x_n).$$

4.2.2 差分及等距节点 Newton 插值多项式

上面讨论的是节点任意分布的 Newton 插值多项式. 而在实际使用中有时碰到等距节点的情况,即节点为

$$x_i = a + ih, \quad i = 0, 1, \cdots, n,$$

这里 h 称为步长. 此时插值多项式可以进一步简化,同时可以避免做除法运算. 为此,下面引进另一个重要概念.

定义 4.4 已知函数 $f(x)$ 在等距节点 x_i 上的函数值为 $f(x_i) = f_i (i = 0, 1, \cdots, n)$,称 $f_{i+1} - f_i$ 为 $f(x)$ 在 x_i 处以 h 为步长的 1 阶向前差分,简称为 **1 阶差分**,记作 Δf_i,即

$$\Delta f_i = f_{i+1} - f_i.$$

类似地,称

$$\Delta^k f_i = \Delta^{k-1} f_{i+1} - \Delta^{k-1} f_i$$

为 $f(x)$ 在 x_i 处以 h 为步长的 k 阶向前差分,简称 **k 阶差分**.

和差商的计算一样,可构造如表 4.3 所示的差分表:

表 4.3 差分表

x_k	f_k	Δf_k	$\Delta^2 f_k$	$\Delta^3 f_k$	$\Delta^4 f_k$
x_0	f_0	Δf_0	$\Delta^2 f_0$	$\Delta^3 f_0$	$\Delta^4 f_0$
x_1	f_1	Δf_1	$\Delta^2 f_1$	$\Delta^3 f_1$	
x_2	f_2	Δf_2	$\Delta^2 f_2$		
x_3	f_3	Δf_3			
x_4	f_4				

应用数学归纳法可以证明差分和差商具有如下关系:

$$f[x_i, x_{i+1}, \cdots, x_{i+k}] = \frac{\Delta^k f_i}{k!h^k}. \tag{4.13}$$

又令 $x = x_0 + th$,则

$$\prod_{j=0}^{k-1}(x - x_j) = \prod_{j=0}^{k-1}[(x_0 + th) - (x_0 + jh)] = h^k \prod_{j=0}^{k-1}(t - j). \tag{4.14}$$

将式(4.13) 和式(4.14) 代入到 Newton 插值多项式

$$N_n(x) = \sum_{k=0}^{n} f[x_0, x_1, \cdots, x_k] \prod_{j=0}^{k-1}(x - x_j)$$

中,得到

$$N_n(x_0+th)=\sum_{k=0}^{n}\frac{\Delta^k f_0}{k!}\prod_{j=0}^{k-1}(t-j), \tag{4.15}$$

其中 $t=\frac{x-x_0}{h}$. 称式(4.15)为 **n 次 Newton 前插公式.**

若引入线性移位算子 E 和恒等算子 I,即

$$Ef_i=f_{i+1},\quad If_i=f_i,$$

则

$$\Delta f_i=(E-I)f_i=f_{i+1}-f_i,$$

因而

$$\begin{aligned}\Delta^k f_i=(E-I)^k f_i&=\sum_{j=0}^{k}\mathrm{C}_k^j E^{k-j}(-I)^j f_i\\&=\sum_{j=0}^{k}(-1)^j\mathrm{C}_k^j f_{i+k-j},\end{aligned}$$

即 $\Delta^k f_i$ 为 $f_i,f_{i+1},\cdots,f_{i+k}$ 的线性组合.

4.3 Hermite 插值

前面介绍的插值公式都只要求插值多项式在插值节点处取给定的函数值. 在实际问题中,有时不仅要求插值多项式 $p(x)$ 与函数 $f(x)$ 在插值节点 $x_0,x_1,\cdots,x_n$ 上函数值相等,而且还要求在某些点上的一阶导数直到指定阶导数的值也相等. 此类插值问题称为 Hermite 插值问题. Hermite 插值问题的一般提法如下:

定义 4.5 给定区间$[a,b]$上$(n+1)$个互异节点 $x_i(i=0,1,\cdots,n)$ 的函数值和直到 m_i 阶的导数值 $f(x_i),f'(x_i),\cdots,f^{(m_i)}(x_i)$,令 $m=\sum_{i=0}^{n}(m_i+1)-1$,若存在一个次数不超过 m 的多项式 $H_m(x)$,使得

$$\begin{cases}H_m(x_0)=f(x_0),\ H'_m(x_0)=f'(x_0),\ \cdots,\ H_m^{(m_0)}(x_0)=f^{(m_0)}(x_0),\\H_m(x_1)=f(x_1),\ H'_m(x_1)=f'(x_1),\ \cdots,\ H_m^{(m_1)}(x_1)=f^{(m_1)}(x_1),\\\quad\vdots\qquad\qquad\qquad\vdots\qquad\qquad\qquad\vdots\\H_m(x_n)=f(x_n),\ H'_m(x_n)=f'(x_n),\ \cdots,\ H_m^{(m_n)}(x_n)=f^{(m_n)}(x_n),\end{cases} \tag{4.16}$$

则称 $H_m(x)$ 为 $f(x)$ 的 m 次 Hermite 插值多项式,称节点 x_i 为(m_i+1)重节点.

例 4.4 设 $f(x)\in C^{m+1}[a,b]$,$x_0\in[a,b]$,求一个 m 次多项式 $H(x)$,使得

$$H^{(k)}(x_0)=f^{(k)}(x_0),\quad k=0,1,\cdots,m,\tag{4.17}$$

并求 $f(x)-H(x)$.

解 由 Taylor 展开式有

$$f(x)=f(x_0)+f'(x_0)(x-x_0)+\cdots+\frac{f^{(m)}(x_0)}{m!}(x-x_0)^m+\frac{f^{(m+1)}(\xi)}{(m+1)!}(x-x_0)^{m+1},$$

其中 ξ 介于 x_0 和 x 之间. 令

$$H(x)=f(x_0)+f'(x_0)(x-x_0)+\cdots+\frac{f^{(m)}(x_0)}{m!}(x-x_0)^m,$$

容易验证 $H(x)$ 满足条件(4.17),且有

$$f(x)-H(x)=\frac{f^{(m+1)}(\xi)}{(m+1)!}(x-x_0)^{m+1}.$$

定理 4.3 满足插值条件(4.16) 的 m 次多项式 $H_m(x)$ 是存在唯一的.

证明 设 $H_m(x)=\sum\limits_{k=0}^{m}c_kx^k$,代入式(4.16) 得到

$$\begin{cases}\sum\limits_{k=0}^{m}x_i^kc_k=f(x_i),\\ \sum\limits_{k=1}^{m}kx_i^{k-1}c_k=f'(x_i),\\ \quad\vdots\\ \sum\limits_{k=m_i}^{m}k(k-1)\cdots(k-m_i+1)x_i^{k-m_i}c_k=f^{(m_i)}(x_i),\end{cases}\qquad i=0,1,\cdots,n.$$

为了证明上述线性方程组解的存在唯一性,只需等价地证明其对应的齐次线性方程组只有零解.

事实上,若右端各项均为零,则 x_i 为 $H_m(x)$ 的 (m_i+1) 重零点,因而 $H_m(x)$ 共有 $\sum\limits_{i=0}^{n}(m_i+1)=m+1$ 个零点. 由于 m 次多项式至多只有 m 个零点,故 $H_m(x)$ 必为零多项式,即对应的齐次线性方程组只有唯一零解. 定理证毕.

类似于定理 4.2 的证明可得下面的定理:

定理 4.4 设 $H_m(x)$ 为满足式(4.16) 的 m 次插值多项式,$f(x)$ 在包含$(n+1)$ 个互异节点 $x_0,x_1,\cdots,x_n$ 的区间$[a,b]$上具有 m 阶连续导数,且在区间(a,b) 内存在$(m+1)$ 阶导数,那么对于$[a,b]$ 内的每一点 x,必存在一点 $\xi\in(a,b)$,使得

$$R_m(x) = f(x) - H_m(x) = \frac{f^{(m+1)}(\xi)}{(m+1)!} \prod_{i=0}^{n} (x - x_i)^{m_i+1}. \tag{4.18}$$

注　表达式(4.18)中 $x - x_i$ 的指数 $m_i + 1$ 正好为节点 x_i 的重数.

Hermite 插值多项式也可表示成 Lagrange 型和 Newton 型,本节介绍的是 Newton 型 Hermite 插值多项式.

例 4.5　考虑一次插值问题:求一次多项式 $p(x)$ 满足

$$p(x_0) = f(x_0),\quad p(x_1) = f(x_1).$$

解　可以将 $p(x)$ 写成 Newton 插值多项式的形式:

$$p(x) = f[x_0] + f[x_0, x_1](x - x_0), \tag{4.19}$$

其中

$$f[x_0, x_1] = \frac{f(x_1) - f(x_0)}{x_1 - x_0}.$$

易知

$$\lim_{x_1 \to x_0} f[x_0, x_1] = \lim_{x_1 \to x_0} \frac{f(x_1) - f(x_0)}{x_1 - x_0} = f'(x_0),$$

即在式(4.19)的右边令 $x_1 \to x_0$,可得一次多项式

$$H(x) = f[x_0] + f'(x_0)(x - x_0). \tag{4.20}$$

容易验证 $H(x)$ 满足

$$H(x_0) = f(x_0),\quad H'(x_0) = f'(x_0). \tag{4.21}$$

换句话说,由式(4.20)定义的一次多项式 $H(x)$ 为满足插值条件(4.21)的一次插值多项式. 若记 $f[x_0, x_0] = f'(x_0)$,则式(4.20)可写为

$$H(x) = f[x_0] + f[x_0, x_0](x - x_0). \tag{4.22}$$

观察可知式(4.22)的形式和式(4.19)的形式是完全类似的.

下面我们推广 Newton 差商的定义,引入重节点差商的概念,得出 Newton 差商型的 Hermite 插值多项式.

先给出差商的积分表达式:

定理 4.5(Hermite-Gennochi)　若 $f \in C^n[a,b]$,$x_i \in [a,b]$ $(i = 0, 1, \cdots, n)$ 且互异,则

$$f[x_0, \cdots, x_n] = \int_{\tau_n}\!\!\cdots\!\int f^{(n)}(t_0 x_0 + t_1 x_1 + \cdots + t_n x_n)\,\mathrm{d}t_1 \cdots \mathrm{d}t_n,$$

其中 $\tau_n = \left\{ (t_1, \cdots, t_n) \,\middle|\, t_1 \geqslant 0, \cdots, t_n \geqslant 0, \sum\limits_{i=1}^{n} t_i \leqslant 1 \right\}$ 为 n 维单纯形,$t_0 = 1 - \sum\limits_{i=1}^{n} t_i$.

例如,一维单纯形为区间[0,1],二维单纯形见图 4.3,三维单纯形见图 4.4.

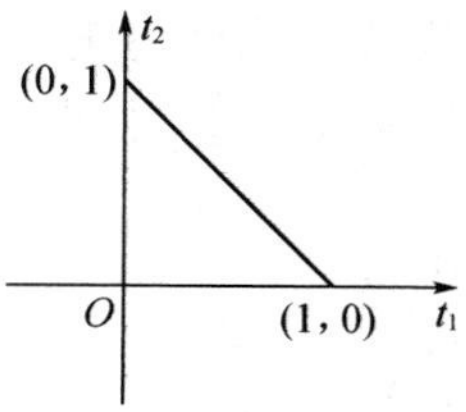

图 4.3　二维单纯形

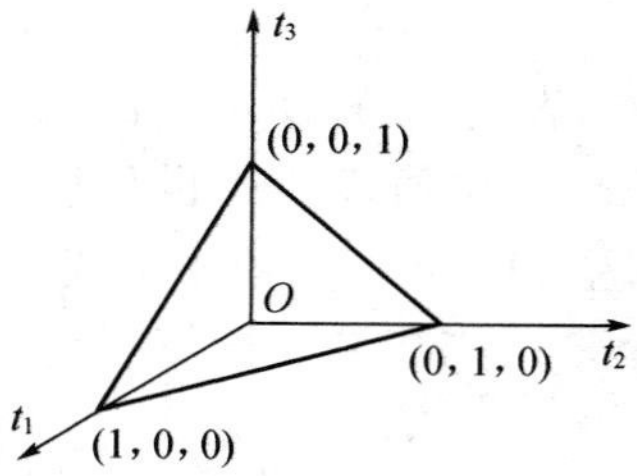

图 4.4　三维单纯形

证明　用归纳法证明.

当 $n=1$ 时,有

$$\begin{aligned}\int_0^1 f'(t_0x_0+t_1x_1)\mathrm{d}t_1 &= \int_0^1 f'(x_0+t_1(x_1-x_0))\mathrm{d}t_1\\&=\frac{1}{x_1-x_0}f(x_0+t_1(x_1-x_0))\Big|_{t_1=0}^{t_1=1}\\&=\frac{1}{x_1-x_0}[f(x_1)-f(x_0)]=f[x_0,x_1].\end{aligned}$$

设 $n=k$ 时结论成立,当 $n=k+1$ 时,有

$$\begin{aligned}&\int\cdots\int_{\tau_{k+1}} f^{(k+1)}(t_0x_0+t_1x_1+\cdots+t_{k+1}x_{k+1})\mathrm{d}t_1\cdots\mathrm{d}t_{k+1}\\=&\int\cdots\int_{\tau_k}\Big(\int_0^{1-(t_1+\cdots+t_k)} f^{(k+1)}(x_0+t_1(x_1-x_0)\\&+\cdots+t_{k+1}(x_{k+1}-x_0))\mathrm{d}t_{k+1}\Big)\mathrm{d}t_1\cdots\mathrm{d}t_k\\=&\int\cdots\int_{\tau_k}\frac{1}{x_{k+1}-x_0}f^{(k)}(x_0+t_1(x_1-x_0)+\cdots+t_k(x_k-x_0)\\&+t_{k+1}(x_{k+1}-x_0))\Big|_{t_{k+1}=0}^{t_{k+1}=1-(t_1+t_2+\cdots+t_k)}\mathrm{d}t_1\mathrm{d}t_2\cdots\mathrm{d}t_k\\=&\frac{1}{x_{k+1}-x_0}\int\cdots\int_{\tau_k}[f^{(k)}(t_1x_1+\cdots+t_kx_k+t_0x_{k+1})\\&-f^{(k)}(t_0x_0+t_1x_1+\cdots+t_kx_k)]\mathrm{d}t_1\cdots\mathrm{d}t_k\\=&\frac{1}{x_{k+1}-x_0}(f[x_1,\cdots,x_k,x_{k+1}]-f[x_0,x_1,\cdots,x_k])\\=&f[x_0,x_1,\cdots,x_k,x_{k+1}],\end{aligned}$$

即当 $n=k+1$ 时结论也成立.

综上所述,定理对任意正整数 n 皆成立.定理证毕.

注意到被积函数是通过一元连续函数 $f^{(n)}(x)$ 与 n 元线性连续函数(对参数

$x_0,x_1,\cdots,x_n$ 也连续)

$$x(t_1,\cdots,t_n)=x_0+t_1(x_1-x_0)+\cdots+t_n(x_n-x_0)=\sum_{i=0}^{n}t_ix_i$$

复合而成,所以 $f[x_0,x_1,\cdots,x_n]$ 为 $x_0,x_1,\cdots,x_n$ 的连续函数.

由差商的性质 4.3,得到

$$f[x_0,x_0]=\lim_{x\to x_0}f[x_0,x]=\lim_{x\to x_0}\frac{f(x)-f(x_0)}{x-x_0}=f'(x_0),$$

$$f[\underbrace{x_0,\cdots,x_0}_{k+1个}]=\lim_{\substack{x_1\to x_0\\ \vdots\\ x_k\to x_0}}f[x_0,x_1,\cdots,x_k]=\lim_{\substack{x_1\to x_0\\ \vdots\\ x_k\to x_0}}\frac{f^{(k)}(\eta)}{k!}=\frac{f^{(k)}(x_0)}{k!},\tag{4.23}$$

$$\begin{aligned}f[x_0,x_0,x_1]&=\lim_{x\to x_0}f[x,x_0,x_1]=\lim_{x\to x_0}\frac{f[x_0,x_1]-f[x,x_0]}{x_1-x}\\&=\frac{f[x_0,x_1]-f[x_0,x_0]}{x_1-x_0}.\end{aligned}\tag{4.24}$$

由此,我们把插值问题式(4.16)看成是在$(m+1)$个互异节点上的插值,然后取极限成为$(n+1)$个互异点$(n<m)$上的重节点插值,即

$$\begin{aligned}H_m(x)=&f[x_0]+f[x_0,x_0](x-x_0)+\cdots+f[\underbrace{x_0,\cdots,x_0}_{m_0+1}](x-x_0)^{m_0}\\&+f[\underbrace{x_0,\cdots,x_0}_{m_0+1},x_1](x-x_0)^{m_0+1}+\cdots\\&+f[\underbrace{x_0,\cdots,x_0}_{m_0+1},\underbrace{x_1,\cdots,x_1}_{m_1+1}](x-x_0)^{m_0+1}(x-x_1)^{m_1}+\cdots\\&+f[\underbrace{x_0,\cdots,x_0}_{m_0+1},\cdots,\underbrace{x_{n-1},\cdots,x_{n-1}}_{m_{n-1}+1},x_n]\cdot(x-x_0)^{m_0+1}\cdot\\&\cdots\cdot(x-x_{n-1})^{m_{n-1}+1}+\cdots\\&+f[\underbrace{x_0,\cdots,x_0}_{m_0+1},\cdots,\underbrace{x_{n-1},\cdots,x_{n-1}}_{m_{n-1}+1},\underbrace{x_n,\cdots,x_n}_{m_n+1}]\cdot\\&(x-x_0)^{m_0+1}\cdot\cdots\cdot(x-x_{n-1})^{m_{n-1}+1}(x-x_n)^{m_n}.\end{aligned}$$

插值余项为

$$\begin{aligned}&f(x)-H_m(x)\\=&f[\underbrace{x_0,\cdots,x_0}_{m_0+1},\cdots,\underbrace{x_n,\cdots,x_n}_{m_n+1},x](x-x_0)^{m_0+1}\cdot\cdots\cdot(x-x_n)^{m_n+1}\\=&\frac{f^{(m+1)}(\xi)}{(m+1)!}\prod_{i=0}^{n}(x-x_i)^{m_i+1},\end{aligned}$$

其中 $\min\{x_0,x_1,\cdots,x_n,x\}<\xi<\max\{x_0,x_1,\cdots,x_n,x\}$.

公式中重节点差商的计算,由式(4.24)可以看出仍可由低阶差商推得,遇到仅有一个节点的重节点差商时,按式(4.23)由相应阶微商可得.

例 4.6 求 4 次 Newton 型 Hermite 插值多项式 $H(x)$,使得

$$H(0)=3,\quad H'(0)=4,\quad H(1)=5,\quad H'(1)=6,\quad H''(1)=7.$$

解 $x=0$ 是 2 重节点,$x=1$ 是 3 重节点,在差商表中应分别当作 2 个节点和 3 个节点重复出现. 重节点的差商表构造类似于表 4.1,这里利用题给数据得差商表如表 4.4 所示:

表 4.4 差商表

k	x_k	$f[x_k]$	$f[x_k,x_{k+1}]$	$f[x_k,x_{k+1},x_{k+2}]$	$f[x_k,x_{k+1},x_{k+2},x_{k+3}]$	$f[x_k,x_{k+1},x_{k+2},x_{k+3},x_{k+4}]$
0	0	3	4	-2	6	$-13/2$
1	0	3	2	4	$-1/2$	
2	1	5	6	7/2		
3	1	5	6			
4	1	5				

因而所求的 4 次多项式为

$$H(x)=3+4(x-0)-2(x-0)^2+6(x-0)^2(x-1)-\frac{13}{2}(x-0)^2(x-1)^2.$$

例 4.7 设 $f(x)\in C^4[a,b]$,作 3 次多项式 $H_3(x)$,使得

$$H_3(a)=f(a),\quad H'_3(a)=f'(a),\quad H_3(b)=f(b),\quad H'_3(b)=f'(b),$$

并写出插值余项.

解 作差商表如下:

a	$f[a]$	$f[a,a]$	$f[a,a,b]$	$f[a,a,b,b]$
a	$f[a]$	$f[a,b]$	$f[a,b,b]$	
b	$f[b]$	$f[b,b]$		
b	$f[b]$			

其中

$$f[a,a]=f'(a),\quad f[b,b]=f'(b),$$

$$f[a,a,b]=\frac{f[a,b]-f[a,a]}{b-a}=\frac{1}{b-a}(f[a,b]-f'(a)),$$

$$f[a,b,b]=\frac{f[b,b]-f[a,b]}{b-a}=\frac{1}{b-a}(f'(b)-f[a,b]),$$

$$f[a,a,b,b]=\frac{f[a,b,b]-f[a,a,b]}{b-a}$$
$$=\frac{1}{(b-a)^2}(f'(b)-2f[a,b]+f'(a)).$$

因而

$$\begin{aligned}H(x)&=f[a]+f[a,a](x-a)+f[a,a,b](x-a)^2\\&\quad+f[a,a,b,b](x-a)^2(x-b)\\&=f(a)+f'(a)(x-a)+\frac{1}{b-a}(f[a,b]-f'(a))(x-a)^2\\&\quad+\frac{1}{(b-a)^2}(f'(b)-2f[a,b]+f'(a))(x-a)^2(x-b).\end{aligned}$$

插值余项为

$$f(x)-H_3(x)=\frac{f^{(4)}(\xi)}{4!}(x-a)^2(x-b)^2,$$

其中,$\xi\in(\min\{x,a\},\max\{x,b\})$.

4.4 高次插值的缺点及分段插值

4.4.1 高次插值的误差分析

前面我们讨论了多项式插值,并给出了相应的余项估计式.由这些公式可以看出余项的大小既与插值节点的个数$(n+1)$有关,也与$f(x)$的高阶导数有关.以Lagrange插值多项式为例,如果$f(x)$在区间$[a,b]$上存在任意阶导数,且存在与n无关的常数M,使得

$$\max_{a\leqslant x\leqslant b}|f^{(n)}(x)|\leqslant M,$$

则由式(4.7),有

$$\max_{a\leqslant x\leqslant b}|f(x)-L_n(x)|\leqslant\frac{M}{(n+1)!}(b-a)^{n+1}\to 0\quad(n\to\infty\text{时}).\tag{4.25}$$

此时不难看出:如果插值节点的个数越多(即$n+1$越大),则误差越小.但是我们不能简单地认为对所有插值问题,当插值节点的个数越多,误差就越小.这是由于估计式(4.25)是有条件的:在区间$[a,b]$上函数$f(x)$要有高阶导数,而且高阶导数要有一致的界.

考虑一个典型的例子:设

$$f(x)=\frac{1}{1+25x^2},\quad x\in[-1,1].$$

取等距节点 $x_i=-1+\frac{i}{5}(i=0,1,\cdots,10)$，作 $f(x)$ 的 10 次插值多项式

$$L_{10}(x)=\sum_{i=0}^{10}f(x_i)l_i(x),$$

其中

$$f(x_i)=\frac{1}{1+25x_i^2},\quad l_i(x)=\prod_{\substack{j=0\\j\neq i}}^{10}\frac{x-x_j}{x_i-x_j}.$$

计算结果列于表 4.5：

表 4.5　$f(x)$ 与 $L_{10}(x)$ 的函数值对照表

x	$f(x)$	$L_{10}(x)$	x	$f(x)$	$L_{10}(x)$
−1.00	0.03846	0.03846	−0.46	0.15898	0.24145
−0.96	0.04160	1.80438	−0.40	0.20000	0.19999
−0.90	0.04706	1.57872	−0.36	0.23585	0.18878
−0.86	0.05131	0.88808	−0.30	0.30769	0.23535
−0.80	0.05882	0.05882	−0.26	0.37175	0.31650
−0.76	0.06477	−0.20130	−0.20	0.50000	0.50000
−0.70	0.07547	−0.22620	−0.16	0.60976	0.64316
−0.66	0.08410	−0.10832	−0.10	0.80000	0.84340
−0.60	0.10000	0.10000	−0.06	0.91743	0.94090
−0.56	0.11312	0.19873	0.00	1.00000	1.00000
−0.50	0.13793	0.25376			

插值多项式 $L_5(x)$，$L_{10}(x)$，$L_{16}(x)$ 与 $f(x)$ 的对比图像分别如图 4.5、图 4.6 和图 4.7 所示：

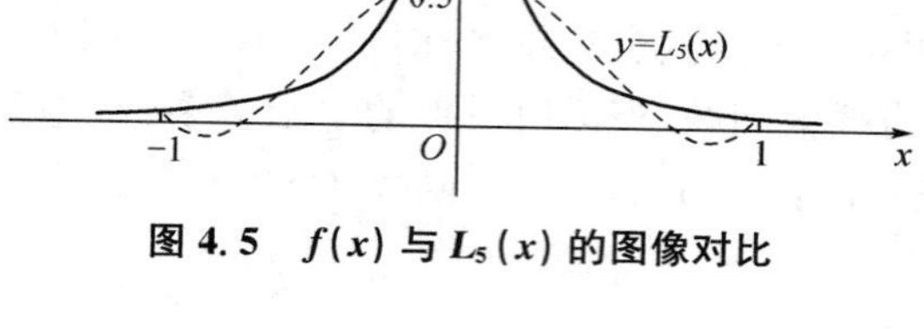

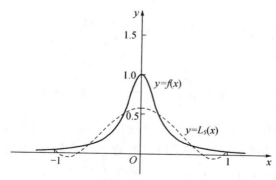

图 4.5　$f(x)$ 与 $L_5(x)$ 的图像对比

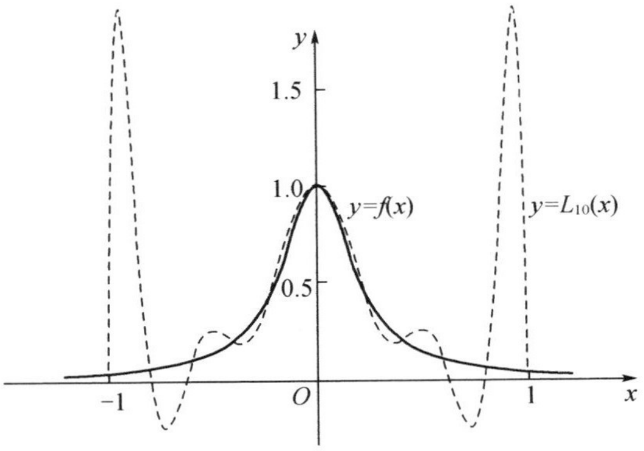

图 4.6　$f(x)$ 与 $L_{10}(x)$ 的图像对比

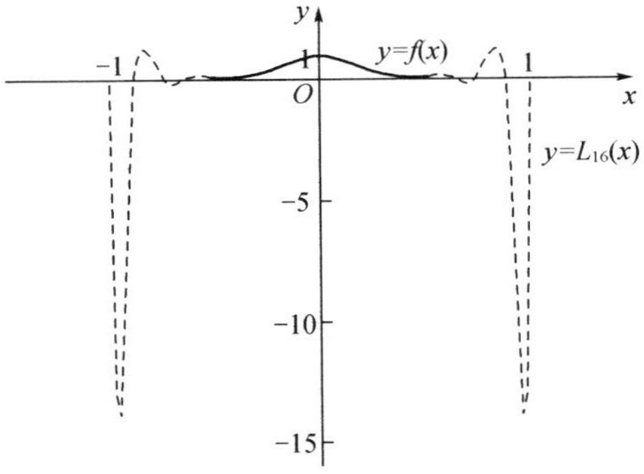

图 4.7　$f(x)$ 与 $L_{16}(x)$ 的图像对比

从图4.6可知，用 $L_{10}(x)$ 近似代替 $f(x)$ 时，只有当 x 在区间 $[-0.2, 0.2]$ 内取值时逼近程度较好，在其它地方误差就很大，特别在插值区间端点附近，误差就更大. 如 $f(-0.86)=0.05131$，而 $L_{10}(-0.086)=0.88808$；$f(-0.96)=0.04160$，而 $L_{10}(-0.96)=1.80438$. 高次插值所发生的这种现象称为 **Runge 现象**. Runge 现象说明插值多项式不一定都能一致收敛于被插值函数 $f(x)$.

我们再来考察高阶差分的误差传播. 设给定函数 $f(x)$ 在一组等距节点处的函数值为 $f_i = f(x_i) = f(x_0 + ih)$，$i = 0, 1, \cdots, n$. 假设在某一点 x_j 处函数值 f_j 有误差 ε，即数列 $f_0, f_1, \cdots, f_n$ 变为 $f_0, f_1, \cdots, f_{j-1}, f_j+\varepsilon, f_{j+1}, \cdots, f_n$. 将此新数列记为 $\tilde{f}_0, \tilde{f}_1, \cdots, \tilde{f}_n$，且记

$$r_i = \tilde{f}_i - f_i,$$

则

$$r_i = \begin{cases} \varepsilon, & i = j, \\ 0, & i \neq j, \end{cases} \quad \Delta^k \tilde{f}_i - \Delta^k f_i = \Delta^k r_i.$$

由差分定义作差分表如下：

r_i	Δr_i	$\Delta^2 r_i$	$\Delta^3 r_i$	$\Delta^4 r_i$	$\Delta^5 r_i$	$\Delta^6 r_i$
0	0	0	ε	-4ε	10ε	-20ε
0	0	ε	-3ε	6ε	-10ε	
0	ε	-2ε	3ε	-4ε		
ε	$-\varepsilon$	ε	$-\varepsilon$			
0	0	0				
0	0					
0						

从中可以看到:在 x_j 处 f_j 有微小误差 ε,那么 6 阶差分的误差达到 ε 的 20 倍. 由于以上原因,一般都避免使用高次插值. 改进的方法有很多,其中一个常用的方法就是进行分段低次插值.

4.4.2 分段线性插值

给定 $f(x)$ 在$(n+1)$ 个节点 $a=x_0<x_1<\cdots<x_n=b$ 上的数据表:

x	x_0	x_1	$\cdots$	x_{n-1}	x_n
$f(x)$	$f(x_0)$	$f(x_1)$	$\cdots$	$f(x_{n-1})$	$f(x_n)$

记 $h_i=x_{i+1}-x_i$,$h=\max\limits_{0\leqslant i\leqslant n-1} h_i$. 在每个小区间$[x_i,x_{i+1}]$上利用数据

x	x_i	x_{i+1}
$f(x)$	$f(x_i)$	$f(x_{i+1})$

作线性插值

$$L_{1,i}(x)=f(x_i)+f[x_i,x_{i+1}](x-x_i),\quad x\in[x_i,x_{i+1}].$$

由线性插值的余项估计式

$$f(x)-L_{1,i}(x)=\frac{1}{2}f''(\xi_i)(x-x_i)(x-x_{i+1}),\quad \xi_i\in(x_i,x_{i+1}),$$

有

$$\begin{aligned}\max_{x_i\leqslant x\leqslant x_{i+1}}|f(x)-L_{1,i}(x)|&=\max_{x_i\leqslant x\leqslant x_{i+1}}\left|\frac{1}{2}f''(\xi_i)(x-x_i)(x-x_{i+1})\right|\\&\leqslant\frac{1}{8}h_i^2\max_{x_i\leqslant x\leqslant x_{i+1}}|f''(x)|.\end{aligned}\tag{4.26}$$

令

$$\widetilde{L}_1(x)=\begin{cases}L_{1,0}(x), & x\in[x_0,x_1),\\ L_{1,1}(x), & x\in[x_1,x_2),\\ \vdots \\ L_{1,n-2}(x), & x\in[x_{n-2},x_{n-1}),\\ L_{1,n-1}(x), & x\in[x_{n-1},x_n],\end{cases}$$

则

$$\widetilde{L}_1(x_i)=f(x_i),\quad i=0,1,\cdots,n.$$

即 $\widetilde{L}_1(x)$ 满足插值条件. 称 $\widetilde{L}_1(x)$ 为 $f(x)$ 的分段线性插值函数.

此外,利用式(4.26),有

$$\begin{aligned}\max_{a\leqslant x\leqslant b}|f(x)-\widetilde{L}_1(x)| &= \max_{x_0\leqslant x\leqslant x_n}|f(x)-\widetilde{L}_1(x)|\\ &= \max_{0\leqslant i\leqslant n-1}\max_{x_i\leqslant x\leqslant x_{i+1}}|f(x)-\widetilde{L}_1(x)|\\ &= \max_{0\leqslant i\leqslant n-1}\max_{x_i\leqslant x\leqslant x_{i+1}}|f(x)-L_{1,i}(x)|\\ &\leqslant \max_{0\leqslant i\leqslant n-1}\frac{1}{8}h_i^2\max_{x_i\leqslant x\leqslant x_{i+1}}|f''(x)|\\ &\leqslant \frac{1}{8}h^2\max_{a\leqslant x\leqslant b}|f''(x)|.\end{aligned}$$

即分段线性插值的余项只依赖于 $f(x)$ 的 2 阶导数的界. 因此,只要 $f(x)$ 在 $[a,b]$ 上存在 2 阶连续导数,则当 $h\to 0$ 时就有分段线性插值余项一致趋于零.

4.4.3 分段 Hermite 插值

给定 $f(x)$ 在 $(n+1)$ 个节点 $a=x_0<x_1<\cdots<x_n=b$ 上的数据表:

x	x_0	x_1	$\cdots$	x_{n-1}	x_n
$f(x)$	$f(x_0)$	$f(x_1)$	$\cdots$	$f(x_{n-1})$	$f(x_n)$
$f'(x)$	$f'(x_0)$	$f'(x_1)$	$\cdots$	$f'(x_{n-1})$	$f'(x_n)$

记 $h_i=x_{i+1}-x_i$, $h=\max\limits_{0\leqslant i\leqslant n-1}h_i$. 在每个小区间 $[x_i,x_{i+1}]$ 上利用数据

x	x_i	x_{i+1}
$f(x)$	$f(x_i)$	$f(x_{i+1})$
$f'(x)$	$f'(x_i)$	$f'(x_{i+1})$

作 3 次 Hermite 插值(见例 4.7),有

$$\begin{aligned}H_{3,i}&=f(x_i)+f'(x_i)(x-x_i)+\frac{f[x_i,x_{i+1}]-f'(x_i)}{h_i}(x-x_i)^2\\ &\quad+\frac{f'(x_{i+1})-2f[x_i,x_{i+1}]+f'(x_i)}{h_i^2}(x-x_i)^2(x-x_{i+1}).\end{aligned}$$

由 Hermite 插值余项估计式,有

$$f(x)-H_{3,i}(x)=\frac{f^{(4)}(\xi_i)}{4!}(x-x_i)^2(x-x_{i+1})^2,\quad \xi_i\in(x_i,x_{i+1}),$$

于是

$$\max_{x_i\leqslant x\leqslant x_{i+1}} |f(x)-H_{3,i}(x)| \leqslant \frac{1}{4!}\frac{h_i^4}{16}\max_{x_i\leqslant x\leqslant x_{i+1}} |f^{(4)}(x)|. \tag{4.27}$$

令

$$\widetilde{H}_3(x)=\begin{cases} H_{3,0}(x), & x\in[x_0,x_1), \\ H_{3,1}(x), & x\in[x_1,x_2), \\ \quad\vdots & \\ H_{3,n-2}(x), & x\in[x_{n-2},x_{n-1}), \\ H_{3,n-1}(x), & x\in[x_{n-1},x_n], \end{cases}$$

则

$$\widetilde{H}_3(x_i)=f(x_i),\quad \widetilde{H}_3'(x_i)=f'(x_i),\quad i=0,1,\cdots,n,$$

即 $\widetilde{H}_3(x)$ 满足插值条件. 称 $\widetilde{H}_3(x)$ 为 $f(x)$ 的分段 3 次 Hermite 插值函数.

此外,利用式(4.27),有

$$\begin{aligned}\max_{a\leqslant x\leqslant b} |f(x)-\widetilde{H}_3(x)| &= \max_{x_0\leqslant x\leqslant x_n} |f(x)-\widetilde{H}_3(x)| \\ &= \max_{0\leqslant i\leqslant n-1}\max_{x_i\leqslant x\leqslant x_{i+1}} |f(x)-\widetilde{H}_3(x)| \\ &= \max_{0\leqslant i\leqslant n-1}\max_{x_i\leqslant x\leqslant x_{i+1}} |f(x)-H_{3,i}(x)| \\ &\leqslant \max_{0\leqslant i\leqslant n-1}\frac{1}{4!}\frac{h_i^4}{16}\max_{x_i\leqslant x\leqslant x_{i+1}} |f^{(4)}(x)| \\ &\leqslant \frac{1}{384}h^4\max_{a\leqslant x\leqslant b} |f^{(4)}(x)|.\end{aligned}$$

即分段 3 次 Hermite 插值的余项只依赖于 4 阶导数的界. 因此,只要 $f(x)$ 在$[a,b]$上存在 4 阶连续导数,则当 $h\to 0$ 时就有分段 3 次 Hermite 插值余项一致趋于零.

4.5 3次样条插值

由前面的讨论可知,给定$(n+1)$个节点上的函数值,可以作 n 次插值多项式,但当 n 较大时,高次插值不仅计算复杂,而且可能出现不一致收敛现象. 如果采用分段插值,虽计算简单,也具有一致收敛性,但光滑性比较差. 而有些实际问题,如船体放样、机翼设计等要求有 2 阶光滑度,即要有连续的 2 阶导数. 过去工程师制图时,往往将一根富有弹性的木条(称为样条)用压铁固定在样点上,其它地方则让它自由弯曲,然后沿木条画一条曲线,称为样条曲线. 它实际上是由分段 3 次曲线连接而成,在连接点处有 2 阶连续导数. 将工程师描绘的样条曲线抽象成数学模型,得出的函数称为样条函数,它实质上是分段多项式的光滑连接.下面我们主要讨论常用的 3 次样条函数.

4.5.1　3 次样条插值函数

定义 4.6　设在区间$[a,b]$上给定$(n+1)$个节点

$$a = x_0 < x_1 < \cdots < x_n = b,$$

若函数 $S(x)$ 满足在每一小区间$[x_j, x_{j+1}]$$(j = 0,1,\cdots,n-1)$ 上是一个 3 次多项式,且 $S(x)$ 在$[a,b]$上有连续 2 阶导数,则称 $S(x)$ 为**3 次样条函数**.给定函数 $f(x)$ 相应的值 $y_0 = f(x_0), y_1 = f(x_1), \cdots, y_n = f(x_n)$,如果 3 次样条函数 $S(x)$ 还满足

$$S(x_j) = y_j, \quad j = 0,1,2,\cdots,n,$$

则称 $S(x)$ 为 **3 次样条插值函数**.

从上述样条插值函数的定义可知,要求出 $S(x)$,必须求出 $S(x)$ 在每个小区间$[x_j, x_{j+1}]$$(j = 0,1,\cdots,n-1)$ 内的表达式.记

$$S(x) = \begin{cases} S_0(x), & x \in [x_0, x_1), \\ S_1(x), & x \in [x_1, x_2), \\ \vdots & \\ S_{n-2}(x), & x \in [x_{n-2}, x_{n-1}), \\ S_{n-1}(x), & x \in [x_{n-1}, x_n]. \end{cases}$$

设

$$S_j(x) = A_j + B_j x + C_j x^2 + D_j x^3, \quad j = 0,1,\cdots,n-1,$$

其中系数 A_j, B_j, C_j, D_j 待定,并要使它满足下列条件:

(1) 插值条件

$$S(x_j) = y_i, \quad j = 0,1,\cdots,n; \tag{4.28}$$

(2) 连接条件

$$\begin{cases} S(x_j - 0) = S(x_j + 0), \\ S'(x_j - 0) = S'(x_j + 0), \quad j = 1,2,\cdots,n-1. \\ S''(x_j - 0) = S''(x_j + 0), \end{cases} \tag{4.29}$$

式(4.28)和式(4.29)共给出了$(n+1)+3(n-1) = 4n-2$个条件,但需要确定 $4n$ 个系数.因此,如果要唯一确定 3 次样条插值函数 $S(x)$,还必须附加两个条件.通常情况是给出区间端点上的性态,称为边界条件.常用的边界条件有如下 3 种类型(分别称为第一型、第二型和第三型):

(1) 已知两端点处 $f(x)$ 的 1 阶导数值,令

$$S'(x_0) = f'(x_0), \quad S'(x_n) = f'(x_n). \tag{4.30}$$

(2) 已知两端点处 $f(x)$ 的 2 阶导数值,令

$$S''(x_0) = f''(x_0), \quad S''(x_n) = f''(x_n). \tag{4.31}$$

若令 $S''(x_0) = 0, S''(x_n) = 0$,则称为自然边界条件.

(3) 要求 $S'''(x)$ 在 x_1 和 x_{n-1} 处连续,即

$$S'''(x_1 - 0) = S'''(x_1 + 0), \quad S'''(x_{n-1} - 0) = S'''(x_{n-1} + 0). \tag{4.32}$$

这样,由给定的一种边界条件和插值条件、连接条件就能得出 $4n$ 个方程,从而可以唯一确定 $4n$ 个系数. 然而用这种待定系数法去求解,当 n 较大时计算量很大,因此是不可取的. 和前面构造各种形式的插值多项式一样,人们希望能找出一种简单的构造方法.

4.5.2 3 次样条插值函数的求法

注意到 $S(x)$ 在每个小区间$[x_j, x_{j+1}]$上是一个 3 次多项式,因此 $S''(x)$ 在此小区间上是一次多项式. 如果 $S''(x)$ 在小区间$[x_j, x_{j+1}]$ 的两个端点上的值能知道,设 $S''(x_j) = M_j, S''(x_{j+1}) = M_{j+1}$,则 $S''(x)$ 的表达式可写成

$$S''(x) = M_j + \frac{1}{h_j}(M_{j+1} - M_j)(x - x_j), \quad x \in [x_j, x_{j+1}],$$

其中 $h_j = x_{j+1} - x_j, j = 0, 1, \cdots, n-1$. 将上式积分一次,得到

$$S'(x) = c_j + M_j(x - x_j) + \frac{1}{2h_j}(M_{j+1} - M_j)(x - x_j)^2, \quad x \in [x_j, x_{j+1}], \tag{4.33}$$

再将上式积分一次,得到

$$\begin{aligned} S(x) = {} & d_j + c_j(x - x_j) + \frac{1}{2}M_j(x - x_j)^2 \\ & + \frac{1}{6h_j}(M_{j+1} - M_j)(x - x_j)^3, \quad x \in [x_j, x_{j+1}]. \end{aligned}$$

利用插值条件 $S(x_j + 0) = y_j$ 和 $S(x_{j+1} - 0) = y_{j+1}$,可得

$$d_j = y_j, \quad c_j = f[x_j, x_{j+1}] - \left(\frac{1}{3}M_j + \frac{1}{6}M_{j+1}\right)h_j, \tag{4.34}$$

因而

$$S(x)=y_j+\left\{f[x_j,x_{j+1}]-\left(\frac{1}{3}M_j+\frac{1}{6}M_{j+1}\right)h_j\right\}(x-x_j)$$
$$+\frac{1}{2}M_j(x-x_j)^2+\frac{1}{6h_j}(M_{j+1}-M_j)(x-x_j)^3,$$
$$x\in[x_j,x_{j+1}],\ j=0,1,\cdots,n-1. \tag{4.35}$$

若利用 $S''(x)$ 的 Lagrange 形式:

$$S''(x)=M_j\frac{x_{j+1}-x}{h_j}+M_{j+1}\frac{x-x_j}{h_j},\quad x\in[x_j,x_{j+1}],$$

则可以得到 $S(x)$ 如下对称形式:

$$S(x)=M_j\frac{(x_{j+1}-x)^3}{6h_j}+M_{j+1}\frac{(x-x_j)^3}{6h_j}$$
$$+\left(y_j-\frac{1}{6}M_jh_j^2\right)\frac{x_{j+1}-x}{h_j}+\left(y_{j+1}-\frac{1}{6}M_{j+1}h_j^2\right)\frac{x-x_j}{h_j},$$
$$x\in[x_j,x_{j+1}],\ j=0,1,\cdots,n-1.$$

由式(4.33) 和式(4.34),得

$$S'(x_j+0)=c_j=f[x_j,x_{j+1}]-\left(\frac{1}{3}M_j+\frac{1}{6}M_{j+1}\right)h_j,\quad j=0,1,\cdots,n-1 \tag{4.36}$$

和

$$S'(x_{j+1}-0)=c_j+M_jh_j+\frac{1}{2}(M_{j+1}-M_j)h_j$$
$$=f[x_j,x_{j+1}]+\left(\frac{1}{6}M_j+\frac{1}{3}M_{j+1}\right)h_j,\quad j=0,1,2,\cdots,n-1. \tag{4.37}$$

可以将式(4.37) 写为

$$S'(x_j-0)=f[x_{j-1},x_j]+\left(\frac{1}{6}M_{j-1}+\frac{1}{3}M_j\right)h_{j-1},\quad j=1,2,\cdots,n. \tag{4.38}$$

再将式(4.36) 和式(4.48) 代入 $S'(x)$ 的连续性方程

$$S'(x_j-0)=S'(x_j+0),\quad j=1,2,\cdots,n-1,$$

得到

$$f[x_{j-1},x_j]+\left(\frac{1}{6}M_{j-1}+\frac{1}{3}M_j\right)h_{j-1}=f[x_j,x_{j+1}]-\left(\frac{1}{3}M_j+\frac{1}{6}M_{j+1}\right)h_j,$$
$$j=1,2,\cdots,n-1,$$

整理得

$$\mu_j M_{j-1}+2M_j+\lambda_j M_{j+1}=d_j,\quad j=1,2,\cdots,n-1, \tag{4.39}$$

其中

$$\mu_j=\frac{h_{j-1}}{h_{j-1}+h_j},\quad \lambda_j=\frac{h_j}{h_{j-1}+h_j}=1-\mu_j,\quad d_j=6f[x_{j-1},x_j,x_{j+1}].$$

式(4.39) 给出了$(n-1)$ 个方程.

(1) 第一型边界条件

如果边界条件是式(4.30),则把 $S'(x_0)=f'(x_0)$,$S'(x_n)=f'(x_n)$ 分别代入式(4.36) 中 $j=0$ 的方程和式(4.38) 中 $j=n$ 的方程,得

$$f[x_0,x_1]-\left(\frac{1}{3}M_0+\frac{1}{6}M_1\right)h_0=f'(x_0),$$
$$f[x_{n-1},x_n]+\left(\frac{1}{6}M_{n-1}+\frac{1}{3}M_n\right)h_{n-1}=f'(x_n),$$

即

$$2M_0+M_1=6f[x_0,x_0,x_1]\equiv d_0, \tag{4.40}$$
$$M_{n-1}+2M_n=6f[x_{n-1},x_n,x_n]\equiv d_n. \tag{4.41}$$

把式(4.40),(4.39) 和(4.41) 合并在一起写成矩阵形式,有

$$\begin{bmatrix} 2 & 1 & & & & \\ \mu_1 & 2 & \lambda_1 & & & \\ & \mu_2 & 2 & \lambda_2 & & \\ & & \ddots & \ddots & \ddots & \\ & & & \mu_{n-1} & 2 & \lambda_{n-1} \\ & & & & 1 & 2 \end{bmatrix}\begin{bmatrix} M_0 \\ M_1 \\ M_2 \\ \vdots \\ M_{n-1} \\ M_n \end{bmatrix}=\begin{bmatrix} d_0 \\ d_1 \\ d_2 \\ \vdots \\ d_{n-1} \\ d_n \end{bmatrix}. \tag{4.42}$$

(2) 第二型边界条件

如果边界条件为式(4.31),则得 $M_0=f''(x_0)$,$M_n=f''(x_n)$. 这时式(4.39) 的第一个方程和最后一个方程分别为

$$2M_1+\lambda_1 M_2=d_1-\mu_1 f''(x_0),$$
$$\mu_{n-1}M_{n-2}+2M_{n-1}=d_{n-1}-\lambda_{n-1}f''(x_n),$$

从而总共有$(n-1)$ 个方程以及$(n-1)$ 个未知数,写成矩形形式为

$$\begin{bmatrix} 2 & \lambda_1 & & & & \\ \mu_2 & 2 & \lambda_2 & & & \\ & \mu_3 & 2 & \lambda_3 & & \\ & & \ddots & \ddots & \ddots & \\ & & & \mu_{n-2} & 2 & \lambda_{n-2} \\ & & & & \mu_{n-1} & 2 \end{bmatrix} \begin{bmatrix} M_1 \\ M_2 \\ M_3 \\ \vdots \\ M_{n-2} \\ M_{n-1} \end{bmatrix} = \begin{bmatrix} d_1 - \mu_1 f''(x_0) \\ d_2 \\ d_3 \\ \vdots \\ d_{n-2} \\ d_{n-1} - \lambda_{n-1} f''(x_n) \end{bmatrix}. \tag{4.43}$$

(3) 第三型边界条件

由式(4.32)得

$$\frac{1}{h_0}(M_1 - M_0) = \frac{1}{h_1}(M_2 - M_1), \quad \frac{1}{h_{n-2}}(M_{n-1} - M_{n-2}) = \frac{1}{h_{n-1}}(M_n - M_{n-1}),$$

即

$$-\lambda_1 M_0 + M_1 - \mu_1 M_2 = 0, \quad -\lambda_{n-1} M_{n-2} + M_{n-1} - \mu_{n-1} M_n = 0,$$

解得

$$M_0 = \frac{1}{\lambda_1}(M_1 - \mu_1 M_2), \quad M_n = \frac{1}{\mu_{n-1}}(M_{n-1} - \lambda_{n-1} M_{n-2}). \tag{4.44}$$

将 M_0 代入到式(4.39)中 $j=1$ 时的方程，将 M_n 代入到式(4.39)中 $j=n-1$ 时的方程，得到

$$\left(2 + \frac{\mu_1}{\lambda_1}\right) M_1 + \left(\lambda_1 - \frac{\mu_1^2}{\lambda_1}\right) M_2 = d_1, \tag{4.45}$$

$$\left(\mu_{n-1} - \frac{\lambda_{n-1}^2}{\mu_{n-1}}\right) M_{n-2} + \left(2 + \frac{\lambda_{n-1}}{\mu_{n-1}}\right) M_{n-1} = d_{n-1}. \tag{4.46}$$

将式(4.45)，(4,39)($j=2,3,\cdots,n-2$)和(4.46)合并在一起写成矩阵形式，有

$$\begin{bmatrix} 2+\frac{\mu_1}{\lambda_1} & \lambda_1 - \frac{\mu_1^2}{\lambda_1} & & & \\ \mu_2 & 2 & \lambda_2 & & \\ & \ddots & \ddots & \ddots & \\ & & \mu_{n-2} & 2 & \lambda_{n-2} \\ & & & \mu_{n-1} - \frac{\lambda_{n-1}^2}{\mu_{n-1}} & 2 + \frac{\lambda_{n-1}}{\mu_{n-1}} \end{bmatrix} \begin{bmatrix} M_1 \\ M_2 \\ \vdots \\ M_{n-2} \\ M_{n-1} \end{bmatrix} = \begin{bmatrix} d_1 \\ d_2 \\ \vdots \\ d_{n-2} \\ d_{n-1} \end{bmatrix}. \tag{4.47}$$

由方程组(4.47)求得 $M_1, M_2, \cdots, M_{n-1}$ 后，再由式(4.44)可得 M_0 和 M_n.

方程组(4.42)，(4.43)和(4.47)所对应的系数矩阵均是严格对角占优的，可用追赶法求解. 在求出 $M_0, M_1, \cdots, M_n$ 之后，将它们代入式(4.35)便得到3次样条插值函数的分段表达式.

在材料力学中,M_j 是与细梁的弯矩成正比例的量,因此以上 3 个方程组通常称为**三弯矩方程组**.

例 4.8 给定如下数据:

x	1	2	4	5
$f(x)$	1	3	4	2

求 $f(x)$ 的自然 3 次样条插值函数,并求 $f(3)$ 和 $f(4.5)$ 的近似值.

解 记 $x_0=1, x_1=2, x_2=4, x_3=5$,则

$$f(x_0)=1,\quad f(x_1)=3,\quad f(x_2)=4,\quad f(x_3)=2,$$
$$h_0=x_1-x_0=1,\quad h_1=x_2-x_1=2,\quad h_2=x_3-x_2=1,$$
$$\mu_1=\frac{h_0}{h_0+h_1}=\frac{1}{3},\quad \mu_2=\frac{h_1}{h_1+h_2}=\frac{2}{3},$$
$$f[x_0,x_1,x_2]=-\frac{1}{2},\quad f[x_1,x_2,x_3]=-\frac{5}{6}.$$

又因为是自然样条,故 $M_0=M_3=0$. 从而三弯矩方程为

$$\begin{bmatrix} 2 & \frac{2}{3} \\ \frac{2}{3} & 2 \end{bmatrix}\begin{bmatrix} M_1 \\ M_2 \end{bmatrix}=6\begin{bmatrix} -\frac{1}{2} \\ -\frac{5}{6} \end{bmatrix},$$

解得 $M_1=-\frac{3}{4}, M_2=-\frac{9}{4}$.

将 M_0, M_1, M_2 和 M_3 代入式(4.35),得到

$$S(x)=\begin{cases} 1+\frac{17}{8}(x-1)-\frac{1}{8}(x-1)^3, & 1\leqslant x<2, \\ 3+\frac{7}{4}(x-2)-\frac{3}{8}(x-2)^2-\frac{1}{8}(x-2)^3, & 2\leqslant x<4, \\ 4-\frac{5}{4}(x-4)-\frac{9}{8}(x-4)^2+\frac{3}{8}(x-4)^3, & 4\leqslant x\leqslant 5. \end{cases}$$

经计算可得 $f(3)\approx S(3)=\frac{17}{4}, f(4.5)\approx S(4.5)=\frac{201}{64}$.

4.5.3 3 次样条插值函数的收敛性

下面讨论 3 次样条插值函数的逼近性质.

设 $g(x)$ 是区间 $[a,b]$ 上的连续函数,记

$$\|g\|_\infty=\max_{a\leqslant x\leqslant b}|g(x)|.$$

定理 4.6 设被插值函数 $f(x)\in C^4[a,b]$,$S(x)$ 为满足边界条件(4.30)或

(4.31) 的 3 次样条插值函数，则在插值区间$[a,b]$上成立余项估计式

$$\| f^{(k)} - S^{(k)} \|_{\infty} \leqslant c_k h^{4-k} \| f^{(4)} \|_{\infty}, \quad k = 0,1,2, \tag{4.48}$$

其中 $h_j = x_{j+1} - x_j, h = \max\limits_{0 \leqslant j \leqslant n-1} h_j, c_0 = \dfrac{1}{16}, c_1 = c_2 = \dfrac{1}{2}$.

证明 首先估计 $|S''(x)|$. 注意 $S''(x)$ 是分段线性函数，故 $|S''(x)|$ 的最大值必在插值节点处达到. 利用差商的性质，三弯矩方程的右端 d_j 为

$$d_j = 6f[x_{j-1}, x_j, x_{j+1}] = 3f''(\eta_j), \quad \eta_j \in (x_{j-1}, x_{j+1}),\ j = 1,2,\cdots,n-1.$$

若 $|S''(x)|$ 在内节点 $x_j, j \in \{1,2,\cdots,n-1\}$ 上达到最大值，则由三弯矩方程

$$\mu_j M_{j-1} + 2M_j + \lambda_j M_{j+1} = d_j$$

并注意到 $\mu_j + \lambda_j = 1$，得到

$$\begin{aligned}
\| S'' \|_{\infty} = | M_j | &= \frac{1}{2} | d_j - \mu_j M_{j-1} - \lambda_j M_{j+1} | \\
&\leqslant \frac{1}{2}(| d_j | + \mu_j | M_{j-1} | + \lambda_j | M_{j+1} |) \\
&\leqslant \frac{1}{2}(3 \| f'' \|_{\infty} + \mu_j \| S'' \|_{\infty} + \lambda_j \| S'' \|_{\infty}) \\
&= \frac{1}{2}(3 \| f'' \|_{\infty} + \| S'' \|_{\infty}),
\end{aligned}$$

整理得

$$\| S'' \|_{\infty} \leqslant 3 \| f'' \|_{\infty}.$$

若 $|S''(x)|$ 在边界 $x = x_0$ 上达到最大值，对于边界条件(4.30)，由

$$2M_0 + M_1 = d_0 = 6f[x_0, x_0, x_1] = 3f''(\eta_0), \quad \eta_0 \in (x_0, x_1)$$

得到

$$\| S'' \|_{\infty} = | M_0 | = \frac{1}{2} | 3f''(\eta_0) - M_1 | \leqslant \frac{1}{2}(3 \| f'' \|_{\infty} + \| S'' \|_{\infty}),$$

整理有

$$\| S'' \|_{\infty} \leqslant 3 \| f'' \|_{\infty};$$

对于边界条件(4.31)，有

$$\| S'' \|_{\infty} = | M_0 | = | f''(x_0) | \leqslant \| f'' \|_{\infty}.$$

若 $|S''(x)|$ 在边界 $x = x_n$ 上达到最大值，类似地，对于边界条件(4.30)，有

$$\| S'' \|_{\infty} \leqslant 3 \| f'' \|_{\infty};$$

对于边界条件(4.31),有

$$\| S'' \|_{\infty} \leqslant \| f'' \|_{\infty}.$$

综上所述,不论边界条件(4.30)还是边界条件(4.31)的3次样条插值函数都成立估计式

$$\| S'' \|_{\infty} \leqslant 3 \| f'' \|_{\infty}. \tag{4.49}$$

下面引进一个辅助函数 $S_1(x)$,它在区间$[a,b]$上2阶连续可导,在每个小区间$[x_i, x_{i+1}]$上是3次多项式,且满足

$$S_1''(x_i) = f''(x_i), \quad i = 0,1,\cdots,n. \tag{4.50}$$

将 $S_1(x)$ 作为被插值函数,作满足边界条件

$$\widetilde{S}'(x_0) = S'_1(x_0), \quad \widetilde{S}'(x_n) = S'_1(x_n)$$

或边界条件

$$\widetilde{S}''(x_0) = S''_1(x_0), \quad \widetilde{S}''(x_n) = S''_1(x_n)$$

的3次样条插值函数 $\widetilde{S}(x)$,则 $\widetilde{S}(x) = S_1(x)$. 于是 $f(x) - S_1(x)$ 的3次样条插值函数是 $S(x) - S_1(x)$. 由式(4.49),得

$$\| S'' - S''_1 \|_{\infty} \leqslant 3 \| f'' - S''_1 \|_{\infty}.$$

另一方面,由式(4.50)知 $S''_1(x)$ 为 $f''(x)$ 的分段线性插值函数,有

$$\| f'' - S''_1 \|_{\infty} \leqslant \frac{1}{8} h^2 \| f^{(4)} \|_{\infty}.$$

因而

$$\begin{aligned}
\| f'' - S'' \|_{\infty} &= \| f'' - S''_1 + S''_1 - S'' \|_{\infty} \\
&\leqslant \| f'' - S''_1 \|_{\infty} + \| S''_1 - S'' \|_{\infty} \\
&\leqslant \| f'' - S''_1 \|_{\infty} + 3 \| f'' - S''_1 \|_{\infty} \\
&= 4 \| f'' - S''_1 \|_{\infty} \\
&\leqslant \frac{1}{2} h^2 \| f^{(4)} \|_{\infty}.
\end{aligned} \tag{4.51}$$

这就证明了式(4.48)中 $k = 2$ 的情况.

记 $R(x) = f(x) - S(x)$,则 $R(x_j) = 0, j = 0,1,\cdots,n$. 由 Rolle 定理知,存在 $\xi_i \in (x_i, x_{i+1})$,使得

$$R'(\xi_i) = 0, \quad i = 0,1,\cdots,n-1,$$

从而对任意的 $x \in (x_i, x_{i+1})$,有

$$R'(x)=\int_{\xi_i}^{x}R''(x)\mathrm{d}x,$$

再利用式(4.51),可得

$$|R'(x)|\leqslant|x-\xi_i|\,\|R''\|_\infty\leqslant h\cdot\frac{1}{2}h^2\,\|f^{(4)}\|_\infty=\frac{1}{2}h^3\,\|f^{(4)}\|_\infty.$$

上式右端与 x 无关,因而

$$\|R'\|_\infty\leqslant\frac{1}{2}h^3\,\|f^{(4)}\|_\infty,$$

即

$$\|f'-S'\|_\infty\leqslant\frac{1}{2}h^3\,\|f^{(4)}\|_\infty.$$

这就证明了式(4.48)中 $k=1$ 的情况.

最后考虑 $R(x)$ 在 $[x_i,x_{i+1}]$ 上的1次插值多项式 $L_1(x)$. 显然 $L_1(x)=0$,因而

$$\begin{aligned}R(x)&=R(x)-L_1(x)\\&=\frac{1}{2}R''(\eta_i)(x-x_i)(x-x_{i+1}),\quad \eta_i\in(x_i,x_{i+1}).\end{aligned}$$

由上式得到

$$|R(x)|\leqslant\frac{1}{8}h_i^2\,|R''(\eta_i)|\leqslant\frac{1}{8}h_i^2\,\|R''\|_\infty\leqslant\frac{1}{8}h^2\,\|R''\|_\infty,$$

即

$$|f(x)-S(x)|\leqslant\frac{1}{8}h^2\,\|f''-S''\|_\infty,$$

再将式(4.51)代入,得

$$|f(x)-S(x)|\leqslant\frac{1}{16}h^4\,\|f^{(4)}\|_\infty.$$

上式右端与 x 无关,因而

$$\|f-S\|_\infty\leqslant\frac{1}{16}h^4\,\|f^{(4)}\|_\infty.$$

这就证明了式(4.48)中 $k=0$ 的情况.

定理证毕.

关于样条插值函数的应用和二元函数的插值问题,有兴趣的读者可参阅参考文献[5].

4.6 有理函数插值

多项式只有加、减、乘三种运算,求导、求积也都简便可行,因而多项式作为逼近工具早已被人们研究并广泛使用. 但是多项式不能反映在某点 x_0 附近函数无界以及当 $x \to \infty$ 时函数趋于定值 a 等函数性态,而有理分式$\dfrac{ax+b}{x-c}$却能较好反映出这种性态. 有理分式仅比多项式增加了除法运算,不过计算机中除法和乘法运算所花机器时间相同,因此有理函数仍可视为简单函数类. 在某些特定条件下,用有理函数作为逼近函数可以取得较好的逼近效果. 但除法运算必须保证除数不为零,这是不可超越的条件限制.

用 $R(m,l)$ 表示所有形如

$$r_{m,l}(x) = \frac{p_m(x)}{q_l(x)} = \frac{\sum\limits_{k=0}^{m} a_k x^k}{\sum\limits_{k=0}^{l} b_k x^k}$$

的有理分式的集合,其中 $p_m(x)$ 和 $q_l(x)$ 不可约,且在区间$[a,b]$上 $q_l(x) \neq 0$. $R(m,l)$ 中包含有$(m+l+2)$ 个参数,但自由度只有$(m+l+1)$ 个.

有理函数插值的提法如下:给定 $f(x)$ 在$(n+1)$ 个互异节点 $x_0, x_1, \cdots, x_n$ 上函数的值

$$y_0 = f(x_0), \quad y_1 = f(x_1), \quad \cdots, \quad y_n = f(x_n),$$

寻找一个有理分式 $r_{m,l}(x) \in R(m,l)$,使得

$$r_{m,l}(x_i) = y_i, \quad i = 0,1,\cdots,n, \tag{4.52}$$

其中 $n = m + l$.

这样的插值问题即为求解以 $a_0, a_1, \cdots, a_m$ 和 $b_0, b_1, \cdots, b_l$ 为未知数的方程组(4.52) 的问题. 而求解该方程组在假设

$$q_l(x_i) \neq 0, \quad i = 0,1,\cdots,n \tag{4.53}$$

成立的前提下,等价于解以下方程组:

$$p_m(x_i) - y_i q_l(x_i) = 0, \quad i = 0,1,\cdots,n. \tag{4.54}$$

当我们求得了(4.54) 的一组非零解之后,就应当验证是否满足式(4.53). 如果满足,说明所求解为式(4.52) 的解;如果不满足,就应当把求得的有理分式进行约简,消去分子和分母的公因式,然后检验是否满足插值条件,满足时才有解,否则无解.

例 4.9 求有理分式 $r_{2,2}(x)$，使得

$$r_{2,2}(-1)=-1,\ r_{2,2}(0)=0,\ r_{2,2}(1)=1,\ r_{2,2}(2)=\frac{1}{2},\ r_{2,2}(3)=\frac{3}{5}. \tag{4.55}$$

解 求解式(4.54)形式的方程组，可得

$$p_2(x)=x^2-x,\quad q_2(x)=x^2+x-2.$$

经检验 $q_2(1)=0$，所以不满足式(4.53). 将解进行约简得

$$r_{2,2}(x)=\frac{x}{x+2},$$

易知 $r_{2,2}(1)=\frac{1}{3}\neq 1$. 因此，在所给插值条件下插值问题无解.

如果插值条件(4.55)变为

$$r_{2,2}(-1)=-1,\ r_{2,2}(0)=0,\ r_{2,2}(1)=\frac{1}{3},\ r_{2,2}(2)=\frac{1}{2},\ r_{2,2}(3)=\frac{3}{5},$$

则我们获得和前一插值问题一样的非零解 $p_2(x)$ 和 $q_2(x)$. 由于约简后一切条件全满足，所以插值问题有解.

从上面例题可以看出有理插值问题的复杂性，它要求我们"必须对有理插值的解进行验算".

仿照牛顿差商型插值公式，引进反差商概念可推导出反差商型有理插值函数.

定义 4.7 称

$$f^{-1}[x_0,x_1]=\frac{x_1-x_0}{f(x_1)-f(x_0)}$$

为 **1 阶反差商**；称

$$f^{-1}[x_0,x_1,x_2]=\frac{x_2-x_1}{f^{-1}[x_0,x_2]-f^{-1}[x_0,x_1]}$$

为 **2 阶反差商**；一般地，称

$$\begin{aligned}&f^{-1}[x_0,x_1,\cdots,x_{k-2},x_{k-1},x_k]\\=&\frac{x_k-x_{k-1}}{f^{-1}[x_0,x_1,\cdots,x_{k-2},x_k]-f^{-1}[x_0,x_1,\cdots,x_{k-2},x_{k-1}]}\end{aligned}$$

为 ***k* 阶反差商.**

值得注意的是，**反差商与节点的次序有关**. 由反差商的定义知

$$f^{-1}[x_0,x_1,\cdots,x_{k-2},x]=f^{-1}[x_0,x_1,\cdots,x_{k-2},x_{k-1}]+\frac{x-x_{k-1}}{f^{-1}[x_0,x_1,\cdots,x_{k-1},x]},$$

于是

$$f(x) = f(x_0) + \frac{x - x_0}{f^{-1}[x_0, x]}$$
$$= f(x_0) + \cfrac{x - x_0}{f^{-1}[x_0, x_1] + \cfrac{x - x_1}{f^{-1}[x_0, x_1, x]}}.$$

为书写方便,把分母中的分式写到大分式后,只把加号保留在下面,得到

$$f(x) = f(x_0) + \frac{x - x_0}{f^{-1}[x_0, x_1]} \underset{+}{} \frac{x - x_1}{f^{-1}[x_0, x_1, x]}.$$

继续用高阶反差商表示低阶反差商,可得

$$f(x) = f(x_0) + \frac{x - x_0}{f^{-1}[x_0, x_1]} \underset{+}{} \frac{x - x_1}{f^{-1}[x_0, x_1, x_2]} \underset{+}{} \frac{x - x_2}{f^{-1}[x_0, x_1, x_2, x_3]}$$
$$\underset{+}{} \cdots \underset{+}{} \frac{x - x_{n-1}}{f^{-1}[x_0, x_1, \cdots, x_n]} \underset{+}{} \frac{x - x_n}{f^{-1}[x_0, x_1, \cdots, x_n, x]}.$$

去掉最后一个分式,前$(n+1)$ 项成为一有理连分式,把它简记为 $r_n(x)$,即

$$r_n(x) = f(x_0) + \frac{x - x_0}{f^{-1}[x_0, x_1]} \underset{+}{} \frac{x - x_1}{f^{-1}[x_0, x_1, x_2]} \underset{+}{} \frac{x - x_2}{f^{-1}[x_0, x_1, x_2, x_3]}$$
$$\underset{+}{} \cdots \underset{+}{} \frac{x - x_{n-1}}{f^{-1}[x_0, x_1, \cdots, x_n]}.$$

定理 4.7 设 $x_0, x_1, \cdots, x_n$ 互不相同,记

$$v[x_0, x_1, \cdots, x_i, x_i] = f^{-1}[x_0, x_1, \cdots, x_i, x_{i+1}] + \frac{x_i - x_{i+1}}{f^{-1}[x_0, x_1, \cdots, x_{i+1}, x_{i+2}]}$$
$$\underset{+}{} \frac{x_i - x_{i+2}}{f^{-1}[x_0, x_1, \cdots, x_{i+2}, x_{i+3}]}$$
$$\underset{+}{} \cdots \underset{+}{} \frac{x_i - x_{n-1}}{f^{-1}[x_0, x_1, \cdots, x_n]}, \quad i = 0, 1, \cdots, n-1.$$

若 $v[x_0, x_1, \cdots, x_i, x_i] \neq 0$, $f^{-1}[x_0, x_1, \cdots, x_{i+1}]$ 有界$(i = 0, 1, \cdots, n-1)$,则

$$r_n(x_i) = f(x_i), \quad i = 0, 1, 2, \cdots, n.$$

证明 由反差商的定义,可得

$$r_n(x_0) = f(x_0) + \frac{x_0 - x_0}{v[x_0, x_0]} = f(x_0),$$

$$r_n(x_1)=f(x_0)+\frac{x_1-x_0}{f^{-1}[x_0,x_1]+\frac{x_1-x_1}{v[x_0,x_1,x_1]}}$$

$$=f(x_0)+\frac{x_1-x_0}{f^{-1}[x_0,x_1]}=f(x_1),$$

$$r_n(x_2)=f(x_0)+\frac{x_2-x_0}{f^{-1}[x_0,x_1]+\frac{x_2-x_1}{f^{-1}[x_0,x_1,x_2]+\frac{x_2-x_2}{v[x_0,x_1,x_2,x_2]}}}$$

$$=f(x_0)+\frac{x_2-x_0}{f^{-1}[x_0,x_1]+\frac{x_2-x_1}{f^{-1}[x_0,x_1,x_2]}}$$

$$=f(x_0)+\frac{x_2-x_0}{f^{-1}[x_0,x_2]}=f(x_2),$$

$$r_n(x_3)=f(x_0)+\frac{x_3-x_0}{f^{-1}[x_0,x_1]+\frac{x_3-x_1}{f^{-1}[x_0,x_1,x_2]+\frac{x_3-x_2}{f^{-1}[x_0,x_1,x_2,x_3]+\frac{x_3-x_3}{v[x_0,x_1,x_2,x_3,x_3]}}}}$$

$$=f(x_0)+\frac{x_3-x_0}{f^{-1}[x_0,x_1]+\frac{x_3-x_1}{f^{-1}[x_0,x_1,x_2]+\frac{x_3-x_2}{f^{-1}[x_0,x_1,x_2,x_3]}}}$$

$$=f(x_0)+\frac{x_3-x_0}{f^{-1}[x_0,x_1]+\frac{x_3-x_1}{f^{-1}[x_0,x_1,x_3]}}$$

$$=f(x_0)+\frac{x_3-x_0}{f^{-1}[x_0,x_3]}=f(x_3).$$

其余可类似证明. 定理证毕.

可以用数学归纳法证明:

(1) 当 n 为偶数时,有 $r_n\in R\left(\frac{n}{2},\frac{n}{2}\right)$;

(2) 当 n 为奇数时,有 $r_n\in R\left(\frac{n+1}{2},\frac{n-1}{2}\right)$.

在进行具体的有理分式插值时,应先作出反差商表(见表 4.6),再根据该表写出连分式,进而作出有理分式.

表 4.6 反差商表($n=4$)

x_k	$f(x_k)$	$f^{-1}[x_0,x_k]$	$f^{-1}[x_0,x_1,x_k]$	$f^{-1}[x_0,x_1,x_2,x_k]$	$f^{-1}[x_0,x_1,x_2,x_3,x_k]$
x_0	$f(x_0)$				
x_1	$f(x_1)$	$f^{-1}[x_0,x_1]$			
x_2	$f(x_2)$	$f^{-1}[x_0,x_2]$	$f^{-1}[x_0,x_1,x_2]$		
x_3	$f(x_3)$	$f^{-1}[x_0,x_3]$	$f^{-1}[x_0,x_1,x_3]$	$f^{-1}[x_0,x_1,x_2,x_3]$	
x_4	$f(x_4)$	$f^{-1}[x_0,x_4]$	$f^{-1}[x_0,x_1,x_4]$	$f^{-1}[x_0,x_1,x_2,x_4]$	$f^{-1}[x_0,x_1,x_2,x_3,x_4]$

例 4.10　给出如下函数表,求有理插值函数 $r_4(x)$.

x	0	1	2	3	4
y	1	$\frac{1}{2}$	$\frac{1}{5}$	$\frac{1}{10}$	$\frac{1}{17}$

解　先作反差商表如下:

x_k	$f(x_k)$	$f^{-1}[x_0,x_k]$	$f^{-1}[x_0,x_1,x_k]$	$f^{-1}[x_0,x_1,x_2,x_k]$	$f^{-1}[x_0,x_1,x_2,x_3,x_4]$
0	1				
1	$\frac{1}{2}$	-2			
2	$\frac{1}{5}$	$-\frac{5}{2}$	-2		
3	$\frac{1}{10}$	$-\frac{10}{3}$	$-\frac{3}{2}$	2	
4	$\frac{1}{17}$	$-\frac{17}{4}$	$-\frac{4}{3}$	3	1

所以

$$r_4(x)=1+\cfrac{x-0}{-2+\cfrac{x-1}{-2+\cfrac{x-2}{2+\cfrac{x-3}{1}}}}=\frac{1}{1+x^2}.$$

经检验,完全满足定解条件.

例 4.11　设 $f(x)=\frac{2}{\pi}\arctan x$,先给出 $x_0=10,x_1=12,x_2=14$ 这 3 点的函数值,求它的有理插值函数 $r_2(x)$,然后计算 $r_2(20),r_2(50),r_2(100)$,并与精确值比较,说明有理插值的优点.

解　作反差商表如下:

k	x_k	$f(x_k)$	$f^{-1}[x_0,x_k]$	$f^{-1}[x_0,x_1,x_k]$
0	10	0.9365		
1	12	0.9471	188.7	
2	14	0.9546	221.0	0.06192

所以

$$r_2(x)=0.9365+\cfrac{x-10}{188.7+\cfrac{x-12}{0.06192}}.$$

经计算可得

$$r_2(20)=0.9680,\quad r_2(50)=0.9864,\quad r_2(100)=0.9924,$$

$$f(20) = 0.9682, \quad f(50) = 0.9873, \quad f(100) = 0.9936.$$

可以发现：虽然这 3 个 x 值已远离插值区间，但有理插值函数值仍能保持两位有效数字的精确度. 这是多项式插值所没有的特点，也即有理插值函数反映了被插值函数的趋势.

关于有理插值的误差估计，有下列定理：

定理 4.8 若 $f \in C^{n+1}[a,b]$，则满足插值条件(4.52) 的有理插值函数

$$r_{m,l}(x) = \frac{p_m(x)}{q_l(x)}$$

的插值余项为

$$f(x) - r_{m,l}(x) = \frac{(f(x)q_l(x))^{(n+1)}\Big|_{x=\xi}}{(n+1)!q_l(x)} W_{n+1}(x),$$

其中 $W_{n+1}(x) = \prod\limits_{i=0}^{n}(x - x_i), m + l = n, \xi \in (a,b)$ 且与 x 有关.

证明 由插值条件知

$$r_{m,l}(x_i) = f(x_i), \quad i = 0,1,\cdots,n,$$

即 $x_i(i = 0,1,\cdots,n)$ 为 $f(x) - r_{m,l}(x)$ 的零点. 于是 $f(x) - r_{m,l}(x)$ 可写为

$$f(x) - r_{m,l}(x) = K(x) \cdot \frac{1}{q_l(x)} W_{n+1}(x)$$

的形式. 上式两边同乘以 $q_l(x)$，得到

$$f(x)q_l(x) - p_m(x) = K(x)W_{n+1}(x).$$

当 $x = x_i(i = 0,1,\cdots,n)$ 时，$K(x)$ 取任意常数，上式两边皆为零，所需结论显然成立. 现设 $x \neq x_i(i = 0,1,\cdots,n)$，作辅助函数

$$\varphi(t) = f(t)q_l(t) - p_m(t) - K(x)W_{n+1}(t),$$

显然 $\varphi(t)$ 有$(n+2)$ 个互异的零点 $x, x_0, x_1, \cdots, x_n$. 反复应用 Rolle 定理，易知存在 $\xi = \xi(x) \in (a,b)$，使得

$$\varphi^{(n+1)}(\xi) = 0.$$

再对函数 $\varphi(t)$ 求$(n+1)$ 阶导数，得

$$\varphi^{(n+1)}(t) = (f(t)q_l(t))^{(n+1)} - (n+1)!K(x),$$

因而

$$(f(t)q_l(t))^{(n+1)}\Big|_{t=\xi} - (n+1)!K(x) = 0,$$

由上式解得

$$K(x)=\frac{1}{(n+1)!}(f(t)q_l(t))^{n+1}\Big|_{t=\xi}.$$

定理证毕.

有理插值余项的表达式中出现 $q_l(x)$,这给误差估计增加了一定的困难.

读者也许已经注意到关于有理函数插值,我们没有给出存在唯一性的定理. 实际上,如果 m 与 l 没有分别指定,则解就不会唯一;如果已事先指定,则因为始终要求当 $x\in[a,b]$ 时 $q_l(x)\neq 0$,又限制了解空间的范围,对某些插值条件(4.52),有理插值的解可能不存在.

关于一个节点是重节点的有理插值问题 ——Pade 插值,限于篇幅,这里就不作介绍了,感兴趣的读者可参阅有关书籍.

4.7 最佳一致逼近

前面我们讲了多项式插值,要求在插值节点上插值多项式与被插值函数的值相等,因而在插值节点处误差为零. 下面我们选择另一种近似度量标准:不具体要求哪些点处误差为零(自然会有误差为零的点),而要求在整个所考虑的区间上误差尽可能小. 为此,我们先介绍一些函数逼近的相关概念.

4.7.1 线性赋范空间

定义 4.8 设 X 是 $\mathbf{R}$ 上的一个线性空间,对任意的 $x\in X$,有一个实数与之对应,记为 $\|x\|$. 如果这种对应关系满足:

1° 对任意 $x\in X$,有 $\|x\|\geqslant 0$, $\|x\|=0$ 当且仅当 $x=0$(非负性);

2° 对任意常数 $\lambda\in\mathbf{R}$,$x\in X$,有 $\|\lambda x\|=|\lambda|\,\|x\|$(齐次性);

3° 对任意 $x\in X$,$y\in X$,有 $\|x+y\|\leqslant\|x\|+\|y\|$(三角不等式),

则称 $\|\cdot\|$ 为 X 上的一个**范数**,并称定义了范数的线性空间为**线性赋范空间**.

上述 3 个条件称为范数公理,X 中的元素通常称为点.

定义 4.9 设 X 为线性赋范空间,且 $x\in X$,$y\in X$,称 $\|x-y\|$ 为 x 和 y 之间的距离.

例 4.12(空间 $\mathbf{R}^n$) 设 $\boldsymbol{x}=(x_1,x_2,\cdots,x_n)^{\mathrm{T}}\in\mathbf{R}^n$,$\boldsymbol{y}=(y_1,y_2,\cdots,y_n)^{\mathrm{T}}\in\mathbf{R}^n$,$\lambda\in\mathbf{R}$,定义线性运算

$$\lambda\boldsymbol{x}=(\lambda x_1,\lambda x_2,\cdots,\lambda x_n)^{\mathrm{T}},$$

$$\boldsymbol{x}+\boldsymbol{y}=(x_1+y_1,x_2+y_2,\cdots,x_n+y_n)^{\mathrm{T}},$$

则 $\mathbf{R}^n$ 为线性空间. 记

$$\|\boldsymbol{x}\|_1=\sum_{i=1}^{n}|x_i|,\quad \|\boldsymbol{x}\|_\infty=\max_{1\leqslant i\leqslant n}|x_i|,\quad \|\boldsymbol{x}\|_2=\sqrt{\sum_{i=1}^{n}x_i^2},$$

可以验证 $\|\cdot\|_1$，$\|\cdot\|_\infty$ 和 $\|\cdot\|_2$ 均满足定义 4.8 中的 3 个条件，因而它们均是 $\mathbf{R}^n$ 中的范数，分别称为(向量的)1 -范数、无穷-范数和 2 -范数.

例 4.13(空间 $C[a,b]$)　记 $C[a,b]$ 为区间 $[a,b]$ 上所有连续函数的集合，并设 $f\in C[a,b]$，$g\in C[a,b]$，$\lambda\in\mathbf{R}$. 定义线性运算

$$(\lambda f)(x)=\lambda\cdot f(x),\quad x\in[a,b],$$

$$(f+g)(x)=f(x)+g(x),\quad x\in[a,b],$$

则 $C[a,b]$ 为线性空间. 记

$$\|f\|_1=\int_a^b|f(x)|\,\mathrm{d}x,\quad \|f\|_\infty=\max_{a\leqslant x\leqslant b}|f(x)|,\quad \|f\|_2=\sqrt{\int_a^b f^2(x)\,\mathrm{d}x},$$

可以验证 $\|\cdot\|_1$，$\|\cdot\|_\infty$ 和 $\|\cdot\|_2$ 均满足定义 4.8 中的 3 个条件，分别称为(函数的)L_1 范数，L_∞ 范数(一致范数)和 L_2 范数(平均范数).

用无穷范数来刻画 2 个连续函数的逼近程度是很自然的，因为它给出 2 个函数在整个区间 $[a,b]$ 上的最大误差

$$\|f-g\|_\infty=\max_{a\leqslant x\leqslant b}|f(x)-g(x)|.$$

定义 4.10　设 X 为线性赋范空间，M 为 X 的子集，$f\in X$. 若在 M 中存在 φ，使得对任意 $\psi\in M$，有

$$\|f-\varphi\|\leqslant\|f-\psi\|,$$

则称 φ 为 f 在 M 中的最佳逼近元.

4.7.2　最佳一致逼近多项式

设 M_n 为所有的次数不超过 n 的多项式的集合. 显然 $M_n\subset C[a,b]$.

定义 4.11　设 $f\in C[a,b]$. 若存在 $p_n\in M_n$，使得对于任意的 $q_n\in M_n$，有

$$\|f-p_n\|_\infty\leqslant\|f-q_n\|_\infty,$$

即

$$\max_{a\leqslant x\leqslant b}|f(x)-p_n(x)|\leqslant\max_{a\leqslant x\leqslant b}|f(x)-q_n(x)|,$$

则称 $p_n(x)$ 为 $f(x)$ 的 n 次最佳一致逼近多项式.

下面的定理保证了最佳一致逼近多项式的存在唯一性，因证明比较复杂，这里从略，有兴趣的读者可参阅参考文献[6].

定理 4.9　设 $f\in C[a,b]$，则 f 在 M_n 中存在唯一的 n 次最佳一致逼近多

项式.

Chebyshev 给出了描述最佳一致逼近多项式的特征定理,有助于寻求最佳一致逼近多项式.

先给出偏差点的概念.

定义 4.12 设 $g \in C[a,b]$. 如果 $x_k \in [a,b]$ 使得

$$|g(x_k)| = \|g\|_\infty,$$

则称 x_k 为 g 的偏差点. 当

$$g(x_k) = \|g\|_\infty$$

时,称 x_k 为 g 的正偏差点;当

$$g(x_k) = -\|g\|_\infty$$

时,称 x_k 为 g 的负偏差点.

引理 4.1 设 $f \in C[a,b]$,且 $p_n(x)$ 是 $f(x)$ 的 n 次最佳一致逼近多项式,则 $f - p_n$ 必同时存在正负偏差点.

证明 设 $E_n = \|f - p_n\|_\infty$. 用反证法,不妨假设 $f - p_n$ 仅有正偏差点,而没有负偏差点,即

$$-E_n < f(x) - p_n(x) \leqslant E_n.$$

由于 f 和 p_n 均为连续函数,故其差在$[a,b]$上必取到最小值,且比 $-E_n$ 大,因而存在 $\varepsilon \in (0, E_n)$,使得

$$-E_n + 2\varepsilon \leqslant f(x) - p_n(x) \leqslant E_n.$$

同时减去 ε,得

$$-(E_n - \varepsilon) \leqslant f(x) - (p_n(x) + \varepsilon) \leqslant E_n - \varepsilon,$$

因而

$$\|f - (p_n + \varepsilon)\|_\infty < E_n.$$

这与 p_n 是 f 的 n 次最佳一致逼近多项式矛盾. 引理证毕.

下面是最佳一致逼近多项式的特征定理:

定理 4.10(Chebyshev 定理) 设 $f \in C[a,b]$. n 次多项式 $p_n(x)$ 是 $f(x)$ 的 n 次最佳一致逼近多项式的充分必要条件是 $f(x) - p_n(x)$ 在$[a,b]$上至少有$(n+2)$个交错偏差点,即有$(n+2)$个点 $a \leqslant x_0 < x_1 < \cdots < x_n < x_{n+1} \leqslant b$,使得

$$f(x_i) - p_n(x_i) = (-1)^i \sigma \|f - p_n\|_\infty, \quad i = 0, 1, \cdots, n+1,$$

其中 $\sigma = 1$ 或 -1.

证明 （**充分性**）设 $f(x)-p_n(x)$ 在 $[a,b]$ 上至少有 $(n+2)$ 个交错偏差点，要证 $p_n(x)$ 是 $f(x)$ 的 n 次最佳一致逼近多项式. 用反证法，设 $p_n(x)$ 不是 $f(x)$ 的 n 次最佳一致逼近多项式，则必有 n 次多项式 $q_n(x)$，使得

$$\| f-q_n \|_\infty < \| f-p_n \|_\infty.$$

于是

$$\begin{aligned} q_n(x_i)-p_n(x_i) &= [f(x_i)-p_n(x_i)]-[f(x_i)-q_n(x_i)] \\ &= (-1)^i\sigma \| f-p_n \|_\infty -[f(x_i)-q_n(x_i)] \\ &= (-1)^i\sigma\{ \| f-p_n \|_\infty -(-1)^i\sigma[f(x_i)-q_n(x_i)]\} \\ &= (-1)^i\sigma\,\varepsilon_i, \quad i=0,1,\cdots,n+1, \end{aligned}$$

其中

$$\begin{aligned} \varepsilon_i &= \| f-p_n \|_\infty -(-1)^i\sigma[f(x_i)-q_n(x_i)] \\ &\geqslant \| f-p_n \|_\infty -| f(x_i)-q_n(x_i) | \\ &\geqslant \| f-p_n \|_\infty - \| f-q_n \|_\infty > 0. \end{aligned}$$

因而 $q_n(x)-p_n(x)$ 的值在 $(n+2)$ 个点 $x_0,x_1,\cdots,x_{n+1}$ 交错地改变符号，再由介值定理可知 n 次多项式 $q_n(x)-p_n(x)$ 在区间 $[a,b]$ 上至少有 $(n+1)$ 个互异的零点，所以 $q_n(x)-p_n(x)$ 为零多项式，即 $q_n(x)=p_n(x)$.

（**必要性**）必要性的证明请参阅参考文献[6].

定理证毕.

上述特征定理告诉我们：误差曲线 $f(x)-p_n(x)$ 至少应在 $(n+2)$ 个点上交替振荡到最大偏差 $\| f-p_n \|_\infty$，故而误差分布较均匀.

由特征定理，我们还可以得到下面两个推论：

推论 4.1 设 $f(x)\in C[a,b]$，$p_n(x)$ 是 $f(x)$ 的 n 次最佳一致逼近多项式，如果 $f^{(n+1)}(x)$ 在 (a,b) 内存在且保号（保持恒正或恒负），则 $f(x)-p_n(x)$ 在 $[a,b]$ 内恰有 $(n+2)$ 个交错偏差点，且两端点 a,b 都是偏差点.

证明 用反证法. 若偏差点超过 $(n+2)$ 个或至少有一个端点不是偏差点，则在 (a,b) 内部的偏差点至少有 $(n+1)$ 个，且这些偏差点为误差函数 $f(x)-p_n(x)$ 的最大点或最小点，按从小到大的顺序记为 $x_0,x_1,\cdots,x_n$. 由 Fermat 定理知

$$f'(x_i)-p'_n(x_i)=0, \quad i=0,1,\cdots,n,$$

再由 Rolle 定理可知 $f''(x)-p''_n(x)$ 在区间 (a,b) 内至少有 n 个互异零点. 依次类推，可得 $f^{(n+1)}(x)-p_n^{(n+1)}(x)$ 至少有一个零点 $\xi\in(a,b)$，即

$$f^{(n+1)}(\xi)-p_n^{(n+1)}(\xi)=0.$$

由于 $p_n^{(n+1)}(x)=0$，所以

$$f^{(n+1)}(\xi)=0,$$

这与 $f^{(n+1)}(x)$ 在(a,b) 内保号矛盾. 推论证毕.

由推论 4.1 可知,若 $f(x)\in C[a,b]$ 且 $f^{(n+1)}(x)$ 保号,$f(x)$ 的 n 次最佳一致逼近多项式为

$$p_n(x)=c_0+c_1x+\cdots+c_nx^n,$$

则 $f(x)-p_n(x)$ 有$(n+2)$ 个交错偏差点 $a<x_1<x_2<\cdots<x_n<b$. 由交错偏差点的定义可知

$$\begin{cases}f(a)-p_n(a)=-[f(x_1)-p_n(x_1)]=f(x_2)-p_n(x_2)\\ \qquad =\cdots=(-1)^n[f(x_n)-p_n(x_n)]\\ \qquad =(-1)^{n+1}[f(b)-p_n(b)],\\ f'(x_i)-p_n'(x_i)=0,\quad i=1,2,\cdots,n.\end{cases}\tag{4.56}$$

这是含有$(2n+1)$ 个未知数$(c_0,c_1,\cdots,c_n,x_1,x_2,\cdots,x_n)$,由$(2n+1)$ 个方程组成的非线性方程组.

记 $\mu=\sigma\|f-p_n\|$(其中 σ 见定理 4.10),则上述方程组可写为

$$\begin{cases}f(a)-p_n(a)-\mu=0,\\ f(x_i)-p_n(x_i)-(-1)^i\mu=0,\\ f(b)-p_n(b)-(-1)^{n+1}\mu=0,\\ f'(x_i)-p'_n(x_i)=0,\end{cases}\quad i=1,2,\cdots,n.$$

这是含有$(2n+2)$ 个未知数$(c_0,c_1,\cdots,c_n,x_1,x_2,\cdots,x_n,\mu)$,由$(2n+2)$ 个方程组成的非线性方程组,可用迭代方法进行求解.

例 4.14 设 $f\in C^2[a,b]$,$f''(x)$ 在(a,b) 内存在且恒正,求 $f(x)$ 的 1 次最佳一致逼近多项式 $p_1(x)$.

解 设 $p_1(x)=c_0+c_1x$,则 $f(x)-p_1(x)$ 有 3 个交错点 a,x_1,b,其中 $x_1\in(a,b)$. 由式(4.56) 得

$$\begin{cases}f(a)-p_1(a)=-[f(x_1)-p_1(x_1)]=f(b)-p_1(b),\\ f'(x_1)-p'_1(x_1)=0.\end{cases}$$

将 $p_1(x)$ 代入 $f(a)-p_1(a)=f(b)-p_1(b)$,得

$$f(a)-(c_0+c_1a)=f(b)-(c_0+c_1b),$$

于是

$$c_1=\frac{f(b)-f(a)}{b-a}.$$

再由

$$f'(x_1) - p'_1(x_1) = 0$$

得 $f'(x_1) - c_1 = 0$，于是

$$x_1 = (f')^{-1}(c_1) = (f')^{-1}\left(\frac{f(b) - f(a)}{b - a}\right).$$

最后再由

$$f(a) - p_1(a) = -[f(x_1) - p_1(x_1)]$$

得

$$c_0 = \frac{f(a) + f(x_1)}{2} - c_1 \frac{a + x_1}{2}.$$

将所求得的 c_0 和 c_1 代入 $p_1(x) = c_0 + c_1 x$，即得要求的1次最佳一致逼近多项式. 其示意图如图 4.8 所示.

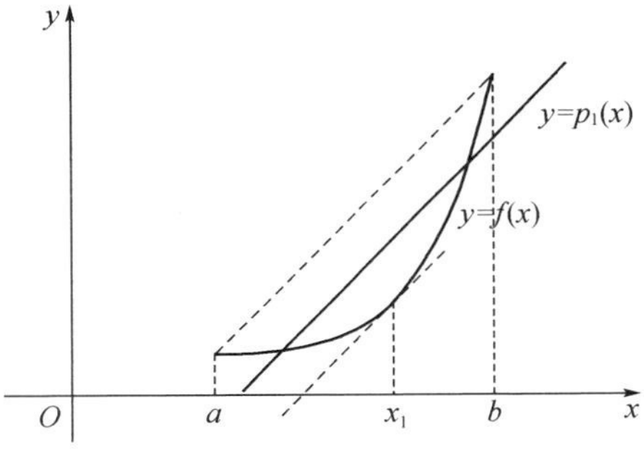

图 4.8　1 次最佳一致逼近多项式

推论 4.2　设 $f(x) \in C[a,b]$，则 $f(x)$ 的 n 次最佳一致逼近多项式 $p_n(x)$ 为 $f(x)$ 的某一个 n 次插值多项式.

证明　因为 $f(x) - p_n(x)$ 至少有 $(n+2)$ 个交错偏差点，由介值定理知在任意两个相邻交错偏差点之间至少有 $f(x) - p_n(x)$ 的一个零点，故 $f(x) - p_n(x)$ 至少有 $(n+1)$ 个零点. 也即在这 $(n+1)$ 个点上 $p_n(x)$ 的值和 $f(x)$ 的值相同，故以这 $(n+1)$ 个零点为插值节点所作的 $f(x)$ 的 n 次插值多项式即为 $p_n(x)$. 推论证毕.

4.7.3　Chebyshev 多项式

为寻找最佳一致逼近多项式及近似最佳一致逼近多项式，需引进 Chebyshev 多项式.

考虑 $[-1,1]$ 上函数 $f(x) = x^n$ 的 $(n-1)$ 次最佳一致逼近多项式 $p_{n-1}(x)$. 由定理 4.10 知，$p_{n-1}(x)$ 是 $f(x)$ 的 $(n-1)$ 次最佳一致逼近多项式当且仅当误差函数

$$f(x)-p_{n-1}(x)$$

在区间$[-1,1]$上恰有$(n+1)$个交错偏差点.显然上述误差函数也可以看成首项系数为 1 的 n 次多项式 $p_n(x)=x^n-p_{n-1}(x)$ 与零的误差函数.因此,这个问题也被称为最小零偏差问题,多项式 $p_n(x)$ 则被称为最小零偏差多项式.

为了确定最小零偏差多项式 $p_n(x)$ 的具体结构,下面我们回忆一下三角函数 $\cos n\theta(0\leqslant\theta\leqslant\pi)$ 的简单性质.显然,这个函数在$(n+1)$个点

$$\theta_i=\frac{i\pi}{n},\quad i=0,1,2,\cdots,n$$

处依次改变符号,并轮流取到最大值 1 和最小值 -1.另一方面,利用三角公式,函数 $\cos n\theta$ 又可展开成 $\cos\theta$ 的 n 次幂级数.这就启发我们只要令 $x=\cos\theta$,那么 $\cos n\theta$ 就变成了关于 x 的 n 次多项式.为此,我们给出如下定义:

定义 4.13 称

$$T_n(x)=\cos(n\arccos x),\quad -1\leqslant x\leqslant 1$$

为 n 次 Chebyshev 多项式.

引理 4.2 Chebyshev 多项式具有如下性质:

(1) $\begin{cases}T_{n+1}(x)=2xT_n(x)-T_{n-1}(x),\ n=1,2,\cdots,\\ T_0(x)=1,\ T_1(x)=x;\end{cases}$

(2) $T_n(x)$ 是 n 次多项式;

(3) $T_n(x)$ 的最高次项系数为 2^{n-1};

(4) 当 $|x|\leqslant 1$ 时,$|T_n(x)|\leqslant 1$;

(5) 在$(-1,1)$上 $T_n(x)$ 有 n 个不同的零点

$$\cos\left[\left(i+\frac{1}{2}\right)\frac{\pi}{n}\right],\quad i=0,1,\cdots,n-1;$$

(6) 在$[-1,1]$上 $T_n(x)$ 有一个交错偏差点组 $\cos\frac{i\pi}{n}(i=0,1,\cdots,n)$,即

$$T_n\left(\cos\frac{i\pi}{n}\right)=(-1)^i\|T_n\|_\infty,\quad i=0,1,2,\cdots,n;$$

(7) $T_n(x)=(-1)^nT_n(-x)$;

(8) $\displaystyle\int_{-1}^{1}\frac{T_m(x)T_n(x)}{\sqrt{1-x^2}}\mathrm{d}x=\begin{cases}\pi, & m=n=0,\\ \frac{\pi}{2}, & m=n\neq 0,\\ 0, & m\neq n.\end{cases}$

证明 由三角函数中的和差化积公式,有

$$\cos(n+1)\theta+\cos(n-1)\theta=2\cos n\theta\cos\theta,$$

移项得

$$\cos(n+1)\theta = 2\cos n\theta\cos\theta - \cos(n-1)\theta.$$

令 $x=\cos\theta$,并注意到 $T_n(x)=\cos n\theta$,即可得到性质(1).

性质(2)和性质(3)可由性质(1)直接得到,性质(4)、性质(5)和性质(6)可直接由定义得到.

下面我们来推导性质(7).事实上,有

$$\begin{aligned} T_n(-x) &= \cos[n\arccos(-x)] = \cos[n(\pi - \arccos x)] \\ &= (-1)^n\cos(n\arccos x) = (-1)^n T_n(x). \end{aligned}$$

对于性质(8),可以通过变量代换以及由三角函数的正交性得到,即

$$\int_{-1}^{1}\frac{T_m(x)T_n(x)}{\sqrt{1-x^2}}\mathrm{d}x = \int_0^{\pi}\cos m\theta\cos n\theta\,\mathrm{d}\theta = \begin{cases}\pi, & m=n=0,\\ \dfrac{\pi}{2}, & m=n\neq 0,\\ 0, & m\neq n.\end{cases}$$

引理证毕.

根据本小节开头的描述,并利用性质(6),就可以得到下面的定理:

定理 4.11　在区间[−1,1]上所有首项系数为1的 n 次多项式中,$2^{1-n}T_n(x)$ 对零的偏差最小,即

$$\| q_n \|_\infty \geqslant \| 2^{1-n}T_n \|_\infty = 2^{1-n},$$

其中 $q_n(x)$ 是任一首项系数为1的 n 次多项式.

定理4.11所表明的Chebyshev多项式的极值性是一个很重要的性质,正因为如此,Chebyshev多项式成为区间[−1,1]上函数逼近的一个重要工具.

例 4.15　求 $(n+1)$ 次多项式

$$f(x) = a_0x^{n+1} + a_1x^n + \cdots + a_nx + a_{n+1}$$

在[−1,1]上的 n 次最佳一致逼近多项式.

解　如果 n 次多项式 $p_n(x)$ 使得 $f(x)-p_n(x)$ 在[−1,1]上至少有 $(n+2)$ 个交错偏差点,则 $p_n(x)$ 为 $f(x)$ 在区间[−1,1]上的 n 次最佳一致逼近多项式.由Chebyshev多项式的性质,若有 n 次多项式 $p_n(x)$ 满足

$$f(x) - p_n(x) = c_0T_{n+1}(x),$$

则 $p_n(x)$ 即为所求.要使上式成立,只要取 $c_0 = a_0\cdot 2^{-n}$,代入上式并解出 $p_n(x)$,有

$$p_n(x) = f(x) - c_0T_{n+1}(x) = f(x) - a_0\cdot 2^{-n}T_{n+1}(x).$$

此 $p_n(x)$ 即为所求的 $f(x)$ 在[−1,1]上的 n 次最佳一致逼近多项式.

如果函数 $f(x)$ 的定义区间为一般区间$[a,b]$,只要作变量代换

$$x=\frac{a+b}{2}+\frac{b-a}{2}t, \tag{4.57}$$

则定义在区间$[a,b]$上的函数 $f(x)$ 化为定义在区间$[-1,1]$上的函数

$$g(t)=f\left(\frac{a+b}{2}+\frac{b-a}{2}t\right).$$

4.7.4 近似最佳一致逼近多项式

设 $f(x)$ 为定义在$[-1,1]$上的函数,且存在$(n+1)$阶连续导数 $f^{(n+1)}(x)$. 给定区间$[-1,1]$内的$(n+1)$个互异点 $x_0,x_1,\cdots,x_n$ 作为插值节点,作 $f(x)$ 的 n 次插值多项式

$$L_n(x)=\sum_{i=0}^{n}f(x_i)\prod_{\substack{j=0\\j\neq i}}^{n}\frac{x-x_j}{x_i-x_j},$$

则插值余项

$$f(x)-L_n(x)=\frac{f^{(n+1)}(\xi)}{(n+1)!}W_{n+1}(x),$$

其中 $W_{n+1}(x)=\prod\limits_{i=0}^{n}(x-x_i)$, $\xi\in(-1,1)$. 由于 $W_{n+1}(x)$ 是一个首项系数为 1 的$(n+1)$次多项式,所以要使 $W_{n+1}(x)$ 在区间$[-1,1]$上的无穷范数 $\|W_{n+1}\|_\infty$ 为最小,由定理 4.11 知插值节点应取为$(n+1)$次 Chebyshev 多项式 $T_{n+1}(x)$ 的零点

$$x_i=\cos\left[\left(i+\frac{1}{2}\right)\frac{\pi}{n+1}\right],\quad i=0,1,\cdots,n,$$

有

$$\begin{aligned}\max_{-1\leqslant x\leqslant 1}|f(x)-L_n(x)|&\leqslant\frac{1}{(n+1)!}\max_{-1\leqslant x\leqslant 1}|f^{(n+1)}(x)|\cdot\max_{-1\leqslant x\leqslant 1}|W_{n+1}(x)|\\&=\frac{1}{(n+1)!}\max_{-1\leqslant x\leqslant 1}|f^{(n+1)}(x)|\cdot\max_{-1\leqslant x\leqslant 1}|2^{-n}T_{n+1}(x)|\\&=\frac{2^{-n}}{(n+1)!}\max_{-1\leqslant x\leqslant 1}|f^{(n+1)}(x)|.\end{aligned}$$

如果插值区间为$[a,b]$,按式(4.57)作变量代换,并记

$$x_i=\frac{a+b}{2}+\frac{b-a}{2}t_i,\quad i=0,1,\cdots,n,$$

则

$$\begin{aligned}
&\max_{a\leqslant x\leqslant b}|f(x)-L_n(x)| \\
&=\max_{a\leqslant x\leqslant b}\left|\frac{f^{(n+1)}(\xi)}{(n+1)!}\prod_{i=0}^{n}(x-x_i)\right| \\
&\leqslant\frac{1}{(n+1)!}\max_{a\leqslant x\leqslant b}|f^{(n+1)}(x)|\cdot\max_{a\leqslant x\leqslant b}\left|\prod_{i=0}^{n}(x-x_i)\right| \\
&=\frac{1}{(n+1)!}\max_{a\leqslant x\leqslant b}|f^{(n+1)}(x)|\cdot\max_{-1\leqslant t\leqslant 1}\left|\left(\frac{b-a}{2}\right)^{n+1}\prod_{i=0}^{n}(t-t_i)\right|.
\end{aligned}$$

当 $t_0,t_1,\cdots,t_n$ 为 $T_{n+1}(t)$ 的 $(n+1)$ 个零点，即

$$t_i=\cos\left[\left(i+\frac{1}{2}\right)\frac{\pi}{n+1}\right],\quad i=0,1,\cdots,n$$

时，$\max\limits_{-1\leqslant t\leqslant 1}\left|\prod\limits_{i=0}^{n}(t-t_i)\right|$ 取得最小值 2^{-n}. 因而当插值节点取

$$x_i=\frac{a+b}{2}+\frac{b-a}{2}\cos\left[\left(i+\frac{1}{2}\right)\frac{\pi}{n+1}\right],\quad i=0,1,\cdots,n \tag{4.58}$$

时，插值余项估计式为

$$\begin{aligned}
&\max_{a\leqslant x\leqslant b}|f(x)-L_n(x)| \\
&\leqslant\frac{1}{(n+1)!}\max_{a\leqslant x\leqslant b}|f^{(n+1)}(x)|\cdot\max_{-1\leqslant t\leqslant 1}\left|\left(\frac{b-a}{2}\right)^{n+1}2^{-n}T_{n+1}(t)\right| \\
&=\left(\frac{b-a}{2}\right)^{n+1}\cdot\frac{2^{-n}}{(n+1)!}\max_{a\leqslant x\leqslant b}|f^{(n+1)}(x)|.
\end{aligned}$$

以式(4.58)中的 $x_0,x_1,\cdots,x_n$ 作为插值节点求得的函数 $f(x)$ 的 n 次插值多项式 $L_n(x)$ 虽不能作为 $f(x)$ 的 n 次最佳一致逼近多项式，但由于误差分布比较均匀，可以作为 $f(x)$ 的 n 次**近似最佳一致逼近多项式**.

例 4.16　设 $f(x)=xe^x,x\in[0,1.5]$，求函数 $f(x)$ 的 3 次近似最佳一致逼近多项式.

解　作变换 $x=0.75+0.75t$. 由 4 次 Chebyshev 多项式 $T_4(t)$ 的 4 个零点

$$\cos\left[\left(i+\frac{1}{2}\right)\frac{\pi}{4}\right],\quad i=0,1,2,3,$$

得到 4 个插值节点为

$$x_0=0.75+0.75\cos\frac{\pi}{8}=1.44291,$$

$$x_1=0.75+0.75\cos\frac{3\pi}{8}=1.03701,$$

$$x_2 = 0.75 + 0.75\cos\frac{5\pi}{8} = 0.46299,$$

$$x_3 = 0.75 + 0.75\cos\frac{7\pi}{8} = 0.05709.$$

计算得

$$f(x_0) = 6.10783,\quad f(x_1) = 2.92517,$$

$$f(x_2) = 0.73561,\quad f(x_3) = 0.06044.$$

构造差商表如下:

x_k	$f(x_k)$	$f[x_k, x_{k+1}]$	$f[x_k, x_{k+1}, x_{k+2}]$	$f[x_k, x_{k+1}, x_{k+2}, x_{k+3}]$
1.44291	6.10783	7.84100	4.10908	1.38110
1.03701	2.92517	3.81443	2.19512	
0.46299	0.73561	1.66339		
0.05709	0.06044			

由表可知所求 3 次近似最佳一致逼近多项式为

$$\begin{aligned} N_3(x) = &\ 6.10783 + 7.84100(x - 1.44291) \\ &+ 4.10908(x - 1.44291)(x - 1.03701) \\ &+ 1.38110(x - 1.44291)(x - 1.03701)(x - 0.46299), \end{aligned}$$

插值余项估计为

$$|f(x) - N_3(x)| \leqslant \left(\frac{1.5 - 0}{2}\right)^4 \frac{2^{-3}}{4!} \max_{0 \leqslant x \leqslant 1.5} |f^{(4)}(x)| = 0.040621.$$

4.8 最佳平方逼近

最佳一致逼近考虑的是整个区间上的绝对误差的最大值,它有两大缺点:一是在求交错偏差点解非线性方程组时给计算带来困难;二是对于那些仅在个别小区间段上变化较大的函数,最佳一致逼近反而不能很好地反映其真实情况. 如图4.9 中的曲线,若用 1 次曲线近似,我们认为下面一条直线应比上面一条直线更好地反映出原曲线所代表的函数关系,因为它从总体上更接近原曲线.

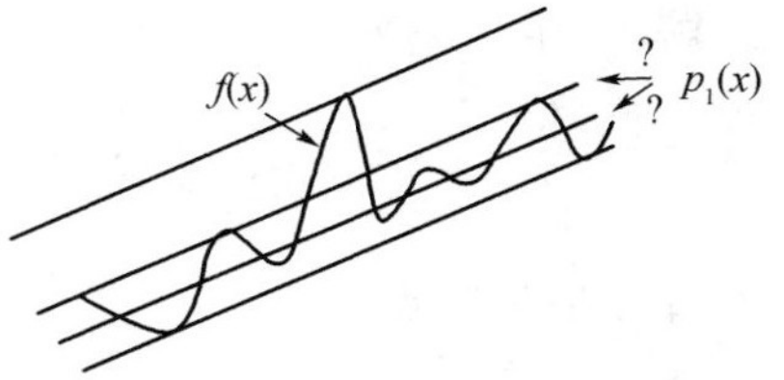

图 4.9 最佳平方逼近与最佳一致逼近

最佳一致逼近对每一点的误差都视为同等重要,过于重视小区间段上的误差. 而根据不同的实际问题应引入不同的度量标准,尤其是方便计算求解的度量标准.

4.8.1　内积空间

我们先引入内积空间的概念.

定义 4.14　设 X 是一个线性空间,对任意的 $x,y\in X$ 有一个实数与之对应并记为 (x,y). 如果这种对应关系满足:

1° 对任意 $x,y\in X$,有 $(x,y)=(y,x)$;

2° 对任意 $x,y\in X,\lambda\in\mathbf{R}$,有 $(\lambda x,y)=\lambda(x,y)$;

3° 对任意 $x,y,z\in X$,有 $(x+y,z)=(x,z)+(y,z)$;

4° 对任意 $x\in X$,有 $(x,x)\geqslant 0$,当且仅当 $x=0$ 时 $(x,x)=0$,

则称 X 为内积空间,称二元函数 $(\cdot,\cdot)$ 为内积.

上述 4 个条件称为内积公理. 称 1° 为对称性,称 2° 和 3° 为关于第一变元的线性,称 4° 为正定性.

定义 4.15　设 X 是一个内积空间,$x,y\in X$,若 $(x,y)=0$,称 x 和 y 正交.

例 4.17　考虑 $\mathbf{R}^n$. 若对任意 $\boldsymbol{x}=(x_1,x_2,\cdots,x_n)^{\mathrm{T}},\boldsymbol{y}=(y_1,y_2,\cdots,y_n)^{\mathrm{T}}$,令

$$(\boldsymbol{x},\boldsymbol{y})=\sum_{i=1}^{n}x_iy_i,$$

容易验证 $(\boldsymbol{x},\boldsymbol{y})$ 是 $\mathbf{R}^n$ 中的一个内积.

例 4.18　考虑 $C[a,b]$. 若对任意 $f,g\in C[a,b]$,令

$$(f,g)=\int_a^b f(x)g(x)\mathrm{d}x,$$

容易验证 (f,g) 为 $C[a,b]$ 中的一个内积.

现在我们证明一个重要的不等式.

引理 4.3(Cauchy-Schwarz 不等式)　设 X 是一个内积空间,对任意 $x,y\in X$,有

$$(x,y)^2\leqslant(x,x)(y,y).\tag{4.59}$$

证明　若 $x=0$,则式(4.59)自然成立. 现设 $x\neq 0$,考察 $(\lambda x+y,\lambda x+y)$,其中 λ 为任意实数. 由内积的性质 4° 知

$$(\lambda x+y,\lambda x+y)=(x,x)\lambda^2+2(x,y)\lambda+(y,y)\geqslant 0.$$

而上式成立的充分必要条件为

$$\Delta=4(x,y)^2-4(x,x)(y,y)\leqslant 0,$$

即

$$(x,y)^2\leqslant(x,x)(y,y).$$

引理证毕.

在一个内积空间 X 中,对任意 $x \in X$,定义

$$\|x\| = \sqrt{(x,x)}. \tag{4.60}$$

可以验证这是 X 上的一种范数.

正定性和齐次性容易验证. 关于三角不等式,利用 Cauchy-Schwarz 不等式,有

$$\begin{aligned}\|x+y\|^2 &= (x+y,x+y)\\ &= (x,x)+2(x,y)+(y,y)\\ &\leqslant (x,x)+2\sqrt{(x,x)}\cdot\sqrt{(y,y)}+(y,y)\\ &= \|x\|^2+2\|x\|\cdot\|y\|+\|y\|^2\\ &= (\|x\|+\|y\|)^2,\end{aligned}$$

两边开方即得

$$\|x+y\| \leqslant \|x\|+\|y\|.$$

因而 $\|x\| = \sqrt{(x,x)}$ 确实是 X 上的一种范数,称为内积**导出范数**. 正由于此,内积空间在赋予范数(4.60)后也是赋范空间.

例 4.19 空间 $\mathbf{R}^n$ 中由内积

$$(\boldsymbol{x},\boldsymbol{y}) = \sum_{i=1}^{n} x_i y_i$$

导出的范数 $\|\boldsymbol{x}\| = \sqrt{(\boldsymbol{x},\boldsymbol{x})}$ 正是 $\mathbf{R}^n$ 中的 2-范数 $\|\boldsymbol{x}\|_2$.

例 4.20 空间 $C[a,b]$ 中由内积

$$(f,g) = \int_a^b f(x)g(x)\mathrm{d}x$$

导出的范数 $\|f\| = \sqrt{(f,f)}$ 正是 $C[a,b]$ 中的 L_2 范数 $\|f\|_2$.

4.8.2 最佳平方逼近

设 X 是内积空间,$(\cdot,\cdot)$ 是内积,M 是 X 的有限维子空间,$\varphi_0,\varphi_1,\cdots,\varphi_m$ 是 M 的一组基. 对任意 $f \in X$,求 $\varphi \in M$,使得

$$\|f-\varphi\| \leqslant \|f-\psi\|, \quad \forall \psi \in M, \tag{4.61}$$

或者

$$\|f-\varphi\| = \min_{\psi \in M}\|f-\psi\|,$$

称 φ 为 f 在 M 中的最佳平方逼近元.

记 $\varphi = \sum_{i=0}^{m} c_i\varphi_i, \psi = \sum_{i=0}^{m} a_i\varphi_i$，则问题(4.61)即为求 $c_0, c_1, \cdots, c_m$，使得

$$\left\| f - \sum_{i=0}^{m} c_i\varphi_i \right\|^2 = \min_{a_0, a_1, \cdots, a_m \in \mathbf{R}} \left\| f - \sum_{i=0}^{m} a_i\varphi_i \right\|^2.$$

记

$$\Phi(a_0, a_1, \cdots, a_m) = \left\| f - \sum_{i=0}^{m} a_i\varphi_i \right\|^2,$$

则求解问题(4.61)即为求$(c_0, c_1, \cdots, c_m)$，使得

$$\Phi(c_0, c_1, \cdots, c_m) = \min_{a_0, a_1, \cdots, a_m \in \mathbf{R}} \Phi(a_0, a_1, \cdots, a_m).$$

注意到

$$\begin{aligned}\Phi(a_0, a_1, \cdots, a_m) &= \left(f - \sum_{i=0}^{m} a_i\varphi_i, f - \sum_{j=0}^{m} a_j\varphi_j\right) \\ &= (f, f) - 2\sum_{i=0}^{m} a_i(f, \varphi_i) + \sum_{i,j=0}^{m} a_i a_j(\varphi_i, \varphi_j),\end{aligned}$$

对 $\Phi(a_0, a_1, \cdots, a_m)$ 求偏导数得

$$\frac{\partial \Phi}{\partial a_k} = -2(f, \varphi_k) + 2\sum_{i=0}^{m} a_i(\varphi_i, \varphi_k), \quad k = 0, 1, \cdots, m.$$

于是我们得到**驻点方程组**

$$\begin{bmatrix} (\varphi_0, \varphi_0) & (\varphi_0, \varphi_1) & \cdots & (\varphi_0, \varphi_m) \\ (\varphi_1, \varphi_0) & (\varphi_1, \varphi_1) & \cdots & (\varphi_1, \varphi_m) \\ \vdots & \vdots & & \vdots \\ (\varphi_m, \varphi_0) & (\varphi_m, \varphi_1) & \cdots & (\varphi_m, \varphi_m) \end{bmatrix} \begin{bmatrix} c_0 \\ c_1 \\ \vdots \\ c_m \end{bmatrix} = \begin{bmatrix} (f, \varphi_0) \\ (f, \varphi_1) \\ \vdots \\ (f, \varphi_m) \end{bmatrix}. \tag{4.62}$$

称方程组(4.62)为**正规方程组**或**法方程组**.

引理 4.4　正规方程组(4.62)的系数矩阵

$$\mathbf{A} = \begin{bmatrix} (\varphi_0, \varphi_0) & (\varphi_0, \varphi_1) & \cdots & (\varphi_0, \varphi_m) \\ (\varphi_1, \varphi_0) & (\varphi_1, \varphi_1) & \cdots & (\varphi_1, \varphi_m) \\ \vdots & \vdots & & \vdots \\ (\varphi_m, \varphi_0) & (\varphi_m, \varphi_1) & \cdots & (\varphi_m, \varphi_m) \end{bmatrix}$$

是对称正定的.

证明　设 $\boldsymbol{x} = (x_0, x_1, \cdots, x_m)^{\mathrm{T}} \neq \mathbf{0}$. 令

$$\varphi = \sum_{i=0}^{m} x_i\varphi_i.$$

由于 $\varphi_0,\varphi_1,\cdots,\varphi_m$ 是一组基,所以 $\varphi\neq 0$. 计算得

$$\boldsymbol{x}^{\mathrm{T}}\boldsymbol{A}\boldsymbol{x}=\|\varphi\|^2>0,$$

因而 $\boldsymbol{A}$ 是正定的. 容易看出 $\boldsymbol{A}$ 是对称的. 引理证毕.

由以上引理易得下面的定理:

定理 4.12 正规方程组(4.62)存在唯一解 $(c_0,c_1,\cdots,c_m)^{\mathrm{T}}$.

定理 4.13 正规方程组(4.62)的唯一解 $(c_0,c_1,\cdots,c_m)$ 为 $\Phi(a_0,a_1,\cdots,a_m)$ 的最小值点.

证明 对 $\Phi(a_0,a_1,\cdots,a_m)$ 求 2 阶偏导数可得

$$\frac{\partial^2\Phi}{\partial a_k\partial a_l}=2(\varphi_k,\varphi_l),\quad k,l=0,1,\cdots,m,$$

因而 $\Phi(a_0,a_1,\cdots,a_m)$ 的 Hessian 矩阵为

$$\left(\frac{\partial^2\Phi}{\partial a_i\partial a_j}\right)=2\boldsymbol{A}.$$

又由于矩阵 $\boldsymbol{A}$ 是对称正定的,因而正规方程组(4.62)的唯一解 $(c_0,c_1,\cdots,c_m)$ 为 $\Phi(a_0,a_1,\cdots,a_m)$ 的最小值点. 定理证毕.

4.8.3 连续函数的最佳平方逼近

设函数 $f(x)\in C[a,b]$, $M=\mathrm{span}\{\varphi_0(x),\varphi_1(x),\cdots,\varphi_m(x)\}$ 是 $C[a,b]$ 的一个 $(m+1)$ 维子空间,任意 $q(x)\in M$ 可表示为

$$q(x)=\sum_{i=0}^{m}a_i\varphi_i(x).$$

记

$$\Phi(a_0,a_1,\cdots,a_m)=\|f-q\|^2=\int_a^b\Big[f(x)-\sum_{i=0}^{m}a_i\varphi_i(x)\Big]^2\mathrm{d}x.$$

求 $p(x)=\sum\limits_{i=0}^{m}c_i\varphi_i(x)$,使得

$$\|f-p\|_2\leqslant\|f-q\|_2,\quad\forall q\in M,\tag{4.63}$$

称 $p(x)$ 为 f 在 M 中的最佳平方逼近元.

问题(4.63)等价于求 $(c_0,c_1,\cdots,c_m)$,使得

$$\Phi(c_0,c_1,\cdots,c_m)=\min_{a_0,a_1,\cdots,a_m\in\mathbf{R}}\Phi(a_0,a_1,\cdots,a_m).$$

由上一小节的最佳平方逼近理论, $(c_0,c_1,\cdots,c_m)^{\mathrm{T}}$ 是下面的(正规)方程组

$$\begin{bmatrix} (\varphi_0,\varphi_0) & (\varphi_0,\varphi_1) & \cdots & (\varphi_0,\varphi_m) \\ (\varphi_1,\varphi_0) & (\varphi_1,\varphi_1) & \cdots & (\varphi_1,\varphi_m) \\ \vdots & \vdots & & \vdots \\ (\varphi_m,\varphi_0) & (\varphi_m,\varphi_1) & \cdots & (\varphi_m,\varphi_m) \end{bmatrix} \begin{bmatrix} c_0 \\ c_1 \\ \vdots \\ c_m \end{bmatrix} = \begin{bmatrix} (f,\varphi_0) \\ (f,\varphi_1) \\ \vdots \\ (f,\varphi_m) \end{bmatrix}$$

的解,其中

$$(\varphi_i,\varphi_j) = \int_a^b \varphi_i(x)\varphi_j(x)\mathrm{d}x, \quad (f,\varphi_i) = \int_a^b f(x)\varphi_i(x)\mathrm{d}x.$$

定义 4.16　如果 $\varphi_i(x) = x^i (i = 0,1,\cdots,m)$,则 $p(x) = \sum_{i=0}^{m} c_i\varphi_i(x)$ 称为 $f(x)$ 在区间 $[a,b]$ 上的 m 次最佳平方逼近多项式.

例 4.21　设 $f(x) = \mathrm{e}^x, x \in [0,1]$,求 $f(x)$ 的 2 次最佳平方逼近多项式

$$p_2(x) = c_0 + c_1 x + c_2 x^2.$$

解　由 $\varphi_0(x) = 1, \varphi_1(x) = x, \varphi_2(x) = x^2$,得

$$(\varphi_0,\varphi_0) = \int_0^1 1\mathrm{d}x = 1, \quad (\varphi_0,\varphi_1) = \int_0^1 x\mathrm{d}x = \frac{1}{2},$$

$$(\varphi_0,\varphi_2) = \int_0^1 x^2\mathrm{d}x = \frac{1}{3}, \quad (\varphi_1,\varphi_1) = \int_0^1 x^2 = \frac{1}{3},$$

$$(\varphi_1,\varphi_2) = \int_0^1 x^3\mathrm{d}x = \frac{1}{4}, \quad (\varphi_2,\varphi_2) = \int_0^1 x^4\mathrm{d}x = \frac{1}{5},$$

$$(f,\varphi_0) = \int_0^1 \mathrm{e}^x\mathrm{d}x = \mathrm{e} - 1, \quad (f,\varphi_1) = \int_0^1 x\mathrm{e}^x\mathrm{d}x = 1,$$

$$(f,\varphi_2) = \int_0^1 x^2\mathrm{e}^x\mathrm{d}x = \mathrm{e} - 2,$$

则正规方程组为

$$\begin{bmatrix} 1 & \frac{1}{2} & \frac{1}{3} \\ \frac{1}{2} & \frac{1}{3} & \frac{1}{4} \\ \frac{1}{3} & \frac{1}{4} & \frac{1}{5} \end{bmatrix} \begin{bmatrix} c_0 \\ c_1 \\ c_2 \end{bmatrix} = \begin{bmatrix} \mathrm{e} - 1 \\ 1 \\ \mathrm{e} - 2 \end{bmatrix},$$

解得 $c_0 = 39\mathrm{e} - 105, c_1 = 588 - 216\mathrm{e}, c_2 = 210\mathrm{e} - 570$,故所求 $f(x)$ 的 2 次最佳平方逼近多项式为

$$\begin{aligned} p_2(x) &= 39\mathrm{e} - 105 + (588 - 216\mathrm{e})x + (210\mathrm{e} - 570)x^2 \\ &= 1.0130 + 0.8511x + 0.8392x^2. \end{aligned}$$

例 4.22 求 c,d,使得$\int_0^1 (x^3-c-dx^2)^2 \mathrm{d}x$ 取最小值.

解 该问题即为求 $f(x)=x^3$ 在区间$[0,1]$上的最佳不完全2次平方逼近多项式 $p(x)=c+dx^2$. 记 $\varphi_0(x)=1,\varphi_1(x)=x^2$,则

$$(\varphi_0,\varphi_0)=\int_0^1 1\mathrm{d}x=1,\quad (\varphi_0,\varphi_1)=\int_0^1 x^2=\frac{1}{3},$$
$$(\varphi_1,\varphi_1)=\int_0^1 x^4\mathrm{d}x=\frac{1}{5},\quad (f,\varphi_0)=\int_0^1 x^3\mathrm{d}x=\frac{1}{4},$$
$$(f,\varphi_1)=\int_0^1 x^5\mathrm{d}x=\frac{1}{6},$$

得正规方程组为

$$\begin{bmatrix} 1 & \frac{1}{3} \\ \frac{1}{3} & \frac{1}{5} \end{bmatrix}\begin{bmatrix} c \\ d \end{bmatrix}=\begin{bmatrix} \frac{1}{4} \\ \frac{1}{6} \end{bmatrix},$$

解得 $c=-\frac{1}{16},d=\frac{15}{16}$.

4.8.4 超定线性方程组的最小二乘解

给定方程组

$$\begin{bmatrix} a_{11} & a_{12} & \cdots & a_{1n} \\ a_{21} & a_{22} & \cdots & a_{2n} \\ \vdots & \vdots & & \vdots \\ a_{m1} & a_{m2} & \cdots & a_{mn} \end{bmatrix}\begin{bmatrix} x_1 \\ x_2 \\ \vdots \\ x_n \end{bmatrix}=\begin{bmatrix} b_1 \\ b_2 \\ \vdots \\ b_m \end{bmatrix}, \tag{4.64}$$

其中 $m>n$,且系数矩阵 $\boldsymbol{A}$ 的列向量线性无关. 方程组(4.64)称为超定方程组,该方程组一般没有精确解. 记

$$\boldsymbol{A}_j=\begin{bmatrix} a_{1j} \\ a_{2j} \\ \vdots \\ a_{mj} \end{bmatrix},\quad j=1,2,\cdots,n,\quad \boldsymbol{x}=\begin{bmatrix} x_1 \\ x_2 \\ \vdots \\ x_n \end{bmatrix},\quad \boldsymbol{b}=\begin{bmatrix} b_1 \\ b_2 \\ \vdots \\ b_m \end{bmatrix},$$

则

$$\boldsymbol{A}=(\boldsymbol{A}_1\ \boldsymbol{A}_2\ \cdots\ \boldsymbol{A}_n).$$

方程组(4.64)可写为

$$x_1\boldsymbol{A}_1+x_2\boldsymbol{A}_2+\cdots+x_n\boldsymbol{A}_n=\boldsymbol{b}.$$

记 $M = \mathrm{span}\{\boldsymbol{A}_1, \boldsymbol{A}_2, \cdots, \boldsymbol{A}_n\}$，则 M 是 $\mathbf{R}^m$ 的一个 n 维子空间. 记

$$\Phi(x_1, x_2, \cdots, x_n) = \left\| \boldsymbol{b} - \sum_{i=1}^{n} x_i \boldsymbol{A}_i \right\|_2^2,$$

求$(x_1^*, x_2^*, \cdots, x_n^*)$，使得

$$\Phi(x_1^*, x_2^*, \cdots, x_n^*) = \min_{x_1, x_2, \cdots, x_n \in \mathbf{R}} \Phi(x_1, x_2, \cdots, x_n).$$

由第 4.8.2 节内容知$(x_1^*, x_2^*, \cdots, x_n^*)^{\mathrm{T}}$ 是下面方程组的解：

$$\begin{bmatrix} (\boldsymbol{A}_1, \boldsymbol{A}_1) & (\boldsymbol{A}_1, \boldsymbol{A}_2) & \cdots & (\boldsymbol{A}_1, \boldsymbol{A}_n) \\ (\boldsymbol{A}_2, \boldsymbol{A}_1) & (\boldsymbol{A}_2, \boldsymbol{A}_2) & \cdots & (\boldsymbol{A}_2, \boldsymbol{A}_n) \\ \vdots & \vdots & & \vdots \\ (\boldsymbol{A}_n, \boldsymbol{A}_1) & (\boldsymbol{A}_n, \boldsymbol{A}_2) & \cdots & (\boldsymbol{A}_n, \boldsymbol{A}_n) \end{bmatrix} \begin{bmatrix} x_1 \\ x_2 \\ \vdots \\ x_n \end{bmatrix} = \begin{bmatrix} (\boldsymbol{b}, \boldsymbol{A}_1) \\ (\boldsymbol{b}, \boldsymbol{A}_2) \\ \vdots \\ (\boldsymbol{b}, \boldsymbol{A}_n) \end{bmatrix}.$$

上述方程组也可以写为

$$\boldsymbol{A}^{\mathrm{T}} \boldsymbol{A} \boldsymbol{x} = \boldsymbol{A}^{\mathrm{T}} \boldsymbol{b}.$$

称$(x_1^*, x_2^*, \cdots, x_n^*)$为超定方程组(4.64)的最小二乘解.

例 4.23 求超定方程组$\begin{cases} 3x + 4y = 5, \\ -4x + 8y = 1, \\ 6x + 3y = 3 \end{cases}$的最小二乘解.

解 超定方程组的系数矩阵和右端向量为

$$\boldsymbol{A} = \begin{bmatrix} 3 & 4 \\ -4 & 8 \\ 6 & 3 \end{bmatrix}, \quad \boldsymbol{b} = \begin{bmatrix} 5 \\ 1 \\ 3 \end{bmatrix},$$

可得

$$\boldsymbol{A}^{\mathrm{T}} \boldsymbol{A} = \begin{bmatrix} 61 & -2 \\ -2 & 89 \end{bmatrix}, \quad \boldsymbol{A}^{\mathrm{T}} \boldsymbol{b} = \begin{bmatrix} 29 \\ 37 \end{bmatrix},$$

正规方程组为

$$\begin{bmatrix} 61 & -2 \\ -2 & 89 \end{bmatrix} \begin{bmatrix} x \\ y \end{bmatrix} = \begin{bmatrix} 29 \\ 37 \end{bmatrix},$$

解得 $x = 0.4894, y = 0.4267$.

4.8.5 离散数据的最佳平方逼近

定义 4.17 给定函数 $\varphi_0(x), \varphi_1(x), \cdots, \varphi_m(x)$ 及节点 $x_1, x_2, \cdots, x_n$. 记

$$\boldsymbol{\varphi}_k = \left(\varphi_k(x_1), \varphi_k(x_2), \cdots, \varphi_k(x_n)\right)^{\mathrm{T}}, \quad k = 0,1,2,\cdots,m,$$

如果 $\boldsymbol{\varphi}_0, \boldsymbol{\varphi}_1, \cdots, \boldsymbol{\varphi}_m$ 是线性相关的,则称 $\varphi_0(x), \varphi_1(x), \cdots, \varphi_m(x)$(关于节点 $x_1, x_2, \cdots, x_n$)是线性相关的;否则,称为线性无关.

给定如下数据:

x	x_1	x_2	x_3	$\cdots$	x_n
y	y_1	y_2	y_3	$\cdots$	y_n

设 $\varphi_0(x), \varphi_1(x), \cdots, \varphi_m(x)$ 关于节点 $x_1, x_2, \cdots, x_n$ 线性无关. 令

$$q(x) = \sum_{i=0}^{m} a_i \varphi_i(x), \quad \Phi(a_0, a_1, \cdots, a_m) = \sum_{k=1}^{n} (q(x_k) - y_k)^2,$$

求$(c_0, c_1, \cdots, c_m)$,使得

$$\Phi(c_0, c_1, \cdots, c_m) = \min_{a_0, a_1, \cdots, a_m \in \mathbf{R}} \Phi(a_0, a_1, \cdots, a_m),$$

称 $p(x) = \sum_{i=0}^{m} c_i \varphi_i(x)$ 为给定数据的**拟合函数**.

如果 $\varphi_k(x) = x^k (k = 0,1,\cdots,m)$,则称 $p(x) = \sum_{i=0}^{m} c_i \varphi_i(x)$ 为给定数据的 m 次**最小二乘拟合多项式**.

记

$$\boldsymbol{y} = (y_1, y_2, \cdots, y_n)^{\mathrm{T}},$$

则有

$$\Phi(a_0, a_1, \cdots, a_m) = \left\| \boldsymbol{y} - \sum_{k=0}^{m} a_k \boldsymbol{\varphi}_k \right\|_2^2.$$

设 $\boldsymbol{\varphi}_0, \boldsymbol{\varphi}_1, \cdots, \boldsymbol{\varphi}_m$ 是线性无关的,由第 4.8.4 节知$(c_0, c_1, \cdots, c_m)$是正规方程组

$$\begin{bmatrix} (\boldsymbol{\varphi}_0, \boldsymbol{\varphi}_0) & (\boldsymbol{\varphi}_0, \boldsymbol{\varphi}_1) & \cdots & (\boldsymbol{\varphi}_0, \boldsymbol{\varphi}_m) \\ (\boldsymbol{\varphi}_1, \boldsymbol{\varphi}_0) & (\boldsymbol{\varphi}_1, \boldsymbol{\varphi}_1) & \cdots & (\boldsymbol{\varphi}_1, \boldsymbol{\varphi}_m) \\ \vdots & \vdots & & \vdots \\ (\boldsymbol{\varphi}_m, \boldsymbol{\varphi}_0) & (\boldsymbol{\varphi}_m, \boldsymbol{\varphi}_1) & \cdots & (\boldsymbol{\varphi}_m, \boldsymbol{\varphi}_m) \end{bmatrix} \begin{bmatrix} c_0 \\ c_1 \\ \vdots \\ c_m \end{bmatrix} = \begin{bmatrix} (\boldsymbol{y}, \boldsymbol{\varphi}_0) \\ (\boldsymbol{y}, \boldsymbol{\varphi}_1) \\ \vdots \\ (\boldsymbol{y}, \boldsymbol{\varphi}_m) \end{bmatrix} \tag{4.65}$$

的解.

例 4.24　观察物体的直线运动得到如下数据：

t	0	0.9	1.9	3.0	3.9	5.0
s	0	10	30	51	80	111

试用最小二乘法求 2 次多项式 $f(t)=c_0+c_1t+c_2t^2$ 拟合上述数据.

解　根据题意，得 $\varphi_0(t)=1,\varphi_1(t)=t,\varphi_2(t)=t^2$，则

$$\boldsymbol{\varphi}_0=\begin{bmatrix}1\\1\\1\\1\\1\\1\end{bmatrix},\quad \boldsymbol{\varphi}_1=\begin{bmatrix}0\\0.9\\1.9\\3.0\\3.9\\5.0\end{bmatrix},\quad \boldsymbol{\varphi}_2=\begin{bmatrix}0\\0.81\\3.61\\9\\15.21\\25\end{bmatrix},\quad \boldsymbol{y}=\begin{bmatrix}0\\10\\30\\51\\80\\111\end{bmatrix},$$

代入正规方程组(4.65)得

$$\begin{bmatrix}6 & 14.7 & 53.63\\14.7 & 53.63 & 218.907\\53.63 & 218.907 & 951.0323\end{bmatrix}\begin{bmatrix}c_0\\c_1\\c_2\end{bmatrix}=\begin{bmatrix}282\\1086\\4567.2\end{bmatrix},$$

解得 $c_0=-0.6170,c_1=11.1586,c_2=2.2687$，故所求 2 次拟合多项式为

$$f(t)=-0.6170+11.1586t+2.2687t^2.$$

上述拟合多项式 $f(t)$ 的图像如图 4.10 所示：

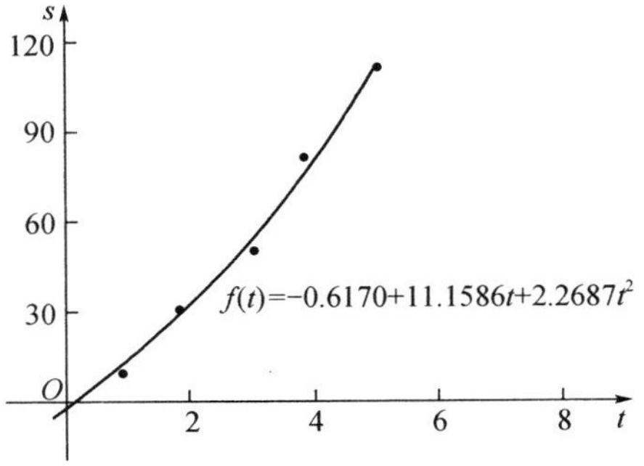

图 4.10　二次拟合多项式

对于某些简单的非线性逼近问题，可通过适当的变量代换化为线性空间上的逼近问题. 例如要确定形如 $y=ae^{bx}$ 的拟合函数，两边取对数得 $\ln y=\ln a+bx$（若 y,a 均小于零，可同时乘以 -1），令 $z=\ln y,A=\ln a$，则化为形如 $z=A+bx$ 的拟

合函数;再如要确定形如$(x-a)(y-b)=ab$的拟合函数(曲线过原点),可将所给函数变形为

$$\frac{1}{y}=\frac{1}{b}-\frac{a}{b}\cdot\frac{1}{x},$$

令$z=\frac{1}{y}$,$A=\frac{1}{b}$,$B=-\frac{a}{b}$,$t=\frac{1}{x}$,则化为形如$z=A+Bt$的拟合函数.

4.9 应用实例:用样条函数设计公路平面曲线①

4.9.1 问题的背景

目前我国公路的平面曲线设计主要以直导线与圆曲线的组合以及直导线与复曲线的组合为主,在解决曲线的顺适性(即光滑性)方面,也只用了缓和曲线来进行直线与曲线、曲线与曲线间的过渡.在地形和其它条件受到限制的情况下,这种设计模式必然会使设计标准降低,导致设计结果不能很好地满足规范要求.在当前立体交叉桥的环道线性设计及一些先进发达国家的公路平面设计中,人们正试图突破以往设计模式,寻找和探讨较理想的设计方法.这里我们结合吉林省东南部山区的具体地形情况阐述平面曲线设计的新方法.

吉林省辉南县和靖宇县地处长白山脚下,为山岭重丘区,地形复杂,冬季多雪.从辉南县到靖宇县的二级公路中有一地形限制较严的曲线段,经实地测量得数据如下(为方便起见,我们以曲线两端点的连线方向为坐标x轴方向,以连线的法线方向为坐标y轴方向,具体见图 4.11):

x	50.00	100.00	150.00	200.00	250.00
y	23.21	43.65	50.00	43.65	23.21

已知二级公路山岭重丘区的曲线极限半径为$R=60$ m.试寻找一种方法,设计一条平面曲线,使之既通过限定很死的地形点,而又能满足设计规范规定的曲线要素要求,并通过计算加密施工控制点进行实地敷设平面曲线.

4.9.2 数学模型

从公路的平面设计应满足行车安全性、经济性、旅客舒适性以及在一定车速要求下公路尽量美观几方面来考虑,公路平面曲线必须光滑并具有连续的 2 阶导数,这样才能保证汽车行驶过程中前轮转角的变化率连续,即汽车行驶轨迹的曲率变

①问题选自东南大学交通运输工程系研究生任长吉所做自选课题.

化连续,从而保证行车顺适.

在已知五点坐标的条件下设计出满足以上要求的具有连续 2 阶导数的光滑平面曲线,显然可以用 3 次样条插值函数来解决这一问题. 为使问题更有普遍性,设具有$(n+1)$个已知点,则问题为求平面曲线 $S(x)$,使其满足:

(1) $S(x_j)=y_j$, $j=0,1,\cdots,n$;

(2) $S(x)$ 在每个小区间$[x_j,x_{j+1}]$$(j=0,1,\cdots,n-1)$ 上是 3 次多项式;

(3) $S(x)$ 在$[x_0,x_n]$上具有连续 2 阶导数;

(4) 已知两端点与直线段相连接,端点条件取为

$$S''(x_0)=S''(x_n)=0,$$

即为自然 3 次样条插值函数.

4.9.3 计算方法与结果分析

按求解 3 次样条插值函数的三弯矩方程方法,设 $S''(x_j)=M_j(j=0,1,\cdots,n)$,其中 $M_0=0,M_n=0$;另外,记 $h_j=x_{j+1}-x_j(j=0,1,\cdots,n-1)$.

(1) 由公式

$$a_j=\frac{h_{j-1}}{h_{j-1}+h_j},\quad c_j=1-a_j,\quad d_j=6f[x_{j-1},x_j,x_{j+1}],\quad j=1,2,\cdots,n-1$$

求出三弯矩方程的系数矩阵和右端项.

(2) 用追赶法解三弯矩方程组

$$\begin{bmatrix} 2 & c_1 & & & & \\ a_2 & 2 & c_2 & & & \\ & a_3 & 2 & c_3 & & \\ & & \ddots & \ddots & \ddots & \\ & & & a_{n-2} & 2 & c_{n-2} \\ & & & & a_{n-1} & 2 \end{bmatrix}\begin{bmatrix} M_1 \\ M_2 \\ M_3 \\ \vdots \\ M_{n-2} \\ M_{n-1} \end{bmatrix}=\begin{bmatrix} d_1 \\ d_2 \\ d_3 \\ \vdots \\ d_{n-2} \\ d_{n-1} \end{bmatrix},$$

求出 $M_j,j=1,2,\cdots,n-1$.

追赶法的具体过程如下:

① $\beta_1=2,y_1=d_1$;

② 对 $i=2,3,\cdots,n-1$,计算 $l_i=\dfrac{a_i}{\beta_{i-1}},\beta_i=2-l_ic_{i-1},y_i=d_i-l_iy_{i-1}$;

③ $M_{n-1}=y_{n-1}/\beta_{n-1}$;

④ 对 $i=n-2,n-3,\cdots,1$,计算 $M_i=(y_i-c_iM_{i+1})/\beta_i$.

(3) 按下列公式求出 $S(x)$ 在各个小区间$[x_j,x_{j+1}]$上表达式 $S_j(x)$:

$$S_j(x)=M_j\frac{(x_{j+1}-x)^3}{6h_j}+M_{j+1}\frac{(x-x_j)^3}{6h_j}+\left(y_j-\frac{M_jh_j^2}{6}\right)\frac{x_{j+1}-x}{h_j}$$
$$+\left(y_{i+1}-\frac{M_{j+1}h_j^2}{6}\right)\frac{x-x_j}{h_j},\quad x\in[x_j,x_{j+1}],\ j=0,1,\cdots,n-1.$$

(4) 推算曲率半径是否满足规范要求

设 R_j 表示函数 $S_j(x)$ 在 $[x_j,x_{j+1}]$ 上的最小曲率半径,有

$$R_j=\min_{x_j\leqslant x\leqslant x_{j+1}}\frac{[1+(S_j'(x))^2]^{\frac{3}{2}}}{|S_j''(x)|}.$$

按设计规范 $R_j\geqslant 60$ m.

本例经编程上机计算,整理得到 $S_j(x)$ 的表达式如下:

$$\begin{cases}S_0(x)=-0.000025(x-50)^3+0.47117x-0.34858,\\ \qquad\qquad x\in[50.00,100.00],\\ S_1(x)=-0.000025(150-x)^3-0.000013(x-100)^3\\ \qquad +0.096942x+37.07423,\quad x\in[100.00,150.00],\\ S_2(x)=-0.000013(200-x)^3-0.000025(x-150)^3\\ \qquad -0.096942x+66.1571,\quad x\in[150.00,200.00],\\ S_3(x)=-0.000025(250-x)^3-0.47117x+141.0029,\\ \qquad\qquad x\in[200.00,250.00],\end{cases}$$

所求样条函数 $S(x)$ 的图像如图 4.11 所示.

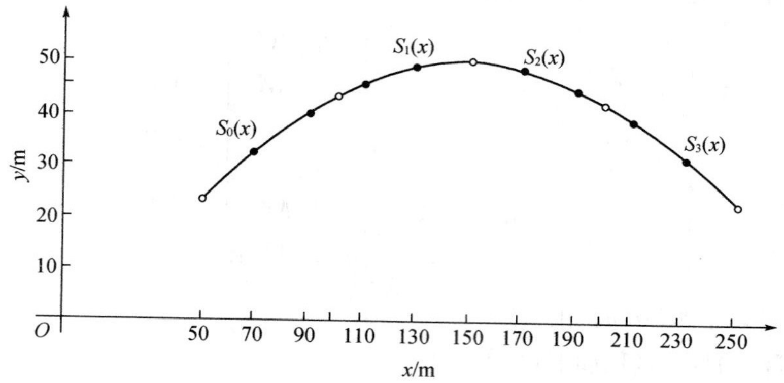

图 4.11　应用实例图

注:① “◦”为已知控制点,“•”为敷设计算出的加密点;

② 横轴坐标 x 比例为 1∶2000,纵轴坐标 y 比例为 1∶1000.

对 $S_0(x)$ 求导,得

$$S_0'(x)=-0.000075(x-50)^2+0.47117,$$

$$S_0''(x) = -0.00015(x-50),$$

故当 $x = 70$ m 时，有

$$R(70) = \frac{[1+(S_0'(70))^2]^{\frac{3}{2}}}{|S_0''(70)|} = \frac{(1+0.1946)^{\frac{3}{2}}}{0.003} = 435.22 > 60;$$

同样，当 $x = 130$ m 时，有

$$R(130) = \frac{[1+(S_1'(130))^2]^{\frac{3}{2}}}{|S_1''(130)|} = \frac{(1+0.008435)^{\frac{3}{2}}}{0.00534} = 189.64 > 60;$$

当 $x = 170$ m 时，有

$$R(170) = \frac{[1+(S_2'(170))^2]^{\frac{3}{2}}}{|S_2''(170)|} = \frac{(1+0.008435)^{\frac{3}{2}}}{0.00534} = 189.64 > 60;$$

当 $x = 230$ m 时，有

$$R(230) = \frac{[1+(S_3'(230))^2]^{\frac{3}{2}}}{|S_3''(230)|} = \frac{(1+0.1946)^{\frac{3}{2}}}{0.003} = 435.22 > 60.$$

经初步计算可知以上各点处曲率半径均满足规范要求. 实际上，通过本例实际分析可知

$$R \geqslant \frac{1}{|S''(x)|} \geqslant \frac{1}{0.00015 \times 50} = 133.33 > 60,$$

故所得样条函数处处满足规范要求，因此可采纳本例的设计方案和计算结果.

样条曲线的敷设方法：为方便敷设，本例采用加密节点的方法（令 x 轴方向的间距为 20 m）. 具体计算结果如下：

x/m	50.00	70.00	90.00	110.00	130.00	150.00
y/m	23.21	32.43	40.46	46.13	49.13	50.00
x/m	170.00	190.00	210.00	230.00	250.00	
y/m	49.13	46.13	40.46	32.43	23.21	

如果使用经纬仪和其它测量仪器，可采用支距法敷设.

习　题　4

1. 给定函数 $f(x) = \sqrt{x}$ 在 $x = 100, 121, 144$ 这 3 点处的值，试以此 3 点建立函数 $f(x)$ 的 2 次（抛物）插值公式，利用插值公式求 $\sqrt{115}$ 的近似值并估计误差；再给定 $\sqrt{169} = 13$，建立 3 次插值公式并计算出相应的结果.

2. 设 $x_0, x_1, \cdots, x_n$ 互异，$f(x)$ 为一个不超过 n 次的多项式，证明：

(1) $f(x)=\sum_{k=0}^{n}f(x_k)l_k(x)$;

(2) $\sum_{k=0}^{n}l_k(x)=1$.

3. 设 $x_j(j=0,1,\cdots,n)$ 为互异节点,求证:

(1) $\sum_{j=0}^{n}x_j^k l_j(x)=x^k,\ k=0,1,\cdots,n$;

(2) $\sum_{j=0}^{n}(x_j-x)^k l_j(x)=0,\ k=1,2,\cdots,n$.

4. 设 $f(x)\in C^2[a,b]$,且 $f(a)=f(b)=0$,求证:

$$\max_{a\leqslant x\leqslant b}|f(x)|\leqslant\frac{1}{8}(b-a)^2\cdot\max_{a\leqslant x\leqslant b}|f''(x)|.$$

5. 设 $f(x)=a_0x^n+a_1x^{n-1}+\cdots+a_{n-1}x+a_n$ 有 n 个不同的实零点 $x_1,x_2,\cdots,x_n$,证明:

$$\sum_{j=1}^{n}\frac{x_j^k}{f'(x_j)}=\begin{cases}0, & 0\leqslant k\leqslant n-2,\\ a_0^{-1}, & k=n-1.\end{cases}$$

6. 设有如下函数值表:

x	0	1	2	4	5	9
y	9	7	6	4	3	1

试求各阶差商,并写出 Newton 插值多项式.

7. 设 $f(x)=x^7+x^4+3x+1$,求 $f[2^0,2^1,\cdots,2^7]$ 及 $f[2^0,2^1,\cdots,2^8]$.

8. 给出 $f(x)=\ln x$ 的数值表如下:

x	0.4	0.5	0.6	0.7	0.8
$\ln x$	−0.916291	−0.693147	−0.510826	−0.356675	−0.223144

作出差分表,用线性插值及 2 次插值计算 ln0.54 的近似值(误差尽量小).

9. 证明:(1) $\sum_{j=0}^{n-1}\Delta^2 y_j=\Delta y_n-\Delta y_0$;(2) $\Delta(f_kg_k)=f_k\Delta g_k+g_{k+1}\Delta f_k$.

10. 利用差分性质,证明:

$$1^3+2^3+\cdots+n^3=\left[\frac{n(n+1)}{2}\right]^2.$$

11. 设 $x_0,x_1,\cdots,x_n$ 互不相同.

(1) 作$(2n+1)$次多项式 $\alpha_i(x)$,使其满足

$$\alpha_i(x_j)=\delta_{ij},\quad \alpha_i'(x_j)=0,\quad 0\leqslant j\leqslant n;$$

(2) 作 $(2n+1)$ 次多项式 $\beta_i(x)$，使其满足

$$\beta_i(x_j)=0,\quad \beta_i'(x_j)=\delta_{ij},\quad 0\leqslant j\leqslant n.$$

12. 设

$$\alpha_i(x)=[1-2l_i'(x_i)(x-x_i)]l_i^2(x),\quad \beta_i(x)=(x-x_i)l_i^2(x),$$

其中 $l_i(x)=\prod\limits_{\substack{i=0\\ j\neq i}}^{n}\dfrac{x-x_j}{x_i-x_j}$. 证明：$\{\alpha_i(x),\beta_i(x)\}_{i=0}^{n}$ 线性无关.

13. 给定 $f(x)=\mathrm{e}^x$，设 $x=0$ 是 4 重插值节点，$x=1$ 是单重插值节点，试求相应的 Hermite 插值多项式，并估计误差($x\in[0,1]$).

14. 设 $f(x)\in C^4[a,b]$，求 3 次多项式 $H_3(x)$，使得

$$H_3(a)=f(a),\quad H_3'(a)=f'(a),\quad H_3''(a)=f''(a),\quad H_3''(b)=f''(b).$$

15. 作一个 3 次多项式 $H(x)$，使得

$$H(a)=0,\quad H(b)=0,\quad H''(a)=b,\quad H''(b)=a.$$

16. 求一个首项系数为 1 的 4 次多项式 $Q(x)$，使得

$$Q(a)=0,\quad Q(b)=0,\quad Q''(a)=0,\quad Q''(b)=0.$$

17. 若 $f(x)$ 充分光滑，证明：

$$\frac{\mathrm{d}}{\mathrm{d}x}f[x_1,\cdots,x_k,\underbrace{x,\cdots,x}_{n\text{个}}]=nf[x_1,\cdots,x_k,\underbrace{x,\cdots,x}_{(n+1)\text{个}}].$$

18. 欲使线性插值具有 4 位有效数字，在区间[0,2]上列出函数 e^x 的具有 5 位有效数字的等距节点的函数值表，问步长最多可取多大？

19. 求 $f(x)=x^4$ 在[0,5]上的分段 3 次 Hermite 插值，并估计误差($h=1$).

20. 确定参数 a,b,c，使得函数

$$S(x)=\begin{cases}ax^3+4x, & x\in[0,1],\\ b(x-1)^2+c(x-2)^3, & x\in(1,2]\end{cases}$$

为 3 次样条函数.

21. 给定下列函数值表：

i	0	1	2
x_i	3	4	6
y_i	6	0	2
y_i'	1		-1

求 3 次样条插值函数.

22. 给定下列函数值表：

i	0	1	2	3
x_i	3	4	6	8
y_i	6	0	2	-1

求自然 3 次样条插值函数.

23. 给定下列一组函数值表：

x	0	1	2	3
y	7	4	2	3

试建立 y 的反差商有理插值函数.

24. 给定函数 $y = \cot x$ 的数值如下：

x	0.1	0.2	0.3	0.4
$\cot x$	9.96664	4.93315	3.23272	2.36522

分别用多项式插值与反差商有理插值求 cot0.15 的近似值，并与准确值6.61660 作比较，看哪一种插值效果好.

25. 设 $f(x) \in C[a,b]$，求其零次最佳一致逼近多项式.

26. 求 $f(x) = \sin 4x$ 在区间$[0,2\pi]$上的 6 次最佳一致逼近多项式.

27. 选取常数 a，使$\max\limits_{0\leqslant x\leqslant 1} | x^3 - ax |$ 达到最小.

28. 设 $f(x)$ 在区间$[-a,a]$上的 n 次最佳一致逼近多项式为 $p_n(x)$，证明：如果 $f(x)$ 为偶函数，则 $p_n(x)$ 也为偶函数.

29. 求 $f(x) = x^3$ 在区间$[0,1]$上的1次最佳一致逼近多项式，并求最大误差.

30. 设 $f(x) = x^4 + 3x^3 - 1$，在区间$[1,5]$上求 3 次最佳一致逼近多项式.

31. 求 $f(x) = x^4, x \in [3,6]$ 的 2 次近似最佳一致逼近多项式.

32. 设 $M_3 = \mathrm{span}\{1, x^2, x^4\}$，在 M_3 中求 $f(x) = |x|$ 在$[-1,1]$上的最佳平方逼近多项式.

33. 求 a, b，使$\int_0^{\frac{\pi}{2}} [\sin x - (a + bx)]^2 \mathrm{d}x$ 为最小.

34. 试用最小二乘法求解下列超定方程组：

$$\begin{cases} x_1 + 2x_2 = 4, \\ 2x_1 + x_2 = 5, \\ 2x_1 + 2x_2 = 6, \\ -x_1 + 2x_2 = 2, \\ 3x_1 - x_2 = 4. \end{cases}$$

35. 观测物体的直线运动得到以下数据：

t/s	0	0.9	1.9	3.0	3.9	5.0
s/m	0	10	30	51	80	111

求运动方程(设运动方程的形式为 $s = at + bt^2$).

36. 用最小二乘法求一个形如 $y = a + bx^2$ 的经验公式,使它与下列数据

x	19	25	31	38	44
y	19.0	32.3	49.0	73.3	97.8

拟合.

37. 已知单原子波函数的形式为 $y = ae^{-bx}$,试利用下列数据

x	0	1	2	4
y	2.010	1.210	0.740	0.450

按最小二乘法决定参数 a 和 b.

38. 已知如下一组实验数据：

x	2.2	2.6	3.4	4.0	1.0
y	65	61	54	50	90

试用最小二乘法确定拟合模型 $y = ax^b$ 中的参数 a,b.

39. (上机题)**3 次样条插值函数.**

(1) 编写求第一型 3 次样条插值函数的通用程序；

(2) 已知汽车门曲线型值点的数据如下：

i	0	1	2	3	4	5
x_i	0	1	2	3	4	5
y_i	2.51	3.30	4.04	4.70	5.22	5.54
i	6	7	8	9	10	
x_i	6	7	8	9	10	
y_i	5.78	5.40	5.57	5.70	5.80	

端点条件为 $y_0' = 0.8$,$y_{10}' = 0.2$,用所编程序求车门的 3 次样条插值函数 $S(x)$,并打印出 $S(i + 0.5)$,$i = 0,1,\cdots,9$.

5 数值积分与数值微分

求函数 $f(x)$ 的导数与积分的问题在高等数学课程里似乎已经圆满解决了，但当接触到实际问题时，我们就会发现还有很多问题需要研究. 最常见的是当 $f(x)$ 为列表函数时求导与求积公式都不能使用，此时必须借助于数值微分与数值积分. 本章先讨论数值积分，然后讨论数值微分. 在学完本章后可以发现，数值积分比较容易研究.

5.1 数值积分的基本概念

对于定积分 $\int_a^b f(x)\mathrm{d}x$，若被积函数 $f(x)$ 不是列表函数，而是用解析式表示的连续函数，从理论上讲可以使用 Newton - Leibniz 公式，即

$$\int_a^b f(x)\mathrm{d}x = F(b) - F(a),$$

其中 $F(x)$ 是 $f(x)$ 的一个原函数. 但若找不到用初等函数表示的原函数，如

$$f(x) = \frac{\sin x}{x}, \quad \mathrm{e}^{-x^2}, \quad \frac{1}{\ln x}, \quad \sqrt{a + x^3}, \quad \cdots,$$

或者虽然找到了原函数，但表达式过于复杂，例如从通常的积分表中可以查到

$$\int \sqrt{a + bx + cx^2}\,\mathrm{d}x = \frac{2cx + b}{4c}\sqrt{a + bx + cx^2} - \frac{b^2 - 4ac}{8c^{3/2}}\ln(2cx + b + 2\sqrt{c}\sqrt{a + bx + cx^2}) + C,$$

显然原函数复杂性大大超过被积函数的复杂性，此时研究数值积分就很有必要了.

根据以上所述，数值求积公式应该避免用原函数表示，最好能由被积函数的值直接决定. 这种想法是否合理呢?我们可以回顾定积分的定义：

$$\int_a^b f(x)\mathrm{d}x = \lim_{\substack{n\to\infty \\ \max\{\Delta x_k\}\to 0}} \sum_{k=1}^{n} f(x_k)\Delta x_k,$$

其中 Δx_k 是 $[a,b]$ 的第 k 个分割小区间的长度，它与 $f(x)$ 无关. 由此得到定积分的一个近似计算公式为

$$\int_a^b f(x)\mathrm{d}x \approx \sum_{k=1}^{n} f(x_k)\Delta x_k.$$

该近似公式合乎我们的设想. 更一般些,可以设想构造具有如下形式的求积公式:

$$\int_a^b f(x)\mathrm{d}x \approx \sum_{k=0}^{n} A_k f(x_k). \tag{5.1}$$

称 x_k 为**求积节点**;称 A_k 为**求积系数**,它仅与节点 x_k 的选取有关,而与 $f(x)$ 的具体形式无关.

这类数值积分的方法通常称为**机械求积法**,它是利用一些离散点上函数 $f(x)$ 的值作线性组合而得出积分的近似值,于是求积分的问题转化为计算被积函数在节点处函数值的问题. 对于形如式(5.1) 的求积公式,问题的关键在于确定求积节点 x_k 和相应的求积系数 A_k.

5.2　插值型求积公式

5.2.1　插值型求积公式

以下,我们记

$$I(f) = \int_a^b f(x)\mathrm{d}x. \tag{5.2}$$

设给定一组节点 $a \leqslant x_0 < x_1 < \cdots < x_n \leqslant b$,且已知函数 $f(x)$ 在这些节点上的值为 $f(x_k)(k = 0,1,\cdots,n)$,则可作 n 次插值多项式

$$L_n(x) = \sum_{k=0}^{n} f(x_k) l_k(x),$$

其中 $l_k(x)$ 是插值基函数,有

$$l_k(x) = \prod_{\substack{j=0\\ j\neq k}}^{n} \frac{x - x_j}{x_k - x_j}.$$

由于 $L_n(x)$ 是一个 n 次多项式,其原函数是容易求得的. 用 $L_n(x)$ 代替被积函数 $f(x)$,得到计算 $I(f)$ 的一个求积公式为

$$\begin{aligned} I_n(f) &= \int_a^b L_n(x)\mathrm{d}x = \int_a^b \sum_{k=0}^{n} f(x_k) l_k(x)\mathrm{d}x \\ &= \sum_{k=0}^{n}\left[\int_a^b l_k(x)\mathrm{d}x\right] f(x_k) = \sum_{k=0}^{n} A_k f(x_k), \end{aligned}$$

其中 $A_k = \int_a^b l_k(x)\mathrm{d}x$.

定义 5.1 设有计算 $I(f)$ 的求积公式

$$I_n(f)=\sum_{k=0}^{n}A_kf(x_k),\tag{5.3}$$

若它的求积系数 $A_k=\int_a^b l_k(x)\mathrm{d}x(k=0,1,\cdots,n)$,则称该公式为插值型求积公式.

插值型求积公式(5.3) 的截断误差为

$$\begin{aligned}R(f)=I(f)-I_n(f)&=\int_a^b f(x)\mathrm{d}x-\sum_{k=0}^{n}\left[\int_a^b l_k(x)\mathrm{d}x\right]f(x_k)\\&=\int_a^b f(x)\mathrm{d}x-\int_a^b L_n(x)\mathrm{d}x\\&=\int_a^b[f(x)-L_n(x)]\mathrm{d}x\\&=\int_a^b\frac{f^{(n+1)}(\xi)}{(n+1)!}\prod_{k=0}^{n}(x-x_k)\mathrm{d}x,\end{aligned}\tag{5.4}$$

其中 $\xi\in(a,b)$,并且依赖于 x. 因此,函数 $f^{(n+1)}(\xi)$ 不能简单地移至积分号外.

定义 5.2 如果求积节点 $x_k(k=0,1,\cdots,n)$ 是等距的,即

$$x_k=a+kh,\quad k=0,1,\cdots,n,\ h=\frac{b-a}{n},$$

则相应的插值型求积公式称为 Newton - Cotes 公式.

Newton - Cotes 公式的求积系数比较简单. 事实上,令 $x=a+th$,则

$$\begin{aligned}A_k=\int_a^b l_k(x)\mathrm{d}x&=h\int_0^n\prod_{\substack{j=0\\j\neq k}}^{n}\frac{t-j}{k-j}\mathrm{d}t\\&=\frac{(-1)^{n-k}(b-a)}{n\cdot k!(n-k)!}\int_0^n\prod_{\substack{j=0\\j\neq k}}^{n}(t-j)\mathrm{d}t,\quad k=0,1,2,\cdots,n.\end{aligned}$$

记

$$C_{n,k}=\frac{(-1)^{n-k}}{n\cdot k!(n-k)!}\int_0^n\prod_{\substack{j=0\\j\neq k}}^{n}(t-j)\mathrm{d}t,\quad k=0,1,\cdots,n,$$

则 Newton - Cotes 公式可写为

$$I_n(f)=(b-a)\sum_{k=0}^{n}C_{n,k}f(x_k).$$

例 5.1 已知 $n=1, h=b-a, x_0=a, x_1=b$，则

$$C_{1,0}=\frac{(-1)^{1-0}}{1\cdot 0!(1-0)!}\int_0^1(t-1)\mathrm{d}t=\frac{1}{2},$$

$$C_{1,1}=\frac{(-1)^{1-1}}{1\cdot 1!(1-1)!}\int_0^1(t-0)\mathrm{d}t=\frac{1}{2}.$$

于是我们得到 2 个求积节点的插值型求积公式：

$$I_1(f)=\frac{b-a}{2}f(x_0)+\frac{b-a}{2}f(x_1)=\frac{b-a}{2}[f(a)+f(b)].$$

称

$$T(f)=\frac{b-a}{2}[f(a)+f(b)]$$

为**梯形公式.**

例 5.2 已知 $n=2, h=\frac{b-a}{2}, x_0=a, x_1=\frac{a+b}{2}, x_2=b$，则

$$C_{2,0}=\frac{(-1)^{2-0}}{2\cdot 0!(2-0)!}\int_0^2(t-1)(t-2)\mathrm{d}t=\frac{1}{6},$$

$$C_{2,1}=\frac{(-1)^{2-1}}{2\cdot 1!(2-1)!}\int_0^2(t-0)(t-2)\mathrm{d}t=\frac{4}{6},$$

$$C_{2,2}=\frac{(-1)^{2-2}}{2\cdot 2!(2-2)!}\int_0^2(t-0)(t-1)\mathrm{d}t=\frac{1}{6}.$$

于是我们得到 3 个等距节点的插值型求积公式：

$$\begin{aligned}I_2(f)&=(b-a)\left[\frac{1}{6}f(x_0)+\frac{4}{6}f(x_1)+\frac{1}{6}f(x_2)\right]\\&=\frac{b-a}{6}\left[f(a)+4f\left(\frac{a+b}{2}\right)+f(b)\right].\end{aligned}$$

称

$$S(f)\equiv\frac{b-a}{6}\left[f(a)+4f\left(\frac{a+b}{2}\right)+f(b)\right]$$

为 **Simpson 公式.**

例 5.3 已知 $n=4, h=\frac{b-a}{4}$，且

$$x_0=a,\quad x_1=\frac{3a+b}{4},\quad x_2=\frac{a+b}{2},\quad x_3=\frac{a+3b}{4},\quad x_4=b,$$

则

$$C_{4,0}=\frac{(-1)^{4-0}}{4\cdot 0!(4-0)!}\int_0^4(t-1)(t-2)(t-3)(t-4)\mathrm{d}t=\frac{7}{90},$$

$$C_{4,1}=\frac{(-1)^{4-1}}{4\cdot 1!(4-1)!}\int_0^4(t-0)(t-2)(t-3)(t-4)\mathrm{d}t=\frac{32}{90},$$

$$C_{4,2}=\frac{(-1)^{4-2}}{4\cdot 2!(4-2)!}\int_0^4(t-0)(t-1)(t-3)(t-4)\mathrm{d}t=\frac{12}{90},$$

$$C_{4,3}=\frac{(-1)^{4-3}}{4\cdot 3!(4-3)!}\int_0^4(t-0)(t-1)(t-2)(t-4)\mathrm{d}t=\frac{32}{90},$$

$$C_{4,4}=\frac{(-1)^{4-4}}{4\cdot 4!(4-4)!}\int_0^4(t-0)(t-1)(t-2)(t-3)\mathrm{d}t=\frac{7}{90}.$$

于是我们得到 5 个等距节点的插值型求积公式：

$$\begin{aligned}I_4(f)&=(b-a)\left[\frac{7}{90}f(x_0)+\frac{32}{90}f(x_1)+\frac{12}{90}f(x_2)\right.\\&\quad\left.+\frac{32}{90}f(x_3)+\frac{7}{90}f(x_4)\right]\\&=\frac{b-a}{90}\left[7f(a)+32f\left(\frac{3a+b}{4}\right)+12f\left(\frac{a+b}{2}\right)\right.\\&\quad\left.+32f\left(\frac{a+3b}{4}\right)+7f(b)\right].\end{aligned}$$

称

$$\begin{aligned}C(f)\equiv\frac{b-a}{90}&\left[7f(a)+32f\left(\frac{3a+b}{4}\right)+12f\left(\frac{a+b}{2}\right)\right.\\&\left.+32f\left(\frac{a+3b}{4}\right)+7f(b)\right]\end{aligned}$$

为 **Cotes 公式**.

5.2.2 代数精度

由式(5.4)可知，对于$(n+1)$个求积节点的插值型求积公式，当$f(x)$是一个n次多项式时，其截断误差

$$R(f)=\int_a^b\frac{f^{(n+1)}(\xi)}{(n+1)!}\prod_{k=0}^{n}(x-x_k)\mathrm{d}x=0,$$

从而

$$I_n(f)=I(f),$$

求积公式是精确的.

定义 5.3　设有计算 $I(f)$ 的求积公式

$$I_n(f)=\sum_{k=0}^{n}A_k f(x_k). \tag{5.5}$$

如果它对所有的 m 次多项式是精确的,但至少对一个$(m+1)$ 次多项式是不精确的,则称该求积公式具有 m 次**代数精度**.

由上面的分析可知,具有$(n+1)$ 个求积节点的插值型求积公式的代数精度至少是 n. 反过来,如果式(5.5) 的代数精度至少为 n,则它对 n 次多项式

$$l_i(x)=\prod_{\substack{j=0\\ j\neq i}}^{n}\frac{x-x_j}{x_i-x_j}$$

是精确成立的,即有

$$\int_a^b l_i(x)\mathrm{d}x=I(l_i)=I_n(l_i)=\sum_{k=0}^{n}A_k l_i(x_k)=A_i,\quad i=0,1,2,\cdots,n.$$

因而

$$A_k=\int_a^b l_k(x)\mathrm{d}x,\quad k=0,1,\cdots,n,$$

即式(5.5) 是插值型的. 综上所述,我们有如下定理:

定理 5.1　求积公式

$$I_n(f)=\sum_{k=0}^{n}A_k f(x_k)$$

至少具有 n 次代数精度的充分必要条件是该公式为插值型的,即

$$A_k=\int_a^b l_k(x)\mathrm{d}x,\quad k=0,1,\cdots,n.$$

借助于下面的定理,可方便地验证一个求积公式的代数精度的次数.

定理 5.2　求积公式(5.5) 具有 m 次代数精度的充分必要条件为该公式对 $f(x)=1,x,\cdots,x^m$ 是精确成立的,而对 $f(x)=x^{m+1}$ 不精确成立.

证明　记

$$g_k(x)=x^k,\quad k=0,1,2,\cdots,m+1.$$

(**必要性**) 设式(5.5) 具有 m 次代数精度,即对任一个 m 次多项式精确成立,但对某一个$(m+1)$ 次多项式

$$p_{m+1}(x) = c_{m+1}x^{m+1} + p_m(x)$$

不精确成立,其中 $c_{m+1} \neq 0$,$p_m(x)$ 是一个 m 次多项式. 由于 $g_0, g_1, \cdots, g_m$ 是特殊的次数小于等于 m 的多项式,所以求积公式是精确的. 另外,由于

$$I(p_{m+1}) = I(c_{m+1}g_{m+1} + p_m) = c_{m+1}I(g_{m+1}) + I(p_m),$$
$$I_n(p_{m+1}) = I_n(c_{m+1}g_{m+1} + p_m) = c_{m+1}I_n(g_{m+1}) + I_n(p_m),$$

及

$$I(p_m) = I_n(p_m), \quad I(p_{m+1}) \neq I_n(p_{m+1}),$$

得

$$I(g_{m+1}) \neq I_n(g_{m+1}).$$

(**充分性**) 设 $I(g_0) = I_n(g_0), I(g_1) = I_n(g_1), \cdots, I(g_m) = I_n(g_m), I(g_{m+1}) \neq I_n(g_{m+1})$. 任一个 m 次多项式 $p_m(x)$ 可表示为

$$p_m(x) = \sum_{k=0}^{m} a_k x^k = \sum_{k=0}^{m} a_k g_k(x),$$

于是

$$\begin{aligned} I_n(p_m) &= I_n\Big(\sum_{k=0}^{m} a_k g_k\Big) = \sum_{k=0}^{m} a_k I_n(g_k) = \sum_{k=0}^{m} a_k I(g_k) \\ &= I\Big(\sum_{k=0}^{m} a_k g_k\Big) = I(p_m), \end{aligned}$$

即求积公式对任一 m 次多项式是精确成立的. 再注意到求积公式对 $(m+1)$ 次多项式 $g_{m+1}(x) = x^{m+1}$ 不精确成立,故充分性得证.

定理证毕.

注 在上述定理的证明过程中用到了 $I(f)$ 和 $I_n(f)$ 的线性性质,即对于任意的 $\alpha, \beta \in \mathbf{R}$,有

$$I(\alpha f + \beta g) = \alpha I(f) + \beta I(g), \quad I_n(\alpha f + \beta g) = \alpha I_n(f) + \beta I_n(g).$$

例 5.4 证明:Simpson 公式

$$S(f) = \frac{b-a}{6}\left[f(a) + 4f\left(\frac{a+b}{2}\right) + f(b)\right]$$

具有 3 次代数精度.

证明 由于 Simpson 公式是插值型的,因而至少具有 2 次代数精度.

当 $f(x) = x^3$ 时,有

$$I(f) = \int_a^b x^3 \mathrm{d}x = \frac{1}{4}(b^4 - a^4),$$

$$
\begin{aligned}
S(f) &= \frac{b-a}{6}\left[a^3+4\left(\frac{a+b}{2}\right)^3+b^3\right] \\
&= \frac{b-a}{6}\left[(a+b)(a^2-ab+b^2)+\frac{1}{2}(a+b)^3\right] \\
&= \frac{b^2-a^2}{12}[2(a^2-ab+b^2)+(a+b)^2] \\
&= \frac{1}{4}(b^4-a^4) = I(f).
\end{aligned}
$$

当 $f(x)=x^4$ 时，有

$$I(f)=\int_a^b x^4\,\mathrm{d}x=\frac{1}{5}(b^5-a^5), \tag{5.6}$$

$$S(f)=\frac{b-a}{6}\left[a^4+4\left(\frac{a+b}{2}\right)^4+b^4\right]. \tag{5.7}$$

式(5.7)中 b^5 的系数为$\frac{5}{24}$，而式(5.6)中 b^5 的系数为$\frac{1}{5}$，显然 $I(f)\neq S(f)$. 因而求积公式对于 $f(x)=x^4$ 是不精确成立的. 所以 Simpson 公式具有 3 次代数精度.

可以证明[4]：当 n 为奇数时，Newton－Cotes 公式的代数精度为 n；当 n 为偶数时，Newton－Cotes 公式的代数精度为 $n+1$（见表 5.1）.

表 5.1　Newton－Cotes 公式的代数精度

n	1	2	3	4	5	6	…
代数精度	1	3	3	5	5	7	…

实际应用中常用的是 $n=1,2,4$ 时的 Newton－Cotes 公式，也就是梯形公式、Simpson 公式和 Cotes 公式.

5.2.3　梯形公式、Simpson 公式和 Cotes 公式的截断误差

前面已经给出了插值型求积公式截断误差 $R(f)$ 的表示式(5.4)，现对梯形公式、Simpson 公式和 Cotes 公式给出其截断误差的具体表达式.

(1) 对于梯形公式 $T(f)$，其截断误差

$$R_T(f)=I(f)-T(f)=\int_a^b \frac{f''(\xi)}{2}(x-a)(x-b)\,\mathrm{d}x,$$

其中 $\xi\in(a,b)$ 且与 x 有关. 当$x\in(a,b)$ 时，$(x-a)(x-b)<0$. 应用第二积分中值定理，得

$$R_T(f)=\frac{f''(\eta)}{2}\int_a^b (x-a)(x-b)\,\mathrm{d}x$$

$$=-\frac{(b-a)^3}{12}f''(\eta),\quad \eta\in(a,b). \tag{5.8}$$

(2) 对于 Simpson 公式 $S(f)$,由例 5.4 知其代数精度为 3,因而对 3 次多项式是精确成立的. 对 $f(x)$ 作满足下列插值条件的 3 次插值多项式 $H(x)$:

$$H(a)=f(a),\quad H\left(\frac{a+b}{2}\right)=f\left(\frac{a+b}{2}\right),\quad H(b)=f(b),$$

$$H'\left(\frac{a+b}{2}\right)=f'\left(\frac{a+b}{2}\right).$$

由定理 4.3 和定理 4.4 可知满足上述插值条件的 3 次多项式是唯一存在的,且有

$$f(x)-H(x)=\frac{f^{(4)}(\xi)}{4!}(x-a)\left(x-\frac{a+b}{2}\right)^2(x-b),$$

其中 $\xi\in(\min\{x,a,b\},\max\{x,a,b\})$ 且与 x 有关. 又

$$\begin{aligned}\int_a^b H(x)\mathrm{d}x=S(H)&=\frac{b-a}{6}\left[H(a)+4H\left(\frac{a+b}{2}\right)+H(b)\right]\\&=\frac{b-a}{6}\left[f(a)+4f\left(\frac{a+b}{2}\right)+f(b)\right]=S(f),\end{aligned}$$

因而 Simpson 公式的截断误差

$$\begin{aligned}R_S(f)=I(f)-S(f)&=\int_a^b f(x)\mathrm{d}x-\int_a^b H(x)\mathrm{d}x\\&=\int_a^b[f(x)-H(x)]\mathrm{d}x\\&=\int_a^b\frac{f^{(4)}(\xi)}{4!}(x-a)\left(x-\frac{a+b}{2}\right)^2(x-b)\mathrm{d}x.\end{aligned}$$

应用第二积分中值定理并作变换 $x=\frac{a+b}{2}+\frac{b-a}{2}t$,得

$$\begin{aligned}R_S(f)&=\frac{f^{(4)}(\eta)}{4!}\int_a^b(x-a)\left(x-\frac{a+b}{2}\right)^2(x-b)\mathrm{d}x\\&=\frac{f^{(4)}(\eta)}{4!}\left(\frac{b-a}{2}\right)^5\int_{-1}^1(t+1)t^2(t-1)\mathrm{d}t\\&=\frac{f^{(4)}(\eta)}{4!}\left(\frac{b-a}{2}\right)^5 2\int_0^1 t^2(t^2-1)\mathrm{d}t\\&=-\frac{b-a}{180}\left(\frac{b-a}{2}\right)^4 f^{(4)}(\eta),\quad \eta\in(a,b).\end{aligned}\tag{5.9}$$

(3) 对于 Cotes 公式,它具有 5 次代数精度,其截断误差为

$$R_C(f) = I(f) - C(f) = -\frac{2(b-a)}{945}\left(\frac{b-a}{4}\right)^6 f^{(6)}(\eta), \quad \eta \in (a,b). \tag{5.10}$$

公式(5.10)的证明可以参阅文献[4].

5.3 复化求积公式

上一节我们给出了计算积分(5.2)的三个基本求积公式,即梯形公式 $T(f)$,Simpson 公式 $S(f)$ 和 Cotes 公式 $C(f)$,并给出了它们截断误差的表达式(5.8),式(5.9)和式(5.10).由这些表达式可知截断误差依赖于求积区间的长度.若积分区间的长度是小量的话,则这些求积公式的截断误差是该长度的高阶小量.但若积分区间的长度比较大,直接使用这些公式时精度将难以保证.为了提高计算积分的精度,可先把积分区间分为若干个小区间,将 $I(f)$ 写成这些小区间上的积分之和,然后对每个小区间上的积分应用上述求积公式,最后把每个小区间上的结果累加,所得到的求积公式称为**复化求积公式**.

为简单起见,将求积区间$[a,b]$作 n 等分,并记

$$h = \frac{b-a}{n}, \quad x_k = a + kh, \quad k = 0,1,\cdots,n,$$

于是

$$I(f) = \sum_{k=0}^{n-1}\int_{x_k}^{x_{k+1}} f(x)\mathrm{d}x.$$

5.3.1 复化梯形公式

对每一个小区间上的积分$\int_{x_k}^{x_{k+1}} f(x)\mathrm{d}x$ 应用梯形公式,得到**复化梯形公式**

$$T_n(f) = \sum_{k=0}^{n-1} \frac{h}{2}[f(x_k) + f(x_{k+1})], \tag{5.11}$$

或

$$T_n(f) = \frac{h}{2}\Big[f(x_0) + 2\sum_{k=1}^{n-1} f(x_k) + f(x_n)\Big].$$

设 $f(x) \in C^2[a,b]$,由式(5.8),得

$$\int_{x_k}^{x_{k+1}} f(x)\mathrm{d}x - \frac{h}{2}[f(x_k) + f(x_{k+1})] = -\frac{h^3}{12}f''(\eta_k), \quad \eta_k \in (x_k, x_{k+1}),$$

于是复化梯形公式 $T_n(f)$ 的截断误差为

$$\begin{aligned} I(f)-T_n(f) &= \sum_{k=0}^{n-1}\int_{x_k}^{x_{k+1}} f(x)\mathrm{d}x - \sum_{k=0}^{n-1}\frac{h}{2}[f(x_k)+f(x_{k+1})] \\ &= \sum_{k=0}^{n-1}\left\{\int_{x_k}^{x_{k+1}} f(x)\mathrm{d}x - \frac{h}{2}[f(x_k)+f(x_{k+1})]\right\} \\ &= \sum_{k=0}^{n-1}\left[-\frac{h^3}{12}f''(\eta_k)\right] \\ &= -\frac{h^3}{12}\sum_{k=0}^{n-1} f''(\eta_k). \end{aligned} \tag{5.12}$$

由连续函数的介值定理知,存在 $\eta \in (a,b)$,使得

$$\frac{1}{n}\sum_{k=0}^{n-1} f''(\eta_k) = f''(\eta),$$

将上式代入式(5.12)得

$$I(f)-T_n(f) = -\frac{h^3}{12}nf''(\eta) = -\frac{b-a}{12}h^2 f''(\eta). \tag{5.13}$$

记 $M_2 = \max\limits_{a\leqslant x\leqslant b} |f''(x)|$. 对于给定的允许精度 ε,只要选取 h,使得

$$\frac{b-a}{12}M_2 h^2 \leqslant \varepsilon,$$

就有

$$|I(f)-T_n(f)| = \frac{b-a}{12}h^2 |f''(\eta)| \leqslant \frac{b-a}{12}M_2 h^2 \leqslant \varepsilon.$$

称式(5.13)为**先验误差估计式**.

由式(5.12)可得

$$\frac{I(f)-T_n(f)}{h^2} = -\frac{1}{12}h\sum_{k=0}^{n-1} f''(\eta_k). \tag{5.14}$$

注意到定积分的定义,有

$$\lim_{h\to 0} h\sum_{k=0}^{n-1} f''(\eta_k) = \int_a^b f''(x)\mathrm{d}x = f'(b)-f'(a),$$

则在式(5.14)的两边令 $h\to 0$,得到

$$\lim_{h\to 0}\frac{I(f)-T_n(f)}{h^2} = -\frac{1}{12}\lim_{h\to 0} h\sum_{k=0}^{n} f''(\eta_k) = \frac{1}{12}[f'(a)-f'(b)].$$

因而当 h 适当小时,有

$$\frac{I(f)-T_n(f)}{h^2}\approx\frac{1}{12}[f'(a)-f'(b)],$$

或

$$I(f)-T_n(f)\approx\frac{1}{12}[f'(a)-f'(b)]h^2. \tag{5.15}$$

类似地，有

$$I(f)-T_{2n}(f)\approx\frac{1}{12}[f'(a)-f'(b)]\left(\frac{h}{2}\right)^2. \tag{5.16}$$

由式(5.15)和式(5.16)，有

$$I(f)-T_{2n}(f)\approx\frac{1}{4}[I(f)-T_n(f)],$$

上式两边乘以$\frac{4}{3}$，再移项得

$$I(f)-T_{2n}(f)\approx\frac{1}{3}[T_{2n}(f)-T_n(f)]. \tag{5.17}$$

对于给定的精度 ε，当

$$\frac{1}{3}\mid T_{2n}(f)-T_n(f)\mid<\varepsilon$$

时，有

$$\mid I(f)-T_{2n}(f)\mid\approx\frac{1}{3}\mid T_{2n}(f)-T_n(f)\mid<\varepsilon.$$

称式(5.17)为**后验误差估公式**.

记

$$x_{k+\frac{1}{2}}=\frac{1}{2}(x_k+x_{k+1}),\quad k=0,1,\cdots,n-1,$$

则

$$\begin{aligned}T_{2n}(f)&=\sum_{k=0}^{n-1}\left\{\frac{1}{2}\cdot\frac{h}{2}[f(x_k)+f(x_{k+\frac{1}{2}})]+\frac{1}{2}\cdot\frac{h}{2}[f(x_{k+\frac{1}{2}})+f(x_{k+1})]\right\}\\&=\frac{1}{2}\sum_{k=0}^{n-1}\frac{h}{2}[f(x_k)+f(x_{k+1})]+\frac{1}{2}h\sum_{k=0}^{n-1}f(x_{k+\frac{1}{2}})\\&=\frac{1}{2}\left[T_n(f)+h\sum_{k=0}^{n-1}f(x_{k+\frac{1}{2}})\right].\end{aligned} \tag{5.18}$$

式(5.18)是关于 $T_n(f)$ 和 $T_{2n}(f)$ 的递推关系式. 在求 $T_{2n}(f)$ 时，我们可将已

求得的 $T_n(f)$ 作为已知值使用,于是只需另外求 n 个新增加的分点 $x_{k+\frac{1}{2}}$ 上的函数值 $f(x_{k+\frac{1}{2}})$,这样计算比直接由式(5.11) 计算 $T_{2n}(f)$ 节省了近一半的计算量. 需要注意的是,式(5.18) 中的 h 是计算 $T_n(f)$ 时小区间的长度,即 $h=(b-a)/n$.

例 5.5 利用复化梯形公式计算

$$I(f)=\int_1^5 \frac{\sin x}{x}\mathrm{d}x$$

的近似值,精确至 7 位有效数字.

解 已知 $a=1, b=5, f(x)=\dfrac{\sin x}{x}$,则

$$T_1(f)=\frac{5-1}{2}[f(1)+f(5)]=1.29937226,$$

$$T_2(f)=\frac{1}{2}[T_1(f)+4f(3)]=0.74376614,$$

$$T_4(f)=\frac{1}{2}[T_2(f)+2(f(2)+f(4))]=0.63733116,$$

$$T_8(f)=\frac{1}{2}[T_4(f)+(f(1.5)+f(2.5)+f(3.5)+f(4.5))]$$
$$=0.61213199.$$

如此不断地使用公式(5.18),所得结果列于表 5.2:

表 5.2 复化梯形公式算例

k	2^k	T_{2^k}	$\frac{1}{3}(T_{2^k}-T_{2^{k-1}})$
0	1	1.29937226	
1	2	0.74376614	−0.18520204
2	4	0.63733116	−0.03547833
3	8	0.61213199	−0.00839972
4	16	0.60591379	−0.00207273
5	32	0.60436425	−0.00051651
6	64	0.60397717	−0.00012902
7	128	0.60388042	−0.00003225
8	256	0.60385624	−0.00000806
9	512	0.60385019	−0.00000202
10	1024	0.60384868	−0.00000050
11	2048	0.60384830	−0.00000013
12	4096	0.60384821	−0.00000003

因而$\int_1^5 \frac{\sin x}{x}\mathrm{d}x \approx 0.6038482$，所用节点个数为4097.

5.3.2　复化 Simpson 公式

记$x_{k+\frac{1}{2}} = \frac{1}{2}(x_k + x_{k+1})$，对每一个小区间上的积分$\int_{x_k}^{x_{k+1}} f(x)\mathrm{d}x$应用 Simpson 公式，得到**复化 Simpson 公式**

$$S_n(f) = \sum_{k=0}^{n-1} \frac{h}{6}\left[f(x_k) + 4f(x_{k+\frac{1}{2}}) + f(x_{k+1})\right], \tag{5.19}$$

或

$$S_n(f) = \frac{h}{6}\left[f(x_0) + 2\sum_{k=1}^{n-1} f(x_k) + f(x_n) + 4\sum_{k=0}^{n-1} f(x_{k+\frac{1}{2}})\right].$$

上式也可写成

$$S_n(f) = \frac{1}{3}T_n(f) + \frac{2}{3}h\sum_{k=0}^{n-1} f(x_{k+\frac{1}{2}}).$$

设$f(x) \in C^4[a,b]$，由式(5.9)得

$$\int_{x_k}^{x_{k+1}} f(x)\mathrm{d}x - \frac{h}{6}\left[f(x_k) + 4f(x_{k+\frac{1}{2}}) + f(x_{k+1})\right] = -\frac{h}{180}\left(\frac{h}{2}\right)^4 f^{(4)}(\eta_k),$$

其中$\eta_k \in (x_k, x_{k+1})$. 于是复化 Simpson 公式的截断误差为

$$\begin{aligned}
I(f) - S_n(f) &= \sum_{k=0}^{n-1}\left\{\int_{x_k}^{x_{k+1}} f(x)\mathrm{d}x - \frac{h}{6}\left[f(x_k) + 4f(x_{k+\frac{1}{2}}) + f(x_{k+1})\right]\right\} \\
&= \sum_{k=0}^{n-1}\left(-\frac{h}{180}\right)\left(\frac{h}{2}\right)^4 f^{(4)}(\eta_k) \\
&= \left(-\frac{h}{180}\right)\left(\frac{h}{2}\right)^4 \sum_{k=0}^{n-1} f^{(4)}(\eta_k).
\end{aligned} \tag{5.20}$$

由连续函数的介值定理知，存在$\eta \in (a,b)$，使得

$$\frac{1}{n}\sum_{k=0}^{n-1} f^{(4)}(\eta_k) = f^{(4)}(\eta).$$

将上式代入式(5.20)，得

$$\begin{aligned}
I(f) - S_n(f) &= -\frac{h}{180}\left(\frac{h}{2}\right)^4 n f^{(4)}(\eta) \\
&= -\frac{b-a}{180}\left(\frac{h}{2}\right)^4 f^{(4)}(\eta), \quad \eta \in (a,b).
\end{aligned} \tag{5.21}$$

记 $M_4=\max\limits_{a\leqslant x\leqslant b}|f^{(4)}(x)|$. 对于给定的精度 ε，只要选取 h，使得

$$\frac{b-a}{180}\left(\frac{h}{2}\right)^4 M_4\leqslant\varepsilon,$$

就有

$$|I(f)-S_n(f)|\leqslant\varepsilon.$$

类似于式(5.15)和式(5.17)的推导可得

$$I(f)-S_n(f)\approx\frac{1}{180}\left[f^{(3)}(a)-f^{(3)}(b)\right]\left(\frac{h}{2}\right)^4, \tag{5.22}$$

$$I(f)-S_{2n}(f)\approx\frac{1}{15}\left[S_{2n}(f)-S_n(f)\right]. \tag{5.23}$$

对于给定的精度 ε，当

$$\frac{1}{15}|S_{2n}(f)-S_n(f)|<\varepsilon$$

时，有

$$|I(f)-S_{2n}(f)|\approx\frac{1}{15}|S_{2n}(f)-S_n(f)|<\varepsilon.$$

例 5.6 利用复化 Simpson 公式计算

$$I(f)=\int_1^5\frac{\sin x}{x}\mathrm{d}x$$

的近似值，精确至 7 位有效数字.

解 已知 $a=1,b=5,\varepsilon=\frac{1}{2}\times10^{-7},f(x)=\frac{\sin x}{x}$，应用公式(5.19)进行计算，所得结果列于表 5.3：

表 5.3 复化 Simpson 公式算例

k	2^k	S_{2^k}	$\frac{1}{15}(S_{2^k}-S_{2^{k-1}})$
0	1	0.55856409	
1	2	0.60185283	0.00288592
2	4	0.60373227	0.00012530
3	8	0.60384106	0.00000725
4	16	0.60384773	0.00000044
5	32	0.60384815	0.00000003

因而

$$I(f) \approx 0.6038482,$$

所用节点个数为 65.

5.3.3 复化 Cotes 公式

记

$$x_{k+\frac{1}{4}} = x_k + \frac{1}{4}h,\quad x_{k+\frac{1}{2}} = x_k + \frac{1}{2}h,\quad x_{k+\frac{3}{4}} = x_k + \frac{3}{4}h,$$

对每一个小区间上的积分 $\int_{x_k}^{x_{k+1}} f(x)\mathrm{d}x$ 应用 Cotes 公式，得到**复化 Cotes 公式**

$$C_n(f) = \sum_{k=0}^{n-1} \frac{h}{90}[7f(x_k) + 32f(x_{k+\frac{1}{4}}) + 12f(x_{k+\frac{1}{2}}) + 32f(x_{k+\frac{3}{4}}) + 7f(x_{k+1})]. \tag{5.24}$$

类似于对复化梯形公式和复化 Simpson 公式的分析，可得复化 Cotes 公式的截断误差为

$$I(f) - C_n(f) = -\frac{2(b-a)}{945}\left(\frac{h}{4}\right)^6 f^{(6)}(\eta),\quad \eta \in (a,b), \tag{5.25}$$

且当 h 适当小时，有

$$I(f) - C_n(f) \approx \frac{2}{945}[f^{(5)}(a) - f^{(5)}(b)]\left(\frac{h}{4}\right)^6, \tag{5.26}$$

及

$$I(f) - C_{2n}(f) \approx \frac{1}{63}[C_{2n}(f) - C_n(f)]. \tag{5.27}$$

对于给定的精度 ε，当

$$\frac{1}{63}|C_{2n}(f) - C_n(f)| < \varepsilon$$

时，有

$$|I(f) - C_{2n}(f)| \approx \frac{1}{63}|C_{2n}(f) - C_n(f)| < \varepsilon.$$

例 5.7 用复化 Cotes 公式计算积分

$$I(f) = \int_1^5 \frac{\sin x}{x}\mathrm{d}x$$

的近似值，精确至 7 位有效数字.

解 已知 $a=1, b=5, \varepsilon=\frac{1}{2}\times 10^{-7}, f(x)=\frac{\sin x}{x}$,应用式(5.24)进行计算,所得结果列于表 5.4:

表 5.4 复化 Cotes 公式算例

k	2^k	C_{2^k}	$\frac{1}{63}(C_{2^k}-C_{2^{k-1}})$
0	1	0.60473875	
1	2	0.60385756	−0.00001399
2	4	0.60384831	−0.00000015
3	8	0.60384818	0.00000000

因而 $I(f)\approx 0.6038482$,所用节点个数为 33.

5.3.4 复化求积公式的阶

定义 5.4 设有计算 $I(f)$ 的复化求积公式 $I_n(f)$,如果存在正整数 p 和非零常数 C,使得

$$\lim_{h\to 0}\frac{I(f)-I_n(f)}{h^p}=C,$$

或当 h 很小时,有

$$I(f)-I_n(f)\approx Ch^p,$$

则称求积公式 $I_n(f)$ 是 p 阶的,这里 $h=\frac{b-a}{n}$.

在上述定义下,由式(5.15)、式(5.22)和式(5.26)可知复化梯形公式(5.11)、复化 Simpson 公式(5.19)和复化 Cotes 公式(5.24)分别是 2 阶、4 阶和 6 阶的.

同时,从式(5.15)、式(5.22)和式(5.26)还可以看到,定义 5.4 中的常数 C 一般地与 $f(x)$ 的高阶导数在区间端点处的值的差有关.

5.3.5 求积公式的收敛性和稳定性

下面给出求积公式收敛性的定义.

定义 5.5 设计算 $I(f)=\int_a^b f(x)\mathrm{d}x$ 的求积公式为

$$I_n(f)=\sum_{k=0}^{n}A_k f(x_k). \tag{5.28}$$

如果

$$\lim_{n\to\infty} I_n(f) = I(f),$$

则称求积公式是收敛的.

设 $f(x) \in C^2[a,b]$,由式(5.13) 知复化梯形公式(5.11) 是收敛的;设 $f(x) \in C^4[a,b]$,由式(5.21) 知复化 Simpson 公式(5.19) 收敛的;设 $f(x) \in C^6[a,b]$,由式(5.25) 知复化 Cotes 公式(5.24) 是收敛的.

在应用求积公式进行计算时,函数值 $f(x_k)(k=0,1,\cdots,n)$ 应该是事先提供的.一般我们得到的是含有误差的数据 $\tilde{f}_k$,因而实际求得的近似值为

$$I_n(\tilde{f}) = \sum_{k=0}^{n} A_k \tilde{f}_k. \tag{5.29}$$

因此人们自然关心数据误差对积分值的影响能否加以控制,而这就是稳定性问题.

定义 5.6 已知求积公式(5.28),其近似值为式(5.29).如果对于任意给定的 $\varepsilon>0$,存在 $\delta>0$,当 $\max\limits_{0\leqslant k\leqslant n}|f(x_k)-\tilde{f}_k|<\delta$ 时,有 $|I_n(f)-I_n(\tilde{f})|<\varepsilon$ 成立,则称此求积公式是稳定的.

容易证明复化梯形公式(5.11),复化 Simpson 公式(5.19) 和复化 Cotes 公式(5.24) 均是稳定的.

5.4 Romberg 求积法

由上节所举例 5.5、例 5.6 及例 5.7 可以看出,复化梯形公式比复化 Simpson 公式和复化 Cotes 公式精度低、收敛慢,这是其缺点,但它的最大优点是算法简单,因此人们自然关心如何发扬其优点而形成一个好的算法.这个好算法就是本节要讲的 Romberg 求积法.

5.4.1 Romberg 求积公式

由式(5.17) 所示的复化梯形公式的误差估计式为

$$I(f) - T_{2n}(f) \approx \frac{1}{3}[T_{2n}(f) - T_n(f)],$$

我们用此误差估计式对 $T_{2n}(f)$ 进行修正,有

$$\begin{aligned}\tilde{T}_n(f) &= T_{2n}(f) + \frac{1}{3}[T_{2n}(f) - T_n(f)] \\ &= \frac{4}{3}T_{2n}(f) - \frac{1}{3}T_n(f).\end{aligned}$$

以上 $T_{2n}(f)$ 和 $T_n(f)$ 均是 $I(f)$ 的 2 阶近似,将它们作线性组合后其精度是否发生大的变化了呢?由复化梯形公式(5.11) 和式(5.18),可得

$$\begin{aligned}\widetilde{T}_n(f) &= \frac{4}{3}\sum_{k=0}^{n-1}\left\{\frac{h}{4}[f(x_k)+f(x_{k+\frac{1}{2}})]+\frac{h}{4}[f(x_{k+\frac{1}{2}})+f(x_{k+1})]\right\}\\ &\quad -\frac{1}{3}\sum_{k=0}^{n-1}\frac{h}{2}[f(x_k)+f(x_{k+1})]\\ &= \sum_{k=0}^{n-1}\left\{\frac{h}{3}[f(x_k)+2f(x_{k+\frac{1}{2}})+f(x_{k+1})]-\frac{h}{6}[f(x_k)+f(x_{k+1})]\right\}\\ &= \sum_{k=0}^{n-1}\frac{h}{6}[f(x_k)+4f(x_{k+\frac{1}{2}})+f(x_{k+1})]\\ &= S_n(f),\end{aligned}$$

即

$$S_n(f) = \frac{4}{3}T_{2n}(f) - \frac{1}{3}T_n(f). \tag{5.30}$$

显然,用复化梯形公式算出的二分前后两个积分值 $T_n(f)$ 和 $T_{2n}(f)$ 按式(5.30)作线性组合所得结果,实际上就是用复化 Simpson 公式求得的近似值 $S_n(f)$.

用同样的思想来研究复化 Simpson 公式的加速问题. 由式(5.23)所示的复化 Simpson 公式的误差估计式为

$$I(f) - S_{2n}(f) \approx \frac{1}{15}[S_{2n}(f) - S_n(f)],$$

用这一估计式对 $S_{2n}(f)$ 进行修正,得到

$$\begin{aligned}\widetilde{S}_n(f) &= S_{2n}(f) + \frac{1}{15}[S_{2n}(f) - S_n(f)]\\ &= \frac{16}{15}S_{2n}(f) - \frac{1}{15}S_n(f).\end{aligned}$$

直接验证可知上式右端的值就是复化 Cotes 公式所得积分值 $C_n(f)$,即

$$C_n(f) = \frac{16}{15}S_{2n}(f) - \frac{1}{15}S_n(f). \tag{5.31}$$

重复上述方法,由式(5.27)所示的复化 Cotes 公式的误差估计式为

$$I(f) - C_{2n}(f) \approx \frac{1}{63}[C_{2n}(f) - C_n(f)],$$

用这一误差估计式对 $C_{2n}(f)$ 进行修正,得到计算积分 $I(f)$ 的一个新的求解公式

$$\begin{aligned}R_n(f) &= C_{2n}(f) + \frac{1}{63}[C_{2n}(f) - C_n(f)]\\ &= \frac{64}{63}C_{2n}(f) - \frac{1}{63}C_n(f).\end{aligned} \tag{5.32}$$

称式(5.32)为计算 $I(f)$ 的 **Romberg 公式**.

可以验证 Romberg 公式具有 7 次代数精度,它的截断误差为 $O(h^8)$. 当 h 适当小时,有

$$I(f)-R_n(f)\approx Ch^8,$$

且

$$I(f)-R_{2n}(f)\approx\frac{1}{255}[R_{2n}(f)-R_n(f)].$$

由以上讨论可以看到,应用公式(5.30)、公式(5.31)和公式(5.32),就能将粗糙的梯形值 $T_n(f)$ 逐步加工成具有较高精度的 Simpson 值 $S_n(f)$、Cotes 值 $C_n(f)$ 和 Romberg 值 $R_n(f)$. 这种方法称为 **Romberg 方法**.

Romberg 方法的整个计算过程如表 5.5 所示:

表 5.5　Romberg 算法过程

区间等分数 n	$T_n(f)$	$S_n(f)$	$C_n(f)$	$R_n(f)$
1	T_1	S_1	C_1	R_1
2	T_2	S_2	C_2	R_2
4	T_4	S_4	C_4	R_4
8	T_8	S_8	C_8	⋮
16	T_{16}	S_{16}	⋮	
32	T_{32}	⋮		
⋮	⋮			

表中的区间等分数是对复化梯形公式而言的. 如果

$$\frac{1}{63}\mid C_2-C_1\mid<\varepsilon,$$

则以 R_1 为所求近似值;否则再计算 T_{16},S_8,C_4,R_2,当

$$\frac{1}{63}\mid C_4-C_2\mid<\varepsilon\quad 或\quad \frac{1}{255}\mid R_2-R_1\mid<\varepsilon$$

时,以 R_2 为所求近似值;否则再计算 $T_{32}, S_{16}, C_8, R_4, \cdots$;直到

$$\frac{1}{63}\mid C_{2n}-C_n\mid<\varepsilon \quad 或 \quad \frac{1}{255}\mid R_n-R_{n/2}\mid<\varepsilon$$

成立时,以 R_n 为近似值.

例 5.8 用 Romberg 方法计算积分

$$\int_1^5 \frac{\sin x}{x}\mathrm{d}x$$

的近似值,精确至 7 位有效数字.

解 已知 $a=1, b=5, \varepsilon=\frac{1}{2}\times 10^{-7}, f(x)=\frac{\sin x}{x}$,计算结果列于表 5.6:

表 5.6 Romberg 方法算例

n	T_n	S_n	C_n	R_n
1	1.29937226	0.55856409	0.60473875	0.60384358
2	0.74376614	0.60185283	0.60385756	0.60384816
4	0.63733116	0.60373227	0.60384831	
8	0.61213199	0.60384106		
16	0.60591379			

由于 $\frac{1}{255}\mid R_2-R_1\mid=0.2\times 10^{-7}<\frac{1}{2}\times 10^{-7}$,因而

$$I(f)\approx 0.6038482,$$

所用节点数为 17.

本例说明使用 Romberg 方法加速,其效果是显著的,而且 Romberg 方法的计算量主要是求 $T_{2^k}(f)$ 的值,可用式(5.18)进行计算,其余各步都是进行线性组合,计算量不大. 因此在同样精度要求的前提下,Romberg 方法可大大节省计算量.

5.4.2 Romberg 求积法的一般公式

Romberg 公式是对已求得的近似值进行修正而得到的一个更精确的公式,它所蕴含的已不是前面所讲的插值型求积思想了,而是一种新的方法,称为**外推法**.

这种外推法实质上是对复化梯形公式进行多次修正,因此还可修正 Romberg 公式,从而得到更高精度的求积公式. 如此一直修正下去,其理论依据是如果被积函数充分光滑,则复化梯形公式

$$T_n(f)=\frac{h}{2}\left[f(a)+2\sum_{k=1}^{n-1}f(x_k)+f(b)\right]$$

可以展开成如下级数形式：

$$T_n(f)=I(f)+\alpha_1h^2+\alpha_2h^4+\alpha_3h^6+\cdots+\alpha_kh^{2k}+\cdots,\tag{5.33}$$

其中 $\alpha_k(k=1,2,\cdots)$ 是与 h 无关的常数. 公式(5.33)称为 Euler-Maclaurin 公式，其证明可参阅参考文献[5]和[14].

由于

$$T_{2n}(f)=I(f)+\alpha_1\left(\frac{h}{2}\right)^2+\alpha_2\left(\frac{h}{2}\right)^4+\alpha_3\left(\frac{h}{2}\right)^6+\cdots+\alpha_k\left(\frac{h}{2}\right)^{2k}+\cdots,$$

为消去 $T_n(f)$ 误差的主要部分 h^2 项，构造较高精度的公式，可对 $T_n(f)$ 及 $T_{2n}(f)$ 作线性组合

$$\frac{4}{3}T_{2n}(f)-\frac{1}{3}T_n(f)=I(f)+\beta_1h^4+\beta_2h^6+\cdots,$$

其中 $\beta_k(k=1,2,\cdots)$ 是与 h 无关的常数. 由此可得求积公式

$$T_n^{(1)}(f)=\frac{4}{3}T_{2n}(f)-\frac{1}{3}T_n(f).$$

它的截断误差为 $O(h^4)$，即

$$T_n^{(1)}(f)=I(f)+\beta_1h^4+\beta_2h^6+\cdots.$$

可以看出此处 $T_n^{(1)}(f)$ 即为前述的 Simpson 公式.

同理，由于

$$T_{2n}^{(1)}(f)=I(f)+\beta_1\left(\frac{h}{2}\right)^4+\beta_2\left(\frac{h}{2}\right)^6+\cdots,$$

为消去 $T_n^{(1)}(f)$ 误差的主要部分 h^4 项，构造较高精度的公式，可对 $T_n^{(1)}(f)$ 和 $T_{2n}^{(1)}(f)$ 作线性组合

$$\frac{16}{15}T_{2n}^{(1)}(f)-\frac{1}{15}T_n^{(1)}(f)=I(f)+r_1h^6+r_2h^8+\cdots,$$

其中 $r_k(k=1,2,\cdots)$ 是与 h 无关的常数. 由此可得求积公式

$$T_n^{(2)}(f)=\frac{16}{15}T_{2n}^{(1)}(f)-\frac{1}{15}T_n^{(1)}(f).$$

此即前述的 Cotes 公式.

同理，我们还可构造

$$T_n^{(3)}(f)=\frac{64}{63}T_{2n}^{(2)}(f)-\frac{1}{63}T_n^{(2)}(f).$$

此即前述的 Romberg 公式,且

$$T_n^{(3)}(f) = I(f) + \delta_1 h^8 + \delta_2 h^{10} + \cdots,$$

其中 $\delta_k(k = 1,2,\cdots)$ 是与 h 无关的常数.

如此继续下去,每加速 1 次,误差的量级便提高 2 阶. 通常我们将 $T_n(f)$ 记作 $T_n^{(0)}(f)$,即 $T_n^{(0)}(f) = T_n(f)$. 作 m 次加速,有

$$T_n^{(m)}(f) = \frac{4^m}{4^m - 1} T_{2n}^{(m-1)}(f) - \frac{1}{4^m - 1} T_n^{(m-1)}(f). \tag{5.34}$$

式(5.34) 称为 Richardson 外推加速公式,误差为 $O(h^{2m+2})$.

从理论上讲,按式(5.34) 外推可以无限地提高误差量级,但实际使用时一般取到 $m = 3$(Romberg 公式) 就已足够了. 因为若取 $m \geqslant 4$,此时系数

$$\frac{4^m}{4^m - 1} \approx 1, \quad \frac{1}{4^m - 1} \leqslant \frac{1}{255},$$

由这些系数组合成的公式与原来的差别不大. 但要指出的是,Richardson 外推法的思想在构造新公式方面却是很有启发的.

5.5 Gauss 求积公式

在构造 Newton - Cotes 公式时,我们先限定用等分点作为求积节点,然后再选取相应的求积系数. 这种做法虽然简化了处理过程,但同时限制了代数精度.

求积公式的代数精度是否有可能提高呢?先看个例子.

例 5.9 用梯形公式求 $\int_2^5 [2 + (x - 3)^2] \mathrm{d}x$ 的近似值.

解 所求积分精确值为

$$I = \int_2^5 [2 + (x - 3)^2] \mathrm{d}x = 9.$$

取端点 $x_0 = 2, x_1 = 5$ 作为求积节点,则由梯形公式,有

$$T = \frac{3}{2}[f(2) + f(5)] = 13.5.$$

若调整节点,取 $x_0 = 2.5, x_1 = 4$,以过曲线上两点$(2.5, f(2.5))$,$(4, f(4))$ 并在区间$[2,5]$ 内所得梯形面积 $\widetilde{T}$ 作为 I 的近似值,则 $\widetilde{T} = 8.3571$,与 I 值相比误差较小. 由图 5.1 和图 5.2 可以看出,适当调整节点后 $\widetilde{T}$ 的盈估值与亏估值大致相抵消,于是减少了误差,提高了精度.

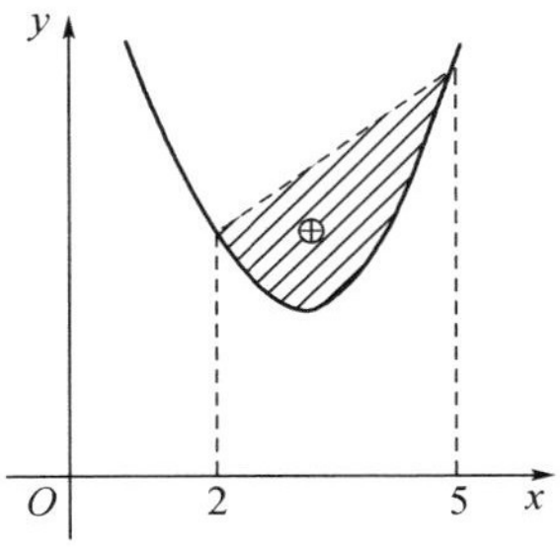

图 5.1　数值积分误差示意图一

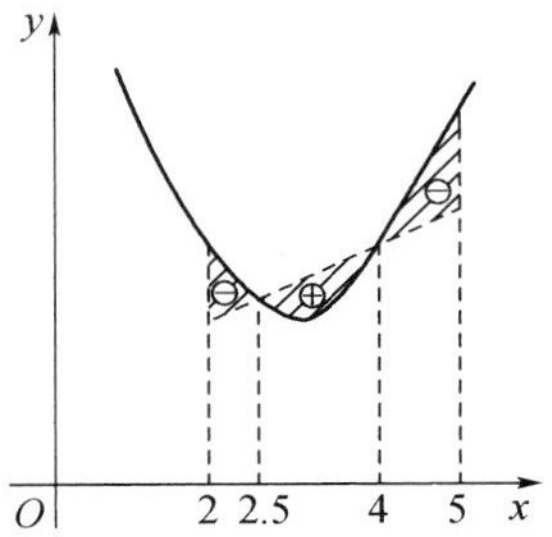

图 5.2　数值积分误差示意图二

此例说明适当选取节点位置有可能提高精度. 对于机械求积公式

$$\int_a^b f(x)\mathrm{d}x \approx \sum_{k=0}^{n} A_k f(x_k),$$

若节点 x_k 也可以任意选取,则适当选取$(2n+2)$ 个参数 $x_k, A_k(k=0,1,2,\cdots,n)$,可能会使求积公式具有$(2n+1)$ 次代数精度.

5.5.1　Gauss 求积公式

定义 5.7　设计算积分 $I(f)=\int_a^b f(x)\mathrm{d}x$ 的求积公式为

$$I_n(f)=\sum_{k=0}^{n} A_k f(x_k), \tag{5.35}$$

如果其代数精度为$2n+1$,则称该求积公式为Gauss-Legendre公式(简称Gauss公式),称相应的求积节点为 Gauss 点.

由代数精度的定义知,式(5.35) 为 Gauss 公式的充要条件是求积节点$\{x_k\}_{k=0}^n$和求积系数$\{A_k\}_{k=0}^n$ 满足下列方程组:

$$\begin{cases} \sum_{k=0}^{n} A_k = \int_a^b 1\mathrm{d}x, \\ \sum_{k=0}^{n} x_k A_k = \int_a^b x\mathrm{d}x, \\ \sum_{k=0}^{n} x_k^2 A_k = \int_a^b x^2\mathrm{d}x, \\ \quad\vdots \\ \sum_{k=0}^{n} x_k^{2n+1} A_k = \int_a^b x^{2n+1}\mathrm{d}x. \end{cases} \tag{5.36}$$

上式是关于$\{x_k\}_{k=0}^n$ 非线性、关于$\{A_k\}_{k=0}^n$ 线性的方程组. 记

$$\boldsymbol{x}=(A_0,A_1,\cdots,A_n)^{\mathrm{T}},\quad \boldsymbol{y}=(x_0,x_1,\cdots,x_n),$$

则方程组(5.36)的前$(n+1)$个方程可写为

$$\boldsymbol{A}(\boldsymbol{y})\boldsymbol{x}=\boldsymbol{f}_1,$$

方程组(5.36)的后$(n+1)$个方程可写为

$$\boldsymbol{B}(\boldsymbol{y})\boldsymbol{x}=\boldsymbol{f}_2.$$

当 $x_0,x_1,\cdots,x_n$ 互异时,$\boldsymbol{A}(\boldsymbol{y})$ 是非奇异的,因而可得

$$\boldsymbol{B}(\boldsymbol{y})\boldsymbol{A}^{-1}(\boldsymbol{y})\boldsymbol{f}_1=\boldsymbol{f}_2.$$

只要由上式求得 $\boldsymbol{y}$,则 $\boldsymbol{x}$ 可由基本插值多项式的积分得到.

例 5.10 试对积分

$$I(f)=\int_{-1}^{1}f(x)\mathrm{d}x \tag{5.37}$$

构造两点 Gauss 公式

$$I_1(f)=A_0f(x_0)+A_1f(x_1).$$

解 由前面分析可知,要使上式为 Gauss 公式当且仅当 x_0,x_1,A_0,A_1 满足

$$\begin{cases}A_0+A_1=\int_{-1}^{1}1\mathrm{d}x=2, & (5.38)\\ x_0A_0+x_1A_1=\int_{-1}^{1}x\mathrm{d}x=0, & (5.39)\\ x_0^2A_0+x_1^2A_1=\int_{-1}^{1}x^2\mathrm{d}x=\dfrac{2}{3}, & (5.40)\\ x_0^3A_0+x_1^3A_1=\int_{-1}^{1}x^3\mathrm{d}x=0. & (5.41)\end{cases}$$

不妨假设 $x_0\leqslant x_1$. 式(5.39)减去式(5.38)乘以 x_0,得

$$(x_1-x_0)A_1=-2x_0, \tag{5.42}$$

式(5.40)减去式(5.39)乘以 x_0,得

$$(x_1-x_0)x_1A_1=\frac{2}{3}, \tag{5.43}$$

式(5.41)减去式(5.40)乘以 x_0,得

$$(x_1-x_0)x_1^2A_1=-\frac{2}{3}x_0. \tag{5.44}$$

将式(5.42)代入式(5.43),得

$$-2x_0x_1=\frac{2}{3},\tag{5.45}$$

将式(5.43)代入式(5.44),得

$$\frac{2}{3}x_1=-\frac{2}{3}x_0.\tag{5.46}$$

由式(5.45)和式(5.46),可得

$$x_0=-\frac{1}{\sqrt{3}},\quad x_1=\frac{1}{\sqrt{3}},$$

再由式(5.38)和式(5.39),得

$$A_0=1,\quad A_1=1.$$

因而我们得到计算积分(5.37)的两点 Gauss 公式

$$I_1(f)=f\left(-\frac{1}{\sqrt{3}}\right)+f\left(\frac{1}{\sqrt{3}}\right).$$

而当 $n\geqslant 2$ 时,直接求解方程组(5.36)比较困难.

定理 5.3　设计算 $I(f)=\int_a^b f(x)\mathrm{d}x$ 的插值型求积公式为

$$I_n(f)=\sum_{k=0}^{n}A_kf(x_k),$$

并记

$$W_{n+1}(x)=(x-x_0)(x-x_1)\cdots(x-x_n),$$

则 $\{x_k\}_{k=0}^{n}$ 为 Gauss 点的充分必要条件为 $W_{n+1}(x)$ 与任意一个不超过 n 次的多项式 $p(x)$ 正交,即

$$\int_a^b p(x)W_{n+1}(x)\mathrm{d}x=0.$$

证明　(**必要性**) 设 $I_n(f)$ 为 Gauss 公式,则它对任意不超过$(2n+1)$次的多项式是精确成立的. 若 $p(x)$ 是任意一个不超过 n 次的多项式,则 $p(x)W_{n+1}(x)$ 是一个不超过$(2n+1)$次的多项式. 于是

$$\int_a^b p(x)W_{n+1}(x)\mathrm{d}x=\sum_{k=0}^{n}A_kp(x_k)W_{n+1}(x_k).$$

注意到 $W_{n+1}(x_k)=0(k=0,1,2,\cdots,n)$,因而

$$\int_a^b p(x)W_{n+1}(x)\mathrm{d}x=0.$$

(**充分性**)设对任意一个次数不超过 n 的多项式 $p(x)$,有

$$\int_a^b p(x)W_{n+1}(x)\mathrm{d}x = 0.$$

要证插值型求积公式 $I_n(f)$ 具有 $(2n+1)$ 次代数精度,只要证明函数 $f(x)$ 是任意一个 $(2n+1)$ 次多项式时,求积公式准确成立.用 $W_{n+1}(x)$ 除 $f(x)$,设商为 $p(x)$,余式为 $q(x)$,即有

$$f(x) = p(x)W_{n+1}(x) + q(x),$$

其中 $p(x)$ 和 $q(x)$ 都是不超过 n 次的多项式.对上式积分,得

$$\int_a^b f(x)\mathrm{d}x = \int_a^b p(x)W_{n+1}(x)\mathrm{d}x + \int_a^b q(x)\mathrm{d}x,$$

由所给正交条件知

$$\int_a^b f(x)\mathrm{d}x = \int_a^b q(x)\mathrm{d}x.$$

又由于所给求积公式是插值型的,因此至少具有 n 次代数精度,所以对 $q(x)$ 是准确成立的,即

$$\int_a^b q(x)\mathrm{d}x = \sum_{k=0}^{n} A_k q(x_k).$$

再注意到

$$f(x_k) = p(x_k)W_{n+1}(x_k) + q(x_k) = q(x_k),$$

有

$$\int_a^b f(x)\mathrm{d}x = \int_a^b q(x)\mathrm{d}x = \sum_{k=0}^{n} A_k q(x_k) = \sum_{k=0}^{n} A_k f(x_k),$$

即求积公式 $I_n(f)$ 对任意一个次数不超过 $(2n+1)$ 次的多项式是精确成立的,因而 $\{x_k\}_{k=0}^{n}$ 是 Gauss 点.

定理证毕.

下面我们将给出求 Gauss 点的一般方法.

5.5.2 正交多项式

定义 5.8 设

$$g_n(x) = a_{n,0}x^n + a_{n,1}x^{n-1} + \cdots + a_{n,n-1}x + a_{n,n}, \quad n = 0,1,2,\cdots,$$

其中 $a_{n,0} \neq 0$.若

$$(g_l, g_k) = \int_a^b g_l(x) g_k(x) \mathrm{d}x = 0, \quad l < k,$$

则称$\{g_n(x)\}_{n=0}^{\infty}$为区间$[a,b]$上的**正交多项式序列**,并称$g_n(x)$为区间$[a,b]$上的**$n$次正交多项式**.

定理 5.4　设$\{g_n(x)\}_{n=0}^{\infty}$为区间$[a,b]$上的正交多项式序列,则对任意的$n$,多项式$g_0(x), g_1(x), \cdots, g_n(x)$是线性无关的.

证明　设有一组常数$c_0, c_1, \cdots, c_n$,使得

$$c_0 g_0(x) + c_1 g_1(x) + \cdots + c_n g_n(x) = 0.$$

分别用$g_k(x)(k = 0,1,\cdots,n)$乘以上式,然后在区间$[a,b]$上积分,得

$$c_k \int_a^b g_k^2(x) \mathrm{d}x = 0,$$

于是

$$c_k = 0, \quad k = 0,1,\cdots,n,$$

所以$g_0(x), g_1(x), \cdots, g_n(x)$线性无关. 定理证毕.

由该定理可知:若$\{g_n(x)\}_{n=0}^{\infty}$是区间$[a,b]$上的正交多项式序列,则$g_0(x)$,$g_1(x), \cdots, g_n(x)$组成$n$次多项式空间的一组基,且$g_n(x)$与任一不超过$(n-1)$次的多项式在区间$[a,b]$上均正交.

定理 5.5　设$\{g_n(x)\}_{n=0}^{\infty}$是区间$[a,b]$上的正交多项式序列,则$g_n(x)$在$(a,b)$上有$n$个互异的零点.

证明　分3步,用反证法证明:(1) $g_n(x)$在(a,b)内有(实)零点;(2) $g_n(x)$在(a,b)内无重零点;(3) $g_n(x)$在(a,b)内(实)零点个数为n.

(1) 设$g_n(x)$在(a,b)内没有零点,则$g_n(x)$在(a,b)内恒大于零或恒小于零,从而

$$(g_0, g_n) = \int_a^b g_0(x) g_n(x) \mathrm{d}x \neq 0.$$

这与$(g_0, g_n) = 0$矛盾,所以$g_n(x)$在(a,b)内一定有(实)零点.

(2) 设x_1为$g_n(x)$在(a,b)内的重零点,则

$$\varphi(x) = \frac{g_n(x)}{(x - x_1)^2}$$

是一个$(n-2)$次多项式,有

$$(\varphi, g_n) = \int_a^b \frac{g_n(x)}{(x - x_1)^2} g_n(x) \mathrm{d}x = \int_a^b \left(\frac{g_n(x)}{x - x_1}\right)^2 \mathrm{d}x > 0.$$

这与$(\varphi, g_n) = 0$矛盾,所以$g_n(x)$在(a,b)内无重零点.

(3) 设 $g_n(x)$ 在 (a,b) 内仅有 j 个不同零点 $x_1,x_2,\cdots,x_j(j<n)$，于是

$$g_n(x)=\varphi(x)(x-x_1)(x-x_2)\cdots(x-x_j),$$

且 $\varphi(x)$ 在 (a,b) 恒大于零或恒小于零. 记

$$\psi(x)=(x-x_1)(x-x_2)\cdots(x-x_j),$$

则

$$g_n(x)=\varphi(x)\psi(x),$$

$$\begin{aligned}(\psi,g_n)&=\int_a^b\psi(x)g_n(x)\mathrm{d}x=\int_a^b\psi(x)\varphi(x)\psi(x)\mathrm{d}x\\&=\int_a^b\varphi(x)\psi^2(x)\mathrm{d}x\neq 0.\end{aligned}$$

这与 $(\psi,g_n)=0$ 矛盾，所以 $g_n(x)$ 在 (a,b) 内有 n 个不同的零点.

定理证毕.

定义 5.9 称

$$\begin{cases}P_0(t)=1,\\P_n(t)=\dfrac{1}{2^n n!}\dfrac{\mathrm{d}^n(t^2-1)^n}{\mathrm{d}t^n},\quad n=1,2,\cdots\end{cases}$$

为 Legendre 多项式.

根据定义可得

$$P_0(t)=1,\quad P_1(t)=t,$$

$$P_2(t)=\frac{1}{2}(3t^2-1),\quad P_3(t)=\frac{1}{2}(5t^3-3t),$$

$$P_4(t)=\frac{1}{8}(35t^4-30t^2+3),\quad P_5(t)=\frac{1}{8}(63t^5-70t^3+15t),$$

$$P_6(t)=\frac{1}{16}(231t^6-315t^4+105t^2-5),\quad\cdots.$$

易知 $P_n(t)$ 满足如下递推关系式:

$$P_{n+1}(t)=\frac{2n+1}{n+1}tP_n(t)-\frac{n}{n+1}P_{n-1}(t),\quad n=1,2,3,\cdots.$$

定理 5.6 Legendre 多项式 $\{P_n(t)\}_{n=0}^{\infty}$ 是区间 $[-1,1]$ 上的正交多项式序列.

证明 因为

$$
\begin{aligned}
(P_m, P_n) &= \frac{1}{2^{m+n} m!n!} \int_{-1}^{1} \frac{\mathrm{d}^m (t^2-1)^m}{\mathrm{d}t^m} \cdot \frac{\mathrm{d}^n (t^2-1)^n}{\mathrm{d}t^n} \mathrm{d}t \\
&= \frac{1}{2^{m+n} m!n!} \int_{-1}^{1} \frac{\mathrm{d}^m (t^2-1)^m}{\mathrm{d}t^m} \mathrm{d} \frac{\mathrm{d}^{n-1} (t^2-1)^n}{\mathrm{d}t^{n-1}} \\
&= \frac{1}{2^{m+n} m!n!} \Bigg[\frac{\mathrm{d}^m (t^2-1)^m}{\mathrm{d}t^m} \frac{\mathrm{d}^{n-1} (t^2-1)^n}{\mathrm{d}t^{n-1}} \Bigg|_{-1}^{1} \\
&\quad - \int_{-1}^{1} \frac{\mathrm{d}^{m+1} (t^2-1)^m}{\mathrm{d}t^{m+1}} \frac{\mathrm{d}^{n-1} (t^2-1)^n}{\mathrm{d}t^{n-1}} \mathrm{d}t \Bigg] \\
&= \frac{(-1)^1}{2^{m+n} m!n!} \int_{-1}^{1} \frac{\mathrm{d}^{m+1} (t^2-1)^m}{\mathrm{d}t^{m+1}} \frac{\mathrm{d}^{n-1} (t^2-1)^n}{\mathrm{d}t^{n-1}} \mathrm{d}t \\
&= \cdots \\
&= \frac{(-1)^n}{2^{m+n} m!n!} \int_{-1}^{1} \frac{\mathrm{d}^{m+n} (t^2-1)^m}{\mathrm{d}t^{m+n}} \cdot (t^2-1)^n \mathrm{d}t,
\end{aligned}
$$

当 $m < n$ 时，$\frac{\mathrm{d}^{m+n}(t^2-1)^m}{\mathrm{d}t^{m+n}} = 0$，所以 $(P_m, P_n) = 0$. 定理证毕.

5.5.3　区间 $[-1,1]$ 上的 Gauss 公式

考虑积分

$$
I(g) = \int_{-1}^{1} g(t)\mathrm{d}t. \tag{5.47}
$$

由定理 5.5 知 $(n+1)$ 次 Legendre 多项式 $P_{n+1}(t)$ 在区间 $(-1,1)$ 上有 $(n+1)$ 个互异的零点 $t_0, t_1, \cdots, t_n$，又由定理 5.4 知 $P_{n+1}(t)$ 在区间 $[-1,1]$ 上与任意的 n 次多项式 $P(t)$ 正交. 因而 Gauss 点即为 $P_{n+1}(t)$ 的零点 $t_0, t_1, \cdots, t_n$，Gauss 系数即为这些 Gauss 点所对应的插值基函数在 $[-1,1]$ 上的积分，即

$$
\widetilde{A}_k = \int_{-1}^{1} \prod_{\substack{j=0 \\ j\neq k}}^{n} \frac{t-t_j}{t_k - t_j} \mathrm{d}t, \quad k = 0,1,\cdots,n.
$$

再由定理 5.3 知计算积分 (5.47) 的 Gauss 公式为

$$
I_n(g) = \sum_{k=0}^{n} \widetilde{A}_k g(t_k). \tag{5.48}
$$

当 $n = 0$ 时，$t_0 = 0$，$\widetilde{A}_k = 2$，得到 1 点 Gauss 公式

$$
\int_{-1}^{1} g(t)\mathrm{d}t \approx 2g(0);
$$

当 $n = 1$ 时，$t_0 = -\frac{1}{\sqrt{3}}$，$t_1 = \frac{1}{\sqrt{3}}$，$\widetilde{A}_0 = 1$，$\widetilde{A}_1 = 1$，得到 2 点 Gauss 公式

$$\int_{-1}^{1} g(t)\mathrm{d}t \approx g\left(-\frac{1}{\sqrt{3}}\right)+g\left(\frac{1}{\sqrt{3}}\right);$$

当 $n=2$ 时,$t_0=-\sqrt{\frac{3}{5}}$,$t_1=0$,$t_2=\sqrt{\frac{3}{5}}$,$\widetilde{A}_0=\frac{5}{9}$,$\widetilde{A}_1=\frac{8}{9}$,$\widetilde{A}_2=\frac{5}{9}$,得到 3 点 Gauss 公式

$$\int_{-1}^{1} g(t)\mathrm{d}t \approx \frac{5}{9}g\left(-\sqrt{\frac{3}{5}}\right)+\frac{8}{9}g(0)+\frac{5}{9}g\left(\sqrt{\frac{3}{5}}\right).$$

Gauss 点 $\{t_k\}_{k=0}^{n}$ 及相应的求积系数 $\{\widetilde{A}_k\}_{k=0}^{n}$ 均与被积函数无关,结果见表 5.7:

表 5.7　区间[−1,1]上 Gauss 点及相应的求积系数

点数	Gauss 点 t_k	系数 $\widetilde{A}_k$
1	0	2.0000000
2	±0.5773503	1.0000000
3	±0.7745967	0.5555556
	0	0.8888889
4	±0.8611363	0.3478548
	±0.3399810	0.6521452
5	±0.9061798	0.2369269
	±0.5384693	0.4786287
	0	0.5688889

5.5.4　区间[a,b]上的 Gauss 公式

考虑一般区间[a,b]上的积分

$$I(f)=\int_{a}^{b} f(x)\mathrm{d}x. \tag{5.49}$$

作变换 $x=\frac{a+b}{2}+\frac{b-a}{2}t$,可得

$$I(f)=\int_{-1}^{1}\frac{b-a}{2}f\left(\frac{a+b}{2}+\frac{b-a}{2}t\right)\mathrm{d}t.$$

令

$$g(t)=\frac{b-a}{2}f\left(\frac{a+b}{2}+\frac{b-a}{2}t\right), \tag{5.50}$$

应用式(5.48)得到求积公式

$$I_n(f) = \sum_{k=0}^{n} \frac{b-a}{2}\widetilde{A}_k f\left(\frac{a+b}{2} + \frac{b-a}{2}t_k\right).$$

再令

$$x_k = \frac{a+b}{2} + \frac{b-a}{2}t_k, \quad A_k = \frac{b-a}{2}\widetilde{A}_k, \quad k = 0,1,2,\cdots,n, \tag{5.51}$$

则

$$I_n(f) = \sum_{k=0}^{n} A_k f(x_k). \tag{5.52}$$

当 $f(x)$ 为 x 的$(2n+1)$次多项式时，由式(5.50)得到的 $g(t)$ 为 t 的$(2n+1)$次多项式. 因而

$$\begin{aligned} I(f) &= \int_a^b f(x)\mathrm{d}x = \int_{-1}^{1} \frac{b-a}{2} f\left(\frac{a+b}{2} + \frac{b-a}{2}t\right)\mathrm{d}t \\ &= \sum_{k=0}^{n} \widetilde{A}_k \left[\frac{b-a}{2} f\left(\frac{a+b}{2} + \frac{b-a}{2}t_k\right)\right] \\ &= \sum_{k=0}^{n} A_k f(x_k) = I_n(f), \end{aligned}$$

即求积公式(5.52)对$(2n+1)$次多项式精确成立. 因此，式(5.52)为积分(5.49)的 Gauss 公式，Gauss 点$\{x_k\}_{k=0}^{n}$及求积系数由式(5.51)给出.

例 5.11　建立计算$\int_0^{10} f(x)\mathrm{d}x$ 的 Gauss 求积公式，使其具有 7 次代数精度.

解　已知 $a=0, b=10$. 由 $2n+1=7$ 得 $n=3$，查表 5.7 得

$$t_0 = -0.8611363, \quad t_1 = -0.3399810,$$
$$t_2 = 0.3399810, \quad t_3 = 0.8611363,$$
$$\widetilde{A}_0 = 0.3478548, \quad \widetilde{A}_1 = 0.6521452,$$
$$\widetilde{A}_2 = 0.6521452, \quad \widetilde{A}_3 = 0.3478548.$$

由 $x_k = \frac{a+b}{2} + \frac{b-a}{2}t_k = 5(1+t_k)$，得

$$x_0 = 0.6943185, \quad x_1 = 3.3000950,$$
$$x_2 = 6.6999050, \quad x_3 = 9.3056815.$$

再由 $A_k = \frac{b-a}{2}\widetilde{A}_k = 5\widetilde{A}_k$，得

$$A_0 = 1.739274, \quad A_1 = 3.260726,$$
$$A_2 = 3.260726, \quad A_3 = 1.739274.$$

因此具有 7 次代数精度的 Gauss 公式为

$$\int_0^{10} f(x)\mathrm{d}x \approx 1.739274f(0.6943185) + 3.260726f(3.3000950)$$
$$+ 3.260726f(6.6999050) + 1.739274f(9.3056815).$$

Gauss 型求积公式的一个重要特点是节点少、精度高,在应用有限元法处理工程问题时常采用这类公式.

5.5.5 Gauss 公式的截断误差

定理 5.7 若 $f(x) \in C^{2n+2}[a,b]$,则其 Gauss 公式

$$\int_a^b f(x)\mathrm{d}x \approx \sum_{k=0}^{n} A_k f(x_k)$$

的截断误差为

$$R(f) = \int_a^b f(x)\mathrm{d}x - \sum_{k=0}^{n} A_k f(x_k)$$
$$= \frac{f^{(2n+2)}(\xi)}{(2n+2)!}\int_a^b W_{n+1}^2(x)\mathrm{d}x, \tag{5.53}$$

其中 $W_{n+1}(x) = (x-x_0)(x-x_1)\cdots(x-x_n)$,$\xi \in (a,b)$.

证明 先设法将和式 $\sum\limits_{k=0}^{n} A_k f(x_k)$ 表示成在 $[a,b]$ 上的某个 $(2n+1)$ 次多项式的积分. 作一个 $(2n+1)$ 次多项式 $H(x)$,使其满足下列条件:

$$H(x_k) = f(x_k), \quad H'(x_k) = f'(x_k), \quad k = 0,1,\cdots,n.$$

由第 4 章中讨论过的 Hermite 插值多项式理论知,这一 $(2n+1)$ 次多项式 $H(x)$ 是存在唯一的,且插值余项为

$$f(x) - H(x) = \frac{f^{(2n+2)}(\eta)}{(2n+2)!}W_{n+1}^2(x), \quad \eta \in (a,b).$$

由于 Gauss 公式具有 $(2n+1)$ 次代数精度,所以它对 $H(x)$ 能准确成立,即

$$\int_a^b H(x)\mathrm{d}x = \sum_{k=0}^{n} A_k H(x_k) = \sum_{k=0}^{n} A_k f(x_k).$$

于是

$$R(f) = \int_a^b f(x)\mathrm{d}x - \sum_{k=0}^{n} A_k f(x_k)$$
$$= \int_a^b f(x)\mathrm{d}x - \int_a^b H(x)\mathrm{d}x = \int_a^b [f(x) - H(x)]\mathrm{d}x$$
$$= \int_a^b \frac{f^{(2n+2)}(\eta)}{(2n+2)!}W_{n+1}^2(x)\mathrm{d}x, \quad \eta \in (a,b).$$

又 $W_{n+1}^2(x)$ 在区间$[a,b]$上保号,所以可应用积分中值定理,得

$$R(f)=\frac{f^{(2n+2)}(\xi)}{(2n+2)!}\int_a^b W_{n+1}^2(x)\mathrm{d}x,\quad \xi\in(a,b).$$

定理证毕.

推论 5.1 设计算 $I(f)=\int_a^b f(x)\mathrm{d}x$ 的求积公式为

$$I_n(f)=\sum_{k=0}^n A_k f(x_k), \tag{5.54}$$

则其代数精度最多为 $2n+1$.

证明 设求积公式(5.54)的代数精度不低于 $2n+1$,则由定理5.1知它是插值型的,又由定理5.3知它是Gauss型的,于是求积节点$\{x_k\}$和求积系数$\{A_k\}$均唯一确定.再由定理5.7知,当 $f(x)$ 为一个$(2n+1)$次多项式时求积公式精确成立,而当 $f(x)=x^{2n+2}$ 时求积公式不精确成立.所以求积公式(5.54)的代数精度最多为 $2n+1$.推论证毕.

由推论5.1可给出Gauss求积公式的另一定义:

定义 5.10 设计算积分 $I(f)=\int_a^b f(x)\mathrm{d}x$ 的求积公式为

$$I_n(f)=\sum_{k=0}^n A_k f(x_k),$$

如果其代数精度达到最高,则称其为Gauss公式,相应的求积节点称为Gauss点.

5.5.6 Gauss公式的收敛性和稳定性

Gauss公式不但具有高精度,而且是收敛的和稳定的,原因是它的求积系数具有非负性.

定理 5.8 Gauss公式

$$\int_a^b f(x)\mathrm{d}x\approx\sum_{k=0}^n A_k f(x_k)$$

的求积系数 $A_k(k=0,1,\cdots,n)$ 全是正的,且 $\sum\limits_{k=0}^n A_k=b-a$.

证明 考察插值基函数

$$l_k(x)=\prod_{\substack{j=0\\ j\neq k}}^n\frac{x-x_j}{x_k-x_j},\quad k=0,1,\cdots,n.$$

显然它是一个 n 次多项式,则 $l_k^2(x)$ 是一个 $2n$ 次多项式,所以Gauss公式对于它能准确成立,即有

$$\int_a^b l_k^2(x)\mathrm{d}x = \sum_{i=0}^{n} A_i l_k^2(x_i).$$

由于

$$l_k(x_i) = \delta_{ki} = \begin{cases} 1, & i = k, \\ 0, & i \neq k, \end{cases}$$

所以

$$\int_a^b l_k^2(x)\mathrm{d}x = A_k,$$

从而 $A_k > 0(k = 0,1,\cdots,n)$，即 Gauss 求积系数均为正.

又由于求积公式对 $f(x) \equiv 1$ 精确成立，所以

$$\sum_{k=0}^{n} A_k = \int_a^b 1\mathrm{d}x = b - a.$$

定理证毕.

下面先讨论 Gauss 公式的收敛性.

定理 5.9 对于区间$[a,b]$上任意的连续函数 $f(x)$，计算积分

$$I(f) = \int_a^b f(x)\mathrm{d}x$$

的 Gauss 公式

$$I_n(f) = \sum_{k=0}^{n} A_k f(x_k)$$

均收敛.

证明 因为 $f(x)$ 在$[a,b]$上连续，由 Weiestrass 定理知，对于任意$\varepsilon > 0$，总存在一个 m 次多项式 $p(x)$，使得

$$\| f - p \|_{\infty} = \max_{a \leqslant x \leqslant b} | f(x) - p(x) | \leqslant \frac{\varepsilon}{2(b-a)}.$$

又

$$\begin{aligned} I(f) - I_n(f) &= \int_a^b f(x)\mathrm{d}x - \sum_{k=0}^{n} A_k f(x_k) \\ &= \int_a^b [f(x) - p(x)]\mathrm{d}x + \left[\int_a^b p(x)\mathrm{d}x - \sum_{k=0}^{n} A_k p(x_k)\right] \\ &\quad + \sum_{k=0}^{n} A_k p(x_k) - \sum_{k=0}^{n} A_k f(x_k). \end{aligned} \tag{5.55}$$

考虑到 $p(x)$ 是一个 m 次多项式，当 $m\leqslant 2n+1$，即 $n\geqslant\frac{1}{2}(m-1)$ 时，Guass 公式精确成立，即 $\int_a^b p(x)\mathrm{d}x=\sum_{k=0}^{n}A_k p(x_k)$，则由式(5.55)，当 $n\geqslant\frac{1}{2}(m-1)$ 时，有

$$
\begin{aligned}
|I(f)-I_n(f)| &\leqslant\int_a^b |f(x)-p(x)|\mathrm{d}x+\sum_{k=0}^{n}A_k|f(x_k)-p(x_k)| \\
&\leqslant (b-a)\cdot\frac{\varepsilon}{2(b-a)}+(b-a)\cdot\frac{\varepsilon}{2(b-a)}=\varepsilon.
\end{aligned}
$$

根据定义 5.5，Gauss 公式是收敛的.

定理 5.10　计算积分 $I(f)=\int_a^b f(x)\mathrm{d}x$ 的 Gauss 公式

$$
I_n(f)=\sum_{k=0}^{n}A_k f(x_k)
$$

是稳定的.

证明　记 $I_n(\tilde{f})=\sum_{k=0}^{n}A_k\tilde{f}_k$. 由

$$
\begin{aligned}
|I_n(f)-I_n(\tilde{f})| &=\left|\sum_{k=0}^{n}A_k[f(x_k)-\tilde{f}_k]\right| \\
&\leqslant\sum_{k=0}^{n}|A_k||f(x_k)-\tilde{f}_k|
\end{aligned}
$$

及定理 5.8 的结论 $A_k>0$，可得

$$
\begin{aligned}
|I_n(f)-I_n(\tilde{f})| &\leqslant\sum_{k=0}^{n}A_k|f(x_k)-\tilde{f}_k| \\
&\leqslant\left(\max_{0\leqslant k\leqslant n}|f(x_k)-\tilde{f}_k|\right)\sum_{k=0}^{n}A_k \\
&=(b-a)\max_{0\leqslant k\leqslant n}|f(x_k)-\tilde{f}_k|.
\end{aligned}
$$

因此，对于任给 $\varepsilon>0$，只要

$$
\max_{0\leqslant k\leqslant n}|f(x_k)-\tilde{f}_k|\leqslant\frac{\varepsilon}{b-a},
$$

就有 $|I_n(f)-I_n(\tilde{f})|\leqslant\varepsilon$. 定理证毕.

5.5.7　带权积分

设 (a,b) 为有限或无限区间，若定义在其上的连续函数 $\rho(x)$ 具有下列性质：

1° $\rho(x)\geqslant 0,\ x\in(a,b)$；

2° $\int_a^b \rho(x)\mathrm{d}x > 0$；

3° 积分$\int_a^b x^k \rho(x)\mathrm{d}x$ 存在，$k=0,1,2,\cdots$，

则称它为(a,b) 上的权函数.

权函数 $\rho(x)$ 的一种解释是物理上的密度函数，相应的$\int_a^b \rho(x)\mathrm{d}x$ 表示总质量. 当 $\rho(x)$ 等于常数时，表示质量分布是均匀的.

称形如

$$I(f)=\int_a^b \rho(x)f(x)\mathrm{d}x$$

的积分为 $f(x)$ 带权 $\rho(x)$ 的积分. 如果求积公式

$$\int_a^b \rho(x)f(x)\mathrm{d}x \approx \sum_{k=0}^{n} A_k f(x_k)$$

具有$(2n+1)$ 次代数精度，则称它为$[a,b]$ 上关于权 $\rho(x)$ 的 Gauss 型求积公式，仍称节点 x_k 为 Gauss 点，A_k 为关于权$\rho(x)$ 的求积系数. 求 Gauss 点的方法与前述方法相似，即在$[a,b]$ 上寻找关于权 $\rho(x)$ 的正交多项式的零点.

下面我们仅就具体的区间和具体的权函数做些介绍.

(1) Gauss - Chebyshev 求积公式

$$\int_{-1}^{1} \frac{f(x)}{\sqrt{1-x^2}}\mathrm{d}x \approx \frac{\pi}{n+1}\sum_{k=0}^{n} f(x_k),$$

其中

$$x_k=\cos\left(\left(k+\frac{1}{2}\right)\frac{\pi}{n+1}\right),\quad k=0,1,\cdots,n$$

是$(n+1)$ 次 Chebyshev 多项式的零点.

(2) Gauss - Hermite 求积公式

$$\int_{-\infty}^{+\infty} \mathrm{e}^{-x^2} f(x)\mathrm{d}x \approx \sum_{k=0}^{n} A_k f(x_k),$$

其中 x_k 是$(n+1)$ 次 Hermite 多项式的零点，A_k 是相应的求积系数，见表 5.8：

表 5.8　Gauss - Hermite 求积公式的节点和相应求积系数

点数	Gauss 点 x_k	系数 $\widetilde{A}_k$
1	0.0000000	1.7724539
2	$\pm$0.7071068	0.8862269

续表 5.8

点数	Gauss 点 x_k	系数 $\widetilde{A}_k$
3	0.0000000	1.1816359
	±1.2247449	0.2954100
4	±0.5246476	0.8049141
	±1.6506801	0.0813123
5	0.0000000	0.9453087
	±0.9585725	0.3936193
	±2.0201829	0.0199532

有关带权积分的 Gauss 公式的详细介绍,可参阅参考文献[7].

需要指出的是,运用正交多项式的零点构造 Gauss 型求积公式,这种方法只对某些特殊的权函数才有效,对于任一权函数通常还是采用待定系数法.

例 5.12 构造下列形式的 Gauss 型求积公式:

$$\int_{-1}^{1} f(x)(1+x^2)\mathrm{d}x \approx A_0 f(x_0) + A_1 f(x_1).$$

解 本问题的权函数 $\rho(x)=1+x^2$,因此不能使用 Gauss - Legendre 求积公式,而只能用待定系数法. 由题意 $n=1$,要求具有 $2n+1=3$ 次代数精度,故令它对于 $f(x)=1,x,x^2,x^3$ 准确成立,得到下列关系式:

$$\begin{cases} A_0 + A_1 = \dfrac{8}{3}, \\ A_0 x_0 + A_1 x_1 = 0, \\ A_0 x_0^2 + A_1 x_1^2 = \dfrac{16}{15}, \\ A_0 x_0^3 + A_1 x_1^3 = 0, \end{cases}$$

解得 $x_0 = -\sqrt{\dfrac{2}{5}}$, $x_1 = \sqrt{\dfrac{2}{5}}$ 及 $A_0 = \dfrac{4}{3}$, $A_1 = \dfrac{4}{3}$.

因此所求 Gauss 型求积公式是

$$\int_{-1}^{1} f(x)(1+x^2)\mathrm{d}x \approx \frac{4}{3}\left[f\left(-\sqrt{\frac{2}{5}}\right) + f\left(\sqrt{\frac{2}{5}}\right)\right].$$

5.6 振荡函数的积分

工程问题中有时要计算如下形式的积分:

$$I_C(f)=\int_a^b f(x)\cos\omega x\,\mathrm{d}x, \tag{5.56}$$

$$I_S(f)=\int_a^b f(x)\sin\omega x\,\mathrm{d}x, \tag{5.57}$$

其中 $a=0,b=2\pi$. 当 ω 很大时,$\cos\omega x$ 和 $\sin\omega x$ 在区间 (a,b) 内与 x 轴有很多个交点,称其为振荡函数. 相应地,当 ω 很大时,$f(x)\cos\omega x$ 和 $f(x)\sin\omega x$ 在区间 (a,b) 内与 x 轴也有很多个交点.

称形如式(5.56) 和式(5.57) 的积分为振荡函数的积分. 下面我们仅讨论式(5.56) 的数值计算,而式(5.57) 的数值计算可类似进行讨论.

对于式(5.56) 所示的积分,可以使用前面已讲过的各种方法,例如复化梯形公式、复化 Simpson 公式等.

以复化梯形公式为例,我们将区间 $[a,b]$ 作 n 等分,记

$$x_k=a+kh,\quad k=0,1,\cdots,n,\ h=\frac{b-a}{n},$$

所得 $I_C(f)$ 的近似值为

$$T_n(f)=\frac{h}{2}\Big[f(x_0)\cos\omega x_0+2\sum_{k=1}^{n-1}f(x_k)\cos\omega x_k+f(x_n)\cos\omega x_n\Big],$$

其截断误差为

$$I_C(f)-T_n(f)=-\frac{b-a}{12}h^2[f(x)\cos\omega x]''\Big|_{x=\eta},\quad \eta\in(a,b).$$

注意到

$$[f(x)\cos\omega x]''=f''(x)\cos\omega x-2\omega f'(x)\sin\omega x-\omega^2 f(x)\cos\omega x,$$

当 ω 很大时,它是 ω 的 2 阶大量,所以

$$I_C(f)-T_n(f)=O(\omega^2h^2).$$

从上面截断误差的估计式可以看出:当 ω 很大时,要想计算结果达到一定的精度,h 必须取非常小的值. 直观上来说,要想计算结果达到一定的精度,在余弦因子的每个半周期内需取一定数目的节点,才能使计算结果比较准确.

例 5.13 应用复化梯形公式计算积分

$$I(f)=\int_0^{\pi}e^x\cos 100x\mathrm{d}x$$

的近似值,要求精确至 8 位有效数字.

解 使用二分步长方法及公式(5.18)计算,结果列于表 5.9:

表 5.9 振荡函数的积分算例

k	2^k	T_{2^k}	$\frac{1}{3}(T_{2^k}-T_{2^{k-1}})$
4	16	1.3757225177	
5	32	0.0554106392	−0.44010395947
6	64	0.0331038540	−0.00743559509
7	128	0.0037609672	−0.00978096226
8	256	0.0025139517	−0.00041567182
9	512	0.0022846409	−0.00007643694
10	1024	0.0022312963	−0.00001778153
11	2048	0.0022181946	−0.00000436724
12	4096	0.0022149336	−0.00000108700
13	8192	0.0022141192	−0.00000027145
14	16384	0.0022139157	−0.00000006784
15	32768	0.0022138648	−0.00000001696
16	65536	0.0022138521	−0.00000000424
17	131072	0.0022138489	−0.00000000106
18	262144	0.0022138481	−0.00000000026
19	524288	0.0022138479	−0.00000000007
20	1048576	0.0022138479	−0.00000000002

因而 $I(f)\approx 0.0022138479$. 要达到所给精度,需把积分区间 1048576 等分.

从上例可见,我们应针对振荡积分的特点重新设计数值积分方法,以减少计算量. 而解决这一问题的一种方法是以 $f(x)$ 的分段线性插值函数

$$\widetilde{L}_1(x)=f(x_k)+f[x_k,x_{k+1}](x-x_k),$$
$$x\in[x_k,x_{k+1}],\ k=0,1,2,\cdots,n-1$$

代替 $f(x)$,得到计算 $I_C(f)$ 的如下近似值:

$$T_{C,n}(f)=\int_a^b \widetilde{L}_1(x)\cos\omega x\,\mathrm{d}x.$$

直接计算可得

$$\begin{aligned}
T_{C,n}(f) &= \sum_{k=0}^{n-1}\int_{x_k}^{x_{k+1}}\widetilde{L}_1(x)\cos\omega x\,\mathrm{d}x \\
&= \sum_{k=0}^{n-1}\int_{x_k}^{x_{k+1}}\{f(x_k)+f[x_k,x_{k+1}](x-x_k)\}\cos\omega x\,\mathrm{d}x \\
&= \sum_{k=0}^{n-1}\int_{x_k}^{x_{k+1}}\{f(x_k)+f[x_k,x_{k+1}](x-x_k)\}\,\mathrm{d}\,\frac{\sin\omega x}{\omega} \\
&= \sum_{k=0}^{n-1}\left\{(f(x_k)+f[x_k,x_{k+1}](x-x_k))\,\frac{\sin\omega x}{\omega}\right|_{x=x_k}^{x=x_{k+1}} \\
&\quad \left. -\frac{1}{\omega}\int_{x_k}^{x_{k+1}} f[x_k,x_{k+1}]\sin\omega x\,\mathrm{d}x\right\} \\
&= \sum_{k=0}^{n-1}\left\{\frac{1}{\omega}[f(x_{k+1})\sin\omega x_{k+1}-f(x_k)\sin\omega x_k]\right. \\
&\quad \left. +\frac{1}{\omega^2}f[x_k,x_{k+1}](\cos\omega x_{k+1}-\cos\omega x_k)\right\} \\
&= \frac{1}{\omega}[f(b)\sin\omega b-f(a)\sin\omega a]-\frac{2}{\omega^2}\sin\frac{\omega h}{2}\sum_{k=0}^{n-1}f[x_k,x_{k+1}]\sin\omega x_{k+\frac{1}{2}},
\end{aligned}$$

即

$$T_{C,n}(f)=\frac{1}{\omega}[f(b)\sin\omega b-f(a)\sin\omega a]-\frac{2}{\omega^2}\sin\frac{\omega h}{2}\sum_{k=0}^{n-1}f[x_k,x_{k+1}]\sin\omega x_{k+\frac{1}{2}}, \tag{5.58}$$

其中 $x_{k+\frac{1}{2}}=\frac{1}{2}(x_k+x_{k-1})$.

现在来研究求积公式(5.58) 的截断误差. 因为

$$\begin{aligned}
I_C(f)-T_{C,n}(f) &= \int_a^b f(x)\cos\omega x\,\mathrm{d}x-\int_a^b\widetilde{L}_1(x)\cos\omega x\,\mathrm{d}x \\
&= \int_a^b[f(x)-\widetilde{L}_1(x)]\cos\omega x\,\mathrm{d}x \\
&= \sum_{k=0}^{n-1}\int_{x_k}^{x_{k+1}}[f(x)-\widetilde{L}(x)]\cos\omega x\,\mathrm{d}x \\
&= \sum_{k=0}^{n-1}\int_{x_k}^{x_{k+1}}\frac{1}{2}f''(\xi_k)(x-x_k)(x-x_{k+1})\cos\omega x\,\mathrm{d}x,
\end{aligned}$$

其中 $\xi_k=\xi_k(x)\in(x_k,x_{k+1})$,应用积分中值定理,得

$$I_C(f)-T_{C,n}(f)=\sum_{k=0}^{n-1}\frac{1}{2}f''(\tilde{\xi}_k)\cos\omega\eta_k\int_{x_k}^{x_{k+1}}(x-x_k)(x-x_{k+1})\mathrm{d}x,$$

其中 $\eta_k\in(x_k,x_{k+1})$，$\tilde{\xi}_k=\xi_k(\eta_k)\in(x_k,x_{k+1})$. 注意到

$$\int_{x_k}^{x_{k+1}}(x-x_k)(x-x_{k+1})\mathrm{d}x=-\frac{h^3}{6},$$

则

$$I_C(f)-T_{C,n}(f)=-\frac{h^3}{12}\sum_{k=0}^{n-1}f''(\tilde{\xi}_k)\cos\omega\eta_k. \tag{5.59}$$

设 $M_2=\max\limits_{a\leqslant x\leqslant b}|f''(x)|$，则

$$|I_C(f)-T_{C,n}(f)|\leqslant\frac{h^3}{12}\sum_{k=0}^{n-1}|f''(\tilde{\xi}_k)\cos\omega\eta_k|\leqslant\frac{b-a}{12}M_2h^2.$$

再将式(5.59)两边同时除以 h^2，得

$$\frac{I_C(f)-T_{C,n}(f)}{h^2}=-\frac{1}{12}h\sum_{k=0}^{n-1}f''(\tilde{\xi}_k)\cos\omega\eta_k,$$

两边令 $h\to 0$，得

$$\begin{aligned}\lim_{h\to 0}\frac{I_C(f)-T_{C,n}(f)}{h^2}&=-\frac{1}{12}\lim_{h\to 0}h\sum_{k=0}^{n-1}f''(\tilde{\xi}_k)\cos\omega\eta_k\\&=-\frac{1}{12}\int_a^b f''(x)\cos\omega x\,\mathrm{d}x.\end{aligned}$$

于是当 h 适当小时，有

$$I_C(f)-T_{C,n}(f)\approx Ch^2,$$

及

$$I_C(f)-T_{C,2n}(f)\approx C\left(\frac{h}{2}\right)^2.$$

由以上两式可得

$$I_C(f)-T_{C,2n}(f)\approx\frac{1}{3}[T_{C,2n}(f)-T_{C,n}(f)].$$

因而对于给定的精度 ε，只要

$$\frac{1}{3}|T_{C,2n}(f)-T_{C,n}(f)|<\varepsilon,$$

就有

$$|I_C(f)-T_{C,2n}(f)|\approx\frac{1}{3}|T_{C,2n}(f)-T_{C,n}(f)|<\varepsilon.$$

应用 Richardson 外推的思想,可以得到如下精度更高的计算公式:

$$\begin{aligned}\hat{T}_{C,n}(f)&=T_{C,2n}(f)+\frac{1}{3}[T_{C,2n}(f)-T_{C,n}(f)]\\&=\frac{4}{3}T_{C,2n}(f)-\frac{1}{3}T_{C,n}(f).\end{aligned}$$

例 5.14 应用公式(5.58) 重新计算例 5.13.

解 使用二分步长方法及公式(5.58) 计算,所得结果列于表 5.10:

表 5.10 振荡函数的积分算例(续)

k	2^k	T_{2^k}	$\frac{1}{3}(T_{2^k}-T_{2^{k-1}})$
4	16	0.0020903085	
5	32	0.0022120821	0.00004059121
6	64	0.0022116475	−0.00000014487
7	128	0.0022139154	0.00000075599
8	256	0.0022138734	−0.00000001400
9	512	0.0022138547	−0.00000000625
10	1024	0.0022138496	−0.00000000169
11	2048	0.0022138483	−0.00000000043
12	4096	0.0022138480	−0.00000000011
13	8192	0.0022138479	−0.00000000003

因而 $I(f)\approx0.0022138479$. 要达到所给精度,只需把积分区间 8192 等分.

比较以上两例可以发现,对于振荡函数的积分计算,式(5.58) 比式(5.18) 要精确得多.

5.7 重积分的近似计算

前几节所讨论的方法,都可以直接用来计算重积分近似值.

考虑矩形域

$$D=\{(x,y)\mid a\leqslant x\leqslant b,c\leqslant y\leqslant d\}$$

上的积分

$$I(f)=\iint_D f(x,y)\mathrm{d}\sigma, \tag{5.60}$$

其中 a,b,c,d 为常数，$f(x,y)$ 在 D 上连续.

将 $I(f)$ 化为累次积分，有

$$I(f)=\int_a^b\left(\int_c^d f(x,y)\mathrm{d}y\right)\mathrm{d}x, \tag{5.61}$$

对式(5.61)两次应用计算定积分的梯形公式，得到

$$\begin{aligned}I(f)&\approx\int_a^b\frac{d-c}{2}[f(x,c)+f(x,d)]\mathrm{d}x\\&\approx\frac{b-a}{2}\left\{\frac{d-c}{2}[f(a,c)+f(a,d)]+\frac{d-c}{2}[f(b,c)+f(b,d)]\right\}\\&=\frac{(b-a)(d-c)}{4}[f(a,c)+f(a,d)+f(b,c)+f(b,d)].\end{aligned}$$

称

$$T(f)\equiv\frac{(b-a)(d-c)}{4}[f(a,c)+f(a,d)+f(b,c)+f(b,d)] \tag{5.62}$$

为计算重积分(5.60)的梯形公式.

下面我们来分析截断误差 $I(f)-T(f)$.

由定积分的梯形公式的截断误差公式(5.8)，有

$$\begin{aligned}&\int_c^d f(x,y)\mathrm{d}y-\frac{d-c}{2}[f(x,c)+f(x,d)]\\&=-\frac{(d-c)^3}{12}\left.\frac{\partial^2 f(x,y)}{\partial y^2}\right|_{y=\eta(x)},\quad \eta(x)\in(c,d),\end{aligned} \tag{5.63}$$

$$\begin{aligned}&\int_a^b\frac{d-c}{2}[f(x,c)+f(x,d)]\mathrm{d}x-T(f)\\&=-\frac{(b-a)^3}{12}\frac{\partial^2}{\partial x^2}\left.\left\{\frac{d-c}{2}[f(x,c)+f(x,d)]\right\}\right|_{x=\xi},\quad \xi\in(a,b).\end{aligned} \tag{5.64}$$

将式(5.63)在$[a,b]$上关于 x 积分，并将结果和式(5.64)相加，得

$$\begin{aligned}I(f)-T(f)&=-\frac{(d-c)^3}{12}\int_a^b\left.\frac{\partial^2 f(x,y)}{\partial y^2}\right|_{y=\eta(x)}\mathrm{d}x\\&\quad-\frac{(b-a)^3}{12}\frac{\partial^2}{\partial x^2}\left.\left\{\frac{d-c}{2}[f(x,c)+f(x,d)]\right\}\right|_{x=\xi}\\&=-\frac{(b-a)(d-c)}{12}\left[(b-a)^2\frac{\partial^2 f(\xi^{(1)},\eta^{(1)})}{\partial x^2}\right.\\&\quad\left.+(d-c)^2\frac{\partial^2 f(\xi^{(2)},\eta^{(2)})}{\partial y^2}\right],\end{aligned} \tag{5.65}$$

其中 $(\xi^{(1)},\eta^{(1)})\in D,(\xi^{(2)},\eta^{(2)})\in D$.

由式(5.65)看出,梯形公式(5.62)的截断误差与积分区域的长、宽及其面积有关,长和宽越小,截断误差也越小.

采取复化求积的思想,将 $[a,b]$ 作 m 等分,将 $[c,d]$ 作 n 等分,记

$$x_i=a+ih,\quad 0\leqslant i\leqslant m,\ h=\frac{b-a}{m},$$

$$y_j=c+jk,\quad 0\leqslant j\leqslant n,\ k=\frac{d-c}{n},$$

$$D_{ij}=\{(x,y)\mid x_i\leqslant x\leqslant x_{i+1},y_j\leqslant y\leqslant y_{j+1}\},$$
$$0\leqslant i\leqslant m-1,\quad 0\leqslant j\leqslant n-1,$$

则

$$I(f)=\sum_{i=0}^{m-1}\sum_{j=0}^{n-1}\iint\limits_{D_{ij}}f(x,y)\mathrm{d}\sigma.$$

对每一个小矩形 D_{ij} 上的积分应用梯形公式(5.62),得到

$$T_{m,n}(f)=\sum_{i=0}^{m-1}\sum_{j=0}^{n-1}\frac{hk}{4}[f(x_i,y_j)+f(x_i,y_{j+1})+f(x_{i+1},y_j)+f(x_{i+1},y_{j+1})].\tag{5.66}$$

称式(5.66)为计算重积分(5.60)的复化梯形公式,其截断误差为

$$I(f)-T_{m,n}(f)=\sum_{i=0}^{m-1}\sum_{j=0}^{n-1}\Big\{\iint\limits_{D_{ij}}f(x,y)\mathrm{d}\sigma-\frac{hk}{4}[f(x_i,y_j)+f(x_i,y_{j+1})+f(x_{i+1},y_j)+f(x_{i+1},y_{j+1})]\Big\},$$

应用式(5.65)得到

$$\begin{aligned}I(f)-T_{m,n}(f)&=\sum_{i=0}^{m-1}\sum_{j=0}^{n-1}\Big[-\frac{hk}{12}\Big(h^2\frac{\partial^2 f(\xi_{ij}^{(1)},\eta_{ij}^{(1)})}{\partial x^2}+k^2\frac{\partial^2 f(\xi_{ij}^{(2)},\eta_{ij}^{(2)})}{\partial y^2}\Big)\Big]\\&=-\frac{(b-a)(d-c)}{12}\Big[h^2\frac{\partial^2 f(\bar{\xi}^{(1)},\bar{\eta}^{(1)})}{\partial x^2}+k^2\frac{\partial^2 f(\bar{\xi}^{(2)},\bar{\eta}^{(2)})}{\partial y^2}\Big]\\&=O(h^2+k^2),\end{aligned}$$

其中

$$(\xi_{ij}^{(1)},\eta_{ij}^{(1)}),(\xi_{ij}^{(2)},\eta_{ij}^{(2)})\in D_{ij},\quad(\bar{\xi}^{(1)},\bar{\eta}^{(1)}),(\bar{\xi}^{(2)},\bar{\eta}^{(2)})\in D.$$

当 $f(x,y)$ 光滑时,应用 Richardson 外推思想,可得下列求积公式:

$$T_{m,n}^{(1)}(f)=\frac{4}{3}T_{2m,2n}(f)-\frac{1}{3}T_{m,n}(f),\tag{5.67}$$

$$T_{m,n}^{(2)}(f)=\frac{16}{15}T_{2m,2n}^{(1)}(f)-\frac{1}{15}T_{m,n}^{(1)}(f), \tag{5.68}$$

$$T_{m,n}^{(3)}(f)=\frac{64}{63}T_{2m,2n}^{(2)}(f)-\frac{1}{63}T_{m,n}^{(2)}(f). \tag{5.69}$$

它们分别具有 4 阶精度、6 阶精度和 8 阶精度.

二重积分外推方法计算示意图如图 5.3 所示：

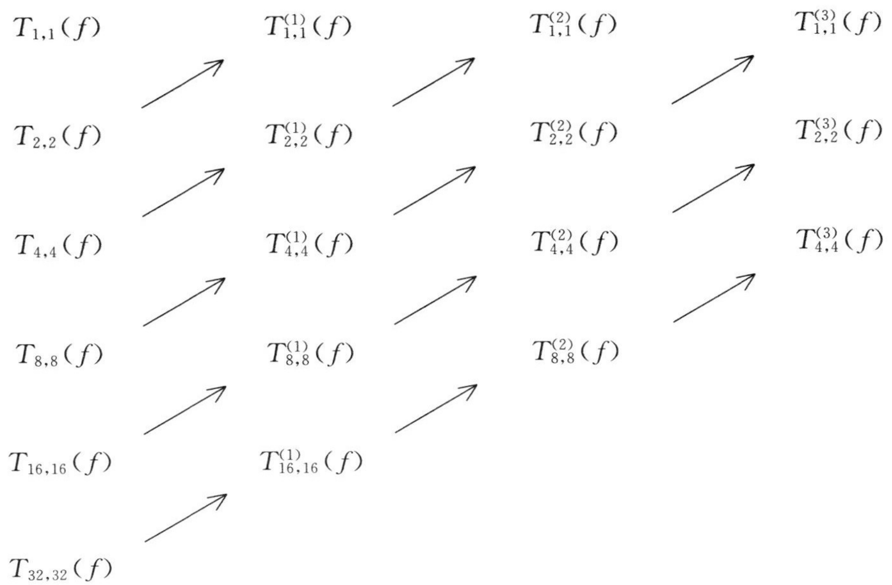

图 5.3　二重积分外推方法计算示意图

在实际计算时按图中箭头标示次序进行，直至得到满足精度要求的近似解.

此外，若记

$$x_{i+\frac{1}{2}}=\frac{1}{2}(x_i+x_{i+1}),\quad y_{j+\frac{1}{2}}=\frac{1}{2}(y_j+y_{j+1}),$$

则

$$\begin{aligned}
&T_{2m,2n}(f)\\
=&\sum_{i=0}^{m-1}\sum_{j=0}^{n-1}\Big\{\frac{1}{4}\cdot\frac{h}{2}\cdot\frac{k}{2}\cdot\left[f(x_i,y_j)+f(x_i,y_{j+\frac{1}{2}})+f(x_{i+\frac{1}{2}},y_j)+f(x_{i+\frac{1}{2}},y_{j+\frac{1}{2}})\right]\\
&+\frac{1}{4}\cdot\frac{h}{2}\cdot\frac{k}{2}\left[f(x_{i+\frac{1}{2}},y_j)+f(x_{i+\frac{1}{2}},y_{j+\frac{1}{2}})+f(x_{i+1},y_j)+f(x_{i+1},y_{j+\frac{1}{2}})\right]\\
&+\frac{1}{4}\cdot\frac{h}{2}\cdot\frac{k}{2}\left[f(x_i,y_{j+\frac{1}{2}})+f(x_i,y_{j+1})+f(x_{i+\frac{1}{2}},y_{j+\frac{1}{2}})+f(x_{i+\frac{1}{2}},y_{j+1})\right]\\
&+\frac{1}{4}\cdot\frac{h}{2}\cdot\frac{k}{2}\left[f(x_{i+\frac{1}{2}},y_{j+\frac{1}{2}})+f(x_{i+\frac{1}{2}},y_{j+1})+f(x_{i+1},y_{j+\frac{1}{2}})+f(x_{i+1},y_{j+1})\right]\Big\}
\end{aligned}$$

$$
\begin{aligned}
&= \frac{hk}{16}\sum_{i=0}^{m-1}\sum_{j=0}^{n-1}\{[f(x_i,y_j)+f(x_i,y_{j+1})+f(x_{i+1},y_j)+f(x_{i+1},y_{j+1})] \\
&\quad +2[f(x_{i+\frac{1}{2}},y_j)+f(x_i,y_{j+\frac{1}{2}})+f(x_{i+1},y_{j+\frac{1}{2}})+f(x_{i+\frac{1}{2}},y_{j+1})]+4f(x_{i+\frac{1}{2}},y_{j+\frac{1}{2}})\} \\
&= \frac{1}{4}T_{m,n}(f)+\frac{hk}{8}\sum_{i=0}^{m-1}\sum_{j=0}^{n-1}[f(x_{i+\frac{1}{2}},y_j)+f(x_i,y_{j+\frac{1}{2}}) \\
&\quad +f(x_{i+1},y_{j+\frac{1}{2}})+f(x_{i+\frac{1}{2}},y_{j+1})+2f(x_{i+\frac{1}{2}},y_{j+\frac{1}{2}})] \\
&= \frac{1}{4}T_{m,n}(f) \\
&\quad +\frac{hk}{8}\{\sum_{i=0}^{m-1}[f(x_{i+\frac{1}{2}},y_0)+f(x_{i+\frac{1}{2}},y_n)]+\sum_{j=0}^{n-1}[f(x_0,y_{j+\frac{1}{2}})+f(x_m,y_{j+\frac{1}{2}})] \\
&\quad +2[\sum_{i=0}^{m-1}\sum_{j=1}^{n-1}f(x_{i+\frac{1}{2}},y_j)+\sum_{i=1}^{m-1}\sum_{j=0}^{n-1}f(x_i,y_{j+\frac{1}{2}})+\sum_{i=0}^{m-1}\sum_{j=0}^{n-1}f(x_{i+\frac{1}{2}},y_{j+\frac{1}{2}})]\}.
\end{aligned}
$$

例 5.15 用复化梯形公式求 $I(f)=\int_{1.4}^{2.0}\int_{1.0}^{1.5}\ln(x+2y)\mathrm{d}y\mathrm{d}x$ 的近似值,要求精确至 10 位有效数字.

解 用二分步长方法和公式(5.66)进行计算,所得结果列于表 5.11:

表 5.11 重积分复化梯形公式算例

k	2^k	$T_{2^k,2^k}$	$\frac{1}{3}(T_{2^k,2^k}-T_{2^{k-1},2^{k-1}})$
1	2	0.4290627919	
2	4	0.4294316604	0.00012295616
3	8	0.4295238150	0.00003071818
4	16	0.4295468497	0.00000767823
5	32	0.4295526081	0.00000191948
6	64	0.4295540477	0.00000047986
7	128	0.4295544076	0.00000011997
8	256	0.4295544976	0.00000002999
9	512	0.4295545201	0.00000000750
10	1024	0.4295545257	0.00000000187
11	2048	0.4295545271	0.00000000047
12	4096	0.4295545274	0.00000000012
13	8192	0.4295545275	0.00000000003

因而 $I(f)\approx 0.4295545275$. 要达到给定的精度,需将区间[1.4,2.0]和[1.0,1.5]各 8192 等分.

用外推方法，按式(5.67)，(5.68) 和(5.69) 进行计算，所得结果列于表 5.12：

表 5.12　重积分外推方法算例

k	2^k	$T_{2^k,2^k}$	$T_{2^k,2^k}^{(1)}$	$T_{2^k,2^k}^{(2)}$	$T_{2^k,2^k}^{(3)}$
1	2	0.4290627919	0.4295546166	0.4295546166	0.4295545275
2	4	0.4294316604	0.4295545332	0.4295545332	0.4295545275
3	8	0.4295238150	0.4295545279	0.4295545279	
4	16	0.4295468497	0.4295545276		
5	32	0.4295526081			

因而 $I(f)\approx 0.4295545275$. 要达到给定的精度，只需将区间[1.4,2.0] 和[1.0,1.5] 各 32 等分.

对于二重积分(5.60) 也可用复化 Gauss 公式

$$\begin{aligned}G_{m,n}(f)=\sum_{i=0}^{m-1}\sum_{j=0}^{n-1}\frac{hk}{4}\Big[&f\left(x_{i+\frac{1}{2}}-\frac{h}{2\sqrt{3}},y_{j+\frac{1}{2}}-\frac{k}{2\sqrt{3}}\right)\\&+f\left(x_{i+\frac{1}{2}}-\frac{h}{2\sqrt{3}},y_{j+\frac{1}{2}}+\frac{k}{2\sqrt{3}}\right)+f\left(x_{i+\frac{1}{2}}+\frac{h}{2\sqrt{3}},y_{j+\frac{1}{2}}-\frac{k}{2\sqrt{3}}\right)\\&+f\left(x_{i+\frac{1}{2}}+\frac{h}{2\sqrt{3}},y_{j+\frac{1}{2}}+\frac{k}{2\sqrt{3}}\right)\Big]\end{aligned}\tag{5.70}$$

进行计算，其中 $x_{i+\frac{1}{2}}=\frac{1}{2}(x_i+x_{i+1})$，$y_{j+\frac{1}{2}}=\frac{1}{2}(y_j+y_{j+1})$. 该公式具有 4 阶精度.

例 5.16　用复化 Gauss 公式(5.70) 重新计算例 5.15.

解　用二分步长方法和公式(5.70) 进行计算，所得结果列于表 5.13：

表 5.13　复化 Gauss 公式算例

k	2^k	$G_{2^k,2^k}$	$\lvert G_{2^k,2^k}-G_{2^{k-1},2^{k-1}}\rvert$
1	2	0.4295546276	
2	4	0.4295545338	0.00000009375
3	8	0.4295545279	0.00000000590
4	16	0.4295545276	0.00000000037
5	32	0.4295545275	0.00000000002

因而 $I(f)\approx 0.4295545275$. 要达到给定的精度，只需将区间[1.4,2.0] 和[1.0,1.5] 各 32 等分.

对于一般区域 Ω 上的积分

$$I(f)=\iint_{\Omega}f(x,y)\mathrm{d}\sigma,$$

作一个矩形 $D=\{(x,y)\mid a\leqslant x\leqslant b,c\leqslant y\leqslant d\}$,使得 $\Omega\subset D$. 令

$$F(x,y)=\begin{cases}f(x,y), & (x,y)\in\Omega,\\ 0, & (x,y)\notin\Omega,\end{cases}$$

再对积分 $I(f)=\iint_{D}F(x,y)\mathrm{d}\sigma$ 应用已介绍的方法进行计算就行了.

同样的方法也可应用于求三重积分的近似值以及超过3个变量的函数的多重积分的近似值,其中Romberg外推方法和Gauss求积公式是减少运算量非常有效的方法.

5.8 数值微分

5.8.1 数值微分问题的提出

在微积分学里,求函数 $f(x)$ 的导数 $f'(x)$ 一般来讲是容易办到的,但若 $f(x)$ 由表格形式给出,则求 $f'(x)$ 就不那么容易了. 这种对列表函数求导数的问题通常称为数值微分.

最简单的数值微分公式是用向前差商近似代替导数,即

$$f'(x_0)\approx\frac{f(x_0+h)-f(x_0)}{h}. \tag{5.71}$$

类似地,也可用向后差商近似代替导数,即

$$f'(x_0)\approx\frac{f(x_0)-f(x_0-h)}{h}, \tag{5.72}$$

或用中心差商近似代替导数,即

$$f'(x_0)\approx\frac{f(x_0+h)-f(x_0-h)}{2h}. \tag{5.73}$$

在如图5.4所示的图形上,这3种差商分别表示弦 AB, AC 和 BC 的斜率. 将这3条弦同过 A 点的切线 AT 相比较,从图中可以看出,似乎直线 BC 的斜率更接近于切线 AT 的斜率 $f'(x_0)$,因此就精度而言,一般式(5.73)更为可取. 称

$$D(h)=\frac{f(x_0+h)-f(x_0-h)}{2h} \tag{5.74}$$

为求 $f'(x_0)$ 的**中点公式**.

现考察用式(5.74)代替 $f'(x_0)$ 所产生的截断误差. 首先将 $f(x_0\pm h)$ 在 x_0 处

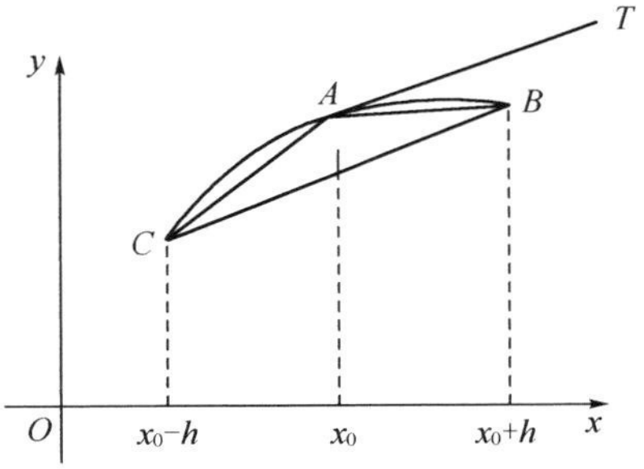

图 5.4 数值微分示意图

作 Taylor 展开,有

$$f(x_0 \pm h) = f(x_0) \pm hf'(x_0) + \frac{h^2}{2!}f''(x_0) \pm \frac{h^3}{3!}f'''(x_0) + \frac{h^4}{4!}f^{(4)}(x_0) \pm \frac{h^5}{5!}f^{(5)}(x_0) + \cdots,$$

然后将其代入中点公式(5.74),得

$$D(h) = f'(x_0) + \frac{h^2}{3!}f'''(x_0) + \frac{h^4}{5!}f^{(5)}(x_0) + \cdots,$$

所以中点公式(5.74)的截断误差为

$$f'(x_0) - D(h) = -\frac{h^2}{3!}f'''(x_0) - \frac{h^4}{5!}f^{(5)}(x_0) - \cdots.$$

从截断误差的角度来看,步长 h 越小,计算结果越准确.但 h 越小,则 $f(x_0+h)$ 与 $f(x_0-h)$ 越接近,直接相减会造成有效数字的严重损失,因此从舍入误差的角度看步长 h 不宜取得太小.

怎样选取合适的步长呢?可采用二分步长及事后误差估计法,即比较二分前后所得值 $D(h)$ 与 $D\left(\frac{h}{2}\right)$,若 $\left|D\left(\frac{h}{2}\right) - D(h)\right| < \varepsilon$,则 $\frac{h}{2}$ 为所需的合适步长,且

$$D\left(\frac{h}{2}\right) \approx f'(x_0).$$

5.8.2 插值型求导公式

由以上讨论可知,对于中点公式,若以缩小步长 h 来提高精度,那么只能适合于用解析式表示的函数.对于列表函数的求导,若要提高精度,还需另想别的方法.

对于列表函数 $y = f(x)$:

x	x_0	x_1	$\cdots$	x_n
y	y_0	y_1	$\cdots$	y_n

应用插值原理,可以建立插值多项式 $p_n(x)$ 作为 $f(x)$ 的近似. 由于多项式的求导比较容易,因此可以取 $p_n'(x)$ 的值作为 $f'(x)$ 的近似值,这样建立的数值公式

$$f'(x) \approx p_n'(x)$$

统称为**插值型求导公式**.

插值型求导公式 $p_n'(x)$ 的截断误差由插值余项

$$f(x) - p_n(x) = \frac{f^{(n+1)}(\xi)}{(n+1)!} W_{n+1}(x)$$

求导数得到. 因为

$$\xi = \xi(x) \in (\min\{x, x_0, \cdots, x_n\}, \max\{x, x_0, \cdots, x_n\}),$$

$$W_{n+1}(x) = (x - x_0)(x - x_1)\cdots(x - x_n),$$

于是 $p_n'(x)$ 的截断误差为

$$f'(x) - p_n'(x) = \frac{f^{(n+1)}(\xi)}{(n+1)!} W_{n+1}'(x) + \frac{W_{n+1}(x)}{(n+1)!} \frac{\mathrm{d}}{\mathrm{d}x} f^{(n+1)}(\xi).$$

上面的公式中,ξ 是 x 的未知函数,很难对 $\frac{\mathrm{d}}{\mathrm{d}x} f^{(n+1)}(\xi)$ 作进一步的估计. 若限定在某个节点 x_k 上求导数,并注意到 $W_{n+1}(x_k) = 0$,此时 $p'_n(x_k)$ 的截断误差表达式变得很简单,即有

$$f'(x_k) - p_n'(x_k) = \frac{f^{(n+1)}(\xi)}{(n+1)!} W_{n+1}'(x_k) = \frac{f^{(n+1)}(\xi)}{(n+1)!} \prod_{\substack{j=0 \\ j \neq k}}^{n} (x_k - x_j).$$

由于以上的原因,下面仅考虑节点处的导数值.

(1) 两点公式

已知列表函数 $y = f(x)$:

x	x_0	x_1
y	$f(x_0)$	$f(x_1)$

作一次插值多项式

$$p_1(x) = \frac{x - x_1}{x_0 - x_1} f(x_0) + \frac{x - x_0}{x_1 - x_0} f(x_1).$$

对上式两端求导,并记 $h = x_1 - x_0$,则有

$$p_1'(x) = \frac{1}{h}[-f(x_0) + f(x_1)],$$

于是有下列求导公式:

$$p_1'(x_0) = \frac{1}{h}[f(x_1) - f(x_0)], \quad p_1'(x_1) = \frac{1}{h}[f(x_1) - f(x_0)],$$

这与已介绍的公式(5.71)和式(5.72)是一致的. 而 $p_1'(x_0) = p_1'(x_1)$ 是不奇怪的,因为 A,B 两点处的导数都以直线 AB 的斜率为近似值. 但它们的截断误差应该是不同的. 事实上,有

$$f'(x_0) - p_1'(x_0) = \frac{f''(\xi_0)}{2!}W_2'(x_0) = \frac{f''(\xi_0)}{2}(x_0 - x_1) = -\frac{h}{2}f''(\xi_0),$$

$$f'(x_1) - p_1'(x_1) = \frac{f''(\xi_1)}{2!}W_2'(x_1) = \frac{f'(\xi_1)}{2}(x_1 - x_0) = \frac{h}{2}f''(\xi_1),$$

因此带余项的两点公式为

$$f'(x_0) = \frac{1}{h}[f(x_1) - f(x_0)] - \frac{h}{2}f''(\xi_0), \quad x_0 < \xi_0 < x_1,$$

$$f'(x_1) = \frac{1}{h}[f(x_1) - f(x_0)] + \frac{h}{2}f''(\xi_1), \quad x_0 < \xi_1 < x_1.$$

(2) 三点公式

已知列表函数 $y = f(x)$:

x	x_0	x_1	x_2
y	$f(x_0)$	$f(x_1)$	$f(x_2)$

作 2 次插值多项式

$$p_2(x) = \frac{(x - x_1)(x - x_2)}{(x_0 - x_1)(x_0 - x_2)}f(x_0) + \frac{(x - x_0)(x - x_2)}{(x_1 - x_0)(x_1 - x_2)}f(x_1) + \frac{(x - x_0)(x - x_1)}{(x_2 - x_0)(x_2 - x_1)}f(x_2).$$

对 $p_2(x)$ 求导,得

$$p_2'(x) = \frac{2x - x_1 - x_2}{(x_0 - x_1)(x_0 - x_2)}f(x_0) + \frac{2x - x_0 - x_2}{(x_1 - x_0)(x_1 - x_2)}f(x_1) + \frac{2x - x_0 - x_1}{(x_2 - x_0)(x_2 - x_1)}f(x_2),$$

如果节点是等距的,即 $x_2-x_1=x_1-x_0=h$,则有

$$
\begin{aligned}
p_2'(x_0)&=\frac{1}{2h}[-3f(x_0)+4f(x_1)-f(x_2)],\\
p_2'(x_1)&=\frac{1}{2h}[-f(x_0)+f(x_2)],\qquad (5.75)\\
p_2'(x_2)&=\frac{1}{2h}[f(x_0)-4f(x_1)+3f(x_2)].
\end{aligned}
$$

与两点公式同样的处理方法,可求得 3 点公式的截断误差.带余项的 3 点求导公式如下:

$$
\begin{aligned}
f'(x_0)&=\frac{1}{2h}[-3f(x_0)+4f(x_1)-f(x_2)]+\frac{h^2}{3}f'''(\xi_0),\quad x_0<\xi_0<x_2,\\
f'(x_1)&=\frac{1}{2h}[-f(x_0)+f(x_2)]-\frac{h^2}{6}f'''(\xi_1),\quad x_0<\xi_1<x_2,\\
f'(x_2)&=\frac{1}{2h}[f(x_0)-4f(x_1)+3f(x_2)]+\frac{h^2}{3}f'''(\xi_2),\quad x_0<\xi_2<x_2.
\end{aligned}
$$

公式(5.75)即是我们所熟悉的中点公式,它既达到了3点公式的精度,截断误差是 $O(h^2)$,又只需用到 2 点处的函数值.这与我们在 5.8.1 节中提及的直观感觉是一致的,因而经常被人们所采用.

将插值多项式 $p_n(x)$ 作为 $f(x)$ 的近似函数,还可建立高阶导数数值微分公式

$$
f^{(k)}(x)\approx p_n^{(k)}(x),\quad k=1,2,\cdots.
$$

关于其截断误差,有如下结论:

定理 5.11 设 $f(x)$ 在 $[a,b]$ 上存在 n 阶导数,在 (a,b) 上存在 $(n+1)$ 阶导数,如果 $a\leqslant x_0<x_1<\cdots<x_n\leqslant b$, $p_n(x)$ 为 $f(x)$ 以 $x_0,x_1,\cdots,x_n$ 为插值节点的 n 次插值多项式,则对任何 $x\in[a,b]$,有

$$
f^{(k)}(x)-p_n^{(k)}(x)=\frac{f^{(n+1)}(\xi)}{(n-k+1)!}(x-x_0^{(k)})(x-x_1^{(k)})\cdots(x-x_{n-k}^{(k)}),
$$
$$
k=0,1,2,\cdots,\qquad (5.76)
$$

其中,$\xi\in(a,b)$ 且依赖于 k 和 x;$x_i<x_i^{(k)}<x_{i+k}$, $i=0,1,\cdots,n-k$.

证明 记 $R(x)=f(x)-p_n(x)$.注意到 $R(x_i)=0(i=0,1,\cdots,n)$,由 Rolle 定理知 $R'(x)$ 在 (a,b) 上至少有 n 个零点,记为 $x_i^{(1)}$,且

$$
x_i<x_i^{(1)}<x_{i+1},\quad i=0,1,\cdots,n-1.
$$

同理,$R''(x)$ 在 (a,b) 上至少有 $(n-1)$ 个零点 $x_i^{(2)}$,且

$$x_i^{(1)} < x_i^{(2)} < x_{i+1}^{(1)}, \quad i = 0,1,\cdots,n-2.$$

重复应用 Rolle 定理，便知 $R^{(k)}(x)$ 在 (a,b) 上至少有 $(n-k+1)$ 个零点 $x_i^{(k)}(i=0,1,\cdots,n-k)$，它们满足

$$x_i < \cdots < x_i^{(k-1)} < x_i^{(k)} < x_{i+1}^{(k-1)} < \cdots < x_{i+k}.$$

由于 $R^{(k)}(x_i^{(k)})=0$，即

$$p_n^{(k)}(x_i^{(k)}) = f^{(k)}(x_i^{(k)}), \quad k = 0,1,\cdots,n-k,$$

且 $p_n^{(k)}(x)$ 为 $(n-k)$ 次多项式，则由插值多项式的唯一性知 $p^{(k)}(x)$ 为 $f^{(k)}(x)$ 的以 $x_0^{(k)}, x_1^{(k)}, \cdots, x_{n-k}^{(k)}$ 为插值节点的 $(n-k)$ 次插值多项式，再根据第 4 章的定理 4.2 可知式(5.76) 成立. 定理证毕.

例如，当 $n=3$ 时，$f(x)$ 以 x_0, x_1, x_2, x_3 为插值节点的 3 次多项式

$$p_3(x) = \sum_{i=0}^{3} f(x_i) \prod_{\substack{j=0 \\ j\neq i}}^{3} \frac{x-x_j}{x_i-x_j}$$

有如下带余项的 4 点求导公式：

$$f'(x) - p_3'(x) = \frac{f^{(4)}(\xi)}{6}(x-x_0^{(1)})(x-x_1^{(1)})(x-x_2^{(1)}),$$

$$f''(x) - p_3''(x) = \frac{f^{(4)}(\xi)}{2}(x-x_0^{(2)})(x-x_1^{(2)}),$$

$$f'''(x) - p_3'''(x) = f^{(4)}(\xi)(x-x_0^{(3)}).$$

需要指出的是，尽管 $p_n(x)$ 与 $f(x)$ 的值相差不多，其各阶导数的值 $p_n^{(k)}(x)$ 与真值 $f^{(k)}(x)$ 仍然可能差别很大，因此要注意误差分析.

5.8.3 样条求导

样条插值函数也是数值微分的一个很好的工具.

对于 3 次样条插值函数 $S(x)$，只要 $f(x)$ 具有连续的 4 阶导数，由第 4 章的定理 4.6 可知

$$\max_{a\leqslant x\leqslant b} | f(x) - S(x) | = O(h^4),$$

$$\max_{a\leqslant x\leqslant b} | f'(x) - S'(x) | = O(h^3),$$

$$\max_{a\leqslant x\leqslant b} | f''(x) - S''(x) | = O(h^2),$$

则当 $h = \max\limits_{0\leqslant j\leqslant n-1} h_j \to 0$ 时，$S(x)$，$S'(x)$ 和 $S''(x)$ 分别一致收敛于 $f(x)$，$f'(x)$ 和 $f''(x)$. 因此，用 3 次样条插值函数求数值导数比用插值法可靠性大.

5.9 应用实例:混频器中变频损耗的数值计算①

5.9.1 问题的背景

混频是指在高频接收机中将接收到的微弱高频信号变换为中频信号,以便对信息进一步处理. 为实现混频,必须采用非线性电阻元件. 最简单的混频电路可由一个点接触二极管组成(如图 5.5 所示),其工作的基本原理如下.

设二极管的伏安特性为

$$I = f(V).$$

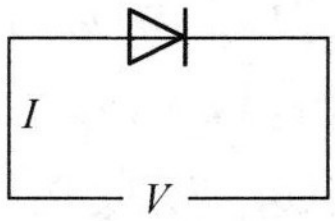

图 5.5 混频电路

现在二极管两端加上电压

$$V(t) = V_0 + V_L\cos\omega_L t + V_S\cos\omega_S t,$$

式中,V_0 是二极管的直流偏压;$V_L\cos\omega_L t$ 称为本振电压,其中 ω_L 为本振角频率;$V_S\cos\omega_S t$ 称为信号电压,其中 ω_S 为信号角频率;t 表示时间. 对于微弱高频信号接收来说,$V_S \ll V_L$,且 ω_L,ω_S 都较高.

在上面的条件下,流过二极管的电流为

$$\begin{aligned} I &= f(V) = f(V_0 + V_L\cos\omega_L t + V_S\cos\omega_S t) \\ &= f(V_0 + V_L\cos\omega_L t) + f'(V_0 + V_L\cos\omega_L t)V_S\cos\omega_S t \\ &\quad + \frac{1}{2}f''(V_0 + V_L\cos\omega_L t)(V_S\cos\omega_S t)^2 + \cdots. \end{aligned} \tag{5.77}$$

当 $V_S \ll V_L$ 时,略去第三项及以后各项,并令

$$g(\omega_L t) = f'(V_0 + V_L\cos\omega_L t) = \left.\frac{\mathrm{d}I}{\mathrm{d}V}\right|_{V=V_0+V_L\cos\omega_L t},$$

则 $g(\omega_L t)$ 就是二极管电导. 若二极管是非线性元件,则

$$g(\omega_L t) = f'(V_0 + V_L\cos\omega_L t)$$

是一个关于 $\omega_L t$ 的以 2π 为周期的偶函数,可展开成 Fourier 余弦级数为

$$g(\omega_L t) = g_0 + 2\sum_{n=1}^{\infty} g_n\cos n\omega_L t, \tag{5.78}$$

其中

①问题选自东南大学生物医学工程系研究生沙飞所做自选课题.

$$g_n = \frac{1}{2\pi}\int_0^{2\pi} g(\omega_L t)\cos n\omega_L t \, d(\omega_L t), \quad n = 0,1,2,\cdots.$$

将式(5.78)代入式(5.77)并略去高次项，有

$$I = f(V_0 + V_L \cos\omega_L t) + g_0 V_S \cos\omega_S t$$
$$+ \sum_{n=1}^{\infty} g_n V_S [\cos(n\omega_L + \omega_S)t + \cos(n\omega_L - \omega_S)t].$$

从上式可看到，I 实际上由下列频率的电流叠加而成：直流（频率为 0）；$\omega_L, 2\omega_L, 3\omega_L, \cdots$；$\omega_S$；$n\omega_L \pm \omega_S (n = 1,2,\cdots)$. 在这些频率中，我们关心的是 $n = 1$ 时的频率，即中频

$$\omega_{If} = |\omega_L - \omega_S|,$$

这个频率的电流携带了大部分的信号功率. 如果略去其余的频率，只取中频电流，可看成二极管将具有高频信号的电压 V_S 转换为只有中频信号的电流 I，从而完成了混频. 但是中频信号以外的其它频率分量电流也携有一部分功率，造成信号的损失，这种损失叫作变频损耗. 从上面式子看出，变频损耗直接和各个频率下的电流强度有关，因而在求变频损耗时一般先求出 g_n. 为尽量减少变频损耗，应选择具有某种参数的二极管及工作状态，使得 g_1 很大，而 g_2, g_3 等较小.

5.9.2　数学模型

我们一般将二极管看成如图 5.6 所示的等效电路，其中 g 称为结电导，也就是上面所说的二极管电导 $g(\omega_L t)$，C 是结电容. 一般 I 与 V 的关系为

$$I = I_{Sa}(e^{\alpha V} - 1),$$

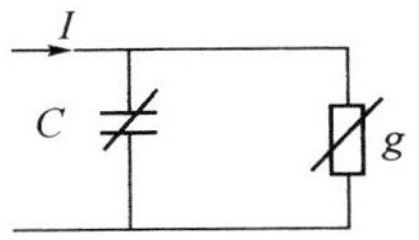

图 5.6　二极管等效电路

其中 I_{Sa} 为反向饱和电流，α 为与二极管本身有关的常数. 于是

$$g = \frac{dI}{dV} = \alpha I_{Sa} e^{\alpha V}, \quad C = \frac{C(0)}{\left(1 - \frac{V}{\varphi_S}\right)^{1/2}},$$

其中 $C(0)$ 是不加偏压时的结电容，φ_S 是内建电位差或接触电位差，与二极管本身材料与制造工艺有关.

上面所要求的 g_n 即为

$$g_n = \frac{1}{2\pi}\int_0^{2\pi} g(\omega_L t)\cos(n\omega_L t)\, d(\omega_L t)$$
$$= \frac{1}{2\pi}\int_0^{2\pi} \alpha I_{Sa} e^{\alpha(V_0 + V_L \cos\omega_L t)} \cos(n\omega_L t)\, d(\omega_L t)$$
$$= \frac{1}{2\pi}\alpha I_{Sa} e^{\alpha V_0}\int_0^{2\pi} e^{\alpha V_L \cos\theta}\cos n\theta \, d\theta.$$

也可以将 C 作 Fourier 展开，得到的 C_n 亦是一个重要的参数，有

$$C_n = \frac{1}{2\pi}\int_0^{2\pi} C\cos(n\omega_L t)\mathrm{d}(\omega_L t)$$
$$= \frac{1}{2\pi}\int_0^{2\pi} \frac{C(0)}{\left(1-\dfrac{V_0+V_L\cos\omega_L t}{\varphi_S}\right)^{1/2}}\cos(n\omega_L t)\mathrm{d}(\omega_L t)$$
$$= \frac{1}{2\pi}C(0)\int_0^{2\pi} \frac{\cos n\theta}{\left(1-\dfrac{V_0+V_L\cos\theta}{\varphi_S}\right)^{1/2}}\mathrm{d}\theta.$$

5.9.3 计算方法与结果分析

当 n 不太大时,应用复化公式

$$T_m(f) = h\left[\frac{1}{2}f(x_0) + \sum_{k=1}^{m-1} f(x_k) + \frac{1}{2}f(x_m)\right]$$

和

$$S_{m/2}(f) = \frac{1}{3}[4T_m(f) - T_{m/2}(f)]$$

进行计算,直至$\frac{1}{3}\mid T_m(f) - T_{m/2}(f)\mid \leqslant \varepsilon$.

选取二极管的有关参数为 $\varphi_S = 2.1, I_{Sa} = 0.5, \alpha = 1.179, C(0) = 50$;工作状态为 $V_0 = 1.2, V_L = 0.01$. 表 5.14 给出了 $g_n(n = 0,1,\cdots,5)$ 的有关数值结果:

表 5.14 g_n 的数值结果

n	g_n	ε	m	T_m	$S_{m/2}$
0	g_0	0.5E−02	20	5134.633	5134.633
1	g_1	0.5E−03	20	158.5583	158.5583
2	g_2	0.5E−04	20	2.448578	2.448617
3	g_3	0.5E−04	40	0.024841	0.024844
4	g_4	0.5E−04	40	−0.000240	−0.000230
5	g_5	0.5E−04	80	−0.000829	−0.000815

表 5.15 给出了 $C_n(n = 0,1,\cdots,5)$ 的有关数值结果:

表 5.15 C_n 的数值结果

n	C_n	ε	m	T_m	$S_{m/2}$
0	C_0	0.5E−04	20	76.37803	76.73803
1	C_1	0.5E−04	20	0.212164	0.212164

续表 5.15

n	C_n	ε	m	T_m	$S_{m/2}$
2	C_2	0.5E−04	20	0.000878	0.000878
3	C_3	0.5E−04	20	−0.000002	0.000000
4	C_4	0.5E−04	20	−0.000005	−0.000008
5	C_5	0.5E−04	20	−0.000009	−0.000013

结果显示：$|g_0|$ 和 $|g_1|$ 远远大于 $|g_i|$ $(i=2,3,4,5)$；$|C_0|$ 和 $|C_1|$ 远远大于 $|C_i|$ $(i=2,3,4,5)$. 这表明混频成功，并且可以使变频损耗减少，因此具有上述参数的二极管及工作状态是合适的.

最后应该指出的是，上述变频损耗仅由寄生频率产生，实际混频器的变频损耗还会由二极管寄生参量、电路损耗和输入输出电路失配等引起. 此外，当 n 较大时，应采用计算振荡积分的复化求积公式进行计算.

习　题　5

1. 导出如下 3 个求积公式，并给出截断误差的表达式.

(1) 左矩形公式：$\int_a^b f(x)\mathrm{d}x \approx f(a)(b-a)$；

(2) 右矩形公式：$\int_a^b f(x)\mathrm{d}x \approx f(b)(b-a)$；

(3) 中矩形公式：$\int_a^b f(x)\mathrm{d}x \approx f\left(\frac{a+b}{2}\right)(b-a)$.

2. 考察下列求积公式具有几次代数精度：

(1) $\int_0^1 f(x)\mathrm{d}x \approx \frac{1}{4}f(0)+\frac{3}{4}f\left(\frac{2}{3}\right)$；

(2) $\int_{-1}^1 f(x)\mathrm{d}x \approx f\left(-\frac{1}{\sqrt{3}}\right)+f\left(\frac{1}{\sqrt{3}}\right)$.

3. 确定下列公式中的待定参数，使其代数精度尽量高，并指出代数精度的次数.

(1) $\int_{-1}^1 f(x)\mathrm{d}x \approx \frac{1}{3}[f(-1)+2f(\alpha)+3f(\beta)]$；

(2) $\int_a^b f(x)\mathrm{d}x \approx \frac{b-a}{2}[f(a)+f(b)]+\alpha(b-a)^2[f'(a)-f'(b)]$；

(3) $\int_{-1}^1 f(x)\mathrm{d}x \approx Af(-x_0)+Bf(0)+Af(x_0)$.

4. 对于积分 $\int_a^b f(x)\mathrm{d}x$，验证当 $f(x)=x^5$ 时，Cotes 公式

$$C(f)=\frac{b-a}{90}[7f(x_0)+32f(x_1)+12f(x_2)+32f(x_3)+7f(x_4)]$$

是准确成立的,其中 $x_k = a + kh(k = 0,1,2,3,4)$,$h = \dfrac{b-a}{4}$.

5. 当 $x \in [a,b]$ 时,若 $f''(x) < 0$,证明用梯形公式计算积分 $\int_a^b f(x)\mathrm{d}x$ 所得结果比精确值小,并说明几何意义.

6. 考虑定积分 $I(f) = \int_a^b f(x)\mathrm{d}x$.

(1) 作 3 次 Hermite 插值多项式 $H_3(x)$ 满足 $H_3(a) = f(a)$,$H_3(b) = f(b)$,$H'_3(a) = f'(a)$,$H'_3(b) = f'(b)$,建立求积公式 $H(f) = \int_a^b H_3(x)\mathrm{d}x$;

(2) 设 $f(x) \in C^4[a,b]$,给出截断误差 $I(f) - H(f)$ 的表达式.

7. 设函数 $f(x)$ 由下表给出:

x	1.6	1.8	2.0	2.2	2.4	2.6
$f(x)$	4.953	6.050	7.389	9.025	11.023	13.464
x	2.8	3.0	3.2	3.4	3.6	3.8
$f(x)$	16.445	20.086	24.533	29.964	36.598	44.701

分别用复化梯形公式和复化 Simpson 公式求积分 $\int_{1.8}^{3.4} f(x)\mathrm{d}x$ 的近似值.

8. 分别用复化梯形公式($n = 8$)和复化 Simpson 公式($n = 4$)按 5 位小数计算下列积分,并比较结果.

(1) $\int_1^9 \sqrt{x}\,\mathrm{d}x$;　　　　(2) $\sqrt{\dfrac{2}{\pi}}\int_0^1 \mathrm{e}^{-\frac{x^2}{2}}\mathrm{d}x$.

9. 利用积分 $\int_2^8 \dfrac{1}{x}\mathrm{d}x = \ln 4$ 计算 $\ln 4$ 时,若采用复化梯形公式,问应取多少节点才能使其误差绝对值不超过 $\dfrac{1}{2} \times 10^{-5}$?

10. 用 Romberg 方法求 $\int_2^8 \dfrac{1}{x}\mathrm{d}x$,要求误差不超过 $\dfrac{1}{2} \times 10^{-5}$,并从所取节点个数与上题结果比较中体会两种方法的优缺点.

11. 考虑积分 $I = \int_0^1 \dfrac{\sin x}{2\sqrt{x}}\mathrm{d}x$.

(1) 对 I 是否适宜应用 Romberg 求积法?(提示:被积函数光滑吗?)

(2) 作变换 $x = t^2$,证明 $I = \int_0^1 \sin t^2\,\mathrm{d}t$. 为什么对这个积分应用 Romberg 求积法更为合适?

12. 用 3 点 Gauss - Legendre 公式求 $I = \int_0^1 \mathrm{e}^{-x}\mathrm{d}x$ 的近似值.

13. 证明：$(n+1)$ 个求积节点的求积公式

$$\int_a^b f(x)\mathrm{d}x \approx \sum_{k=0}^{n} A_k f(x_k)$$

的代数精度不可能超过 $2n+1$.

14. 证明：求积公式

$$\int_{-\infty}^{+\infty} f(x)\mathrm{e}^{-x^2}\mathrm{d}x \approx \frac{\sqrt{\pi}}{6}\left[f\left(-\sqrt{\frac{3}{2}}\right)+4f(0)+f\left(\sqrt{\frac{3}{2}}\right)\right]$$

对次数不超过 5 的多项式精确成立.

15. 如果求积公式

$$\int_0^1 \sqrt{1-x}f(x)\mathrm{d}x \approx A_0 f(x_0)+A_1 f(x_1)$$

是一个 2 点 Gauss 公式，则 A_0，A_1，x_0 和 x_1 需要满足什么方程组？

16. 应用两点 Gauss－Chebyshev 求积公式计算积分

$$I=\int_{-1}^{1}(1-x^2)^{\frac{1}{2}}\mathrm{d}x.$$

17. 证明：变量代换 $x(t)=\dfrac{b+a}{2}+\dfrac{b-a}{2}t$ 把积分

$$\int_a^b \frac{f(x)}{[(x-a)(b-x)]^{\frac{1}{2}}}\mathrm{d}x$$

化为$\displaystyle\int_{-1}^{1}\frac{f(x(t))}{(1-t^2)^{\frac{1}{2}}}\mathrm{d}t$.

18. 利用第 17 题的结果并应用 Gauss－Chebyshev 求积公式计算出积分

$$I=\int_0^{\frac{1}{3}}\frac{6x}{[x(1-3x)]^{\frac{1}{2}}}\mathrm{d}x$$

的精确值.

19. 取 $n=40$，应用复化梯形公式计算积分

$$\int_0^{2\pi} x^4\sin 10x\mathrm{d}x$$

的近似值，并与精确值比较. 如果取 $n=20$，会出现什么现象？解释原因.

20. 用复化梯形公式 $T_{m,n}(f)$ 计算二重积分$\displaystyle\int_{2.1}^{2.2}\int_{1.3}^{1.4}xy^2\mathrm{d}y\mathrm{d}x$ 的近似值，要求精确至 3 位有效数字.

21. 验证 $T_{m,n}^{(1)}(f)=\displaystyle\sum_{i=0}^{m-1}\sum_{j=0}^{n-1}\frac{hk}{6}[f(x_{i+\frac{1}{2}},y_j)+f(x_i,y_{j+\frac{1}{2}})+2f(x_{i+\frac{1}{2}},y_{j+\frac{1}{2}})+$

$f(x_{i+1},y_{j+\frac{1}{2}})+f(x_{i+\frac{1}{2}},y_{j+1})]$，其中 $x_i=a+ih$，$y_j=c+jk$，$x_{i+\frac{1}{2}}=(x_i+x_{i+1})/2$，$y_{j+\frac{1}{2}}=(y_j+y_{j+1})/2$.

22. 用 $T_{m,n}^{(1)}(f)$ 求 $\int_0^1\int_0^1 f(x,y)\mathrm{d}y\mathrm{d}x$，其中被积函数在积分域 D 上的值由下表给出：

x \ y	0.00	0.25	0.50	0.75	1.00
0.00	5.504	6.385	7.266	2.156	0.000
0.25	7.964	8.113	8.994	0.113	0.001
0.50	6.021	7.005	10.722	8.704	6.686
0.75	3.001	4.921	6.779	5.184	3.589
1.00	1.502	2.362	2.836	13.331	0.354

23. 根据下列 $f(x)=\tan x$ 的数值表：

x	1.20	1.24	1.28	1.32	1.36
$f(x)$	2.57215	2.91193	3.34135	3.90335	4.67344

用中点公式计算 $f'(1.28)$ 的近似值并估计误差，同时把结果与精确值作比较.

24. 设 $x_0<x_1$，$f(x)\in C^3[x_0,x_1]$，记 $h=x_1-x_0$. 作 2 次多项式 $H_2(x)$ 满足

$$H_2(x_0)=f(x_0),\quad H_2'(x_0)=f'(x_0),\quad H_2(x_1)=f(x_1),$$

求 $H_2''(x_0)$ 及 $f''(x_0)-H_2''(x_0)$.

25. 以 $x_0-2h, x_0-h, x_0, x_0+h, x_0+2h$ 为插值节点，作函数 $y=f(x)$ 的 4 次插值多项式 $L_4(x)$，证明：

(1) $L_4'(x_0)=\dfrac{4}{3}D(x_0,h)-\dfrac{1}{3}D(x_0,2h)$；

(2) $f'(x_0)-L_4'(x_0)=\dfrac{4}{5!}f^{(5)}(\xi)h^4$，$\xi\in(x_0-2h,x_0+2h)$.

26. (上机题) **重积分的计算.**

(1) 给定积分 $I(f)=\int_c^d\left(\int_a^b f(x,y)\mathrm{d}x\right)\mathrm{d}y$，取初始步长 h，k 及精度 ε，应用复化梯形公式，采用逐次二分步长的方法并应用外推思想编写计算 $I(f)$ 的通用程序，计算至相邻两次近似值之差的绝对值不超过 ε 为止；

(2) 用所编程序计算积分

$$I(f)=\int_0^{\pi/6}\left(\int_0^{\pi/3}\tan(x^2+y^2)\mathrm{d}x\right)\mathrm{d}y,$$

取 $\varepsilon=\dfrac{1}{2}\times10^{-5}$.

6 常微分方程数值解法

在常微分方程的课程中我们讨论的都是对一些典型方程求解析解的方法，然而在生产实际和科学研究中所遇到的问题往往很复杂，在很多情况下都不可能给出解的解析表达式. 有时，即使能求出封闭形式的解，也往往因计算量太大而不实用. 例如，容易求出初值问题

$$\begin{cases} y' = 1 + 2xy, \quad 0 < x \leqslant 1, \\ y(0) = 1 \end{cases}$$

的解为

$$y(x) = \mathrm{e}^{x^2}\left(1 + \int_0^x \mathrm{e}^{-t^2}\,\mathrm{d}t\right).$$

但要计算出其在某点 x 处的值，还需应用数值积分；若要计算出多个点处 $y(x)$ 的具体数值，则计算量就更大了. 此外，线性常系数微分方程看起来很简单，只要求出所有特征根就得到了通解，可高次代数方程求根并非易事，若按照这种途径求解，实际上是把问题复杂化了；对于一般的非线性方程，求解析解则更为困难. 以上简单讨论告诉我们求解析解的方法往往是不适用的，甚至是很难办到的.

6.1 微分方程数值解法概述

6.1.1 问题及基本假设

本章着重讨论一阶微分方程初值问题

$$\begin{cases} y' = f(x,y), \quad a < x \leqslant b, \\ y(a) = \eta \end{cases} \tag{6.1}$$

的数值解法.

我们总假设问题(6.1)在区间$[a,b]$上存在唯一解 $y(x)$，且 $y(x)$ 在$[a,b]$上具有所需的光滑性，即 $y(x)$ 在$[a,b]$上存在所需阶数的连续导数. 记

$$D_\delta = \{(x,y) \mid a \leqslant x \leqslant b, y(x) - \delta \leqslant y \leqslant y(x) + \delta\}, \tag{6.2}$$

称 D_δ 为解 $y(x)$ 的一个 δ 邻域(见图 6.1).

我们总假设 $f(x,y)$ 和 $\dfrac{\partial f(x,y)}{\partial y}$ 在 D_δ 内连续，并记

$$M_0 = \max_{(x,y)\in D_\delta} |f(x,y)|, \quad M_1 = \max_{(x,y)\in D_\delta} \left|\frac{\partial f(x,y)}{\partial y}\right|. \tag{6.3}$$

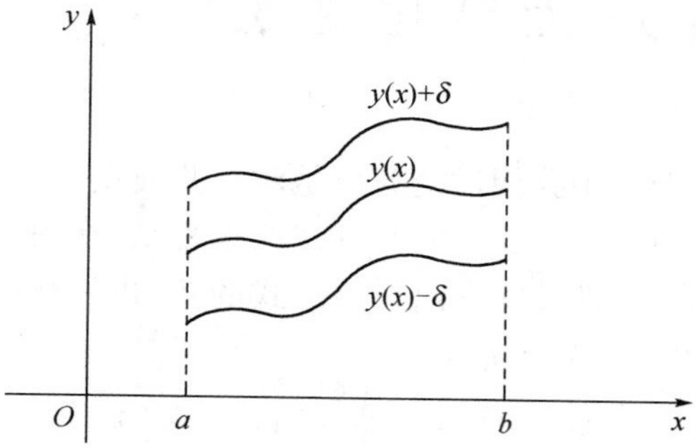

图 6.1　解的 δ 邻域

6.1.2　离散化方法

我们采用离散化方法求式(6.1)的数值解. 在求解区间$[a,b]$上取一组节点:

$$a = x_0 < x_1 < \cdots < x_i < x_{i+1} < \cdots < x_n = b,$$

称 $h_i = x_{i+1} - x_i (0 \leqslant i \leqslant n-1)$ 为步长. 为了简单起见,以下仅考虑等距步长,即

$$x_i = a + ih, \quad 0 \leqslant i \leqslant n,\ h = \frac{b-a}{n}.$$

离散化方法的基本特点是取 $y_0 = \eta$,依照某一递推公式,按节点从左至右的顺序依次求出 $y(x_i)$ 的近似值 $y_i (i = 1,2,\cdots,n)$. 如果计算 y_{i+1} 只需要用到前一步的值 y_i,称这类方法为**单步方法**;如果计算 y_{i+1} 需用到前 r 步的值 $y_i, y_{i-1}, \cdots, y_{i-r+1}$,称这类方法为 **$r$ 步方法**. 当 $r \geqslant 2$ 时,统称为多步方法.

构造求解公式的途径有多种,例如 Taylor 级数方法、数值微分方法、数值积分方法、平均斜率法、待定系数法以及预测校正方法等等.

6.2　Euler 方法

6.2.1　Euler 公式

Euler 方法是解初值问题最简单的数值方法. 将方程(6.1)的两端在$[x_i, x_{i+1}]$上积分,得到

$$\int_{x_i}^{x_{i+1}} y'(x)\mathrm{d}x = \int_{x_i}^{x_{i+1}} f(x, y(x))\mathrm{d}x,$$

即

$$y(x_{i+1})=y(x_i)+\int_{x_i}^{x_{i+1}}f(x,y(x))\mathrm{d}x, \tag{6.4}$$

再应用左矩形公式,得到

$$y(x_{i+1})=y(x_i)+hf(x_i,y(x_i))+R_{i+1}^{(1)}. \tag{6.5}$$

由习题 5 的第 1 题(1) 可知

$$\begin{aligned}R_{i+1}^{(1)}&=\frac{1}{2}\left.\frac{\mathrm{d}f(x,y(x))}{\mathrm{d}x}\right|_{x=\xi_i}h^2\\&=\frac{1}{2}y''(\xi_i)h^2,\quad x_i<\xi_i<x_{i+1}.\end{aligned} \tag{6.6}$$

略去式(6.5) 中的 $R_{i+1}^{(1)}$,得

$$y(x_{i+1})\approx y(x_i)+hf(x_i,y(x_i)),\quad i=0,1,\cdots,n-1. \tag{6.7}$$

注意到

$$y(x_0)=y(a)=\eta,$$

设已求得 $y(x_i)$ 的一个近似值 y_i,则由式(6.7) 得到

$$y(x_{i+1})\approx y(x_i)+hf(x_i,y(x_i))\approx y_i+hf(x_i,y_i)\equiv y_{i+1}.$$

于是取 $y_0=\eta$,由

$$y_{i+1}=y_i+hf(x_i,y_i),\quad i=0,1,\cdots,n-1, \tag{6.8}$$

可依次求出 $y_1,y_2,\cdots,y_n$.

称式(6.8) 为求解初值问题(6.1) 的**Euler 公式**,并称用 Euler 公式求解初值问题(6.1) 的方法为 Euler 方法.

观察式(6.8) 和式(6.5) 可知,只要在式(6.5) 中略去小量项 $R_{i+1}^{(1)}$,并用 y_i 和 y_{i+1} 分别代替 $y(x_i)$ 和 $y(x_{i+1})$,就可得到式(6.8).

Euler 方法具有明显的几何意义. 如图 6.2 所示,在区间$[x_0,x_1]$上我们用过点 $P_0(x_0,y_0)$ 并以 $f(x_0,y_0)$ 为斜率的直线

$$y=y_0+f(x_0,y_0)(x-x_0)$$

近似代替 $y(x)$,用该直线与直线 $x=x_1$ 的交点 $P_1(x_1,y_1)$ 的纵坐标

$$y_1=y_0+hf(x_0,y_0)$$

作为 $y(x_1)$ 的近似值. 然后在区间$[x_1,x_2]$上用过点 $P_1(x_1,y_1)$ 并以 $f(x_1,y_1)$ 为斜率的直线

$$y=y_1+f(x_1,y_1)(x-x_1)$$

近似代替 $y(x)$,用该直线与直线 $x=x_2$ 的交点 $P_2(x_2,y_2)$ 的纵坐标

$$y_2=y_1+hf(x_1,y_1)$$

作为 $y(x_2)$ 的近似值.一般地,设折线已推进到点 $P_i(x_i,y_i)$.在区间$[x_i,x_{i+1}]$上,用过点 $P_i(x_i,y_i)$ 并以 $f(x_i,y_i)$ 为斜率的直线

$$y=y_i+f(x_i,y_i)(x-x_i)$$

近似代替 $y(x)$,用该直线与直线 $x=x_{i+1}$ 的交点 $P_{i+1}(x_{i+1},y_{i+1})$ 的纵坐标 y_{i+1} 作为 $y(x_{i+1})$ 的近似值.

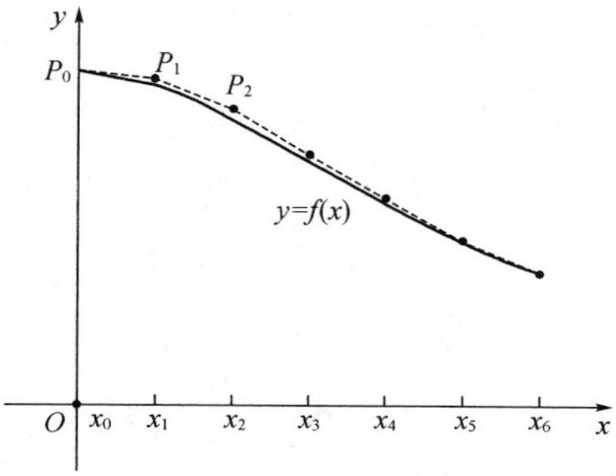

图 6.2 Euler 方法示意图

综合以上过程,我们得到一条折线,所以 Euler 方法有时又称为折线法.

例 6.1 用 Euler 公式求解初值问题

$$\begin{cases}y'=-2xy^2, & 0<x\leqslant 1.2,\\ y(0)=1,\end{cases}$$

取步长 $h=0.1$.

解 根据初值问题,Euler 公式的具体形式为

$$\begin{cases}y_{i+1}=y_i-2hx_iy_i^2, & i=0,1,\cdots,11,\\ y_0=1,\end{cases}$$

其中 $x_i=ih$.计算结果列于表 6.1:

表 6.1 Euler 公式算例

i	x_i	y_i	$y(x_i)$	$\|y(x_i)-y_i\|$
0	0.0	1.000000	1.000000	0.000000
1	0.1	1.000000	0.990099	0.009901
2	0.2	0.980000	0.961538	0.018462

续表 6.1

i	x_i	y_i	$y(x_i)$	$\mid y(x_i)-y_i \mid$
3	0.3	0.941584	0.917431	0.024153
4	0.4	0.888389	0.862069	0.026320
5	0.5	0.825250	0.800000	0.025250
6	0.6	0.757147	0.735294	0.021852
7	0.7	0.688354	0.671141	0.017213
8	0.8	0.622018	0.609756	0.012262
9	0.9	0.560113	0.552486	0.007626
10	1.0	0.503642	0.500000	0.003642
11	1.1	0.452911	0.452489	0.000422
12	1.2	0.407783	0.409836	0.002053

这个初值问题的准确解为 $y(x)=1/(1+x^2)$，可用来检验近似解的准确程度. 从上表最后一列我们看到，取步长 $h=0.1$ 进行计算，数值解已达到了一定的精度.

Euler 公式在计算 y_{i+1} 时只用到了前一步的值 y_i. 另外，若 y_i 已知，则 Euler 公式给出了 y_{i+1} 和 y_i 的显式依赖关系，将 y_i 代入式(6.8) 的右端可直接得到 y_{i+1}. 我们称 Euler 公式为**单步显式公式**.

单步显式公式的一般形式为

$$\begin{cases} y_{i+1}=y_i+h\varphi(x_i,y_i,h), \quad i=0,1,\cdots,n-1, \\ y_0=\eta. \end{cases} \tag{6.9}$$

称 $\varphi(x,y,h)$ 为**增量函数**. Euler 公式(6.8) 的增量函数 $\varphi(x,y,h)=f(x,y)$.

一般来说，微分方程问题(6.1) 的精确解 $y(x_i)$ 不满足式(6.9)，即

$$y(x_{i+1})\neq y(x_i)+h\varphi(x_i,y(x_i),h),$$

或

$$y(x_{i+1})-[y(x_i)+h\varphi(x_i,y(x_i),h)]\neq 0.$$

定义6.1　称

$$R_{i+1}=y(x_{i+1})-[y(x_i)+h\varphi(x_i,y(x_i),h)]$$

为单步显式公式(6.9) 在 x_{i+1} 处的**局部截断误差**.

一个求解公式的局部截断误差刻画了其逼近微分方程的准确程度. 根据上述定义，可直接求得 Euler 公式(6.8) 的局部截断误差为

$$\begin{aligned}R_{i+1} &= y(x_{i+1}) - [y(x_i) + hf(x_i, y(x_i))] \\ &= y(x_i) + hy'(x_i) + \frac{1}{2}h^2 y''(\xi_i) - [y(x_i) + hy'(x_i)] \\ &= \frac{1}{2}h^2 y''(\xi_i), \quad x_i < \xi_i < x_{i+1}.\end{aligned}$$

此即为式(6.6).

6.2.2 后退 Euler 公式

对于式(6.4) 中的积分,用右矩形公式得到

$$y(x_{i+1}) = y(x_i) + hf(x_{i+1}, y(x_{i+1})) + R_{i+1}^{(2)}. \tag{6.10}$$

由习题 5 中第 1 题(2) 可知

$$R_{i+1}^{(2)} = -\frac{1}{2}\left.\frac{\mathrm{d}f(x, y(x))}{\mathrm{d}x}\right|_{x=\xi_i} h^2 = -\frac{1}{2}y''(\xi_i)h^2, \quad x_i < \xi_i < x_{i+1}. \tag{6.11}$$

略去式(6.10) 中的 $R_{i+1}^{(2)}$,并用 y_i 和 y_{i+1} 分别代替 $y(x_i)$ 和 $y(x_{i+1})$,得到

$$y_{i+1} = y_i + hf(x_{i+1}, y_{i+1}), \quad i = 0, 1, 2, \cdots, n-1. \tag{6.12}$$

注意到 $y_0 = \eta$,由式(6.12) 可依次求出 $y_1, y_2, \cdots, y_n$.

称式(6.12) 为**后退 Euler 公式**.

和 Euler 公式(6.8) 相比,后退 Euler 公式(6.12) 在计算 y_{i+1} 时也只用到了前一步的值 y_i,但它只给出了 y_{i+1} 与 y_i 之间的隐式依赖关系. 此时已知 y_i 通常不能直接得到 y_{i+1},还需要通过其它方法求解. 称后退 Euler 公式为**单步隐式公式**.

单步隐式公式的一般形式为

$$\begin{cases} y_{i+1} = y_i + h\psi(x_i, y_i, y_{i+1}, h), \quad i = 0, 1, 2, \cdots, n-1, \\ y_0 = \eta. \end{cases} \tag{6.13}$$

称 $\psi(x, y, z, h)$ 为**增量函数**. 后退 Euler 公式的增量函数

$$\psi(x, y, z, h) = f(x + h, z).$$

一般来说,微分方程的精确解 $y(x_i)$ 也不满足式(6.13),即

$$y(x_{i+1}) \neq y(x_i) + h\psi(x_i, y(x_i), y(x_{i+1}), h),$$

或

$$y(x_{i+1}) - [y(x_i) + h\psi(x_i, y(x_i), y(x_{i+1}), h)] \neq 0.$$

定义 6.2 称

$$R_{i+1} = y(x_{i+1}) - [y(x_i) + h\psi(x_i, y(x_i), y(x_{i+1}), h)]$$

为单步隐式公式(6.13) 的**局部截断误差**.

根据此定义并注意到式(6.10),后退 Euler 公式的局部截断误差为

$$\begin{aligned}R_{i+1} &= y(x_{i+1}) - [y(x_i) + hf(x_{i+1}, y(x_{i+1}))] = R_{i+1}^{(2)} \\ &= -\frac{1}{2}y''(\xi_i)h^2, \quad x_i < \xi_i < x_{i+1}.\end{aligned}$$

6.2.3 梯形公式

为了构造高精度的求解方法,对式(6.4) 中的积分应用梯形公式,则有

$$y(x_{i+1}) = y(x_i) + \frac{h}{2}[f(x_i, y(x_i)) + f(x_{i+1}, y(x_{i+1}))] + R_{i+1}^{(3)}, \quad (6.14)$$

其中

$$R_{i+1}^{(3)} = -\frac{h^3}{12}\left.\frac{\mathrm{d}^2 f(x, y(x))}{\mathrm{d}x^2}\right|_{x=\xi_i} = -\frac{1}{12}y'''(\xi_i)h^3, \quad x_i < \xi_i < x_{i+1}. \quad (6.15)$$

略去式(6.14) 中的 $R_{i+1}^{(3)}$,并用 y_i, y_{i+1} 分别代替 $y(x_i)$ 和 $y(x_{i+1})$,得到

$$y_{i+1} = y_i + \frac{h}{2}[f(x_i, y_i) + f(x_{i+1}, y_{i+1})], \quad i = 0, 1, \cdots, n-1. \quad (6.16)$$

注意到 $y_0 = \eta$,由式(6.16) 可依次求出 $y_1, y_2, \cdots, y_n$.

式(6.16) 是由数值积分中的梯形公式得出来的,因此我们也将式(6.16) 称为**梯形公式**. 该公式也是一个单步隐式公式. 注意到式(6.14),其截断误差

$$\begin{aligned}R_{i+1} &= y(x_{i+1}) - \left\{y(x_i) + \frac{h}{2}[f(x_i, y(x_i)) + f(x_{i+1}, y(x_{i+1}))]\right\} \\ &= R_{i+1}^{(3)} = -\frac{1}{12}y'''(\xi_i)h^3, \quad x_i < \xi_i < x_{i+1}.\end{aligned}$$

6.2.4 预测校正系统与改进 Euler 公式

梯形公式与 Euler 公式相比其局部截断误差高一阶,但它是一个关于 y_{i+1} 的隐式方程. 在实际计算时,可将 Euler 公式与梯形公式联合使用,先用 Euler 公式得到 $y(x_{i+1})$ 的一个粗糙近似值

$$y_{i+1}^{(p)} = y_i + hf(x_i, y_i),$$

称之为**预测值**;然后把这个预测值代入梯形公式的右端,将其校正为较准确的值

$$y_{i+1} = y_i + \frac{h}{2}[f(x_i, y_i) + f(x_{i+1}, y_{i+1}^{(p)})],$$

称之为**校正值**. 即

$$\begin{cases} y_{i+1}^{(p)} = y_i + hf(x_i, y_i), \\ y_{i+1} = y_i + \dfrac{h}{2}[f(x_i, y_i) + f(x_{i+1}, y_{i+1}^{(p)})]. \end{cases} \tag{6.17}$$

式(6.17) 还可写为

$$\begin{cases} y_{i+1}^{(p)} = y_i + hf(x_i, y_i), \\ y_{i+1}^{(c)} = y_i + hf(x_{i+1}, y_{i+1}^{(p)}), \\ y_{i+1} = \dfrac{1}{2}(y_{i+1}^{(p)} + y_{i+1}^{(c)}). \end{cases}$$

正由于此,式(6.17) 也称为**改进 Euler 公式.**

例 6.2 用改进 Euler 公式求解例 6.1 中的初值问题,取 $h = 0.1$.

解 对此初值问题采用改进 Euler 公式,其具体形式为

$$y_0 = 1,$$

$$\begin{cases} y_{i+1}^{(p)} = y_i - 2hx_i y_i^2, \\ y_{i+1}^{(c)} = y_i - 2hx_{i+1}(y_{i+1}^{(p)})^2, \quad i = 0,1,\cdots,11, \\ y_{i+1} = \dfrac{1}{2}(y_{i+1}^{(p)} + y_{i+1}^{(c)}), \end{cases}$$

计算结果列于表 6.2:

表 6.2 改进 Euler 公式算例

i	x_i	y_i	$y_{i+1}^{(p)}$	$y_{i+1}^{(c)}$	$\lvert y(x_i) - y_i \rvert$
0	0.0	1.000000	1.000000	0.980000	0.000000
1	0.1	0.990000	0.970398	0.952333	0.000099
2	0.2	0.961366	0.924397	0.910095	0.000173
3	0.3	0.917246	0.866765	0.857143	0.000185
4	0.4	0.861954	0.802517	0.797551	0.000115
5	0.5	0.800034	0.736029	0.735025	0.000034
6	0.6	0.735527	0.670607	0.672567	0.000233
7	0.7	0.671587	0.608443	0.612355	0.000446
8	0.8	0.610399	0.550785	0.555793	0.000643
9	0.9	0.553289	0.498186	0.503651	0.000803
10	1.0	0.500919	0.450735	0.456223	0.000919
11	1.1	0.453479	0.408237	0.413481	0.000990
12	1.2	0.410859			0.001023

与表 6.1 中用 Euler 公式计算的结果相比较,改进 Euler 公式的精度明显

提高了.

改进 Euler 公式也可表示为

$$y_{i+1}=y_i+\frac{h}{2}[f(x_i,y_i)+f(x_{i+1},y_i+hf(x_i,y_i))],$$

或

$$\begin{cases}y_{i+1}=y_i+\frac{h}{2}(k_1+k_2),\\ k_1=f(x_i,y_i),\\ k_2=f(x_{i+1},y_i+hk_1),\end{cases}\tag{6.18}$$

因而改进 Euler 公式本质上是一个单步显式公式. 它的局部截断误差为

$$\begin{aligned}R_{i+1}&=y(x_{i+1})-y(x_i)-\frac{h}{2}[f(x_i,y(x_i))+f(x_{i+1},y(x_i)+hf(x_i,y(x_i)))]\\&=y(x_{i+1})-y(x_i)-\frac{h}{2}[f(x_i,y(x_i))+f(x_{i+1},y(x_{i+1}))]\\&\quad+\frac{h}{2}[f(x_{i+1},y(x_{i+1}))-f(x_{i+1},y(x_i)+hf(x_i,y(x_i)))].\end{aligned}\tag{6.19}$$

由式(6.14) 和式(6.15),得

$$y(x_{i+1})-y(x_i)-\frac{h}{2}[f(x_i,y(x_i))+f(x_{i+1},y(x_{i+1}))]=-\frac{1}{12}y'''(\xi_i)h^3,$$

其中 $x_i<\xi_i<x_{i+1}$;由式(6.5) 和式(6.6),得

$$\begin{aligned}&f(x_{i+1},y(x_{i+1}))-f(x_{i+1},y(x_i)+hf(x_i,y(x_i)))\\&=\frac{\partial f(x_{i+1},\eta_{i+1})}{\partial y}[y(x_{i+1})-y(x_i)-hf(x_i,y(x_i))]\\&=\frac{1}{2}\frac{\partial f(x_{i+1},\eta_{i+1})}{\partial y}y''(\tilde{\xi}_i)h^2,\end{aligned}$$

其中 $x_i<\tilde{\xi}_i<x_{i+1}$,$\eta_{i+1}$ 介于 $y(x_{i+1})$ 与 $y(x_i)+hf(x_i,y(x_i))$ 之间.

将以上两式代入式(6.19),得到改进 Euler 公式的局部截断误差为

$$R_{i+1}=\left[-\frac{1}{12}y'''(\xi_i)+\frac{1}{4}\frac{\partial f(x_{i+1},\eta_{i+1})}{\partial y}y''(\tilde{\xi}_i)\right]h^3.$$

这说明改进 Euler 公式的局部截断误差是 $O(h^3)$. 改进 Euler 公式和 Euler 公式虽然同为单步显式公式,但前者的局部截断误差比后者的局部截断误差高 1 阶.

6.2.5　整体截断误差

用某种数值方法(例如 Euler 方法、改进 Euler 方法) 求得的数值解 $y_1,y_2,\cdots$,

y_n,一般来说与步长 h 有关. 为了反映出这种关系,我们将其记为

$$y_1^{[h]}, \quad y_2^{[h]}, \quad \cdots, \quad y_n^{[h]}.$$

求数值解的目的是用 $y_i^{[h]}$ 作为 $y(x_i)$ 的近似值. 人们自然要问:在每一节点 x_i 处近似值 $y_i^{[h]}$ 与精确值 $y(x_i)$ 的差

$$| y(x_i) - y_i^{[h]} |, \quad i = 1,2,\cdots,n$$

是否很小?

定义 6.3 设 $y(x_1), y(x_2), \cdots, y(x_n)$ 为微分方程初值问题(6.1)的解在节点处的值,$y_1^{[h]}, y_2^{[h]}, \cdots, y_n^{[h]}$ 为用某种数值方法求得的近似解,称

$$E(h) = \max_{1\leqslant i\leqslant n} | y(x_i) - y_i^{[h]} |$$

为该方法的**整体截断误差**. 如果

$$\lim_{h\to 0} E(h) = 0,$$

则称该方法是收敛的.

整体截断误差为所有节点上误差的最大值,它和局部截断误差是有紧密联系的. 在一定的条件下,如果局部截断误差是 $O(h^{p+1})$,则整体截断误差是 $O(h^p)$. 而分析局部截断误差是比较容易的,所以我们直接根据局部截断误差来刻画求解公式的精度,为此给出下面的定义.

定义 6.4 如果一个求解公式的局部截断误差为 $R_{i+1} = O(h^{p+1})$,则称该求解公式是 p 阶的,或称具有 p 阶精度.

根据此定义,Euler 公式和后退 Euler 公式是 1 阶的,梯形公式和改进 Euler 公式是 2 阶的.

本节所介绍的 Euler 公式、后退 Euler 公式和梯形公式是由数值积分得到的,改进 Euler 公式是由预测校正方法得到的. 事实上,这些公式以及一些具有更高精度的求解公式还可用其它方法推得. 下节我们将介绍对平均斜率提供更为精确的值的待定系数法.

6.3 Runge-Kutta 方法

6.3.1 Runge-Kutta 方法的基本思想

对于式(6.4)中的积分,应用积分中值定理可得

$$y(x_{i+1}) = y(x_i) + hf(x_i + \theta h, y(x_i + \theta h)). \tag{6.20}$$

这里的 $f(x_i + \theta h, y(x_i + \theta h))$ 称为区间 $[x_i, x_{i+1}]$ 上的**平均斜率**,记作 k^*,即

$$k^* = f(x_i + \theta h, y(x_i + \theta h)).$$

因此,只要对平均斜率 k^* 提供一种算法,由式(6.20)便可以得到一个微分方程的数值计算公式.用这个观点来研究 Euler 公式和改进 Euler 公式可以发现,由于 Euler 公式仅取一个点的斜率值 $f(x_i, y_i)$ 作为平均斜率 k^* 的近似值,因此精度较低.而改进 Euler 公式(6.18)利用了两个点的斜率值

$$k_1 = f(x_i, y_i) \quad 与 \quad k_2 = f(x_{i+1}, y_i + hk_1)$$

的平均值作为平均斜率 k^* 的近似值,即

$$k^* \approx \frac{1}{2}(k_1 + k_2),$$

其中 k_2 是通过已知信息 y_i 利用 Euler 公式求得的.改进 Euler 公式精度高的原因,也就在于确定平均斜率时多取了一个点的斜率值.

如此就启发我们,若设法在 $[x_i, x_{i+1}]$ 上多预报几个点的斜率值,然后将它们的加权平均值来作为 k^* 的近似值,则有可能构造出具有更高精度的计算公式.例如,取 r 个点,构造如下形式的求解公式:

$$\begin{cases} y_{i+1} = y_i + h\sum_{j=1}^{r}\alpha_j k_j, \\ k_1 = f(x_i, y_i), \\ k_j = f(x_i + \lambda_j h, y_i + h\sum_{l=1}^{j-1}\mu_{jl}k_l), \quad j = 2,3,\cdots,r. \end{cases} \tag{6.21}$$

这种方法称为显式 r 级 Runge-Kutta 方法,简记为 R-K 方法,其中 α_j, λ_j 及 μ_{jl} 为待定参数.

公式(6.21)的局部截断误差为

$$R_{i+1} = y(x_{i+1}) - y(x_i) - h\sum_{j=1}^{r}\alpha_j K_j, \tag{6.22}$$

其中

$$K_1 = f(x_i, y(x_i)),$$

$$K_j = f\left(x_i + \lambda_j h, y(x_i) + h\sum_{l=1}^{j-1}\mu_{jl}K_l\right), \quad j = 2,3,\cdots,r.$$

将式(6.22)中的各项应用 Taylor 级数展开成 h 的幂级数,得

$$R_{i+1} = c_0 + c_1 h + \cdots + c_p h^p + c_{p+1}h^{p+1} + \cdots.$$

如果所选参数 α_j, λ_j 及 μ_{jl},使得 $c_0 = 0, c_1 = 0, \cdots, c_p = 0$,而 $c_{p+1} \neq 0$,则公式(6.21)是 p 阶的.

当 $r=1$ 时,取 $\alpha_1=1$,则得显式 1 级 Runge-Kutta 公式

$$y_{i+1}=y_i+hf(x_i,y_i).$$

此公式即为 Euler 公式.

在推导高阶 Runge-Kutta 公式时常需用到如下几个公式:

$$y'(x)=f(x,y(x)), \tag{6.23}$$

$$y''(x)=\frac{\partial f(x,y(x))}{\partial x}+y'(x)\frac{\partial f(x,y(x))}{\partial y}, \tag{6.24}$$

$$\begin{aligned}y'''(x)&=\frac{\partial^2 f(x,y(x))}{\partial x^2}+2y'(x)\frac{\partial^2 f(x,y(x))}{\partial x\partial y}\\&\quad+(y'(x))^2\frac{\partial^2 f(x,y(x))}{\partial y^2}+y''(x)\frac{\partial f(x,y(x))}{\partial y},\end{aligned} \tag{6.25}$$

$$\begin{aligned}y^{(4)}(x)&=\frac{\partial^3 f(x,y(x))}{\partial x^3}+3y'(x)\frac{\partial^3 f(x,y(x))}{\partial x^2\partial y}\\&\quad+3(y'(x))^2\frac{\partial^3 f(x,y(x))}{\partial x\partial y^2}\\&\quad+(y'(x))^3\frac{\partial^3 f(x,y(x))}{\partial y^3}+3y''(x)\frac{\partial^2 f(x,y(x))}{\partial x\partial y}\\&\quad+3y'(x)y''(x)\frac{\partial^2 f(x,y(x))}{\partial y^2}+y'''(x)\frac{\partial f(x,y(x))}{\partial y}.\end{aligned}$$

6.3.2 2 阶 Runge-Kutta 公式

当 $r=2$ 时,Runge-Kutta 公式为

$$\begin{cases}y_{i+1}=y_i+h(\alpha_1k_1+\alpha_2k_2),\\k_1=f(x_i,y_i),\\k_2=f(x_i+\lambda_2h,y_i+h\mu_{21}k_1),\end{cases} \tag{6.26}$$

其局部截断误差为

$$\begin{cases}R_{i+1}=y(x_{i+1})-y(x_i)-h(\alpha_1K_1+\alpha_2K_2),\\K_1=f(x_i,y(x_i)),\\K_2=f(x_i+\lambda_2h,y(x_i)+h\mu_{21}K_1).\end{cases} \tag{6.27}$$

将

$$K_1=f(x_i,y(x_i))=y'(x_i),$$

$$\begin{aligned}K_2&=f(x_i+\lambda_2h,y(x_i)+h\mu_{21}y'(x_i))\\&=f(x_i,y(x_i))+\left(\lambda_2h\frac{\partial}{\partial x}+h\mu_{21}y'(x_i)\frac{\partial}{\partial y}\right)f(x_i,y(x_i))\\&\quad+\frac{1}{2}\left(\lambda_2h\frac{\partial}{\partial x}+h\mu_{21}y'(x_i)\frac{\partial}{\partial y}\right)^2f(x_i,y(x_i))+O(h^3)\end{aligned}$$

代入(6.27)的第一式,对 $y(x_{i+1})$ 在 x_i 展开并利用公式(6.23),(6.24),得

$$
\begin{aligned}
R_{i+1} &= hy'(x_i) + \frac{h^2}{2}y''(x_i) + \frac{1}{6}h^3y'''(x_i) + O(h^4) - h\alpha_1 y'(x_i) \\
&\quad - h\alpha_2\Big[y'(x_i) + \lambda_2 h\frac{\partial f(x_i, y(x_i))}{\partial x} + h\mu_{21}y'(x_i)\frac{\partial f(x_i, y(x_i))}{\partial y} \\
&\quad + \frac{1}{2}h^2\left(\lambda_2\frac{\partial}{\partial x} + \mu_{21}y'(x_i)\frac{\partial}{\partial y}\right)^2 f(x_i, y(x_i)) + O(h^3)\Big] \\
&= h(1-\alpha_1-\alpha_2)y'(x_i) \\
&\quad + h^2\left[\left(\frac{1}{2}-\alpha_2\lambda_2\right)\frac{\partial f(x_i, y(x_i))}{\partial x} + \left(\frac{1}{2}-\alpha_2\mu_{21}\right)y'(x_i)\frac{\partial f(x_i, y(x_i))}{\partial y}\right] \\
&\quad + h^3\left[\frac{1}{6}y'''(x_i) - \frac{1}{2}\alpha_2\left(\lambda_2\frac{\partial}{\partial x} + \mu_{21}y'(x_i)\frac{\partial}{\partial y}\right)^2 f(x_i, y(x_i))\right] + O(h^4).
\end{aligned}
$$

由于 f 的任意性,要使式(6.26)具有 2 阶精度,当且仅当参数 $\alpha_1, \alpha_2, \lambda_2$ 和 μ_{21} 满足

$$
\begin{cases}
1-\alpha_1-\alpha_2 = 0, \\
\dfrac{1}{2} - \alpha_2\lambda_2 = 0, \\
\dfrac{1}{2} - \alpha_2\mu_{21} = 0,
\end{cases}
\quad \text{即} \quad
\begin{cases}
\alpha_1 + \alpha_2 = 1, \\
\alpha_2\lambda_2 = \dfrac{1}{2}, \\
\alpha_2\mu_{21} = \dfrac{1}{2}.
\end{cases}
$$

此方程组有一簇解,并且可表示为

$$
\begin{cases}
\alpha_1 = 1 - \alpha_2, \\
\lambda_2 = \dfrac{1}{2\alpha_2}, \\
\mu_{21} = \dfrac{1}{2\alpha_2},
\end{cases}
\quad \alpha_2 \neq 0,
$$

将其代入式(6.26),得到一簇 2 阶精度的 Runge-Kutta 公式

$$
\begin{cases}
y_{i+1} = y_i + h[(1-\alpha_2)k_1 + \alpha_2 k_2], \\
k_1 = f(x_i, y_i), \\
k_2 = f\left(x_i + \dfrac{1}{2\alpha_2}h, y_i + \dfrac{1}{2\alpha_2}hk_1\right),
\end{cases}
\tag{6.28}
$$

再由式(6.25),可得其局部截断误差为

$$
R_{i+1} = \left[\left(\frac{1}{6} - \frac{1}{8\alpha_2}\right)y'''(x_i) + \frac{1}{8\alpha_2}y''(x_i)\frac{\partial f(x_i, y(x_i))}{\partial y}\right]h^3 + O(h^4).
$$

公式(6.28)称为 2 级 2 阶 Runge-Kutta 公式.

若取 $\alpha_2 = \dfrac{1}{2}$,便得到

$$\begin{cases} y_{i+1} = y_i + \dfrac{h}{2}(k_1 + k_2), \\ k_1 = f(x_i, y_i), \\ k_2 = f(x_i + h, y_i + hk_1), \end{cases}$$

或

$$y_{i+1} = y_i + \frac{h}{2}[f(x_i, y_i) + f(x_{i+1}, y_i + hf(x_i, y_i))].$$

这就是改进 Euler 公式.

若取 $\alpha_2 = 1$,便得到

$$\begin{cases} y_{i+1} = y_i + hk_2, \\ k_1 = f(x_i, y_i), \\ k_2 = f\left(x_i + \dfrac{1}{2}h, y_i + \dfrac{1}{2}hk_1\right), \end{cases}$$

或

$$y_{i+1} = y_i + hf\left(x_i + \frac{1}{2}h, y_i + \frac{1}{2}hf(x_i, y_i)\right).$$

此公式称为**变形 Euler 公式**.

若取 $\alpha_2 = \dfrac{3}{4}$,则得到

$$\begin{cases} y_{i+1} = y_i + \dfrac{h}{4}(k_1 + 3k_2), \\ k_1 = f(x_i, y_i), \\ k_2 = f\left(x_i + \dfrac{2}{3}h, y_i + \dfrac{2}{3}hk_1\right), \end{cases}$$

或

$$y_{i+1} = y_i + \frac{h}{4}\left[f(x_i, y_i) + 3f\left(x_i + \frac{2}{3}h, y_i + \frac{2}{3}hf(x_i, y_i)\right)\right].$$

6.3.3 高阶 Runge-Kutta 公式

类似于前面推导,可以得到如下两个常用的 3 阶公式:

$$
\begin{cases}
y_{i+1} = y_i + \dfrac{h}{4}(k_1 + 3k_3), \\
k_1 = f(x_i, y_i), \\
k_2 = f\left(x_i + \dfrac{1}{3}h, y_i + \dfrac{1}{3}hk_1\right), \\
k_3 = f\left(x_i + \dfrac{2}{3}h, y_i + \dfrac{2}{3}hk_2\right),
\end{cases}
$$

$$
\begin{cases}
y_{i+1} = y_i + \dfrac{h}{6}(k_1 + 4k_2 + k_3), \\
k_1 = f(x_i, y_i), \\
k_2 = f\left(x_i + \dfrac{1}{2}h, y_i + \dfrac{1}{2}hk_1\right), \\
k_3 = f(x_i + h, y_i - hk_1 + 2hk_2),
\end{cases}
$$

以及如下两个常用的 4 阶公式：

$$
\begin{cases}
y_{i+1} = y_i + \dfrac{h}{6}(k_1 + 2k_2 + 2k_3 + k_4), \\
k_1 = f(x_i, y_i), \\
k_2 = f\left(x_i + \dfrac{1}{2}h, y_i + \dfrac{1}{2}hk_1\right), \\
k_3 = f\left(x_i + \dfrac{1}{2}h, y_i + \dfrac{1}{2}hk_2\right), \\
k_4 = f(x_i + h, y_i + hk_3),
\end{cases}
$$

$$
\begin{cases}
y_{i+1} = y_i + \dfrac{h}{6}[k_1 + (2-\sqrt{2})k_2 + (2+\sqrt{2})k_3 + k_4], \\
k_1 = f(x_i, y_i), \\
k_2 = f\left(x_i + \dfrac{h}{2}, y_i + \dfrac{h}{2}k_1\right), \\
k_3 = f\left(x_i + \dfrac{h}{2}, y_i + \dfrac{\sqrt{2}-1}{2}hk_1 + \left(1-\dfrac{\sqrt{2}}{2}\right)hk_2\right), \\
k_4 = f\left(x_i + h, y_i - \dfrac{\sqrt{2}}{2}hk_2 + \left(1+\dfrac{\sqrt{2}}{2}\right)hk_3\right),
\end{cases}
$$

分别称为 Heun 公式、Kutta 公式、经典 Runge-Kutta 公式（RK_4）和 Gill 公式.

我们注意到，r 级公式每计算一步，需要计算 $f(x,y)$ 在 r 个点处的值. 4 级及 4 级以下的 Runge-Kutta 公式，其可能达到的最高阶数等于 r；4 级以上的公式，其可能达到的最高阶数则小于 r. 如果用 $p^*(r)$ 表示 r 级公式所能达到的最高阶数，Butcher 于 1965 年证得了如下结果：

r	1,2,3,4	5,6,7	8,9	10,11,…
$p^*(r)$	r	$r-1$	$r-2$	$\leqslant r-2$

例 6.3 用经典 Runge-Kutta 公式求解例 6.1 中的初值问题,取 $h=0.1$.

解 对所给初值问题,采用经典 Runge-Kutta 公式,其具体形式为

$$y_0 = 1$$

$$\begin{cases} y_{i+1} = y_i + \dfrac{h}{6}(k_1 + 2k_2 + 2k_3 + k_4), \\ k_1 = -2x_i y_i^2, \\ k_2 = -2\left(x_i + \dfrac{h}{2}\right)\left(y_i + \dfrac{h}{2}k_1\right)^2, \qquad i = 0,1,\cdots,11, \\ k_3 = -2\left(x_i + \dfrac{h}{2}\right)\left(y_i + \dfrac{h}{2}k_2\right)^2, \\ k_4 = -2x_{i+1}(y_i + hk_3)^2, \end{cases}$$

计算结果列于表 6.3:

表 6.3 经典 Runge-Kutta 公式算例

x_i	y_i	$y(x_i)$	$\vert y(x_i)-y_i \vert$
0.0	1.000000	1.000000	0.000000
0.1	0.990099	0.990099	0.000000
0.2	0.961538	0.961538	0.000000
0.3	0.917431	0.917431	0.000001
0.4	0.862068	0.862069	0.000001
0.5	0.799999	0.800000	0.000001
0.6	0.735294	0.735294	0.000001
0.7	0.671141	0.671141	0.000000
0.8	0.609756	0.609756	0.000000
0.9	0.552487	0.552486	0.000000
1.0	0.500001	0.500000	0.000001
1.1	0.452489	0.452489	0.000001
1.2	0.409837	0.409836	0.000001

由表中结果可以看出,4 阶 Runge-Kutta 公式比 Euler 公式和改进 Euler 公式的精度高得多.

6.3.4 隐式 Runge-Kutta 公式

前面所讨论的 Runge-Kutta 公式是显式的.需要说明的是,隐式 Runge-Kutta 公式具有很好的数值稳定性,因此在求解刚性(Stiff)方程组时常被使用.常用的 3 个隐式 Runge-Kutta 公式如下:

$$\begin{cases} y_{i+1} = y_i + hk_1, \\ k_1 = f\left(x_i + \frac{1}{2}h, y_i + \frac{1}{2}k_1 h\right), \end{cases}$$

$$\begin{cases} y_{i+1} = y_i + \frac{h}{2}(k_1 + k_2), \\ k_1 = f\left(x_i + \frac{3-\sqrt{3}}{6}h, y_i + \frac{1}{4}k_1 h + \frac{3-2\sqrt{3}}{12}k_2 h\right), \\ k_2 = f\left(x_i + \frac{3+\sqrt{3}}{6}h, y_i + \frac{3+2\sqrt{3}}{12}k_1 h + \frac{1}{4}k_2 h\right), \end{cases}$$

$$\begin{cases} y_{i+1} = y_i + \frac{h}{18}(5k_1 + 8k_2 + 5k_3), \\ k_1 = f\left(x_i + \frac{5-\sqrt{15}}{10}h, y_i + \left(\frac{5}{36}k_1 + \frac{10-3\sqrt{15}}{45}k_2 + \frac{25-6\sqrt{15}}{180}k_3\right)h\right), \\ k_2 = f\left(x_i + \frac{1}{2}h, y_i + \left(\frac{10+3\sqrt{15}}{72}k_1 + \frac{2}{9}k_2 + \frac{10-3\sqrt{15}}{72}k_3\right)h\right), \\ k_3 = f\left(x_i + \frac{5+\sqrt{15}}{10}h, y_i + \left(\frac{25+6\sqrt{15}}{180}k_1 + \frac{10+3\sqrt{15}}{45}k_2 + \frac{5}{36}k_3\right)h\right), \end{cases}$$

它们分别是 2 阶公式、4 阶公式和 6 阶公式.

6.4 单步方法的收敛性和稳定性

考虑求解常微分方程初值问题

$$\begin{cases} y' = f(x, y), \quad a < x \leqslant b, \\ y(a) = \eta \end{cases} \tag{6.29}$$

的单步显式公式

$$\begin{cases} y_{i+1} = y_i + h\varphi(x_i, y_i, h), \quad i = 0, 1, \cdots, n-1, \\ y_0 = \eta, \end{cases} \tag{6.30}$$

其局部截断误差为

$$R_{i+1} = y(x_{i+1}) - [y(x_i) + h\varphi(x_i, y(x_i), h)], \quad i = 0, 1, \cdots, n-1. \tag{6.31}$$

6.4.1 单步方法的收敛性

引理 6.1 假设数列 $\{\xi_n\}$ 满足不等式

$$|\xi_{i+1}| \leqslant A|\xi_i| + B, \quad i = 0,1,\cdots,k-1, \tag{6.32}$$

则有

$$|\xi_k| \leqslant A^k|\xi_0| + \begin{cases} \dfrac{A^k-1}{A-1}B, & A \neq 1, \\ kB, & A = 1, \end{cases}$$

其中 A 和 B 为非负常数.

证明 反复应用公式(6.32),得

$$\begin{aligned} |\xi_k| &\leqslant A|\xi_{k-1}| + B \leqslant A(A|\xi_{k-2}| + B) + B \\ &= A^2|\xi_{k-2}| + (A+1)B \\ &\leqslant A^2(A|\xi_{k-3}| + B) + (A+1)B \\ &= A^3|\xi_{k-3}| + (A^2+A+1)B \\ &\leqslant \cdots \\ &\leqslant A^k|\xi_0| + (A^{k-1}+A^{k-2}+\cdots+A+1)B \\ &= \begin{cases} A^k|\xi_0| + \dfrac{A^k-1}{A-1}B, & A \neq 1, \\ A^k|\xi_0| + kB, & A = 1. \end{cases} \end{aligned}$$

引理证毕.

定理 6.1 设 $y(x)$ 为式(6.29) 的解,$\{y_i\}_{i=0}^n$ 为式(6.30) 的解. 如果

1° 存在常数 c_0,使得

$$|R_{i+1}| \leqslant c_0 h^{p+1}, \quad i = 0,1,2,\cdots,n-1; \tag{6.33}$$

2° 存在 $h_0 > 0$,使得

$$\max_{\substack{(x,y)\in D_\delta \\ 0<h\leqslant h_0}} \left| \frac{\partial \varphi(x,y,h)}{\partial y} \right| \leqslant L,$$

其中 D_δ 由式(6.2) 定义.

记 $c = \dfrac{c_0}{L}[\mathrm{e}^{L(b-a)} - 1]$,则当 $h \leqslant \min\left\{h_0, \sqrt[p]{\dfrac{\delta}{c}}\right\}$时,有

$$E(h) \leqslant ch^p$$

证明 我们用归纳法证明

$$|y(x_i) - y_i| \leqslant ch^p, \quad i = 0,1,\cdots,n. \tag{6.34}$$

由式(6.31),得

$$y(x_{i+1})=y(x_i)+h\varphi(x_i,y(x_i),h)+R_{i+1},\quad i=0,1,\cdots,n-1.\tag{6.35}$$

将式(6.35)和式(6.30)相减,得

$$y(x_{i+1})-y_{i+1}=y(x_i)-y_i+h[\varphi(x_i,y(x_i),h)-\varphi(x_i,y_i,h)]+R_{i+1},\quad i=0,1,\cdots,n-1.\tag{6.36}$$

由 $y(x_0)-y_0=\eta-\eta=0$ 知式(6.34)对 $i=0$ 是成立的.

现设式(6.34)对$i=0,1,\cdots,k-1$ 是成立的,即

$$|y(x_i)-y_i|\leqslant ch^p,\quad i=0,1,\cdots,k-1,$$

因而当 $h\leqslant\sqrt[p]{\frac{\delta}{c}}$ 时,有

$$|y(x_i)-y_i|\leqslant c\left(\sqrt[p]{\frac{\delta}{c}}\right)^p=\delta,\quad i=0,1,\cdots,k-1.$$

应用条件 2°,有

$$\begin{aligned}|\varphi(x_i,y(x_i),h)-\varphi(x_i,y_i,h)|&=\left|\frac{\partial\varphi(x_i,\eta_i,h)}{\partial y}(y(x_i)-y_i)\right|\\&\leqslant L|y(x_i)-y_i|,\quad i=0,1,\cdots,k-1,\end{aligned}$$

其中 η_i 介于 $y(x_i)$ 与 y_i 之间. 于是由(6.36)及(6.33)两式得到

$$\begin{aligned}|y(x_{i+1})-y_{i+1}|&\leqslant|y(x_i)-y_i|+h|\varphi(x_i,y(x_i),h)-\varphi(x_i,y_i,h)|+|R_{i+1}|\\&\leqslant|y(x_i)-y_i|+Lh|y(x_i)-y_i|+c_0h^{p+1}\\&=(1+Lh)|y(x_i)-y_i|+c_0h^{p+1},\quad i=0,1,\cdots,k-1.\end{aligned}$$

再应用引理 6.1 有

$$|y(x_k)-y_k|\leqslant(1+Lh)^k|y(x_0)-y_0|+\frac{(1+Lh)^k-1}{(1+Lh)-1}c_0h^{p+1},$$

注意到 $y(x_0)-y_0=0$ 及 $(1+Lh)^k\leqslant e^{Lkh}\leqslant e^{L(b-a)}$,得到

$$|y(x_k)-y_k|\leqslant\frac{c_0}{L}[e^{L(b-a)}-1]h^p=ch^p,\quad 其中\ c=\frac{c_0}{L}[e^{L(b-a)}-1].$$

即式(6.34)对 $i=k$ 是成立的.

综上,由归纳原理,定理证毕.

对于我们已讨论过的单步显式格式,当式(6.3)成立时定理6.1中的条件2°总是满足的. 例如

(1) Euler 公式的增量函数 $\varphi(x,y,h)=f(x,y)$,所以

$$\max_{\substack{(x,y)\in D_\delta\\0\leqslant h\leqslant h_0}}\left|\frac{\partial\varphi(x,y,h)}{\partial y}\right|=\max_{(x,y)\in D_\delta}\left|\frac{\partial f(x,y)}{\partial y}\right|=M_1\equiv L.$$

(2) 改进 Euler 公式的增量函数

$$\varphi(x,y,h)=\frac{1}{2}[f(x,y)+f(x+h,y+hf(x,y))],$$

对 y 求导得

$$\frac{\partial\varphi(x,y,h)}{\partial y}=\frac{1}{2}\left[\frac{\partial f(x,y)}{\partial y}+\frac{\partial f(x+h,y+hf(x,y))}{\partial y}\left(1+h\frac{\partial f(x,y)}{\partial y}\right)\right].$$

取 $h_0=\dfrac{\delta}{4M_0}$(M_0 由式(6.3)定义),则当 $h\leqslant h_0$ 时,有

$$\begin{aligned}\max_{\substack{(x,y)\in D_{\delta/2}\\0\leqslant h\leqslant h_0}}\left|\frac{\partial\varphi(x,y,h)}{\partial y}\right|&\leqslant\frac{1}{2}\left\{\max_{\substack{(x,y)\in D_{\delta/2}\\0\leqslant h\leqslant h_0}}\left|\frac{\partial f(x,y)}{\partial y}\right|+\max_{\substack{(x,y)\in D_{\delta/2}\\0\leqslant h\leqslant h_0}}\left|\frac{\partial f(x+h,y+hf(x,y))}{\partial y}\right|\right.\\&\quad\left.\cdot\left(1+h\max_{(x,y)\in D_{\delta/2}}\left|\frac{\partial f(x,y)}{\partial y}\right|\right)\right\}\\&\leqslant\frac{1}{2}[M_1+M_1(1+hM_1)]\leqslant M_1\left(1+\frac{h_0}{2}M_1\right)\equiv L.\end{aligned}$$

由定理 6.1 可以发现,如果一个方法的局部截断误差为 $O(h^{p+1})$,则整体截断误差为 $O(h^p)$.

一个单步显式求解公式应至少是 1 阶的.而由局部截断误差的表达式,有

$$\begin{aligned}R_{i+1}&=y(x_{i+1})-y(x_i)-h\varphi(x_i,y(x_i),h)\\&=y(x_i)+hy'(x_i)+O(h^2)-y(x_i)-h[\varphi(x_i,y(x_i),0)+O(h)]\\&=h[f(x_i,y(x_i))-\varphi(x_i,y(x_i),0)]+O(h^2).\end{aligned}$$

因此一个单步显式求解公式至少是 1 阶的,即 $R_{i+1}=O(h^2)$ 的充分必要条件为

$$\varphi(x_i,y(x_i),0)=f(x_i,y(x_i)),\quad i=0,1,\cdots,n-1.$$

由于 h 的任意性,上式又等价于

$$\varphi(x,y(x),0)=f(x,y(x)).\tag{6.37}$$

称式(6.37)为**相容性条件**.该条件是比较容易验证的.

判断一个单步显式公式是否收敛,只要检验式(6.3),(6.37)是否满足即可.

6.4.2 单步方法的稳定性

求解过程中的舍入误差是不可避免的,我们还必须考虑误差的传播问题.

定义 6.5 对于初值问题(6.29),设 $\{y_i\}_{i=0}^n$ 是由式(6.30)得到的解,$\{z_i\}_{i=0}^n$

是如下扰动问题的解：

$$\begin{cases} z_{i+1} = z_i + h[\varphi(x_i, z_i, h) + \delta_{i+1}], \quad i = 0,1,2,\cdots,n-1, \\ z_0 = \eta + \delta_0. \end{cases}$$

若存在正常数 C，ε_0 及 h_0，使对所有 $\varepsilon \in (0, \varepsilon_0]$，$h \in (0, h_0]$，当 $\max\limits_{0 \leqslant i \leqslant n} |\delta_i| \leqslant \varepsilon$ 时，有

$$\max_{0 \leqslant i \leqslant n} |y_i - z_i| \leqslant C\varepsilon,$$

则称式(6.30)是稳定的或称为零稳定的.

定理 6.2 在定理 6.1 的条件下，单步显式公式(6.30)是稳定的.

6.4.3 单步方法的自适应算法

对于一个 p 阶单步方法(6.30)，设用步长 h 算得的解为 $y_i^{[h]}$. 当 f 和 φ 满足适当条件时，该解有如下渐近展开式：

$$y_i^{[h]} = y(x_i) + c_p(x_i)h^p + c_{p+1}(x_i)h^{p+1} + \cdots + c_N(x_i)h^N + c_{N+1}(x_i, h)h^{N+1}, \tag{6.38}$$

其中，$c_p(x)$，$c_{p+1}(x)$，$\cdots$，$c_N(x)$ 是关于 x 的连续函数并且与 h 无关，$c_{N+1}(x, h)$ 则关于 $x \in [a, b]$，$h \in (0, h_0]$ 一致有界.

渐近展开式(6.38)在实践中很重要. 对于同一点 $x_i = a + ih$，用步长 h 算得的值为 $y_i^{[h]}$，用步长 $\dfrac{h}{2}$ 算得的值为 $y_{2i}^{[\frac{h}{2}]}$，则对于足够小的 h，我们有如下近似式：

$$y_i^{[h]} \approx y(x_i) + c_p(x_i)h^p, \tag{6.39}$$

$$y_{2i}^{[\frac{h}{2}]} \approx y(x_i) + c_p(x_i)\left(\frac{h}{2}\right)^p. \tag{6.40}$$

将式(6.40)乘以 $\dfrac{2^p}{2^p - 1}$，式(6.39)乘以 $\dfrac{1}{2^p - 1}$，并将结果相减，得

$$y(x_i) \approx \frac{2^p}{2^p - 1} y_{2i}^{[\frac{h}{2}]} - \frac{1}{2^p - 1} y_i^{[h]}.$$

上式也可写为

$$y(x_i) - y_{2i}^{[\frac{h}{2}]} \approx \frac{1}{2^p - 1}\left(y_{2i}^{[\frac{h}{2}]} - y_i^{[h]}\right).$$

实际计算时采用反复二分步长的方法进行计算，对于给定的精度 ε，当

$$\frac{1}{2^p - 1} \max_{1 \leqslant i \leqslant n} \left| y_{2i}^{[\frac{h}{2}]} - y_i^{[h]} \right| < \varepsilon$$

时终止计算，并以 $y_{2i}^{[\frac{h}{2}]}$ 或 $\dfrac{1}{2^p - 1}\left(2^p y_{2i}^{[\frac{h}{2}]} - y_i^{[h]}\right)$ 作为 $y(x_i)$ 的近似值.

6.4.4 单步方法的加速

设有一个 p 阶的单步公式

$$y_{i+1}=y_i+h\varphi(x_i,y_i,h),$$

且有

$$y(x_{i+1})-[y(x_i)+h\varphi(x_i,y(x_i),h)]=C(x_i)h^{p+1}+O(h^{p+2}),\quad(6.41)$$

其中 $C(x)$ 有一阶连续的导数,则下列单步法

$$\begin{cases}y_{i+1}=\dfrac{2^p}{2^p-1}y_{i+1}^{[\frac{h}{2}]}-\dfrac{1}{2^p-1}y_{i+1}^{[h]},\\ y_{i+1}^{[h]}=y_i+h\varphi(x_i,y_i,h),\\ y_{i+\frac{1}{2}}^{[\frac{h}{2}]}=y_i+\dfrac{h}{2}\varphi\left(x_i,y_i,\dfrac{h}{2}\right),\\ y_{i+1}^{[\frac{h}{2}]}=y_{i+\frac{1}{2}}^{[\frac{h}{2}]}+\dfrac{h}{2}\varphi\left(x_{i+\frac{1}{2}},y_{i+\frac{1}{2}}^{[\frac{h}{2}]},\dfrac{h}{2}\right)\end{cases}\quad(6.42)$$

是$(p+1)$阶的,其中 $x_{i+\frac{1}{2}}=x_i+\dfrac{h}{2}$.

式(6.42)可写为

$$y_{i+1}=\frac{2^p}{2^p-1}\left[y_i+\frac{h}{2}\varphi\left(x_i,y_i,\frac{h}{2}\right)+\frac{h}{2}\varphi\left(x_{i+\frac{1}{2}},y_i+\frac{h}{2}\varphi\left(x_i,y_i,\frac{h}{2}\right),\frac{h}{2}\right)\right]$$
$$-\frac{1}{2^p-1}[y_i+h\varphi(x_i,y_i,h)],$$

其局部截断误差为

$$R_{i+1}=y(x_{i+1})-\frac{2^p}{2^p-1}\left[y(x_i)+\frac{h}{2}\varphi\left(x_i,y(x_i),\frac{h}{2}\right)\right.$$
$$\left.+\frac{h}{2}\varphi\left(x_{i+\frac{1}{2}},y(x_i)+\frac{h}{2}\varphi\left(x_i,y(x_i),\frac{h}{2}\right),\frac{h}{2}\right)\right]$$
$$+\frac{1}{2^p-1}[y(x_i)+h\varphi(x_i,y(x_i),h)].$$

又由式(6.41)可得

$$y(x_{i+\frac{1}{2}})-\left[y(x_i)+\frac{h}{2}\varphi\left(x_i,y(x_i),\frac{h}{2}\right)\right]=C(x_i)\left(\frac{h}{2}\right)^{p+1}+O(h^{p+2}),\quad(6.43)$$

$$
\begin{aligned}
& y(x_{i+1})-\left[y(x_{i+\frac{1}{2}})+\frac{h}{2}\varphi\left(x_{i+\frac{1}{2}},y(x_{i+\frac{1}{2}}),\frac{h}{2}\right)\right] \\
&= C(x_{i+\frac{1}{2}})\left(\frac{h}{2}\right)^{p+1}+O(h^{p+2}) \\
&= C(x_i)\left(\frac{h}{2}\right)^{p+1}+O(h^{p+2}),
\end{aligned}
\tag{6.44}
$$

于是由式(6.41)、式(6.43)和式(6.44)得到局部截断误差为

$$
\begin{aligned}
R_{i+1} &= y(x_{i+1})-\frac{2^p}{2^p-1}\Big[y(x_{i+\frac{1}{2}})-C(x_i)\left(\frac{h}{2}\right)^{p+1}+O(h^{p+2}) \\
&\quad +\frac{h}{2}\varphi\left(x_{i+\frac{1}{2}},y(x_{i+\frac{1}{2}})-C(x_i)\left(\frac{h}{2}\right)^{p+1}+O(h^{p+2}),\frac{h}{2}\right)\Big] \\
&\quad +\frac{1}{2^p-1}[y(x_{i+1})-C(x_i)h^{p+1}+O(h^{p+2})] \\
&= y(x_{i+1})-\frac{2^p}{2^p-1}\Big[y(x_{i+\frac{1}{2}})+\frac{h}{2}\varphi\left(x_{i+\frac{1}{2}},y(x_{i+\frac{1}{2}}),\frac{h}{2}\right) \\
&\quad -C(x_i)\left(\frac{h}{2}\right)^{p+1}\Big]+\frac{1}{2^p-1}[y(x_{i+1})-C(x_i)h^{p+1}]+O(h^{p+2}) \\
&= y(x_{i+1})-\frac{2^p}{2^p-1}\left[y(x_{i+1})-C(x_i)\left(\frac{h}{2}\right)^{p+1}-C(x_i)\left(\frac{h}{2}\right)^{p+1}\right] \\
&\quad +\frac{1}{2^p-1}[y(x_{i+1})-C(x_i)h^{p+1}]+O(h^{p+2}) \\
&= O(h^{p+2}).
\end{aligned}
$$

所以式(6.42)是$(p+1)$阶的.

6.5　线性多步法

在逐步推进的求解过程中,我们在计算 y_{i+1} 之前事实上已经求出了一系列的近似值 $y_0,y_1,\cdots,y_i$. 如果充分利用前面多步的信息来预测 y_{i+1},则可期望获得较高的精度,而这就是构造多步法的基本思想.

线性 k 步方法的一般公式为

$$
y_{i+1}=\sum_{j=0}^{k-1}a_j y_{i-j}+h\sum_{j=-1}^{k-1}b_j f(x_{i-j},y_{i-j}),
\tag{6.45}
$$

其中 a_j,b_j 均为与 i 无关的常数,$|a_{k-1}|+|b_{k-1}|\neq 0$. 当 $b_{-1}=0$ 时,式(6.45)为显格式;当 $b_{-1}\neq 0$ 时,式(6.45)为隐格式. 特别地,当 $k=1,a_0=b_0=1,b_{-1}=0$ 时为 Euler 公式;当 $k=1,a_0=1,b_0=b_{-1}=\dfrac{1}{2}$ 时为梯形公式.

定义 6.6　称

$$R_{i+1}=y(x_{i+1})-\Big[\sum_{j=0}^{k-1}a_jy(x_{i-j})+h\sum_{j=-1}^{k-1}b_jf(x_{i-j},y(x_{i-j}))\Big]$$

为 k 步公式(6.45) 在 x_{i+1} 处的局部截断误差. 当 $R_{i+1}=O(h^{p+1})$ 时,称式(6.45) 是 p 阶的.

应用方程 $y'(x)=f(x,y(x))$ 可知局部截断误差也可写为

$$R_{i+1}=y(x_{i+1})-\Big[\sum_{j=0}^{k-1}a_jy(x_{i-j})+h\sum_{j=-1}^{k-1}b_jy'(x_{i-j})\Big].$$

定义 6.7 如果线性 k 步公式(6.45) 至少是 1 阶的,则称它是相容的;如果线性 k 步公式(6.45) 是 $p(p\geqslant 1)$ 阶的,则称它是 p 阶相容的.

使用式(6.45) 时需提供 k 个初值 $y_0,y_1,\cdots,y_{k-1}$,通常取 $y_0=\eta$,而 $y_1,y_2,\cdots,y_{k-1}$ 由同阶的单步公式提供.

构造多步方法的公式有多种途径,下面介绍两种,一种是基于 Taylor 展开的方法,另一种是基于数值积分的方法.

6.5.1 基于 Taylor 展开的待定系数方法

设想要构造如下形式的线性 k 步公式:

$$y_{i+1}=\sum_{j=0}^{k-1}a_jy_{i-j}+h\sum_{j=-1}^{k-1}b_jf(x_{i-j},y_{i-j}),\tag{6.46}$$

其中 a_j 和 b_j 为待定常数. 将其局部截断误差在点 x_i 处作 Taylor 展开,得

$$\begin{aligned}R_{i+1}&=y(x_{i+1})-\Big[\sum_{j=0}^{k-1}a_jy(x_{i-j})+h\sum_{j=-1}^{k-1}b_jf(x_{i-j},y(x_{i-j}))\Big]\\&=y(x_{i+1})-\sum_{j=0}^{k-1}a_jy(x_{i-j})-h\sum_{j=-1}^{k-1}b_jy'(x_{i-j})\\&=\sum_{l=0}^{p+1}\frac{1}{l!}y^{(l)}(x_i)h^l+O(h^{p+2})\\&\quad-\sum_{j=0}^{k-1}a_j\Big[\sum_{l=0}^{p+1}\frac{1}{l!}y^{(l)}(x_i)(-jh)^l+O(h^{p+2})\Big]\\&\quad-h\sum_{j=-1}^{k-1}\Big[b_j\sum_{l=0}^{p}\frac{1}{l!}y^{(l+1)}(x_i)(-jh)^l+O(h^{p+1})\Big]\\&=(1-\sum_{j=0}^{k-1}a_j)y(x_i)\\&\quad+\sum_{l=1}^{p+1}\frac{1}{l!}\Big[1-\sum_{j=0}^{k-1}(-j)^la_j-l\sum_{j=-1}^{k-1}(-j)^{l-1}b_j\Big]h^ly^{(l)}(x_i)+O(h^{p+2}).\end{aligned}$$

要使求解公式(6.46) 为 p 阶的,只需

$$\begin{cases} 1-\sum_{j=0}^{k-1}a_j=0, \\ 1-\sum_{j=0}^{k-1}(-j)^l a_j - l\sum_{j=-1}^{k-1}(-j)^{l-1}b_j=0, \quad l=1,2,\cdots,p, \end{cases}$$

即

$$\begin{cases} \sum_{j=0}^{k-1}a_j=1, \\ \sum_{j=0}^{k-1}(-j)^l a_j + l\sum_{j=-1}^{k-1}(-j)^{l-1}b_j=1, \quad l=1,2,\cdots,p. \end{cases} \tag{6.47}$$

此时局部截断误差为

$$R_{i+1}=\frac{1}{(p+1)!}\left[1-\sum_{j=0}^{k-1}(-j)^{p+1}a_j-(p+1)\sum_{j=-1}^{k-1}(-j)^p b_j\right]h^{p+1}y^{(p+1)}(x_i) + O(h^{p+2}). \tag{6.48}$$

例如,要构造如下的 4 步显式公式:

$$y_{i+1}=a_0y_i+h[b_0f(x_i,y_i)+b_1f(x_{i-1},y_{i-1}) + b_2f(x_{i-2},y_{i-2})+b_3f(x_{i-3},y_{i-3})], \tag{6.49}$$

使之具有 4 阶精度. 按式(6.47) 列出关于待定系数的方程组如下:

$$\begin{cases} a_0=1, \\ b_0+b_1+b_2+b_3=1, \\ -2b_1-4b_2-6b_3=1, \\ 3b_1+12b_2+27b_3=1, \\ -4b_1-32b_2-108b_3=1, \end{cases}$$

解得

$$a_0=1, \quad b_0=\frac{55}{24}, \quad b_1=-\frac{59}{24}, \quad b_2=\frac{37}{24}, \quad b_3=-\frac{9}{24},$$

代入式(6.49),得到公式

$$y_{i+1}=y_i+\frac{h}{24}[55f(x_i,y_i)-59f(x_{i-1},y_{i-1}) + 37f(x_{i-2},y_{i-2})-9f(x_{i-3},y_{i-3})].$$

再将这些系数代入(6.48),得其局部截断误差为

$$R_{i+1}=\frac{251}{720}h^5y^{(5)}(x_i)+O(h^6).$$

下面考虑如下形式的隐式公式:

$$\begin{aligned} y_{i+1} = a_0 y_i + a_1 y_{i-1} + h[&b_{-1} f(x_{i+1}, y_{i+1}) + b_0 f(x_i, y_i) \\ &+ b_1 f(x_{i-1}, y_{i-1}) + b_2 f(x_{i-2}, y_{i-2})]. \end{aligned} \tag{6.50}$$

为使其具有 4 阶精度,按式(6.47) 列出关于待定系数的方程组

$$\begin{cases} a_0 + a_1 = 1, \\ -a_1 + b_{-1} + b_0 + b_1 + b_2 = 1, \\ a_1 + 2b_{-1} - 2b_1 - 4b_2 = 1, \\ -a_1 + 3b_{-1} + 3b_1 + 12b_2 = 1, \\ a_1 + 4b_{-1} - 4b_1 - 32b_2 = 1. \end{cases} \tag{6.51}$$

取 $a_1 = 0$,解得

$$a_0 = 1, \quad b_{-1} = \frac{9}{24}, \quad b_0 = \frac{19}{24}, \quad b_1 = -\frac{5}{24}, \quad b_2 = \frac{1}{24},$$

代入式(6.50),得到公式

$$y_{i+1} = y_i + \frac{h}{24}[9f(x_{i+1}, y_{i+1}) + 19f(x_i, y_i) - 5f(x_{i-1}, y_{i-1}) + f(x_{i-2}, y_{i-2})].$$

再将这些系数代入式(6.48),得其局部截断误差为

$$R_{i+1} = -\frac{19}{720}h^5 y^{(5)}(x_i) + O(h^6).$$

若在式(6.51) 中令 $a_0 = 0$,解得

$$a_1 = 1, \quad b_{-1} = \frac{1}{3}, \quad b_0 = \frac{4}{3}, \quad b_1 = \frac{1}{3}, \quad b_2 = 0,$$

代入式(6.50),得到 Simpson 公式

$$y_{i+1} = y_{i-1} + \frac{h}{3}[f(x_{i+1}, y_{i+1}) + 4f(x_i, y_i) + f(x_{i-1}, y_{i-1})].$$

它是一个 2 步隐式公式且有较小的局部截断误差

$$R_{i+1} = -\frac{1}{90}h^5 y^{(5)}(x_i) + O(h^6).$$

类似地,考虑如下形式的公式:

$$\begin{aligned} y_{i+1} = {} & a_0 y_i + a_3 y_{i-3} \\ & + h[b_0 f(x_i, y_i) + b_1 f(x_{i-1}, y_{i-1}) + b_2 f(x_{i-2}, y_{i-2})], \end{aligned}$$

可得 Milne 公式

$$y_{i+1}=y_{i-3}+\frac{4h}{3}[2f(x_i,y_i)-f(x_{i-1},y_{i-1})+2f(x_{i-2},y_{i-2})].$$

它是一个 4 步显式公式,其局部截断误差为

$$R_{i+1}=\frac{14}{45}h^5y^{(5)}(x_i)+O(h^6).$$

考虑如下形式的公式:

$$\begin{aligned}y_{i+1}=&a_0y_i+a_1y_{i-1}+a_2y_{i-2}\\&+h[b_{-1}f(x_{i+1},y_{i+1})+b_0f(x_i,y_i)+b_1f(x_{i-1},y_{i-1})],\end{aligned}$$

可得 Hamming 公式

$$y_{i+1}=\frac{1}{8}(9y_i-y_{i-2})+\frac{3h}{8}[f(x_{i+1},y_{i+1})+2f(x_i,y_i)-f(x_{i-1},\ y_{i-1})].$$

它是一个 3 步隐式公式,其局部截断误差为

$$R_{i+1}=-\frac{1}{40}h^5y^{(5)}(x_i)+O(h^6).$$

可将 Milne 公式和 Simpson 公式配合构成 Milne-Simpson 预测校正公式,即

$$\begin{cases}y_{i+1}^{(p)}=y_{i-3}+\dfrac{4h}{3}[2f(x_i,y_i)-f(x_{i-1},y_{i-1})+2f(x_{i-2},y_{i-2})],\\y_{i+1}=y_{i-1}+\dfrac{h}{3}[f(x_{i+1},y_{i+1}^{(p)})+4f(x_i,y_i)+f(x_{i-1},y_{i-1})],\end{cases}$$

它是 4 阶的.

6.5.2　基于数值积分的构造方法

将微分方程

$$y'=f(x,y)$$

的两端从 x_i 到 x_{i+1} 积分,得到

$$y(x_{i+1})=y(x_i)+\int_{x_i}^{x_{i+1}}f(x,y(x))\mathrm{d}x. \tag{6.52}$$

6.5.2.1　Adams 显式公式

以 $x_i,x_{i-1},\cdots,x_{i-r}$ 为插值节点作 $f(x,y(x))$ 的 r 次插值多项式,有

$$\begin{aligned} f(x,y(x)) &= \sum_{j=0}^{r} f(x_{i-j},y(x_{i-j}))\prod_{\substack{l=0\\l\neq j}}^{r}\frac{x-x_{i-l}}{x_{i-j}-x_{i-l}} \\ &\quad+\frac{1}{(r+1)!}\frac{\mathrm{d}^{r+1}f(x,y(x))}{\mathrm{d}x^{r+1}}\Big|_{x=\eta_i}\prod_{j=0}^{r}(x-x_{i-j}) \\ &= \sum_{j=0}^{r} f(x_{i-j},y(x_{i-j}))\prod_{\substack{l=0\\l\neq j}}^{r}\frac{x-x_{i-l}}{x_{i-j}-x_{i-l}} \\ &\quad+\frac{1}{(r+1)!}y^{(r+2)}(\eta_i)\prod_{j=0}^{r}(x-x_{i-j}), \end{aligned} \tag{6.53}$$

其中

$$\eta_i=\eta_i(x)\in(\min\{x,x_{i-r}\},\max\{x,x_i\}).$$

将式(6.53)代入式(6.52),作变量代换 $x=x_i+th$,并应用积分中值定理,得

$$\begin{aligned} y(x_{i+1}) &= y(x_i)+\sum_{j=0}^{r} f(x_{i-j},y(x_{i-j}))\int_{x_i}^{x_{i+1}}\prod_{\substack{l=0\\l\neq j}}^{r}\frac{x-x_{i-l}}{x_{i-j}-x_{i-l}}\mathrm{d}x \\ &\quad+\frac{1}{(r+1)!}\int_{x_i}^{x_{i+1}}y^{(r+2)}(\eta_i)\prod_{j=0}^{r}(x-x_{i-j})\mathrm{d}x \\ &= y(x_i)+h\sum_{j=0}^{r} f(x_{i-j},y(x_{i-j}))\int_0^1\prod_{\substack{l=0\\l\neq j}}^{r}\frac{l+t}{l-j}\mathrm{d}t \\ &\quad+h^{r+2}y^{(r+2)}(\xi_i)\frac{1}{(r+1)!}\int_0^1\prod_{j=0}^{r}(j+t)\mathrm{d}t, \end{aligned}$$

其中 $\xi_i\in(x_{i-r},x_{i+1})$. 记

$$\begin{cases} \beta_{rj}=\displaystyle\int_0^1\prod_{\substack{l=0\\l\neq j}}^{r}\frac{l+t}{l-j}\mathrm{d}t, \quad j=0,1,\cdots,r, \\ \alpha_{r+1}=\displaystyle\frac{1}{(r+1)!}\int_0^1\prod_{j=0}^{r}(j+t)\mathrm{d}t, \end{cases}$$

则有

$$y(x_{i+1})=y(x_i)+h\sum_{j=0}^{r}\beta_{rj}f(x_{i-j},y(x_{i-j}))+\alpha_{r+1}h^{r+2}y^{(r+2)}(\xi_i). \tag{6.54}$$

在式(6.54)中略去 $\alpha_{r+1}h^{r+2}y^{(r+2)}(\xi_i)$,并用 y_i 代替 $y(x_i)$,得到$(r+1)$步求解公式

$$y_{i+1}=y_i+h\sum_{j=0}^{r}\beta_{rj}f(x_{i-j},y_{i-j}), \tag{6.55}$$

又由式(6.54),可得式(6.55)的局部截断误差为

$$\begin{aligned} R_{i+1} &= y(x_{i+1}) - \left[y(x_i) + h\sum_{j=0}^{r} \beta_{rj} f(x_{i-j}, y(x_{i-j})) \right] \\ &= \alpha_{r+1} h^{r+2} y^{(r+2)}(\xi_i). \end{aligned}$$

称式(6.55)为$(r+1)$步**Adams显式公式**.由上式可知$(r+1)$步Adams显式公式是$(r+1)$阶的.

当$r=0$时,便得Euler公式

$$y_{i+1} = y_i + hf(x_i, y_i),$$

$$R_{i+1} = \frac{1}{2}h^2 y''(\xi_i), \quad \xi_i \in (x_i, x_{i+1});$$

当$r=1$时,得公式

$$y_{i+1} = y_i + \frac{h}{2}[3f(x_i, y_i) - f(x_{i-1}, y_{i-1})],$$

$$R_{i+1} = \frac{5}{12}h^3 y^{(3)}(\xi_i), \quad \xi_i \in (x_{i-1}, x_{i+1});$$

当$r=2$时,得公式

$$y_{i+1} = y_i + \frac{h}{12}[23f(x_i, y_i) - 16f(x_{i-1}, y_{i-1}) + 5f(x_{i-2}, y_{i-2})],$$

$$R_{i+1} = \frac{3}{8}h^4 y^{(4)}(\xi_i), \quad \xi_i \in (x_{i-2}, x_{i+1});$$

当$r=3$时,得公式

$$\begin{aligned} y_{i+1} = y_i + \frac{h}{24}[&55f(x_i, y_i) - 59f(x_{i-1}, y_{i-1}) \\ &+ 37f(x_{i-2}, y_{i-2}) - 9f(x_{i-3}, y_{i-3})], \end{aligned} \tag{6.56}$$

$$R_{i+1} = \frac{251}{720}h^5 y^{(5)}(\xi_i), \quad \xi_i \in (x_{i-3}, x_{i+1}). \tag{6.57}$$

式(6.56)是常用的Adams 4步显式公式,具有4阶精度.

在上面推导Adams显式公式时,被插值点$x \in [x_i, x_{i+1}]$在插值节点所决定的最大区间$[x_{i-r}, x_i]$的外面,故又称式(6.55)为**Adams外推公式**,或称为Adams开型公式.该法还以Adams与Bashforth两人名字命名为Adams-Bashforth方法,简称为AB方法,并把常用的4阶Adams显式方法简称为AB_4方法.

6.5.2.2 Adams隐式公式

以$x_{i+1}, x_i, \cdots, x_{i-r+1}$为插值节点构造$f(x, y(x))$的$r$次插值多项式,有

$$
\begin{aligned}
f(x,y(x)) &= \sum_{j=-1}^{r-1} f(x_{i-j},y(x_{i-j}))\prod_{\substack{l=-1\\l\neq j}}^{r-1}\frac{x-x_{i-l}}{x_{i-j}-x_{i-l}} \\
&\quad + \frac{1}{(r+1)!}\frac{\mathrm{d}^{r+1}f(x,y(x))}{\mathrm{d}x^{r+1}}\bigg|_{x=\bar{\eta}_i}\prod_{j=-1}^{r-1}(x-x_{i-j}) \\
&= \sum_{j=-1}^{r-1} f(x_{i-j},y(x_{i-j}))\prod_{\substack{l=-1\\l\neq j}}^{r-1}\frac{x-x_{i-l}}{x_{i-j}-x_{i-l}} \\
&\quad + \frac{1}{(r+1)!}y^{(r+2)}(\bar{\eta}_i)\prod_{j=-1}^{r-1}(x-x_{i-j}),
\end{aligned}
\tag{6.58}
$$

其中 $\bar{\eta}_i=\bar{\eta}_i(x)\in(\min\{x,x_{i-r+1}\},\max\{x,x_{i+1}\})$.

将式(6.58)代入式(6.52),作变换 $x=x_i+th$,并应用积分中值定理,得到

$$
\begin{aligned}
y(x_{i+1}) &= y(x_i)+\sum_{j=-1}^{r-1} f(x_{i-j},y(x_{i-j}))\int_{x_i}^{x_{i+1}}\prod_{\substack{l=-1\\l\neq j}}^{r-1}\frac{x-x_{i-l}}{x_{i-j}-x_{i-l}}\mathrm{d}x \\
&\quad + \frac{1}{(r+1)!}\int_{x_i}^{x_{i+1}} y^{(r+2)}(\bar{\eta}_i)\prod_{j=-1}^{r-1}(x-x_{i-j})\mathrm{d}x \\
&= y(x_i)+h\sum_{j=-1}^{r-1} f(x_{i-j},y(x_{i-j}))\int_0^1\prod_{\substack{l=-1\\l\neq j}}^{r-1}\frac{l+t}{l-j}\mathrm{d}t \\
&\quad + h^{r+2}y^{(r+2)}(\bar{\xi}_i)\frac{1}{(r+1)!}\int_0^1\prod_{j=-1}^{r-1}(j+t)\mathrm{d}t,
\end{aligned}
$$

其中 $\bar{\xi}_i\in(x_{i-r+1},x_{i+1})$. 记

$$
\begin{cases}
\bar{\beta}_{rj}=\displaystyle\int_0^1\prod_{\substack{l=-1\\l\neq j}}^{r-1}\frac{l+t}{l-j}\mathrm{d}t, \quad j=-1,0,1,\cdots,r-1, \\
\bar{\alpha}_{r+1}=\displaystyle\frac{1}{(r+1)!}\int_0^1\prod_{j=-1}^{r-1}(j+t)\mathrm{d}t,
\end{cases}
$$

则有

$$
y(x_{i+1})=y(x_i)+h\sum_{j=-1}^{r-1}\bar{\beta}_{rj}f(x_{i-j},y(x_{i-j}))+\bar{\alpha}_{r+1}h^{r+2}y^{(r+2)}(\bar{\xi}_i). \tag{6.59}
$$

在式(6.59)中略去 $\bar{\alpha}_{r+1}h^{r+2}y^{(r+2)}(\bar{\xi}_i)$,并用 y_i 代替 $y(x_i)$,得到 r 步求解公式

$$
y_{i+1}=y_i+h\sum_{j=-1}^{r-1}\bar{\beta}_{rj}f(x_{i-j},y_{i-j}), \tag{6.60}
$$

又由式(6.59),可得式(6.60)的局部截断误差为

$$
\begin{aligned}
R_{i+1} &= y(x_{i+1})-\Big[y(x_i)+h\sum_{j=-1}^{r-1}\bar{\beta}_{rj}f(x_{i-j},y(x_{i-j}))\Big] \\
&= \bar{\alpha}_{r+1}h^{r+2}y^{(r+2)}(\bar{\xi}_i).
\end{aligned}
$$

称式(6.60)为r步**Adams隐式公式**.由上式知r步Adams隐式公式是$(r+1)$阶的.

当$r=1$时,便得梯形公式

$$y_{i+1}=y_i+\frac{h}{2}[f(x_{i+1},y_{i+1})+f(x_i,y_i)],$$

$$R_{i+1}=-\frac{1}{12}h^3y'''(\bar{\xi}_i),\quad \bar{\xi}_i\in(x_i,x_{i+1});$$

当$r=2$时,得公式

$$y_{i+1}=y_i+\frac{h}{12}[5f(x_{i+1},y_{i+1})+8f(x_i,y_i)-f(x_{i-1},y_{i-1})],$$

$$R_{i+1}=-\frac{1}{24}h^4y^{(4)}(\bar{\xi}_i),\quad \bar{\xi}_i\in(x_{i-1},x_{i+1});$$

当$r=3$时,得公式

$$\begin{aligned}y_{i+1}=y_i+\frac{h}{24}[&9f(x_{i+1},y_{i+1})+19f(x_i,y_i)\\&-5f(x_{i-1},y_{i-1})+f(x_{i-2},y_{i-2})],\end{aligned}\tag{6.61}$$

$$R_{i+1}=-\frac{19}{720}h^5y^{(5)}(\bar{\xi}_i),\quad \bar{\xi}_i\in(x_{i-2},x_{i+1}).\tag{6.62}$$

式(6.61)是常用的Adams 3步隐式公式,具有4阶精度.

在上面推导Adams隐式公式时,被插值点$x\in[x_i,x_{i+1}]$在插值节点所决定的最大区间$[x_{i-r+1},x_{i+1}]$内,故又称式(6.60)为**Adams内插公式**,或称为Adams闭型公式.该法还以Adams与Moulton两人名字命名为Adams-Moulton方法,简称为AM方法,并把常用的4阶Adams隐式方法简称为AM_4方法.

6.5.2.3 Adams预测校正方法

将同阶的Adams显式公式与隐式公式相比可以发现,前者使用方便,计算量较小;而后者一般需用迭代法求解,计算量较大,但其局部截断误差较小,稳定性较好.两种方法各有长处与不足,因此人们常常将它们配合起来使用,以发挥它们的优势,弥补各自的不足.

由AB_4和AM_4组成的预测校正系统为

$$\begin{cases}y_{i+1}^{(p)}=y_i+\dfrac{h}{24}[55f(x_i,y_i)-59f(x_{i-1},y_{i-1})+37f(x_{i-2},y_{i-2})-9f(x_{i-3},y_{i-3})],\\ y_{i+1}=y_i+\dfrac{h}{24}[9f(x_{i+1},y_{i+1}^{(p)})+19f(x_i,y_i)-5f(x_{i-1},y_{i-1})+f(x_{i-2},y_{i-2})].\end{cases}\tag{6.63}$$

公式(6.63)的局部截断误差为

$$
\begin{aligned}
R_{i+1} &= y(x_{i+1}) - y(x_i) - \frac{h}{24}\Big\{9f\Big(x_{i+1}, y(x_i) + \frac{h}{24}[55f(x_i, y(x_i)) \\
&\quad - 59f(x_{i-1}, y(x_{i-1})) + 37f(x_{i-2}, y(x_{i-2})) - 9f(x_{i-3}, y(x_{i-3}))]\Big) \\
&\quad + 19f(x_i, y(x_i)) - 5f(x_{i-1}, y(x_{i-1})) + f(x_{i-2}, y(x_{i-2}))\Big\} \\
&= y(x_{i+1}) - y(x_i) - \frac{h}{24}[9f(x_{i+1}, y(x_{i+1})) + 19f(x_i, y(x_i)) \\
&\quad - 5f(x_{i-1}, y(x_{i-1})) + f(x_{i-2}, y(x_{i-2}))] \\
&\quad + \frac{9h}{24}\Big\{f(x_{i+1}, y(x_{i+1})) - f\Big(x_{i+1}, y(x_i) + \frac{h}{24}[55f(x_i, y(x_i)) \\
&\quad - 59f(x_{i-1}, y(x_{i-1})) + 37f(x_{i-2}, y(x_{i-2})) - 9f(x_{i-3}, y(x_{i-3}))]\Big)\Big\} \\
&= y(x_{i+1}) - y(x_i) - \frac{h}{24}[9f(x_{i+1}, y(x_{i+1})) + 19f(x_i, y(x_i)) \\
&\quad - 5f(x_{i-1}, y(x_{i-1})) + f(x_{i-2}, y(x_{i-2}))] \\
&\quad + \frac{9h}{24}\frac{\partial f(x_{i+1}, \eta_i)}{\partial y}\Big\{y(x_{i+1}) - \Big[y(x_i) + \frac{h}{24}(55f(x_i, y(x_i)) \\
&\quad - 59f(x_{i-1}, y(x_{i-1})) + 37f(x_{i-2}, y(x_{i-2})) - 9f(x_{i-3}, y(x_{i-3})))\Big]\Big\},
\end{aligned}
$$

再应用式(6.57)和式(6.62),得到

$$
\begin{aligned}
R_{i+1} &= -\frac{19}{720}h^5 y^{(5)}(\bar{\xi}_i) + \frac{9h}{24}\frac{\partial f(x_{i+1}, \eta_i)}{\partial y} \cdot \frac{251}{720}h^5 y^{(5)}(\xi_i) \\
&= -\frac{19}{720}h^5 y^{(5)}(\bar{\xi}_i) + O(h^6).
\end{aligned}
\tag{6.64}
$$

由式(6.64)可见,预测校正公式(6.63)局部截断误差的主项和 AM_4 是相同的,但它是一个显式公式,每计算 1 步只需计算函数 $f(x,y)$ 在两个点处的值.

例 6.4 用4阶Adams显式公式及Adams预测校正公式计算例6.1中所给初值问题.取 $h=0.1$,前 3 步值 y_1, y_2, y_3 由经典 Runge-Kutta 公式提供.

解 计算结果列于表 6.4:

表 6.4 Adams 公式算例

x_i	$y(x_i)$	显式公式		预测校正公式	
		y_i	$\lvert y(x_i)-y_i\rvert$	y_i	$\lvert y(x_i)-y_i\rvert$
0.4	0.862069	0.862389	0.000320	0.862027	0.000042
0.5	0.800000	0.800527	0.000527	0.799928	0.000072

续表 6.4

x_i	$y(x_i)$	显式公式		预测校正公式	
		y_i	$\lvert y(x_i)-y_i \rvert$	y_i	$\lvert y(x_i)-y_i \rvert$
0.6	0.735294	0.735944	0.000650	0.735212	0.000082
0.7	0.671141	0.671754	0.000613	0.671066	0.000075
0.8	0.609756	0.610267	0.000511	0.609698	0.000058
0.9	0.552486	0.552850	0.000364	0.552448	0.000038
1.0	0.500000	0.500237	0.000237	0.499979	0.000021
1.1	0.452489	0.452618	0.000129	0.452481	0.000008
1.2	0.409836	0.409896	0.000060	0.409836	0.000000

比较 Adams 显式公式(6.56) 的局部截断误差表达式(6.57) 和 Adams 预测校正公式(6.63) 的局部截断误差表达式(6.64) 可以发现,后者约是前者的$\frac{1}{13}$,因而公式(6.63) 比公式(6.56) 精确.

6.5.2.4 Adams 公式的加速

对 Adams 显式公式与隐式公式使用 Richardson 外推技术,可以获得更高精度的结果.考虑下列带改进的预测校正公式:

$$\begin{cases} y_{i+1}^{(p)} = y_i + \dfrac{h}{24}[55f(x_i,y_i) - 59f(x_{i-1},y_{i-1}) + 37f(x_{i-2},y_{i-2}) - 9f(x_{i-3},y_{i-3})], \\ y_{i+1}^{(c)} = y_i + \dfrac{h}{24}[9f(x_{i+1},y_{i+1}^{(p)}) + 19f(x_i,y_i) - 5f(x_{i-1},y_{i-1}) + f(x_{i-2},y_{i-2})], \\ y_{i+1} = \dfrac{251}{270}y_{i+1}^{(c)} + \dfrac{19}{270}y_{i+1}^{(p)}, \end{cases} \tag{6.65}$$

应用式(6.57) 和式(6.64) 可以证得式(6.65) 的局部截断误差为 $O(h^6)$,因而求解公式(6.65) 比求解公式(6.63) 高 1 阶.它们均为 4 步显式公式.

6.5.3 多步法的收敛性和稳定性

考虑求解初值问题(6.1) 的线性 k 步公式

$$y_{i+1} = \sum_{j=0}^{k-1} a_j y_{i-j} + h\sum_{j=-1}^{k-1} b_j f(x_{i-j},y_{i-j}). \tag{6.66}$$

记

$$\rho(\lambda) = \lambda^k - (a_0\lambda^{k-1} + a_1\lambda^{k-2} + \cdots + a_{k-2}\lambda + a_{k-1}),$$

$$\sigma(\lambda)=b_{-1}\lambda^k+b_0\lambda^{k-1}+b_1\lambda^{k-2}+\cdots+b_{k-2}\lambda+b_{k-1},$$

分别称 $\rho(\lambda)$ 和 $\sigma(\lambda)$ 为式(6.66)的第一特征多项式和第二特征多项式.

定义 6.8 如果线性 k 步公式(6.66)的第一特征多项式 $\rho(\lambda)$ 的零点的模均不超过 1,并且模等于 1 的零点为单零点,则称 k 步公式(6.66)满足**根条件**.

可以验证 Adams 显式公式、Adams 隐式公式、Simpson 公式和 Hamming 公式均满足根条件.

用线性 k 步公式(6.66)解初值问题(6.1)需要附以适当的初始条件,即数值解由下列方法给出:

$$\begin{cases}y_{i+1}=\sum\limits_{j=0}^{k-1}a_jy_{i-j}+h\sum\limits_{j=-1}^{k-1}b_jf(x_{i-j},y_{i-j}), & i=k-1,k,\cdots,n-1,\\ y_\mu=\eta_\mu(h), & \mu=0,1,\cdots,k-1.\end{cases}\tag{6.67}$$

定义 6.9 设 $\{y_i\}_{i=0}^n$ 为式(6.67)的解,$\{y(x_i)\}_{i=0}^n$ 为式(6.1)的解 $y(x)$ 在节点处的值. 记

$$E(h)=\max_{0\leqslant i\leqslant n}|y(x_i)-y_i|,$$

并设

$$\lim_{h\to 0}\eta_\mu(h)=\eta,\quad \mu=0,1,\cdots,k-1.$$

如果 $\lim\limits_{h\to 0}E(h)=0$,则称式(6.67)是收敛的.

定理 6.3 如果线性 k 步公式(6.66)是 $p(p\geqslant 1)$ 阶相容的,则其收敛的充分必要条件是根条件满足.

下面讨论稳定性问题.

定义 6.10 对于初值问题(6.1),设 $\{y_i\}_{i=0}^n$ 是式(6.67)的解,$\{z_i\}_{i=0}^n$ 是如下扰动问题的解:

$$\begin{cases}z_{i+1}=\sum\limits_{j=0}^{k-1}a_jz_{i-j}+h\sum\limits_{j=-1}^{k-1}b_jf(x_{i-j},z_{i-j})+\delta_{i+1}, & i=k-1,k,\cdots,n-1,\\ z_\mu=\eta_\mu(h)+\delta_\mu, & \mu=0,1,\cdots,k-1.\end{cases}$$

若存在正常数 C,ε_0,h_0,使对所有 $\varepsilon\in(0,\varepsilon_0]$,$h\in(0,h_0]$,当 $\max\limits_{0\leqslant i\leqslant n}|\delta_i|\leqslant\varepsilon$ 时有

$$\max_{0\leqslant i\leqslant n}|y_i-z_i|\leqslant C\varepsilon,$$

则称式(6.66)是稳定的或称为零稳定的.

定理 6.4 线性 k 步公式(6.66)稳定的充分必要条件是它满足根条件.

关于多步方法收敛性和稳定性的详细介绍可参阅参考文献[7]和[8].

6.5.4　绝对稳定性和绝对稳定域

前面讨论初值问题(6.1)的数值求解时，总假设求解区间$[a,b]$为有限区间，且步长h足够小. 如果求解区间为无穷区间$[a,+\infty)$，则步长h不能太小，但此时前面对于各种求解方法所得的收敛性、稳定性结论就不一定有效了.

对于无穷区间$[a,+\infty)$上的问题，通常要求其解满足

$$\lim_{x\to+\infty} y(x)=y^*,$$

其中y^*为有界常数.

为简化讨论，仅考虑如下**模型方程**：

$$\begin{cases} y'=\lambda y, & a\leqslant x<+\infty, \\ y(a)=\eta, \end{cases} \tag{6.68}$$

其中λ为小于零的实数.

容易求得模型方程(6.68)的解为

$$y(x)=\eta e^{\lambda(x-a)},$$

且$\lim\limits_{x\to+\infty} y(x)=0$.

定义 6.11　一个数值方法用于解模型方程(6.68)，对于给定的步长h得到近似解$\{y_i\}_{i=0}^{\infty}$. 如果当$i\to+\infty$时$y_i\to 0$，则称该数值方法对步长h是**绝对稳定**的；如果当$i\to+\infty$时y_i无界，则称该数值方法不稳定.

例如用最简单的 Euler 方法求解模型方程(6.68)，得

$$\begin{cases} y_{i+1}=y_i+h\lambda y_i=(1+h\lambda)y_i, & i=0,1,2,\cdots, \\ y_0=\eta, \end{cases}$$

递推得

$$y_i=\eta(1+h\lambda)^i,\quad i=0,1,2,\cdots.$$

记$\mu=h\lambda$，则

$$y_i=\eta(1+\mu)^i,\quad i=0,1,2,\cdots.$$

易知$\lim\limits_{i\to+\infty} y_i=0$的充分必要条件为$|1+\mu|<1$，即$\mu\in(-2,0)$.

定义 6.12　一个数值方法用于解模型方程(6.68)，若$\mu=h\lambda$在实轴上某个区域D中该方法是绝对稳定的，而在区域D外该方法是不稳定的，则称区域D为该方法的**绝对稳定域**. 如果D为一个区间，则称D为绝对稳定区间.

Euler 公式、改进 Euler 公式的绝对稳定区间为$(-2,0)$；经典 Runge-Kutta 公式的绝对稳定区间为$(-2.78,0)$；后退 Euler 公式、梯形公式和 2 级 Runge-Kutta

隐式公式的绝对稳定区间均为$(-\infty,0)$. 线性多步法绝对稳定域的讨论较为复杂，这里从略.

6.6 1 阶微分方程组与高阶微分方程

6.6.1 1 阶微分方程组

前面我们研究了单个方程

$$\begin{cases} y' = f(x,y), & a < x \leqslant b, \\ y(a) = \eta \end{cases}$$

的数值解法. 只要把 y,f 和 η 理解为向量，那么所提供的各种计算公式即可应用到 1 阶方程组问题的求解.

考虑 1 阶方程组

$$\begin{cases} y_j' = f_j(x,y_1,y_2,\cdots,y_m), & a < x \leqslant b,\ j = 1,2,\cdots,m, \\ y_j(a) = \eta_j, & j = 1,2,\cdots,m. \end{cases} \tag{6.69}$$

令

$$\boldsymbol{y} = \begin{bmatrix} y_1 \\ y_2 \\ \vdots \\ y_m \end{bmatrix}, \quad \boldsymbol{f} = \begin{bmatrix} f_1 \\ f_2 \\ \vdots \\ f_m \end{bmatrix}, \quad \boldsymbol{\eta} = \begin{bmatrix} \eta_1 \\ \eta_2 \\ \vdots \\ \eta_m \end{bmatrix},$$

则式(6.69) 可表示为

$$\begin{cases} \boldsymbol{y}' = \boldsymbol{f}(x,\boldsymbol{y}), & a < x \leqslant b, \\ \boldsymbol{y}(a) = \boldsymbol{\eta}. \end{cases}$$

求解这一问题的经典 Runge-Kutta 公式为

$$\begin{cases} \boldsymbol{y}_{i+1} = \boldsymbol{y}_i + \dfrac{h}{6}(\boldsymbol{k}_1 + 2\boldsymbol{k}_2 + 2\boldsymbol{k}_3 + \boldsymbol{k}_4), \\ \boldsymbol{k}_1 = \boldsymbol{f}(x_i,\boldsymbol{y}_i), \\ \boldsymbol{k}_2 = \boldsymbol{f}\left(x_i + \dfrac{h}{2},\boldsymbol{y}_i + \dfrac{h}{2}\boldsymbol{k}_1\right), \\ \boldsymbol{k}_3 = \boldsymbol{f}\left(x_i + \dfrac{h}{2},\boldsymbol{y}_i + \dfrac{h}{2}\boldsymbol{k}_2\right), \\ \boldsymbol{k}_4 = f(x_i + h,\boldsymbol{y}_i + h\boldsymbol{k}_3), \end{cases}$$

写成分量的形式为

$$\begin{cases} y_{j,i+1} = y_{ji} + \dfrac{h}{6}(k_{1j} + 2k_{2j} + 2k_{3j} + k_{4j}), \\ k_{1j} = f_j(x_i, y_{1i}, y_{2i}, \cdots, y_{mi}), \\ k_{2j} = f_j\left(x_i + \dfrac{h}{2}, y_{1i} + \dfrac{h}{2}k_{11}, y_{2i} + \dfrac{h}{2}k_{12}, \cdots, y_{mi} + \dfrac{h}{2}k_{1m}\right), \\ k_{3j} = f_j\left(x_i + \dfrac{h}{2}, y_{1i} + \dfrac{h}{2}k_{21}, y_{2i} + \dfrac{h}{2}k_{22}, \cdots, y_{mi} + \dfrac{h}{2}k_{2m}\right), \\ k_{4j} = f_j(x_i + h, y_{1i} + hk_{31}, y_{2i} + hk_{32}, \cdots, y_{mi} + hk_{3m}), \end{cases}$$

其中 $j = 1, 2, \cdots, m$.

特别地，两个未知函数的 1 阶方程组

$$\begin{cases} y' = f(x, y, z), & a < x \leqslant b, \\ z' = g(x, y, z), & a < x \leqslant b, \\ y(a) = \eta_1, \\ z(a) = \eta_2 \end{cases}$$

的经典 Runge-Kutta 公式的具体形式为

$$\begin{cases} y_{i+1} = y_i + \dfrac{h}{6}(k_1 + 2k_2 + 2k_3 + k_4), \\ z_{i+1} = z_i + \dfrac{h}{6}(l_1 + 2l_2 + 2l_3 + l_4), \\ k_1 = f(x_i, y_i, z_i), \\ l_1 = g(x_i, y_i, z_i), \\ k_2 = f\left(x_i + \dfrac{h}{2}, y_i + \dfrac{h}{2}k_1, z_i + \dfrac{h}{2}l_1\right), \\ l_2 = g\left(x_i + \dfrac{h}{2}, y_i + \dfrac{h}{2}k_1, z_i + \dfrac{h}{2}l_1\right), \\ k_3 = f\left(x_i + \dfrac{h}{2}, y_i + \dfrac{h}{2}k_2, z_i + \dfrac{h}{2}l_2\right), \\ l_3 = g\left(x_i + \dfrac{h}{2}, y_i + \dfrac{h}{2}k_2, z_i + \dfrac{h}{2}l_2\right), \\ k_4 = f(x_i + h, y_i + hk_3, z_i + hl_3), \\ l_4 = g(x_i + h, y_i + hk_3, z_i + hl_3). \end{cases}$$

6.6.2 高阶微分方程

对于高阶微分方程初值问题

$$\begin{cases} y^{(m)} = f(x, y, y', y'', \cdots, y^{(m-1)}), \quad a < x \leqslant b, \\ y(a) = \eta_1, \\ y'(a) = \eta_2, \\ y''(a) = \eta_3, \\ \quad \vdots \\ y^{(m-1)}(a) = \eta_m, \end{cases} \tag{6.70}$$

原则上总可以化为 1 阶微分方程组来求解.

引进新变量

$$y_1 = y, \quad y_2 = y', \quad y_3 = y'', \quad \cdots, \quad y_m = y^{(m-1)},$$

则式(6.70) 化为式(6.69) 的形式,即

$$\begin{cases} y_1' = y_2, \\ y_2' = y_3, \\ \quad \vdots \\ y_{m-1}' = y_m, \\ y_m' = f(x, y_1, y_2, \cdots, y_m), \\ y_1(a) = \eta_1, \\ y_2(a) = \eta_2, \\ \quad \vdots \\ y_m(a) = \eta_m. \end{cases}$$

例如 2 阶方程初值问题

$$\begin{cases} y'' = f(x, y, y'), \quad a < x \leqslant b, \\ y(a) = \eta_1, \\ y'(a) = \eta_2, \end{cases}$$

设 $y' = z$,则化为 1 阶微分方程初值问题

$$\begin{cases} y' = z, & a < x \leqslant b, \\ z' = f(x, y, z), & a < x \leqslant b, \\ y(a) = \eta_1, \\ z(a) = \eta_2. \end{cases}$$

若用 RK_4 公式求解,有

$$
\begin{cases}
y_{i+1} = y_i + \dfrac{h}{6}(k_1 + 2k_2 + 2k_3 + k_4), \\
z_{i+1} = z_i + \dfrac{h}{6}(l_1 + 2l_2 + 2l_3 + l_4), \\
k_1 = z_i, \\
l_1 = f(x_i, y_i, z_i), \\
k_2 = z_i + \dfrac{h}{2}l_1, \\
l_2 = f\left(x_i + \dfrac{h}{2}, y_i + \dfrac{h}{2}k_1, z_i + \dfrac{h}{2}l_1\right), \\
k_3 = z_i + \dfrac{h}{2}l_2, \\
l_3 = f\left(x_i + \dfrac{h}{2}, y_i + \dfrac{h}{2}k_2, z_i + \dfrac{h}{2}l_2\right), \\
k_4 = z_i + hl_3, \\
l_4 = f(x_i + h, y_i + hk_3, z_i + hl_3),
\end{cases}
$$

消去 k_1, k_2, k_3, k_4,可得

$$
\begin{cases}
y_{i+1} = y_i + hz_i + \dfrac{h}{6}(l_1 + l_2 + l_3), \\
z_{i+1} = z_i + \dfrac{h}{6}(l_1 + 2l_2 + 2l_3 + l_4), \\
l_1 = f(x_i, y_i, z_i), \\
l_2 = f\left(x_i + \dfrac{h}{2}, y_i + \dfrac{h}{2}z_i, z_i + \dfrac{h}{2}l_1\right), \\
l_3 = f\left(x_i + \dfrac{h}{2}, y_i + \dfrac{h}{2}z_i + \dfrac{h^2}{4}l_1, z_i + \dfrac{h}{2}l_2\right), \\
l_4 = f\left(x_i + h, y_i + hz_i + \dfrac{h^2}{2}l_2, z_i + hl_3\right).
\end{cases}
$$

6.6.3 刚性问题

在化学、自动控制、电力系统等研究领域中常会遇到一类病态常微分方程组,称为刚性(Stiff)方程组.对它们用数值方法求解时,由于方法绝对稳定域的限制,有时对步长的限制条件十分苛刻.若要求步长很小,必将耗费大量的计算时间.

例如,初值问题

$$
\begin{cases}
y_1' = -0.01y_1 - 99.99y_2, \\
y_2' = -100y_2, \\
y_1(0) = 2, \\
y_2(0) = 1
\end{cases}
\tag{6.71}
$$

的解为

$$\begin{cases} y_1(x) = \mathrm{e}^{-100x} + \mathrm{e}^{-0.01x}, \\ y_2(x) = \underbrace{\mathrm{e}^{-100x}}_{\text{快瞬态}}. \qquad \underbrace{\qquad}_{\text{慢瞬态}} \end{cases}$$

可见其解由快瞬态和慢瞬态两部分组成.

一方面,由于 $y_1(x)$ 有慢瞬态部分,衰减十分缓慢. 当自变量变到 $x=391$ 时,函数值还未下降到初值的 1%(事实上,$y_1(391) > 0.02 = y_1(0)/100$). 因此,为了较好地反映解的变化情况,求解区间至少应取为(0,391).

另一方面,$y_2(x)$ 只有快瞬态部分,衰减极快. 因此要反映解的情况,所取步长必须很小. 从绝对稳定性要求出发,如果用 RK_4 公式求解,因为 $\lambda h \in (-2.78, 0)$,故要求 $h < 0.0278$. 这样,在求解区间(0,391)上至少计算 14065 步,这个计算量相当可观. 这种由稳定性(而不是准确度)来支配步长选取的情况,就是所谓的刚性现象.

现将式(6.71)表示为如下矩阵形式:

$$\begin{bmatrix} y_1' \\ y_2' \end{bmatrix} = \begin{bmatrix} -0.01 & -99.99 \\ 0 & -100 \end{bmatrix} \begin{bmatrix} y_1 \\ y_2 \end{bmatrix}.$$

记

$$\boldsymbol{A} = \begin{bmatrix} -0.01 & -99.99 \\ 0 & -100 \end{bmatrix},$$

考虑其特征方程:

$$|\lambda \boldsymbol{I} - \boldsymbol{A}| = 0,$$

得其特征根为 $\lambda_1 = -100, \lambda_2 = -0.01$.

联系前面的分析可知,由于 $|\lambda_2|$ 很小,解中对应于 λ_2 的部分衰减很缓慢,故求解区间需要很长;又由于 $|\lambda_1|$ 很大,解中对应于 λ_1 的部分衰减极快,因而步长只能取得很小. 这就出现了尖锐的矛盾.

一般而言,设有线性微分方程组初值问题:

$$\boldsymbol{y}' = \boldsymbol{A}\boldsymbol{y} + \boldsymbol{b}(x), \quad \boldsymbol{y}(x_0) = \boldsymbol{y}_0,$$

其中 $\boldsymbol{A}$ 是 m 阶方阵,特征值为 $\lambda_1, \lambda_2, \cdots, \lambda_m$ 且 $\mathrm{Re}(\lambda_i) < 0 (1 \leqslant i \leqslant m)$.

若 $\min\limits_{1 \leqslant i \leqslant m} |\mathrm{Re}(\lambda_i)|$ 越小,则求解区间越长;而 $\max\limits_{1 \leqslant i \leqslant m} |\mathrm{Re}(\lambda_i)|$ 越大,步长应当越小,从而计算步数就越多,费时越长. 可考察比值

$$s = \frac{\max |\mathrm{Re}(\lambda_i)|}{\min |\mathrm{Re}(\lambda_i)|},$$

求解步数 n 一般与 s 成正比. 若 s 越大,这个问题越突出.

对于线性常系数微分方程组

$$\boldsymbol{y}' = \boldsymbol{A}\boldsymbol{y} + \boldsymbol{b}(x), \tag{6.72}$$

若矩阵 $\boldsymbol{A}$ 的特征值 λ_i 具有如下特性:

$$\begin{cases} \mathrm{Re}(\lambda_i) < 0, \\ s = \dfrac{\max|\mathrm{Re}(\lambda_i)|}{\min|\mathrm{Re}(\lambda_i)|} \gg 1, \end{cases} \tag{6.73}$$

则称式(6.72)为刚性方程组(或病态方程组).

对于非线性微分方程组

$$\boldsymbol{y}' = \boldsymbol{f}(x, \boldsymbol{y}),$$

若矩阵

$$\frac{\partial \boldsymbol{f}}{\partial \boldsymbol{y}} = \begin{bmatrix} \dfrac{\partial f_1}{\partial y_1} & \dfrac{\partial f_1}{\partial y_2} & \cdots & \dfrac{\partial f_1}{\partial y_m} \\ \dfrac{\partial f_2}{\partial y_1} & \dfrac{\partial f_2}{\partial y_2} & \cdots & \dfrac{\partial f_2}{\partial y_m} \\ \vdots & \vdots & & \vdots \\ \dfrac{\partial f_m}{\partial y_1} & \dfrac{\partial f_m}{\partial y_2} & \cdots & \dfrac{\partial f_m}{\partial y_m} \end{bmatrix}$$

的特征值在 x 的变化区间上满足式(6.73),则也称其为刚性方程组(或病态方程组).

条件式(6.73)中的 s 称为方程组(6.72)的刚性比. 例如问题(6.71)的刚性比为 $s = 100/0.01 = 10000$. 当 $s = O(10^3)$ 时,即称为一般坏条件问题;当 $s > O(10^6)$ 时,称为严重坏条件问题.

对于刚性方程组,一般采用绝对稳定性好的方法(如隐式 Runge-Kutta 方法)进行求解,并适宜采用 Newton 迭代法求解隐式方程组.

6.7 边值问题的数值解法

在微分方程的定解问题中,其定解条件有的是给出初始条件,即给出在 $x = a$ 处的信息,称为初值问题;有的是给出边界条件,即给出在 $x = a, x = b$ 处的信息,称为边值问题. 前面我们已对初值问题作了较详细的讨论,下面来介绍边值问题的数值解法.

对于 2 阶常微分方程

$$y'' = f(x, y, y')$$

的边值问题,其边界条件有 3 类:

第一类边界条件:$y(a)=\alpha$, $y(b)=\beta$;

第二类边界条件:$y'(a)=\alpha$, $y'(b)=\beta$;

第三类边界条件:$\alpha_0 y(a)+\alpha_1 y'(a)=\alpha$, $\beta_0 y(b)+\beta_1 y'(b)=\beta$.

以上 $\alpha,\beta,\alpha_0,\beta_0,\alpha_1,\beta_1$ 均为已知常数,且

$$|\alpha_0|+|\alpha_1|\neq 0,\quad |\beta_0|+|\beta_1|\neq 0.$$

边值问题的解法有多种,这里只介绍试射法与差分法两种.

6.7.1 试射法

求解 2 阶常微分方程边值问题

$$\begin{cases} y''=f(x,y,y'), \\ y(a)=\alpha, \quad y(b)=\beta \end{cases} \tag{6.74}$$

可以采用试射法.试射法实质上是把边值问题作为初值问题来求解,从满足左端条件 $y(a)=\alpha$ 的解曲线中寻找也满足右端条件 $y(b)=\beta$ 的解.其示意图如图 6.3 所示,图中 $y=y(x)$ 为解曲线,$y=\bar{y}(x)$ 和 $y=\tilde{y}(x)$ 均为试探解.这种方法类似打靶,故也称打靶法.

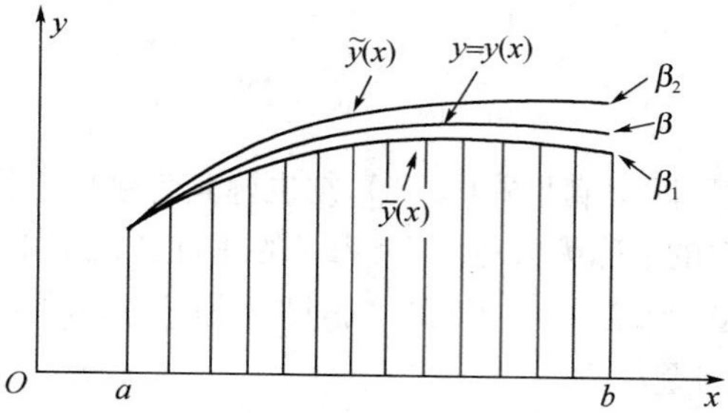

图 6.3 试射法

试射法的具体求解步骤如下:

(1) 先按问题的性质或凭经验选取一斜率 m_1,把边值问题(6.74) 化为初值问题

$$y''=f(x,y,y'), \quad y(a)=\alpha, \quad y'(a)=m_1, \tag{6.75}$$

求得一数值解 $y_1(x)$.

① 若 $y_1(b)=\beta$ 或 $|y_1(b)-\beta|<\varepsilon$(允许误差),则 $y_1(x)$ 即为所求之数值解;

② 否则,根据 $y_1(b)=\beta_1$ 与 β 之差,适当修改 m_1 为 m_2,例如取

$$m_2=\frac{\beta}{\beta_1}m_1.$$

(2) 以 m_2 代替式(6.75)中的 m_1，又得数值解 $y_2(x)$. 若

$$y_2(b)=\beta \quad 或 \quad |y_2(b)-\beta|<\varepsilon,$$

则 $y_2(x)$ 即为所求之数值解. 否则，可由 m_1,m_2,β_1,β_2 用线性插值法求出

$$m_3=m_1+\frac{m_2-m_1}{\beta_2-\beta_1}(\beta-\beta_1).$$

(3) 以 m_3 代替 m_2，又得数值解 $y_3(x)$. 这样计算下去，直到满足右端边界条件为止. 需要指出的是，当得到 $m_3,m_4,\cdots$ 后，也可用较高次的插值法求 m.

例 6.5　用试射法解边值问题

$$\begin{cases} y''=y, & 0<x<1, \\ y(0)=0, & y(1)=1, \end{cases}$$

取 $h=0.1,\varepsilon=0.0002$.

解　第一次试射，取 $m_1=5$，采用第 6.6.2 节中的方法，化 2 阶方程为方程组，用 RK_4 公式解此方程组初值问题，可得到 $y_1(1)=5.8760$. 第二次试射，取

$$m_2=\frac{\beta}{\beta_1}m_1=\frac{y(1)}{y_1(1)}m_1=\frac{5}{5.8760}=0.8509,$$

又用同上方法解得 $y_2(1)=0.99997$. 这时 $|y_2(1)-y(1)|=0.00003<\varepsilon$，已满足要求，$y_2(x)$ 即为所求之数值解. 计算结果列于表 6.5：

表 6.5　试射法算例

x_i	$m_1=5$		$m_2=0.8509$	
	$y_1(x_i)$	$y_1'(x_i)$	$y_2(x_i)$	$y_2'(x_i)$
0.0	0	5	0	0.8509
0.1	0.5008	5.0250	0.0852	0.8552
0.2	1.0067	5.1003	0.1713	0.8680
0.3	1.5226	5.2267	0.2591	0.8895
0.4	2.0538	5.4054	0.3495	0.9199
0.5	2.6055	5.6381	0.4434	0.9595
0.6	3.1833	5.9273	0.5417	1.0087
0.7	3.7929	6.2758	0.6455	1.0680
0.8	4.4405	6.6872	0.7557	1.1380
0.9	5.1326	7.1654	0.8735	1.2194
1.0	5.8760	7.7154	0.99997	1.3130

6.7.2 差分法

差分法的基本思想是把区间$[a,b]$离散化，在各节点上考虑微分方程，用差商代替导数，把微分方程边值问题转化为离散的差分方程.

先将区间$[a,b]$作 n 等分，步长 $h=(b-a)/n$. 记 $x_i=a+ih\ (i=0,1,\cdots,n)$，称 $x_i\ (i=1,2,\cdots,n-1)$ 为内节点，称 x_0,x_n 为边界节点.

在内节点 x_i 处考虑微分方程，有

$$y''(x_i)=f(x_i,y(x_i),y'(x_i)),\quad i=1,2,\cdots,n-1. \tag{6.76}$$

由数值微分有

$$y'(x_i)=\frac{1}{2h}[y(x_{i+1})-y(x_{i-1})]-\frac{h^2}{6}y'''(\xi_i),\quad x_{i-1}<\xi_i<x_{i+1},$$

$$y''(x_i)=\frac{1}{h^2}[y(x_{i+1})-2y(x_i)+y(x_{i-1})]-\frac{h^2}{12}y^{(4)}(\eta_i),\quad x_{i-1}<\eta_i<x_{i+1},$$

将以上两式代入(6.76)，得

$$\begin{aligned}&\frac{1}{h^2}[y(x_{i+1})-2y(x_i)+y(x_{i-1})]\\&=f\left(x_i,y(x_i),\frac{1}{2h}[y(x_{i+1})-y(x_{i-1})]-\frac{h^2}{6}y'''(\xi_i)\right)+\frac{h^2}{12}y^{(4)}(\eta_i),\\&\qquad i=1,2,\cdots,n-1.\end{aligned} \tag{6.77}$$

此外由边界条件，有

$$y(x_0)=\alpha,\quad y(x_n)=\beta.$$

在式(6.77)中略去小量 $O(h^2)$，并以 y_i 代替 $y(x_i)$，得到如下差分方程：

$$\begin{cases}\dfrac{1}{h^2}(y_{i+1}-2y_i+y_{i-1})=f\left(x_i,y_i,\dfrac{1}{2h}(y_{i+1}-y_{i-1})\right),\\ \qquad\qquad i=1,2,\cdots,n-1, & (6.78)\\ y_0=\alpha,\quad y_n=\beta. & (6.79)\end{cases}$$

若函数 $f(x,y,z)$ 为 y,z 的非线性函数，则式(6.78)和式(6.79)构成非线性方程组，可用有关求解非线性方程组的方法求解. 这里我们只讨论 2 阶线性微分方程

$$y''(x)+p(x)y'(x)-q(x)y=r(x),$$

此时差分方程(6.78)可写为

$$\begin{cases}(-2-h^2q_1)y_1+\left(1+\dfrac{h}{2}p_1\right)y_2=h^2r_1-\left(1-\dfrac{h}{2}p_1\right)\alpha,\\ \left(1-\dfrac{h}{2}p_i\right)y_{i-1}+(-2-h^2q_i)y_i+\left(1+\dfrac{h}{2}p_i\right)y_{i+1}=h^2r_i,\quad i=2,3,\cdots,n-2,\\ \left(1-\dfrac{h}{2}p_{n-1}\right)y_{n-2}+(-2-h^2q_{n-1})y_{n-1}=h^2r_{n-1}-\left(1+\dfrac{h}{2}p_{n-1}\right)\beta,\end{cases}\tag{6.80}$$

其中 $p_i=p(x_i)$，$q_i=q(x_i)$，$r_i=r(x_i)$.

式(6.80)是三对角线性方程组，可用第3章中介绍的追赶法求解. 关于差分格式(6.80)解的存在性和收敛性，有如下结论：

定理 6.5 设 $p(x)\in C^1[a,b]$，$q(x),r(x)\in C[a,b]$，且当 $x\in[a,b]$ 时

$$q(x)-\frac{1}{2}p'(x)\geqslant 0,$$

则存在 h_0，当 $h\leqslant h_0$ 时，差分格式(6.80)有唯一解，且存在与 h 无关的常数 C，使得

$$\max_{1\leqslant i\leqslant n-1}|y(x_i)-y_i|\leqslant Ch^2.$$

例 6.6 试用差分方法解两点边值问题：

$$\begin{cases}y''(x)-(2+9x)y=-(1+9x)e^x,\quad 0<x<1,\\ y(0)=1,\quad y(1)=e,\end{cases}$$

取 $h=0.1$.

解 差分格式为

$$\begin{cases}\dfrac{1}{h^2}(y_{i+1}-2y_i+y_{i-1})-(2+9x_i)y_i=-(1+9x_i)e^{x_i},\quad i=1,2,\cdots,9,\\ y_0=1,\quad y_{10}=e,\end{cases}$$

其中 $x_i=ih$. 所给边值问题的精确解为 $y(x)=e^x$，计算结果列于表6.6：

表 6.6 二点边值问题差分方法算例

x_i	$y(x_i)$	y_i	$\lvert y(x_i)-y_i\rvert$
0.1	1.10517	1.10521	0.00004
0.2	1.22140	1.22146	0.00006
0.3	1.34986	1.34994	0.00008
0.4	1.49182	1.49192	0.00010
0.5	1.64872	1.64882	0.00010
0.6	1.82212	1.82222	0.00010
0.7	2.01375	2.01384	0.00009
0.8	2.22554	2.22561	0.00007
0.9	2.45960	2.45964	0.00004

对于第二类、第三类边值问题,边界条件中所含的导数也可用相应的差商代替. 例如,对于第二类边界条件,用

$$\frac{y_1 - y_0}{h} = \alpha, \quad \frac{y_n - y_{n-1}}{h} = \beta$$

代替式(6.79),这时差分方程组含有$(n+1)$个未知量并由$(n+1)$个方程组成.

6.8 应用实例:磁流体发电通道的数值计算①

6.8.1 问题的背景

磁流体发电是一种新型的直接发电方式,它比常规的热力发电具有很多优势,如效率高、环境污染少、单机容量大、启动速度快等,因此可供特种用途的用电. 目前美国、日本等许多发达国家都在进行该种发电方式的民用研究,我国在这方面也做了大量的研究工作.

磁流体发电是气流通过带有磁体的发电通道直接将热能转化为电能,因此通道的设计是个关键问题,特别是通道中热气体的热、电参数,它们对发电机性能的影响非常重要. 发电机的通道模型实际上是三维的,但为了便于计算,我们把它简化为一维模型. 尽管如此,一维模型仍然具有较高的参考价值. 在工程上,人们常采用一维模型模拟和实验调整相结合的方法对磁流体发电通道进行计算和设计.

6.8.2 数学模型

设通道截面如图 6.4 所示:

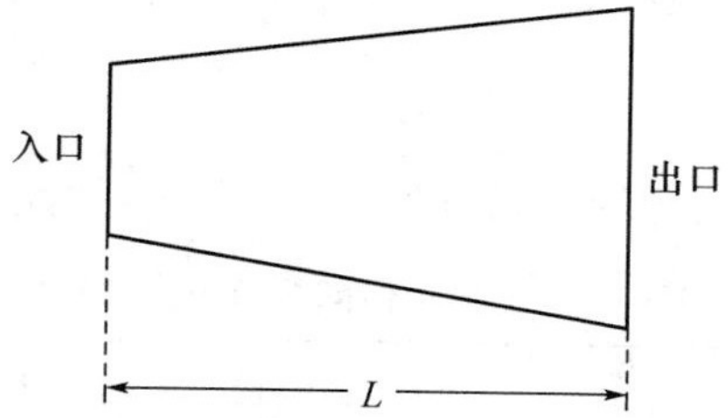

图 6.4 通道截面

(1) 初始条件及边界条件

入口尺寸:0.186 × 0.066(m × m);

出口尺寸:0.223 × 0.066(m × m);

①问题选自东南大学动力工程系研究生胡志忠及热能工程研究所研究生谢琳芳所做自选课题.

通道长度：$L = 0.96(\mathrm{m})$；

入口参数：$p_0 = 0.91 \times 10^5(\mathrm{Pa})$，$T_0 = 2701(\mathrm{K})$；

质量流率：$m = 1.1(\mathrm{kg/s})$；　　通道壁温：$T_w = 1923(\mathrm{K})$；

气体常数：$R = 287\left(\dfrac{\mathrm{N \cdot m}}{\mathrm{kg \cdot K}}\right)$；　　磁感应强度：$B = 1.8(\mathrm{Wb/m^2})$；

器壁辐射率：$\varepsilon_\omega = 0.8$；　　摩擦系数：$c_f = 0.015$；

电参数：$k = 0.5, J_x = 0$.

(2) 电热性质回归公式

$$h = f_1(p,T) = 3.335 \times 10^6\left[9.981\left(\frac{T}{2000} - 0.91\right)^{1.35} \Big/ p^{0.1175} - 1\right],$$

$$\sigma = f_2(p,T) = 0.5812 \times 10^6\left(\frac{T}{2000} - 0.8\right)^{4.19} \Big/ p^{0.05},$$

$$\beta = f_3(p,T) = 7.7276 \times 10^4\left(\frac{T}{2000}\right)^{1.13} B/p,$$

$$\begin{aligned}\alpha &= f_4(p,T) \\ &= 761\left(\frac{T}{2000}\right)^{0.475} + (0.1175T - 290)/\exp(0.4079 \times 10^{-5} p).\end{aligned}$$

(3) 计算内容：求热、电参数沿发电通道的分布

热参数：$p(x)$，$T(x)$，$U(x)$，$\rho(x)$，$M(x)$，$\alpha(x)$；

电参数：$J_y(x)$，$J_x(x)$，$E_x(x)$，$E_y(x)$，$\sigma(x)$，$\beta(x)$；

总的输出功率：P；

总的热损失：Q.

根据质量守恒、动量守恒和能量守恒方程及气体状态方程，建立如下一个方程组：

$$\begin{cases}\dfrac{\mathrm{d}U}{\mathrm{d}x} = \left[(P+Q)/(\rho UT) + C_2(F_B + F_f) + \dfrac{\partial h}{\partial T}\dfrac{1}{S}\dfrac{\mathrm{d}S}{\mathrm{d}x}\right]\Big/ C_3, \\ \dfrac{\mathrm{d}p}{\mathrm{d}x} = -\rho U\dfrac{\mathrm{d}U}{\mathrm{d}x} + F_B + F_f, \\ \dfrac{\mathrm{d}T}{\mathrm{d}x} = \left[-(P+Q)/(\rho U) + U\dfrac{\mathrm{d}U}{\mathrm{d}x} + \dfrac{\partial h}{\partial p}\dfrac{\mathrm{d}p}{\mathrm{d}x}\right]\Big/ \dfrac{\partial h}{\partial T},\end{cases}$$

其中，$U(x)$，$p(x)$，$T(x)$ 分别为通道中气流的速度、压力及温度，而

$$P = P(U,p,T),\quad Q = Q(x,U,p,T),$$
$$\rho = \rho(p,T),\quad C_2 = C_2(p,T),\quad C_3 = C_3(U,p,T),$$
$$F_B = F_B(U,T),\quad F_f = F_f(x,U,p,T),\quad h = h(p,T),\quad S = S(x)$$

均为已知函数.

上述方程组可归结为如下形式的1阶常微分方程组：

$$
\begin{cases}
\dfrac{dU}{dx} = F_1(x,U,p,T), \\
\dfrac{dp}{dx} = F_2(x,U,p,T), \\
\dfrac{dT}{dx} = F_3(x,U,p,T).
\end{cases} \tag{6.81}
$$

6.8.3 计算方法与结果分析

对微分方程组(6.81)采用经典的 4 阶 Runge-Kutta 公式求解:

$$
\begin{cases}
U_{i+1} = U_i + \dfrac{H}{6}(Q_{11} + 2Q_{12} + 2Q_{13} + Q_{14}) \\
p_{i+1} = p_i + \dfrac{H}{6}(Q_{21} + 2Q_{22} + 2Q_{23} + Q_{24}) \\
T_{i+1} = T_i + \dfrac{H}{6}(Q_{31} + 2Q_{32} + 2Q_{33} + Q_{34}),
\end{cases}
$$

其中

$$
\begin{cases}
Q_{k1} = F_k(x_i, U_i, p_i, T_i), \\
Q_{k2} = F_k(x_i + 0.5H, U_i + 0.5HQ_{11}, p_i + 0.5HQ_{21}, T_i + 0.5HQ_{31}), \\
Q_{k3} = F_k(x_i + 0.5H, U_i + 0.5HQ_{12}, p_i + 0.5HQ_{22}, T_i + 0.5HQ_{32}), \\
Q_{k4} = F_k(x_i + H, U_i + HQ_{13}, p_i + HQ_{23}, T_i + HQ_{33}),
\end{cases}
$$

$$
k = 1,2,3.
$$

按上述算法编写 4 阶 Runge-Kutta 公式的计算程序,然后由通道的初始条件及边界条件,根据代数关系定出初始数据,取步长 $H = 0.048$ 求解微分方程组,逐一推算出通道在[0,0.96]各个截面处的热参数:

$$
U(x_i), \quad p(x_i), \quad T(x_i), \quad i = 1,2,\cdots,20,
$$

从而得到在截面 $x = 0.96$ 处的值为

$$
U = 647.67050, \quad p = 94217.5400, \quad T = 2636.01000.
$$

再根据代数关系计算出其它热参数及电参数在相应截面上的数值.

用数值积分中的复化梯形公式计算输出总功率:

$$
P = \int_0^L k(1-k)\sigma U^2 B^2 S(x)\,dx,
$$

其中,k 为电参数(常数);B 为磁感应强度(常数);$\sigma = \sigma(p,T)$ 为已知函数;$S(x_i)$ 为通道各截面的面积.

容易计算通道总的热损失为

$$
Q = (q_r + q_c) \cdot A,
$$

其中,A 为通道壁的总表面积;q_r 与 q_c 均由已知量的代数式表示.

最后算得输出总功率 P 与通道总的热损失分别为

$$P = 0.12722 \times 10^6,\quad Q = 0.39665 \times 10^7.$$

习　题　6

1. 分别用 Euler 公式与改进 Euler 公式求解初值问题

$$\begin{cases} y' = x + y, & 0 \leqslant x \leqslant 1, \\ y(0) = 1, \end{cases}$$

取步长 $h = 0.2$,并与准确解 $y = -x - 1 + 2e^x$ 相比较.

2. 利用 Euler 公式计算积分

$$y(x) = \int_0^x e^{t^2}\, dt$$

在点 $x = 0.5, 1, 1.5, 2$ 处的近似值.

3. 对初值问题

$$\begin{cases} y' = -y, & x > 0, \\ y(0) = 1, \end{cases}$$

证明:用梯形公式所求得的近似解为

$$y(ih) \approx y_i = \left(\frac{2-h}{2+h}\right)^i,\quad i = 0, 1, 2, \cdots;$$

并证明:当 $h \to 0$ 时,它收敛于准确解 $y = e^{-x_i}$,其中 $x_i = ih$ 为固定点.

4. 求参数 α,使求解公式

$$y_{i+1} = y_i + h[\alpha f(x_i, y_i) + (1-\alpha) f(x_{i+1}, y_{i+1})]$$

的局部截断误差 R_{i+1} 的阶数达到最高.

5. 用经典 Runge-Kutta 公式(RK_4)求解下列初值问题(取 $h = 0.1$):

(1) $y' = x^2 - y$, $0 \leqslant x \leqslant 0.3$, $y(0) = 1$;

(2) $y' = y^2/(1+x)$, $0 \leqslant x \leqslant 0.3$, $y(0) = 1$.

6. 证明:

$$\begin{cases} y_{i+1} = y_i + \dfrac{h}{6}(k_1 + 4k_2 + k_3), \\ k_1 = f(x_i, y_i), \\ k_2 = f\left(x_i + \dfrac{h}{2}, y_i + \dfrac{1}{2}hk_1\right), \\ k_3 = f(x_i + h, y_i - hk_1 + 2hk_2) \end{cases}$$

是一个 3 阶公式.

7. 导出中点公式(或称 Euler 二步公式)

$$y_{i+1} = y_{i-1} + 2hf(x_i, y_i),$$

并给出局部截断误差.

8. 证明:

$$y_{i+1} = \sum_{j=0}^{k-1} a_j y_{i-j} + h\sum_{j=-1}^{k-1} b_j f(x_{i-j}, y_{i-j})$$

相容的充分必要条件为 $\sum_{j=0}^{k-1} a_j = 1, 1 + \sum_{j=0}^{k-1} ja_j = \sum_{j=-1}^{k-1} b_j$.

9. 证明下列求解 $y' = f(x, y)$ 的公式

$$y_{i+1} = \frac{1}{2}(y_i + y_{i-1}) + \frac{h}{4}[4f(x_{i+1}, y_{i+1}) - f(x_i, y_i) + 3f(x_{i-1}, y_{i-1})]$$

是 2 阶的,并求出其局部截断误差.

10. 导出具有下列形式的 3 阶公式

$$\begin{aligned} y_{i+1} = {} & a_0 y_i + a_1 y_{i-1} + a_2 y_{i-2} \\ & + h[b_0 f(x_i, y_i) + b_1 f(x_{i-1}, y_{i-1}) + b_2 f(x_{i-2}, y_{i-2})] \end{aligned}$$

的系数所满足的方程组.

11. 分别用 2 阶 Adams 显式公式和隐式公式解下列初值问题:

$$\begin{cases} y' = 1 - y, \quad 0 \leqslant x \leqslant 1, \\ y(0) = 0, \end{cases}$$

取 $h = 0.2$,且 $y_0 = 0, y_1 = 0.181269$,计算 $y(1.0)$,并与准确解 $y = 1 - e^{-x}$ 相比较.

12. 直接推导出 2 步 Admas 显式公式

$$y_{i+1} = y_i + \frac{h}{2}[3f(x_i, y_i) - f(x_{i-1}, y_{i-1})]$$

和局部截断误差

$$R_{i+1} = \frac{5}{12}h^3 y^{(3)}(\xi_i), \quad \xi_i \in (x_{i-1}, x_{i+1}).$$

13. 分析下面预测校正公式

$$\begin{cases} y_{i+1}^{(p)} = y_i + \dfrac{h}{2}[3f(x_i, y_i) - f(x_{i-1}, y_{i-1})] \\ y_{i+1} = y_i + \dfrac{h}{12}[5f(x_{i+1}, y_{i+1}^{(p)}) + 8f(x_i, y_i) - f(x_{i-1}, y_{i-1})] \end{cases}$$

的局部截断误差,并指出该公式是一个几步几阶公式.

14. 分析 AB_3 和 AM_4 组成的预测校正公式

$$\begin{cases} y_{i+1}^{(p)} = y_i + \dfrac{h}{12}[23f(x_i, y_i) - 16f(x_{i-1}, y_{i-1}) + 5f(x_{i-2}, y_{i-2})], \\ y_{i+1} = y_i + \dfrac{h}{24}[9f(x_{i+1}, y_{i+1}^{(p)}) + 19f(x_i, y_i) - 5f(x_{i-1}, y_{i-1}) + f(x_{i-2}, y_{i-2})] \end{cases}$$

的局部截断误差,并指出该公式是一个几步几阶公式.

15. 试由 Milne 公式与 Hamming 公式构造预测校正公式,并给出局部截断误差的表达式.

16. 验证 Hamming 公式是否满足根条件.

17. 讨论梯形公式的绝对稳定性.

18. 分析用 Euler 公式和 RK_4 公式求解 $y' = -10y, y(0) = y_0$ 时,为了保证数值计算的绝对稳定性,步长 h 各应有什么限制.

19. 应用

$$y_{i+1} = y_i + \frac{h}{4}\left[f(x_i, y_i) + 3f\left(x_i + \frac{2}{3}h, y_i + \frac{2}{3}hf(x_i, y_i)\right)\right]$$

解初值问题

$$\begin{cases} y' = -2y, \quad x > 0, \\ y(0) = \eta \end{cases}$$

时,步长 h 应取何值才能保证该方法绝对稳定?

20. 用 RK_4 公式求微分方程组(取 $h = 0.1$)

$$\begin{cases} I_1'(t) = -4I_1(t) + 3I_2(t) + 6, \quad I_1(0) = 0, \\ I_2'(t) = -2.4I_1(t) + 1.6I_2(t) + 3.6, \quad I_2(0) = 0 \end{cases}$$

的解在 $t = 0.1$ 时的近似值,并与准确值比较.已知准确解的表达式为

$$I_1(t) = -3.375e^{-2t} + 1.875e^{-0.4t} + 1.5,$$
$$I_2(t) = -2.25e^{-2t} + 2.25e^{-0.4t}.$$

21. 将下列方程化为 1 阶方程组:

(1) $y'' - 3y' + 2y = 0$, $y(0) = 1$, $y'(0) = 1$;

(2) $x''(t) = -\dfrac{x}{r^3}$, $y''(t) = -\dfrac{y}{r^3}$, $r = \sqrt{x^2 + y^2}$, $x(0) = 0.4$, $x'(0) = 0$, $y(0) = 0$, $y'(0) = 2$.

22. 用 RK_4 公式求第 21(1) 题的解 $y(x)$ 在 $x = 0.2$ 处的近似值,取 $h = 0.2$.

23. 求微分方程组

$$\begin{bmatrix} y_1' \\ y_2' \end{bmatrix} = \begin{bmatrix} -10 & 9 \\ 10 & -11 \end{bmatrix}\begin{bmatrix} y_1 \\ y_2 \end{bmatrix}$$

的刚性比.

24. 用差分法求解边值问题:

(1) $y'' - y = 0, x \in [0,1], y(0) = 0, y(1) = 1$(取 $h = 0.2$);

(2) $y'' - (1 + x^2)y = -1, x \in [-1,1], y(-1) = y(1) = 0$(取 $h = 0.5$).

25. (上机题) **常微分方程初值问题数值解.**

(1) 编写 RK_4 方法的通用程序;

(2) 编写 AB_4 方法的通用程序(由 RK_4 提供初值);

(3) 编写 AB_4-AM_4 预测校正方法的通用程序(由 RK_4 提供初值);

(4) 编写带改进的 AB_4-AM_4 预测校正方法的通用程序(由 RK_4 提供初值);

(5) 对于初值问题

$$\begin{cases} y' = -x^2 y^2, & 0 \leqslant x \leqslant 1.5, \\ y(0) = 3, \end{cases}$$

取 $h = 0.1$,用上面四种方法进行计算,并将结果和精确解 $y(x) = 3/(1+x^3)$ 作比较;

(6) 通过本上机题,你能得到哪些结论?

7 偏微分方程数值解法

偏微分方程的求解是一个十分复杂的问题，除了少数几种特殊情况外，要求出它的精确解是很困难的. 随着科学技术的发展，近几十年来，其近似解法在理论上和方法上都有了很大进展，而且在各个领域内的应用也愈来愈广泛. 在偏微分方程的数值解法中，最常用的是有限差分法和有限元法. 本章只讨论有限差分法.

有限差分法的基本思想是用离散的、只含有限个未知数的差分方程(线性代数方程组) 去近似代替连续变量的微分方程及边界条件，并把相应的差分方程的解作为微分方程的近似解. 因此，关于差分法需要讨论的问题有以下几个：一是构造近似代替定解问题的差分方程，即建立差分格式问题；二是用差分方程的解作为微分方程的近似解时产生了误差，需要进行误差估计，即讨论差分解的收敛性问题；三是当初值具有误差时，需要讨论它对以后各步解的影响大小，即稳定性问题.

7.1 抛物型方程的差分解法

在研究热传导和气体扩散等问题时，常常遇到抛物型偏微分方程，其中最简单的是一维线性方程

$$\frac{\partial u}{\partial t}-\frac{\partial}{\partial x}\left(a(x,t)\frac{\partial u}{\partial x}\right)+d(x,t)u=f(x,t), \tag{7.1}$$

其中$(x,t)\in D$，而 D 为 x-t 平面上的某区域. 在 D 内，函数 $a(x,t)$ 严格为正，$d\geqslant 0$. 实际问题中 t 为时间变量，x 为空间变量，所以抛物型方程通常描述的是随时间变化的物理过程，即所谓不定常的物理过程. 通常考虑下列 3 种形式的定解问题：

(1) 初值问题. 此时 D 为带状区域

$$\{(x,t)\mid -\infty<x<+\infty, 0<t\leqslant T\}.$$

若给出初始条件

$$u|_{t=0}=\varphi(x),\quad -\infty<x<+\infty, \tag{7.2}$$

则称式(7.1) 和式 (7.2) 为初值问题(或称 Cauchy 问题).

(2) 半无界域的初边值问题. 此时 D 为带状区域

$$\{(x,t)\mid 0<x<+\infty, 0<t\leqslant T\}.$$

若给出初始条件

$$u|_{t=0}=\varphi(x),\quad 0<x<+\infty \tag{7.3}$$

及边界条件

$$\left[\alpha_0(t)u-\alpha_1(t)\frac{\partial u}{\partial x}\right]\bigg|_{x=0}=\alpha_2(t),\quad 0\leqslant t\leqslant T, \tag{7.4}$$

这里 $\alpha_0(t)\geqslant 0,\alpha_1(t)\geqslant 0$ 且 $\alpha_0(t)+\alpha_1(t)>0$,在右边界 $x=+\infty,0\leqslant t\leqslant T$ 处要求 u 为有界,则称式(7.1)、式(7.3) 和式(7.4) 为半无界域的初边值问题.

(3) 有界域的初边值问题. 此时 D 为矩形区域

$$\{(x,t)\mid 0<x<l,0<t\leqslant T\}.$$

若给出初始条件

$$u|_{t=0}=\varphi(x),\quad 0<x<l \tag{7.5}$$

及边界条件

$$\begin{cases}\left[\alpha_0(t)u-\alpha_1(t)\dfrac{\partial u}{\partial x}\right]\bigg|_{x=0}=\alpha_2(t), & 0\leqslant t\leqslant T,\\ \left[\beta_0(t)u+\beta_1(t)\dfrac{\partial u}{\partial x}\right]\bigg|_{x=l}=\beta_2(t), & 0\leqslant t\leqslant T,\end{cases} \tag{7.6}$$

这里 $\alpha_0(t),\beta_0(t),\alpha_1(t),\beta_1(t)$ 均不小于 0 且 $\alpha_0(t)+\alpha_1(t)>0,\beta_0(t)+\beta_1(t)>0$,则称式(7.1)、式(7.5) 和式(7.6) 为有界域上的初边值问题.

在式(7.6) 中,若 $\alpha_1(t)\equiv 0,\beta_1(t)\equiv 0$,则化为第一类边界条件

$$u|_{x=0}=\alpha(t),\quad u|_{x=l}=\beta(t),\quad 0\leqslant t\leqslant T.$$

本节研究下列定解问题

$$\begin{cases}\dfrac{\partial u}{\partial t}-a\dfrac{\partial^2 u}{\partial x^2}=f(x,t), & 0<x<l,\ 0<t\leqslant T,\\ u|_{t=0}=\varphi(x), & 0<x<l,\\ u|_{x=0}=\alpha(t),\quad u|_{x=l}=\beta(t), & 0\leqslant t\leqslant T\end{cases} \tag{7.7}$$

的有限差分解法,其中 a 为正常数,f,φ,α,β 为已知函数,且满足连接性条件

$$\varphi(0)=\alpha(0),\quad \varphi(l)=\beta(0).$$

我们始终假设式(7.7) 有解 $u(x,t)$,且 $u(x,t)$ 具有一定的光滑性.

首先我们介绍微分方程的离散化,构造差分格式,然后研究差分格式的稳定性、收敛性等问题.

7.1.1 网格剖分

为了用差分方法求解式(7.7),将求解区域 $\overline{D}=\{(x,t)\mid 0\leqslant x\leqslant l,0\leqslant t\leqslant T\}$ 作剖

分. 取正整数 M 和 N,将区间$[0,l]$作 M 等分,将区间$[0,T]$作 N 等分,并记

$$h=\frac{l}{M},\quad \tau=\frac{T}{N},$$

$$x_i=ih\ (0\leqslant i\leqslant M),\quad t_k=k\tau\ (0\leqslant k\leqslant N).$$

分别称 h 和 τ 为空间步长和时间步长. 记 $r=\frac{a\tau}{h^2}$,称 r 为步长比. 此外,记 $t_{k+\frac{1}{2}}=\frac{1}{2}(t_k+t_{k+1})$. 用两簇平行直线

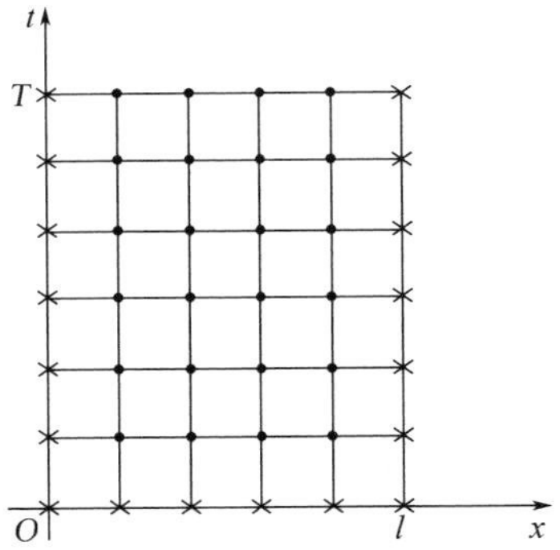

图 7.1 网格剖分

$$x=x_i,\ 0\leqslant i\leqslant M\quad 和\quad t=t_k,\ 0\leqslant k\leqslant N$$

将 $\overline{D}$ 分割成矩形网络(见图 7.1). 记

$$\Omega_h=\{x_i\mid 0\leqslant i\leqslant M\},$$
$$\Omega_\tau=\{t_k\mid 0\leqslant k\leqslant N\},$$
$$\Omega_{h\tau}=\Omega_h\times\Omega_\tau.$$

称网络点(x_i,t_k)为节点;称在 $t=0,x=0$ 及 $x=l$ 上的所有节点为边界节点,称所有属于

$$\{(x,t)\mid 0<x<l,0<t\leqslant T\}$$

的节点为内部节点,称在 $t=t_k$ 上的所有节点为第 k 层节点.

下面列出几个常用的公式. 设 $g(x)$ 在区间$[x_0-h,x_0+h]$上具有所需要的连续导数,则有

$$g'(x_0)=\frac{1}{h}[g(x_0+h)-g(x_0)]-\frac{h}{2}g''(\xi),\quad x_0<\xi<x_0+h;\tag{7.8}$$

$$g'(x_0)=\frac{1}{h}[g(x_0)-g(x_0-h)]+\frac{h}{2}g''(\xi),\quad x_0-h<\xi<x_0;\tag{7.9}$$

$$g'(x_0)=\frac{1}{h}\left[g\left(x_0+\frac{h}{2}\right)-g\left(x_0-\frac{h}{2}\right)\right]-\frac{h^2}{24}g'''(\xi),\quad x_0-\frac{h}{2}<\xi<x_0+\frac{h}{2};\tag{7.10}$$

$$g''(x_0)=\frac{1}{h^2}[g(x_0+h)-2g(x_0)+g(x_0-h)]-\frac{h^2}{12}g^{(4)}(\xi),\quad x_0-h<\xi<x_0+h;\tag{7.11}$$

$$g(x_0)=\frac{1}{2}[g(x_0+h)+g(x_0-h)]-\frac{h^2}{2}g''(\xi),\quad x_0-h<\xi<x_0+h.\tag{7.12}$$

应用 Taylor 展开式很容易得到以上几个公式.

7.1.2 古典显格式

在节点(x_i,t_k)处考虑微分方程,有

$$\frac{\partial u}{\partial t}(x_i,t_k)-a\frac{\partial^2 u}{\partial x^2}(x_i,t_k)=f(x_i,t_k). \tag{7.13}$$

对于其中的偏导数,用不同的差商代替,将得到不同的差分格式. 例如,由式(7.8)和式(7.11)可得

$$\frac{\partial u}{\partial t}(x_i,t_k)=\frac{1}{\tau}[u(x_i,t_{k+1})-u(x_i,t_k)]-\frac{\tau}{2}\frac{\partial^2 u}{\partial t^2}(x_i,\eta_i^k),\quad t_k<\eta_i^k<t_{k+1}, \tag{7.14}$$

$$\begin{aligned}\frac{\partial^2 u}{\partial x^2}(x_i,t_k)=&\frac{1}{h^2}[u(x_{i+1},t_k)-2u(x_i,t_k)+u(x_{i-1},t_k)]\\&-\frac{h^2}{12}\frac{\partial^4 u}{\partial x^4}(\xi_i^k,t_k),\quad x_{i-1}<\xi_i^k<x_{i+1},\end{aligned} \tag{7.15}$$

将式(7.14)和式(7.15)代入式(7.13),得

$$\begin{aligned}&\frac{1}{\tau}[u(x_i,t_{k+1})-u(x_i,t_k)]-\frac{a}{h^2}[u(x_{i+1},t_k)-2u(x_i,t_k)+u(x_{i-1},t_k)]\\=&f(x_i,t_k)+\frac{\tau}{2}\frac{\partial^2 u}{\partial t^2}(x_i,\eta_i^k)-\frac{ah^2}{12}\frac{\partial^4 u}{\partial x^4}(\xi_i^k,t_k),\\&\qquad 1\leqslant i\leqslant M-1,\ 0\leqslant k\leqslant N-1.\end{aligned} \tag{7.16}$$

再注意到初边值条件

$$\begin{cases}u(x_i,t_0)=\varphi(x_i), & 1\leqslant i\leqslant M-1,\\ u(x_0,t_k)=\alpha(t_k),\quad u(x_M,t_k)=\beta(t_k), & 0\leqslant k\leqslant N,\end{cases} \tag{7.17}$$

在式(7.16)中略去小量

$$R_{ik}^{(1)}=\frac{\tau}{2}\frac{\partial^2 u}{\partial t^2}(x_i,\eta_i^k)-\frac{ah^2}{12}\frac{\partial^4 u}{\partial x^4}(\xi_i^k,t_k), \tag{7.18}$$

并用u_i^k代替$u(x_i,t_k)$,得到差分格式

$$\begin{cases}\frac{1}{\tau}(u_i^{k+1}-u_i^k)-\frac{a}{h^2}(u_{i+1}^k-2u_i^k+u_{i-1}^k)=f(x_i,t_k),\\ \qquad\qquad 1\leqslant i\leqslant M-1,\ 0\leqslant k\leqslant N-1, & (7.19)\\ u_i^0=\varphi(x_i),\qquad 1\leqslant i\leqslant M-1, & (7.20)\\ u_0^k=\alpha(t_k),\quad u_M^k=\beta(t_k),\quad 0\leqslant k\leqslant N. & (7.21)\end{cases}$$

称式(7.19)—(7.21)为**古典显格式**,所用节点图如图7.2所示. 称$R_{ik}^{(1)}$为该差分格

式的**截断误差**.

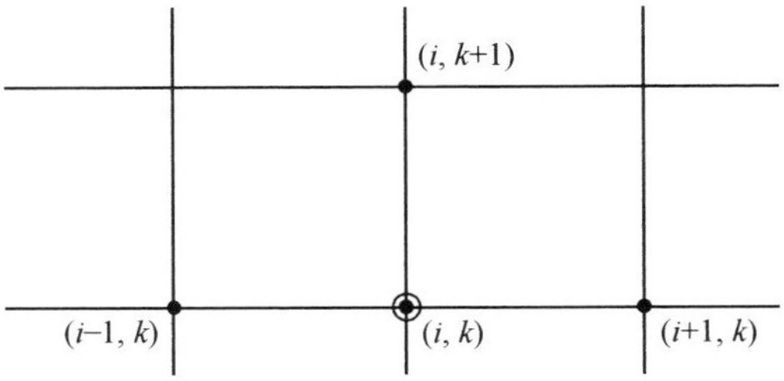

图 7.2　古典显格式节点图

式(7.19) 可写为

$$u_i^{k+1} = (1-2r)u_i^k + r(u_{i-1}^k + u_{i+1}^k) + \tau f(x_i, t_k),$$
$$1 \leqslant i \leqslant M-1,\ 0 \leqslant k \leqslant N-1,$$

该式表明第$(k+1)$层的值由第k层的值显式表示.

对于差分格式(7.19)—(7.21),若已知第k层上的值$\{u_i^k \mid 0 \leqslant i \leqslant M\}$,则由上式可直接得到第$(k+1)$层上的值$\{u_i^{k+1} \mid 0 \leqslant i \leqslant M\}$.

7.1.3　古典隐格式

由式(7.9) 和式(7.11) 可得

$$\frac{\partial u}{\partial t}(x_i, t_k) = \frac{1}{\tau}[u(x_i, t_k) - u(x_i, t_{k-1})] + \frac{\tau}{2}\frac{\partial^2 u}{\partial t^2}(x_i, \eta_i^k), \quad t_{k-1} < \eta_i^k < t_k,$$

$$\frac{\partial^2 u}{\partial x^2}(x_i, t_k) = \frac{1}{h^2}[u(x_{i+1}, t_k) - 2u(x_i, t_k) + u(x_{i-1}, t_k)] - \frac{h^2}{12}\frac{\partial^4 u}{\partial x^4}(\xi_i^k, t_k), \quad x_{i-1} < \xi_i^k < x_{i+1},$$

代入式(7.13),得

$$\begin{aligned}&\frac{1}{\tau}[u(x_i, t_k) - u(x_i, t_{k-1})] - \frac{a}{h^2}[u(x_{i+1}, t_k) - 2u(x_i, t_k) + u(x_{i-1}, t_k)]\\ &= f(x_i, t_k) - \frac{\tau}{2}\frac{\partial^2 u}{\partial t^2}(x_i, \eta_i^k) - \frac{ah^2}{12}\frac{\partial^4 u}{\partial x^4}(\xi_i^k, t_k),\\ &\qquad 1 \leqslant i \leqslant M-1,\ 1 \leqslant k \leqslant N.\end{aligned} \tag{7.22}$$

再注意到初边值条件

$$\begin{cases} u(x_i, t_0) = \varphi(x_i), & 1 \leqslant i \leqslant M-1, \\ u(x_0, t_k) = \alpha(t_k), \quad u(x_M, t_k) = \beta(t_k), & 0 \leqslant k \leqslant N, \end{cases}$$

在式(7.22) 中略去小量项

$$R_{ik}^{(2)}=-\frac{\tau}{2}\frac{\partial^2 u}{\partial t^2}(x_i,\eta_i^k)-\frac{ah^2}{12}\frac{\partial^4 u}{\partial x^4}(\xi_i^k,t_k),$$

并用 u_i^k 代替 $u(x_i,t_k)$,得到差分格式

$$\begin{cases}\frac{1}{\tau}(u_i^k-u_i^{k-1})-\frac{a}{h^2}(u_{i+1}^k-2u_i^k+u_{i-1}^k)=f(x_i,t_k) & \\ \qquad\qquad\qquad\qquad 1\leqslant i\leqslant M-1,\ 1\leqslant k\leqslant N, & (7.23)\\ u_i^0=\varphi(x_i), \qquad\qquad 1\leqslant i\leqslant M-1, & (7.24)\\ u_0^k=\alpha(t_k),\quad u_M^k=\beta(t_k),\quad 0\leqslant k\leqslant N. & (7.25)\end{cases}$$

称式(7.23)—(7.25)为**古典隐格式**,所用节点图如图 7.3 所示. 称 $R_{ik}^{(2)}$ 为该格式的截断误差.

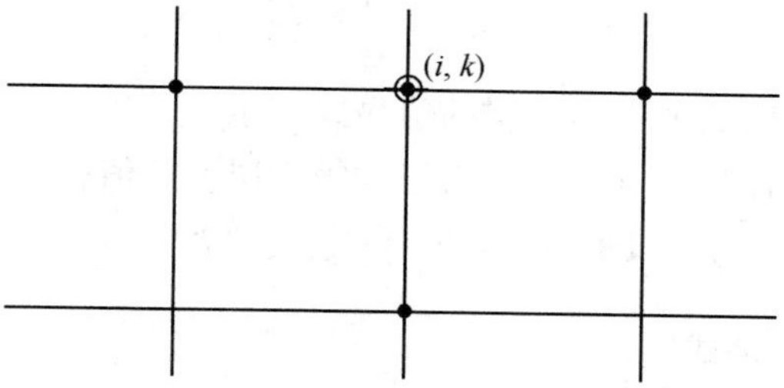

图 7.3 古典隐格式节点图

对于差分格式(7.23)—(7.25),若已知第$(k-1)$层上的值$\{u_i^{k-1}\mid 0\leqslant i\leqslant M\}$,需要通过解线性方程组才能得到第 k 层上的值$\{u_i^k\mid 0\leqslant i\leqslant M|\}$. 将其写成矩阵形式,有

$$\begin{bmatrix}1+2r & -r & & & \\ -r & 1+2r & -r & & \\ & \ddots & \ddots & \ddots & \\ & & -r & 1+2r & -r \\ & & & -r & 1+2r\end{bmatrix}\begin{bmatrix}u_1^k\\ u_2^k\\ \vdots\\ u_{M-2}^k\\ u_{M-1}^k\end{bmatrix}=\begin{bmatrix}u_1^{k-1}+\tau f(x_1,t_k)+r\alpha(t_k)\\ u_2^{k-1}+\tau f(x_2,t_k)\\ \vdots\\ u_{M-2}^{k-1}+\tau f(x_{M-2},t_k)\\ u_{M-1}^{k-1}+\tau f(x_{M-1},t_k)+r\beta(t_k)\end{bmatrix}.$$

实际计算时每层都需要解三对角线性方程组,可用追赶法进行求解.

7.1.4 Richardson 格式

古典显格式和古典隐格式的截断误差均为 $O(\tau+h^2)$. 为了提高精度,我们改用时间方向的中心差商来代替偏导数.

仍然在节点(x_i,t_k)处考虑方程(7.13). 由式(7.10)和式(7.11)得到

$$\frac{\partial u}{\partial t}(x_i,t_k)=\frac{1}{2\tau}[u(x_i,t_{k+1})-u(x_i,t_{k-1})]-\frac{\tau^2}{6}\frac{\partial^3 u}{\partial t^3}(x_i,\eta_i^k),\quad t_{k-1}<\eta_i^k<t_{k+1},$$

$$\frac{\partial^2 u}{\partial x^2}(x_i,t_k)=\frac{1}{h^2}[u(x_{i+1},t_k)-2u(x_i,t_k)+u(x_{i-1},t_k)]$$
$$-\frac{h^2}{12}\frac{\partial^4 u}{\partial x^4}(\xi_i^k,t_k),\quad x_{i-1}<\xi_i^k<x_{i+1},$$

代入式(7.13),得

$$\frac{1}{2\tau}[u(x_i,t_{k+1})-u(x_i,t_{k-1})]-\frac{a}{h^2}[u(x_{i+1},t_k)-2u(x_i,t_k)+u(x_{i-1},t_k)]$$
$$=f(x_i,t_k)+\frac{\tau^2}{6}\frac{\partial^3 u}{\partial t^3}(x_i,\eta_i^k)-\frac{ah^2}{12}\frac{\partial^4 u}{\partial x^4}(\xi_i^k,t_k),$$
$$1\leqslant i\leqslant M-1,\ 1\leqslant k\leqslant N-1.\tag{7.26}$$

再注意到初边值条件,有

$$\begin{cases}u(x_i,t_0)=\varphi(x_i), & 1\leqslant i\leqslant M-1,\\ u(x_0,t_k)=\alpha(t_k),\quad u(x_M,t_k)=\beta(t_k), & 0\leqslant k\leqslant N,\end{cases}$$

在式(7.26)中略去小量项

$$R_{ik}^{(3)}=\frac{\tau^2}{6}\frac{\partial^3 u}{\partial t^3}(x_i,\eta_i^k)-\frac{ah^2}{12}\frac{\partial^4 u}{\partial x^4}(\xi_i^k,t_k),$$

并用 u_i^k 代替 $u(x_i,t_k)$,得到差分格式

$$\begin{cases}\dfrac{1}{2\tau}(u_i^{k+1}-u_i^{k-1})-\dfrac{a}{h^2}(u_{i+1}^k-2u_i^k+u_{i-1}^k)=f(x_i,t_k),\\ \qquad\qquad 1\leqslant i\leqslant M-1,\ 1\leqslant k\leqslant N-1, & (7.27)\\ u_i^0=\varphi(x_i),\qquad 1\leqslant i\leqslant M-1, & (7.28)\\ u_0^k=\alpha(t_k),\quad u_M^k=\beta(t_k),\quad 0\leqslant k\leqslant N. & (7.29)\end{cases}$$

称式(7.27)—(7.29)为 Richardson 格式,所用节点图如图 7.4 所示.

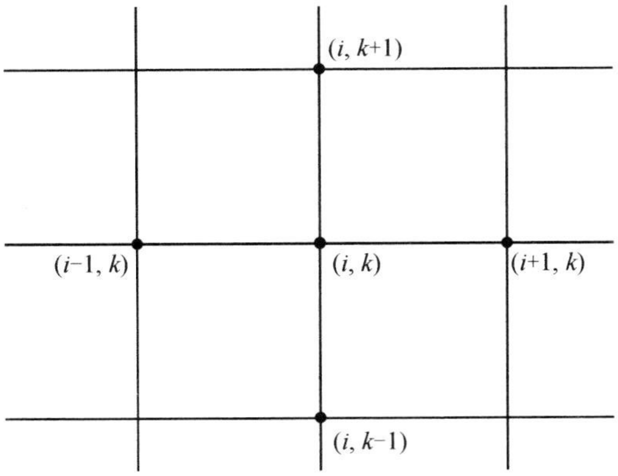

图 7.4　Richardson 格式节点图

式(7.27) 还可写为

$$u_i^{k+1}=u_i^{k-1}+2r(u_{i+1}^k-2u_i^k+u_{i-1}^k)+2\tau f(x_i,t_k),$$
$$1\leqslant i\leqslant M-1,\ 1\leqslant k\leqslant N-1.$$

Richardson 格式是一个显格式,它和前面的两个差分格式有明显的不同.前面两个格式,不管是显式还是隐式,都可由第 k 层的值算出第$(k+1)$ 层的值,因此这些格式称为两层格式.而 Richardson 格式是一个 3 层格式,为了求得第$(k+1)$ 层的值,需要算出第 k 层的值和第$(k-1)$ 层的值,因此它不是自开始的,要用其它方法算出第一层的值后才能用此格式进行计算.例如,由微分方程及初始条件得到

$$\begin{aligned}u(x_i,\tau)&=u(x_i,0)+\tau\frac{\partial u}{\partial t}(x_i,0)+\frac{1}{2}\tau^2\frac{\partial^2 u}{\partial t^2}(x_i,\bar{\eta}_i)\\&=\varphi(x_i)+\tau\left[a\frac{\mathrm{d}^2\varphi(x_i)}{\mathrm{d}x^2}+f(x_i,0)\right]+\frac{1}{2}\tau^2\frac{\partial^2 u}{\partial t^2}(x_i,\bar{\eta}_i),\end{aligned}$$

因而我们可取

$$u_i^1=\varphi(x_i)+\tau\left[a\frac{\mathrm{d}^2\varphi(x_i)}{\mathrm{d}x^2}+f(x_i,0)\right],\quad 1\leqslant i\leqslant M-1.$$

下节将证明 Richardson 格式是个完全不稳定的差分格式,无实用价值.这里列出的目的是作为不稳定差分格式的典型例子,有助于阐明稳定性的重要意义.

7.1.5 Crank-Nicolson 格式

为了提高精度,改用时间方向的中心差商$\frac{1}{\tau}[u(x_i,t_{k+1})-u(x_i,t_k)]$来代替偏导数$\frac{\partial u}{\partial t}(x_i,t_{k+\frac{1}{2}})$.

在点$(x_i,t_{k+\frac{1}{2}})$处考虑微分方程

$$\frac{\partial u}{\partial t}(x_i,t_{k+\frac{1}{2}})-a\frac{\partial^2 u}{\partial x^2}(x_i,t_{k+\frac{1}{2}})=f(x_i,t_{k+\frac{1}{2}}).$$

应用式(7.12),有

$$\begin{aligned}&\frac{\partial u}{\partial t}(x_i,t_{k+\frac{1}{2}})-a\cdot\frac{1}{2}\cdot\left[\frac{\partial^2 u}{\partial x^2}(x_i,t_k)+\frac{\partial^2 u}{\partial x^2}(x_i,t_{k+1})\right]\\&=f(x_i,t_{k+\frac{1}{2}})-\frac{a\tau^2}{8}\frac{\partial^4 u}{\partial x^2\partial t^2}(x_i,\bar{\eta}_i^k),\quad t_k<\bar{\eta}_i^k<t_{k+1}.\end{aligned}$$

再应用

$$\frac{\partial u}{\partial t}(x_i,t_{k+\frac{1}{2}})=\frac{1}{\tau}[u(x_i,t_{k+1})-u(x_i,t_k)]-\frac{\tau^2}{24}\frac{\partial^3 u}{\partial t^3}(x_i,\eta_i^k),\quad t_k<\eta_i^k<t_{k+1},$$

$$\frac{\partial^2 u}{\partial x^2}(x_i,t_k)=\frac{1}{h^2}[u(x_{i+1},t_k)-2u(x_i,t_k)+u(x_{i-1},t_k)]$$
$$-\frac{h^2}{12}\frac{\partial^4 u}{\partial x^4}(\xi_i^k,t_k),\quad x_{i-1}<\xi_i^k<x_{i+1},$$

$$\frac{\partial^2 u}{\partial x^2}(x_i,t_{k+1})=\frac{1}{h^2}[u(x_{i+1},t_{k+1})-2u(x_i,t_{k+1})+u(x_{i-1},t_{k+1})]$$
$$-\frac{h^2}{12}\frac{\partial^4 u}{\partial x^4}(\xi_i^{k+1},t_{k+1}),\quad x_{i-1}<\xi_i^{k+1}<x_{i+1},$$

得

$$\begin{aligned}&\frac{1}{\tau}[u(x_i,t_{k+1})-u(x_i,t_k)]-\frac{a}{2}\Big\{\frac{1}{h^2}[u(x_{i+1},t_k)-2u(x_i,t_k)+u(x_{i-1},t_k)]\\&\quad+\frac{1}{h^2}[u(x_{i+1},t_{k+1})-2u(x_i,t_{k+1})+u(x_{i-1},t_{k+1})]\Big\}\\&=f(x_i,t_{k+\frac{1}{2}})+\frac{\tau^2}{24}\frac{\partial^3 u}{\partial t^3}(x_i,\eta_i^k)-\frac{ah^2}{24}\left[\frac{\partial^4 u}{\partial x^4}(\xi_i^k,t_k)+\frac{\partial^4 u}{\partial x^4}(\xi_i^{k+1},t_{k+1})\right]\\&\quad-\frac{a\tau^2}{8}\frac{\partial^4 u}{\partial x^2\partial t^2}(x_i,\tilde{\eta}_i^k),\quad 1\leqslant i\leqslant M-1,\ 0\leqslant k\leqslant N-1.\end{aligned}\tag{7.30}$$

再注意到初边值条件

$$\begin{cases}u(x_i,t_0)=\varphi(x_i), & 1\leqslant i\leqslant M-1,\\ u(x_0,t_k)=\alpha(t_k),\quad u(x_M,t_k)=\beta(t_k), & 0\leqslant k\leqslant N,\end{cases}\tag{7.31}$$

在式(7.30)中略去小量项

$$\begin{aligned}R_{ik}^{(4)}=&\frac{\tau^2}{24}\left[\frac{\partial^3 u}{\partial t^3}(x_i,\eta_i^k)-3a\frac{\partial^4 u}{\partial x^2\partial t^2}(x_i,\tilde{\eta}_i^k)\right]\\&-\frac{ah^2}{24}\left[\frac{\partial^4 u}{\partial x^4}(\xi_i^k,t_k)+\frac{\partial^4 u}{\partial x^4}(\xi_i^{k+1},t_{k+1})\right],\end{aligned}\tag{7.32}$$

并用 u_i^k 代替 $u(x_i,t_k)$,得到差分格式

$$\begin{cases}\dfrac{1}{\tau}(u_i^{k+1}-u_i^k)-\dfrac{a}{2}\left[\dfrac{1}{h^2}(u_{i+1}^k-2u_i^k+u_{i-1}^k)+\dfrac{1}{h^2}(u_{i+1}^{k+1}-2u_i^{k+1}+u_{i-1}^{k+1})\right]\\ \quad=f(x_i,t_{k+\frac{1}{2}}), \qquad 1\leqslant i\leqslant M-1,\ 0\leqslant k\leqslant N-1, & (7.33)\\ u_i^0=\varphi(x_i), \qquad 1\leqslant i\leqslant M-1, & (7.34)\\ u_0^k=\alpha(t_k),\quad u_M^k=\beta(t_k), \qquad 0\leqslant k\leqslant N. & (7.35)\end{cases}$$

称式(7.33)—(7.35)为 Crank-Nicolson 格式,所用节点图如图 7.5 所示.

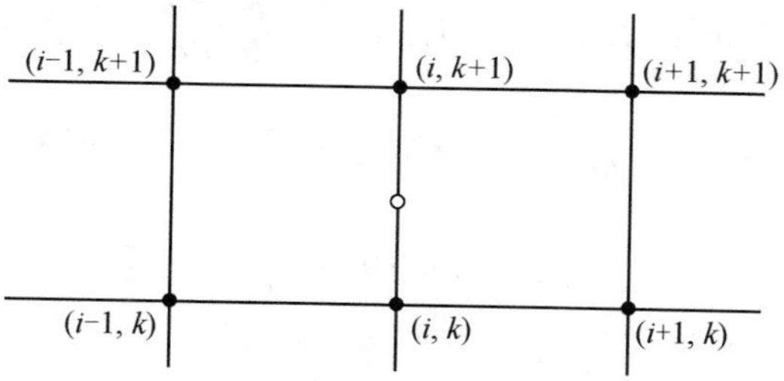

图 7.5　Crank-Nicolson 格式节点图

差分格式(7.33)—(7.35) 用矩阵形式表示为

$$\begin{bmatrix} 1+r & -\frac{r}{2} & & & \\ -\frac{r}{2} & 1+r & -\frac{r}{2} & & \\ & \ddots & \ddots & \ddots & \\ & & -\frac{r}{2} & 1+r & -\frac{r}{2} \\ & & & -\frac{r}{2} & 1+r \end{bmatrix} \begin{bmatrix} u_1^{k+1} \\ u_2^{k+1} \\ \vdots \\ u_{M-2}^{k+1} \\ u_{M-1}^{k+1} \end{bmatrix}$$

$$= \begin{bmatrix} (1-r)u_1^k + \frac{r}{2}u_2^k + \tau f(x_1, t_{k+\frac{1}{2}}) + \frac{r}{2}(\alpha(t_k) + \alpha(t_{k+1})) \\ \frac{r}{2}u_1^k + (1-r)u_2^k + \frac{r}{2}u_3^k + \tau f(x_2, t_{k+\frac{1}{2}}) \\ \vdots \\ \frac{r}{2}u_{M-3}^k + (1-r)u_{M-2}^k + \frac{r}{2}u_{M-1}^k + \tau f(x_{M-2}, t_{k+\frac{1}{2}}) \\ \frac{r}{2}u_{M-2}^k + (1-r)u_{M-1}^k + \tau f(x_{M-1}, t_{k+\frac{1}{2}}) + \frac{r}{2}(\beta(t_k) + \beta(t_{k+1})) \end{bmatrix}.$$

Crank-Nicolson 格式的截断误差为 $R_{ik}^{(4)} = O(\tau^2 + h^2)$，它比前面介绍的古典显格式和古典隐格式的阶数高.

在建立 Crank-Nicolson 格式时，将 $\frac{\partial^2 u}{\partial x^2}(x_i, t_{k+\frac{1}{2}})$ 用 $\frac{\partial^2 u}{\partial x^2}(x_i, t_k)$ 和 $\frac{\partial^2 u}{\partial x^2}(x_i, t_{k+1})$ 的平均值代替，这种思想在建立差分格式时是常用的.

至此，我们对定解问题(7.7) 建立了 4 个差分格式. 其中，古典显格式(7.19)—(7.21) 和 Richardson 格式(7.27)—(7.29) 是显式的，可按公式逐层计算；而古典隐格式(7.23)—(7.25) 和 Crank-Nicolson 格式(7.33)—(7.35) 均为隐式的，在计算每一层上 u 的值时都需解线性方程组，但它们的系数矩阵是三对角阵且严格对角占优，因此可用追赶法求解.

例 7.1　考虑抛物方程

$$\begin{cases}\dfrac{\partial u}{\partial t}-\dfrac{\partial^2 u}{\partial x^2}=0, & 0\leqslant x\leqslant 1,\ 0<t\leqslant 1,\\ u(x,0)=e^x, & 0<x<1,\\ u(0,t)=e^t,\quad u(1,t)=e^{1+t}, & 0\leqslant t\leqslant 1,\end{cases}$$

应用上面介绍的 4 个差分格式进行计算.

解　表 7.1 给出了 $h=1/10,\tau=1/200$ 时用古典显格式(7.19)—(7.21) 计算得到的部分数值结果,可以发现数值解很好地逼近了精确解.

表 7.1　古典显格式算例($h=1/10,\tau=1/200$)

k	(x,t)	数值解	精确解	|精确解－数值解|
0	(0.5,0.00)	1.648721	1.648721	0.000000
10	(0.5,0.05)	1.733119	1.733253	0.000134
20	(0.5,0.10)	1.821888	1.822119	0.000231
30	(0.5,0.15)	1.915244	1.915541	0.000297
40	(0.5,0.20)	2.013408	2.013753	0.000345
50	(0.5,0.25)	2.116618	2.117000	0.000382
60	(0.5,0.30)	2.225127	2.225541	0.000414
70	(0.5,0.35)	2.339205	2.339647	0.000442
80	(0.5,0.40)	2.459134	2.459603	0.000469
90	(0.5,0.45)	2.585214	2.585710	0.000496
100	(0.5,0.50)	2.717759	2.718282	0.000523
110	(0.5,0.55)	2.857100	2.857651	0.000551
120	(0.5,0.60)	3.003587	3.004166	0.000579
130	(0.5,0.65)	3.157583	3.158193	0.000610
140	(0.5,0.70)	3.319476	3.320117	0.000641
150	(0.5,0.75)	3.489669	3.490343	0.000674
160	(0.5,0.80)	3.668588	3.669297	0.000709
170	(0.5,0.85)	3.856681	3.857425	0.000744
180	(0.5,0.90)	4.054417	4.055200	0.000783
190	(0.5,0.95)	4.262291	4.263114	0.000823
200	(0.5,1.00)	4.480824	4.481689	0.000865

表7.2给出了 $h=1/10,\tau=1/100$ 时用古典显格式(7.19)—(7.21) 计算得到的部分数值结果. 可以发现,随着计算层数的增加,误差越来越大,因此数值结果无实用价值.

表 7.2　古典显格式算例($h=1/10,\tau=1/100$)

k	(x,t)	数值解	精确解	|精确解－数值解|
0	(0.5,0.00)	1.648721	1.648721	0.000000
1	(0.5,0.01)	1.665222	1.665291	0.000069
2	(0.5,0.02)	1.681888	1.682028	0.000140
3	(0.5,0.03)	1.698722	1.698932	0.000210
4	(0.5,0.04)	1.715721	1.716007	0.000286
5	(0.5,0.05)	1.732898	1.733253	0.000355
6	(0.5,0.06)	1.750386	1.750672	0.000286
7	(0.5,0.07)	1.767305	1.768267	0.000962
8	(0.5,0.08)	1.787434	1.786038	0.001396
9	(0.5,0.09)	1.797024	1.803988	0.006964
10	(0.5,0.10)	1.842189	1.822119	0.020070
11	(0.5,0.11)	1.775457	1.840431	0.064974
12	(0.5,0.12)	2.054643	1.858928	0.195715
13	(0.5,0.13)	1.286095	1.877611	0.591516
14	(0.5,0.14)	3.655966	1.896481	1.759485
15	(0.5,0.15)	3.292654	1.915541	1.377113
16	(0.5,0.16)	17.26231	1.934792	15.32752
17	(0.5,0.17)	43.00026	1.954237	41.04602
18	(0.5,0.18)	133.4547	1.973878	131.4808

表 7.3 给出了 $h=1/10,\tau=1/100$ 时用古典隐格式(7.23)—(7.25)得到的部分数值结果,可以发现数值解很好地逼近了精确解.

表 7.3　古典隐格式算例($h=1/10,\tau=1/100$)

k	(x,t)	数值解	精确解	|精确解－数值解|
0	(0.5,0.00)	1.648721	1.648721	0.000000
5	(0.5,0.05)	1.733699	1.733253	0.000446
10	(0.5,0.10)	1.822891	1.822119	0.000772
15	(0.5,0.15)	1.916544	1.915541	0.001003
20	(0.5,0.20)	2.014927	2.013753	0.001174
25	(0.5,0.25)	2.118310	2.117000	0.001310
30	(0.5,0.30)	2.226965	2.225541	0.001424
35	(0.5,0.35)	2.341174	2.339647	0.001527
40	(0.5,0.40)	2.461227	2.459603	0.001624
45	(0.5,0.45)	2.587428	2.585710	0.001719
50	(0.5,0.50)	2.720096	2.718282	0.001814
55	(0.5,0.55)	2.859563	2.857651	0.001912
60	(0.5,0.60)	3.006178	3.004166	0.002012
65	(0.5,0.65)	3.160310	3.158193	0.002117

续表 7.2

k	(x,t)	数值解	精确解	|精确解 − 数值解|
70	(0.5,0.70)	3.322344	3.320117	0.002227
75	(0.5,0.75)	3.492685	3.490343	0.002342
80	(0.5,0.80)	3.671759	3.669297	0.002462
85	(0.5,0.95)	3.860015	3.857425	0.002589
90	(0.5,0.90)	4.057922	4.055200	0.002722
95	(0.5,0.95)	4.265976	4.263114	0.002862
100	(0.5,1.00)	4.484697	4.481689	0.003008

表7.4给出了$h=1/10$,$\tau=1/100$时用Richardson格式(7.27)—(7.29)得到的部分数值结果.可以发现,随着计算层数的增加,误差越来越大,因此数值结果无实用价值.

表 7.4 Richardson 格式算例($h=1/10$,$\tau=1/100$)

k	(x,t)	数值解	精确解	|精确解 − 数值解|
0	(0.5,0.00)	1.648721	1.648721	0.000000
1	(0.5,0.01)	0.116501	1.665291	1.548790
2	(0.5,0.02)	8.837941	1.682028	7.155913
3	(0.5,0.03)	−22.13696	1.698932	23.83589
4	(0.5,0.04)	90.79588	1.716007	89.07988
5	(0.5,0.05)	−329.1597	1.733253	330.8929
6	(0.5,0.06)	1267.675	1.750672	1265.924
7	(0.5,0.07)	−4908.295	1.768267	4910.063
8	(0.5,0.08)	19285.74	1.786083	19283.96

表7.5给出了$h=1/10$,$\tau=1/10$时用Crank-Nicolson格式(7.33)—(7.35)得到的部分数值结果,可以发现数值解很好地逼近了精确解.

表 7.5 Crank-Nicolson 格式算例($h=1/10$,$\tau=1/10$)

k	(x,t)	数值解	精确解	|精确解 − 数值解|
0	(0.5,0.0)	1.648721	1.648721	0.000000
1	(0.5,0.1)	1.822349	1.822119	0.000230
2	(0.5,0.2)	2.014105	2.013753	0.000352
3	(0.5,0.3)	2.225953	2.225541	0.000412
4	(0.5,0.4)	2.460072	0.459603	0.000469
5	(0.5,0.5)	2.718802	2.718282	0.000520
6	(0.5,0.6)	3.004743	3.004166	0.000577
7	(0.5,0.7)	3.320755	3.320117	0.000638
8	(0.5,0.8)	3.670002	3.669297	0.000705
9	(0.5,0.9)	4.055979	4.005200	0.000779
10	(0.5,1.0)	4.482550	4.481689	0.000861

7.2 差分格式的稳定性和收敛性

观察上节构造的差分格式,从形式上看,这些格式都是可计算的.但要想知道这些格式是否都可用、哪一个格式更好些,就必须进一步研究以下两个问题:

(1) 对于固定的步长,计算过程中产生的误差随着步数的增加,是逐渐消失、保持有界还是无限增大?

(2) 当步长无限缩小时,差分格式的解是否逼近微分方程的解?逼近速度又如何?

前者是稳定性问题,后者是收敛性问题.不稳定或不收敛的差分格式是没有应用价值的,因此必须对稳定性和收敛性的基本概念有个明确的认识.

粗略地说,稳定性反映用某个差分格式进行实际计算时,所得到的近似解 $\tilde{u}_i^k$ 是否接近于它的真解,其不涉及微分方程;收敛性反映的是差分格式的截断误差对计算结果的影响,即当 $h\to 0,\tau\to 0$ 时,差分格式的真解 u_i^k 是否逼近于微分方程的解 $u(x_i,t_k)$.

我们记 $\varepsilon_k^k=\tilde{u}_i^k-u_i^k$,称为累积误差.如果 ε_i^k 不大,即 $\tilde{u}_i^k$ 接近于 u_i^k,则当 u_i^k 收敛于 $u(x_i,t_k)$ 时,可以用 $\tilde{u}_i^k$ 作为 $u(x_i,t_k)$ 的近似值,从而达到了求数值解的目的;反之,如果 ε_i^k 很大,则即使 u_i^k 收敛于 $u(x_i,t_k)$,这种差分格式也无实用价值,因为此时差分方程的真解已被累积误差所淹没.

7.2.1 差分格式的稳定性

我们先以古典显格式为例,用直观的方法,即所谓 ε 图方法来说明进行差分格式稳定性的研究是非常有必要的.

为了讨论方便起见,假定边界值的计算是精确的,只是在初始层某点 $(i_0,0)$ 上产生了误差 ε,而在初始层其它点上没有误差,并假定在以后各层上的计算都没有引入其它误差.我们来考察误差 ε 是如何传播的.

设 $\{u_i^k\}$ 和 $\{\tilde{u}_i^k\}$ 分别是差分格式的精确解和近似解,分别满足下列差分格式:

$$\begin{cases}\dfrac{1}{\tau}(u_i^{k+1}-u_i^k)-\dfrac{a}{h^2}(u_{i+1}^k-2u_i^k+u_{i-1}^k)=f(x_i,t_k),\\ \qquad\qquad\qquad\qquad\qquad\qquad 1\leqslant i\leqslant M-1,\ 0\leqslant k\leqslant N-1,\\ u_i^0=\varphi(x_i),\qquad\qquad\qquad\quad 1\leqslant i\leqslant M-1,\\ u_0^k=\alpha(t_k),\quad u_M^k=\beta(t_k),\quad 0\leqslant k\leqslant N,\end{cases}$$

和

$$\begin{cases}\dfrac{1}{\tau}(\tilde{u}_i^{k+1}-\tilde{u}_i^k)-\dfrac{a}{h^2}(\tilde{u}_{i+1}^k-2\tilde{u}_i^k+\tilde{u}_{i-1}^k)=f(x_i,t_k),\\ \qquad\qquad\qquad\qquad\qquad\qquad 1\leqslant i\leqslant M-1,\ 0\leqslant k\leqslant N-1,\\ u_i^0=\begin{cases}\varphi(x_i), & 1\leqslant i\leqslant M-1,\ i\neq i_0,\\ \varphi(x_{i_0})+\varepsilon, & i=i_0,\end{cases}\\ \tilde{u}_0^k=\alpha(t_k),\quad \tilde{u}_M^k=\beta(t_k),\quad 0\leqslant k\leqslant N.\end{cases}$$

将以上两个差分格式相减,得到误差 $\varepsilon_i^k=\tilde{u}_i^k-u_i^k$ 满足

$$\begin{cases}\dfrac{1}{\tau}(\varepsilon_i^{k+1}-\varepsilon_i^k)-\dfrac{a}{h^2}(\varepsilon_{i+1}^k-2\varepsilon_i^k+\varepsilon_{i-1}^k)=0,\\ \qquad\qquad\qquad\qquad\qquad 1\leqslant i\leqslant M-1,\ 0\leqslant k\leqslant N-1,\\ \varepsilon_i^0=\begin{cases}0, & 1\leqslant i\leqslant M-1,\ i\neq i_0,\\ \varepsilon, & i=i_0,\end{cases}\\ \varepsilon_0^k=0,\quad \varepsilon_M^k=0,\quad 0\leqslant k\leqslant N,\end{cases}$$

即

$$\begin{cases}\varepsilon_i^{k+1}=(1-2r)\varepsilon_i^k+r(\varepsilon_{i-1}^k+\varepsilon_{i+1}^k),\\ \qquad\qquad\qquad\qquad 1\leqslant i\leqslant M-1,\ 0\leqslant k\leqslant N-1,\\ \varepsilon_i^0=\begin{cases}0, & 1\leqslant i\leqslant M-1,\ i\neq i_0,\\ \varepsilon, & i=i_0,\end{cases}\\ \varepsilon_0^k=0,\quad \varepsilon_M^k=0,\quad 0\leqslant k\leqslant N.\end{cases}$$

表 7.6 给出了 $r=\dfrac{1}{2}$ 时 ε_i^k 的传播情况. 由表可见误差逐层减小,所以当 $r=\dfrac{1}{2}$ 时古典显格式是稳定的.

表 7.6　$r=1/2$ 时古典显格式误差 ε_i^k 传播情况

k \ i	i_0-4	i_0-3	i_0-2	i_0-1	i_0	i_0+1	i_0+2	i_0+3	i_0+4
0	0	0	0	0	ε	0	0	0	0
1	0	0	0	$\frac{1}{2}\varepsilon$	0	$\frac{1}{2}\varepsilon$	0	0	0
2	0	0	$\frac{1}{4}\varepsilon$	0	$\frac{1}{2}\varepsilon$	0	$\frac{1}{4}\varepsilon$	0	0
3	0	$\frac{1}{8}\varepsilon$	0	$\frac{3}{8}\varepsilon$	0	$\frac{3}{8}\varepsilon$	0	$\frac{1}{8}\varepsilon$	0
4	$\frac{1}{16}\varepsilon$	0	$\frac{1}{4}\varepsilon$	0	$\frac{3}{8}\varepsilon$	0	$\frac{1}{4}\varepsilon$	0	$\frac{1}{16}\varepsilon$
5	0	$\frac{5}{32}\varepsilon$	0	$\frac{5}{16}\varepsilon$	0	$\frac{5}{16}\varepsilon$	0	$\frac{5}{32}\varepsilon$	0

表 7.7 给出了 $r=1$ 时 ε_i^k 的传播情况. 由表可见误差逐层增大,所以当 $r=1$

时古典显格式是不稳定的.

表 7.7　$r=1$ 时古典显格式误差 ε_i^k 传播情况

k \ i	i_0-4	i_0-3	i_0-2	i_0-1	i_0	i_0+1	i_0+2	i_0+3	i_0+4
0	0	0	0	0	ε	0	0	0	0
1	0	0	0	ε	$-\varepsilon$	ε	0	0	0
2	0	0	ε	-2ε	3ε	-2ε	ε	0	0
3	0	ε	-3ε	6ε	-7ε	6ε	-3ε	ε	0
4	ε	-4ε	10ε	-16ε	19ε	-16ε	10ε	-4ε	ε
5	-5ε	15ε	-30ε	45ε	-51ε	45ε	-30ε	15ε	-5ε

到底步长比在什么范围内才能保证差分格式稳定呢?用 ε 图的方法是无法确定的. 为了精确刻画稳定性和收敛性,需要引进网格函数和网格函数的范数.

称定义在 Ω_h 上的函数 $v=(v_0,v_1,\cdots,v_M)$ 为 Ω_h 上的网格函数;称定义在 $\Omega_{h\tau}$ 上的函数 $\{v_i^k \mid 0\leqslant i\leqslant M, 0\leqslant k\leqslant N\}$ 为 $\Omega_{h\tau}$ 上的网格函数. 如果 $\{v_i^k \mid 0\leqslant i\leqslant M, 0\leqslant k\leqslant N\}$ 为 $\Omega_{h\tau}$ 上的网格函数,定义 $v^k=\{v_i^k \mid 0\leqslant i\leqslant M\}$,则 v^k 为 Ω_h 上的网格函数.

记 V_h 为 Ω_h 上所有网格函数的集合,即

$$V_h=\{v \mid v=(v_0,v_1,\cdots,v_M)\text{ 为 }\Omega_h\text{ 上的网格函数}\}.$$

对于任意 $v\in V_h$,定义范数如下:

(1) (离散的)L_2 范数(平均范数)

$$\|v\|_2=\sqrt{h\left[\frac{1}{2}(v_0)^2+\sum_{i=1}^{M-1}(v_i)^2+\frac{1}{2}(v_M)^2\right]};$$

(2) (离散的)L_∞ 范数(最大范数)

$$\|v\|_\infty=\max_{0\leqslant i\leqslant M}|v_i|;$$

(3) (离散的)L_1 范数

$$\|v\|_1=h\left(\frac{1}{2}|v_0|+\sum_{i=1}^{M-1}|v_i|+\frac{1}{2}|v_M|\right).$$

易知这 3 种范数之间满足如下关系式:

$$\|v\|_1\leqslant\sqrt{l}\|v\|_2,\quad \|v\|_2\leqslant\sqrt{l}\|v\|_\infty,\quad \|v\|_1\leqslant l\|v\|_\infty.$$

下面给出稳定性的定义. 为了讨论方便起见,假定边界值的计算是精确的,只在初始层引入了误差,而在以后的计算中所产生的误差都是由于初始层误差的影响而产生的,并未引入其它误差.

定义 7.1　如果存在与 h,τ 无关的常数 C，使得

$$\|\varepsilon^k\| \leqslant C\|\varepsilon^0\|,\quad 1\leqslant k\leqslant N,\qquad\text{(两层格式)}$$

或

$$\|\varepsilon^k\| \leqslant C(\|\varepsilon^0\|+\|\varepsilon^1\|),\quad 2\leqslant k\leqslant N,\qquad\text{(三层格式)}$$

则称差分格式关于范数 $\|\cdot\|$ 是稳定的，否则称为不稳定的.

定理 7.1　古典显格式(7.19)—(7.21) 当步长比 $r\leqslant\dfrac{1}{2}$ 时关于 L_∞ 范数是稳定的，当步长比 $r>\dfrac{1}{2}$ 时关于 L_∞ 范数是不稳定的.

证明　设 $\{\tilde{u}_i^k\}$ 为

$$\begin{cases}\dfrac{1}{\tau}(\tilde{u}_i^{k+1}-\tilde{u}_i^k)-\dfrac{a}{h^2}(\tilde{u}_{i+1}^k-2\tilde{u}_i^k+\tilde{u}_{i-1}^k)=f(x_i,t_k),\\ \qquad\qquad\qquad\qquad 1\leqslant i\leqslant M-1,\ 0\leqslant k\leqslant N-1,\\ \tilde{u}_i^0=\varphi(x_i)+\tilde{\varphi}_i,\qquad 1\leqslant i\leqslant M-1,\\ \tilde{u}_0^k=\alpha(t_k),\quad \tilde{u}_M^k=\beta(t_k),\quad 0\leqslant k\leqslant N\end{cases}$$

的解，则 $\varepsilon_i^k=\tilde{u}_i^k-u_i^k$ 满足下列差分方程：

$$\begin{cases}\dfrac{1}{\tau}(\varepsilon_i^{k+1}-\varepsilon_i^k)-\dfrac{a}{h^2}(\varepsilon_{i+1}^k-2\varepsilon_i^k+\varepsilon_{i-1}^k)=0,\\ \qquad\qquad\qquad 1\leqslant i\leqslant M-1,\ 0\leqslant k\leqslant N-1, & (7.36)\\ \varepsilon_i^0=\tilde{\varphi}_i,\qquad 1\leqslant i\leqslant M-1, & (7.37)\\ \varepsilon_0^k=0,\quad \varepsilon_M^k=0,\quad 0\leqslant k\leqslant N. & (7.38)\end{cases}$$

式(7.36) 可改写为

$$\varepsilon_i^{k+1}=(1-2r)\varepsilon_i^k+r(\varepsilon_{i-1}^k+\varepsilon_{i+1}^k),\quad 1\leqslant i\leqslant M-1,\ 0\leqslant k\leqslant N-1,\tag{7.39}$$

当 $r\leqslant\dfrac{1}{2}$ 时，有

$$\begin{aligned}|\varepsilon_i^{k+1}| &\leqslant (1-2r)\|\varepsilon^k\|_\infty+r(\|\varepsilon^k\|_\infty+\|\varepsilon^k\|_\infty)\\ &=\|\varepsilon^k\|_\infty,\quad 1\leqslant i\leqslant M-1.\end{aligned}$$

再注意到 $\varepsilon_0^{k+1}=0$ 及 $\varepsilon_M^{k+1}=0$，因此有

$$\|\varepsilon^{k+1}\|_\infty\leqslant\|\varepsilon^k\|_\infty,\quad 0\leqslant k\leqslant N-1,$$

递推可得

$$\|\varepsilon^k\|_\infty\leqslant\|\varepsilon^0\|_\infty,\quad 1\leqslant k\leqslant N.$$

因而当 $r\leqslant\frac{1}{2}$ 时古典显格式关于 L_∞ 范数是稳定的.

再考虑 $r>\frac{1}{2}$ 的情形. 此时存在 h_0,当 $h\leqslant h_0$ 时

$$r\sin^2\frac{(M-1)\pi h}{2l}>\frac{1}{2}.$$

记

$$G=1-4r\sin^2\frac{(M-1)\pi h}{2l},$$

则当 $r>\frac{1}{2}$ 时有 $|G|>1$.

设

$$\varepsilon_i^0=\varepsilon\sin\frac{(M-1)\pi x_i}{l},\quad 0\leqslant i\leqslant M,\tag{7.40}$$

下面证明

$$\varepsilon_i^k=G^k\varepsilon_i^0,\quad 0\leqslant i\leqslant M,\ 0\leqslant k\leqslant N.\tag{7.41}$$

由式(7.40)可知式(7.41)对 $k=0$ 成立. 现设式(7.41)对 $k=m$ 成立. 由式(7.39)得

$$\begin{aligned}\varepsilon_i^{m+1}&=(1-2r)\varepsilon_i^m+r(\varepsilon_{i-1}^m+\varepsilon_{i+1}^m)\\&=(1-2r)G^m\varepsilon_i^0+r(G^m\varepsilon_{i-1}^0+G^m\varepsilon_{i+1}^0)\\&=\varepsilon G^m\left[(1-2r)\sin\frac{(M-1)\pi x_i}{l}+r\left(\sin\frac{(M-1)\pi x_{i-1}}{l}+\sin\frac{(M-1)\pi x_{i+1}}{l}\right)\right]\\&=\varepsilon G^m\left[(1-2r)\sin\frac{(M-1)\pi x_i}{l}+2r\sin\frac{(M-1)\pi x_i}{l}\cos\frac{(M-1)\pi h}{l}\right]\\&=G^m\varepsilon_i^0\left[(1-2r)+2r\cos\frac{(M-1)\pi h}{l}\right]\\&=G^m\varepsilon_i^0\left[1-4r\sin^2\frac{(M-1)\pi h}{2l}\right]\\&=G^{m+1}\varepsilon_i^0,\quad 1\leqslant i\leqslant M-1,\end{aligned}$$

再注意到式(7.38),可知式(7.41)对 $k=m+1$ 成立.

由式(7.41)易知

$$\|\varepsilon^k\|_\infty=|G|^k\|\varepsilon^0\|_\infty,\quad 0\leqslant k\leqslant N,$$

而当 $r>\frac{1}{2}$ 时 $\lim\limits_{k\to\infty}|G|^k=\infty$,故当 $r>\frac{1}{2}$ 时古典显格式关于 L_∞ 范数是不稳定的.

定理证毕.

类似可证明下面的定理：

定理 7.2　对于任意的步长比 r，古典隐格式(7.23)—(7.25)关于 L_∞ 范数是稳定的.

现在分析 Richardson 格式的稳定性.

定理 7.3　对任意的步长比 r，Richardson 格式(7.27)—(7.29)关于 L_∞ 范数及 L_2 范数均是不稳定的.

证明　设$\{\tilde{u}_i^k\}$为

$$\begin{cases}\dfrac{1}{2\tau}(\tilde{u}_i^{k+1}-\tilde{u}_i^{k-1})-\dfrac{a}{h^2}(\tilde{u}_{i+1}^k-2\tilde{u}_i^k+\tilde{u}_{i-1}^k)=f(x_i,t_k),\\ \qquad\qquad 1\leqslant i\leqslant M-1,\ 1\leqslant k\leqslant N-1,\\ \tilde{u}_i^0=\varphi(x_i)+\tilde{\varphi}_i, \qquad 1\leqslant i\leqslant M-1,\\ \tilde{u}_i^1=\psi(x_i)+\tilde{\psi}_i, \qquad 1\leqslant i\leqslant M-1,\\ \tilde{u}_0^k=\alpha(t_k),\quad \tilde{u}_M^k=\beta(t_k),\quad 0\leqslant k\leqslant N\end{cases}$$

的解，则 $\varepsilon_i^k=\tilde{u}_i^k-u_i^k$ 满足下列差分方程：

$$\begin{cases}\dfrac{1}{2\tau}(\varepsilon_i^{k+1}-\varepsilon_i^{k-1})-\dfrac{a}{h^2}(\varepsilon_{i+1}^k-2\varepsilon_i^k+\varepsilon_{i-1}^k)=0,\\ \qquad\qquad 1\leqslant i\leqslant M-1,\ 1\leqslant k\leqslant N-1, & (7.42)\\ \varepsilon_i^0=\tilde{\varphi}_i, \qquad 1\leqslant i\leqslant M-1, & (7.43)\\ \varepsilon_i^1=\tilde{\psi}_i, \qquad 1\leqslant i\leqslant M-1, & (7.44)\\ \varepsilon_0^k=0,\quad \varepsilon_M^k=0,\quad 0\leqslant k\leqslant N. & (7.45)\end{cases}$$

取

$$\varepsilon_i^0=\varepsilon\sin\frac{m\pi x_i}{l},\quad 1\leqslant i\leqslant M-1,$$

$$\varepsilon_i^1=\varepsilon\lambda\sin\frac{m\pi x_i}{l},\quad 1\leqslant i\leqslant M-1,$$

其中

$$\lambda=-4r\sin^2\left(\frac{m\pi h}{2l}\right)-\left[1+16r^2\sin^2\left(\frac{m\pi h}{2l}\right)\right]^{\frac{1}{2}},\quad m=M-1.$$

可以验证式(7.42)—(7.45)的解为

$$\varepsilon_i^k=\lambda^k\varepsilon\sin\frac{m\pi x_i}{l}=\lambda^k\varepsilon_i^0,\quad 1\leqslant i\leqslant M-1,\ 1\leqslant k\leqslant N,$$

因而

$$\|\varepsilon^k\|_\infty=|\lambda|^k\|\varepsilon^0\|_\infty,\quad 0\leqslant k\leqslant N,$$

$$\|\varepsilon^k\|_2=|\lambda|^k\|\varepsilon^0\|_2,\quad 0\leqslant k\leqslant N.$$

由于

$$\lim_{k\to\infty} |\lambda|^k = \infty,$$

所以 Richardson 格式对任意步长比 r 关于 L_∞ 范数和 L_2 范数均是不稳定的.

定理证毕.

关于 Crank-Nicolson 格式的稳定性有如下结果:

定理 7.4 对于任意的步长比 r,Crank-Nicolson 格式(7.33)—(7.35)关于 L_2 范数是稳定的.

证明 设$\{\tilde{u}_i^k\}$是

$$\begin{cases}\dfrac{1}{\tau}(\tilde{u}_i^{k+1}-\tilde{u}_i^k)-\dfrac{a}{2h^2}(\tilde{u}_{i+1}^k-2\,\tilde{u}_i^k+\tilde{u}_{i-1}^k+\tilde{u}_{i+1}^{k+1}-2\,\tilde{u}_i^{k+1}+\tilde{u}_{i-1}^{k+1}) \\ \qquad =f(x_i,t_{k+\frac{1}{2}}), \qquad 1\leqslant i\leqslant M-1,\ 0\leqslant k\leqslant N-1, \\ \tilde{u}_i^0=\varphi(x_i)+\tilde{\varphi}_i, \qquad 1\leqslant i\leqslant M-1, \\ \tilde{u}_0^k=\alpha(t_k),\quad \tilde{u}_M^k=\beta(t_k), \quad 0\leqslant k\leqslant N\end{cases}$$

的解,则 $\varepsilon_i^k=\tilde{u}_i^k-u_i^k$ 满足下列差分方程:

$$\begin{cases}\dfrac{1}{\tau}(\varepsilon_i^{k+1}-\varepsilon_i^k)-\dfrac{a}{2h^2}(\varepsilon_{i+1}^k-2\varepsilon_i^k+\varepsilon_{i-1}^k+\varepsilon_{i+1}^{k+1}-2\varepsilon_i^{k+1}+\varepsilon_{i-1}^{k+1})=0, \\ \qquad 1\leqslant i\leqslant M-1,\ 0\leqslant k\leqslant N-1, & (7.46) \\ \varepsilon_i^0=\tilde{\varphi}_i, \qquad 1\leqslant i\leqslant M-1, & (7.47) \\ \varepsilon_0^k=0,\quad \varepsilon_M^k=0,\quad 0\leqslant k\leqslant N. & (7.48)\end{cases}$$

式(7.46)可改写为

$$\begin{aligned}\varepsilon_i^{k+1}-\varepsilon_i^k &= \frac{1}{2}r(\varepsilon_{i+1}^k-2\varepsilon_i^k+\varepsilon_{i-1}^k+\varepsilon_{i+1}^{k+1}-2\varepsilon_i^{k+1}+\varepsilon_{i-1}^{k+1}) \\ &= \frac{1}{2}r[(\varepsilon_{i+1}^k+\varepsilon_{i+1}^{k+1})-2(\varepsilon_i^k+\varepsilon_i^{k+1})+(\varepsilon_{i-1}^k+\varepsilon_{i-1}^{k+1})], \\ &\qquad 1\leqslant i\leqslant M-1,\ 0\leqslant k\leqslant N-1.\end{aligned}$$

将上式两边同乘以$(\varepsilon_i^{k+1}+\varepsilon_i^k)$,并利用 $ab\leqslant\dfrac{1}{2}(a^2+b^2)$,得

$$\begin{aligned}&(\varepsilon_i^{k+1})^2-(\varepsilon_i^k)^2 \\ =\ & \frac{1}{2}r(\varepsilon_i^{k+1}+\varepsilon_i^k)[(\varepsilon_{i+1}^k+\varepsilon_{i+1}^{k+1})-2(\varepsilon_i^k+\varepsilon_i^{k+1})+(\varepsilon_{i-1}^k+\varepsilon_{i-1}^{k+1})] \\ \leqslant\ & \frac{1}{4}r[(\varepsilon_i^{k+1}+\varepsilon_i^k)^2+(\varepsilon_{i+1}^k+\varepsilon_{i+1}^{k+1})^2-4(\varepsilon_i^k+\varepsilon_i^{k+1})^2 \\ & +(\varepsilon_i^{k+1}+\varepsilon_i^k)^2+(\varepsilon_{i-1}^k+\varepsilon_{i-1}^{k+1})^2] \\ =\ & \frac{1}{4}r[(\varepsilon_{i+1}^k+\varepsilon_{i+1}^{k+1})^2-2(\varepsilon_i^k+\varepsilon_i^{k+1})^2+(\varepsilon_{i-1}^k+\varepsilon_{i-1}^{k+1})^2], \\ & \qquad 1\leqslant i\leqslant M-1,\ 0\leqslant k\leqslant N-1.\end{aligned}$$

再将上式两边同时乘以 h,对 i 从 1 到$(M-1)$求和,并利用条件 $\varepsilon_0^{k+1}=\varepsilon_0^k=0$ 和

$\varepsilon_M^{k+1}=\varepsilon_M^k=0$,得

$$
\begin{aligned}
&\|\varepsilon^{k+1}\|_2^2-\|\varepsilon^k\|_2^2\\
\leqslant{}&\frac{1}{4}r\Big[h\sum_{i=1}^{M-1}(\varepsilon_{i+1}^k+\varepsilon_{i+1}^{k+1})^2-2h\sum_{i=1}^{M-1}(\varepsilon_i^k+\varepsilon_i^{k+1})^2+h\sum_{i=1}^{M-1}(\varepsilon_{i-1}^k+\varepsilon_{i-1}^{k+1})^2\Big]\\
\leqslant{}&\frac{1}{4}r\Big[h\sum_{i=1}^{M-1}(\varepsilon_i^k+\varepsilon_i^{k+1})^2-2h\sum_{i=1}^{M-1}(\varepsilon_i^k+\varepsilon_i^{k+1})^2+h\sum_{i=1}^{M-1}(\varepsilon_i^k+\varepsilon_i^{k+1})^2\Big]\\
={}&0,
\end{aligned}
$$

即

$$\|\varepsilon^{k+1}\|_2\leqslant\|\varepsilon^k\|_2,\quad 0\leqslant k\leqslant N-1,$$

递推可得

$$\|\varepsilon^k\|_2\leqslant\|\varepsilon^0\|_2,\quad 1\leqslant k\leqslant N.$$

因而 Crank-Nicolson 格式在 L_2 范数下是稳定的. 定理证毕.

定理 7.4 的证明方法通常称为能量法.

以上我们讨论了 4 个差分格式的稳定性. 其中,古典显格式当 $r\leqslant 1/2$ 时是稳定的,当 $r>1/2$ 时是不稳定的,因此我们称古典显格式是条件稳定的,稳定性条件为 $r\leqslant 1/2$;古典隐格式和 Crank-Nicolson 格式对任意步长比 r 是稳定的,称为无条件稳定的;Richardson 格式对任意步长比 r 是不稳定的,称为完全不稳定的. 完全不稳定的差分格式是没有什么实际价值的.

7.2.2 差分格式的收敛性

设 $\{u(x_i,t_k)\}$ 为某微分方程定解问题的解,$\{u_i^k\}$ 为用某种差分格式求得的近似解. 记

$$e_i^k=u(x_i,t_k)-u_i^k,\quad 0\leqslant i\leqslant M,\ 0\leqslant k\leqslant N.$$

定义 7.2 如果

$$\lim_{\substack{h\to 0\\ \tau\to 0}}\max_{1\leqslant k\leqslant N}\|e^k\|=0,$$

则称差分格式在范数 $\|\cdot\|$ 下是收敛的;如果

$$\max_{1\leqslant k\leqslant N}\|e^k\|=O(h^p+\tau^q),$$

则称差分格式在范数 $\|\cdot\|$ 下关于空间步长是 p 阶、关于时间步长是 q 阶收敛的或以 $O(h^p+\tau^q)$ 阶收敛.

定理 7.5 当步长比 $r\leqslant\dfrac{1}{2}$ 时,古典显格式(7.19)—(7.21)在 L_∞ 范数下关于空间步长是 2 阶、关于时间步长是 1 阶收敛的.

证明 将式(7.16)—(7.17) 和式(7.19)—(7.21) 对应相减,可知 e_i^k 满足如下差分方程:

$$\begin{cases}\frac{1}{\tau}(e_i^{k+1}-e_i^k)-\frac{a}{h^2}(e_{i+1}^k-2e_i^k+e_{i-1}^k)=R_{ik}^{(1)}, \\ \qquad\qquad 1\leqslant i\leqslant M-1,\ 0\leqslant k\leqslant N-1, & (7.49)\\ e_i^0=0, \qquad 1\leqslant i\leqslant M-1, & (7.50)\\ e_0^k=0,\quad e_M^k=0,\quad 0\leqslant k\leqslant N. & (7.51)\end{cases}$$

由式(7.18) 可得

$$|R_{ik}^{(1)}|\leqslant C_1(\tau+h^2), \tag{7.52}$$

其中

$$C_1=\max\left\{\frac{1}{2}\max_{(x,t)\in\bar{D}}\left|\frac{\partial^2 u(x,t)}{\partial t^2}\right|,\frac{a}{12}\max_{(x,t)\in\bar{D}}\left|\frac{\partial^4 u(x,t)}{\partial x^4}\right|\right\}.$$

将式(7.49) 改写为

$$e_i^{k+1}=(1-2r)e_i^k+r(e_{i+1}^k+e_{i-1}^k)+\tau R_{ik}^{(1)},\quad 1\leqslant i\leqslant M-1,\ 0\leqslant k\leqslant N-1,$$

两边取绝对值,并利用式(7.51) 及式(7.52) 得

$$\|e^{k+1}\|_\infty\leqslant\|e^k\|_\infty+C_1\tau(\tau+h^2),\quad 0\leqslant k\leqslant N-1,$$

递推可得

$$\|e^k\|_\infty\leqslant\|e^0\|_\infty+C_1k\tau(\tau+h^2)\leqslant C_1T(\tau+h^2),\quad 1\leqslant k\leqslant N.$$

定理证毕.

类似可以证明下面的定理:

定理 7.6 对于任意的步长比 r,古典隐格式(7.23)—(7.25) 在 L_∞ 范数下关于空间步长是 2 阶、关于时间步长是 1 阶收敛的.

下面讨论 Crank-Nicolson 格式的收敛性.

定理 7.7 对任意步长比 r,Crank-Nicolson 格式(7.33)—(7.35) 在 L_2 范数下关于空间步长和时间步长均是 2 阶收敛的.

证明 将式(7.30)—(7.31) 与式(7.33)—(7.35) 对应相减,可知 e_i^k 满足如下差分方程:

$$\begin{cases}\frac{1}{\tau}(e_i^{k+1}-e_i^k)-\frac{a}{2}\left[\frac{1}{h^2}(e_{i+1}^k-2e_i^k+e_{i-1}^k)+\frac{1}{h^2}(e_{i+1}^{k+1}-2e_i^{k+1}+e_{i-1}^{k+1})\right]=R_{ik}^{(4)}, \\ \qquad\qquad 1\leqslant i\leqslant M-1,\ 0\leqslant k\leqslant N-1, & (7.53)\\ e_i^0=0, \qquad 1\leqslant i\leqslant M-1, & (7.54)\\ e_0^k=0,\quad e_M^k=0,\quad 0\leqslant k\leqslant N. & (7.55)\end{cases}$$

由式(7.32)知,存在常数 C_2 使得

$$|R_{ik}^{(4)}| \leqslant C_2(\tau^2+h^2),\quad 1\leqslant i\leqslant M-1,\ 0\leqslant k\leqslant N-1. \tag{7.56}$$

用 $\tau(e_i^{k+1}+e_i^k)$ 乘以式(7.53)两边,得

$$\begin{aligned}&(e_i^{k+1})^2-(e_i^k)^2\\&=\frac{r}{2}(e_i^{k+1}+e_i^k)[(e_{i+1}^{k+1}+e_{i+1}^k)-2(e_i^{k+1}+e_i^k)+(e_{i-1}^{k+1}+e_{i-1}^k)]\\&\quad+\tau(e_i^{k+1}+e_i^k)R_{ik}^{(3)},\quad 1\leqslant i\leqslant M-1,\ 0\leqslant k\leqslant N-1.\end{aligned}$$

再将上式两边同时乘以 h,并对 i 从 1 到 $M-1$ 求和,应用 Cauchy-Schwarz 不等式可得

$$\begin{aligned}\|e^{k+1}\|_2^2-\|e^k\|_2^2&\leqslant\tau h\sum_{i=1}^{M-1}(e_i^{k+1}+e_i^k)R_{ik}^{(3)}\\&\leqslant\tau\sqrt{h\sum_{i=1}^{M-1}(e_i^{k+1}+e_i^k)^2}\cdot\sqrt{h\sum_{i=1}^{M-1}(R_{ik}^{(3)})^2}.\end{aligned}\tag{7.57}$$

再次应用 Cauchy-Schwarz 不等式,得到

$$\begin{aligned}&h\sum_{i=1}^{M-1}(e_i^{k+1}+e_i^k)^2\\&=h\sum_{i=1}^{M-1}(e_i^{k+1})^2+2h\sum_{i=1}^{M-1}e_i^{k+1}e_i^k+h\sum_{i=1}^{M-1}(e_i^k)^2\\&\leqslant h\sum_{i=1}^{M-1}(e_i^{k+1})^2+2\sqrt{h\sum_{i=1}^{M-1}(e_i^{k+1})^2}\cdot\sqrt{h\sum_{i=1}^{M-1}(e_i^k)^2}+h\sum_{i=1}^{M-1}(e_i^k)^2\\&=\left(\sqrt{h\sum_{i=1}^{M-1}(e_i^{k+1})^2}+\sqrt{h\sum_{i=1}^{M-1}(e_i^k)^2}\right)^2\\&=(\|e^{k+1}\|_2+\|e^k\|_2)^2.\end{aligned}$$

将上式代入到式(7.57),并利用式(7.56),得到

$$\|e^{k+1}\|_2-\|e^k\|_2\leqslant\tau\sqrt{h\sum_{i=1}^{M-1}(R_{ik}^{(3)})^2}\leqslant\tau\sqrt{l}C_2(\tau^2+h^2),\quad 0\leqslant k\leqslant N-1,$$

递推可得

$$\|e^k\|_2\leqslant k\tau\sqrt{l}C_2(\tau^2+h^2)\leqslant\sqrt{l}C_2T(\tau^2+h^2),\quad 1\leqslant k\leqslant N.$$

定理证毕.

古典隐格式和 Crank-Nicolson 格式的最大优点是对任意步长比 r 均是稳定的和收敛的,而古典显格式需受条件 $r\leqslant 1/2$ 的限制. 用追赶法求隐格式一个时间层

上差分格式的解的工作量约为古典显格式的两倍. 从收敛阶的角度来看,对古典隐格式应取 $\tau = O(h^2)$,对 Crank-Nicolson 格式应取 $\tau = O(h)$. 要想获得同样精度的近似解,如例 7.1 所示,用 Crank-Nicolson 格式计算比用古典隐格式计算工作量少很多.

7.3 双曲型方程的差分解法

在航空、气象、海洋、水利等许多流体力学问题中,都归纳出双曲型方程或双曲型方程组. 这类问题相当复杂,内容十分丰富. 由于流体力学问题往往是不定常的、非线性的,加上黏性、湍流和激波(间断层)等复杂现象,使得这类问题的求解更为困难. 本节我们把最简单的波动方程作为模型,讨论混合初边值问题(定解问题)

$$\begin{cases} \dfrac{\partial^2 u}{\partial t^2} - a^2 \dfrac{\partial^2 u}{\partial x^2} = f(x,t), & 0 < x < l,\ 0 < t \leqslant T, & (7.58) \\ u(x,0) = \varphi(x), \quad \dfrac{\partial u}{\partial t}(x,0) = \psi(x), & 0 < x < l, & (7.59) \\ u(0,t) = \alpha(t), \quad u(l,t) = \beta(t), & 0 \leqslant t \leqslant T & (7.60) \end{cases}$$

的差分解法(其中 a 为正常数).

像处理抛物型问题一样,取空间步长 $h = \dfrac{l}{M}$,时间步长 $\tau = \dfrac{T}{N}$. 记 $s = a\dfrac{\tau}{h}$,并称 s 为步长比. 用两簇平行直线

$$x = x_i, \quad 0 \leqslant i \leqslant M \quad 和 \quad t = t_k, \quad 0 \leqslant k \leqslant N$$

将求解区域 $\overline{D} \equiv \{(x,t) \mid 0 \leqslant x \leqslant l, 0 \leqslant t \leqslant T\}$ 分割成矩形网格(见图 7.6).

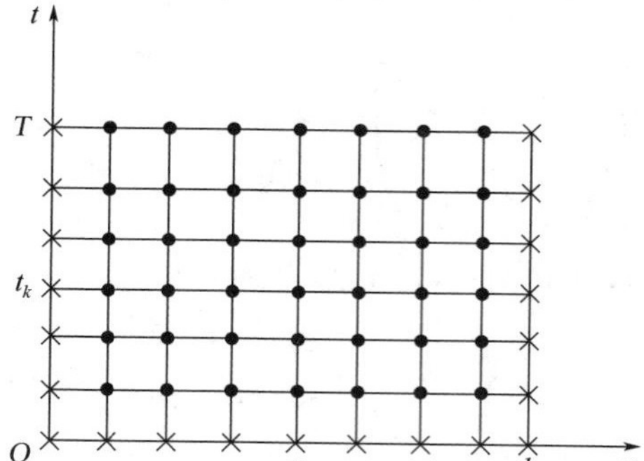

图 7.6 网格剖分

在结点(x_i, t_k)处考虑微分方程(7.58),有

$$\frac{\partial^2 u}{\partial t^2}(x_i,t_k) - a^2 \frac{\partial^2 u}{\partial x^2}(x_i,t_k) = f(x_i,t_k). \tag{7.61}$$

7.3.1 显式差分格式

将

$$\frac{\partial^2 u}{\partial t^2}(x_i,t_k)=\frac{1}{\tau^2}[u(x_i,t_{k+1})-2u(x_i,t_k)+u(x_i,t_{k-1})]$$
$$-\frac{\tau^2}{12}\frac{\partial^4 u}{\partial t^4}(x_i,\eta_i^k),\quad t_{k-1}<\eta_i^k<t_{k+1}$$

和

$$\frac{\partial^2 u}{\partial x^2}(x_i,t_k)=\frac{1}{h^2}[u(x_{i+1},t_k)-2u(x_i,t_k)+u(x_{i-1},t_k)]$$
$$-\frac{h^2}{12}\frac{\partial^4 u}{\partial x^4}(\xi_i^k,t_k),\quad x_{i-1}<\xi_i^k<x_{i+1}$$

代入式(7.61),得

$$\frac{1}{\tau^2}[u(x_i,t_{k+1})-2u(x_i,t_k)+u(x_i,t_{k-1})]-\frac{a^2}{h^2}[u(x_{i+1},t_k)-2u(x_i,t_k)+u(x_{i-1},t_k)]$$
$$=f(x_i,t_k)+\frac{\tau^2}{12}\frac{\partial^4 u}{\partial t^4}(x_i,\eta_i^k)-\frac{a^2h^2}{12}\frac{\partial^4 u}{\partial x^4}(\xi_i^k,t_k),$$
$$1\leqslant i\leqslant M-1,\ 1\leqslant k\leqslant N-1. \tag{7.62}$$

由初值条件(7.59),得

$$u(x_i,t_0)=\varphi(x_i) \tag{7.63}$$

$$u(x_i,t_1)=u(x_i,t_0)+\tau\frac{\partial u}{\partial t}(x_i,t_0)+\frac{\tau^2}{2}\frac{\partial^2 u}{\partial t^2}(x_i,t_0)+\frac{\tau^3}{6}\frac{\partial^3 u}{\partial t^3}(x_i,\eta_i)$$
$$=\varphi(x_i)+\tau\psi(x_i)+\frac{\tau^2}{2}\left[a^2\frac{\mathrm{d}^2\varphi(x_i)}{\mathrm{d}x^2}+f(x_i,t_0)\right]+\frac{\tau^3}{6}\frac{\partial^3 u}{\partial t^3}(x_i,\eta_i). \tag{7.64}$$

由边界条件(7.60),有

$$u(x_0,t_k)=\alpha(t_k),\quad u(x_M,t_k)=\beta(t_k),\quad 0\leqslant k\leqslant N. \tag{7.65}$$

在式(7.62)—(7.65)中略去小量,并用 u_i^k 代替 $u(x_i,t_k)$,得到**显式差分格式**

$$\begin{cases}\dfrac{1}{\tau^2}(u_i^{k+1}-2u_i^k+u_i^{k-1})-\dfrac{a^2}{h^2}(u_{i+1}^k-2u_i^k+u_{i-1}^k)=f(x_i,t_k), \\ \qquad\qquad 1\leqslant i\leqslant M-1,\ 1\leqslant k\leqslant N-1, & (7.66)\\ u_i^0=\varphi(x_i),\quad u_i^1=\Psi(x_i),\quad 1\leqslant i\leqslant M-1, & (7.67)\\ u_0^k=\alpha(t_k),\quad u_M^k=\beta(t_k),\quad 0\leqslant k\leqslant N, & (7.68)\end{cases}$$

其中

$$\Psi(x_i)=\varphi(x_i)+\tau\psi(x_i)+\frac{\tau^2}{2}\left[a^2\frac{\mathrm{d}^2\varphi(x_i)}{\mathrm{d}x^2}+f(x_i,t_0)\right].$$

差分格式(7.66)所用节点图如图 7.7 所示.

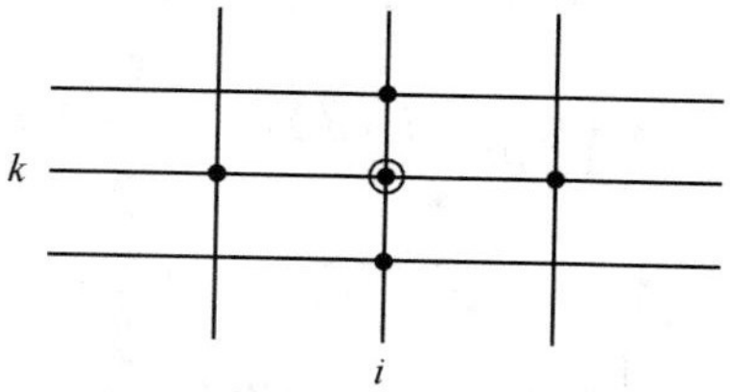

图 7.7　显式差分格式节点图

式(7.66)可写为

$$u_i^{k+1}=s^2(u_{i+1}^k+u_{i-1}^k)+2(1-s^2)u_i^k-u_i^{k-1}+\tau^2 f(x_i,t_k).$$

上式中第$(k+1)$层的值由第k层和第$(k-1)$层的值显式表示. 如果已知第k层的值$\{u_i^k \mid 0\leqslant i\leqslant M\}$和第$(k-1)$层上的值$\{u_i^{k-1}\mid 0\leqslant i\leqslant M\}$,则由上式可直接得到第$(k+1)$层上的值$\{u_i^{k+1}\mid 0\leqslant i\leqslant M\}$.

例 7.2　求解双曲方程定解问题

$$\begin{cases}\dfrac{\partial^2 u}{\partial t^2}-\dfrac{\partial^2 u}{\partial x^2}=0, & 0<x<1,\ 0<t\leqslant 1,\\ u(x,0)=\exp(x),\quad \dfrac{\partial u(x,0)}{\partial t}=\exp(x), & 0<x<1,\\ u(0,t)=\exp(t),\quad u(1,t)=\exp(1+t), & 0\leqslant t\leqslant 1,\end{cases}$$

已知该问题的精确解为$u(x,t)=\exp(x+t)$.

解　应用差分格式(7.66)—(7.68)进行计算. 表 7.8 给出了$h=1/100,\tau=1/100$时的部分数值结果,可以发现数值解很好地逼近了精确解;表 7.9 给出了$h=1/100,\tau=1/80$时的部分数值结果,可以发现随着计算层数的增加,误差越来越大.

表 7.8　双曲方程显格式算例($h=1/100,\tau=1/100$)

k	(x,t)	数值解	精确解	|精确解－数值解|
0	(0.5,0.0)	1.648721	1.648721	0.000000
10	(0.5,0.1)	1.822116	1.822119	0.000003
20	(0.5,0.2)	2.013747	2.013753	0.000006
30	(0.5,0.3)	2.225532	2.225541	0.000009
40	(0.5,0.4)	2.459592	2.459603	0.000011
50	(0.5,0.5)	2.718268	2.718282	0.000014
60	(0.5,0.6)	3.004154	3.004166	0.000012

续表 7.8

k	(x,t)	数值解	精确解	|精确解 − 数值解|
70	(0.5,0.7)	3.320108	3.320117	0.000009
80	(0.5,0.8)	3.669291	3.669297	0.000006
90	(0.5,0.9)	4.055199	4.055200	0.000001
100	(0.5,1.0)	4.481688	4.481689	0.000001

表 7.9 双曲方程显格式算例($h = 1/100, \tau = 1/80$)

k	(x,t)	数值解	精确解	|精确解 − 数值解|
0	(0.5000,0.0000)	1.648721	1.648721	0.000000
1	(0.5000,0.0125)	1.669459	1.669460	0.000001
2	(0.5000,0.0250)	1.690458	1.690459	0.000001
3	(0.5000,0.0375)	1.711720	1.711722	0.000002
4	(0.5000,0.0500)	1.733254	1.733253	0.000001
5	(0.5000,0.0625)	1.755042	1.755055	0.000013
6	(0.5000,0.0750)	1.777168	1.777130	0.000038
7	(0.5000,0.0875)	1.799323	1.799484	0.000161
8	(0.5000,0.1000)	1.822730	1.822119	0.000611
9	(0.5000,0.1125)	1.842627	1.845038	0.002411
10	(0.5000,0.1250)	1.877649	1.868246	0.009403
11	(0.5000,0.1375)	1.854973	1.891746	0.036773
12	(0.5000,0.1500)	2.059241	1.915541	0.143700
13	(0.5000,0.1625)	1.377665	1.939635	0.561970
14	(0.5000,0.1750)	4.163094	1.964033	2.199061
15	(0.5000,0.1875)	−6.623787	1.988737	8.612524
16	(0.5000,0.2000)	35.774890	2.013753	33.761137

关于显式差分格式(7.66)—(7.68) 的稳定性和收敛性,有如下定理:

定理 7.8 1° 当步长比 $s \leqslant 1$ 时,显式差分格式(7.66)—(7.68) 在 L_2 范数下是稳定的;当步长比 $s > 1$ 时,显式差分格式(7.66)—(7.68) 在 L_2 范数下是不稳定的.

2° 当步长比 $s \leqslant 1$ 时,显式差分格式(7.66)—(7.68) 在 L_2 范数下关于空间步长和时间步长均是 2 阶收敛的.

7.3.2 隐式差分格式

由式(7.61) 可得

$$\frac{\partial^2 u}{\partial t^2}(x_i,t_k)-\frac{1}{2}a^2\left[\frac{\partial^2 u}{\partial x^2}(x_i,t_{k+1})+\frac{\partial^2 u}{\partial x^2}(x_i,t_{k-1})\right]$$

$$=f(x_i,t_k)-\frac{1}{2}a^2\tau^2\frac{\partial^4 u}{\partial x^2\partial t^2}(x_i,\bar{\eta}_i^k),\quad t_{k-1}<\bar{\eta}_i^k<t_{k+1}. \tag{7.69}$$

将

$$\frac{\partial^2 u}{\partial t^2}(x_i,t_k)=\frac{1}{\tau^2}[u(x_i,t_{k+1})-2u(x_i,t_k)+u(x_i,t_{k-1})]$$

$$-\frac{\tau^2}{12}\frac{\partial^4 u}{\partial t^4}(x_i,\eta_i^k),\quad t_{k-1}<\eta_i^k<t_{k+1},$$

$$\frac{\partial^2 u}{\partial x^2}(x_i,t_{k+1})=\frac{1}{h^2}[u(x_{i+1},t_{k+1})-2u(x_i,t_{k+1})+u(x_{i-1},t_{k+1})]$$

$$-\frac{h^2}{12}\frac{\partial^4 u}{\partial x^4}(\xi_i^{k+1},t_{k+1}),\quad x_{i-1}<\xi_i^{k+1}<x_{i+1},$$

$$\frac{\partial^2 u}{\partial x^2}(x_i,t_{k-1})=\frac{1}{h^2}[u(x_{i+1},t_{k-1})-2u(x_i,t_{k-1})+u(x_{i-1},t_{k-1})]$$

$$-\frac{h^2}{12}\frac{\partial^4 u}{\partial x^4}(\xi_i^{k-1},t_{k-1}),\quad x_{i-1}<\xi_i^{k-1}<x_{i+1}$$

代入式(7.69),可得

$$\frac{1}{\tau^2}[u(x_i,t_{k+1})-2u(x_i,t_k)+u(x_i,t_{k-1})]$$

$$-\frac{a^2}{2}\left\{\frac{1}{h^2}[u(x_{i+1},t_{k+1})-2u(x_i,t_{k+1})+u(x_{i-1},t_{k+1})]\right.$$

$$\left.+\frac{1}{h^2}[u(x_{i+1},t_{k-1})-2u(x_i,t_{k-1})+u(x_{i-1},t_{k-1})]\right\}$$

$$=f(x_i,t_k)-\frac{1}{2}a^2\tau^2\frac{\partial^4 u}{\partial x^2\partial t^2}(x_i,\bar{\eta}_i^k)+\frac{\tau^2}{12}\frac{\partial^4 u}{\partial t^4}(x_i,\eta_i^k)$$

$$-\frac{a^2h^2}{24}\left[\frac{\partial^4 u}{\partial x^4}(\xi_i^{k+1},t_{k+1})+\frac{\partial^4 u}{\partial x^4}(\xi_i^{k-1},t_{k-1})\right],$$

$$1\leqslant i\leqslant M-1,\ 1\leqslant k\leqslant N-1. \tag{7.70}$$

由初边值条件,有

$$u(x_i,t_0)=\varphi(x_i),\quad u(x_i,t_1)=\Psi(x_i)+\frac{\tau^3}{6}\frac{\partial^3 u}{\partial t^3}(x_i,\eta_i),\quad 1\leqslant i\leqslant M-1, \tag{7.71}$$

$$u(x_0,t_k)=\alpha(t_k),\quad u(x_M,t_k)=\beta(t_k),\quad 0\leqslant k\leqslant N. \tag{7.72}$$

在式(7.70)—(7.72) 中略去小量,并用 u_i^k 代替 $u(x_i,t_k)$,得到**隐式差分格式**

$$
\begin{cases}
\dfrac{1}{\tau^2}(u_i^{k+1}-2u_i^k+u_i^{k-1})-\dfrac{a^2}{2}\left[\dfrac{1}{h^2}(u_{i+1}^{k+1}-2u_i^{k+1}+u_{i-1}^{k+1})+\dfrac{1}{h^2}(u_{i+1}^{k-1}-2u_i^{k-1}+u_{i-1}^{k-1})\right] \\
\quad =f(x_i,t_k), \qquad 1\leqslant i\leqslant M-1,\ 1\leqslant k\leqslant N-1, & (7.73) \\
u_i^0=\varphi(x_i),\quad u_i^1=\Psi(x_i),\quad 1\leqslant i\leqslant M-1, & (7.74) \\
u_0^k=\alpha(t_k),\quad u_M^k=\beta(t_k),\quad 0\leqslant k\leqslant N. & (7.75)
\end{cases}
$$

差分格式(7.73) 所用节点图如图 7.8 所示.

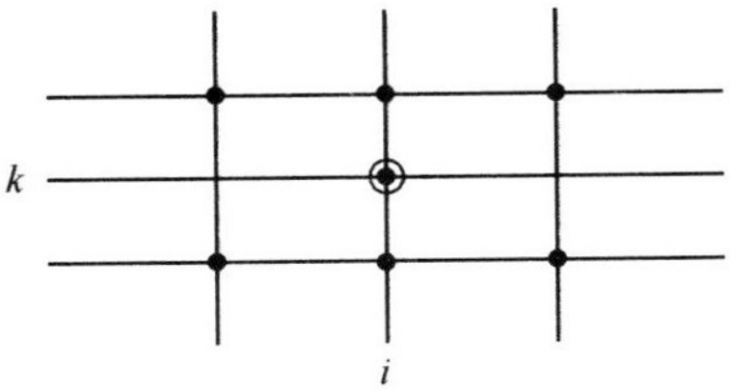

图 7.8　隐式差分格式节点图

将差分格式(7.73)—(7.75) 写成矩阵形式为

$$
\begin{bmatrix}
1+s^2 & -\frac{1}{2}s^2 & & & \\
-\frac{1}{2}s^2 & 1+s^2 & -\frac{1}{2}s^2 & & \\
& \ddots & \ddots & \ddots & \\
& & -\frac{1}{2}s^2 & 1+s^2 & -\frac{1}{2}s^2 \\
& & & -\frac{1}{2}s^2 & 1+s^2
\end{bmatrix}
\begin{bmatrix}
u_1^{k+1} \\ u_2^{k+1} \\ \vdots \\ u_{M-2}^{k+1} \\ u_{M-1}^{k+1}
\end{bmatrix}
$$

$$
=\begin{bmatrix}
2u_1^k-(1+s^2)u_1^{k-1}+\frac{1}{2}s^2u_2^{k-1}+\frac{1}{2}s^2(\alpha(t_{k-1})+\alpha(t_{k+1}))+\tau^2f(x_1,t_k) \\
2u_2^k+\frac{1}{2}s^2u_1^{k-1}-(1+s^2)u_2^{k-1}+\frac{1}{2}s^2u_3^{k-1}+\tau^2f(x_2,t_k) \\
\vdots \\
2u_{M-2}^k+\frac{1}{2}s^2u_{M-3}^{k-1}-(1+s^2)u_{M-2}^{k-1}+\frac{1}{2}s^2u_{M-1}^{k-1}+\tau^2f(x_{M-2},t_k) \\
2u_{M-1}^k+\frac{1}{2}s^2u_{M-2}^{k-1}-(1+s^2)u_{M-1}^{k-1}+\frac{1}{2}s^2(\beta(t_{k-1})+\beta(t_{k+1}))+\tau^2f(x_{M-1},t_k)
\end{bmatrix},
$$

$$1\leqslant k\leqslant N-1.$$

实际计算时每层都需要解三对角线性方程组,可用追赶法求解.

例 7.3　用差分格式(7.73)—(7.75) 计算例 7.2 所给双曲方程定解问题.

解　取 $h=1/100$,$\tau=1/80$,所得部分结果列于表 7.10,可以发现数值解很好地逼近了精确解.

表 7.10　双曲方程隐格式算例($h=1/100,\tau=1/80$)

k	(x,t)	数值解	精确解	|精确解－数值解|
0	(0.5,0.0000)	1.648721	1.648721	0.000000
10	(0.5,0.1250)	1.868241	1.868246	0.000005
15	(0.5,0.1875)	1.988731	1.988737	0.000006
20	(0.5,0.2500)	2.116993	2.117000	0.000007
25	(0.5,0.3125)	2.253527	2.253535	0.000008
30	(0.5,0.3750)	2.398868	2.398875	0.000007
40	(0.5,0.5000)	2.718278	2.718282	0.000004
50	(0.5,0.6250)	3.080229	3.080217	0.000012
60	(0.5,0.7500)	3.490369	3.490343	0.000026
70	(0.5,0.8750)	3.955116	3.955077	0.000039
80	(0.5,1.0000)	4.481741	4.481689	0.000052

关于隐式差分格式(7.73)—(7.75)的稳定性和收敛性,有如下定理:

定理 7.9　(1) 对于任意步长比 s,隐式差分格式(7.73)—(7.75)在 L_2 范数下是稳定的;

(2) 对于任意步长比 s,隐式差分格式(7.73)—(7.75)在 L_2 范数下关于空间步长和时间步长均是 2 阶收敛的.

7.4　椭圆型方程的差分解法

具有各种物理性质的定常(不随时间变化)过程都可用椭圆型方程来描述,例如稳定温度场、导体中电流的分布、静电学和静磁学等问题.

椭圆型方程边值问题通常也分为三类,分别称为第一类边值问题、第二类边值问题和第三类边值问题.它们的精确解只在一些特殊情况下可以求得,有些问题即使求得解析解表达式,但计算往往也很复杂,为此必须考虑该类问题的数值解法.

这一节讨论一个典型的椭圆型微分方程边值问题——二维 Poisson 方程的定解问题

$$\begin{cases}-\left(\dfrac{\partial^2 u}{\partial x^2}+\dfrac{\partial^2 u}{\partial y^2}\right)=f(x,y), & (x,y)\in\Omega,\\ u|_{\partial\Omega}=\varphi(x,y),\end{cases}\tag{7.76}$$

其中 Ω 为平面上由分段光滑曲线 $\partial\Omega$ 围成的单连通区域.为了简单起见,设

$$\Omega=\{(x,y)\mid a<x<b,c<y<d\}.$$

用有限差分法求解椭圆型方程边值问题需要研究下列 3 个问题:

(1) 如何选取网络,将微分方程离散化为差分方程;

(2) 当网格步长趋于零时,差分方程的精确解是否收敛于微分方程的解;

(3) 差分方程解的存在唯一性以及如何求解.

7.4.1　差分格式的建立

边值问题差分逼近的第一步是用一个离散的点集代替连通区域 Ω,即作网格剖分.

取正整数 M 和 N,将 $[a,b]$ 作 M 等分,将 $[c,d]$ 作 N 等分,将 Ω 作如图 7.9 所示剖分. 记

$$h_1=(b-a)/M,\quad x_i=a+ih_1,\quad 0\leqslant i\leqslant M,$$
$$h_2=(d-c)/N,\quad y_j=c+jh_2,\quad 0\leqslant j\leqslant N,$$
$$\Omega_h=\{(x_i,y_j)\mid 0\leqslant i\leqslant M,0\leqslant j\leqslant N\},$$
$$\mathring{\Omega}_h=\{(x_i,y_j)\mid 1\leqslant i\leqslant M-1,1\leqslant j\leqslant N-1\},$$
$$\Gamma_h=\Omega_h\setminus\mathring{\Omega}_h,$$
$$\omega=\{(i,j)\mid (x_i,y_j)\in\mathring{\Omega}_h\},\quad \gamma=\{(i,j)\mid (x_i,y_j)\in\Gamma_h\}.$$

称 h_1 为 x 方向的步长,h_2 为 y 方向的步长. 若 $(x_i,y_j)\in\mathring{\Omega}_h$,则称 (x_i,y_j) 为内节点;若 $(x_i,y_j)\in\Gamma_h$,则称 (x_i,y_j) 为边界节点. 设 $(i,j)\in\omega$,若 (l,m) 使得

$$|i-l|+|j-m|=1,$$

则称节点 (l,m) 和节点 (i,j) 是相邻的. 易知 (i,j) 有且仅有 4 个相邻的节点

$$(i-1,j),\quad (i+1,j),\quad (i,j-1),\quad (i,j+1).$$

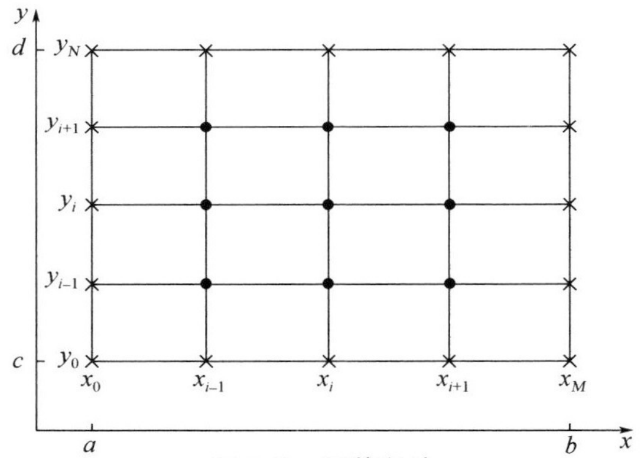

图 7.9　网格剖分

在内节点 (x_i,y_j) 处考虑微分方程

$$-\left[\frac{\partial^2 u(x_i,y_j)}{\partial x^2}+\frac{\partial^2 u(x_i,y_j)}{\partial y^2}\right]=f(x_i,y_j).\tag{7.77}$$

将

$$\frac{\partial^2 u(x_i,y_j)}{\partial x^2}=\frac{1}{h_1^2}[u(x_{i-1},y_j)-2u(x_i,y_j)+u(x_{i+1},y_j)]-\frac{h_1^2}{12}\frac{\partial^4 u(\xi_{ij},y_j)}{\partial x^4},$$

$$\xi_{ij}\in(x_{i-1},x_{i+1})$$

和

$$\frac{\partial^2 u(x_i,y_j)}{\partial y^2}=\frac{1}{h_2^2}[u(x_i,y_{j-1})-2u(x_i,y_j)+u(x_i,y_{j+1})]-\frac{h_2^2}{12}\frac{\partial^4 u(x_i,\eta_{ij})}{\partial y^4},$$

$$\eta_{ij}\in(y_{j-1},y_{j+1})$$

代入式(7.77),得到

$$-\frac{1}{h_1^2}[u(x_{i-1},y_j)-2u(x_i,y_j)+u(x_{i+1},y_j)]-\frac{1}{h_2^2}[u(x_i,y_{j-1})-2u(x_i,y_j)+u(x_i,y_{j+1})]$$
$$=f(x_i,y_j)-\frac{h_1^2}{12}\frac{\partial^4 u(\xi_{ij},y_j)}{\partial x^4}-\frac{h_2^2}{12}\frac{\partial^4 u(x_i,\eta_{ij})}{\partial y^4},\quad (i,j)\in\omega. \tag{7.78}$$

注意到边界条件有

$$u(x_i,y_j)=\varphi(x_i,y_j),\quad (i,j)\in\gamma, \tag{7.79}$$

再在式(7.78) 中略去小量项

$$R_{ij}=-\frac{h_1^2}{12}\frac{\partial^4 u(\xi_{ij},y_j)}{\partial x^4}-\frac{h_2^2}{12}\frac{\partial^4 u(x_i,\eta_{ij})}{\partial y^4},$$

并用 u_{ij} 代替 $u(x_i,y_j)$,得到如下差分格式:

$$\begin{cases}-\left[\frac{1}{h_1^2}(u_{i-1,j}-2u_{ij}+u_{i+1,j})+\frac{1}{h_2^2}(u_{i,j-1}-2u_{ij}+u_{i,j+1})\right]=f(x_i,y_j),\\ \qquad\qquad (i,j)\in\omega, & (7.80)\\ u_{ij}=\varphi(x_i,y_j),\quad (i,j)\in\gamma. & (7.81)\end{cases}$$

差分格式(7.80) 涉及 u 在 5 个节点处的值,通常称为五点差分格式.

7.4.2 差分格式解的存在唯一性及其收敛性

记

$$(L_h u)_{ij}=-\frac{1}{h_1^2}(u_{i-1,j}-2u_{ij}+u_{i+1,j})-\frac{1}{h_2^2}(u_{i,j-1}-2u_{ij}+u_{i,j+1}),\quad (i,j)\in\omega.$$

引理7.1 设 $u=\{u_{ij}\mid 0\leqslant i\leqslant M,0\leqslant j\leqslant N\}$ 是 Ω_h 上的一个网格函数.

1° 如果 u 满足

$$(L_h u)_{ij}\leqslant 0,\quad (i,j)\in\omega,$$

则有 $\max\limits_{(i,j)\in\omega}u_{ij}\leqslant\max\limits_{(i,j)\in\gamma}u_{ij}$;

2° 如果 u 满足

$$(L_h u)_{ij} \geqslant 0,\quad (i,j) \in \omega,$$

则有 $\min\limits_{(i,j)\in\omega} u_{ij} \geqslant \min\limits_{(i,j)\in\gamma} u_{ij}$.

证明　用反证法来证明 1°. 设 $\max\limits_{(i,j)\in\omega} u_{ij} > \max\limits_{(i,j)\in\gamma} u_{ij}$. 记

$$Max = \max_{(i,j)\in\omega} u_{ij},$$

则一定存在$(i_0,j_0)\in\omega$使得$u_{i_0j_0}=Max$且$u_{i_0-1,j_0},u_{i_0+1,j_0},u_{i_0,j_0-1},u_{i_0,j_0+1}$四个值中至少有一个值严格小于 Max. 于是

$$(L_h u)_{i_0j_0} = -\left[\frac{1}{h_1^2}(u_{i_0-1,j_0} - 2u_{i_0j_0} + u_{i_0+1,j_0}) + \frac{1}{h_2^2}(u_{i_0,j_0-1} - 2u_{i_0j_0} + u_{i_0,j_0+1})\right]$$
$$> 0,$$

这与定理中的条件$(L_h u)_{i_0j_0} \leqslant 0$ 矛盾. 因而

$$\max_{(i,j)\in\omega} u_{ij} \leqslant \max_{(i,j)\in\gamma} u_{ij}$$

成立.

对于 2° 的证明，只要注意到

$$(L_h(-u))_{ij} = -(L_h u)_{ij},\quad (i,j)\in\omega,$$
$$\max_{(i,j)\in\omega}(-u_{ij}) = -\min_{(i,j)\in\omega} u_{ij},\quad \max_{(i,j)\in\gamma}(-u_{ij}) = -\min_{(i,j)\in\gamma} u_{ij},$$

那么当 u 满足 2° 的假设条件，则 $-u$ 满足 1° 的假设条件. 利用 1° 的关于 $-u$ 的结论，即可得到 2° 中关于 u 的结论.

引理证毕.

下面来讨论差分格式解的存在唯一性.

定理 7.10　差分格式(7.80)—(7.81) 的解是存在唯一的.

证明　要证明差分格式(7.80)—(7.81) 的解是存在唯一的，只要证明相应的齐次方程组

$$\begin{cases}(L_h u)_{ij} = 0, & (i,j)\in\omega,\\ u_{ij} = 0, & (i,j)\in\gamma\end{cases}$$

只有零解. 由引理 7.1 中的 1° 可得

$$u_{ij} \leqslant 0,\quad (i,j)\in\omega,$$

再由引理 7.1 中的 2° 可得

$$u_{ij} \geqslant 0,\quad (i,j)\in\omega,$$

因而

$$u_{ij}=0,\quad (i,j)\in\omega.$$

定理证毕.

关于差分格式的收敛性有如下定理:

定理7.11 设$\Omega=\{(x,y)\mid a<x<b,c<y<d\}$,$u(x,y)$为式(7.76)的解,且$u(x,y)$在$\bar{\Omega}$上关于$x,y$有连续的4阶偏导数.若

$$u=\{u_{ij}\mid 0\leqslant i\leqslant M,0\leqslant j\leqslant N\}$$

为差分格式(7.80)—(7.81)的解,则有

$$\max_{(i,j)\in\omega}\left|u(x_i,y_j)-u_{ij}\right|\leqslant\frac{M_4}{48}\left[\left(\frac{b-a}{2}\right)^2+\left(\frac{d-c}{2}\right)^2\right](h_1^2+h_2^2),$$

其中

$$M_4=\max\left\{\max_{(x,y)\in\bar{\Omega}}\left|\frac{\partial^4u(x,y)}{\partial x^4}\right|,\max_{(x,y)\in\bar{\Omega}}\left|\frac{\partial^4u(x,y)}{\partial y^4}\right|\right\}.$$

证明 记

$$e_{ij}=u(x_i,y_j)-u_{ij},\quad 0\leqslant i\leqslant M,\ 0\leqslant j\leqslant N.$$

将式(7.78)—(7.79)和式(7.80)—(7.81)对应相减,得到误差方程

$$\begin{cases}(L_he)_{ij}=-\left[\dfrac{1}{h_1^2}(e_{i-1,j}-2e_{ij}+e_{i+1,j})+\dfrac{1}{h_2^2}(e_{i,j-1}-2e_{ij}+e_{i,j+1})\right]=R_{ij},\\ \qquad (i,j)\in\omega,\\ e_{ij}=0,\quad (i,j)\in\gamma.\end{cases}$$

易知

$$|R_{ij}|\leqslant\frac{M_4}{12}(h_1^2+h_2^2),\quad (i,j)\in\omega.$$

记

$$C=\frac{M_4}{12}(h_1^2+h_2^2),$$

$$P(x,y)=\left(\frac{b-a}{2}\right)^2+\left(\frac{d-c}{2}\right)^2-\left(x-\frac{a+b}{2}\right)^2-\left(y-\frac{c+d}{2}\right)^2,$$

并定义网格函数

$$w_{ij}=\frac{1}{4}CP(x_i,y_j),\quad 0\leqslant i\leqslant M,\ 0\leqslant j\leqslant N,$$

则有

$$w_{ij}\geqslant 0,\quad (i,j)\in\omega\cup\gamma;\quad (L_hw)_{ij}=C,\quad (i,j)\in\omega.$$

因而

$$\begin{cases}(L_h(w\pm e))_{ij}=(L_hw)_{ij}\pm(L_he)_{ij}=C\pm R_{ij}\geqslant 0, & (i,j)\in\omega,\\ w_{ij}\pm e_{ij}\geqslant 0, & (i,j)\in\gamma,\end{cases}$$

再由引理 7.1 中的 2° 得

$$w_{ij}\pm e_{ij}\geqslant 0,\quad (i,j)\in\omega,$$

因而

$$|e_{ij}|\leqslant w_{ij}\leqslant\frac{1}{4}C\left[\left(\frac{b-a}{2}\right)^2+\left(\frac{d-c}{2}\right)^2\right],\quad (i,j)\in\omega,$$

即

$$\max_{(i,j)\in\omega}|u(x_i,y_i)-u_{ij}|\leqslant\frac{M_4}{48}\left[\left(\frac{b-a}{2}\right)^2+\left(\frac{d-c}{2}\right)^2\right](h_1^2+h_2^2).$$

定理证毕.

差分格式(7.80)—(7.81) 可写为

$$\begin{cases}u_{ij}=\left[\frac{1}{h_1^2}(u_{i-1,j}+u_{i+1,j})+\frac{1}{h_2^2}(u_{i,j-1}+u_{i,j+1})+f(x_i,y_j)\right]\Big/\left(\frac{2}{h_1^2}+\frac{2}{h_2^2}\right),\\ \qquad\qquad i=1,2,\cdots,M-1,\ j=1,2,\cdots,N-1,\\ u_{ij}\equiv\varphi(x_i,y_i),\quad (i,j)\in\gamma,\end{cases}$$

可用 Jacobi 迭代法

$$\begin{cases}u_{ij}^{(k+1)}=\left[\frac{1}{h_1^2}(u_{i-1,j}^{(k)}+u_{i+1,j}^{(k)})+\frac{1}{h_2^2}(u_{i,j-1}^{(k)}+u_{i,j+1}^{(k)})+f(x_i,y_j)\right]\Big/\left(\frac{2}{h_1^2}+\frac{2}{h_2^2}\right),\\ \qquad\qquad i=1,2,\cdots,M-1,\ j=1,2,\cdots,N-1,\\ u_{ij}^{(k+1)}\equiv\varphi(x_i,y_j),\quad (i,j)\in\gamma\end{cases}$$

或 Gauss-Seidel 迭代法

$$\begin{cases}u_{ij}^{(k+1)}=\left[\frac{1}{h_1^2}(u_{i-1,j}^{(k+1)}+u_{i+1,j}^{(k)})+\frac{1}{h_2^2}(u_{i,j-1}^{(k+1)}+u_{i,j+1}^{(k)})+f(x_i,y_j)\right]\Big/\left(\frac{2}{h_1^2}+\frac{2}{h_2^2}\right),\\ \qquad\qquad i=1,2,\cdots,M-1,\ j=1,2,\cdots,N-1,\\ u_{ij}^{(k+1)}\equiv\varphi(x_i,y_j),\quad (i,j)\in\gamma\end{cases}$$

进行求解.

例 7.4 求解 Poisson 方程定解问题

$$\begin{cases}-\left(\frac{\partial^2 u}{\partial x^2}+\frac{\partial^2 u}{\partial y^2}\right)=-2\exp(x+y),\quad (x,y)\in\Omega,\\ u|_{\partial\Omega}=\exp(x+y),\end{cases}$$

其中 $\Omega=(0,1)\times(0,1)$. 已知它的精确解为 $u(x,y)=\exp(x+y)$.

解 取 $M=10$, $N=10$, 应用差分格式(7.80)—(7.81) 计算, 用 Gauss-Seidel

迭代法解线性方程组，初始迭代向量取 $\boldsymbol{u}^{(0)}=\boldsymbol{0}$，迭代至

$$\|\boldsymbol{u}^{(k)}-\boldsymbol{u}^{(k-1)}\|_\infty \leqslant \frac{1}{2}\times 10^{-6}.$$

共迭代139次，所得部分数值结果列于表7.11：

表7.11 椭圆方程数值解算例($M=10,N=10$)

(x,y)	数值解	精确解	|精确解－数值解|
(0.2,0.2)	1.491940	1.491825	0.000115
(0.2,0.5)	2.013950	2.013753	0.000197
(0.2,0.8)	2.718440	2.718282	0.000158
(0.5,0.2)	2.013950	2.013753	0.000197
(0.5,0.5)	2.718621	2.718282	0.000339
(0.5,0.8)	3.669563	3.669297	0.000266
(0.8,0.2)	2.718440	2.718282	0.000158
(0.8,0.5)	3.669563	3.669297	0.000266
(0.8,0.8)	4.953257	4.953032	0.000225

取 $M=100,N=100$，应用差分格式(7.80)—(7.81)计算，用Gauss-Seidel迭代法解线性方程组，初始迭代向量取 $\boldsymbol{u}^{(0)}=\boldsymbol{0}$，迭代至

$$\|\boldsymbol{u}^{(k)}-\boldsymbol{u}^{(k-1)}\|_\infty \leqslant \frac{1}{2}\times 10^{-8}.$$

共迭代13918次，所得部分数值结果列于表7.12：

表7.12 椭圆方程数值解算例($M=100,N=100$)

(x,t)	数值解	精确解	|精确解－数值解|
(0.2,0.2)	1.4918241	1.4918247	0.0000006
(0.2,0.5)	2.0137517	2.0137527	0.0000010
(0.2,0.8)	2.7182817	2.7182818	0.0000001
(0.5,0.2)	2.0137517	2.0137527	0.0000010
(0.5,0.5)	2.7182802	2.7182818	0.0000016
(0.5,0.8)	3.6692964	3.6692967	0.0000003
(0.8,0.2)	2.7182817	2.7182818	0.0000001
(0.8,0.5)	3.6692964	3.6692967	0.0000003
(0.8,0.8)	4.9530330	4.9530324	0.0000006

7.5 应用实例：水污染方程的有限差分解法[①]

7.5.1 问题的背景

近些年来，环境污染问题越来越受到人们的普遍重视，如何合理、有效和经济

①问题选自东南大学土木工程系研究生陈岭所做自选课题.

地保护人类的环境成为环境工程的主要研究课题. 为了达到净化环境的目的,研究污染物在水体及大气中的扩散现象进而加以控制,就成为其中重要内容之一.

设有一稳定流的一维均匀河段,已知弥散系数 $D=2\,\mathrm{km}^2/\mathrm{h}$,流速 $u=5\,\mathrm{km/h}$,某污染物的一级反应速率常数 $K=0.015\,\mathrm{h}^{-1}$. 现在 $x_0=0$ 处有一点源,连续排放 1 小时,若起始断面处在排放期间某污染物的浓度为 $C_0^j=10\,\mathrm{mg/L}(j=0,1,\cdots,m)$,$t_m$ 为排放终止时间,而在河段的其它断面处 $C_i^0=0(i>0)$. 要求在 8 km 长的河段里,从开始排放污染物起不同时间、不同地段污染物的浓度分布.

7.5.2 数学模型

对于河流的一般流动状态,除了考虑分子的扩散与湍流扩散外,还要考虑由剪切流造成的类似于分子扩散的弥散作用. 已知天然河流中,分子扩散系数具有数量级 $10^{-5}\sim10^{-4}\,\mathrm{m}^2/\mathrm{s}$,湍流扩散系数具有数量级 $10^{-2}\sim1\mathrm{m}^2/\mathrm{s}$,而弥散系数的数量级为 $10\sim10^3\,\mathrm{m}^2/\mathrm{s}$,因此在河流水质模型中,一般可以忽略分子扩散及湍流扩散的影响,从而可建立如下微分方程:

$$\frac{\partial(AC)}{\partial t}+\frac{\partial(QC)}{\partial x}=\frac{\partial}{\partial x}\left(DA\,\frac{\partial C}{\partial x}\right)+AS.$$

其中,A 为河床断面(km^2),Q 为流量($\mathrm{km}^3\cdot\mathrm{h}^{-1}$),$D$ 为弥散系数($\mathrm{km}^2\cdot\mathrm{h}^{-1}$),$C$ 为某组分子在 x 断面处 t 时刻的浓度($\mathrm{mg}\cdot\mathrm{L}^{-1}$),$S$ 为各种源和漏的代数和.

对于一个不太长的河段,常可假定其水流近似处于稳定状态,断面沿程均匀. 这样 A,Q,D 都可近似作为常数处理,上述微分方程可简化为

$$\frac{\partial C}{\partial t}+u\,\frac{\partial C}{\partial x}=D\,\frac{\partial^2 C}{\partial x^2}+S,$$

其中 $u=\dfrac{Q}{A}(\mathrm{km}\cdot\mathrm{h}^{-1})$,表示断面平均流速.

若河流中某种污染物进行一级衰减反应,并假定河底无渗漏,忽略面源的侧向输入,这时 $S=-K_1C$,其中 K_1 为常数. 在不太长的河流中,某一污染物扩散所满足的微分方程是一个抛物型方程,结合实际问题的假设,可得如下定解问题:

$$\begin{cases}\dfrac{\partial C}{\partial t}+u\,\dfrac{\partial C}{\partial x}=D\,\dfrac{\partial^2 C}{\partial x^2}-K_1C, & 0<x<+\infty,\ 0<t\leqslant 1,\\ C|_{t=0}=0, & 0<x<+\infty,\\ C|_{x=0}=10, & 0\leqslant t\leqslant 1.\end{cases}\tag{7.82}$$

7.5.3 计算方法与结果分析

取 $M=80$, $N=400$,并记 $h=\dfrac{8}{M}=0.1$,$\tau=\dfrac{1}{N}=0.0025$. 对式(7.82)建立如下显式差分格式:

$$\begin{cases}\dfrac{C_i^{k+1}-C_i^k}{\tau}+u\dfrac{C_{i+1}^k-C_{i-1}^k}{2h}=D\dfrac{C_{i+1}^k-2C_i^k+C_{i-1}^k}{h^2}-K_1C_i^k, \\ \qquad 1\leqslant i\leqslant M+N-k-1,\ 0\leqslant k\leqslant N-1, \\ C_i^0=0.0, \quad 1\leqslant i\leqslant M+N, \\ C_0^k=10.0, \quad 0\leqslant k\leqslant N.\end{cases} \tag{7.83}$$

当取参数 $u=5, K_1=0.015, D=2$ 时,计算结果列于表 7.13:

表 7.13　污染物在各点的浓度

t \ x	0.0	1.0	2.0	3.0	4.0	5.0	6.0	7.0	8.0
0.0	10.000	0.000	0.000	0.000	0.000	0.000	0.000	0.000	0.000
0.1	10.000	3.077	0.100	0.000	0.000	0.000	0.000	0.000	0.000
0.2	10.000	6.484	1.807	0.160	0.004	0.000	0.000	0.000	0.000
0.3	10.000	8.095	4.198	1.140	0.142	0.007	0.000	0.000	0.000
0.4	10.000	9.907	6.103	2.763	0.743	0.110	0.009	0.000	0.000
0.5	10.000	9.343	7.419	4.455	1.845	0.494	0.082	0.008	0.000
0.6	10.000	9.590	8.289	5.907	3.202	1.245	0.333	0.060	0.007
0.7	10.000	9.735	8.856	7.039	4.564	2.283	0.847	0.227	0.043
0.8	10.000	9.822	9.226	7.880	5.778	3.456	1.621	0.580	0.155
0.9	10.000	9.876	9.467	8.487	6.786	4.620	2.580	1.149	0.400
1.0	10.000	9.909	9.626	8.918	7.584	5.683	3.621	1.908	0.814

差分格式(7.83)可写为

$$\begin{cases}C_i^{k+1}=\left(D\dfrac{\tau}{h^2}+u\dfrac{\tau}{2h}\right)C_{i-1}^k+\left(1-2D\dfrac{\tau}{h^2}-K_1\tau\right)C_i^k+\left(D\dfrac{\tau}{h^2}-u\dfrac{\tau}{2h}\right)C_{i+1}^k, \\ \qquad 1\leqslant i\leqslant M+N-k-1,\ 0\leqslant k\leqslant N-1, \\ C_i^0=0.0, \quad 1\leqslant i\leqslant M+N, \\ C_0^k=10.0, \quad 0\leqslant k\leqslant N.\end{cases}$$

可以证明当

$$\begin{cases}1-2D\dfrac{\tau}{h^2}\geqslant 0, \\ D\dfrac{\tau}{h^2}\pm u\dfrac{\tau}{2h}\geqslant 0\end{cases} \tag{7.84}$$

时,差分格式(7.83)是稳定的,且以 $O(\tau+h^2)$ 阶收敛.

容易验证本例所取步长及常数满足式(7.84).

习 题 7

1. 用古典显格式并取 $h=0.1, r=0.5$，计算

$$\begin{cases}\dfrac{\partial u}{\partial t}=\dfrac{\partial^2 u}{\partial x^2}, & 0\leqslant x\leqslant 1,\ t>0,\\ u(x,0)=\sin\pi x, & 0\leqslant x\leqslant 1,\\ u(0,t)=u(1,t)=0, & t\geqslant 0\end{cases}$$

前 3 层的差分解.

2. 用古典隐格式并取 $h=0.2, r=0.5$，计算

$$\begin{cases}\dfrac{\partial u}{\partial t}=\dfrac{\partial^2 u}{\partial x^2}, & 0<x<1,\ t>0,\\ u(x,0)=x(1-x), & 0\leqslant x\leqslant 1,\\ u(0,t)=t,\quad u(1,t)=0, & t>0\end{cases}$$

前 2 层的差分解.

3. 写出求解方程

$$\frac{\partial u}{\partial t}=a\frac{\partial^2 u}{\partial x^2}+b\frac{\partial u}{\partial x}+cu,\quad \text{其中 } a,b,c \text{ 为常数且 } a>0$$

的一种显式差分格式，并分析其截断误差.

4. 证明定理 7.2.

5. 证明定理 7.6.

6. 对于定解问题

$$\begin{cases}\dfrac{\partial u}{\partial t}-\dfrac{\partial^2 u}{\partial x^2}=0, & 0<x<l,\ 0<t\leqslant T,\\ u(x,0)=\varphi(x), & 0<x<l,\\ u(0,t)=0,\quad u(l,t)=0, & 0\leqslant t\leqslant T,\end{cases}$$

用能量方法证明下述 Douglas 格式

$$\begin{cases}\dfrac{1}{12}\left(\dfrac{u_{i+1}^{k+1}-u_{i+1}^{k}}{\tau}+10\,\dfrac{u_i^{k+1}-u_i^k}{\tau}+\dfrac{u_{i-1}^{k+1}-u_{i-1}^{k}}{\tau}\right)\\ \qquad=\dfrac{1}{2}\left(\dfrac{u_{i+1}^{k+1}-2u_i^{k+1}+u_{i-1}^{k+1}}{h^2}+\dfrac{u_{i+1}^{k}-2u_i^{k}+u_{i-1}^{k}}{h^2}\right),\\ \qquad\qquad 1\leqslant i\leqslant M-1,\ 0\leqslant k\leqslant N-1,\\ u_i^0=\varphi(x_i), \qquad 1\leqslant i\leqslant M-1,\\ u_0^k=0,\quad u_M^k=0,\ 0\leqslant k\leqslant N\end{cases}$$

在 L_2 范数下对初值是绝对稳定的，且收敛速度为 $O(\tau^2+h^4)$.

7. 分别用显式差分格式和隐式差分格式,取 $h=0.2, s=1$,计算

$$\begin{cases}\dfrac{\partial^2 u}{\partial t^2}-\dfrac{\partial^2 u}{\partial x^2}=0, & 0<x<1,\ t>0,\\ u(x,0)=\sin\pi x,\quad \dfrac{\partial u(x,0)}{\partial t}=x(1-x), & 0\leqslant x\leqslant 1,\\ u(0,t)=u(1,t)=0, & t>0\end{cases}$$

前 3 层的差分解.

8. 对下列 1 阶双曲方程初边值问题:

$$\begin{cases}\dfrac{\partial u}{\partial t}+\dfrac{\partial u}{\partial x}=0, & 0<x\leqslant 1,\ 0<t\leqslant T,\\ u(x,0)=\varphi(x), & 0<x\leqslant 1,\\ u(0,t)=\psi(t), & 0<t\leqslant T,\end{cases}$$

将[0,1]作 M 等分,将$[0,T]$作 N 等分,并记

$$h=\frac{1}{M},\quad \tau=\frac{T}{N};\quad x_i=ih,\quad 0\leqslant i\leqslant M;\quad t_k=k\tau,\quad 0\leqslant k\leqslant N.$$

建立如下差分格式:

$$\begin{cases}\dfrac{1}{\tau}(u_i^{k+1}-u_i^k)+\dfrac{1}{h}(u_i^k-u_{i-1}^k)=0, & 1\leqslant i\leqslant M,\ 0\leqslant k\leqslant N-1,\\ u_i^0=\varphi(x_i), & 1\leqslant i\leqslant M,\\ u_0^k=\psi(t_k), & 0\leqslant k\leqslant N.\end{cases}$$

(1) 写出截断误差;

(2) 证明 $\dfrac{\tau}{h}\leqslant 1$ 时差分格式对初值是稳定的;

(3) 分析差分格式的收敛性.

9. 给定定解问题

$$\begin{cases}-\left(\dfrac{\partial^2 u}{\partial x^2}+\dfrac{\partial^2 u}{\partial y^2}\right)=6x-2, & (x,y)\in\Omega,\\ u|_{\partial\Omega}=x^3-y^3,\end{cases}$$

其中 $\Omega=\{(x,y)\,|\,0<x,y<3\}$. 取步长 $h=1$,作如下图所示剖分,求数值解.

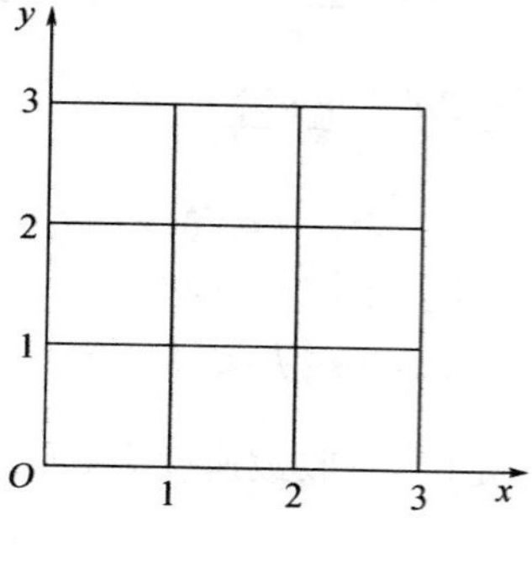

10.（上机题）**抛物方程 Crank-Nicolson 格式.**

（1）编写用 Crank-Nicolson 格式求抛物方程初边值问题

$$\begin{cases}\dfrac{\partial u}{\partial t}-a\dfrac{\partial^2 u}{\partial x^2}=f(x,t), & 0<x<1,\ 0\leqslant t\leqslant 1,\\ u(x,0)=\varphi(x), & 0\leqslant x\leqslant 1,\\ u(0,t)=\alpha(t),\quad u(1,t)=\beta(t), & 0<t\leqslant 1\end{cases}$$

数值解的通用程序；

（2）就 $a=1, f(x,t)=0, \varphi(x)=\exp(x), \alpha(t)=\exp(t), \beta(t)=\exp(1+t)$, $M=40, N=40$，输出点(0.2,1.0)，(0.4,1.0)，(0.6,1.0)，(0.8,1.0) 处 $u(x,t)$ 的数值解；

（3）已知所给方程的精确解为 $u(x,t)=\exp(x+t)$，将步长反复二分，通过观察点(0.2,1.0)，(0.4,1.0)，(0.6,1.0)，(0.8,1.0) 处精确解与数值解的误差，说明当步长缩小一半时误差以什么规律缩小.

习题参考答案

习　题　1

1. (1) 4 位;(2) 2 位;(3) 3 位;(4) 4 位;(5) 4 位;(6) 2 位;(7) 精确;(8) 4 位.

2. (1) $z=0.1062+0.947=1.0532,\quad e(z)=e(0.1062)+e(0.947),$

$$|e(z)|\leqslant|e(0.1062)|+|e(0.947)|\leqslant\frac{1}{2}\times10^{-4}+\frac{1}{2}\times10^{-3}=0.00055,$$

$$z^*\in[1.0532-0.00055,1.0532+0.00055]=[1.05265,1.05375];$$

(2) $z=23.46-12.753=10.707,\quad e(z)=e(23.46)-e(12.753),$

$$|e(z)|\leqslant|e(23.46)|+|e(12.753)|\leqslant\frac{1}{2}\times10^{-2}+\frac{1}{2}\times10^{-3}=0.0055,$$

$$z^*\in[10.707-0.0055,10.707+0.0055]=[10.7015,10.7125];$$

(3) $z=2.747\times6.83=18.76201,\quad e(z)\approx6.83e(2.747)+2.747e(6.83),$

$$|e(z)|\approx|6.83e(2.747)+2.747e(6.83)|$$

$$\leqslant6.83\times\frac{1}{2}\times10^{-3}+2.747\times\frac{1}{2}\times10^{-2}=0.01715,$$

$$z^*\in[18.76201-0.01715,18.76201+0.01715]=[18.74486,18.77916];$$

(4) $z=1.473/0.064=23.015625,\quad e(z)\approx\frac{1}{0.064}e(1.473)-\frac{1.473}{0.064^2}e(0.064),$

$$|e(z)|\approx\left|\frac{1}{0.064}e(1.473)-\frac{1.473}{0.064^2}e(0.064)\right|$$

$$\leqslant\frac{1}{0.064}\times\frac{1}{2}\times10^{-3}+\frac{1.473}{0.064^2}\times\frac{1}{2}\times10^{-3}=0.18762207,$$

$$z^*\in[23.015625-0.18762207,23.015625+0.18762207]$$

$$=[22.82800293,23.20324707].$$

3. $x^2-40x+1=0\Rightarrow(x-20)^2=399,$

$$x_1=20+\sqrt{399}\approx20+19.975=39.975,$$

$$x_2=20-\sqrt{399}=\frac{1}{20+\sqrt{399}}=\frac{1}{20+19.975}=\frac{1}{39.975}=0.025015634.$$

$$e(x_1)=e(20)+e(\sqrt{399})=e(\sqrt{399}),$$

$|e(x_1)|=|e(\sqrt{399})|\leqslant\frac{1}{2}\times10^{-3}$,所以 x_1 具有 5 位有效数字;

$$e(x_2)\approx-\frac{1}{(20+\sqrt{399})^2}e(20+\sqrt{399})=-\frac{e(\sqrt{399})}{(20+\sqrt{399})^2},$$

$$|e(x_2)| \approx \frac{|e(\sqrt{399})|}{(20+\sqrt{399})^2} \leqslant \frac{\frac{1}{2}\times 10^{-3}}{(20+\sqrt{399})^2} \leqslant \frac{1}{2}\times 10^{-6}$$，所以 x_2 具有 5 位有效数字.

计算 x_2 的另一方法为

$$x_2 = \frac{1}{x_1},\quad e(x_2) \approx -\frac{1}{x_1^2}e(x_1),$$

$$|e(x_2)| \approx \frac{1}{x_1^2}|e(x_1)| \leqslant \frac{1}{39.975^2}\times\frac{1}{2}\times 10^{-3} \leqslant \frac{1}{2}\times 10^{-6}.$$

4. $x_1 = 0.937,\quad |e(x_1)| \leqslant \frac{1}{2}\times 10^{-3},$

$$e_r(x_1) = \frac{e(x_1)}{x_1},\quad |e_r(x_1)| = \left|\frac{e(x_1)}{x_1}\right| \leqslant \frac{\frac{1}{2}\times 10^{-3}}{0.937} = 0.5336\times 10^{-3};$$

$$f(x) = \sqrt{1-x},\quad f'(x) = -\frac{1}{2\sqrt{1-x}},\quad y = f(x_1) = \sqrt{1-x_1} = 0.25100,$$

$$e(y) \approx f'(x_1)e(x_1),\quad |e(y)| \approx |f'(x_1)e(x_1)| \leqslant \frac{1}{2\sqrt{1-x_1}}\times\frac{1}{2}\times 10^{-3} = 0.99602\times 10^{-3},$$

$$e_r(y) = \frac{e(y)}{y},\quad |e_r(y)| = \left|\frac{e(y)}{y}\right| \leqslant \frac{0.99602\times 10^{-3}}{0.25100} = 0.003968.$$

5. (Ⅰ) $x_1^* = \sqrt{2.01},\quad x_1 = 1.42,\quad x_2^* = \sqrt{2.00},\quad x_2 = 1.41,$

$$|e(x_1)| \leqslant \frac{1}{2}\times 10^{-2},\quad |e(x_2)| = \frac{1}{2}\times 10^{-2},$$

$$A^* = \sqrt{2.01} - \sqrt{2.00} = \frac{0.01}{\sqrt{2.01}+\sqrt{2.00}},$$

$$A_1 = 1.42 - 1.41 = 0.01,\quad A_2 = \frac{0.01}{1.42+1.41} = \frac{0.01}{2.83} = 0.00353357.$$

(Ⅱ) $e(A_1) = e(x_1) - e(x_2),$

$$|e(A_1)| \leqslant |e(x_1)| + |e(x_2)| \leqslant \frac{1}{2}\times 10^{-2} + \frac{1}{2}\times 10^{-2} = 10^{-2}.$$

暂时还不能肯定 A_1 是否具有 1 位有效数字.

(Ⅲ) $e(A_2) \approx -\frac{0.01}{(1.42+1.41)^2}[e(1.42)+e(1.41)],$

$$|e(A_2)| = \frac{0.01}{2.83^2}|e(1.42)+e(1.41)| \leqslant \frac{0.01}{2.83^2}\left(\frac{1}{2}\times 10^{-2} + \frac{1}{2}\times 10^{-2}\right)$$

$$= 0.12486\times 10^{-4} < \frac{1}{2}\times 10^{-4}.$$

因而 A_2 至少具有 2 位有效数字.

(Ⅳ) $A^* - A_1 = A_2 - A_1 + A^* - A_2,$

$e(A_1) = A_2 - A_1 + e(A_2),$

$$|e(A_1)| \geqslant |A_2 - A_1| - |e(A_2)| \geqslant 0.01 - 0.00353357 - 0.12486\times 10^{-4}$$

$$= 0.006453944 > \frac{1}{2}\times 10^{-2}.$$

因而 A_1 无有效数字.

6. $V = \frac{4}{3}\pi R^3,\quad |e_r(V)| \leqslant 0.01,$

$$\mathrm{d}V=4\pi R^2\mathrm{d}R,\quad \frac{\mathrm{d}V}{V}=\frac{4\pi R^2\mathrm{d}R}{\frac{4}{3}\pi R^3}=3\frac{\mathrm{d}R}{R}\Rightarrow\frac{\mathrm{d}R}{R}=\frac{1}{3}\frac{\mathrm{d}V}{V},$$

$$e_r(R)\approx\frac{1}{3}e_r(V),\quad |e_r(R)|\approx\frac{1}{3}|e_r(V)|\leqslant 0.00333.$$

7. 高 $H=25.00\mathrm{cm}$,半径 $R=20.00\mathrm{cm}$, $|e(R)|\leqslant 0.05\mathrm{cm}$,

体积 $V=\pi R^2H$,侧面积 $S=2\pi RH$.

$$e_r(V)\approx\frac{R(\pi R^2H)'_R}{\pi R^2H}e_r(R)=2e_r(R),\quad |e_r(V)|\approx 2|e_r(R)|\leqslant 2\times\frac{0.05}{20.00}=0.005.$$

$$e_r(S)\approx\frac{R(2\pi RH)'_R}{2\pi RH}=e_r(R),\quad |e_r(S)|\approx|e_r(R)|\leqslant\frac{0.05}{20}=0.0025.$$

8. $A=\pi-B-C=\pi-\frac{\pi}{3}-\frac{\pi}{6}=\frac{\pi}{2}$,

$$e(A)\approx -e(B)-e(C),$$

$$|e(A)|\approx|-e(B)-e(C)|\leqslant|e(B)|+|e(C)|\leqslant\frac{\pi}{1800}+\frac{\pi}{1800}=\frac{\pi}{900};$$

$$\frac{b}{\sin B}=\frac{a}{\sin A}\Rightarrow b=\frac{a\sin B}{\sin A},$$

$$e(b)\approx\frac{\sin B}{\sin A}e(a)+\frac{a}{\sin A}(\cos B)e(B)-\frac{a\sin B}{\sin^2A}(\cos A)e(A),$$

$$\begin{aligned}|e(b)|&\approx\left|\frac{\sin B}{\sin A}e(a)+\frac{a}{\sin A}(\cos B)e(B)-\frac{a\sin B}{\sin^2A}(\cos A)e(A)\right|\\&\leqslant\frac{\sin B}{\sin A}|e(a)|+\frac{a}{\sin A}(\cos B)|e(B)|+\frac{a\sin B}{\sin^2A}\cos A|e(A)|\\&\leqslant\frac{\sin\frac{\pi}{3}}{\sin\frac{\pi}{2}}\times 0.1+\frac{100}{\sin\frac{\pi}{2}}\left(\cos\frac{\pi}{3}\right)\frac{\pi}{1800}+\frac{100\sin\frac{\pi}{3}}{\sin^2\frac{\pi}{2}}\left(\cos\frac{\pi}{2}\right)\times\frac{\pi}{900}\\&=\frac{\sqrt{3}}{2}\times 0.1+100\times\frac{1}{2}\times\frac{\pi}{1800}=0.17387;\end{aligned}$$

$$\frac{c}{\sin C}=\frac{a}{\sin A}\Rightarrow c=\frac{a\sin C}{\sin A},$$

$$e(c)\approx\frac{\sin C}{\sin A}e(a)+\frac{a\cos C}{\sin A}e(C)-\frac{a\sin C}{\sin^2A}(\cos A)e(A),$$

$$\begin{aligned}|e(c)|&\approx\left|\frac{\sin C}{\sin A}e(a)+\frac{a\cos C}{\sin A}e(C)-\frac{a\sin C}{\sin^2A}(\cos A)e(A)\right|\\&\leqslant\frac{\sin C}{\sin A}|e(a)|+\frac{a\cos C}{\sin A}|e(C)|+\frac{a\sin C}{\sin^2A}\cos A|e(A)|\\&\leqslant\left(\sin\frac{\pi}{6}\right)\times 0.1+100\times\left(\cos\frac{\pi}{6}\right)\times\frac{\pi}{1800}=\frac{1}{2}\times 0.1+100\times\frac{\sqrt{3}}{2}\times\frac{\pi}{1800}=0.20115.\end{aligned}$$

9. (1) $\left|\tan\frac{x}{2}\right|$; (2) $\frac{1}{\sqrt{1+x}+\sqrt{x}}$; (3) $\frac{2x^2}{(1+2x)(1+x)}$; (4) $\tan\frac{x}{2}$.

10. 9001.

11. $\beta=2,n=2,L=-1,U=1$, $1+2(\beta-1)\beta^{n-1}(U-L+1)=13$,

机器 0;

$p=1$：$\pm 0.10\times 2^{1}=(\pm 1)_{10}$，$\pm 0.11\times 2^{1}=(\pm 1.5)_{10}$；

$p=0$：$\pm 0.10\times 2^{0}=(\pm 0.5)_{10}$，$\pm 0.11\times 2^{0}=(\pm 0.75)_{10}$；

$p=-1$：$\pm 0.10\times 2^{-1}=(\pm 0.25)_{10}$，$\pm 0.11\times 2^{-1}=(\pm 0.375)_{10}$.

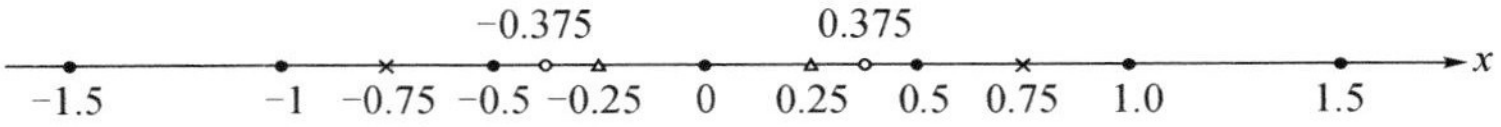

12. (1) 0.419×10^{2}；(2) 0.329×10^{3}；(3) 0.483×10^{-1}；(4) 0.918×10^{0}；(5) 0.785×10^{-2}；(6) 溢出；(7) 0.182×10^{4}；(8) 溢出；(9) 溢出；(10) 溢出；(11) 溢出；(12) 溢出.

13. 设计算 p_{k_0} 时有误差 ε(可假设 $k_0=0$)，则实际递推公式如下：

$$\begin{cases}\tilde{p}_n=\dfrac{1}{3}\tilde{p}_{n-1}, & n=k_0+1,k_0+2,\cdots,\\ \tilde{p}_{k_0}=p_{k_0}+\varepsilon.\end{cases}$$

记$e_n=\tilde{p}_n-p_n$，则有

$$e_n=\frac{1}{3}e_{n-1},\quad n=k_0+1,k_0+2,\cdots,$$

递推得

$$e_n=\left(\frac{1}{3}\right)^{n-k_0}e_{k_0}=\left(\frac{1}{3}\right)^{n-k_0}\varepsilon,\quad n=k_0+1,k_0+2,\cdots.$$

易见$\lim\limits_{n\to\infty}e_n=0$，因而递推公式是稳定的.

14. 若 p_0 和 p_1 的计算有误差，则实际递推公式如下：

$$\tilde{p}_n=\frac{10}{3}\tilde{p}_{n-1}-\tilde{p}_{n-2},\quad n=2,3,\cdots.$$

记$e_n=\tilde{p}_n-p_n$，则有

$$e_n=\frac{10}{3}e_{n-1}-e_{n-2},\quad n=2,3,\cdots,$$

两边取绝对值得

$$|e_n|\geqslant\frac{10}{3}|e_{n-1}|-|e_{n-2}|,\quad n=2,3,\cdots,$$

于是

$$|e_n|-3|e_{n-1}|\geqslant\frac{1}{3}|e_{n-1}|-|e_{n-2}|=\frac{1}{3}(|e_{n-1}|-3|e_{n-2}|),\quad n=2,3,\cdots.$$

设 $e_0=0,e_1\neq 0$，则由上式递推可知

$$|e_n|-3|e_{n-1}|\geqslant 0,\quad n=2,3,\cdots,$$

因而

$$|e_n|\geqslant 3|e_{n-1}|\geqslant\cdots\geqslant 3^{n-1}|e_1|,\quad n=2,3,\cdots.$$

易见$\lim\limits_{n\to\infty}|e_n|=+\infty$，因而所给递推公式不稳定.

15. 由

	125	0	230	−11	3	−47
5		625	3125	16775	83820	419115
	125	625	3355	16764	83823	419068

得 $p(5)=419068$.

16. $f(x)=7+(x-4)+(x-4)^2-6(x-4)^3+4(x-4)^5$,

$g(t)=7+t+t^2-6t^3+4t^5$,

$f(3.9)=g(-0.1)$, $f(4.2)=g(0.2)$.

由

	4	0	−6	1	1	7
−0.1		−0.4	0.04	0.596	−0.1596	−0.08404
	4	−0.4	−5.96	1.596	0.8404	6.91596

得 $f(3.9)=6.91596$;由

	4	0	−6	1	1	7
0.2		0.8	0.16	−1.168	−0.0336	0.19328
	4	0.8	−5.84	−0.168	0.9664	7.19328

得 $f(4.2)=7.19328$.

习 题 2

1. (1) $x+\cos x=0$ 有唯一根 $x^*\in\left(-\frac{\pi}{2},0\right)$;

(2) $\frac{2}{3\pi}x-\cos x=0$ 有 3 个根 $x_1^*\in\left(-\frac{3\pi}{2},-\pi\right)$, $x_2^*\in\left(-\pi,-\frac{\pi}{2}\right)$, $x_3^*\in\left(0,\frac{\pi}{2}\right)$;

(3) $x^2-e^x=0$ 有唯一根 $x^*\in(-1,0)$;

(4) $\sin x-e^{-x}=0$ 在 $\left(2k\pi,2k\pi+\frac{\pi}{2}\right)$ 内有唯一根 x_k^*,在 $\left(2k\pi+\frac{\pi}{2},2k\pi+\pi\right)$ 内有唯一根 $\tilde{x}_k^*$,其中 $k=0,1,2,\cdots$.

2. (1) $x^*\approx 1.6$;(2) 只要二等分 18 次.

3. 方程 $x^3-5x-3=0$ 有唯一正根 $x^*\in(2,3)$.可构造如下 3 个迭代格式:

$$x_{k+1}=\frac{1}{5}(x_k^3-3),\quad k=0,1,2,\cdots,$$

$$x_{k+1}=\sqrt[3]{5x_k+3},\quad k=0,1,2,\cdots,$$

$$x_{k+1}=\sqrt{5+\frac{3}{x_k}},\quad k=0,1,2,\cdots.$$

第 1 个格式发散;第 2 个格式和第 3 个格式收敛,且第 3 个格式比第 2 个格式收敛快.应用第 3 个迭代格式求解可得 $x^*\approx 2.491$.

4. 方程 $x^3-x-0.2=0$ 有 3 个实根:$x_1^*\in\left[-1,-\sqrt{\frac{1}{3}}\right]$, $x_2^*\in\left[-\frac{1}{2},0\right]$, $x_3^*\in[1,2]$.

(1) 将方程在 $\left[-1,-\sqrt{\frac{1}{3}}\right]$ 内改写为 $x^2-1=\frac{0.2}{x}\Rightarrow x=-\sqrt{1+\frac{0.2}{x}}$,应用迭代格式

$$x_{k+1}=-\sqrt{1+\frac{0.2}{x_k}},\quad k=0,1,2,\cdots,$$

取 $x_0=-0.8$，迭代 4 次可得 $x_1^*=-0.879$.

(2) 将方程在 $\left[-\frac{1}{2},0\right]$ 内改写为 $x=x^3-0.2$，应用迭代格式

$$x_{k+1}=x_k^3-0.2,\quad k=0,1,2,\cdots,$$

取 $x_0=-0.25$，迭代 4 次可得 $x_2^*=-0.209$.

(3) 将方程在 $[1,2]$ 内改写为 $x^3=x+0.2\Rightarrow x=\sqrt[3]{x+0.2}$，应用迭代格式

$$x_{k+1}=\sqrt[3]{x_k+0.2},\quad k=0,1,2,\cdots,$$

取 $x_0=1.5$，迭代 6 次得 $x_3^*=1.09$.

6. (1) 由 $\frac{\mathrm{d}y}{\mathrm{d}x}=\frac{1}{\frac{\mathrm{d}x}{\mathrm{d}y}}$，将 $x=\varphi(x)$ 改写为 $x=\varphi^{-1}(x)$，则 $\frac{\mathrm{d}\varphi^{-1}(x)}{\mathrm{d}x}=\frac{1}{\frac{\mathrm{d}\varphi(x)}{\mathrm{d}x}}$.

当 $x\in[a,b]$ 时 $\left|\frac{\mathrm{d}\varphi^{-1}(x)}{\mathrm{d}x}\right|\leqslant\frac{1}{k}<1$，这时迭代格式

$$x_{k+1}=\varphi^{-1}(x_k),\quad k=0,1,2,\cdots$$

是局部收敛的

(2) 将 $x=\tan x$ 在 $x=4.5$(弧度) 附近改写为 $x=\pi+\arctan x$，应用迭代格式

$$x_{k+1}=\pi+\arctan x_k,\quad k=0,1,2,\cdots,$$

并取 $x_0=4.5$，迭代 3 次可得 $x^*=4.4934$.

7. $\varphi(x)=x-\lambda f(x),\quad \varphi'(x)=1-\lambda f'(x),\quad \varphi'(x^*)=1-\lambda f'(x^*)$.

当 $\lambda\in\left(0,\frac{2}{M}\right)$ 时，$1-\lambda M\leqslant\varphi'(x^*)\leqslant 1-\lambda m$，$|\varphi'(x^*)|<1$，迭代格式局部收敛.

8. 记

$$\varphi(x)=x-\frac{f(x)}{f'(x)}-\frac{f''(x)}{2f'(x)}\left[\frac{f(x)}{f'(x)}\right]^2.\quad ①$$

要证明迭代格式至少是 3 阶局部收敛的，只要证明 $\varphi(x^*)=x^*$，$\varphi'(x^*)=0$，$\varphi''(x^*)=0$. 由 x^* 是方程 $f(x)=0$ 的单根知 $f(x^*)=0$，$f'(x^*)\neq 0$. 用 $[f'(x)]^3$ 乘以 ① 式两边，得到

$$[x-\varphi(x)][f'(x)]^3=f(x)[f'(x)]^2+\frac{1}{2}f''(x)[f(x)]^2.\quad ②$$

在 ② 式中令 $x=x^*$，得 $\varphi(x^*)=x^*$；对 ② 式求 1 阶导数，令 $x=x^*$，得 $\varphi'(x^*)=0$；对 ② 式求 2 阶导数，令 $x=x^*$，得 $\varphi''(x^*)=0$.

9. $f(x)=0$ 在 $x\geqslant 0$ 时可以改写为 $e^{\frac{x}{2}}=\sqrt{3}x$；在 $x<0$ 时可以改写为 $e^{\frac{x}{2}}=-\sqrt{3}x$.

$f(x)=0$ 在 $[-1,0]$，$[0,1]$，$[3,4]$ 内分别有根 x_1^*，x_2^*，x_3^*.

用迭代格式

$$x_{k+1}=x_k-\frac{2e^{\frac{1}{2}x_k}+2\sqrt{3}x_k}{e^{\frac{1}{2}x_k}+2\sqrt{3}},\quad k=0,1,2,\cdots,$$

取 $x_0=0$，得 $x_1^*=-0.45896$.

用迭代格式

$$x_{k+1}=x_k-\frac{2e^{\frac{1}{2}x_k}-2\sqrt{3}x_k}{e^{\frac{1}{2}x_k}-2\sqrt{3}},\quad k=0,1,2,\cdots,$$

取 $x_0=1$，得 $x_2^*=0.91001$；取 $x_0=4$，得 $x_3^*=3.7331$.

10. 应用 Newton 迭代格式

$$x_{k+1}=x_k-\frac{f(x_k)}{f'(x_k)},\quad k=0,1,\cdots$$

求根 x^*,有

$$\lim_{k\to\infty}\frac{x^*-x_{k+1}}{(x^*-x_k)^2}=-\frac{f''(x^*)}{2f'(x^*)}.$$

(1) $f(x)=x^n-a,\ \frac{f''(x)}{f'(x)}=\frac{n-1}{x},\ x^*=\sqrt[n]{a},\quad \lim_{k\to\infty}\frac{\sqrt[n]{a}-x_{k+1}}{(\sqrt[n]{a}-x_k)^2}=\frac{1-n}{2\cdot\sqrt[n]{a}};$

(2) $f(x)=1-\frac{a}{x^n},\ \frac{f''(x)}{f'(x)}=-\frac{n+1}{x},\ x^*=\sqrt[n]{a},\quad \lim_{k\to\infty}\frac{\sqrt[n]{a}-x_{k+1}}{(\sqrt[n]{a}-x_k)^2}=\frac{n+1}{2\cdot\sqrt[n]{a}}.$

11. 记 $f(x)=c-\frac{1}{x}$,则求 $\frac{1}{c}$ 等价于求方程 $f(x)=0$ 的根. Newton 迭代格式为

$$x_{k+1}=x_k-\frac{f(x_k)}{f'(x_k)}=x_k(2-cx_k),\quad k=0,1,2,\cdots. \quad ①$$

对任意 $x_0\in\left(0,\frac{2}{c}\right)$,存在充分小的正常数 $\delta\left(\delta<1,\delta<\frac{1}{c}\right)$ 使得 $x_0\in\left[\delta,\frac{2}{c}-\delta\right]$. 令 $[a,b]=\left[\delta,\frac{2}{c}-\delta\right]$,可验证 Newton 大范围收敛性定理的 4 个条件满足,因而以 x_0 为初值,Newton 迭代格式收敛. 显然 ① 式中不含除法运算.

12. (1) $f(x)=e^{2x}-1-2x-2x^2,\quad f(x^*)=0,$

$f'(x)=2e^{2x}-2-4x,\quad f'(x^*)=0,$

$f''(x)=4e^{2x}-4,\quad f''(x^*)=0,$

$f'''(x)=8e^{2x},\quad f'''(x^*)\neq 0.$

所以 $x^*=0$ 为 $f(x)=0$ 的 3 重根.

(2) Newton 迭代公式为

$$\begin{aligned}x_{k+1}&=x_k-\frac{e^{2x_k}-1-2x_k-2x_k^2}{2e^{2x_k}-2-4x_k}\\&=\frac{(2x_k-1)e^{2x_k}-2x_k^2+1}{2e^{2x_k}-2-4x_k},\quad k=0,1,2,\cdots,\end{aligned}$$

计算得

k	x_k	$f(x_k)$
0	0.5	0.21828
1	0.34805	0.067537
2	0.23905	0.020617
3	0.16264	0.0062349
4	0.10993	0.0018731
5	0.073968	0.00056016

(3) 求重根的 Newton 公式为

$$x_{k+1}=x_k-3\cdot\frac{e^{2x_k}-1-2x_k-2x_k^2}{2e^{2x_k}-2-4x_k}$$

$$= \frac{(2x_k - 3)e^{2x_k} + 3 + 4x_k + 2x_k^2}{2e^{2x_k} - 2 - 4x_k}, \quad k = 0,1,2,\cdots,$$

计算得

k	x_k	$f(x_k)$
0	0.5	0.21828
1	0.044158	0.00011739

13. $f(x) = x^4 - 5.4x^3 + 10.56x^2 - 8.954x + 2.7951$,

$f'(x) = 4x^3 - 16.2x^2 + 21.12x - 8.954$,

Newton 迭代格式为

$$x_{k+1} = x_k - \frac{x_k^4 - 5.4x_k^3 + 10.56x_k^2 - 8.954x_k + 2.7951}{4x_k^3 - 16.2x_k^2 + 21.12x_k - 8.954}, \quad k = 0,1,2,\cdots,$$

计算得

k	x_k	$f(x_k)$	$f'(x_k)$
0	1	0.0011	-0.034
1	1.03235	3.3055×10^{-4}	-0.014968
2	1.05443	9.8944×10^{-5}	-6.6084×10^{-3}
3	1.06940	2.9529×10^{-5}	-2.9237×10^{-3}
4	1.07950	8.7917×10^{-6}	-1.2952×10^{-3}
5	1.08629	2.6123×10^{-6}	-5.742×10^{-4}
6	1.09084		

所以 $x_1^* = 1.09$. 又

k	x_k	$f(x_k)$	$f'(x_k)$
0	2	-0.0729	0.486
1	2.15	0.057881	1.323
2	2.1063	6.4198×10^{-3}	1.0586
3	2.1002	2.0012×10^{-4}	1.0012
4	2.1000		

所以 $x_2^* = 2.1000$.

14. 拟 Newton 法公式为

$$x_{k+1} = x_k - \frac{f^2(x_k)}{f(x_k) - f(x_k - f(x_k))}, \quad k = 0,1,\cdots,$$

则迭代函数为 $\varphi(x) = x - \dfrac{f^2(x)}{f(x) - f(x - f(x))}$. 又

$$f(x^*) = 0, \quad f'(x^*) \neq 0,$$

$$f(x - f(x)) = f(x) - f(x)f'(x) + \frac{1}{2}[-f(x)]^2 f''(x - \theta f(x)), \quad \theta \in (0,1),$$

所以

$$\varphi(x)=x-\frac{f^2(x)}{f(x)f'(x)-\frac{1}{2}f^2(x)f''(x-\theta f(x))}$$

$$=x-\frac{f(x)}{f'(x)-\frac{1}{2}f(x)f''(x-\theta f(x))},$$

$$\lim_{x\to x^*}\varphi(x)=x^*-\frac{f(x^*)}{f'(x^*)-\frac{1}{2}\times 0}=x^*,$$

$$\frac{\varphi(x)-\varphi(x^*)}{x-x^*}=\frac{1}{x-x^*}\left[x-x^*-\frac{f(x)}{f'(x)-\frac{1}{2}f(x)f''(x-\theta f(x))}\right]$$

$$=1-\frac{f(x)-f(x^*)}{x-x^*}\times\frac{1}{f'(x)-\frac{1}{2}f(x)f''(x-\theta f(x))},$$

$$\lim_{x\to x^*}\frac{\varphi(x)-\varphi(x^*)}{x-x^*}=1-f'(x^*)\times\frac{1}{f'(x^*)}=0\Rightarrow\varphi'(x^*)=0.$$

所以拟 Newton 法对单根至少是 2 阶局部收敛的.

15. $x_{k+1}+\mathrm{i}y_{k+1}=x_k+\mathrm{i}y_k-\dfrac{A_k+\mathrm{i}B_k}{C_k+\mathrm{i}D_k}=x_k+\mathrm{i}y_k-\dfrac{(A_k+\mathrm{i}B_k)(C_k-\mathrm{i}D_k)}{C_k^2+D_k^2}$

$$=x_k-\frac{A_kC_k+B_kD_k}{C_k^2+D_k^2}+\mathrm{i}\left(y_k+\frac{A_kD_k-B_kC_k}{C_k^2+D_k^2}\right),$$

比较两边实部和虚部即得所要结果.

16. $f_0(x)=f(x)=x^4-4x^2+12x-24,$

$f_1(x)=f'(x)=4x^3-8x+12,$

$f_0(x)=\dfrac{1}{4}xf_1(x)-(2x^2-9x+24),\quad f_2(x)=2x^2-9x+24,$

$f_1(x)=(2x+9)f_2(x)-(-25x+204),\quad f_3(x)=-25x+204,$

$f_2(x)=\left(-\dfrac{2}{25}x-\dfrac{183}{625}\right)f_3(x)-\left(-\dfrac{52332}{625}\right),\quad f_4(x)=-\dfrac{52332}{625}.$

变号数列表如下：

x	f_0	f_1	f_2	f_3	f_4	$V(x)$
$-\infty$	+	−	+	+	−	3
0	−	+	+	+	−	2
$+\infty$	+	+	+	−	−	1

$V(-\infty)-V(0)=3-2=1$,方程 $f(x)=0$ 有一个负根;

$V(0)-V(+\infty)=2-1=1$,方程 $f(x)=0$ 有一个正根.

负根 $x_1^*\in(-4,-3)$,可用 Newton 法求得;正根 $x_2^*=2$.

17. $f(x)=x^4+5x^3+3x^2-5x-9,\quad w(x)=x^2+ux+v,\quad f(x)=w(x)p(x)+r_0x+r_1,$

$p(x)=w(x)\left(-\dfrac{\partial p}{\partial v}\right)-\dfrac{\partial r_0}{\partial v}x-\dfrac{\partial r_1}{\partial v},\quad xp(x)=w(x)\left(-\dfrac{\partial p}{\partial u}\right)-\dfrac{\partial r_0}{\partial u}x-\dfrac{\partial r_1}{\partial u},$

$-\frac{\partial r_0}{\partial u}\Delta u - \frac{\partial r_0}{\partial v}\Delta v = r_0, \quad -\frac{\partial r_1}{\partial u}\Delta u - \frac{\partial r_1}{\partial v}\Delta v = r_1,$

$w(x) \to x^2 + (u+\Delta u)x + (v+\Delta v).$

$w_0(x) = x^2 + 3x - 5, \quad f(x) = w_0(x)(x^2+2x+2) + (-1)x + 1,$

$p(x) = x^2 + 2x + 2, \quad r_0 = -1, \quad r_1 = 1, \quad p(x) = w_0(x) + (-1)x + 7,$

$-\frac{\partial r_0}{\partial v} = -1, \quad -\frac{\partial r_1}{\partial v} = 7,$

$xp(x) = w_0(x)(x-1) + 10x - 5,$

$-\frac{\partial r_0}{\partial u} = 10, \quad -\frac{\partial r_1}{\partial u} = -5,$

$\begin{cases} 10\Delta u - \Delta v = -1, \\ -5\Delta u + 7\Delta v = 1 \end{cases} \Rightarrow \Delta u = -\frac{6}{65}, \Delta v = \frac{1}{13}.$

$w_1(x) = x^2 + \frac{189}{65}x - \frac{64}{13}.$

$f(x) = w_1(x)(x^2 + 1.20923x + 1.8393) - 0.0471x + 0.0551,$

$f(x) \approx w_1(x)(x^2 + 1.20923x + 1.8393).$

18. $f(x) = x^3 - 3x^2 - x + 9, \quad w_0(x) = x^2 - 4x + 6,$

$f(x) = w_0(x)(x+1) - 3x + 3, \quad p(x) = x + 1, \quad r_0 = -3, \quad r_1 = 3,$

$p(x) = w_0(x) \cdot 0 + x + 1, \quad -\frac{\partial r_0}{\partial v} = 1, \quad -\frac{\partial r_1}{\partial v} = 1,$

$xp(x) = w_0(x) \cdot 1 + 5x - 6, \quad -\frac{\partial r_0}{\partial u} = 5, \quad -\frac{\partial r_1}{\partial u} = -6,$

$\begin{cases} 5\Delta u + \Delta v = -3, \\ -6\Delta u + \Delta v = 3 \end{cases} \Rightarrow \Delta u = -0.545455, \Delta v = -0.272727,$

$w_1(x) = x^2 + (-4 + \Delta u)x + (6 + \Delta v) = x^2 - 4.54546x + 5.72727;$

$\begin{cases} 6.09092\Delta u + \Delta v = 0.29756, \\ -5.72727\Delta u + 1.54546\Delta v = 0.14873 \end{cases} \Rightarrow \Delta u = 0.0205500, \Delta v = 0.172392,$

$w_2(x) = x^2 - 4.52491x + 5.899662.$

$f(x) = w_2(x)(x + 1.52491) + 0.00042x + 0.00355 \approx w_2(x)(x + 1.52491),$

$x_1 = 2.26246 + 0.883718\mathrm{i}, \quad x_2 = 2.26246 - 0.883718\mathrm{i}, \quad x_3 = -1.52491.$

19. 将第 2 个方程代入第 1 个方程得

$$x = \sin\left(\frac{1}{2}\cos\frac{1}{3}x\right),$$

易证上述方程在$(-\infty, +\infty)$内有唯一根. 由

$$x_{k+1} = \sin\left(\frac{1}{2}\cos\frac{1}{3}x_k\right), \quad k = 0,1,2,\cdots$$

计算得

k	0	1	2	3	4
x_k	0	0.479426	0.473825	0.473955	0.473952

所以 $x^* = 0.4740, y^* = \cos\left(\frac{1}{3}x^*\right) = 0.9875.$

习　题　3

1. $x_1=d_1,\quad x_i=d_i-\sum_{j=1}^{i-1}l_{ij}x_j,\ i=2,3,\cdots,n.$

2. 乘除运算次数为$\frac{1}{2}n(n+1)$.

3. $$\begin{bmatrix}3.2 & -1.5 & 0.5 & 0.90\\ 1.6 & 2.5 & -1.0 & 1.55\\ 1.0 & 4.1 & -1.5 & 2.08\end{bmatrix}\xrightarrow[r_3+\left(-\frac{1.0}{3.2}\right)r_1]{r_2+(-0.5)r_1}\begin{bmatrix}3.2 & -1.5 & 0.5 & 0.90\\ 0 & 3.25 & -1.25 & 1.1\\ 0 & 4.56875 & -1.65625 & 1.79875\end{bmatrix}$$

$$\xrightarrow{r_3+\left(-\frac{4.56875}{3.25}\right)r_2}\begin{bmatrix}3.2 & -1.5 & 0.5 & 0.90\\ 0 & 3.25 & -1.25 & 1.1\\ 0 & 0 & 0.10096 & 0.25240\end{bmatrix},$$

回代得 $x_3=2.50000,x_2=1.30000,x_1=0.50000.$

4. 记 $$\boldsymbol{A}=\begin{bmatrix}a_{11} & a_{12} & \cdots & a_{1n}\\ a_{21} & a_{22} & \cdots & a_{2n}\\ \vdots & \vdots & & \vdots\\ a_{n1} & a_{n2} & \cdots & a_{nn}\end{bmatrix},\boldsymbol{X}=(a_{12},a_{13},\cdots,a_{1n}),\boldsymbol{B}=\begin{bmatrix}a_{22} & a_{23} & \cdots & a_{2n}\\ a_{32} & a_{33} & \cdots & a_{3n}\\ \vdots & \vdots & & \vdots\\ a_{n2} & a_{n3} & \cdots & a_{nn}\end{bmatrix},$$

则经过一步消元 $\boldsymbol{A}\longrightarrow\begin{bmatrix}a_{11} & \boldsymbol{X}\\ \boldsymbol{0} & \boldsymbol{B}-a_{11}^{-1}\boldsymbol{X}^{\mathrm{T}}\boldsymbol{X}\end{bmatrix}$,因而 $\boldsymbol{A}_1=\boldsymbol{B}-a_{11}^{-1}\boldsymbol{X}^{\mathrm{T}}\boldsymbol{X}$. 易知 $\boldsymbol{A}_1$ 也是对称矩阵.

5. (1) $$\begin{bmatrix}1 & 2 & 3 & 14\\ 0 & 1 & 2 & 8\\ 2 & 4 & 1 & 13\end{bmatrix}\xrightarrow{r_3\leftrightarrow r_1}\begin{bmatrix}2 & 4 & 1 & 13\\ 0 & 1 & 2 & 8\\ 1 & 2 & 3 & 14\end{bmatrix}\xrightarrow{r_3+\left(-\frac{1}{2}\right)r_1}\begin{bmatrix}2 & 4 & 1 & 13\\ 0 & 1 & 2 & 8\\ 0 & 0 & \frac{5}{2} & \frac{15}{2}\end{bmatrix},$$

回代得 $x_3=3,x_2=2,x_1=1$;

(2) $$\begin{bmatrix}1 & 2 & 1 & 3\\ 3 & 4 & 0 & 3\\ 2 & 10 & 4 & 10\end{bmatrix}\xrightarrow{r_2\leftrightarrow r_1}\begin{bmatrix}3 & 4 & 0 & 3\\ 1 & 2 & 1 & 3\\ 2 & 10 & 4 & 10\end{bmatrix}\xrightarrow[r_3+\left(-\frac{2}{3}\right)r_1]{r_2+\left(-\frac{1}{3}\right)r_1}\begin{bmatrix}3 & 4 & 0 & 3\\ 0 & \frac{2}{3} & 1 & 2\\ 0 & \frac{22}{3} & 4 & 8\end{bmatrix}$$

$$\xrightarrow{r_3\leftrightarrow r_2}\begin{bmatrix}3 & 4 & 0 & 3\\ 0 & \frac{22}{3} & 4 & 8\\ 0 & \frac{2}{3} & 1 & 2\end{bmatrix}\xrightarrow{r_3+\left(-\frac{1}{11}\right)r_2}\begin{bmatrix}3 & 4 & 0 & 3\\ 0 & \frac{22}{3} & 4 & 8\\ 0 & 0 & \frac{7}{11} & \frac{14}{11}\end{bmatrix},$$

回代得 $x_3=2,x_2=0,x_1=1.$

6. (1) 用 Gauss 消去法,有

$$\begin{bmatrix}1 & 592 & 437\\ 592 & 4308 & 2251\end{bmatrix}\xrightarrow{r_2-592r_1}\begin{bmatrix}1 & 592 & 437\\ 0 & -346200 & -256500\end{bmatrix},$$

回代得 $y=\frac{-256500}{-346200}=0.7409,x=437-592\times0.7409=-1.613$;

(2) 用列主元 Gauss 消去法,有

$$\begin{bmatrix} 1 & 592 & 437 \\ 592 & 4308 & 2251 \end{bmatrix} \xrightarrow{r_2 \leftrightarrow r_1} \begin{bmatrix} 592 & 4308 & 2251 \\ 1 & 592 & 437 \end{bmatrix} \xrightarrow{r_2 - \frac{1}{592} r_1} \begin{bmatrix} 592 & 4308 & 2251 \\ 0 & 584.7 & 433.2 \end{bmatrix},$$

回代得 $y = \dfrac{433.2}{584.7} = 0.7409, x = \dfrac{(2251 - 4308 \times 0.7409)}{592} = -1.589.$

7. 由于 $\boldsymbol{A}$ 是对称正定的,用Gauss消去法解这样的方程组是数值稳定的,所要不需要选主元. 追赶法如下:

$$\begin{bmatrix} 2 & 1 & 0 & 0 & 0 & 1 \\ 1 & 4 & 1 & 0 & 0 & -2 \\ 0 & 1 & 4 & 1 & 0 & 2 \\ 0 & 0 & 1 & 4 & 1 & -2 \\ 0 & 0 & 0 & 1 & 2 & 1 \end{bmatrix} \xrightarrow{r_2 + \left(-\frac{1}{2}\right) r_1} \begin{bmatrix} 2 & 1 & 0 & 0 & 0 & 1 \\ 0 & \frac{7}{2} & 1 & 0 & 0 & -\frac{5}{2} \\ 0 & 1 & 4 & 1 & 0 & 2 \\ 0 & 0 & 1 & 4 & 1 & -2 \\ 0 & 0 & 0 & 1 & 2 & 1 \end{bmatrix}$$

$$\xrightarrow{r_3 + \left(-\frac{2}{7}\right) r_2} \begin{bmatrix} 2 & 1 & 0 & 0 & 0 & 1 \\ 0 & \frac{7}{2} & 1 & 0 & 0 & -\frac{5}{2} \\ 0 & 0 & \frac{26}{7} & 1 & 0 & \frac{19}{7} \\ 0 & 0 & 1 & 4 & 1 & -2 \\ 0 & 0 & 0 & 1 & 2 & 1 \end{bmatrix} \xrightarrow{r_4 + \left(-\frac{7}{26}\right) r_3} \begin{bmatrix} 2 & 1 & 0 & 0 & 0 & 1 \\ 0 & \frac{7}{2} & 1 & 0 & 0 & -\frac{5}{2} \\ 0 & 0 & \frac{26}{7} & 1 & 0 & \frac{19}{7} \\ 0 & 0 & 0 & \frac{97}{26} & 1 & -\frac{71}{26} \\ 0 & 0 & 0 & 1 & 2 & 1 \end{bmatrix}$$

$$\xrightarrow{r_5 + \left(-\frac{26}{97}\right) r_4} \begin{bmatrix} 2 & 1 & 0 & 0 & 0 & 1 \\ 0 & \frac{7}{2} & 1 & 0 & 0 & -\frac{5}{2} \\ 0 & 0 & \frac{26}{7} & 1 & 0 & \frac{19}{7} \\ 0 & 0 & 0 & \frac{97}{26} & 1 & -\frac{71}{26} \\ 0 & 0 & 0 & 0 & \frac{168}{97} & \frac{168}{97} \end{bmatrix},$$

回代得 $x_5 = 1, x_4 = -1, x_3 = 1, x_2 = -1, x_1 = 1.$

8. $$\begin{bmatrix} 1 & \frac{1}{2} & \frac{1}{3} & \frac{1}{4} & \frac{7}{12} \\ \frac{1}{2} & \frac{1}{3} & \frac{1}{4} & \frac{1}{5} & \frac{13}{60} \\ \frac{1}{3} & \frac{1}{4} & \frac{1}{5} & \frac{1}{6} & \frac{7}{60} \\ \frac{1}{4} & \frac{1}{5} & \frac{1}{6} & \frac{1}{7} & \frac{31}{420} \end{bmatrix} \xrightarrow[\substack{r_3 + \left(-\frac{1}{3}\right) r_1 \\ r_4 + \left(-\frac{1}{4}\right) r_1}]{r_2 + \left(-\frac{1}{2}\right) r_1} \begin{bmatrix} 1 & \frac{1}{2} & \frac{1}{3} & \frac{1}{4} & \frac{7}{12} \\ 0 & \frac{1}{12} & \frac{1}{12} & \frac{3}{40} & -\frac{3}{40} \\ 0 & \frac{1}{12} & \frac{4}{45} & \frac{1}{12} & -\frac{7}{90} \\ 0 & \frac{3}{40} & \frac{1}{12} & \frac{9}{112} & -\frac{121}{1680} \end{bmatrix}$$

$$\xrightarrow[r_4+\left(-\frac{9}{10}\right)r_2]{r_3+(-1)r_2}\begin{bmatrix}1&\frac{1}{2}&\frac{1}{3}&\frac{1}{4}&\frac{7}{12}\\0&\frac{1}{12}&\frac{1}{12}&\frac{3}{40}&-\frac{3}{40}\\0&0&\frac{1}{180}&\frac{1}{120}&-\frac{1}{360}\\0&0&\frac{1}{120}&\frac{9}{700}&-\frac{19}{4200}\end{bmatrix}\xrightarrow{r_4\leftrightarrow r_3}\begin{bmatrix}1&\frac{1}{2}&\frac{1}{3}&\frac{1}{4}&\frac{7}{12}\\0&\frac{1}{12}&\frac{1}{12}&\frac{3}{40}&-\frac{3}{40}\\0&0&\frac{1}{120}&\frac{9}{700}&-\frac{19}{4200}\\0&0&\frac{1}{180}&\frac{1}{120}&-\frac{1}{360}\end{bmatrix}$$

$$\xrightarrow{r_4+\left(-\frac{2}{3}\right)r_3}\begin{bmatrix}1&\frac{1}{2}&\frac{1}{3}&\frac{1}{4}&\frac{7}{12}\\0&\frac{1}{12}&\frac{1}{12}&\frac{3}{40}&-\frac{3}{40}\\0&0&\frac{1}{120}&\frac{9}{700}&-\frac{19}{4200}\\0&0&0&-\frac{1}{4200}&\frac{1}{4200}\end{bmatrix},$$

回代得 $x_4=-1, x_3=1, x_2=-1, x_1=1$.

9. $M_4=0.654501, M_3=0.80599, M_2=1.03297, M_1=1.46296, M_0=2.02852$.

10. 因为 $\boldsymbol{L}_1^{-1}=\begin{bmatrix}1&&&\\l_{21}&1&&\\l_{31}&0&1&\\l_{41}&0&0&1\end{bmatrix}, \boldsymbol{L}_2^{-1}=\begin{bmatrix}1&&&\\0&1&&\\0&l_{32}&1&\\0&l_{42}&0&1\end{bmatrix}, \boldsymbol{L}_3^{-1}=\begin{bmatrix}1&&&\\0&1&&\\0&0&1&\\0&0&l_{43}&1\end{bmatrix}$,所以

$$\boldsymbol{L}_1^{-1}\boldsymbol{L}_2^{-1}\boldsymbol{L}_3^{-1}=\begin{bmatrix}1&&&\\l_{21}&1&&\\l_{31}&0&1&\\l_{41}&0&0&1\end{bmatrix}\begin{bmatrix}1&&&\\0&1&&\\0&l_{32}&1&\\0&l_{42}&0&1\end{bmatrix}\begin{bmatrix}1&&&\\0&1&&\\0&0&1&\\0&0&l_{43}&1\end{bmatrix}$$

$$=\begin{bmatrix}1&&&\\l_{21}&1&&\\l_{31}&l_{32}&1&\\l_{41}&l_{42}&0&1\end{bmatrix}\begin{bmatrix}1&&&\\0&1&&\\0&0&1&\\0&0&l_{43}&1\end{bmatrix}=\begin{bmatrix}1&&&\\l_{21}&1&&\\l_{31}&l_{32}&1&\\l_{41}&l_{42}&l_{43}&1\end{bmatrix}.$$

11. (1) 设 $\boldsymbol{L}=(l_{ij}), \boldsymbol{M}=(m_{ij})$ 为单位下三角矩阵,$\boldsymbol{C}=\boldsymbol{LM}=(c_{ij})$. 由

$$\begin{cases}l_{ii}=1,\\l_{ij}=0, & i+1\leqslant j\leqslant n\end{cases} \quad 和 \quad \begin{cases}m_{ii}=1,\\m_{ij}=0, & i+1\leqslant j\leqslant n\end{cases}$$

可得

$$\begin{aligned}c_{ii}&=\sum_{k=1}^{n}l_{ik}m_{ki}=\sum_{k=1}^{i-1}l_{ik}m_{ki}+l_{ii}m_{ii}+\sum_{k=i+1}^{n}l_{ik}m_{ki}\\&=\sum_{k=1}^{i-1}l_{ik}\times 0+1\times 1+\sum_{k=i+1}^{n}0\times m_{ki}=1;\end{aligned}$$

又当 $i<j$ 时

$$\begin{aligned}c_{ij}&=\sum_{k=1}^{n}l_{ik}m_{kj}=\sum_{k=1}^{i-1}l_{ik}m_{kj}+l_{ii}m_{ij}+\sum_{k=i+1}^{n}l_{ik}m_{kj}\\&=\sum_{k=1}^{i-1}l_{ik}\times 0+1\times 0+\sum_{k=i+1}^{n}0\times m_{kj}=0.\end{aligned}$$

因而 $\boldsymbol{C}$ 为单位下三角矩阵.

(2) 设

$$\boldsymbol{U}=\begin{bmatrix}1 & u_{12} & u_{13} & \cdots & u_{1,n-1} & u_{1n}\\ & 1 & u_{23} & \cdots & u_{2,n-1} & u_{2n}\\ & & 1 & \cdots & u_{3,n-1} & u_{3n}\\ & & & \ddots & \vdots & \vdots\\ & & & & 1 & u_{n-1,n}\\ & & & & & 1\end{bmatrix},$$

$$\boldsymbol{V}=\boldsymbol{U}^{-1}=\begin{bmatrix}v_{11} & v_{12} & v_{13} & \cdots & v_{1,n-1} & v_{1n}\\ v_{21} & v_{22} & v_{23} & \cdots & v_{2,n-1} & v_{2n}\\ v_{31} & v_{32} & v_{33} & \cdots & v_{3,n-1} & v_{3n}\\ \vdots & \vdots & \vdots & & \vdots & \vdots\\ v_{n-1,1} & v_{n-2,2} & v_{n-3,3} & \cdots & v_{n-1,n-1} & v_{n-1,n}\\ v_{n1} & v_{n2} & v_{n3} & \cdots & v_{n,n-1} & v_{nn}\end{bmatrix}.$$

依次比较 $\boldsymbol{UV}=\boldsymbol{I}$ 的第 1 列元素、第 2 列对角线及以下元素、第 3 列对角线及以下元素，直至第 n 列对角线元素可知 $v_{jj}=1, v_{ij}=0, 1\leqslant j<i\leqslant n$,因而 $\boldsymbol{V}$ 为单位上三角矩阵

12. (1) 考虑齐次方程组

$$\begin{bmatrix}b_1 & c_1 & & & & \\ a_2 & b_2 & c_2 & & & \\ & a_3 & b_3 & c_3 & & \\ & & \ddots & \ddots & \ddots & \\ & & & a_{n-1} & b_{n-1} & c_{n-1}\\ & & & & a_n & b_n\end{bmatrix}\begin{bmatrix}x_1\\ x_2\\ x_3\\ \vdots\\ x_{n-1}\\ x_n\end{bmatrix}=\begin{bmatrix}0\\0\\0\\ \vdots\\0\\0\end{bmatrix}.$$

设其解 $\boldsymbol{x}=(x_1,\cdots,x_n)^{\mathrm{T}}\neq\boldsymbol{0}$. 令 $|x_m|=\max\limits_{1\leqslant i\leqslant n}|x_i|$,则 $|x_m|\neq 0$.

若 $m=1$,则由 $b_1x_1+c_1x_2=0$ 得 $|b_1x_1|=|-c_1x_2|\leqslant|c_1||x_1|$,即 $|b_1|\leqslant|c_1|$,与条件矛盾;同样,若 $m=n$,则由 $a_nx_{n-1}+b_nx_n=0$ 得 $|b_n|\leqslant|a_n|$,与条件矛盾. 故存在 $j(2\leqslant j\leqslant n-1)$ 使 $|x_j|=|x_m|$,同时 $|x_{j-1}|$ 与 $|x_{j+1}|$ 中至少有一个小于 $|x_m|$. 由 $a_jx_{j-1}+b_jx_j+c_jx_{j+1}=0$ 得 $|b_j|<|a_j|+|c_j|$,与条件 $|b_j|\geqslant|a_j|+|c_j|$ 矛盾. 于是 $|x_m|=0$,即 $\boldsymbol{x}=\boldsymbol{0}$,因而 $\boldsymbol{A}$ 非奇异.

(2) 比较 $\boldsymbol{A}=\boldsymbol{L}_1\boldsymbol{U}_1$ 两边的第 1 行第 1 列元素可得 $p_1=b_1$. 再依次比较两边第 $(i-1)$ 行第 i 列元素和第 i 列第 i 行元素可得

$$p_{i-1}r_{i-1}=c_{i-1},\quad a_ir_{i-1}+p_i=b_i,\quad i=2,3,\cdots,n,$$

因而

$$r_{i-1}=\frac{c_{i-1}}{p_{i-1}},\quad p_i=b_i-a_ir_{i-1},\quad i=2,3,\cdots,n.$$

13. (1) 由 $\begin{bmatrix}1 & 2 & 0\\ -1 & 3 & 1\\ 2 & 0 & 2\end{bmatrix}\longrightarrow\begin{bmatrix}1 & 2 & 0\\ -1 & 5 & 1\\ 2 & -\dfrac{4}{5} & \dfrac{14}{5}\end{bmatrix}$,有

$$\begin{bmatrix}1 & 2 & 0\\ -1 & 3 & 1\\ 2 & 0 & 2\end{bmatrix}=\begin{bmatrix}1 & & \\ -1 & 1 & \\ 2 & -\frac{4}{5} & 1\end{bmatrix}\begin{bmatrix}1 & 2 & 0\\ & 5 & 1\\ & & \frac{14}{5}\end{bmatrix};$$

(2) 由 $\begin{bmatrix}2 & 2 & 1 & -2\\ 4 & 5 & 3 & -2\\ -4 & -2 & 3 & 5\\ 2 & 3 & 2 & 3\end{bmatrix}\longrightarrow\begin{bmatrix}2 & 2 & 1 & -2\\ 2 & 1 & 1 & 2\\ -2 & 2 & 3 & -3\\ 1 & 1 & 0 & 3\end{bmatrix}$,有

$$\begin{bmatrix}2 & 2 & 1 & -2\\ 4 & 5 & 3 & -2\\ -4 & -2 & 3 & 5\\ 2 & 3 & 2 & 3\end{bmatrix}=\begin{bmatrix}1 & & & \\ 2 & 1 & & \\ -2 & 2 & 1 & \\ 1 & 1 & 0 & 1\end{bmatrix}\begin{bmatrix}2 & 2 & 1 & -2\\ & 1 & 1 & 2\\ & & 3 & -3\\ & & & 3\end{bmatrix}.$$

14. $\begin{bmatrix}4.18 & 2.87 & 3.03 & 2.11 & 27.45\\ 6.81 & 4.67 & 4.09 & 1.63 & 34.94\\ 26.15 & 17.96 & 18.96 & 19.94 & 198.71\\ 1.23 & 2.06 & 1.19 & 6.32 & 34.20\end{bmatrix}$

$$\longrightarrow\begin{bmatrix}4.18 & 2.87 & 3.03 & 2.11 & 27.45\\ 1.62919 & -0.0057753 & -0.846446 & -1.807591 & -9.781266\\ 6.25598 & -0.924177 & -0.777885 & 5.069348 & 17.943728\\ 0.294258 & -210.4617 & 228.6277 & -1533.223 & -6134.893\end{bmatrix},$$

同解三角方程组为

$$\begin{bmatrix}4.18 & 2.87 & 3.03 & 2.11\\ & -0.0057753 & -0.846446 & -1.807591\\ & & -0.777885 & 5.069348\\ & & & -1533.223\end{bmatrix}\begin{bmatrix}x_1\\ x_2\\ x_3\\ x_4\end{bmatrix}=\begin{bmatrix}27.45\\ -9.781266\\ 17.943728\\ -6134.893\end{bmatrix},$$

回代得 $x_4=4.001305$,$x_3=3.00865$,$x_2=0.326102$,$x_1=2.142374$. 而精确解为 $x_1=1$,$x_2=2$,$x_3=3$,$x_4=4$,由此可以看到计算得到的 x_2 和 x_1 具有较大的误差,产生的原因是 -0.0057753 为小主元. 选列主元的三角分解法求解如下:

$$\begin{bmatrix}4.18 & 2.87 & 3.03 & 2.11 & 27.45\\ 6.81 & 4.67 & 4.09 & 1.63 & 34.94\\ 26.15 & 17.96 & 18.96 & 19.94 & 198.71\\ 1.23 & 2.06 & 1.19 & 6.32 & 34.20\end{bmatrix}\xrightarrow{r_3\leftrightarrow r_1}\begin{bmatrix}26.15 & 17.96 & 18.96 & 19.94 & 198.71\\ 6.81 & 4.67 & 4.09 & 1.63 & 34.94\\ 4.18 & 2.87 & 3.03 & 2.11 & 27.45\\ 1.23 & 2.06 & 1.19 & 6.32 & 34.20\end{bmatrix}$$

$$\rightarrow\begin{bmatrix} 26.15 & 17.96 & 18.96 & 19.94 & 198.71 \\ 0.260421 & 4.67 & 4.09 & 1.63 & 34.94 \\ 0.159847 & 2.87 & 3.03 & 2.11 & 27.45 \\ 0.0470363 & 2.06 & 1.19 & 6.32 & 34.20 \end{bmatrix}$$

$$\xrightarrow{r_4\leftrightarrow r_2}\begin{bmatrix} 26.15 & 17.96 & 18.96 & 19.94 & 198.71 \\ 0.0470363 & 2.06 & 1.19 & 6.32 & 34.20 \\ 0.159847 & 2.87 & 3.03 & 2.11 & 27.45 \\ 0.260421 & 4.67 & 4.09 & 1.63 & 34.94 \end{bmatrix}$$

$$\rightarrow\begin{bmatrix} 26.15 & 17.96 & 18.96 & 19.94 & 198.71 \\ 0.0470363 & 1.215228 & 0.298192 & 5.375582 & 24.853417 \\ 0.159847 & -0.0007012 & 3.03 & 2.11 & 27.45 \\ 0.260421 & -0.0058929 & 4.09 & 1.63 & 34.94 \end{bmatrix}$$

$$\xrightarrow{r_4\leftrightarrow r_3}\begin{bmatrix} 26.15 & 17.96 & 18.96 & 19.94 & 198.71 \\ 0.0470363 & 1.215228 & 0.298192 & 5.375582 & 24.853417 \\ 0.260421 & -0.0058929 & 4.09 & 1.63 & 34.94 \\ 0.159847 & -0.0007012 & 3.03 & 2.11 & 27.45 \end{bmatrix}$$

$$\rightarrow\begin{bmatrix} 26.15 & 17.96 & 18.96 & 19.94 & 198.71 \\ 0.0470363 & 1.215228 & 0.298192 & 5.375582 & 24.853417 \\ 0.260421 & -0.0058929 & -0.845825 & -3.531117 & -16.66180 \\ 0.159847 & -0.0007012 & 0.0005793 & -1.071534 & -4.286118 \end{bmatrix},$$

同解三角方程组为

$$\begin{bmatrix} 26.15 & 17.96 & 18.96 & 19.94 \\ & 1.215228 & 0.298192 & 5.375582 \\ & & -0.845825 & -3.531117 \\ & & & -1.071534 \end{bmatrix}\begin{bmatrix} x_1 \\ x_2 \\ x_3 \\ x_4 \end{bmatrix}=\begin{bmatrix} 198.71 \\ 24.853417 \\ -16.66180 \\ -4.286118 \end{bmatrix},$$

回代得 $x_4=4.000058, x_3=2.999589, x_2=2.021286, x_1=0.985634$.

15. $\begin{bmatrix} 5.5 & 7 & 6 & 5.5 & 23 \\ 7 & 10.5 & 8 & 7 & 32 \\ 6 & 8 & 10.5 & 9 & 33 \\ 5.5 & 7 & 9 & 10.5 & 31 \end{bmatrix}$

$$\longrightarrow \begin{bmatrix} 5.5 & 7 & 6 & 5.5 & 23 \\ 1.272727 & 1.590911 & 0.363638 & 1.5\times10^{-6} & 2.727279 \\ 1.090909 & 0.228572 & 3.871429 & 3.000000 & 7.285713 \\ 1 & 0.942856\times10^{-6} & 0.774908 & 2.675276 & 2.354243 \end{bmatrix},$$

同解三角方程组为

$$\begin{bmatrix} 5.5 & 7 & 6 & 5.5 \\ & 1.590911 & 0.363638 & 1.5\times10^{-6} \\ & & 3.871429 & 3.000000 \\ & & & 2.675276 \end{bmatrix} \begin{bmatrix} x_1 \\ x_2 \\ x_3 \\ x_4 \end{bmatrix} = \begin{bmatrix} 23 \\ 2.727279 \\ 7.285713 \\ 2.354243 \end{bmatrix},$$

回代得 $x_4 = 0.880000, x_3 = 1.200000, x_2 = 1.440000, x_1 = 0.160000$.

16. 同解三角方程组为

$$\begin{cases} 2x_1 + 5x_2 + 3x_3 - 2x_4 = 7, \\ 3x_2 + 6x_3 + 3x_4 = 6, \\ \dfrac{1}{2}x_3 - \dfrac{1}{2}x_4 = \dfrac{3}{2}, \\ 3x_4 = -3, \end{cases}$$

回代得 $x_4 = -1, x_3 = 2, x_2 = -1, x_1 = 2$.

17. $\| \boldsymbol{x} \|_\infty = 2$, $\| \boldsymbol{x} \|_1 = 3$, $\| \boldsymbol{x} \|_2 = \sqrt{5}$.

18. 验证范数的 3 个条件.

19. $\| \boldsymbol{x} \|_\infty = \max\limits_{1\leqslant i\leqslant n} |x_i|$, $\| \boldsymbol{x} \|_1 = \sum\limits_{i=1}^{n} |x_i|$, $\| \boldsymbol{x} \|_2 = \sqrt{\sum\limits_{i=1}^{n} x_i^2}$.

注意应用 Cauchy-Schwarz 不等式$\left(\sum\limits_{i=1}^{n} a_i b_i\right)^2 \leqslant \left(\sum\limits_{i=1}^{n} a_i^2\right)\left(\sum\limits_{i=1}^{n} b_i^2\right)$.

20. $\| \boldsymbol{A} \|_\infty = 4$, $\| \boldsymbol{A} \|_1 = 4$;

又 $\boldsymbol{A}^{\mathrm{T}}\boldsymbol{A} = \begin{bmatrix} 6 & 0 & 2 \\ 0 & 5 & 2 \\ 2 & 2 & 2 \end{bmatrix}$, $|\lambda \boldsymbol{I} - \boldsymbol{A}^{\mathrm{T}}\boldsymbol{A}| = \lambda^3 - 13\lambda^2 + 44\lambda - 16 = 0$,

记 $f(\lambda) = \lambda^3 - 13\lambda^2 + 44\lambda - 16$,用 Newton 迭代法可求出 $f(\lambda) = 0$ 的最大根为 $\lambda_1 = 7.189534$,所以 $\| \boldsymbol{A} \|_2 = \sqrt{\lambda_1} = 2.68133$.

21. 由向量范数的等价性知对任意的 $\boldsymbol{x} \in \mathbf{R}^n$,存在常数 c_1 和 c_2 使得

$$c_1 \| \boldsymbol{x} \|_p \leqslant \| \boldsymbol{x} \|_q \leqslant c_2 \| \boldsymbol{x} \|_p, \quad c_1 \| \boldsymbol{Ax} \|_p \leqslant \| \boldsymbol{Ax} \|_q \leqslant c_2 \| \boldsymbol{Ax} \|_p.$$

当 $\boldsymbol{x} \neq \boldsymbol{0}$ 时,由上两式可得

$$\frac{c_1}{c_2} \frac{\| \boldsymbol{Ax} \|_p}{\| \boldsymbol{x} \|_p} \leqslant \frac{\| \boldsymbol{Ax} \|_q}{\| \boldsymbol{x} \|_q} \leqslant \frac{c_2}{c_1} \frac{\| \boldsymbol{Ax} \|_p}{\| \boldsymbol{x} \|_p}.$$

记 $d_1 = \dfrac{c_1}{c_2}$, $d_2 = \dfrac{c_2}{c_1}$,由 $d_1 \dfrac{\| \boldsymbol{Ax} \|_p}{\| \boldsymbol{x} \|_p} \leqslant \dfrac{\| \boldsymbol{Ax} \|_q}{\| \boldsymbol{x} \|_q}$ 得

$$d_1 \frac{\|\boldsymbol{Ax}\|_p}{\|\boldsymbol{x}\|_p} \leqslant \max_{\substack{\boldsymbol{x}\in\mathbf{R}^n\\ \boldsymbol{x}\neq\mathbf{0}}} \frac{\|\boldsymbol{Ax}\|_q}{\|\boldsymbol{x}\|_q} = \|\boldsymbol{A}\|_q,$$

因而

$$d_1 \|\boldsymbol{A}\|_p \leqslant \|\boldsymbol{A}\|_q. \qquad ①$$

同理由 $\frac{\|\boldsymbol{Ax}\|_q}{\|\boldsymbol{x}\|_q} \leqslant d_2 \frac{\|\boldsymbol{Ax}\|_p}{\|\boldsymbol{x}\|_p}$ 可得

$$\|\boldsymbol{A}\|_q \leqslant d_2 \|\boldsymbol{A}\|_p. \qquad ②$$

由 ①② 两式，得

$$d_1 \|\boldsymbol{A}\|_p \leqslant \|\boldsymbol{A}\|_q \leqslant d_2 \|\boldsymbol{A}\|_p.$$

22. $\boldsymbol{A} = (a_{ij})$，

$$\|\boldsymbol{A}\|_2 = \max_{\substack{\boldsymbol{x}\in\mathbf{R}^n\\ \boldsymbol{x}\neq\mathbf{0}}} \frac{\|\boldsymbol{Ax}\|_2}{\|\boldsymbol{x}\|_2},$$

$$\|\boldsymbol{A}\|_2^2 = \max_{\substack{\boldsymbol{x}\in\mathbf{R}^n\\ \boldsymbol{x}\neq\mathbf{0}}} \frac{\|\boldsymbol{Ax}\|_2^2}{\|\boldsymbol{x}\|_2^2} = \max_{\substack{\boldsymbol{x}\in\mathbf{R}^n\\ \boldsymbol{x}\neq\mathbf{0}}} \frac{\sum\limits_{i=1}^n \left(\sum\limits_{j=1}^n a_{ij}x_j\right)^2}{\sum\limits_{j=1}^n x_j^2} \leqslant \max_{\substack{\boldsymbol{x}\in\mathbf{R}^n\\ \boldsymbol{x}\neq\mathbf{0}}} \frac{\sum\limits_{i=1}^n \left(\sum\limits_{j=1}^n a_{ij}^2 \sum\limits_{j=1}^n x_j^2\right)}{\sum\limits_{j=1}^n x_j^2}$$

$$= \sum_{i=1}^n \sum_{j=1}^n a_{ij}^2.$$

23. 要证 $\boldsymbol{I}+\boldsymbol{A}$ 可逆，只要证明齐次方程组

$$(\boldsymbol{I}+\boldsymbol{A})\boldsymbol{x} = \mathbf{0} \qquad ①$$

只有零解. 设 ① 式有非零解 $\boldsymbol{x}^*$，即 $\boldsymbol{x}^*$ 满足

$$(\boldsymbol{I}+\boldsymbol{A})\boldsymbol{x}^* = \mathbf{0}.$$

由上式得 $\boldsymbol{x}^* = -\boldsymbol{Ax}^*$，两边取范数得

$$\|\boldsymbol{x}^*\| = \|-\boldsymbol{Ax}^*\| \leqslant \|\boldsymbol{A}\| \cdot \|\boldsymbol{x}^*\|,$$

因而 $\|\boldsymbol{A}\| \geqslant 1$，与条件 $\|\boldsymbol{A}\| < 1$ 矛盾，故 $\boldsymbol{I}+\boldsymbol{A}$ 可逆. 由

$$(\boldsymbol{I}+\boldsymbol{A})(\boldsymbol{I}+\boldsymbol{A})^{-1} = \boldsymbol{I} \Rightarrow (\boldsymbol{I}+\boldsymbol{A})^{-1} = \boldsymbol{I} - \boldsymbol{A}(\boldsymbol{I}+\boldsymbol{A})^{-1},$$

两边取范数，得

$$\begin{aligned}\|(\boldsymbol{I}+\boldsymbol{A})^{-1}\| &= \|\boldsymbol{I}-\boldsymbol{A}(\boldsymbol{I}+\boldsymbol{A})^{-1}\| \leqslant \|\boldsymbol{I}\| + \|\boldsymbol{A}(\boldsymbol{I}+\boldsymbol{A})^{-1}\| \\ &\leqslant 1 + \|\boldsymbol{A}\| \cdot \|(\boldsymbol{I}+\boldsymbol{A})^{-1}\|,\end{aligned}$$

$$(1-\|\boldsymbol{A}\|)\|(\boldsymbol{I}+\boldsymbol{A})^{-1}\| \leqslant 1 \Rightarrow \|(\boldsymbol{I}+\boldsymbol{A})^{-1}\| \leqslant \frac{1}{1-\|\boldsymbol{A}\|}.$$

24. $\rho(\boldsymbol{A}) < 1$，则 $\boldsymbol{I}-\boldsymbol{A}$ 可逆，且 $\lim\limits_{k\to\infty}\boldsymbol{A}^k = \boldsymbol{O}$，

$(\boldsymbol{I}-\boldsymbol{A})\boldsymbol{S}_k = \boldsymbol{I}-\boldsymbol{A}^{k+1} \Rightarrow \boldsymbol{S}_k = (\boldsymbol{I}-\boldsymbol{A})^{-1}(\boldsymbol{I}-\boldsymbol{A}^{k+1})$，

$\lim\limits_{k\to\infty}\boldsymbol{S}_k = \lim\limits_{k\to\infty}(\boldsymbol{I}-\boldsymbol{A})^{-1}(\boldsymbol{I}-\boldsymbol{A}^{k+1}) = (\boldsymbol{I}-\boldsymbol{A})^{-1}(\boldsymbol{I}-\lim\limits_{k\to\infty}\boldsymbol{A}^{k+1}) = (\boldsymbol{I}-\boldsymbol{A})^{-1}$.

25. $\boldsymbol{A} = \begin{bmatrix}1 & 2\\ 4 & -2\end{bmatrix}$，$\|\boldsymbol{A}\|_\infty = 6$，$\|\boldsymbol{A}\|_1 = 5$，

$$\boldsymbol{A}^{-1} = \begin{bmatrix}\frac{1}{5} & \frac{1}{5}\\ \frac{2}{5} & -\frac{1}{10}\end{bmatrix}, \|\boldsymbol{A}^{-1}\|_\infty = \frac{1}{2}, \|\boldsymbol{A}^{-1}\|_1 = \frac{3}{5},$$

得 $\mathrm{cond}(\boldsymbol{A})_\infty = 3$，$\mathrm{cond}(\boldsymbol{A})_1 = 3$；

$$A^TA=\begin{bmatrix}17 & -6\\ -6 & 8\end{bmatrix}\Rightarrow|\lambda I-A^TA|=\begin{vmatrix}\lambda-17 & 6\\ 6 & \lambda-8\end{vmatrix}=0,$$

$\lambda^2-25\lambda+100=0\Rightarrow\lambda_1=20,\lambda_2=5,$

得 $\mathrm{cond}(A)_2=\sqrt{\dfrac{\lambda_1}{\lambda_2}}=2.$

26. $$\begin{bmatrix}136.01 & 90.860 & 0 & 0 & -33.254\\ 90.860 & 98.810 & -67.590 & 0 & 49.790\\ 0 & -67.590 & 132.01 & 46.260 & 28.067\\ 0 & 0 & 46.260 & 177.17 & -7.324\end{bmatrix}$$

$$\xrightarrow{r_2+(-0.66804)r_1}\begin{bmatrix}136.01 & 90.860 & 0 & 0 & -33.254\\ 0 & 38.112 & -67.590 & 0 & 72.005\\ 0 & -67.590 & 132.01 & 46.260 & 28.067\\ 0 & 0 & 46.260 & 177.17 & -7.324\end{bmatrix}$$

$$\xrightarrow{r_3+1.7735r_2}\begin{bmatrix}136.01 & 90.860 & 0 & 0 & -33.254\\ 0 & 38.112 & -67.590 & 0 & 72.005\\ 0 & 0 & 12.139 & 46.260 & 155.77\\ 0 & 0 & 46.260 & 177.17 & -7.324\end{bmatrix}$$

$$\xrightarrow{r_4-3.8109r_3}\begin{bmatrix}136.01 & 90.860 & 0 & 0 & -33.254\\ 0 & 38.112 & -67.590 & 0 & 72.005\\ 0 & 0 & 12.139 & 46.260 & 155.77\\ 0 & 0 & 0 & 0.87777 & -600.95\end{bmatrix},$$

回代得 $x_4=-684.63,x_3=2621.9,x_2=4651.7,x_1=-3107.8.$

27. (1) $A^{-1}=\begin{bmatrix}10000 & 10000\\ 20000 & 20001\end{bmatrix}$, $\mathrm{cond}(A)_\infty=\|A\|_\infty\|A^{-1}\|_\infty=1.20007\times10^5.$

(2) $r_y=b-Ay=\begin{bmatrix}0.170009\\ -0.17\end{bmatrix}.$

(3) $r_z=\begin{bmatrix}0.0001\\ 0\end{bmatrix}.$

(4) $\dfrac{\|x^*-\tilde{x}\|_\infty}{\|x^*\|_\infty}\leqslant\mathrm{cond}(A)_\infty\dfrac{\|r\|_\infty}{\|b\|_\infty}.$ ①

对于 y:左端 $=\dfrac{\|x-y\|_\infty}{\|x\|_\infty}=0.03$,右端 $=0.2914485\times10^4$,左端 $\ll$ 右端;

对于 z:左端 $=\dfrac{\|x-z\|_\infty}{\|x\|_\infty}=\dfrac{2}{3}$,右端 $=1.7143$,左端和右端比较接近.

(5) 由(1) 知本题所给方程组是病态的;由(2) 和(3) 知对于病态方程组不能因为残量小断定解的误差也小,$\|r_z\|_\infty$ 比 $\|r_y\|_\infty$ 小,但 $\|z-x\|_\infty$ 比 $\|y-x\|_\infty$ 大得多;由(4) 知估计式 ① 是一个保守估计,有时右端比左边大得多.

28. (1) Jacobi 迭代格式为

$$\begin{cases}x_1^{(k+1)}=(24-2x_2^{(k)}-3x_3^{(k)})/20,\\ x_2^{(k+1)}=(12-x_1^{(k)}-x_3^{(k)})/8,\\ x_3^{(k+1)}=(30-2x_1^{(k)}+3x_2^{(k)})/15,\end{cases}$$

计算得

k	0	1	2	3	4	5
$x_1^{(k)}$	0	1.2	0.75	0.769	0.768125	0.767331
$x_2^{(k)}$	0	1.5	1.1	1.13875	1.138875	1.138321
$x_3^{(k)}$	0	2	2.14	2.12	2.125212	2.125358

所以 $x_1 = 0.77, x_2 = 1.1, x_3 = 2.1$.

(2) Gauss-Seidel 迭代格式为

$$\begin{cases} x_1^{(k+1)} = (24 - 2x_2^{(k)} - 3x_3^{(k)})/20, \\ x_2^{(k+1)} = (12 - x_1^{(k+1)} - x_3^{(k)})/8, \\ x_3^{(k+1)} = (30 - 2x_1^{(k+1)} + 3x_2^{(k+1)})/15, \end{cases}$$

计算得

k	0	1	2	3	4
$x_1^{(k)}$	0	1.2	0.7485	0.76642	0.76737
$x_2^{(k)}$	0	1.35	1.14269	1.13811	1.1384
$x_3^{(k)}$	0	2.11	2.12874	2.12543	2.12536

所以 $x_1 = 0.77, x_2 = 1.1, x_3 = 2.1$.

29. (1) Jacobi 迭代格式为

$$\begin{cases} x_1^{(k+1)} = \dfrac{1}{2} + \dfrac{1}{2} x_2^{(k)}, \\ x_2^{(k+1)} = \dfrac{1}{2} + \dfrac{1}{2} x_1^{(k)}, \end{cases}$$

令 $\begin{pmatrix} e_1^{(k)} \\ e_2^{(k)} \end{pmatrix} = \begin{pmatrix} x_1^* - x_1^{(k)} \\ x_2^* - x_2^{(k)} \end{pmatrix}$，则 $\begin{cases} e_1^{(k+1)} = \dfrac{1}{2} e_2^{(k)}, \ k \geqslant 0, \\ e_2^{(k+1)} = \dfrac{1}{2} e_1^{(k)}, \ k \geqslant 0, \end{cases}$ 可得

$$e_1^{(2m)} = \left(\frac{1}{2}\right)^{2m} e_1^{(0)} = \left(\frac{1}{2}\right)^{2m} (1 - x_1^{(0)}),$$

$$e_1^{(2m+1)} = \left(\frac{1}{2}\right)^{2m} e_1^{(1)} = \left(\frac{1}{2}\right)^{2m+1} e_2^{(0)} = \left(\frac{1}{2}\right)^{2m+1} (1 - x_2^{(0)});$$

$$e_2^{(2m)} = \left(\frac{1}{2}\right)^{2m} e_2^{(0)} = \left(\frac{1}{2}\right)^{2m} (1 - x_2^{(0)}),$$

$$e_2^{(2m+1)} = \left(\frac{1}{2}\right)^{2m} e_2^{(1)} = \left(\frac{1}{2}\right)^{2m+1} e_1^{(0)} = \left(\frac{1}{2}\right)^{2m+1} (1 - x_1^{(0)}).$$

(2) Gauss-Seidel 迭代格式为

$$\begin{cases} x_1^{(k+1)} = \dfrac{1}{2} + \dfrac{1}{2} x_2^{(k)}, & k \geqslant 0, \\ x_2^{(k+1)} = \dfrac{1}{2} + \dfrac{1}{2} x_1^{(k+1)}, & k \geqslant 0, \end{cases}$$

$$\begin{cases} e_1^{(k+1)} = \dfrac{1}{2} e_2^{(k)}, & k \geqslant 0, \\ e_2^{(k+1)} = \dfrac{1}{2} e_1^{(k+1)}, & k \geqslant 0, \end{cases}$$

$$e_1^{(k)}=\frac{1}{2}\left(\frac{1}{4}\right)^{k-1}e_2^{(0)}=\frac{1}{2}\left(\frac{1}{4}\right)^{k-1}(1-x_2^{(0)}),$$

$$e_2^{(k)}=\left(\frac{1}{4}\right)^{k}e_2^{(0)}=\left(\frac{1}{4}\right)^{k}(1-x_2^{(0)}).$$

30. Jacobi 迭代矩阵 $\boldsymbol{J}$ 的特征方程为

$$\begin{vmatrix}\lambda a_{11} & a_{12}\\ a_{21} & \lambda a_{22}\end{vmatrix}=0\Rightarrow\lambda^2-\frac{a_{12}a_{21}}{a_{11}a_{22}}=0.$$

记 $r=\frac{a_{12}a_{21}}{a_{11}a_{22}}$,则不论 r 的符号如何,都有 $\rho(\boldsymbol{J})=\sqrt{|r|}$. $\rho(\boldsymbol{J})<1$ 的充要条件为 $|r|<1$.

31. $|\boldsymbol{G}|=|-(\boldsymbol{D}+\boldsymbol{L})^{-1}\boldsymbol{U}|=|-(\boldsymbol{D}+\boldsymbol{L})^{-1}|\cdot|\boldsymbol{U}|$,

因为 $|\boldsymbol{U}|=0$,所以 $|\boldsymbol{G}|=0$,因而 $\boldsymbol{G}$ 至少有一个特征值为 0.

32. (1) Jacobi 迭代矩阵 $\boldsymbol{J}$ 的特征方程为

$$\begin{vmatrix}\lambda & 2 & -2\\ 1 & \lambda & 1\\ 2 & 2 & \lambda\end{vmatrix}=0,$$

展开得 $\lambda^3=0$,则 $\rho(\boldsymbol{J})=0$,因而 Jacobi 迭代格式收敛;

Gauss-Seidel 迭代矩阵 $\boldsymbol{G}$ 的特征方程为

$$\begin{vmatrix}\lambda & 2 & -2\\ \lambda & \lambda & 1\\ 2\lambda & 2\lambda & \lambda\end{vmatrix}=0,$$

展开得 $\lambda(\lambda-2)^2=0$,因而 $\rho(\boldsymbol{G})=2$,Gauss-Seidel 迭代法发散.

(2) 因为系数矩阵 $\boldsymbol{A}=\begin{bmatrix}5 & 2 & 1\\ -1 & 4 & 2\\ 2 & -3 & 10\end{bmatrix}$是严格对角占优的,

所以 Jacobi 迭代格式和 Gauss-Seidel 迭代格式均是收敛的.

(3) 方法 1:系数矩阵 $\boldsymbol{A}=\begin{bmatrix}1 & 0 & -\frac{1}{4} & -\frac{1}{4}\\ 0 & 1 & -\frac{1}{4} & -\frac{1}{4}\\ -\frac{1}{4} & -\frac{1}{4} & 1 & 0\\ -\frac{1}{4} & -\frac{1}{4} & 0 & 1\end{bmatrix}$是严格对角占优的,

因而 Jacobi 迭代格式和 Gauss-Seidel 迭代格式均是收敛的.

方法 2:Jacobi 迭代矩阵 $\boldsymbol{J}=\begin{bmatrix}0 & 0 & \frac{1}{4} & \frac{1}{4}\\ 0 & 0 & \frac{1}{4} & \frac{1}{4}\\ \frac{1}{4} & \frac{1}{4} & 0 & 0\\ \frac{1}{4} & \frac{1}{4} & 0 & 0\end{bmatrix}$, $\|\boldsymbol{J}\|_\infty=\frac{1}{2}$,

所以 Jacobi 迭代格式收敛;

又 $\boldsymbol{A}$ 是对称正定的，Gauss-Seidel 迭代格式收敛.

33. 将所给线性方程组中的第 3 个方程和第 2 个方程交换位置，得到新的同解方程组为

$$\begin{bmatrix} 64 & -3 & -1 \\ 2 & -90 & 1 \\ 1 & 1 & 40 \end{bmatrix} \begin{bmatrix} x_1 \\ x_2 \\ x_3 \end{bmatrix} = \begin{bmatrix} 14 \\ -5 \\ 20 \end{bmatrix},$$

其系数矩阵是按行严格对角占优的，所以用 Jacobi 迭代法求解一定收敛.

34. (1) SOR 迭代格式为

$$\begin{cases} x_1^{(k+1)} = (1-\omega)x_1^{(k)} + \omega(4 - x_2^{(k)} - x_3^{(k)})/3.2, \\ x_2^{(k+1)} = (1-\omega)x_2^{(k)} + \omega(4.5 - x_1^{(k+1)} - x_3^{(k)})/3.7, \\ x_3^{(k+1)} = (1-\omega)x_3^{(k)} + \omega(5 - x_1^{(k+1)} - x_2^{(k+1)})/4.2. \end{cases}$$

(2) 由于 $\boldsymbol{A}$ 是对称正定的，所以 SOR 迭代格式收敛.

35. (1) SOR 迭代格式为

$$\begin{cases} x_1^{(k+1)} = (1-\omega)x_1^{(k)} + \omega\left(5 - \dfrac{3}{2}x_2^{(k)}\right)/3, \\ x_2^{(k+1)} = (1-\omega)x_2^{(k)} + \omega\left(-5 - \dfrac{3}{2}x_1^{(k+1)}\right)/2. \end{cases}$$

(2) 系数矩阵 $\boldsymbol{A} = \begin{bmatrix} 3 & \dfrac{3}{2} \\ \dfrac{3}{2} & 2 \end{bmatrix}$ 是对称正定的三对角矩阵. Jacobi 迭代矩阵 $\boldsymbol{J}$ 的特征方程为

$$\begin{vmatrix} 3\lambda & \dfrac{3}{2} \\ \dfrac{3}{2} & 2\lambda \end{vmatrix} = 0 \Rightarrow 6\lambda^2 - \frac{9}{4} = 0 \Rightarrow \lambda_{1,2} = \pm\frac{\sqrt{6}}{4},$$

因而 $\rho(\boldsymbol{J}) = \dfrac{\sqrt{6}}{4}$. 由 Young 定理，最佳松弛因子

$$\omega_{\text{opt}} = \frac{2}{1 + \sqrt{1 - [\rho(\boldsymbol{J})]^2}} = \frac{4}{3}(4 - \sqrt{10}) = 1.11696312.$$

36. (1) SOR 迭代格式为

$$\begin{cases} x_1^{(k+1)} = (1-\omega)x_1^{(k)} + \omega(5 - 2x_2^{(k)})/3, \\ x_2^{(k+1)} = (1-\omega)x_2^{(k)} + \omega(-5 - x_1^{(k+1)})/2. \end{cases}$$

(2) 迭代矩阵 $\boldsymbol{S}_\omega$ 的特征方程为

$$\left| \lambda \begin{bmatrix} 3 & 0 \\ \omega & 2 \end{bmatrix} - \begin{bmatrix} 3(1-\omega) & -2\omega \\ 0 & 2(1-\omega) \end{bmatrix} \right| = 0,$$

展开得

$$\lambda^2 - 2\left(\frac{1}{6}\omega^2 - \omega + 1\right)\lambda + (\omega - 1)^2 = 0,$$

$$\left[\lambda - \left(\frac{1}{6}\omega^2 - \omega + 1\right)\right]^2 = \frac{1}{6}\omega^2\left(\frac{1}{6}\omega^2 - 2\omega + 2\right),$$

$$\rho(\boldsymbol{S}_\omega) = \begin{cases} \dfrac{1}{6}\omega^2 - \omega + 1 + \dfrac{1}{6}\omega\sqrt{\omega^2 - 12\omega + 12}, & \omega \in (0, 6 - 2\sqrt{6}), \\ \omega - 1, & \omega \in [6 - 2\sqrt{6}, 2). \end{cases}$$

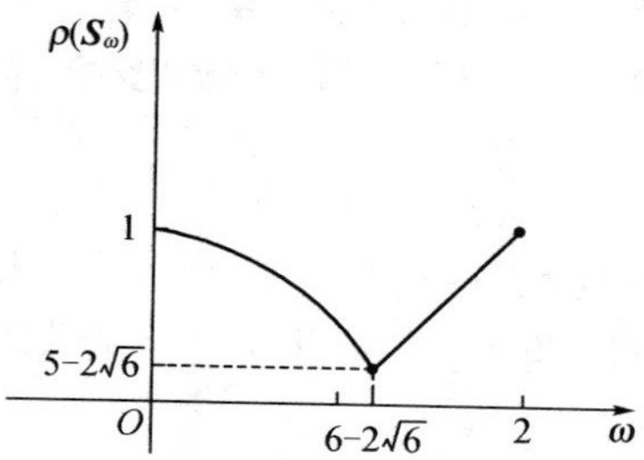

如上图所示，当 $\omega = 6 - 2\sqrt{6}$ 时 $\rho(\boldsymbol{S}_\omega)$ 取到最小值 $5 - 2\sqrt{6}$，

所以最佳松弛因子 $\omega_{\text{opt}} = 6 - 2\sqrt{6}$.

37. 因为 $\boldsymbol{A} \in \mathbf{R}^{n\times n}$ 为对称正定矩阵，则 $\boldsymbol{A}$ 的 n 个特征值均为正实数，有

$$\lambda_{\max} \equiv \lambda_1 \geqslant \lambda_2 \geqslant \cdots \geqslant \lambda_n > 0.$$

记相应的正交特征向量为 $\boldsymbol{x}_1, \boldsymbol{x}_2, \cdots, \boldsymbol{x}_n$，不妨假设 $\lambda_1 = \lambda_2 = \cdots = \lambda_r > \lambda_{r+1} \geqslant \cdots \geqslant \lambda_n$，任取

$$\boldsymbol{u}_0 = c_1\boldsymbol{x}_1 + c_2\boldsymbol{x}_2 + \cdots + c_r\boldsymbol{x}_r + c_{r+1}\boldsymbol{x}_{r+1} + \cdots + c_n\boldsymbol{x}_n,$$

并设 $c_1\boldsymbol{x}_1 + c_2\boldsymbol{x}_2 + \cdots + c_r\boldsymbol{x}_r \neq \boldsymbol{0}$. 对 $k = 1,2,\cdots$，计算

$$\begin{cases} \boldsymbol{v}_k = \boldsymbol{A}\boldsymbol{u}_{k-1}, \\ m_k = \max(\boldsymbol{v}_k), \\ \boldsymbol{u}_k = \boldsymbol{v}_k / m_k, \end{cases}$$

$$\boldsymbol{u}_k = \frac{1}{m_k}\boldsymbol{A}\boldsymbol{u}_{k-1} = \frac{1}{m_k m_{k-1}}\boldsymbol{A}^2\boldsymbol{u}_{k-2} = \cdots = \frac{1}{m_k m_{k-1}\cdots m_1}\boldsymbol{A}^k\boldsymbol{u}_0 = \frac{\boldsymbol{A}^k\boldsymbol{u}_0}{\max(\boldsymbol{A}^k\boldsymbol{u}_0)},$$

$$\boldsymbol{v}_k = \boldsymbol{A}\boldsymbol{u}_{k-1} = \frac{\boldsymbol{A}^k\boldsymbol{u}_0}{\max(\boldsymbol{A}^{k-1}\boldsymbol{u}_0)},$$

$$m_k = \max(\boldsymbol{v}_k) = \frac{\max(\boldsymbol{A}^k\boldsymbol{u}_0)}{\max(\boldsymbol{A}^{k-1}\boldsymbol{u}_0)} = \frac{\max(c_1\lambda_1^k\boldsymbol{x}_1 + c_2\lambda_2^k\boldsymbol{x}_2 + \cdots + c_n\lambda_n^k\boldsymbol{x}_n)}{\max(c_1\lambda_1^{k-1}\boldsymbol{x}_1 + c_2\lambda_2^{k-1}\boldsymbol{x}_2 + \cdots + c_n\lambda_n^{k-1}\boldsymbol{x}_n)}$$

$$= \lambda_1 \frac{\max\left(c_1\boldsymbol{x}_1 + c_2\boldsymbol{x}_2 + \cdots + c_r\boldsymbol{x}_r + \sum_{i=r+1}^{n} c_i\left(\frac{\lambda_i}{\lambda_1}\right)^k\boldsymbol{x}_i\right)}{\max\left(c_1\boldsymbol{x}_1 + c_2\boldsymbol{x}_2 + \cdots + c_r\boldsymbol{x}_r + \sum_{i=r+1}^{n} c_i\left(\frac{\lambda_i}{\lambda_1}\right)^{k-1}\boldsymbol{x}_i\right)} \longrightarrow \lambda_1.$$

38. 由于 $\boldsymbol{A}$ 是非奇异的，所以矩阵 $\boldsymbol{B} = \boldsymbol{A}^{\mathrm{T}}\boldsymbol{A}$ 是对称正定矩阵. 设 λ_1 和 λ_n 分别是 $\boldsymbol{B}$ 的最大、最小特征值，则

$$\operatorname{cond}(\boldsymbol{A})_2 = \sqrt{\frac{\lambda_1}{\lambda_n}}. \qquad ①$$

(1) 用幂法求 λ_1：取 $\boldsymbol{u}_0 \in \mathbf{R}^n$，对 $k = 1,2,3,\cdots$，计算

$$\begin{cases} \boldsymbol{v}_k = \boldsymbol{B}\boldsymbol{u}_{k-1}, \\ m_k = \max(\boldsymbol{v}_k), \\ \boldsymbol{u}_k = \boldsymbol{v}_k / m_k, \end{cases}$$

则有

$$\lim_{k\to\infty} m_k = \lambda_1. \qquad ②$$

(2) 用反幂法求 λ_n：取 $\boldsymbol{u}_0 \in \mathbf{R}^n$，对 $k = 1,2,\cdots$，计算

$$\begin{cases}\boldsymbol{B}\boldsymbol{v}_k = \boldsymbol{u}_{k-1}, \\ n_k = \max(\boldsymbol{v}_k), \\ \boldsymbol{u}_k = \boldsymbol{v}_k / n_k,\end{cases}$$

则有

$$\lim_{k\to\infty} n_k = 1/\lambda_n. \qquad ③$$

将由 ② 式和 ③ 式求得的 λ_1 和 λ_n 代入 ① 式，即可得到 $\mathrm{cond}(\boldsymbol{A})_2$.

40. 方程组的解为(－0.28923，0.34544，－0.71281，－0.22061，－0.43040，0.15431，－0.05782，0.20105，0.29023).

习　题　4

1. $L_2(115) = 10.72276$, $f'''(x) = \frac{3}{8}x^{-\frac{5}{2}}$, $f^{(4)}(x) = -\frac{15}{16}x^{-\frac{7}{2}}$,

$$f(x) - L_2(x) = \frac{1}{3!}f'''(\xi)(x-x_0)(x-x_1)(x-x_2), \quad 100 < \xi < 144,$$

$$|f(115) - L_2(115)| \leqslant \frac{1}{6}|f'''(100)| \cdot |(115-100)(115-121)(115-144)| \leqslant 0.001631,$$

实际误差 $|f(115) - L_2(115)| = 0.001045$;

$L_3(115) = 10.723571$,

$$|f(115) - L_3(115)| \leqslant \frac{1}{4!}|f^{(4)}(100)| \cdot |(115-100)(115-121)(115-144)(115-169)| = 0.0005505,$$

实际误差 $|f(115) - L_3(115)| = 0.00023429$.

2. (1) 考虑 $f(x)$ 以 $x_0, x_1, \cdots, x_n$ 为插值节点的 n 次插值多项式及其插值余项；

(2) 在(1)中令 $f(x) = 1$.

3. (1) 考虑函数 $g_k(x) = x^k$ 以 $x_0, x_1, \cdots, x_n$ 为插值节点的 n 次插值多项式及其余项.

(2) 方法1:将 $\sum_{j=0}^{n}(x_j - x)^k l_j(x)$ 中的 $(x_j - x)^k$ 用二项式定理展开，交换求和次序，再利用(1)中结果;方法2:考虑函数 $g(x) = (x-t)^k$ 以 $x_0, x_1, \cdots, x_n$ 为插值节点的 n 次插值多项式，其中 t 看成参数，有

$$\sum_{j=0}^{n}(x_j - t)^k l_j(x) = (x-t)^k, \quad 1 \leqslant k \leqslant n,$$

再在上式中令 $t = x$.

4. 考虑 $f(x)$ 以 $x_0 = a, x_1 = b$ 为插值节点的1次插值多项式及其插值余项.

5. $f(x) = a_0\prod_{i=1}^{n}(x - x_i) = a_0(x - x_j)\prod_{\substack{i=1\\i\neq j}}^{n}(x - x_i)$, $f'(x_j) = a_0\prod_{\substack{i=1\\i\neq j}}^{n}(x_j - x_i)$,

$$\sum_{j=1}^{n}\frac{x_j^k}{f'(x_j)} = \frac{1}{a_0}\sum_{j=1}^{n}\frac{x_j^k}{\prod\limits_{\substack{i=1\\i\neq j}}^{n}(x_j - x_i)}.$$

考虑 $g_k(x) = x^k(0 \leqslant k \leqslant n-1)$ 以 $x_1, x_2, \cdots, x_n$ 为插值节点的 $(n-1)$ 次插值多项式，观察 x^{n-1} 的系数.

6. 作差商表如下：

0	9	-2	$\frac{1}{2}$	$-\frac{1}{8}$	$\frac{1}{40}$	$-\frac{13}{5040}$
1	7	-1	0	0	$\frac{1}{560}$	
2	6	-1	0	$\frac{1}{70}$		
4	4	-1	$\frac{1}{10}$			
5	3	$-\frac{1}{2}$				
9	1					

$$N_5(x)=9-2(x-0)+\frac{1}{2}(x-0)(x-1)-\frac{1}{8}(x-0)(x-1)(x-2)$$
$$+\frac{1}{40}(x-0)(x-1)(x-2)(x-4)-\frac{13}{5040}(x-0)(x-1)(x-2)(x-4)(x-5).$$

7. $f[2^0,2^1,\cdots,2^7]=1,\quad f[2^0,2^1,\cdots,2^8]=0.$

8. 作差分表如下：

k	x_k	$f(x_k)$	Δf_k	$\Delta^2 f_k$	$\Delta^3 f_k$	$\Delta^4 f_k$
0	0.4	−0.916291	0.223144	−0.040823	0.012653	−0.005103
1	0.5	−0.693147	0.182321	−0.028170	0.007550	
2	0.6	−0.510826	0.154151	−0.020620		
3	0.7	−0.356675	0.133531			
4	0.8	−0.223144				

以0.5和0.6为插值节点作线性插值：

$$N_1(x_1+th)=f_1+\Delta f_1\cdot t=-0.693147+0.182321t,$$

$$N_1(0.54)=N_1(0.5+0.04)=-0.693147+0.182321\times\frac{0.04}{0.1}=-0.620219;$$

以0.4,0.5和0.6作2次插值：

$$N_2(x_0+th)=f_0+\Delta f_0\cdot t+\frac{1}{2}\Delta^2 f_0\cdot t(t-1),$$

$$N_2(0.54)=-0.916291+0.223144\times 1.4+\frac{1}{2}\times(-0.040823)\times 1.4\times(1.4-1)$$
$$=-0.615319.$$

9. (1) $\sum_{j=0}^{n-1}\Delta^2 y_j=\sum_{j=0}^{n-1}(\Delta y_{j+1}-\Delta y_j)=\Delta y_n-\Delta y_0$；

(2) $\Delta(f_k g_k)=f_{k+1}g_{k+1}-f_k g_k=f_k(g_{k+1}-g_k)+(f_{k+1}-f_k)g_{k+1}$.

10. 令 $g(n)=\left[\frac{n(n+1)}{2}\right]^2$，则有

$$\Delta g_k=g(k+1)-g(k)=(k+1)^3,$$

由 $\sum_{k=0}^{n-1}\Delta g_k=g_n-g_0$ 得 $g_n=g_0+\sum_{k=0}^{n-1}\Delta g_k$，即

$$\left[\frac{n(n+1)}{2}\right]^2 = 1^3 + \sum_{k=1}^{n-1}(k+1)^3 = 1^3 + 2^3 + \cdots + n^3.$$

11. (1) 由 $\alpha_i(x_j)=0, \alpha_i'(x_j)=0(0\leqslant j\leqslant n, j\neq i)$ 知 $\alpha_i(x)$ 以 $x_0, x_1, \cdots, x_{i-1}, x_{i+1}, \cdots, x_n$ 为 2 重零点,所以 $\alpha_i(x)$ 含有因子

$$(x-x_0)^2,\ (x-x_1)^2,\ \cdots,\ (x-x_{i-1})^2,\ (x-x_{i+1})^2,\ \cdots,\ (x-x_n)^2.$$

于是可以将 $\alpha_i(x)$ 写成如下形式:

$$\alpha_i(x) = [A_i + B_i(x-x_i)]l_i^2(x),$$

其中 $l_i(x) = \prod\limits_{\substack{j=0\\ j\neq i}}^{n}\dfrac{x-x_j}{x_i-x_j}$ 为插值基函数,A_i 和 B_i 为待定常数.

再根据 $\alpha_i(x_i)=1$ 和 $\alpha'_i(x_i)=0$ 求出 A_i 和 B_i.

(2) 由 $\beta_i(x_j)=0, \beta'_i(x_j)=0(0\leqslant j\leqslant n, j\neq i)$ 知 $\beta_i(x)$ 含有因子

$$(x-x_0)^2,\ (x-x_1)^2,\ \cdots,\ (x-x_{i-1})^2,\ (x-x_{i+1})^2,\ \cdots,\ (x-x_n)^2.$$

由 $\beta_i(x_i)=0$ 知 $\beta_i(x)$ 含有因子$(x-x_i)$,因而 $\beta_i(x)$ 具有如下形式:

$$\beta_i(x) = C_i(x-x_i)l_i^2(x).$$

再由 $\beta'_i(x_i)=1$ 确定出 C_i.

12. 本题中的 $\alpha_i(x)$ 和 $\beta_i(x)$ 即为第 11 题中所作的$(2n+1)$ 次插值多项式,满足

$$\alpha_i(x_j)=\delta_{ij},\quad \alpha'_i(x_j)=0,\quad 0\leqslant j\leqslant n,$$
$$\beta_i(x_j)=0,\quad \beta'_i(x_j)=\delta_{ij},\quad 0\leqslant j\leqslant n.$$

设有常数 c_i 和 d_i 使得

$$\sum_{i=0}^{n}c_i\alpha_i(x) + \sum_{i=0}^{n}d_i\beta_i(x) = 0, \qquad ①$$

将上式两边对 x 求导得

$$\sum_{i=0}^{n}c_i\alpha'_i(x) + \sum_{i=0}^{n}d_i\beta'_i(x) = 0. \qquad ②$$

在 ① 式中令 $x=x_j$,可得 $c_j=0, 0\leqslant j\leqslant n$;在 ② 式中令 $x=x_j$,可得 $d_j=0, 0\leqslant j\leqslant n$. 因而$\{\alpha_i(x), \beta_i(x)\}_{i=0}^{n}$ 是线性无关的.

13. $f(0)=1,\quad f'(0)=1,\quad f''(0)=1,\quad f'''(0)=1,\quad f(1)=\mathrm{e}.$

方法 1:作重节点差商表

0	1	1	$\frac{1}{2}$	$\frac{1}{6}$	$\mathrm{e}-\frac{8}{3}$
0	1	1	$\frac{1}{2}$	$\mathrm{e}-\frac{5}{2}$	
0	1	1	$\mathrm{e}-2$		
0	1	$\mathrm{e}-1$			
1	e				

得 $H_4(x) = 1 + x + \dfrac{1}{2}x^2 + \dfrac{1}{6}x^3 + \left(\mathrm{e}-\dfrac{8}{3}\right)x^4.$

方法 2:作 3 次多项式 $H_3(x)$ 满足

$$H_3(0)=f(0),\quad H'_3(0)=f'(0),\quad H''_3(0)=f''(0),\quad H'''_3(0)=f'''(0),$$

则

$$H_3(x)=1+x+\frac{1}{2}x^2+\frac{1}{6}x^3.$$

设 $H_4(x)-H_3(x)=h(x)$,则 $h(x)$ 满足

$$h(0)=0,\quad h'(0)=0,\quad h''(0)=0,\quad h'''(0)=0.$$

于是 $h(x)=A(x-0)^4$,则

$$H_4(x)=H_3(x)+h(x)=1+x+\frac{1}{2}x^2+\frac{1}{6}x^3+Ax^4.$$

由 $H_4(1)=\mathrm{e}$ 得 $A=\mathrm{e}-\frac{8}{3}$,因而

$$H_4(x)=1+x+\frac{1}{2}x^2+\frac{1}{6}x^3+\left(\mathrm{e}-\frac{8}{3}\right)x^4.$$

因为 $R(x)=\frac{1}{5!}f^{(5)}(\xi)(x-0)^4(x-1)$,得

$$\max_{0\leqslant x\leqslant 1}|R(x)|\leqslant 0.00186.$$

14. 方法 1:设 $H'''_3(a)=m$,由 $H_3(a)=f(a),H'_3(a)=f'(a),H''_3(a)=f''(a),H'''_3(a)=m$,得

$$H_3(x)=f(a)+f'(a)(x-a)+\frac{1}{2}f''(a)(x-a)^2+\frac{1}{6}m(x-a)^3.$$

再根据 $H''_3(b)=f''(b)$ 得 $m=\frac{f''(b)-f''(a)}{b-a}$,于是

$$H_3(x)=f(a)+f'(a)(x-a)+\frac{1}{2}f''(a)(x-a)^2+\frac{1}{6}\cdot\frac{f''(b)-f''(a)}{b-a}(x-a)^3.$$

方法 2:设 $H_3(b)=n$,由

$$H_3(a)=f(a),\quad H'_3(a)=f'(a),\quad H''_3(a)=f''(a),\quad H_3(b)=n,$$

作 3 次 Hermite 插值多项式

$$H_3(x)=f(a)+f'(a)(x-a)+\frac{1}{2}f''(a)(x-a)^2+H[a,a,a,b](x-a)^3.$$

再根据 $H''_3(b)=f''(b)$ 得 $H[a,a,a,b]=\frac{1}{6}\cdot\frac{f''(b)-f''(a)}{b-a}$,于是

$$H_3(x)=f(a)+f'(a)(x-a)+\frac{1}{2}f''(a)(x-a)^2+\frac{1}{6}\cdot\frac{f''(b)-f''(a)}{b-a}(x-a)^3.$$

15. 方法 1:由 $H(a)=0,H(b)=0$ 知 $H(x)$ 含有因子 $x-a,x-b$,于是 $H(x)$ 有如下形式:

$$H(x)=A(x-a)(x-b)(x-c).$$

求导数得

$$H'(x)=A[(x-b)(x-c)+(x-a)(x-c)+(x-a)(x-b)],$$
$$H''(x)=2A[(x-a)+(x-b)+(x-c)].$$

由 $H''(a)=b$ 和 $H''(b)=a$ 得 $A=-\frac{1}{6},c=2(b+a)$,因而

$$H(x)=-\frac{1}{6}(x-a)(x-b)[x-2(a+b)].$$

方法 2:由 $H(x)$ 为 3 次多项式及 $H''(a)=b$ 及 $H''(b)=a$ 得

$$H''(x)=b\cdot\frac{x-b}{a-b}+a\cdot\frac{x-a}{b-a}.$$

积分两次得

$$H(x)=\frac{b}{6(a-b)}(x-b)^3+\frac{a}{6(b-a)}(x-a)^3+c_1(x-b)+c_2(x-a).$$

由 $H(a)=0$ 及 $H(b)=0$ 得 $c_1=\frac{1}{6}b(b-a),c_2=-\frac{1}{6}a(b-a)$. 于是

$$\begin{aligned}H(x)&=\frac{b}{6(a-b)}(x-b)^3+\frac{a}{6(b-a)}(x-a)^3+\frac{1}{6}b(b-a)(x-b)-\frac{1}{6}a(b-a)(x-a)\\&=-\frac{1}{6}(x-a)(x-b)[x-2(a+b)].\end{aligned}$$

16. 由 $Q(a)=0,Q(b)=0$,设

$$Q(x)=(x-a)(x-b)(x^2-px-q).$$

对 $Q(x)$ 求 2 阶导数得

$$Q''(x)=2(x^2-px-q)+2(x-a+x-b)(2x-p)+2(x-a)(x-b).$$

再由 $Q''(a)=0,Q''(b)=0$,得到关于 p 和 q 的方程组,解得

$$p=a+b,\quad q=a^2-3ab+b^2.$$

17. 因为

$$\begin{aligned}\frac{\mathrm{d}}{\mathrm{d}x}f[x_1,\cdots,x_k,\underbrace{x,\cdots,x}_{n个}]=\lim_{\Delta x\to 0}\frac{1}{\Delta x}\{&f[x_1,\cdots,x_k,\underbrace{x+\Delta x,\cdots,x+\Delta x}_{n个}]\\&-f[x_1,\cdots,x_k\ \underbrace{x,\cdots,x}_{n个}]\},\end{aligned}$$

再注意到

$$\begin{aligned}&f[x_1,\cdots,x_k,\underbrace{x+\Delta x_1,\cdots,x+\Delta x}_{n个}]-f[x_1,\cdots,x_k,\underbrace{x,\cdots,x}_{n个}]\\=&\{f[x_1,\cdots,x_k,\underbrace{x+\Delta x,\cdots,x+\Delta x}_{n个}]-f[x_1,\cdots,x_k,x,\underbrace{x+\Delta x,\cdots,x+\Delta x}_{(n-1)个}]\}\\&+\{f[x_1,\cdots,x_k,x,\underbrace{x+\Delta x,\cdots,x+\Delta x}_{(n-1)个}]-f[x_1,\cdots,x_k,x,x,\underbrace{x+\Delta x,\cdots,x+\Delta x}_{(n-2)个}]\}\\&+\{f[x_1,\cdots,x_k,x,x,\underbrace{x+\Delta x,\cdots,x+\Delta x}_{(n-2)个}]-f[x_1,\cdots,x_k,x,x,x,\underbrace{x+\Delta x,\cdots,x+\Delta x}_{(n-3)个}]\}\\&+\cdots+\{f[x_1,\cdots,x_k,\underbrace{x,x,\cdots,x}_{(n-1)个},x+\Delta x]-f[x_1,\cdots,x_k,\underbrace{x,\cdots,x}_{n个}]\},\end{aligned}$$

则

$$\begin{aligned}\frac{\mathrm{d}}{\mathrm{d}x}f[x_1,\cdots,x_k,\underbrace{x,\cdots,x}_{n个}]=&\lim_{\Delta x\to 0}\{f[x_1,\cdots,x_k,x,\underbrace{x+\Delta x,\cdots,x+\Delta x}_{n个}]\\&+f[x_1,\cdots,x_k,x,x,\underbrace{x+\Delta x,\cdots,x+\Delta x}_{(n-1)个}]\\&+f[x_1,\cdots,x_k,x,x,x,\underbrace{x+\Delta x,\cdots,x+\Delta x}_{(n-2)个}]\\&+\cdots+f[x_1,\cdots,x_k,\underbrace{x,x,x,\cdots,x}_{n个},x+\Delta x]\}\\=&nf[x_1,\cdots,x_k,\underbrace{x,\cdots,x}_{(n+1)个}].\end{aligned}$$

18. 记 $f(x)=\mathrm{e}^x$. 设将$[0,2]$作 n 等分,步长 $h=\frac{2}{n}$,记 $x_i=ih(0\leqslant i\leqslant n)$. 列表给出 $f(x_i)$ 具有 5 位有效数字的函数值表(x_i,f_i),$0\leqslant i\leqslant n$. 由题意

$$|f(x_i)-f_i|\leqslant\frac{1}{2}\times 10^{-4},\quad 0\leqslant i\leqslant n,$$

$$L_1(x)=f(x_i)\frac{x-x_{i+1}}{x_i-x_{i+1}}+f(x_{i+1})\frac{x-x_i}{x_{i+1}-x_i},\quad x\in[x_i,x_{i+1}],\ 0\leqslant i\leqslant n-1,$$

$$\widetilde{L}_1(x)=f_i\frac{x-x_{i+1}}{x_i-x_{i+1}}+f_{i+1}\frac{x-x_i}{x_{i+1}-x_i},\quad x\in[x_i,x_{i+1}],\ 0\leqslant i\leqslant n-1.$$

问题转化为要使

$$\max_{0\leqslant i\leqslant n-1}\max_{x_i\leqslant x\leqslant x_{i+1}}|f(x)-\widetilde{L}_1(x)|\leqslant\frac{1}{2}\times10^{-3},$$

步长 h 至多为多大?注意到

$$f(x)-\widetilde{L}_1(x)=[f(x)-L_1(x)]+[L_1(x)-\widetilde{L}_1(x)],$$

当 $x\in[x_i,x_{i+1}]$ 时

$$f(x)-L_1(x)=\frac{1}{2}f''(\xi_i)(x-x_i)(x-x_{i+1}),\quad \xi_i\in(x_i,x_{i+1}),$$

$$L_1(x)-\widetilde{L}_1(x)=[f(x_i)-f_i]\frac{x-x_{i+1}}{x_i-x_{i+1}}+[f(x_{i+1})-f_{i+1}]\frac{x-x_i}{x_{i+1}-x_i},$$

可得

$$\max_{0\leqslant i\leqslant n-1}\max_{x_i\leqslant x\leqslant x_{i+1}}|f(x)-\widetilde{L}(x)|\leqslant\frac{e^2}{8}h^2+\frac{1}{2}\times10^{-4}.$$

由$\frac{e^2}{8}h^2+\frac{1}{2}\times10^{-4}\leqslant\frac{1}{2}\times10^{-3}$,解得 $h\leqslant\frac{6\times10^{-2}}{e}$.

19. 设 $f(x)=x^4$ 在$[i,i+1]$上的 3 次 Hermite 插值多项式为 $H_{3,i}(x)$,则有

$$\begin{aligned}f(x)-H_{3,i}(x)&=\frac{f^{(4)}(\xi)}{4!}(x-i)^2(x-(i+1))^2\\&=(x-i)^2(x-i-1)^2,\quad x\in(i,i+1),\end{aligned}$$

于是

$$\begin{aligned}H_{3,i}(x)&=f(x)-(x-i)^2(x-i-1)^2\\&=x^4-(x-i)^2(x-i-1)^2,\quad x\in(i,i+1),\end{aligned}$$

$$\max_{i\leqslant x\leqslant i+1}|f(x)-H_{3,i}(x)|=\max_{i\leqslant x\leqslant i+1}|(x-i)^2(x-i-1)^2|=\frac{1}{16},$$

$$\max_{0\leqslant i\leqslant 4}\max_{i\leqslant x\leqslant i+1}|f(x)-H_{3,i}(x)|=\frac{1}{16}.$$

20. 根据题意可得

$$S'(x)=\begin{cases}3ax^2+4, & x\in[0,1],\\ 2b(x-1)+3c(x-2)^2, & x\in[1,2],\end{cases}\quad S''(x)=\begin{cases}6ax, & x\in[0,1],\\ 2b+6c(x-2), & x\in[1,2].\end{cases}$$

由 $S(x),S'(x),S''(x)$ 在 $x=1$ 处的连续性可得 a,b,c 满足的线性方程组,

解该方程组即得 $a=-\frac{8}{3},b=-12,c=-\frac{4}{3}$.

21. 构造 2 阶差商表如下:

3	6	1	−7
3	6	−6	7/3
4	0	1	−1
6	2	−1	
6	2		

三弯矩方程组为

$$\begin{bmatrix} 2 & 1 & 0 \\ \frac{1}{3} & 2 & \frac{2}{3} \\ 0 & 1 & 2 \end{bmatrix} \begin{bmatrix} M_0 \\ M_1 \\ M_2 \end{bmatrix} = 6 \begin{bmatrix} -7 \\ \frac{7}{3} \\ -1 \end{bmatrix},$$

解得 $M_0 = -\frac{86}{3}, M_1 = \frac{46}{3}, M_2 = -\frac{32}{3}$. 将 M_0, M_1 和 M_2 代入插值函数表达式，得

$$S(x) = \begin{cases} 6 + (x-3) - \frac{43}{3}(x-3)^2 + \frac{22}{3}(x-3)^3, & x \in [3,4], \\ -\frac{17}{3}(x-4) + \frac{23}{3}(x-4)^2 - \frac{13}{6}(x-4)^3, & x \in (4,6]. \end{cases}$$

22. 构造 2 阶差商表如下：

3	6	-6	$\frac{7}{3}$
4	0	1	$-\frac{5}{8}$
6	2	$-\frac{3}{2}$	
8	-1		

三弯矩方程组为

$$\begin{bmatrix} 2 & \frac{2}{3} \\ \frac{1}{2} & 2 \end{bmatrix} \begin{bmatrix} M_1 \\ M_2 \end{bmatrix} = 6 \begin{bmatrix} \frac{7}{3} \\ -\frac{5}{8} \end{bmatrix} \Rightarrow M_1 = \frac{183}{22}, M_2 = -\frac{87}{22}.$$

将 M_1 和 M_2 的值并注意到 $M_0 = M_3 = 0$ 代入插值函数表达式，可得

$$S(x) = \begin{cases} 6 - \frac{975}{132}(x-3) + \frac{183}{132}(x-3)^3, & x \in [3,4], \\ -\frac{71}{22}(x-4) + \frac{183}{44}(x-4)^2 - \frac{45}{44}(x-4)^3, & x \in [4,6], \\ 2 + \frac{25}{22}(x-6) - \frac{87}{44}(x-6)^2 + \frac{29}{88}(x-6)^3, & x \in [6,8]. \end{cases}$$

23. 作反差商表如下：

x_k	$f(x_k)$	$f^{-1}[x_0, x_k]$	$f^{-1}[x_0, x_1, x_k]$	$f^{-1}[x_0, x_1, x_2, x_3]$
0	7			
1	4	$-\frac{1}{3}$		
2	2	$-\frac{2}{5}$	-15	
3	3	$-\frac{3}{4}$	$-\frac{24}{5}$	$\frac{5}{51}$

所以

$$r_3(x) = 7 + \cfrac{x-0}{-\frac{1}{3} + \cfrac{x-1}{-15 + \cfrac{x-2}{\frac{5}{51}}}} = \frac{17x^2 - 87x + 126}{-4x + 18}.$$

24. (Ⅰ) 构造差商表如下:

x_k	$f(x_k)$	$f[x_k,x_{k+1}]$	$f[x_k,x_{k+1},x_{k+2}]$	$f[x_k,x_{k+1},x_{k+2},x_{k+3}]$
0.1	9.96664	−50.3349	166.653	−416.6883
0.2	4.93315	−17.0043	41.6465	
0.3	3.23272	−8.675		
0.4	2.36522			

3 次 Newton 插值多项式为

$$N_3(x)=9.96664-50.3349(x-0.1)+166.653(x-0.1)(x-0.2)$$
$$-416.6883(x-0.1)(x-0.2)(x-0.3),$$
$$N_3(0.15)=6.87700,\quad \cot 0.15-N_3(0.15)=-0.2604.$$

(Ⅱ) 构造反差商表如下:

x_k	$f(x_k)$	$f^{-1}[x_0,x_k]$	$f^{-1}[x_0,x_1,x_k]$	$f^{-1}[x_0,x_1,x_2,x_3]$
0.1	9.96664			
0.2	4.93315	−0.01986693		
0.3	3.23272	−0.02970038	−10.169371	
0.4	2.36522	−0.03946631	−10.204404	−2.854452

所以

$$r_3(x)=9.96664+\cfrac{x-0.1}{-0.01986693+\cfrac{x-0.2}{-10.169371+\cfrac{x-0.3}{-2.854452}}},$$
$$r_3(0.15)=6.61648,\quad \cot 0.15-r_3(0.15)=0.00012.$$

25. 设零次最佳一致逼近多项式为 $p_0(x)=c_0$,则 $f(x)-p_0(x)$ 有正、负偏差点 x_0 和 x_1. 又

$$f(x_0)-c_0=\max_{a\leqslant x\leqslant b}(f(x)-c_0)=\|f-p_0\|_\infty,$$
$$f(x_1)-c_0=\min_{a\leqslant x\leqslant b}(f(x)-c_0)=-\|f-p_0\|_\infty,$$

于是

$$\max_{a\leqslant x\leqslant b}f(x)-c_0=-(\min_{a\leqslant x\leqslant b}f(x)-c_0)\Rightarrow c_0=\frac{1}{2}(\max_{a\leqslant x\leqslant b}f(x)+\min_{a\leqslant x\leqslant b}f(x)).$$

26. 函数 $f(x)=\sin 4x$ 在$[0,2\pi]$上有 8 个正负交错偏差点 $\frac{\pi}{8},\frac{3\pi}{8},\frac{5\pi}{8},\frac{7\pi}{8},\frac{9\pi}{8},\frac{11\pi}{8},\frac{13\pi}{8},\frac{15\pi}{8}$. 令 $p_6(x)=0$,则 $f(x)-p_6(x)$ 也以这 8 个点为交错偏差点,由特征定理知 $p_6(x)=0$ 为函数 $f(x)=\sin 4x$ 的 6 次最佳一致逼近多项式.

27. 记 $\varphi(x)=x^3-ax,x\in[0,1]$;$\psi(x)=|x^3-ax|,x\in[0,1]$.

(Ⅰ) 设 $a\in(0,1]$,则

$$\varphi'(x)=3x^2-a,$$

解 $\varphi'(x)=0$ 得 $x_0=\sqrt{\frac{a}{3}}$. 当 $x<x_0$ 时,$\varphi'(x)<0$;当 $x>x_0$,$\varphi'(x)>0$. 又

$$\varphi(0)=0,\quad \varphi(1)=1-a,\quad \varphi(x_0)=-\frac{2a}{3}\sqrt{\frac{a}{3}},$$

$$\max_{0\leqslant x\leqslant 1}|x^3-ax|=\max\{|\varphi(x_0)|,|\varphi(1)|\}=\max\left\{\frac{2a}{3}\sqrt{\frac{a}{3}},1-a\right\},$$

$\max\limits_{0\leqslant x\leqslant 1}|x^3-ax|$ 取最小值，当且仅当 $\frac{2a}{3}\sqrt{\frac{a}{3}}=1-a$，解得 $a=\frac{3}{4}$.

所以 $\max\limits_{0\leqslant x\leqslant 1}|x^3-ax|$ 的最小值为 $\frac{1}{4}$.

（Ⅱ）当 $a<0$ 时，$\psi(x)=x^3-ax$，$\max\limits_{0\leqslant x\leqslant 1}\psi(x)\geqslant\psi(1)=1-a>1$.

（Ⅲ）当 $a>1$ 时，$\psi(x)=ax-x^3$，$\max\limits_{0\leqslant x\leqslant 1}\psi(x)\geqslant\psi(1)=a-1$. 又当 $a\geqslant 3$ 时

$$\max_{0\leqslant x\leqslant 1}\psi(x)\geqslant\psi(1)=a-1\geqslant 2;$$

当 $1<a<3$ 时 $\psi'(x)=a-3x^2$，解 $\psi'(x)=0$ 得 $x_1=\sqrt{\frac{a}{3}}$，则

$$\max_{0\leqslant x\leqslant 1}\psi(x)=\psi(x_1)=\frac{2a}{3}\sqrt{\frac{a}{3}}>\frac{2}{3}\sqrt{\frac{1}{3}}>\frac{1}{4}.$$

综上，当 $a=\frac{3}{4}$ 时，$\max\limits_{0\leqslant x\leqslant 1}|x^3-ax|$ 的最小值为 $\frac{1}{4}$.

28. 因为

$$\begin{aligned}\|f-p_n\|_\infty&=\max_{-a\leqslant x\leqslant a}|f(x)-p_n(x)|=\max_{-a\leqslant z\leqslant a}|f(-z)-p_n(-z)|\\&=\max_{-a\leqslant z\leqslant a}|f(z)-p_n(-z)|=\max_{-a\leqslant x\leqslant a}|f(x)-p_n(-x)|,\end{aligned}$$

由最佳一致逼近多项式的唯一性知 $p_n(x)=p_n(-x)$，故 $p_n(x)$ 为偶函数.

29. 设 $p_1(x)=c_0+c_1x$，$f(x)=x^3$，$f''(x)=6x$. 当 $x\in(0,1)$ 时 $f''(x)$ 恒正，$f(x)-p_1(x)$ 有 3 个交错偏差点 $0,x_1,1$，其中 $x_1\in(0,1)$. 于是

$$\begin{cases}f(0)-p_1(0)=-[f(x_1)-p_1(x_1)]=f(1)-p_1(1),\\ f'(x_1)-p_1'(x_1)=0,\end{cases}$$

即

$$\begin{cases}0^3-(c_0+c_1\cdot 0)=-[x_1^3-(c_0+c_1x_1)]=1^3-(c_0+c_1\cdot 1),\\ 3x_1^2-c_1=0,\end{cases}$$

解得 $c_1=1$，$x_1=\sqrt{\frac{1}{3}}$，$c_0=-\frac{1}{3\sqrt{3}}$. 因而 1 次最佳一致逼近多项式为

$$p_1(x)=-\frac{1}{3\sqrt{3}}+x.$$

最大偏差为

$$\|f-p_1\|_\infty=|f(0)-p_1(0)|=\frac{1}{3\sqrt{3}}.$$

30. 令 $x=3+2t$，则 $t=\frac{x-3}{2}$，可得

$$g(t)=f(3+2t)=(3+2t)^4+3(3+2t)^3-1,$$

$$q_3(t)=g(t)-16\times 2^{-3}T_4(t)=(3+2t)^4+3(3+2t)^3-1-2(8t^4-8t^2+1),$$

$$\begin{aligned}p_3(x)=q_3\left(\frac{x-3}{2}\right)&=x^4+3x^3-1-16\left(\frac{x-3}{2}\right)^4+16\left(\frac{x-3}{2}\right)^2-2\\&=15x^3-50x^2+84x-48.\end{aligned}$$

31. 3 次 Chebyshev 多项式 $T_3(t)$ 的 3 个零点为 $t_0=-\frac{\sqrt{3}}{2}$，$t_1=0$，$t_2=\frac{\sqrt{3}}{2}$. 令 $x=4.5+1.5t$，得

$x_0 = 4.5 + 1.5t_0 = 3.20096, x_1 = 4.5 + 1.5t_1 = 4.50000, x_2 = 4.5 + 1.5t_2 = 5.79904.$

作差商表如下：

x_k	$f(x_k)$	$f[x_k, x_{k+1}]$	$f[x_k, x_{k+1}, x_{k+2}]$
3.20096	104.98349	234.84959	123.187508
4.50000	410.0625	554.90059	
5.79904	1130.90056		

所求 2 次近似最佳一致逼近多项式为

$N_2(x) = 104.98349 + 234.84959(x - 3.20096) + 123.187508(x - 3.20096)(x - 4.50000).$

32. 设 $p(x) = a + bx^2 + cx^2$，记 $\varphi_0(x) = 1, \varphi_1(x) = x^2, \varphi_2(x) = x^4$. 正规方程组为

$$\begin{bmatrix} 2 & \frac{2}{3} & \frac{2}{5} \\ \frac{2}{3} & \frac{2}{5} & \frac{2}{7} \\ \frac{2}{5} & \frac{2}{7} & \frac{2}{9} \end{bmatrix} \begin{bmatrix} a \\ b \\ c \end{bmatrix} = \begin{bmatrix} 1 \\ \frac{1}{2} \\ \frac{1}{3} \end{bmatrix},$$

用列主元 Gauss 消去法解得

$$a = 0.1172, \quad b = 1.6406, \quad c = -0.8203,$$

所求最佳平方逼近多项式为

$$p(x) = 0.1172 + 1.6406x^2 - 0.8203x^4.$$

33. 记 $p(x) = a + bx, \varphi_0(x) = 1, \varphi_1(x) = x$. 正规方程组为

$$\begin{bmatrix} \frac{\pi}{2} & \frac{\pi^2}{8} \\ \frac{\pi^2}{8} & \frac{\pi^3}{24} \end{bmatrix} \begin{bmatrix} a \\ b \end{bmatrix} = \begin{bmatrix} 1 \\ 1 \end{bmatrix},$$

解得 $a = \frac{8(\pi - 3)}{\pi^2}, b = \frac{24(4 - \pi)}{\pi^3}$，则

$$p(x) = \frac{8(\pi - 3)}{\pi^2} + \frac{24(4 - \pi)}{\pi^3}x.$$

34. $\begin{bmatrix} 19 & 3 \\ 3 & 14 \end{bmatrix} \begin{bmatrix} x_1 \\ x_2 \end{bmatrix} = \begin{bmatrix} 36 \\ 25 \end{bmatrix}$，最小二乘解为 $x_1 = 1.66926, x_2 = 1.42802.$

35. $s(t) = at + bt^2$,

$t_1 = 0, \quad t_2 = 0.9, \quad t_3 = 1.9, \quad t_4 = 3.0, \quad t_5 = 3.9, \quad t_6 = 5.0,$

$s_1 = 0, \quad s_2 = 10, \quad s_3 = 30, \quad s_4 = 51, \quad s_5 = 80, \quad s_6 = 111,$

$\varphi_0(t) = t, \quad \varphi_1(t) = t^2,$

$$\boldsymbol{\varphi}_0 = \begin{bmatrix} \varphi_0(t_1) \\ \varphi_0(t_2) \\ \varphi_0(t_3) \\ \varphi_0(t_4) \\ \varphi_0(t_5) \\ \varphi_0(t_6) \end{bmatrix} = \begin{bmatrix} 0 \\ 0.9 \\ 1.9 \\ 3.0 \\ 3.9 \\ 5.0 \end{bmatrix}, \quad \boldsymbol{\varphi}_1 = \begin{bmatrix} \varphi_1(t_1) \\ \varphi_1(t_2) \\ \varphi_1(t_3) \\ \varphi_1(t_4) \\ \varphi_1(t_5) \\ \varphi_1(t_6) \end{bmatrix} = \begin{bmatrix} 0 \\ 0.81 \\ 3.61 \\ 9 \\ 15.21 \\ 25 \end{bmatrix}, \quad \boldsymbol{s} = \begin{bmatrix} 0 \\ 10 \\ 30 \\ 51 \\ 80 \\ 111 \end{bmatrix},$$

$(\boldsymbol{\varphi}_0, \boldsymbol{\varphi}_0) = 53.63, \quad (\boldsymbol{\varphi}_0, \boldsymbol{\varphi}_1) = 218.907,$

$(\boldsymbol{\varphi}_1,\boldsymbol{\varphi}_1)=951.0323$, $(\boldsymbol{\varphi}_0,\boldsymbol{s})=1086$, $(\boldsymbol{\varphi}_1,\boldsymbol{s})=4567.2$.

由上得正规方程组为

$$\begin{bmatrix}53.63 & 218.907\\218.907 & 951.0323\end{bmatrix}\begin{bmatrix}a\\b\end{bmatrix}=\begin{bmatrix}1086\\4567.2\end{bmatrix},$$

用列主元 Gauss 消去法解得 $a=10.71116, b=2.33688$,因而运动方程近似为

$$s(t)=10.71116t+2.33688t^2.$$

36. $y=a+bx^2$,

$\varphi_0(x)=1$, $\varphi_1(x)=x^2$,

$x_1=19$, $x_2=25$, $x_3=31$, $x_4=38$, $x_5=44$,

$y_1=19.0$, $y_2=32.3$, $y_3=49.0$, $y_4=73.3$, $y_5=97.8$,

$$\boldsymbol{\varphi}_0=\begin{bmatrix}1\\1\\1\\1\\1\end{bmatrix},\quad \boldsymbol{\varphi}_1=\begin{bmatrix}361\\625\\961\\1444\\1936\end{bmatrix},\quad \boldsymbol{y}=\begin{bmatrix}19.0\\32.3\\49.0\\73.3\\97.8\end{bmatrix},$$

$(\boldsymbol{\varphi}_0,\boldsymbol{\varphi}_0)=5$, $(\boldsymbol{\varphi}_0,\boldsymbol{\varphi}_1)=5327$, $(\boldsymbol{\varphi}_1,\boldsymbol{\varphi}_1)=7277699$,

$(\boldsymbol{\varphi}_0,\boldsymbol{y})=271.4$, $(\boldsymbol{\varphi}_1,\boldsymbol{y})=369321.5$.

由上得正规方程组为

$$\begin{bmatrix}5 & 5327\\5327 & 7277699\end{bmatrix}\begin{bmatrix}a\\b\end{bmatrix}=\begin{bmatrix}271.4\\369321.5\end{bmatrix},$$

用列主元 Gauss 消去法解得 $a=0.97258, b=0.050035$,故

$$y=0.97258+0.050035x^2.$$

37. $y=a\mathrm{e}^{-bx}\Rightarrow \ln y=\ln a-bx$.令 $z=\ln y, A_0=\ln a, A_1=-b$,则 $z=A_0+A_1x$.

列表如下:

i	1	2	3	4
x_i	0	1	2	4
y_i	2.010	1.210	0.740	0.450
z_i	0.698	0.191	−0.301	−0.799

则由

$$\varphi_0(x)=1,\quad \varphi_1(x)=x,$$

$$\boldsymbol{\varphi}_0=\begin{bmatrix}1\\1\\1\\1\end{bmatrix},\quad \boldsymbol{\varphi}_1=\begin{bmatrix}0\\1\\2\\4\end{bmatrix},\quad \boldsymbol{z}=\begin{bmatrix}0.698\\0.191\\-0.301\\-0.799\end{bmatrix},$$

$(\boldsymbol{\varphi}_0,\boldsymbol{\varphi}_0)=4$, $(\boldsymbol{\varphi}_0,\boldsymbol{\varphi}_1)=7$, $(\boldsymbol{\varphi}_1,\boldsymbol{\varphi}_1)=21$, $(\boldsymbol{\varphi}_0,\boldsymbol{z})=-0.211$, $(\boldsymbol{\varphi}_1,\boldsymbol{z})=-3.607$,

得正规方程组为

$$\begin{bmatrix}4 & 7\\7 & 21\end{bmatrix}\begin{bmatrix}A_0\\A_1\end{bmatrix}=\begin{bmatrix}-0.211\\-3.607\end{bmatrix},$$

解得 $A_0=0.5948, A_1=-0.3700$,因而 $a=\mathrm{e}^{A_0}=1.8127, b=0.3700$,故

$$y = 1.8127\mathrm{e}^{-0.3700x}.$$

38. $y = ax^b \Rightarrow \ln y = \ln a + b\ln x$. 记 $z = \ln y, c_0 = \ln a, c_1 = b, t = \ln x$，则 $z = c_0 + c_1 t$.

列表如下：

i	1	2	3	4	5
t_i	0.7885	0.9555	1.2238	1.3863	0
z_i	4.1744	4.1109	3.9890	3.9120	4.4998

正规方程组为

$$\begin{bmatrix} 5 & 4.3541 \\ 4.3541 & 4.9542 \end{bmatrix}\begin{bmatrix} c_0 \\ c_1 \end{bmatrix} = \begin{bmatrix} 20.6861 \\ 17.5244 \end{bmatrix},$$

解得 $c_0 = 4.5039, c_1 = -0.4210$，因而 $a = 90.3689, b = -0.4210$，故

$$y = 90.3689x^{-0.4210}.$$

习　题　5

1. (1) $R_l = \int_a^b f(x)\mathrm{d}x - f(a)(b-a) = \int_a^b [f(x) - f(a)]\mathrm{d}x = \frac{1}{2}(b-a)^2 f'(\xi),\ \xi \in (a,b)$;

(2) $R_r = \int_a^b f(x)\mathrm{d}x - f(b)(b-a) = \int_a^b [f(x) - f(b)]\mathrm{d}x = -\frac{1}{2}(b-a)^2 f'(\eta),\ \eta \in (a,b)$;

(3) $R_m = \int_a^b f(x)\mathrm{d}x - f\left(\frac{a+b}{2}\right)(b-a) = \int_a^b \left[f(x) - f\left(\frac{a+b}{2}\right)\right]\mathrm{d}x$

$= \frac{1}{24}(b-a)^3 f''(\zeta),\ \zeta \in (a,b)$.

2. (1) 代数精度为 2；(2) 代数精度为 3.

3. (1) 要使所给求积公式至少具有 2 次代数精度，当且仅当 α, β 满足

$$\begin{cases} \frac{1}{3}(-1 + 2\alpha + 3\beta) = 0, \\ \frac{1}{3}(1 + 2\alpha^2 + 3\beta^2) = \frac{2}{3}. \end{cases}$$

当 $\alpha = \frac{1+\sqrt{6}}{5}, \beta = \frac{3-2\sqrt{6}}{15}$ 或 $\alpha = \frac{1-\sqrt{6}}{5}, \beta = \frac{3+2\sqrt{6}}{15}$ 时，

所给求积公式具有最高代数精度 2.

(2) 要使求积公式至少具有 2 次代数精度，当且仅当

$$(b-a)\left[\frac{1}{2}(b^2 + a^2) - 2\alpha(b-a)^2\right] = \frac{1}{3}(b^3 - a^3),$$

解得 $\alpha = \frac{1}{12}$，且当 $\alpha = \frac{1}{12}$ 时所给求积公式具有最高代数精度 3.

(3) 当 $A = \frac{5}{9}, B = \frac{8}{9}, x_0 = \sqrt{\frac{3}{5}}$ 时所给求积公式具有最高代数精度 5.

4. 方法 1：当 $f(x) = x^5$ 时，有

$$\int_a^b f(x)\mathrm{d}x = \frac{1}{6}(b^6 - a^6),$$

$$
\begin{aligned}
C(f) &= \frac{b-a}{90}[7f(x_0)+32f(x_1)+12f(x_2)+32f(x_3)+7f(x_4)] \\
&= \frac{b-a}{90}[12f(x_2)+7(f(x_0)+f(x_4))+32(f(x_1)+f(x_3))] \\
&= \frac{b-a}{90}[12x_2^5+7(x_0^5+x_4^5)+32(x_1^5+x_3^5)] \\
&= \frac{b-a}{90}[12x_2^5+7((x_2-2h)^5+(x_2+2h)^5)+32((x_2-h)^5+(x_2+h)^5)] \\
&= \frac{b-a}{90}\{12x_2^5+14[x_2^5+10x_2^3(2h)^2+5x_2(2h)^4]+64[x_2^5+10x_2^3h^2+5x_2h^4]\} \\
&= \frac{b-a}{90}(90x_2^5+1200x_2^3h^2+1440x_2h^4) \\
&= \frac{b-a}{90}x_2(90x_2^4+1200x_2^2h^2+1440h^4) \\
&= \frac{b^2-a^2}{6}(3x_4^4+40x_2^2h^2+48h^4),
\end{aligned}
$$

$$
\begin{aligned}
I(f) &= \frac{b^2-a^2}{6}(b^4+b^2a^2+a^4) \\
&= \frac{b^2-a^2}{6}[(x_2+2h)^4+(x_2+2h)^2(x_2-2h)^2+(x_2-2h)^4] \\
&= \frac{b^2-a^2}{6}(3x_4^4+40x_2^2h^2+48h^4),
\end{aligned}
$$

所以 $C(f)=I(f)$.

方法 2:由插值型求积公式的截断误差表达式,当 $f(x)=x^5$ 时

$$
\begin{aligned}
I(f)-C(f) &= \int_a^b \frac{f^{(5)}(\xi)}{5!}\prod_{i=0}^{4}(x-x_i)\mathrm{d}x = \int_a^b \prod_{i=0}^{4}(x-x_i)\mathrm{d}x \\
&= h^6\int_{-2}^{2}(t^2-4)(t^2-1)t\mathrm{d}t = 0.
\end{aligned}
$$

5. $I(f)=\int_a^b f(x)\mathrm{d}x,\quad T(f)=\dfrac{b-a}{2}[f(a)+f(b)]$,

$I(f)-T(f)=-\dfrac{(b-a)^3}{12}f''(\eta)>0.$

6. (1) $H(f)=\dfrac{b-a}{2}[f(a)+f(b)]+\dfrac{(b-a)^2}{12}[f'(a)-f'(b)]$;

(2) $f(x)-H_3(x)=\dfrac{f^{(4)}(\xi)}{4!}(x-a)^2(x-b)^2$,

$$
\begin{aligned}
I(f)-H(f) &= \int_a^b[f(x)-H_3(x)\mathrm{d}x] = \int_a^b \frac{f^{(4)}(\xi)}{4!}(x-a)^2(x-b)^2\mathrm{d}x \\
&= \frac{f^{(4)}(\eta)}{4!}\int_a^b(x-a)^2(x-b)^2\mathrm{d}x = \frac{(b-a)^5}{720}f^{(4)}(\eta),\ \eta\in(a,b).
\end{aligned}
$$

7. (1) **复化梯形公式**:$h=0.2, x_0=1.8, x_1=2.0, x_2=2.2, x_3=2.4, x_4=2.6, x_5=2.8, x_6=3.0, x_7=3.2, x_8=3.4$,则

$$
T_8 = h\left[\frac{1}{2}(f(x_0)+f(x_8))+\sum_{i=1}^{7}f(x_i)\right]=23.9944.
$$

(2) **复化 Simpson 公式**:$h=0.4, x_0=1.8, x_1=2.2, x_2=2.6, x_3=3.0, x_4=3.4, x_{\frac{1}{2}}=2.0, x_{\frac{3}{2}}=2.4, x_{\frac{5}{2}}=2.8, x_{\frac{7}{2}}=3.2$,则

$$S_4=\frac{h}{6}[f(1.8)+4f(2.0)+f(2.2)]+\frac{h}{6}[f(2.2)+4f(2.4)+f(2.6)]$$
$$+\frac{h}{6}[f(2.6)+4f(2.8)+f(3.0)]+\frac{h}{6}[f(3.0)+4f(3.2)+f(3.4)]$$
$$=23.9149.$$

8. (1) $f(x)=\sqrt{x},a=1,b=9,I=\int_1^9\sqrt{x}\,\mathrm{d}x=\frac{52}{3}=17.3333333$,

$$T_8=\frac{1}{2}\times[f(1)+f(9)+2\times(f(2)+f(3)+f(4)+f(5)+f(6)+f(7)+f(8))]$$
$$=\frac{1}{2}\times[1+3+2\times(\sqrt{2}+\sqrt{3}+\sqrt{4}+\sqrt{5}+\sqrt{6}+\sqrt{7}+\sqrt{8})]$$
$$=17.30600,$$

$$S_4=\frac{2}{6}\times[f(1)+f(9)+4(f(2)+f(4)+f(6)+f(8))+2(f(3)+f(5)+f(7))]$$
$$=\frac{1}{3}\times[1+3+4\times(\sqrt{2}+\sqrt{4}+\sqrt{6}+\sqrt{8})+2\times(\sqrt{3}+\sqrt{5}+\sqrt{7})]$$
$$=17.3320873.$$

$I-T_8=-0.54144912$, $I-S_4=0.001246$.

(2) $f(x)=\sqrt{\frac{2}{\pi}}\mathrm{e}^{-\frac{x^2}{2}},a=0,b=1$,

$$T_2=\frac{\frac{1}{2}}{2}\times\left[f(0)+f(1)+2f\left(\frac{1}{2}\right)\right]=\frac{1}{4}\times\sqrt{\frac{2}{\pi}}\times\left[1+\mathrm{e}^{-\frac{1}{2}}+2\times\mathrm{e}^{-\frac{(\frac{1}{2})^2}{2}}\right]$$
$$=0.672521829,$$

$$T_4=\frac{\frac{1}{4}}{2}\times\left[f(0)+f(1)+2\times\left(f\left(\frac{1}{4}\right)+f\left(\frac{1}{2}\right)+f\left(\frac{3}{4}\right)\right)\right]$$
$$=\frac{1}{8}\times\sqrt{\frac{2}{\pi}}\times\left[1+\mathrm{e}^{-\frac{1}{2}}+2\times\left(\mathrm{e}^{-\frac{(\frac{1}{4})^2}{2}}+\mathrm{e}^{-\frac{(\frac{1}{2})^2}{2}}+\mathrm{e}^{-\frac{(\frac{3}{4})^2}{2}}\right)\right]$$
$$=0.711215513,$$

$$T_8=\frac{1}{2}T_4+\frac{1}{2}\times\frac{1}{4}\times\left[f\left(\frac{1}{8}\right)+f\left(\frac{3}{8}\right)+f\left(\frac{5}{8}\right)+f\left(\frac{7}{8}\right)\right]$$
$$=\frac{1}{2}\times0.711215513+\frac{1}{8}\times\sqrt{\frac{2}{\pi}}\times\left[\mathrm{e}^{-\frac{(\frac{1}{8})^2}{2}}+\mathrm{e}^{-\frac{(\frac{3}{8})^2}{2}}+\mathrm{e}^{-\frac{(\frac{5}{8})^2}{2}}+\mathrm{e}^{-\frac{(\frac{7}{8})^2}{2}}\right]$$
$$=\frac{1}{2}\times0.711215513+0.341977186=0.697584943,$$

$$I-T_8\approx\frac{1}{3}(T_8-T_4)=-0.004535;$$

$$S_2=\frac{4}{3}T_4-\frac{1}{3}T_2=0.724113407,\quad S_4=\frac{4}{3}T_8-\frac{1}{3}T_4=0.693041419,$$

$$I-S_4\approx\frac{1}{15}(S_4-S_2)=-0.002071.$$

9.(Ⅰ)用先验误差估计式

$$\int_a^b f(x)\mathrm{d}x-T_n(f)=-\frac{b-a}{12}f''(\xi)h^2,\quad \xi\in(a,b).$$

因为 $a=2, b=8, f(x)=\frac{1}{x}, f'(x)=-\frac{1}{x^2}, f''(x)=\frac{2}{x^3}$,

要使$\frac{b-a}{12}h^2 \mid f''(\xi) \mid \leqslant \frac{1}{2}\times 10^{-5}$,只要$\frac{1}{2}h^2 \cdot \frac{2}{2^3} \leqslant \frac{1}{2}\times 10^{-5}$,即

$$\left(\frac{6}{n}\right)^2 \leqslant 2^2 \times 10^{-5} \Rightarrow n \geqslant 300\sqrt{10}=948.68.$$

所以取 950 个节点,有 $\mid \ln 4 - I_{949} \mid \leqslant \frac{1}{2}\times 10^{-5}$.

(Ⅱ)用渐近误差估计式

$$\int_a^b f(x)\mathrm{d}x - T_n(f) \approx \frac{1}{12}[f'(a)-f'(b)]h^2 = -\frac{5}{256}h^2.$$

要使$\left|\int_a^b f(x)\mathrm{d}x - T_n(f)\right| \leqslant \frac{1}{2}\times 10^{-5}$,只要$\frac{5}{256}h^2 \leqslant \frac{1}{2}\times 10^{-5}$,即

$$\frac{5}{256}\left(\frac{6}{n}\right)^2 \leqslant \frac{1}{2}\times 10^{-5} \Rightarrow n \geqslant 375.$$

所以取 376 个节点,有 $\mid \ln 4 - T_{375} \mid \leqslant \frac{1}{2}\times 10^{-5}$.

10. $a=2, b=8, f(x)=\frac{1}{x}$,则

$T_1=1.875$	$S_1=1.425$	$C_1=1.389395604$	$R_1=1.38643748$
$T_2=1.5375$	$S_2=1.391620879$	$C_2=1.386483701$	$R_2=1.38629799$
$T_4=1.428090659$	$S_4=1.386804775$	$C_4=1.386300892$	
$T_8=1.397126246$	$S_8=1.386332385$		
$T_{16}=1.38903085$			

因为$\frac{1}{255}\mid R_2 - R_1 \mid = 5.47\times 10^{-7} < \frac{1}{2}\times 10^{-5}$,所以 $I\approx 1.38630$.

12. $\int_0^1 \mathrm{e}^{-x}\mathrm{d}x \approx \frac{5}{18}\mathrm{e}^{-\frac{1-\sqrt{\frac{3}{5}}}{2}} + \frac{4}{9}\mathrm{e}^{-\frac{1}{2}} + \frac{5}{18}\mathrm{e}^{-\frac{1+\sqrt{\frac{3}{5}}}{2}} = 0.632120255.$

13. 如果代数精度超过 $2n+1$,则求积公式对所有$(2n+2)$次多项式是精确成立的.

记 $W_{n+1}(x)=\prod_{i=0}^{n}(x-x_i)$,则 $W_{n+1}^2(x)$ 为$(2n+2)$次多项式.

因为$\int_a^b W_{n+1}^2(x)\mathrm{d}x>0$,而$\sum_{k=0}^{n}A_k W_{n+1}^2(x_k)=0$,于是$\int_a^b W_{n+1}^2(x)\mathrm{d}x \neq \sum_{k=0}^{n}A_k W_{n+1}^2(x_k)$.
因而假设不可能成立.

14. 将 $f(x)=1,x,x^2,x^3,x^4,x^5,x^6$ 依次代入近似公式的两边,并注意到奇函数在$(-\infty,+\infty)$上的积分值为 0,检验右端的值和左端的值是否相等.

15. 由求积公式对 $f(x)=1,x,x^2,x^3$ 精确成立,得到

$$\begin{cases} A_0+A_1=\frac{2}{3}, \\ A_0x_0+A_1x_1=\frac{4}{15}, \\ A_0x_0^2+A_1x_1^2=\frac{16}{105}, \\ A_0x_0^3+A_1x_1^3=\frac{32}{315}. \end{cases}$$

16. $\int_{-1}^{1}(1-x^2)^{\frac{1}{2}}\mathrm{d}x=\int_{-1}^{1}\frac{1-x^2}{(1-x^2)^{\frac{1}{2}}}\mathrm{d}x$,用两点 Gauss-Chebyshev 求积公式,可得积分精确值

$$\int_{-1}^{1}(1-x^2)^{\frac{1}{2}}\mathrm{d}x=\frac{\pi}{2}\times\left[\left(1-\left(\frac{\sqrt{2}}{2}\right)^2\right)+\left(1-\left(-\frac{\sqrt{2}}{2}\right)^2\right)\right]=\frac{\pi}{2}.$$

18. $I(f)=\int_{0}^{\frac{1}{3}}\frac{6x}{[x(1-3x)]^{\frac{1}{2}}}\mathrm{d}x=\frac{1}{\sqrt{3}}\int_{0}^{\frac{1}{3}}\frac{6x}{\left[(x-0)\left(\frac{1}{3}-x\right)\right]^{\frac{1}{2}}}\mathrm{d}x$

$$=\frac{1}{\sqrt{3}}\int_{-1}^{1}\frac{1+t}{(1-t^2)^{\frac{1}{2}}}\mathrm{d}t=\frac{1}{\sqrt{3}}\int_{-1}^{1}\frac{1}{(1-t^2)^{\frac{1}{2}}}\mathrm{d}t=\frac{\pi}{\sqrt{3}}.$$

19. $a=0,b=2\pi,f(x)=x^4\sin 10x.$

(1) $n=40,\quad h=\frac{\pi}{20},\quad x_i=ih,\quad 0\leqslant i\leqslant 40,$

$$f(x_{4m})=f(x_{4m+2})=f(x_{4m+4})=0,\quad f(x_{4m+1})=x_{4m+1}^4,\quad f(x_{4m+3})=-x_{4m+3}^4,$$

$$\begin{aligned}T_{40}&=\frac{h}{2}\left[f(x_0)+f(x_{40})+2\sum_{i=1}^{39}f(x_i)\right]\\&=h\times[f(x_1)+f(x_3)+f(x_5)+\cdots+f(x_{39})]\\&=h\times(x_1^4-x_3^4+x_5^4-x_7^4+\cdots+x_{37}^4-x_{39}^4)\\&=-2h^2\times[(x_1+x_3)(x_1^2+x_3^2)+(x_5+x_7)(x_5^2+x_7^2)+\cdots+(x_{37}+x_{39})(x_{37}^2+x_{39}^2)]\\&=-2[(1+3)\times(1^2+3^2)+(5+7)\times(5^2+7^2)+\cdots+(37+39)\times(37^2+39^2)]\times h^5\\&=-2\times 637600\times h^5=-121.9488444,\end{aligned}$$

$$I=\int_0^{2\pi}x^4\sin 10x\mathrm{d}x=-\frac{(2\pi)^4}{10}+\frac{3}{250}\times(2\pi)^2=-155.3808046,$$

$$\left|\frac{I-T_{40}}{I}\right|=21.52\%.$$

(2) $n=20,\quad h=\frac{\pi}{10},\quad x_i=ih,\quad f(x_i)=x_i^4\sin 10x_i=x_i^4\sin i\pi=0,\quad 0\leqslant i\leqslant 20,$

$$T_{20}=\frac{h}{2}\left[f(x_0)+f(x_{20})+2\sum_{i=1}^{19}f(x_i)\right]=0.$$

在每个小区间$[x_i,x_{i+1}]$上用 1 次插值多项式 $L_1(x)\equiv 0$ 近似被积函数 $f(x)$,所以 $T_{20}=0$.

20. $f(x,y)=xy^2,\quad I=\int_{2.1}^{2.2}\int_{1.3}^{1.4}f(x,y)\mathrm{d}y\mathrm{d}x,$

$$\begin{aligned}T_{1,1}(f)&=\frac{0.1\times 0.1}{4}\times[f(2.1,1.3)+f(2.2,1.3)+f(2.1,1.4)+f(2.2,1.4)]\\&=0.0392375,\end{aligned}$$

$$\begin{aligned}T_{2,2}(f)&=\frac{0.05\times 0.05}{4}\times[f(2.1,1.3)+f(2.2,1.3)+f(2.1,1.4)+f(2.2,1.4)\\&\quad+2\times(f(2.1,1.35)+f(2.2,1.35)+f(2.15,1.3)+f(2.15,1.4))\\&\quad+4f(2.15,1.35)]\\&=0.039210625,\end{aligned}$$

$\frac{1}{3}(T_{2,2}(f)-T_{1,1}(f))=-0.895\times 10^{-5},\quad \left|\frac{1}{3}(T_{2,2}(f)-T_{1,1}(f))\right|<\frac{1}{2}\times 10^{-4},$

所以 I 具有 3 位有效数字的近似值为 0.0392.

又 $I-T_{2,2}(f)\approx\frac{1}{3}[T_{2,2}(f)-T_{1,1}(f)]$, $I\approx\frac{4}{3}T_{2,2}(f)-\frac{1}{3}T_{1,1}(f)$,

得 $T_{1,1}^{(1)}(f)=\frac{4}{3}T_{2,2}(f)-\frac{1}{3}T_{1,1}(f)=0.039201666.$

21. $T_{m,n}(f)=\frac{hk}{4}\sum_{i=0}^{m-1}\sum_{j=0}^{n-1}[f(x_i,y_i)+f(x_{i+1},y_j)+f(x_i,y_{j+1})+f(x_{i+1},y_{j+1})]$,

$$T_{2m,2n}(f)=\sum_{i=0}^{m-1}\sum_{j=0}^{h-1}\frac{\frac{h}{2}\times\frac{k}{2}}{4}[f(x_i,y_j)+f(x_{i+1},y_j)+f(x_i,y_{j+1})+f(x_{i+1},y_{j+1})$$
$$+2(f(x_i,y_{j+\frac{1}{2}})+f(x_{i+1},y_{j+\frac{1}{2}})+f(x_{i+\frac{1}{2}},y_j)+f(x_{i+\frac{1}{2}},y_{j+1}))$$
$$+4f(x_{i+\frac{1}{2}},y_{j+\frac{1}{2}})],$$

$$T_{m,n}^{(1)}(f)=\frac{4}{3}T_{2m,2n}(f)-\frac{1}{3}T_{m,n}(f)$$
$$=\sum_{i=0}^{m-1}\sum_{j=0}^{n-1}\frac{hk}{6}[f(x_i,y_{j+\frac{1}{2}})+f(x_{i+1},y_{j+\frac{1}{2}})+f(x_{i+\frac{1}{2}},y_j)+f(x_{i+\frac{1}{2}},y_{j+1})$$
$$+2f(x_{i+\frac{1}{2}},y_{j+\frac{1}{2}})].$$

22. $$T_{2,2}^{(1)}(f)=\frac{0.5\times0.5}{6}[3.001+7.964+6.385+2.156+0.001+3.589+13.331+2.362$$
$$+2\times(8.113+8.994+0.113+8.704+5.184+6.779+4.921+7.005)]$$
$$=\frac{0.25}{6}\times(38.789+2\times49.813)=5.76729.$$

23. $D(x_0,h)=\frac{1}{2h}[f(x_0+h)-f(x_0-h)]$,

$f'(x_0)-D(x_0,h)=-\frac{h^2}{6}f'''(\xi),\quad \xi\in(x_0-h,x_0+h)$,

$f(x)=\tan x,\quad f'(x)=\frac{1}{\cos^2 x}=1+\tan^2 x$,

$f''(x)=2\tan x(\tan x)'=2(\tan x)(1+\tan^2 x)=2(\tan x+\tan^3 x)$,

$f'''(x)=2(1+3\tan^2 x)(\tan x)'=2(1+3\tan^2 x)(1+\tan^2 x)$.

$f'(1.28)=12.16462$,

$D(1.28,0.08)=\frac{f(1.36)-f(1.20)}{0.16}=13.13306$,

$$|f'(1.28)-D(1.28,0.08)|\leqslant\frac{0.08^2}{6}\times2\times(1+3\tan^2 1.36)(1+\tan^2 1.36)$$
$$=3.24151,$$

$|f'(1.28)-D(1.28,0.08)|=0.96844$;

$D(1.28,0.04)=\frac{f(1.32)-f(1.24)}{0.08}=12.39275$,

$$|f'(1.28)-D(1.28,0.04)|\leqslant\frac{0.04^2}{6}\times2\times(1+3\tan^2 1.32)(1+\tan^2 1.32)$$
$$=0.40446,$$

$|f'(1.28)-D(1.28,0.04)|=0.22813.$

24. $H_2(x)=f(x_0)+f'(x_0)(x-x_0)+\frac{f[x_0,x_1]-f'(x_0)}{x_1-x_0}(x-x_0)^2$,

$f(x)-H_2(x)=\frac{1}{6}f'''(\xi)(x-x_0)^2(x-x_1),\quad \xi\in(\min\{x_0,x\},\max\{x_1,x\})$.

$$f''(x)-H''_2(x)=\frac{1}{6}\{[f'''(\xi)(x-x_1)]\cdot(x-x_0)^2\}''$$

$$=\frac{1}{6}\{[f'''(\xi)(x-x_1)]\cdot 2+4[f'''(\xi)(x-x_1)]'(x-x_0)$$

$$+[f'''(\xi)(x-x_1)]''(x-x_0)^2\},$$

$$f''(x_0)-H''_2(x_0)=\frac{1}{3}f'''(\xi)(x_0-x_1),\quad \xi\in(x_0,x_1).$$

25. (1) $\frac{4}{3}D(x_0,h)-\frac{1}{3}D(x_0,2h)$

$$=\frac{4}{3}\times\frac{1}{2h}\times[f(x_0+h)-f(x_0-h)]-\frac{1}{3}\times\frac{1}{4h}\times[f(x_0+2h)-f(x_0-2h)]$$

$$=\frac{1}{12h}\times[f(x_0-2h)-8f(x_0-h)+8f(x_0+h)-f(x_0+2h)],$$

$$L_4(x)=f(x_0-2h)\times$$

$$\frac{[x-(x_0-h)](x-x_0)[x-(x_0+h)][x-(x_0+2h)]}{[(x_0-2h)-(x_0-h)][x_0-2h-x_0][x_0-2h-(x_0+h)][x_0-2h-(x_0+2h)]}$$

$$+f(x_0-h)\times$$

$$\frac{[x-(x_0-2h)][x-x_0][x-(x_0+h)][x-(x_0+2h)]}{[x_0-h-(x_0-2h)][x_0-h-x_0][x_0-h-(x_0+h)][x_0-h-(x_0+2h)]}$$

$$+f(x_0)\times\frac{[x-(x_0-2h)][x-(x_0-h)][x-(x_0+h)][x-(x_0+2h)]}{[x_0-(x_0-2h)][x_0-(x_0-h)][x_0-(x_0+h)][x_0-(x_0+2h)]}$$

$$+f(x_0+h)\times$$

$$\frac{[x-(x_0-2h)][x-(x_0-h)](x-x_0)[x-(x_0+2h)]}{[x_0+h-(x_0-2h)][x_0+h-(x_0-h)][x_0+h-x_0][x_0+h-(x_0+2h)]}$$

$$+f(x_0+2h)\times$$

$$\frac{[x-(x_0-2h)][x-(x_0-h)](x-x_0)[x-(x_0+h)]}{[x_0+2h-(x_0-2h)][x_0+2h-(x_0-h)](x_0+2h-x_0)[x_0+2h-(x_0+h)]},$$

$$L'_4(x_0)=f(x_0-2h)\times\frac{[x_0-(x_0-h)][x_0-(x_0+h)][x_0-(x_0+2h)]}{(-h)\times(-2h)\times(-3h)\times(-4h)}$$

$$+f(x_0-h)\times\frac{[x_0-(x_0-2h)][x_0-(x_0+h)][x_0-(x_0+2h)]}{h\times(-h)\times(-2h)\times(-3h)}$$

$$+f(x_0)\times\frac{0}{(2h)\times h\times(-h)\times(-2h)}$$

$$+f(x_0+h)\times\frac{[x_0-(x_0-2h)][x_0-(x_0-h)][x_0-(x_0+2h)]}{(3h)\times(2h)\times h\times(-h)}$$

$$+f(x_0+2h)\times\frac{[x_0-(x_0-2h)]\times[x_0-(x_0-h)][x_0-(x_0+h)]}{(4h)\times(3h)\times(2h)\times h}$$

$$=\frac{1}{12h}f(x_0-2h)-\frac{2}{3h}f(x_0-h)+\frac{2}{3h}f(x_0+h)-\frac{1}{12h}f(x_0+2h)$$

$$=\frac{4}{3}D(x_0,h)-\frac{1}{3}D(x_0,2h).$$

(2) $f(x)-L_4(x)=\frac{f^{(5)}(\xi)}{5!}[x-(x_0-2h)][x-(x_0-h)](x-x_0)[x-(x_0+h)][x-(x_0+2h)]$

$$\equiv g(x)(x-x_0),\quad \xi\in(x_0-2h,x_0+2h),$$

其中

$$g(x)=\frac{f^{(5)}(\xi)}{5!}[x-(x_0-2h)][x-(x_0-h)][x-(x_0+h)][x-(x_0+2h)],$$

$$[f(x)-L_4(x)]'=g'(x)(x-x_0)+g(x),$$

$$f'(x_0)-L_4'(x_0)=g(x_0)=\frac{4}{5!}f^{(5)}(\xi)h^4.$$

习　题　6

1. $h=0.2,\quad x_i=ih,\quad 0\leqslant i\leqslant 5.$

(1) Euler 公式

$$\begin{cases}y_{i+1}=y_i+h(x_i+y_i)=0.2x_i+1.2y_i, & 0\leqslant i\leqslant 4,\\ y_0=1,\end{cases}$$

得 $y_1=1.200000, y_2=1.480000, y_3=1.856000, y_4=2.347200, y_5=2.976640.$

(2) 改进 Euler 公式

$$\begin{cases}y_{i+1}^{(p)}=y_i+h(x_i+y_i)=0.2x_i+1.2y_i,\\ y_{i+1}^{(c)}=y_i+h(x_{i+1}+y_{i+1}^{(p)}),\\ y_{i+1}=\dfrac{1}{2}(y_{i+1}^{(p)}+y_{i+1}^{(c)}),\\ y_0=1,\end{cases}\qquad 0\leqslant i\leqslant 4,$$

得 $y_1=1.240000, y_2=1.576800, y_3=2.031696, y_4=2.630669, y_5=3.405417.$

2. 由 $y(x)=\int_0^x e^{t^2}\,dt$ 可得

$$\begin{cases}y'=e^{x^2}, & 0\leqslant x\leqslant 2,\\ y(0)=0,\end{cases}$$

$$h=0.5,\quad x_i=ih,\quad 0\leqslant i\leqslant 4.$$

由 Euler 公式

$$\begin{cases}y_{i+1}=y_i+he^{x_i^2}, & 0\leqslant i\leqslant 3,\\ y_0=0,\end{cases}$$

可得

$$y(0.5)\approx y_1=0.5,\quad y(1.0)\approx y_2=1.1420127,$$

$$y(1.5)\approx y_3=2.5011536,\quad y(2.0)\approx y_4=7.2450215.$$

3. 梯形公式

$$\begin{cases}y_{i+1}=y_i+\dfrac{h}{2}[(-y_i)+(-y_{i+1})], & i=0,1,2,\cdots,\\ y_0=1,\end{cases}$$

其中 $x_i=ih, y_{i+1}=\dfrac{1-\dfrac{h}{2}}{1+\dfrac{h}{2}}y_i(i=0,1,2,\cdots)$,则

$$y_i=\left(\frac{1-\dfrac{h}{2}}{1+\dfrac{h}{2}}\right)^i y_0=\left(\frac{1-\dfrac{h}{2}}{1+\dfrac{h}{2}}\right)^i=\frac{\left(1-\dfrac{h}{2}\right)^{-\frac{2}{h}\left(-\frac{x_i}{2}\right)}}{\left(1+\dfrac{h}{2}\right)^{\frac{2}{h}\cdot\frac{x_i}{2}}},$$

$$\lim_{h\to 0} y_i = \frac{\left[\lim_{h\to 0}\left(1-\frac{h}{2}\right)^{-\frac{2}{h}}\right]^{-\frac{x_i}{2}}}{\left[\lim_{h\to 0}\left(1+\frac{h}{2}\right)^{\frac{2}{h}}\right]^{\frac{x_i}{2}}} = \frac{e^{-\frac{x_i}{2}}}{e^{\frac{x_i}{2}}} = e^{-x_i}.$$

4. $R_{i+1} = y(x_{i+1}) - y(x_i) - h[\alpha f(x_i, y(x_i)) + (1-\alpha) f(x_{i+1}, y(x_{i+1}))]$

$$= y(x_{i+1}) - y(x_i) - \alpha h y'(x_i) - (1-\alpha) h y'(x_{i+1})$$

$$= \left(\alpha - \frac{1}{2}\right) h^2 y''(x_i) + \left(\frac{\alpha}{2} - \frac{1}{3}\right) h^3 y'''(x_i) + O(h^4),$$

当 $\alpha = \frac{1}{2}$ 时，R_{i+1} 的阶数最高，此时 $R_{i+1} = -\frac{1}{12} h^3 y'''(x_i) + O(h^4)$.

5. $h = 0.1$，$x_i = ih$，$0 \leqslant i \leqslant 3$.

$$(1)\begin{cases} y_{i+1} = y_i + \frac{h}{6}(k_1 + 2k_2 + 2k_3 + k_4), \\ k_1 = f(x_i, y_i) = x_i^2 - y_i, \\ k_2 = f\left(x_i + \frac{h}{2}, y_i + \frac{h}{2}k_1\right) = \left(x_i + \frac{0.1}{2}\right)^2 - \left(y_i + \frac{0.1}{2}k_1\right), \\ k_3 = f\left(x_i + \frac{h}{2}, y_i + \frac{h}{2}k_2\right) = \left(x_i + \frac{0.1}{2}\right)^2 - \left(y_i + \frac{0.1}{2}k_2\right), \\ k_4 = f(x_i + h, y_i + hk_3) = (x_i + 0.1)^2 - (y_i + 0.1k_3), \\ y_0 = 1, \end{cases}$$

计算得

i	y_i	k_1	k_2	k_3	k_4
0	1	−1	−0.9475	−0.950125	−0.8945875
1	0.9051696	−0.8951695	−0.8379111	−0.8407705	−0.7810926
2	0.8464132	−0.8064132	−0.7435925	−0.7467336	−0.6817398
3	0.7719331				

$$(2)\begin{cases} y_{i+1} = y_i + \frac{h}{6}(k_1 + 2k_2 + 2k_3 + k_4), \\ k_1 = f(x_i, y_i) = \frac{y_i^2}{1 + x_i}, \\ k_2 = f\left(x_i + \frac{h}{2}, y_i + \frac{h}{2}k_1\right) = \frac{\left(y_i + \frac{h}{2}k_1\right)^2}{1 + x_i + \frac{h}{2}}, \\ k_3 = f\left(x_i + \frac{h}{2}, y_i + \frac{h}{2}k_2\right) = \frac{\left(y_i + \frac{h}{2}k_2\right)^2}{1 + x_i + \frac{h}{2}}, \\ k_4 = f(x_i + h, y_i + hk_3) = \frac{(y_i + hk_3)^2}{1 + x_i + h}, \\ y_0 = 1, \end{cases}$$

计算得

i	y_i	k_1	k_2	k_3	k_4
0	1	1	1.05	1.055006	1.111029
1	1.105351	1.110728	1.171878	1.178059	1.246761
2	1.222974	1.246388	1.321583	1.329326	1.414217
3	1.355681				

6. $$\begin{cases} R_{i+1}=y(x_{i+1})-y(x_i)-\dfrac{h}{6}(K_1+4K_2+K_3), \\ K_1=f(x_i,y(x_i)), \\ K_2=f\left(x_i+\dfrac{h}{2},y(x_i)+\dfrac{1}{2}hK_1\right), \\ K_3=f(x_i+h,y(x_i)-hK_1+2hK_2), \end{cases}$$

应用 Taylor 展开式及微分方程可得

$$K_1=y'(x_i),$$

$$\begin{aligned} K_2&=f\left(x_i+\frac{h}{2},y(x_i)+\frac{1}{2}hK_1\right) \\ &=f(x_i,y(x_i))+\frac{h}{2}\frac{\partial f(x_i,y(x_i))}{\partial x}+\frac{1}{2}hK_1\frac{\partial f(x_i,y(x_i))}{\partial y} \\ &\quad+\frac{1}{2}\left[\left(\frac{h}{2}\right)^2\frac{\partial^2 f(x_i,y(x_i))}{\partial x^2}+2\cdot\frac{h}{2}\cdot\frac{1}{2}hK_1\frac{\partial^2 f(x_i,y(x_i))}{\partial x\partial y}\right. \\ &\quad\left.+\frac{1}{4}h^2K_1^2\frac{\partial^2 f(x_i,y(x_i))}{\partial y^2}\right]+O(h^3) \\ &=f(x_i,y(x_i))+\frac{h}{2}\left[\frac{\partial f(x_i,y(x_i))}{\partial x}+y'(x_i)\frac{\partial f(x_i,y(x_i))}{\partial y}\right] \\ &\quad+\frac{1}{8}h^2\left[\frac{\partial^2 f(x_i,y(x_i))}{\partial x^2}+2y'(x_i)\frac{\partial^2 f(x_i,y(x_i))}{\partial x\partial y}\right. \\ &\quad\left.+(y'(x_i))^2\frac{\partial^2 f(x_i,y(x_i))}{\partial y^2}\right]+O(h^3) \\ &=y'(x_i)+\frac{h}{2}y''(x_i)+\frac{h^2}{8}\left[y'''(x_i)-y''(x_i)\frac{\partial f(x_i,y(x_i))}{\partial y}\right]+O(h^3), \end{aligned}$$

$$\begin{aligned} K_3&=f(x_i+h,y(x_i)-hK_1+2hK_2) \\ &=f(x_i,y(x_i))+h\frac{\partial f(x_i,y(x_i))}{\partial x}+h(-K_1+2K_2)\frac{\partial f(x_i,y(x_i))}{\partial y} \\ &\quad+\frac{1}{2}\left[h^2\frac{\partial^2 f(x_i,y(x_i))}{\partial x^2}+2h^2(-K_1+2K_2)\frac{\partial^2 f(x_i,y(x_i))}{\partial x\partial y}\right. \\ &\quad\left.+h^2(-K_1+2K_2)^2\frac{\partial^2 f(x_i,y(x_i))}{\partial y^2}\right]+O(h^3) \\ &=f(x_i,y(x_i))+h\left[\frac{\partial f(x_i,y(x_i))}{\partial x}+(-y'(x_i)+2y'(x_i)+hy''(x_i))\frac{\partial f(x_i,y(x_i))}{\partial y}\right] \\ &\quad+\frac{1}{2}h^2\left[\frac{\partial^2 f(x_i,y(x_i))}{\partial x^2}+2(-y'(x_i)+2y'(x_i))\frac{\partial^2 f(x_i,y(x_i))}{\partial x\partial y}\right. \\ &\quad\left.+(-y'(x_i)+2y'(x_i))^2\frac{\partial^2 f(x_i,y(x_i))}{\partial y^2}\right]+O(h^3) \end{aligned}$$

$$= f(x_i, y(x_i)) + h\left[\frac{\partial f(x_i, y(x_i))}{\partial x} + y'(x_i)\frac{\partial f(x_i, y(x_i))}{\partial y}\right]$$

$$+ h^2 y''(x_i)\frac{\partial f(x_i, y(x_i))}{\partial y}$$

$$+ \frac{1}{2}h^2\left[\frac{\partial^2 f(x_i, y(x_i))}{\partial x^2} + 2y'(x_i)\frac{\partial^2 f(x_i, y(x_i))}{\partial x\partial y} + (y'(x_i))^2\frac{\partial^2 f(x_i, y(x_i))}{\partial y^2}\right]$$

$$+ O(h^3)$$

$$= y'(x_i) + hy''(x_i) + h^2 y''(x_i)\frac{\partial f(x_i, y(x_i))}{\partial y}$$

$$+ \frac{1}{2}h^2\left[y'''(x_i) - y''(x_i)\frac{\partial f(x_i, y(x_i))}{\partial y}\right] + O(h^3)$$

$$= y'(x_i) + hy''(x_i) + \frac{h^2}{2}\left[y'''(x_i) + y''(x_i)\frac{\partial f(x_i, y(x_i))}{\partial y}\right] + O(h^3),$$

$$R_{i+1} = O(h^4),$$

所给公式为 3 阶公式.

7. $R_{i+1} = y(x_{i+1}) - y(x_{i-1}) - 2hf(x_i, y(x_i)) = \dfrac{h^3}{3}y'''(\xi_i)$, $\xi_i \in (x_{i-1}, x_{i+1})$.

8. $$R_{i+1} = y(x_{i+1}) - \left[\sum_{j=0}^{k-1} a_j y(x_{i-j}) + h\sum_{j=-1}^{k-1} b_j y'(x_{i-j})\right]$$

$$= y(x_i) + hy'(x_i) + O(h^2) - \sum_{j=0}^{k-1} a_j[y(x_i) - jhy'(x_i) + O(h^2)]$$

$$- h\sum_{j=-1}^{k-1} b_j[y'(x_i) + O(h)]$$

$$= \left(1 - \sum_{j=0}^{k-1} a_j\right)y(x_i) + h\left[1 + \sum_{j=0}^{k-1} ja_j - \sum_{j=-1}^{k-1} b_j\right]y'(x_i) + O(h^2).$$

相容的充分必要条件为 $R_{i+1} = O(h^2)$,即

$$1 - \sum_{j=0}^{k-1} a_j = 0, \quad 1 + \sum_{j=0}^{k-1} ja_j - \sum_{j=-1}^{k-1} b_j = 0.$$

9. $$R_{i+1} = y(x_{i+1}) - \frac{1}{2}[y(x_i) + y(x_{i-1})] - \frac{h}{4}[4y'(x_{i+1}) - y'(x_i) + 3y'(x_{i-1})]$$

$$= -\frac{5}{8}h^3 y'''(x_i) + O(h^4),$$

所给公式为 2 阶公式.

10. 局部截断误差

$$R_{i+1} = y(x_{i+1}) - a_0 y(x_i) - a_1 y(x_{i-1}) - a_2 y(x_{i-2}) - h[b_0 y'(x_i) + b_1 y'(x_{i-1}) + b_2 y'(x_{i-2})]$$

$$= (1 - a_0 - a_1 - a_2)y(x_i) + (1 + a_1 + 2a_2 - b_0 - b_1 - b_2)hy'(x_i)$$

$$+ \left(\frac{1}{2} - \frac{1}{2}a_1 - 2a_2 + b_1 + 2b_2\right)h^2 y''(x_i)$$

$$+ \left(\frac{1}{6} + \frac{1}{6}a_1 + \frac{4}{3}a_2 - \frac{b_1}{2} - 2b_2\right)h^3 y'''(x_i) + O(h^4),$$

所给公式为 3 阶充要条件为

$$\begin{cases}1-a_0-a_1-a_2=0,\\1+a_1+2a_2-b_0-b_1-b_2=0,\\\dfrac{1}{2}-\dfrac{1}{2}a_1-2a_2+b_1+2b_2=0,\\\dfrac{1}{6}+\dfrac{1}{6}a_1+\dfrac{4}{3}a_2-\dfrac{b_1}{2}-2b_2=0,\end{cases}\quad 或\quad \begin{cases}a_0+a_1+a_2=1,\\a_1+2a_2-b_0-b_1-b_2=-1,\\\dfrac{1}{2}a_1+2a_2-b_1-2b_2=\dfrac{1}{2},\\\dfrac{1}{6}a_1+\dfrac{4}{3}a_2-\dfrac{b_1}{2}-2b_2=-\dfrac{1}{6}.\end{cases}$$

11. (1) 2 阶 Adams 显式公式

$$\begin{cases}y_{i+1}=y_i+\dfrac{h}{2}[3f(x_i,y_i)-f(x_{i-1},y_{i-1})],\quad 1\leqslant i\leqslant 4,\\y_0=0,\quad y_1=0.181269.\end{cases}$$

将 $f(x,y)=1-y$ 代入得 $y_{i+1}=0.2+0.7y_i+0.1y_{i-1}(1\leqslant i\leqslant 4)$,计算得

i	x_i	y_i	$y(x_i)$	$\lvert y(x_i)-y_i\rvert$
0	0	0	0	0
1	0.2	0.1812690	0.18126925	0.00000
2	0.4	0.3268883	0.32967995	0.00279
3	0.6	0.4469487	0.45118836	0.00424
4	0.8	0.5455529	0.55067103	0.005118
5	1.0	0.6265819	0.63212056	0.055390

(2) 2 阶 Adams 隐式公式

$$\begin{cases}y_{i+1}=y_i+\dfrac{h}{2}[f(x_i,y_i)+f(x_{i+1},y_{i+1})],\quad 0\leqslant i\leqslant 4,\\y_0=0.\end{cases}$$

将 $f(x,y)$ 代入可得

$$y_{i+1}=(0.2+0.9y_i)/1.1,\quad 0\leqslant i\leqslant 4,$$

计算得

i	x_i	y_i	$y(x_i)$	$\lvert y(x_i)-y_i\rvert$
0	0.0	0	0	0
1	0.2	0.1818182	0.18126925	0.00055
2	0.4	0.3305785	0.32967995	0.00090
3	0.6	0.4522915	0.45118836	0.00110
4	0.8	0.5518749	0.55067103	0.00120
5	1.0	0.6333522	0.63212056	0.00123

13. 预测公式的局部截断误差

$$\begin{aligned}R_{i+1}^{(p)}&=y(x_{i+1})-y(x_i)-\frac{h}{2}[3f(x_i,y(x_i))-f(x_{i-1},y(x_{i-1}))]\\&=\frac{5}{12}h^3y^{(3)}(\xi_i),\quad \xi_i\in(x_{i-1},x_{i+1}),\end{aligned}$$

校正公式的局部截断误差

$$R_{i+1}^{(c)} = y(x_{i+1}) - y(x_i) - \frac{h}{2}[5f(x_{i+1}, y(x_{i+1})) + 8f(x_i, y(x_i)) - f(x_{i-1}, y(x_{i-1}))]$$

$$= -\frac{1}{24}h^4 y^{(4)}(\eta_i), \quad \eta_i \in (x_{i-1}, x_{i+1}).$$

将预测公式代入到校正公式可得

$$y_{i+1} = y_i + \frac{h}{12}\Big[5f\Big(x_{i+1}, y_i + \frac{h}{2}(3f(x_i, y_i) - f(x_{i-1}, y_{i-1}))\Big) + 8f(x_i, y_i) - f(x_{i-1}, y_{i-1})\Big],$$

所以预测校正公式的局部截断误差为

$$\begin{aligned} R_{i+1} &= y(x_{i+1}) - y(x_i) - \frac{h}{12}\Big[5f\Big(x_{i+1}, y(x_i) + \frac{h}{2}(3f(x_i, y(x_i)) - f(x_{i-1}, y(x_{i-1})))\Big) \\ &\quad + 8f(x_i, y(x_i)) - f(x_{i-1}, y(x_{i-1}))\Big] \\ &= y(x_{i+1}) - y(x_i) - \frac{h}{12}[5f(x_{i+1}, y(x_{i+1})) + 8f(x_i, y(x_i)) - f(x_{i-1}, y(x_{i-1}))] \\ &\quad + \frac{5h}{12}\Big[f(x_{i+1}, y(x_{i+1})) - f\Big(x_{i+1}, y(x_i) + \frac{h}{2}(3f(x_i, y(x_i)) - f(x_{i-1}, y(x_{i-1})))\Big)\Big] \\ &= R_{i+1}^{(c)} + \frac{5h}{12}\Big[f(x_{i+1}, y(x_{i+1})) - f(x_{i+1}, y(x_{i+1}) - R_{i+1}^{(p)})\Big] \\ &= R_{i+1}^{(c)} + \frac{5h}{12}\frac{\partial f(x_{i+1}, \zeta_i)}{\partial y}R_{i+1}^{(p)} \\ &= -\frac{1}{24}h^4 y^{(4)}(\eta_i) + \frac{5h}{12}\frac{\partial f(x_{i+1}, \zeta_i)}{\partial y} \cdot \frac{5}{12}h^3 y^{(3)}(\xi_i), \end{aligned}$$

其中 ζ_i 介于 $y(x_{i+1})$ 与 $y(x_{i+1}) - R_{i+1}^{(p)}$ 之间. 所给公式是一个 2 步 3 阶公式.

14. 预测公式的局部截断误差

$$R_{i+1}^{(p)} = y(x_{i+1}) - y(x_i) - \frac{h}{12}[23f(x_i, y(x_i)) - 16f(x_{i-1}, y(x_{i-1})) + 5f(x_{i-2}, y(x_{i-2}))]$$

$$= \frac{3}{8}h^4 y^{(4)}(\xi_i), \quad \xi_i \in (x_{i-2}, x_{i+1}),$$

校正公式的局部截断误差

$$\begin{aligned} R_{i+1}^{(c)} &= y(x_{i+1}) - y(x_i) - \frac{h}{24}[9f(x_{i+1}, y(x_{i+1})) + 19f(x_i, y(x_i)) - 5f(x_{i-1}, y(x_{i-1})) \\ &\quad + f(x_{i-2}, y(x_{i-2}))] \\ &= -\frac{19}{720}h^5 y^{(5)}(\eta_i), \quad \eta_i \in (x_{i-2}, x_{i+1}). \end{aligned}$$

将预测公式代入校正公式,得到

$$\begin{aligned} y_{i+1} &= y_i + \frac{h}{24}\Big[9f\Big(x_{i+1}, y_i + \frac{h}{12}(23f(x_i, y_i) - 16f(x_{i-1}, y_{i-1}) + 5f(x_{i-2}, y_{i-2}))\Big) \\ &\quad + 19f(x_i, y_i) - 5f(x_{i-1}, y_{i-1}) + f(x_{i-2}, y_{i-2})\Big], \end{aligned}$$

所以预测校正公式的局部截断误差为

$$R_{i+1}=y(x_{i+1})-y(x_i)-\frac{h}{12}\Big[9f\Big(x_{i+1},y(x_i)+\frac{h}{12}(23f(x_i,y(x_i))-16f(x_{i-1},y(x_{i-1}))$$

$$+5f(x_{i-2},y(x_{i-2})))\Big)+19f(x_i,y(x_i))-5f(x_{i-1},y(x_{i-1}))+f(x_{i-2},y(x_{i-2}))\Big]$$

$$=y(x_{i+1})-y(x_i)-\frac{h}{12}[9f(x_{i+1},y(x_{i+1}))+19f(x_i,y(x_i))$$

$$-5f(x_{i-1},y(x_{i-1}))+f(x_{i-2},y(x_{i-2}))]+\frac{9h}{12}\Big[f(x_{i+1},y(x_{i+1}))$$

$$-f\Big(x_{i+1},y(x_i)+\frac{h}{12}(23f(x_i,y(x_i))-16f(x_{i-1},y(x_{i-1}))+5f(x_{i-2},y(x_{i-2})))\Big)\Big]$$

$$=R_{i+1}^{(c)}+\frac{3h}{4}[f(x_{i+1},y(x_{i+1}))-f(x_{i+1},y(x_{i+1})-R_{i+1}^{(p)})]$$

$$=R_{i+1}^{(c)}+\frac{3h}{4}\frac{\partial f(x_{i+1},\zeta_i)}{\partial y}R_{i+1}^{(p)}$$

$$=-\frac{19}{720}h^5y^{(5)}(\eta_i)+\frac{3h}{4}\cdot\frac{\partial f(x_{i+1},\zeta_i)}{\partial y}\cdot\frac{3}{8}h^4y^{(4)}(\xi_i),$$

其中 ζ_i 介于 $y(x_{i+1})$ 与 $y(x_{i+1})-R_{i+1}^{(p)}$ 之间. 所给公式是一个 3 步 4 阶公式.

15. Milne 公式为

$$y_{i+1}=y_{i-3}+\frac{4h}{3}[2f(x_i,y_i)-f(x_{i-1},y_{i-1})+2f(x_{i-2},y_{i-2})],$$

局部截断误差为

$$R_{i+1}^{(M)}=\frac{14}{45}h^5y^{(5)}(x_i)+O(h^6);$$

Hamming 公式为

$$y_{i+1}=\frac{1}{8}(9y_i-y_{i-2})+\frac{3h}{8}[f(x_{i+1},y_{i+1})+2f(x_i,y_i)-f(x_{i-1},y_{i-1})],$$

局部截断误差为

$$R_{i+1}^{(H)}=-\frac{1}{40}h^5y^{(5)}(x_i)+O(h^6).$$

Milne-Hamming 预测校正公式为

$$\begin{cases}y_{i+1}^{(p)}=y_{i-3}+\dfrac{4h}{3}[2f(x_i,y_i)-f(x_{i-1},y_{i-1})+2f(x_{i-2},y_{i-2})],\\[2mm] y_{i+1}=\dfrac{1}{8}(9y_i-y_{i-2})+\dfrac{3h}{8}[f(x_{i+1},y_{i+1}^{(p)})+2f(x_i,y_i)-f(x_{i-1},y_{i-1})],\end{cases}$$

局部截断误差为

$$R_{i+1}=R_{i+1}^{(H)}+\frac{3}{8}h\frac{\partial f(x_i,\xi_i)}{\partial y}R_{i+1}^{(M)}$$

$$=-\frac{1}{40}h^5y^{(5)}(x_i)+\frac{7}{60}h^6\frac{\partial f(x_i,\xi_i)}{\partial y}y^{(5)}(x_i)+O(h^6),$$

其中 ξ_i 介于 $y(x_{i+1})$ 与 $y(x_{i-3})+\frac{4h}{3}[2y'(x_i)-y'(x_{i-1})+2y'(x_{i-2})]$ 之间.

16. Hamming 公式为

$$y_{i+1}=\frac{1}{8}(9y_i-y_{i-2})+\frac{3h}{8}[f(x_{i+1},y_{i+1})+2f(x_i,y_i)-f(x_{i-1},y_{i-1})],$$

则 $\rho(\lambda)=\lambda^3-\frac{1}{8}(9\lambda^2-1)$,得 $\rho(\lambda)$ 的 3 个零点为 $1,\frac{1+\sqrt{33}}{16},\frac{1-\sqrt{33}}{16}$.

它们的模均不超过 1,且模为 1 的零点是单零点,所以满足根条件.

17. 梯形公式为

$$y_{i+1}=y_i+\frac{h}{2}[f(x_i,y_i)+f(x_{i+1},y_{i+1})].$$

令 $f(x,y)=\lambda y$,得 $y_{i+1}=y_i+\frac{h}{2}(\lambda y_i+\lambda y_{i+1})$,即

$$\left(1-\frac{\lambda h}{2}\right)y_{i+1}=\left(1+\frac{\lambda h}{2}\right)y_i\Rightarrow y_{i+1}=\frac{1+\frac{\lambda h}{2}}{1-\frac{\lambda h}{2}}y_i=\frac{1+\frac{\mu}{2}}{1-\frac{\mu}{2}}y_i,$$

$$\lim_{i\to\infty}y_i=0\Leftrightarrow\left|\frac{1+\frac{\mu}{2}}{1-\frac{\mu}{2}}\right|<1\Leftrightarrow\mu<0.$$

18. $\lambda=-10$.

(1) Euler 公式:由 $-2<-10h<0$ 得 $h<0.2$;

(2) RK_4 公式:由 $-2.78<-10h<0$ 得 $h<0.278$.

19. 对于模型问题 $y'=\lambda y$,所给公式为

$$y_{i+1}=\left[1+\frac{\mu}{4}\left(2+\frac{2}{3}\mu\right)\right]y_i,$$

$$\lim_{i\to\infty}y_i=0\Leftrightarrow\left|1+\frac{\mu}{4}\left(2+\frac{2}{3}\mu\right)\right|<1\Leftrightarrow\mu\in(-3,0),$$

由 $-3<-2h<0$ 得 $h<\frac{2}{3}$.

20. $$\begin{bmatrix}I_1(t)\\I_2(t)\end{bmatrix}'=\begin{bmatrix}-4&3\\-2.4&1.6\end{bmatrix}\begin{bmatrix}I_1(t)\\I_2(t)\end{bmatrix}+\begin{bmatrix}6\\3.6\end{bmatrix}.$$

$$t_0=0,\quad t_1=0.1,\quad \begin{bmatrix}I_1\\I_2\end{bmatrix}_0=\begin{bmatrix}0\\0\end{bmatrix},\quad \begin{bmatrix}I_1\\I_2\end{bmatrix}_1=\begin{bmatrix}I_1\\I_2\end{bmatrix}_0+\frac{0.1}{6}(\boldsymbol{k}_1+2\boldsymbol{k}_2+2\boldsymbol{k}_3+\boldsymbol{k}_4),$$

$$\boldsymbol{k}_1=\begin{bmatrix}-4&3\\-2.4&1.6\end{bmatrix}\begin{bmatrix}I_1\\I_2\end{bmatrix}_0+\begin{bmatrix}6\\3.6\end{bmatrix}=\begin{bmatrix}6\\3.6\end{bmatrix},$$

$$\boldsymbol{k}_2=\begin{bmatrix}-4&3\\-2.4&1.6\end{bmatrix}\left(\begin{bmatrix}I_1\\I_2\end{bmatrix}_0+\frac{0.1}{2}\boldsymbol{k}_1\right)+\begin{bmatrix}6\\3.6\end{bmatrix}=\begin{bmatrix}5.34\\3.168\end{bmatrix},$$

$$\boldsymbol{k}_3=\begin{bmatrix}-4&3\\-2.4&1.6\end{bmatrix}\left(\begin{bmatrix}I_1\\I_2\end{bmatrix}_0+\frac{0.1}{2}\boldsymbol{k}_2\right)+\begin{bmatrix}6\\3.6\end{bmatrix}=\begin{bmatrix}5.4072\\3.21264\end{bmatrix},$$

$$\boldsymbol{k}_4=\begin{bmatrix}-4&3\\-2.4&1.6\end{bmatrix}\left(\begin{bmatrix}I_1\\I_2\end{bmatrix}_0+0.1\boldsymbol{k}_3\right)+\begin{bmatrix}6\\3.6\end{bmatrix}=\begin{bmatrix}4.800912\\2.8162944\end{bmatrix},$$

$$\begin{bmatrix}I_1\\I_2\end{bmatrix}_1=\begin{bmatrix}0.5382552\\0.31962624\end{bmatrix}.$$

$I_1(t_1)=0.538263906,\quad I_2(t_1)=0.319632043,$

$|I_1(t_1)-I_1|=0.8706\times10^{-5},\quad |I_2(t_1)-I_2|=0.580367\times10^{-5}.$

21. (1) 令 $z=y'$,则

$$\begin{cases} y' = z, \\ z' = 3z - 2y, \\ y(0) = 1, \quad z(0) = 1; \end{cases}$$

(2) 令 $u = x'(t), v = y'(t)$,则

$$\begin{cases} x' = u, \\ u' = -\dfrac{x}{(x^2 + y^2)^{3/2}}, \\ y' = v, \\ v' = -\dfrac{y}{(x^2 + y^2)^{3/2}}, \\ x(0) = 0.4, \quad u(0) = 0, \\ y(0) = 0, \quad v(0) = 2. \end{cases}$$

22. $\begin{bmatrix} y \\ z \end{bmatrix}' = \begin{bmatrix} 0 & 1 \\ -2 & 3 \end{bmatrix} \begin{bmatrix} y \\ z \end{bmatrix}, \quad \begin{bmatrix} y(0) \\ z(0) \end{bmatrix} = \begin{bmatrix} 1 \\ 1 \end{bmatrix}, \quad \begin{bmatrix} y \\ z \end{bmatrix}_0 = \begin{bmatrix} 1 \\ 1 \end{bmatrix}.$

$\begin{bmatrix} y \\ z \end{bmatrix} = \begin{bmatrix} 1 \\ 1 \end{bmatrix} + \dfrac{0.2}{6}(\boldsymbol{k}_1 + 2\boldsymbol{k}_2 + 2\boldsymbol{k}_3 + \boldsymbol{k}_4),$

$\boldsymbol{k}_1 = \begin{bmatrix} 0 & 1 \\ -2 & 3 \end{bmatrix} \begin{bmatrix} y \\ z \end{bmatrix}_0 = \begin{bmatrix} 1 \\ 1 \end{bmatrix}, \quad \boldsymbol{k}_2 = \begin{bmatrix} 0 & 1 \\ -2 & 3 \end{bmatrix} \left(\begin{bmatrix} y \\ z \end{bmatrix}_0 + \dfrac{0.2}{2}\boldsymbol{k}_1 \right) = \begin{bmatrix} 1.1 \\ 1.1 \end{bmatrix},$

$\boldsymbol{k}_3 = \begin{bmatrix} 0 & 1 \\ -2 & 3 \end{bmatrix} \left(\begin{bmatrix} y \\ z \end{bmatrix}_0 + \dfrac{0.2}{2}\boldsymbol{k}_2 \right) = \begin{bmatrix} 1.11 \\ 1.11 \end{bmatrix}, \quad \boldsymbol{k}_4 = \begin{bmatrix} 0 & 1 \\ -2 & 3 \end{bmatrix} \left(\begin{bmatrix} y \\ z \end{bmatrix}_0 + 0.2\boldsymbol{k}_3 \right) = \begin{bmatrix} 1.222 \\ 1.222 \end{bmatrix},$

$\begin{bmatrix} y \\ z \end{bmatrix}_1 = \begin{bmatrix} 1.2214 \\ 1.2214 \end{bmatrix}$,因而 $y(0.2) \approx 1.2214$.

23. 刚性比 $s = 20$.

24. (1) $x_0 = 0, x_1 = 0.2, x_2 = 0.4, x_3 = 0.6, x_4 = 0.8, x_5 = 1.0$,

$$\begin{cases} \dfrac{1}{0.2^2}(y_{i-1} - 2y_i + y_{i+1}) - y_i = 0, \quad 1 \leqslant i \leqslant 4, \\ y_0 = 0, \quad y_5 = 1, \end{cases}$$

$$\begin{cases} -2.04y_1 + y_2 = 0, \\ y_1 - 2.04y_2 + y_3 = 0, \\ y_2 - 2.04y_3 + y_4 = 0, \\ y_3 - 2.04y_4 = -1, \end{cases}$$

解得 $y_4 = 0.755934, y_3 = 0.542107, y_2 = 0.349790, y_1 = 0.171466$,因而

$$y(0.2) \approx 0.171466, \quad y(0.4) \approx 0.349790, \quad y(0.6) \approx 0.542107, \quad y(0.8) \approx 0.755934.$$

(2) $x_0 = -1, x_1 = -0.5, x_2 = 0, x_3 = 0.5, x_4 = 1$,

$$\begin{cases} \dfrac{1}{0.5^2}(y_{i-1} - 2y_i + y_{i+1}) - (1 + x_i^2)y_i = -1, \quad 1 \leqslant i \leqslant 3, \\ y_0 = 0, \quad y_4 = 0, \end{cases}$$

$$\begin{cases} -2.3125y_1 + y_2 = -0.25, \\ y_1 - 2.25y_2 + y_3 = -0.25, \\ y_2 - 2.3125y_3 = -0.25, \end{cases}$$

解得 $y_3 = 0.253659, y_2 = 0.336586, y_1 = 0.253659$,因而

$$y(-0.5) \approx 0.253659, \quad y(0) \approx 0.336586, \quad y(0.5) \approx 0.253659.$$

习 题 7

1. $h = 0.1, r = 0.5, \tau = rh^2 = 0.005$; $x_i = ih(0 \leqslant i \leqslant 10), t_k = k\tau(0 \leqslant k \leqslant 3)$.

古典显格式为

$$\begin{cases} u_i^{k+1} = (1-2r)u_i^k + r(u_{i-1}^k + u_{i+1}^k) = 0.5 \times (u_{i-1}^k + u_{i+1}^k), & 1 \leqslant i \leqslant 9,\ 0 \leqslant k \leqslant 2, \\ u_i^0 = \sin\pi x_i, & 1 \leqslant i \leqslant 9, \\ u_0^k = 0, \quad u_{10}^k = 0, & 0 \leqslant k \leqslant 3. \end{cases}$$

计算得

i \ k (u_i^k)	0	1	2	3
1	0.3090170	0.2938927	0.2795089	0.2658284
2	0.5877853	0.5590170	0.5316568	0.5056357
3	0.8090170	0.7694209	0.7317268	0.6959478
4	0.9510565	0.9045085	0.8602387	0.8181357
5	1.0000000	0.9510565	0.9045085	0.8602387
6	0.9510565	0.9045085	0.8602387	0.8181357
7	0.8090170	0.7694209	0.7317268	0.6959478
8	0.5877853	0.5590170	0.5316568	0.5056175
9	0.3090170	0.2938927	0.2795089	0.2658284

2. $h = 0.2, r = 0.5, \tau = rh^2 = 0.02$; $x_i = ih(0 \leqslant i \leqslant 5), t_k = k\tau(0 \leqslant k \leqslant 2)$.

古典隐格式为

$$\begin{bmatrix} 2 & -0.5 & 0 & 0 \\ -0.5 & 2 & -0.5 & 0 \\ 0 & -0.5 & 2 & -0.5 \\ 0 & 0 & -0.5 & 2 \end{bmatrix} \begin{bmatrix} u_1^k \\ u_2^k \\ u_3^k \\ u_4^k \end{bmatrix} = \begin{bmatrix} u_1^{k-1} + 0.5t_k \\ u_2^{k-1} \\ u_3^{k-1} \\ u_4^{k-1} \end{bmatrix}, \quad k \geqslant 1,$$

$$\begin{cases} u_i^0 = x_i(1-x_i), & 0 \leqslant i \leqslant 5, \\ u_0^k = t_k, \quad u_5^k = 0, & k \geqslant 1, \end{cases}$$

计算得

$$u_1^1 = 0.1416268, \quad u_2^1 = 0.2065072, \quad u_3^1 = 0.2044019, \quad u_4^1 = 0.1311005,$$
$$u_1^2 = 0.1360518, \quad u_2^2 = 0.1809537, \quad u_3^2 = 0.1747487, \quad u_4^2 = 0.1092374.$$

3. 在节点(x_i, t_k)处考虑微分方程,有

$$\frac{\partial u}{\partial t}(x_i, t_k) = a\frac{\partial^2 u}{\partial x^2}(x_i, t_k) + b\frac{\partial u}{\partial x}(x_i, t_k) + cu(x_i, t_k),$$

由上式可建立如下显式差分格式:

$$\frac{u_i^{k+1} - u_i^k}{\tau} = a \cdot \frac{u_{i+1}^k - 2u_i^k + u_{i-1}^k}{h^2} + b \cdot \frac{u_{i+1}^k - u_{i-1}^k}{2h} + cu_i^k,$$

截断误差

$$R_i^k = \frac{u(x_i,t_{k+1})-u(x_i,t_k)}{\tau} - a\cdot\frac{u(x_{i+1},t_k)-2u(x_i,t_k)+u(x_{i-1},t_k)}{h^2}$$

$$-b\cdot\frac{u(x_{i+1},t_k)-u(x_{i-1},t_k)}{2h} - cu(x_i,t_k)$$

$$=\frac{\partial u(x_i,t_k)}{\partial t}+\frac{\tau}{2}\frac{\partial^2 u(x_i,\eta_i^k)}{\partial t^2} - a\left[\frac{\partial^2 u(x_i,t_k)}{\partial x^2}+\frac{h^2}{12}\frac{\partial^4 u(\xi_i^k,t_k)}{\partial x^4}\right]$$

$$-b\left[\frac{\partial u(x_i,t_k)}{\partial x}+\frac{h^2}{6}\frac{\partial^3 u(\tilde{\xi}_i^k,t_k)}{\partial x^3}\right] - cu(x_i,t_k)$$

$$=\frac{\tau}{2}\frac{\partial^2 u(x_i,\eta_i^k)}{\partial t^2} - \frac{h^2}{12}\left[a\frac{\partial^4 u(\xi_i^k,t_k)}{\partial x^4}+2b\frac{\partial^3 u(\tilde{\xi}_i^k,t_k)}{\partial x^3}\right],$$

其中 $\eta_i^k\in(t_k,t_{k+1})$，$\xi_i^k\in(x_{i-1},x_{i+1})$，$\tilde{\xi}_i^k\in(x_{i-1},x_{i+1})$.

4. $\{\varepsilon_i^k\}$ 满足如下方程：

$$\frac{1}{\tau}(\varepsilon_i^k-\varepsilon_i^{k-1}) - \frac{a}{h^2}(\varepsilon_{i+1}^k - 2\varepsilon_i^k + \varepsilon_{i-1}^k) = 0,$$

将其改写为

$$(1+2r)\varepsilon_i^k = r(\varepsilon_{i+1}^k+\varepsilon_{i-1}^k)+\varepsilon_i^{k-1},\quad 1\leqslant i\leqslant M-1,\ 1\leqslant k\leqslant N,$$

然后两边取绝对值，再用三角不等式，可得结果.

5. $\{e_i^k\}$ 满足如下方程：

$$\frac{1}{\tau}(e_i^k-e_i^{k-1}) - \frac{a}{h^2}(e_{i+1}^k-2e_i^k+e_{i-1}^k) = R_{ik}^{(2)},\quad 1\leqslant i\leqslant M-1,\ 1\leqslant k\leqslant N,$$

将其改写为

$$(1+2r)e_i^k = r(e_{i+1}^k+e_{i-1}^k)+e_i^{k-1}+\tau R_{ik}^{(2)},\quad 1\leqslant i\leqslant M-1,\ 1\leqslant k\leqslant N,$$

然后两边取绝对值，再用三角不等式并注意到

$$|R_{ik}^{(2)}|\leqslant c(\tau+h^2),\quad 1\leqslant i\leqslant M-1,\ 1\leqslant k\leqslant N,$$

可得结果.

6. 截断误差为

$$R_i^k = \frac{1}{12}\times\left[\frac{u(x_{i+1},t_{k+1})-u(x_{i+1},t_k)}{\tau}+10\frac{u(x_i,t_{k+1})-u(x_i,t_k)}{\tau}+\frac{u(x_{i-1},t_{k+1})-u(x_{i-1},t_k)}{\tau}\right]$$

$$-\frac{1}{2}\times\left[\frac{u(x_{i+1},t_{k+1})-2u(x_i,t_{k+1})+u(x_{i-1},t_{k+1})}{h^2}+\frac{u(x_{i+1},t_k)-2u(x_i,t_k)+u(x_{i-1},t_k)}{h^2}\right].$$

利用微分公式

$$\frac{u(x_i,t_{k+1})-u(x_i,t_k)}{\tau} = \frac{\partial u}{\partial t}(x_i,t_{k+\frac{1}{2}})+O(\tau^2),$$

$$\frac{u(x_{i+1},t_k)-2u(x_i,t_k)+u(x_{i-1},t_k)}{h^2} = \frac{\partial^2 u}{\partial x^2}(x_i,t_k)+\frac{h^2}{12}\frac{\partial^4 u(x_i,t_k)}{\partial x^4}+O(h^4),$$

可得

$$R_i^k = \frac{1}{12}\times\left[\frac{\partial u}{\partial t}(x_{i-1},t_{k+\frac{1}{2}})+10\frac{\partial u}{\partial t}(x_i,t_{k+\frac{1}{2}})+\frac{\partial u}{\partial t}(x_{i+1},t_{k+\frac{1}{2}})\right]$$

$$-\frac{1}{2}\left[\frac{\partial^2 u}{\partial x^2}(x_i,t_{k+1})+\frac{\partial^2 u}{\partial x^2}(x_i,t_k)\right]-\frac{h^2}{24}\left[\frac{\partial^4 u(x_i,t_{k+1})}{\partial x^4}+\frac{\partial^4 u(x_i,t_k)}{\partial x^4}\right]+O(\tau^2+h^4)$$

$$=\frac{1}{12}\times\left[2\frac{\partial u}{\partial t}(x_i,t_{k+\frac{1}{2}})+h^2\frac{\partial^2}{\partial x^2}\left(\frac{\partial u}{\partial t}(x_i,t_{k+\frac{1}{2}})\right)+O(h^4)+10\frac{\partial u}{\partial t}(x_i,t_{k+\frac{1}{2}})\right]$$

$$-\left[\frac{\partial^2 u}{\partial x^2}(x_i,t_{k+\frac{1}{2}})+O(\tau^2)\right]-\frac{h^2}{12}\left[\frac{\partial^4 u(x_i,t_{k+\frac{1}{2}})}{\partial x^4}+O(\tau^2)\right]+O(\tau^2+h^4)$$

$$=\frac{\partial u}{\partial t}(x_i,t_{k+\frac{1}{2}})-\frac{\partial^2 u}{\partial x^2}(x_i,t_{k+\frac{1}{2}})+\frac{h^2}{12}\frac{\partial^2}{\partial x^2}\left[\frac{\partial u}{\partial t}-\frac{\partial^2}{\partial x^2}\right](x_i,t_{k+\frac{1}{2}})+O(\tau^2+h^4),$$

误差方程为

$$\begin{cases}\frac{1}{12}\left(\frac{e_{i+1}^{k+1}-e_{i+1}^k}{\tau}+10\,\frac{e_i^{k+1}-e_i^k}{\tau}+\frac{e_{i-1}^{k+1}-e_{i-1}^k}{\tau}\right)\\ \quad=\frac{1}{2}\left(\frac{e_{i+1}^{k+1}-2e_i^{k+1}+e_{i-1}^{k+1}}{h^2}+\frac{e_{i+1}^k-2e_i^k+e_{i-1}^k}{h^2}\right)+R_i^k, & 1\leqslant i\leqslant M-1,\ 0\leqslant k\leqslant N-1,\\ e_i^0=0, & 0\leqslant i\leqslant M,\\ e_0^k=0,\quad e_M^k=0, & 1\leqslant k\leqslant N,\end{cases}$$

将上面第 1 式两边乘以

$$\frac{1}{12}(e_{i+1}^{k+1}+10e_i^{k+1}+e_{i-1}^{k+1})+\frac{1}{12}(e_{i+1}^k+10e_i^k+e_{i-1}^k),$$

并对 i 从 1 到 $M-1$ 求和可得结果.

7. $h=0.2, x_i=ih(0\leqslant i\leqslant 5)$； $\tau=sh=0.2, t_k=k\tau(0\leqslant k\leqslant 3)$.

$u_i^0=\sin\pi x_i,\quad 0\leqslant i\leqslant 5$;

$u_0^k=0,\quad u_5^k=0,\quad 1\leqslant k\leqslant 3$;

$u_i^1=u_i^0+\tau\frac{u(x_i,0)}{\partial t}=u_i^0+\tau x_i(1-x_i),\quad 1\leqslant i\leqslant 4.$

(Ⅰ) 显式差分格式为

$$\frac{1}{\tau^2}(u_i^{k+1}-2u_i^k+u_i^{k-1})-\frac{1}{h^2}(u_{i+1}^k-2u_i^k+u_{i-1}^k)=0,\quad 1\leqslant i\leqslant 4,\ 1\leqslant k\leqslant 2,$$

计算得

k \ u_i^k \ i	1	2	3	4
0	0.5877853	0.9510565	0.9510565	0.5877853
1	0.6197853	0.9990565	0.9990565	0.6197853
2	0.4112712	0.6677853	0.6677853	0.4112712
3	0.0480000	0.0800000	0.0800000	0.0480000

(Ⅱ) 隐式差分格式为

$$\frac{1}{\tau^2}(u_i^{k+1}-2u_i^k+u_i^{k-1})-\frac{1}{2h^2}(u_{i+1}^{k+1}-2u_i^{k+1}+u_{i-1}^{k+1}+u_{i+1}^{k-1}-2u_i^{k-1}+u_{i-1}^{k-1})=0,$$

$$1\leqslant i\leqslant 4,\ 1\leqslant k\leqslant 2,$$

或写为

$$\begin{bmatrix} 2 & -\frac{1}{2} & 0 & 0 \\ -\frac{1}{2} & 2 & -\frac{1}{2} & 0 \\ 0 & -\frac{1}{2} & 2 & -\frac{1}{2} \\ 0 & 0 & -\frac{1}{2} & 2 \end{bmatrix} \begin{bmatrix} u_1^{k+1} \\ u_2^{k+1} \\ u_3^{k+1} \\ u_4^{k+1} \end{bmatrix} = \begin{bmatrix} 2u_1^k - 2u_1^{k-1} + \frac{1}{2}u_2^{k-1} \\ 2u_2^k + \frac{1}{2}u_1^{k-1} - 2u_2^{k-1} + \frac{1}{2}u_3^{k-1} \\ 2u_3^k + \frac{1}{2}u_2^{k-1} - 2u_3^{k-1} + \frac{1}{2}u_4^{k-1} \\ 2u_4^k + \frac{1}{2}u_3^{k-1} - 2u_4^{k-1} \end{bmatrix},$$

$$1 \leqslant k \leqslant 2,$$

计算得

$$u_1^2 = 0.25681, \quad u_2^2 = 0.41223, \quad u_3^2 = 0.41223, \quad u_4^2 = 0.25681,$$

$$u_1^3 = -0.0737, \quad u_2^3 = -0.11833, \quad u_3^3 = -0.11833, \quad u_4^3 = -0.0737.$$

8. (1) 截断误差

$$\begin{aligned} R_i^k &= \frac{1}{\tau}[u(x_i,t_{k+1}) - u(x_i,t_k)] + \frac{1}{h}[u(x_i,t_k) - u(x_{i-1},t_k)] \\ &= \frac{\partial u}{\partial t}(x_i,t_k) + \frac{\tau}{2}\frac{\partial^2 u}{\partial t^2}(x_i,\eta_i^k) + \frac{\partial u}{\partial x}(x_i,t_k) - \frac{h}{2}\frac{\partial^2 u}{\partial x^2}(\xi_i^k,t_k) \\ &= \frac{\tau}{2}\frac{\partial^2 u}{\partial t^2}(x_i,\eta_i^k) - \frac{h}{2}\frac{\partial^2 u}{\partial x^2}(\xi_i^k,t_k), \quad \eta_i^k \in (t_k,t_{k+1}),\ \xi_i^k \in (x_{i-1},x_i). \end{aligned}$$

(2) 设$\{v_i^k\}$为

$$\begin{cases} \frac{1}{\tau}(v_i^{k+1} - v_i^k) + \frac{1}{h}(v_i^k - v_{i-1}^k) = 0, & 1 \leqslant i \leqslant M,\ 0 \leqslant k \leqslant N-1, \\ v_i^0 = \varphi(x_i) + \varphi_i, & 1 \leqslant i \leqslant M, \\ v_0^k = \psi(t_k), & 0 \leqslant k \leqslant N \end{cases}$$

的解. 令 $\varepsilon_i^k = v_i^k - u_i^k$,则 ε_i^k 满足

$$\begin{cases} \frac{1}{\tau}(\varepsilon_i^{k+1} - \varepsilon_i^k) + \frac{1}{h}(\varepsilon_i^k - \varepsilon_{i-1}^k) = 0, & 1 \leqslant i \leqslant M,\ 0 \leqslant k \leqslant N-1, \\ \varepsilon_i^0 = \varphi_i, & 1 \leqslant i \leqslant M, \\ \varepsilon_0^k = 0, & 0 \leqslant k \leqslant N, \end{cases}$$

于是有

$$\varepsilon_i^{k+1} = (1-r)\varepsilon_i^k + r\varepsilon_{i-1}^k, \quad 1 \leqslant i \leqslant M,\ 0 \leqslant k \leqslant N-1,$$

其中 $r = \frac{\tau}{h}$. 上式两边取绝对值,用三角不等式可得结果.

(3) 记

$$R_i^k = \frac{\tau}{2}\frac{\partial^2 u}{\partial t^2}(x_i,\eta_i^k) - \frac{h}{2}\frac{\partial^2 u}{\partial x^2}(\xi_i^k,t_k), \quad 1 \leqslant i \leqslant M,\ 0 \leqslant k \leqslant N-1,$$

$$e_i^k = u(x_i,t_k) - u_i^k, \quad 0 \leqslant i \leqslant M,\ 0 \leqslant k \leqslant N,$$

则

$$\begin{cases} \frac{1}{\tau}(e_i^{k+1} - e_i^k) + \frac{1}{h}(e_i^k - e_{i-1}^k) = R_i^k, & 1 \leqslant i \leqslant M,\ 0 \leqslant k \leqslant N-1, \\ e_i^0 = 0, & 1 \leqslant i \leqslant M, \\ e_0^k = 0, & 0 \leqslant k \leqslant N. \end{cases}$$

9. $h = 1, x_i = i, y_j = j (0 \leqslant i, j \leqslant 3)$. 差分格式为

$$\begin{cases} 4u_{ij} - (u_{i+1,j} + u_{i-1,j} + u_{i,j+1} + u_{i,j-1}) = 6x_i - 2, & 1 \leqslant i,j \leqslant 2, \\ u_{ij} = x_i^3 - y_j^3, & i = 0 \text{ 或 } 3, j = 0 \text{ 或 } 3, \end{cases}$$

可得

$$\begin{cases} 4u_{11} - (-1 + u_{21} + 1 + u_{12}) = 6 - 2, \\ 4u_{21} - (u_{11} + 26 + 8 + u_{22}) = 6 \times 2 - 2, \\ 4u_{12} - (-8 + u_{22} + u_{11} - 26) = 6 - 2, \\ 4u_{22} - (u_{12} + 19 + u_{21} - 19) = 6 \times 2 - 2, \end{cases} \quad \text{即} \quad \begin{cases} 4u_{11} - u_{21} - u_{12} = 4, \\ 4u_{21} - u_{11} - u_{22} = 44, \\ 4u_{12} - u_{11} - u_{22} = -30, \\ 4u_{22} - u_{12} - u_{21} = 10, \end{cases}$$

解得 $u_{11} = \dfrac{11}{4}, u_{21} = \dfrac{51}{4}, u_{12} = -\dfrac{23}{4}, u_{22} = \dfrac{17}{4}$.

参考文献

[1] Szidarovszky F, Yakowitz S. 数值分析的原理及过程[M]. 施明光，潘仲雄，译. 上海：上海科学技术文献出版社，1982.

[2] 曹志浩，张玉德，李瑞遐. 矩阵计算和方程求根[M]. 北京：人民教育出版社，1979.

[3] 徐树方，高立，张平文. 数值线性代数[M]. 2 版. 北京：北京大学出版社，2013.

[4] 奚梅成. 数值分析方法[M]. 修订版. 合肥：中国科学技术大学出版社，2003.

[5] 黄友谦，李岳生. 数值逼近[M]. 2 版. 北京：高等教育出版社，1987.

[6] 胡祖炽，林源渠. 数值分析[M]. 北京：高等教育出版社，1986.

[7] 林成森. 数值计算方法：上册[M]. 2 版. 北京：科学出版社，2005.

[8] 李立康，於崇华，朱政华. 微分方程数值解法[M]. 上海：复旦大学出版社，1999.

[9] 李庆扬，王能超，易大义. 数值分析[M]. 5 版. 北京：清华大学出版社，2008.

[10] 孙志忠，吴宏伟，袁慰平，等. 计算方法与实习[M]. 6 版. 南京：东南大学出版社，2022.

[11] 胡健伟，汤怀民. 微分方程数值解法[M]. 2 版. 北京：科学出版社，2007.

[12] 苏煜城，吴启光. 偏微分方程数值解法[M]. 北京：气象出版社，1989.

[13] 孙志忠. 计算方法典型例题分析[M]. 2 版. 北京：科学出版社，2005.

[14] 孙志忠. Euler-Maclaurin 求和公式的新证明[J]. 工科数学，1992，8(2)：56－58.

[15] 孙志忠. 偏微分方程数值解法[M]. 3 版. 北京：科学出版社，2022.